연구실 안전 관리사

1차 합격 단기완성

머리말

우리나라는 기술강국이다. 기술강국하면 독일과 일본이 먼저 떠오르지만 이 두 나라는 쇠퇴해 가는 반면 우리나라는 계속해서 성장하고 있다. 코로나 시대에도 불구하고 한국의 경제력은 유럽 각국에 비해 견조한 흐름을 유지했다. 2025년 한국의 예상 경제성장률은 2.1%로, 다소 하락세를 보이고는 있으나 여전히 독일의 1.1%, 일본의 1.0%에 비해 높다. 이러한 배경에는 한국의 높은 R&D 투자가 있다. 2022년 기준 한국의 GDP 대비 R&D 투자비율은 5%가 넘는다.

2021년 기준 세계 각국의 GDP 대비 R&D 투자비율 통계에 따르면 우리나라는 이스라엘 다음으로 GDP 대비 R&D 투자비율이 높은 국가이다. 이어서 미국이 3위, 일본이 4위, 독일이 5위순이다. 불과 몇 년 전까지만 해도 일본의 기술력은 한국을 압도했지만 현재는 우리나라가 자동차를 제외한 전기전자, 반도체, 조선 등의 분야에서 일본을 추월한 지 오래이다. 경제대국 일본의 경제력은 여전히 우리보다 높다. 하지만 PPP(Purchasing Power Parity) 기준 1인당 GDP는 이미 2018년에 일본을 추월했고, 인구대비 실질 GDP도 곧 일본을 추월할 것으로 보인다. 2019년 한일무역전쟁이 발발하면서 많은 사람들이 한국이 경제적인 타격을 입을 것이라고 걱정했지만, 한국은 오히려 위기를 기회로 만들어 소재와 부품 장비산업을 강화했다.

이러한 성장의 원동력은 정부와 기업들의 높은 R&D 투자의지라고 할 수 있다. 그러나 이에 따르는 문제는 바로 연구실 안전 사고이다. 우리나라는 2006년 4월 1일 연구실안전환경조성에 관한 법률이 시행된 이후, 연구실 사고 예방을 위해 많은 노력들을 해왔지만 여전히 부족한 실정이다. 2023년에 과학기술정보통신부에서 발표한 연구실 안전관리 실태조사에 따르면 현재 전국에 있는 대학 연구실 수는 51,000여 개이며, 연구실 사고발생건수는 321건으로 전년보다 증가했다. 또한 과거 조사에 따르면 연구실 사고의 원인으로는 연구실 안전인지 부족, 보호구 미착용 등 인적 원인이 약 70%로 큰 비중을 차지했다. 게다가 안타깝게도 20대 학생의 피해가 가장 컸다.

연구실 안전을 위해 연구자들은 미리 실험실 안전교육을 의무적으로 이수해야 하지만, 연구활동 전에 사고를 예방하기 위한 사전유해인자 위험분석활동은 여전히 미흡하다. 심지어 실험 시 반드시 착용해야 하는 기본 보호구조차 착용하지 않아 발생한 사고도 많다. 이러한 연구실 사고 예방을 위해 2022년부터 연구실 안전관리사라는 새로운 국가 자격이 신설되고 2022년 7월에 1차 시험, 10월에 2차 시험을 시행했다.

연구실안전관리사는 연구실장비 및 재료의 안전점검부터 연구실 사고발생 시 대응 및 사후관리까지 연구실의 전반적인 안전관리를 수행하는 사람이다. 실험실 안전을 대학과 기관의 연구자들로 하여금 자율적으로 관리하도록 하는 데에는 한계가 있다. 아직도 우리 사회전반에는 안전에 대한 투자를 비용으로 생각하는 경향이 높기 때문에 연구책임자가 안전관리비를 의무적으로 계상하도록 하고 있지만 실효성이 높지만은 않다.

현재 우리나라의 R&D 투자금액은 100조원을 넘고 앞으로도 지속적으로 증가할 것으로 보인다. 연구활동이 증가할수록 사고율도 증가할 수밖에 없다. 2019년 5월 강릉 수소폭발사고 이후 정부는 연구개발(R&D) 사업의 안전성 규정을 대폭 강화했다.

국책연구과제 중에서 위험성이 높은 과제는 별도로 안전관리형 연구개발과제로 지정하여 사업초기부터 연구실 안전조치 이행계획서를 의무적으로 제출하도록 하고 있다. 하지만 정부 연구개발과제에 대한 평가심사나 안전자문직을 맡아 각 기관이 작성한 안전조치 이행계획서를 검토해 보면 대부분이 형식적인 경우가 많다. 심지어 연구활동에 있어 무엇이 위험한지조차 파악하지 못하는 경우도 많다. 아직도 연구활동에 있어 안전문화가 정착되지 못한 탓이다.

연구실안전관리사 자격이 신설되더라도 연구실의 안전관리는 연구실안전관리사 혼자서 하는 것이 아니다. 연구활동종사자들은 물론이고, 조직의 모든 구성원이 안전관리활동에 참여해야 한다. 해외의 경우 대학의 연구실에서 사고가 발생하면 연구실 책임자는 물론이고, 대학 총장까지 처벌할 정도로 규제가 강력하다. 법이 능사가 아니지만 법을 통해서라도 연구실에 대한 안전풍토(Safety Climate)가 변해야 한다. 그동안 한국의 연구실 안전관리는 한국의 경제수준에 비해 한참이나 낙후되어 있었다. 안전교육관리에 대한 시스템을 갖추지 않고 연구활동종사자 개개인의 안전의식에만 호소해 왔기 때문이다.

향후 한국의 안전분야 수요는 폭발적으로 증가할 것이다. 하지만 전문인력 공급은 여전히 부족하다. 그중에서도 R&D 강국인 한국의 연구실 안전분야는 더욱 그러하다. 연구실안전관리사라는 국가자격제도가 제대로 정착되어 대학을 비롯하여 국가, 기업들의 연구실 안전사고가 확실히 감소되기를 소망한다.

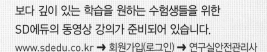

저자 김 훈

이 책의 구성과 특징

3과목 ··· 연구실 화학(가스) 안전관리

CHAPTER 02 연구실 내 화학물질 관련 폐기물 안전관리

1 연구실 내 화학폐기물

(1) 화학폐기물 22 기출

① 화학폐기물이란 화학실험 후 발생한 화학물로 더 이상 연구 및 실험 활동에 필요하지 않은 화학물질
② 화학물질이 가지고 있던 인화성, 부식성, 독성 등의 특성을 유지하거나 합성 등으로 새로운 화학물질이 생성되어 유해·위험성이 실험 전보다 더 커질 수 있어 위험함
③ 발생된 폐기물은 그 성질 및 상태에 따라서 분리 및 수집하고, 불가피하게 혼합될 경우에는 혼합되어도 위험하지는 않은지 확인
④ 혼합 폐액은 과량으로 혼합된 물질을 기준으로 분류하며 폐기물 스티커에 기록
⑤ 화학물질을 보관하던 용기나 화학물질이 묻어 있는 장갑, 기자재뿐만 아니라 실험기자재를 닦은 세척수도 모두 화학폐기물로 처리해야 함
⑥ 화학폐기물의 구분

실험 후 폐액 발생 → pH 측정
- pH 1~4: 산 → 유기계 폐액인가? → YES: 유기산 / NO: 무기산
- 중성 → 할로겐족에 해당하는 물질을 포함? → YES: 할로겐 용제 / NO: 기타 용제
- pH 10~14: 알칼리

※ 화학폐기물 분류 시의 pH 농도 기준

132 3과목 연구실 화학(가스) 안전관리

Point 1

전 과목 필수 이론

공식 학습가이드와 기출경향을 반영하여 연구실안전관리사 1차 시험 출제 이론의 핵심만 정리하였습니다.

4과목 연구실 기계·물리 안전관리

과목별 예상문제

01 다음 중 기계사고 발생 시 조치순서로 옳은 것은?
① 기계정지 – 사고자 구조 – 사고자 응급처치 – 관계자 통보 – 2차 재해 방지 – 현장보존
② 기계정지 – 관계자 통보 – 사고자 구조 – 사고자 응급처치 – 2차 재해 방지 – 현장보존
③ 기계정지 – 2차 재해 방지 – 사고자 구조 – 사고자 응급처치 – 관계자 통보 – 현장보존
④ 기계정지 – 2차 재해 방지 – 관계자 통보 – 사고자 구조 – 사고자 응급처치 – 현장보존

해설
기계사고 발생 시 조치순서
- 기계정지 : 사고가 발생한 기계·기구·설비 등의 운전을 중지
- 사고자 구조 : 사고자를 구출
- 사고자 응급처치 : 사고자에 대하여 응급처치(지혈, 인공호흡 등)를 하고, 즉시 병원으로 이송
- 관계자 통보 : 기타 관계자에게 연락하고 보고
- 2차 재해 방지 : 폭발이나 화재의 경우에는 소화 활동을 개시함과 동시에 2차 재해의 확산 방지에 노력하고 현장에서 다른 연구활동종사자를 대피시킴
- 현장보존 : 사고원인 조사에 대비하여 현장을 보존

4과목

02 기계의 6가지 위험점으로 옳지 않은 것은?
① 회전말림점
② 접선물림점
③ 절단점
④ 전도점

해설
기계의 6가지 위험점은 회전말림점(Trapping Point), 접선물림점(Tangential Nip Point), 절단점(Cutting Point), 물림점(Nip Point), 협착점(Squeeze Point), 끼임점(Shear Point)이다.

정답 01 ① 02 ④

4과목 과목별 예상문제 203

Point 2

과목별 예상문제

과목별로 수록된 예상문제를 통해 학습했던 이론을 복습하고 실제 시험을 대비할 수 있습니다.

2023년 제2회 연구실안전관리사 제1차 시험

최신기출복원문제

※ 응시자 후기와 및 기출데이터 등의 자료를 기반으로 기출문제와 유사하게 복원된 문제를 제공합니다. 실제 시험문제와 일부 다를 수 있습니다.

1과목 연구실 안전관련법령

01 「연구실 안전환경 조성에 관한 법률」에서 규정하는 국가의 책무로 옳지 않은 것은?
① 연구실 안전관리기술 고도화 및 연구실사고 예방을 위한 연구개발 추진
② 연구실 안전 및 관련 단체 등에 대한 지원 및 지도 · 감독
③ 연구 안전에 관한 지식 · 정보의 제공 등 연구실 안전문화의 확산을 위한 노력
④ 대학 · 연구기관 등의 연구실 안전환경 및 안전관리 현황 등에 대한 실태조사

02 「연구실 안전환경 조성에 관한 법률 시행령」에서 규정하
해인자위험분석의 단계를 순서대로 나열한 것은?

ㄱ. 해당 연구실의 유해인자별 위험 분석
ㄴ. 해당 연구실의 안전 현황 분석
ㄷ. 비상조치계획 수립
ㄹ. 연구실안전계획 수립

① ㄱ → ㄴ → ㄷ → ㄹ
② ㄱ → ㄴ → ㄹ → ㄷ
③ ㄴ → ㄱ → ㄷ → ㄹ
④ ㄴ → ㄱ → ㄹ → ㄷ

Point 3

최신기출문제

2022년 제1회, 2023년 제2회 연구실안전관리사 1차 시험 기출(복원)문제를 상세한 해설과 함께 수록하였습니다.

연구실안전관리사 1차 합격 단기완성

최종모의고사

1과목 연구실 안전관련법령

01 다음 중 연구실 안전환경 조성에 관한 법률의 목적으로 옳지 않은 것은?
① 과학기술정보통신부 산하에 설치된 과학기술 분야 연구실의 안전을 확보
② 연구실사고로 인한 피해 보상
③ 연구활동종사자의 건강과 생명을 보호
④ 안전한 연구환경을 조성하여 연구활동 활성화에 기여

02 다음 중 중대 연구실사고에 대한 설명으로 옳지 않은 것은?
① 사망자와 과학기술정보통신부 장관이 정하여 고시하는 후유장해 1급부터 9급까지에 해당하는 부상자를 합하여 2명 이상 발생한 사고
② 3개월 이상의 요양이 필요한 부상자가 동시에 2명 이상 발생한 사고
③ 3일 이상의 입원이 필요한 부상을 입거나 질병에 걸린 사람이 동시에 5명 이상 발생한 사고
④ 연구실의 중대한 결함으로 인한 사고

03 연구실에서 안전관리 및 사고예방 업무를 수행하는 자로 옳은 것은?
① 연구실안전환경관리자
② 연구실책임자
③ 연구실안전관리담당자
④ 연구주체의 장

최종모의

최종모의고사 561

Point 4

최종모의고사

실제 시험과 동일한 문항 수로 구성된 최종모의고사 1회분을 통해 자신의 실력을 점검할 수 있습니다.

시험안내

연구실안전관리사란?

2020년 6월 연구실안전법 전부개정을 통하여 신설된 연구실 안전에 특화된 국가전문자격으로, 해당 자격을 취득한 사람은 대학 · 연구기관 · 기업부설연구소 등의 연구실안전환경관리자, 안전점검 · 정밀안전진단 대행기관의 기술인력, 연구실 안전 수행기관의 연구인력, 연구실 안전 전문가 등으로 활약할 수 있다.

연구실안전관리사의 직무

❶ 사전유해인자위험분석 실시 지도
❷ 연구활동종사자에 대한 교육 · 훈련
❸ 안전관리 우수연구실 인증 취득을 위한 지도
❹ 연구실 안전에 관하여 연구활동종사자 등의 자문에 대한 응답 및 조언

응시자격

구 분	합격결정기준
안전관리 분야	• 기사 이상의 자격증을 취득한 사람 • 산업기사 이상의 자격 취득 후 안전 업무 경력이 1년 이상인 사람 • 기능사 자격 취득 후 안전 업무 경력이 3년 이상인 사람
안전 관련 학과	• 4년제 대학 졸업자 또는 졸업예정자 • 3년제 대학 졸업 후 안전 업무 경력이 1년 이상인 사람 • 2년제 대학 졸업 후 안전 업무 경력이 2년 이상인 사람
이공계 학과	• 석사학위를 취득한 사람 • 4년제 대학 졸업 후 안전 업무 경력이 1년 이상인 사람 • 3년제 대학 졸업 후 안전 업무 경력이 2년 이상인 사람 • 2년제 대학 졸업 후 안전 업무 경력이 3년 이상인 사람
안전 업무 경력	• 경력이 5년 이상인 사람

※ 응시자격에 관한 세부 기준은 자격시험 시행계획 공고문이나 국가연구안전정보시스템(www.labs.go.kr)에서 확인하시기 바랍니다.

2024년 시험일정

시험회차	접수기간	시험일자	합격자발표	응시자격 증빙서류 제출
제1차 시험	24. 4. 22(월) 10:00~ 24. 5. 3(금) 17:00	24. 7. 6(토)	24. 8. 7(수)	24. 4. 22(월) 10:00~ 24. 5. 3(금) 17:00
제2차 시험	24. 9. 2(월) 10:00~ 24. 9. 13(금) 17:00	24. 10. 12(토)	24. 11. 18(월)	-

※ 본 시험 일정은 '2024년 연구실안전관리사 자격시험 시행계획 공고'를 참고하였습니다. 자세한 사항은 국가연구안전정보시스템(www.labs.go.kr)을 통해 확인하실 수 있습니다.

시험방법

시험회차	시험방법	합격기준	시험시간	접수비
제1차 시험	객관식 4지 택일형	과목당 100점을 만점으로 하여 각 과목의 점수 40점 이상, 전 과목 평균 점수 60점 이상	09:30~12:00 (150분)	25,100원
제2차 시험	주관식 · 서술형	100점을 만점으로 하여 60점 이상	09:30~11:30 (120분)	35,700원

※ 입실시간(9:00) 이후 고사장 입장이 불가하므로 주의하시기 바랍니다.

시험절차

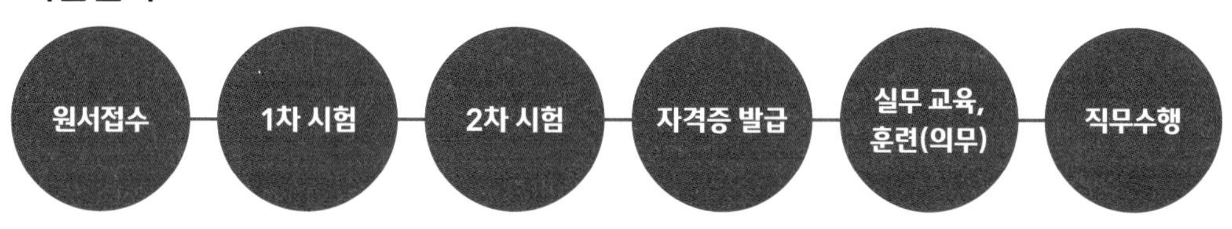

시험안내

출제기준

구 분	시험과목	시험범위	문항수/배점	문제유형
제1차 시험	연구실 안전 관련 법령	• 「연구실 안전환경 조성에 관한 법률」 • 「산업안전보건법」 등 안전 관련 법령	20/100	객관식 4지 택일
	연구실 안전관리 이론 및 체계	• 연구활동 및 연구실안전의 특성 이해 • 연구실 안전관리 시스템 구축 · 이행 역량 • 연구실 유해 · 위험요인 파악 및 사전유해인자위험 분석 방법 • 연구실 안전교육 • 연구실사고 대응 및 관리	20/100	
	연구실 화학 · 가스 안전관리	• 화학 · 가스 안전관리 일반 • 연구실 내 화학물질 관련 폐기물 안전관리 • 연구실 내 화학물질 누출 및 폭발 방지 대책 • 화학 시설(설비) 설치 · 운영 및 관리	20/100	
	연구실 기계 · 물리 안전관리	• 기계 안전관리 일반 • 연구실 내 위험기계 · 기구 및 연구장비 안전관리 • 연구실 내 레이저, 방사선 등 물리적 위험요인에 대한 안전관리	20/100	
	연구실 생물 안전관리	• 생물(유전자변형생물체 포함) 안전관리 일반 • 연구실 내 생물체 관련 폐기물 안전관리 • 연구실 내 생물체 누출 및 감염 방지 대책 • 생물 시설(설비) 설치 · 운영 및 관리	20/100	
	연구실 전기 · 소방 안전관리	• 소방 및 전기 안전관리 일반 • 연구실 내 화재, 감전, 정전기 예방 및 방폭 · 소화 대책 • 소방, 전기 시설(설비) 설치 · 운영 및 관리	20/100	
	연구활동종사자 보건 · 위생관리 및 인간공학적 안전관리	• 보건 · 위생관리 및 인간공학적 안전관리 일반 • 연구활동종사자 질환 및 인적 과실(Human Error) 예방 · 관리 • 안전 보호구 및 연구환경 관리 • 환기 시설(설비) 설치 · 운영 및 관리	20/100	
제2차 시험	연구실 안전관리 실무	• 연구실 안전 관련 법령 • 연구실 화학 · 가스 안전관리 • 연구실 기계 · 물리 안전관리 • 연구실 생물 안전관리 • 연구실 전기 · 소방 안전관리 • 연구활동종사자 보건 · 위생관리에 관한 사항	12/100	단답형 서술형

※ 위 출제기준은 '2024년 연구실안전관리사 자격시험 시행계획 공고'를 참고하였습니다.

시험관련자료

안전 · 보건표지의 종류와 형태

폐기물 스티커 예시

CHEMICAL WASTE
해당실험실 정보 (Laboratory Information)
소속(Lab) :
호실(Room Number) :
전화번호 (Phone) :
안전관리담당자 :
알 카 리 (Alkali)
폐기물 정보 (Waste Information)
수집시작일자 (Date waste first generated)
YYYY _ MM _ DD :
Chemical Name (S)
Volume (L)
• 주의사항(Attention)
위험정보
(Hazard Category)
Acute toxicity
Carcinogenic
Warning
Wear Your Personal Protective Equipment!
Handle with Care!!!
For help, call Safety management Team(Tel. 1238)

CHEMICAL WASTE
해당실험실 정보 (Laboratory Information)
소속(Lab) :
호실(Room Number) :
전화번호 (Phone) :
안전관리담당자 :
할로겐유기용제
(Halogenated Organic Solvent)
폐기물 정보 (Waste Information)
수집시작일자 (Date waste first generated)
YYYY _ MM _ DD :
Chemical Name (S)
Volume (L)
• 주의사항(Attention)
위험정보
(Hazard Category)
Acute toxicity
Carcinogenic
Warning
Wear Your Personal Protective Equipment!
Handle with Care!!!
For help, call Safety management Team(Tel. 1238)

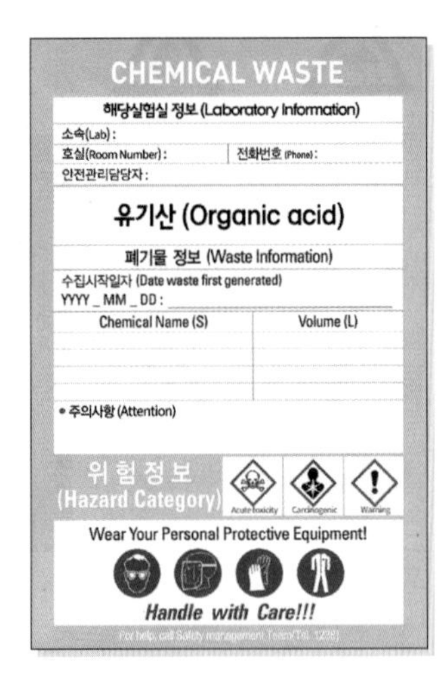

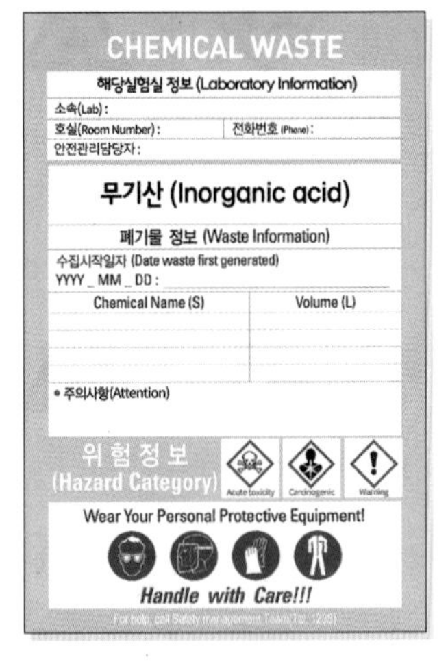

CHEMICAL WASTE
해당실험실 정보 (Laboratory Information)
소속(Lab) :
호실(Room Number) :
전화번호 (Phone) :
안전관리담당자 :
오 일 (Oil)
폐기물 정보 (Waste Information)
수집시작일자 (Date waste first generated)
YYYY _ MM _ DD :
Chemical Name (S)
Volume (L)
• 주의사항(Attention)
위험정보
(Hazard Category)
Acute toxicity
Carcinogenic
Warning
Wear Your Personal Protective Equipment!
Handle with Care!!!
For help, call Safety management Team(Tel. 1238)

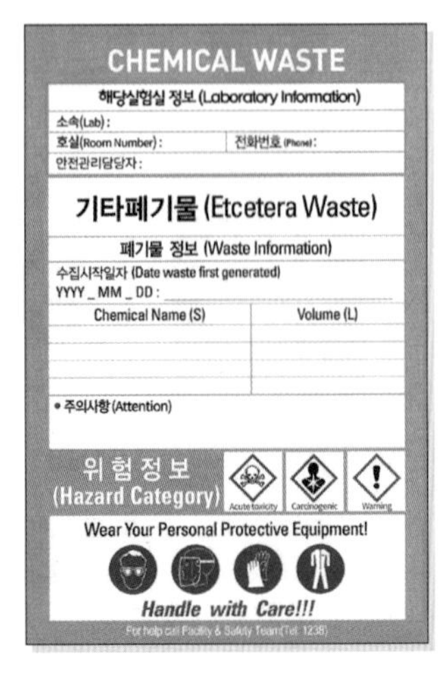

이 책의 목차

1과목 연구실 안전관련법령

2과목 연구실 안전관리 이론 및 체계

3과목 연구실 화학(가스) 안전관리

4과목 연구실 기계 · 물리 안전관리

이 책의 목차

1 과목

연구실 안전관련법령

합 격 의
공 식
SD에듀

S D E D U

연구실 안전관련법령의 종류

1 실험실 안전

(1) **연구실 안전환경 조성에 관한 법률** : 연구실의 안전을 확보하고, 연구실사고로 인한 피해를 적절하게 보상하여 연구활동종사자의 건강과 생명을 보호하며, 안전한 연구환경을 조성하여 연구활동 활성화에 기여

(2) **산업안전보건법** : 산업 안전 및 보건에 관한 기준을 확립하고 그 책임의 소재를 명확하게 하여 산업재해를 예방하고 쾌적한 작업환경을 조성함으로써 노무를 제공하는 사람의 안전 및 보건을 유지 · 증진

2 화학물질 안전

(1) **위험물안전관리법** : 위험물의 저장 · 취급 및 운반과 이에 따른 안전관리에 관한 사항을 규정함으로써 위험물로 인한 위해를 방지하여 공공의 안전을 확보

(2) **화학물질관리법** : 화학물질로 인한 국민건강 및 환경상의 위해를 예방하고 화학물질을 적절하게 관리하는 한편, 화학물질로 인하여 발생하는 사고에 신속히 대응함으로써 화학물질로부터 모든 국민의 생명과 재산 또는 환경을 보호

(3) **화학물질의 등록 및 평가 등에 관한 법률** : 화학물질의 등록 · 신고 및 유해성 · 위해성에 관한 심사 · 평가, 유해성 · 위해성이 있는 화학물질 지정에 관한 사항을 규정하고, 화학물질에 대한 정보를 생산 · 활용하도록 함으로써 국민건강 및 환경을 보호

3 가스 안전

(1) **고압가스안전관리법** : 고압가스의 제조 · 저장 · 판매 · 운반 · 사용과 고압가스의 용기 · 냉동기 · 특정설비 등의 제조와 검사 등에 관한 사항 및 가스 안전에 관한 기본적인 사항을 정함으로써 고압가스 등으로 인한 위해를 방지하고 공공의 안전을 확보

(2) **액화석유가스의 안전관리 및 사업법** : 액화석유가스의 수출입 · 충전 · 저장 · 판매 · 사용 및 가스용품의 안전관리에 관한 사항을 정하여 공공의 안전을 확보하고 액화석유가스사업을 합리적으로 조정하여 액화석유가스를 적정히 공급 · 사용하게 함

(3) **도시가스사업법** : 도시가스사업을 합리적으로 조정 · 육성하여 사용자의 이익을 보호하고 도시가스사업의 건전한 발전을 도모하며, 가스공급시설과 가스사용시설의 설치 · 유지 및 안전관리에 관한 사항을 규정함으로써 공공의 안전을 확보

4 소방 안전

(1) **소방기본법** : 화재를 예방 · 경계하거나 진압하고 화재, 재난 · 재해, 그 밖의 위급한 상황에서의 구조 · 구급 활동 등을 통하여 국민의 생명 · 신체 및 재산을 보호함으로써 공공의 안녕 및 질서 유지와 복리증진에 이바지

(2) **화재의 예방 및 안전관리에 관한 법률** : 화재의 예방과 안전관리에 필요한 사항을 규정함으로써 화재로부터 국민의 생명 · 신체 및 재산을 보호하고 공공의 안전과 복리 증진에 이바지

(3) **소방시설 설치 및 관리에 관한 법률** : 특정소방대상물 등에 설치하여야 하는 소방시설 등의 설치 · 관리와 소방용품 성능관리에 필요한 사항을 규정함으로써 국민의 생명 · 신체 및 재산을 보호하고 공공의 안전과 복리 증진에 이바지

5 생물 안전

(1) **유전자변형생물체의 국가 간 이동 등에 관한 법률** : 유전자변형생물체의 개발 · 생산 · 수입 · 수출 · 유통 등에 관한 안전성의 확보를 위하여 필요한 사항을 정함으로써 유전자변형생물체로 인한 국민의 건강과 생물다양성의 보전 및 지속적인 이용에 미치는 위해를 사전에 방지하고 국민생활의 향상 및 국제협력을 증진

CHAPTER 02

연구실 안전환경 조성에 관한 법률

제1장 총 칙	제1조 목적 제2조 정의 제3조 적용범위 제4조 국가의 책무 제5조 연구주체의 장 등의 책무	제2장 연구실 안전환경 기반 조성	제6조 연구실 안전환경 조성 기본계획 제7조 연구실안전심의위원회 제8조 연구실 안전관리의 정보화 제9조 연구실책임자의 지정 · 운영 제10조 연구실안전환경관리자의 지정 제11조 연구실안전관리위원회
제3장 연구실 안전조치	제12조 안전관리규정의 작성 및 준수 등 제13조 안전점검 및 정밀안전진단 지침 제14조 안전점검의 실시 제15조 정밀안전진단의 실시 제16조 안전점검 및 정밀안전진단 실시 결과의 보고 및 공표 제17조 안전점검 및 정밀안전진단 대행기관의 등록 등 제18조 안전점검 및 정밀안전진단 실시자의 의무 등 제19조 사전유해인자위험분석의 실시 제20조 교육 · 훈련 제21조 건강검진 제22조 비용의 부담 등	제4장 연구실사고에 대한 대응 및 보상	제23조 연구실사고 보고 제24조 연구실사고 조사의 실시 제25조 연구실 사용제한 등 제26조 보험가입 등 제27조 보험 관련 자료 등의 제출 제28조 안전관리 우수연구실 인증제
제5장 연구실 안전환경 조성을 위한 지원 등	제29조 대학 · 연구기관 등에 대한 지원 제30조 권역별 연구안전지원센터의 지정 · 운영 제31조 검사 제32조 증표 제시 제33조 시정명령	제6장 연구실안전 관리사	제34조 연구실안전관리사의 자격 및 시험 제35조 연구실안전관리사의 직무 제36조 결격사유 제37조 부정행위자에 대한 제재처분 제38조 자격의 취소 · 정지처분
제7장 보 칙	제39조 신고 제40조 비밀 유지 제41조 권한 · 업무의 위임 및 위탁 제42조 벌칙 적용에서 공무원 의제	제8장 벌 칙	제43조 벌칙 제44조 벌칙 제45조 양벌규정 제46조 과태료

1 총 칙

(1) 법의 목적

① 대학 및 연구기관 등에 설치된 과학기술 분야 연구실의 안전을 확보

② 연구실사고로 인한 피해 보상

③ 연구활동종사자의 건강과 생명을 보호

④ 안전한 연구환경을 조성하여 연구활동 활성화에 기여

(2) 법의 적용범위

① 대학 · 연구기관 등이 연구활동을 수행하기 위하여 설치한 연구실 및 연구활동이 수행되는 공간에 관해 적용

② 연구실의 연구활동종사자를 합한 인원이 10명 미만인 연구실과 상시 근로자 50명 미만인 연구기관, 기업부설연구소 및 연구개발전담부서는 적용제외

<table>
<tr><th>구 분</th><th>제 정</th><th>법률명</th><th>관 할</th><th>위반 구속력</th></tr>
<tr><td>법 률</td><td>국 회</td><td>• 연구실 안전환경 조성에 관한 법률</td><td>법 원</td><td>형사처벌
(구속, 벌금)</td></tr>
<tr><td>시행령</td><td>대통령</td><td>• 연구실 안전환경 조성에 관한 법률 시행령</td><td rowspan="3">행정청</td><td rowspan="3">행정명령
(과태료, 업무정지 등)</td></tr>
<tr><td>시행규칙</td><td rowspan="2">과학기술정보
통신부</td><td>• 연구실 안전환경 조성에 관한 법률 시행규칙</td></tr>
<tr><td>행정규칙
(고시, 훈령,
예규 등)</td><td>• 소재 부품 장비 국가연구실 등의 지정 및 운영에 관한 규정(훈령)
• 안전관리 우수연구실 인증제 운영에 관한 규정(고시)
• 연구실사고에 대한 보상기준(고시)
• 연구실 사고조사반 구성 및 운영규정(훈령)
• 연구실 사전유해인자위험분석 실시에 관한 지침(고시)
• 연구실 안전 및 유지관리비의 사용내역서 작성에 관한 세부기준(고시)
• 연구실안전심의위원회 운영규정(훈령)
• 연구실 안전점검 및 정밀안전진단에 관한 지침(고시)</td></tr>
</table>

(3) 중대 연구실사고 22 기출

① 사망자 또는 과학기술정보통신부 장관이 정하여 고시하는 후유장해 1급부터 9급까지에 해당하는 부상자가 1명 이상 발생한 사고

② 3개월 이상의 요양이 필요한 부상자가 동시에 2명 이상 발생한 사고

③ 3일 이상의 입원이 필요한 부상을 입거나 질병에 걸린 사람이 동시에 5명 이상 발생한 사고

④ 연구실의 중대한 결함으로 인한 사고

(4) 용어정의 22 기출

연구실	대학 · 연구기관 등이 연구활동을 위하여 시설 · 장비 · 연구재료 등을 갖추어 설치한 실험실 · 실습실 · 실험준비실
연구활동	과학기술 분야의 지식을 축적하거나 새로운 적용방법을 찾아내기 위하여 축적된 지식을 활용하는 체계적이고 창조적인 활동(실험 · 실습 등을 포함한다)
연구주체의 장	대학 · 연구기관 등의 대표자 또는 해당 연구실의 소유자
연구실안전환경관리자	대학 · 연구기관 등에서 연구실 안전과 관련한 기술적인 사항에 대하여 연구주체의 장을 보좌하고 연구실책임자 등 연구활동종사자에게 조언 · 지도하는 업무를 수행하는 사람
연구실책임자	연구실 소속 연구활동종사자를 직접 지도 · 관리 · 감독하는 연구활동종사자
연구실안전관리담당자	각 연구실에서 안전관리 및 연구실사고 예방 업무를 수행하는 연구활동종사자
연구활동종사자	연구활동에 종사하는 사람으로서 각 대학 · 연구기관 등에 소속된 연구원 · 대학생 · 대학원생 및 연구보조원 등
연구실안전관리사	연구실안전관리사 자격시험에 합격하여 자격증을 발급받은 사람
안전점검	연구실 안전관리에 관한 경험과 기술을 갖춘 자가 육안 또는 점검기구 등을 활용하여 연구실에 내재된 유해인자를 조사하는 행위
정밀안전진단	연구실사고를 예방하기 위하여 잠재적 위험성의 발견과 그 개선대책의 수립을 목적으로 실시하는 조사 · 평가
연구실사고	연구실에서 연구활동과 관련하여 연구활동종사자가 부상 · 질병 · 신체장해 · 사망 등 생명 및 신체상의 손해를 입거나 연구실의 시설 · 장비 등이 훼손되는 것
중대 연구실사고	연구실사고 중 손해 또는 훼손의 정도가 심한 사고로서 사망사고 등 과학기술정보통신부령으로 정하는 사고
유해인자	화학적 · 물리적 · 생물학적 위험요인 등 연구실사고를 발생시키거나 연구활동종사자의 건강을 저해할 가능성이 있는 인자

(5) 연구실 실태조사

① 과학기술정보통신부 장관은 2년마다 연구실 안전환경 및 안전관리 현황 등에 대한 실태조사 실시

② 과학기술정보통신부 장관이 실태조사를 하려는 경우에는 해당 연구주체의 장에게 조사의 취지 및 내용, 조사 일시 등이 포함된 조사계획을 미리 통보

③ 연구실 실태조사 내용

㉠ 연구실 및 연구활동종사자 현황

㉡ 연구실 안전관리 현황

㉢ 연구실사고 발생 현황

㉣ 연구실 안전환경 및 안전관리의 현황 파악을 위하여 과학기술정보통신부 장관이 필요하다고 인정하는 사항

(6) 국가의 책무

① 연구실의 안전한 환경을 확보하기 위한 연구활동을 지원하는 등 필요한 시책을 수립 · 시행

② 연구실 안전관리기술 고도화 및 연구실사고 예방을 위한 연구개발을 추진하고, 유형별 안전관리 표준화 모델과 안전교육 교재를 개발 · 보급

③ 연구활동종사자의 안전한 연구활동을 보장하기 위하여 연구 안전에 관한 지식 · 정보의 제공 등 연구실 안전문화를 확산

④ 대학 · 연구기관 등의 연구실 안전환경 및 안전관리 현황 등에 대한 실태를 대통령령으로 정하는 실시주기, 방법 및 절차에 따라 조사하고 그 결과를 공표

⑤ 교육부 장관은 대학 내 연구실의 안전 확보를 위해 대학별 정보공시에 연구실 안전관리에 관한 내용을 포함하여야 함

2 연구실 안전환경 기반 조성

(1) 연구실 안전환경 조성 기본계획

① 정부는 5년마다 연구실 안전환경 조성 기본계획을 수립 · 시행

② 조성 기본계획의 수립 및 변경은 연구실안전심의위원회의 심의를 거쳐 확정

③ 조성 기본계획에 포함되어야 하는 사항

㉠ 연구실 안전환경 조성을 위한 발전목표 및 정책의 기본방향

㉡ 연구실 안전관리 기술 고도화 및 연구실사고 예방을 위한 연구개발

㉢ 연구실 유형별 안전관리 표준화 모델 개발

㉣ 연구실 안전교육 교재의 개발 · 보급 및 안전교육 실시

㉤ 연구실 안전관리의 정보화 추진

㉥ 안전관리 우수연구실 인증제 운영

㉦ 연구실의 안전환경 조성 및 개선을 위한 사업 추진

㉧ 연구안전 지원체계 구축 · 개선

㉨ 연구활동종사자의 안전 및 건강 증진

㉩ 기타 연구실사고 예방 및 안전환경 조성에 관한 중요사항

④ 대통령령으로 정하는 기본계획 수립 · 시행 등에 필요한 사항

㉠ 과학기술정보통신부 장관은 연구실 안전환경 조성 기본계획을 수립하기 위하여 필요한 경우 관계 중앙행정기관의 장 및 지방자치단체의 장에게 필요한 자료의 제출을 요청할 수 있음

㉡ 과학기술정보통신부 장관은 기본계획의 수립 시 관계 중앙행정기관의 장, 지방자치단체의 장, 연구실 안전과 관련이 있는 기관 또는 단체 등의 의견을 수렴할 수 있음

㉢ 과학기술정보통신부 장관은 기본계획이 확정되면 지체 없이 중앙행정기관의 장 및 지방자치단체의 장에게 통보해야 함

(2) 연구실안전심의위원회 22 기출

① 과학기술정보통신부 장관은 연구실 안전환경 조성에 관한 다음의 사항을 심의하기 위하여 연구실안전심의위원회를 설치 · 운영하고 위원은 장관이 위촉하거나 임명함

② 심의위원회의 구성

㉠ 위원장 1명을 포함한 15명 이내의 위원으로 구성

㉡ 위원장은 과학기술정보통신부 차관으로 심의위원회를 대표하고, 심의위원회의 사무를 총괄

㉢ 위원장이 직무를 수행할 수 없을 때에는 위원장이 미리 지명한 위원이 그 직무를 대행

㉣ 위원 : 연구실 안전 분야에 관한 학식과 경험이 풍부한 사람 중 과학기술정보통신부 장관이 위촉

㉤ 기타 심의위원회의 구성 및 운영에 필요한 사항은 대통령령으로 정함

㉥ 위원의 임기는 3년이며 한 차례만 연임

③ 심의위원회의 회의

㉠ 정기회의 : 연 2회

㉡ 임시회의는 위원장이 필요하다고 인정할 때 또는 재적위원 3분의 1 이상이 요구할 때

㉢ 심의위원회의 회의는 재적위원 과반수의 출석으로 개의하고, 출석위원 과반수의 찬성으로 의결

④ 간 사

㉠ 심의위원회의 활동을 지원하고 사무를 처리하기 위하여 심의위원회에 간사 1명을 둠

㉡ 간사는 과학기술정보통신부 장관이 과학기술정보통신부 소속 공무원 중에서 지명

⑤ 연구실안전심의위원회의의 심의사항

㉠ 기본계획 수립 · 시행에 관한 사항

㉡ 연구실 안전환경 조성에 관한 주요정책의 총괄 · 조정에 관한 사항

㉢ 연구실사고 예방 및 대응에 관한 사항

㉣ 연구실 안전점검 및 정밀안전진단 지침에 관한 사항

㉤ 기타 연구실 안전환경 조성에 관하여 위원장이 회의에 부치는 사항

(3) 연구실안전정보시스템

① 과학기술정보통신부 장관은 연구실 안전환경 조성 및 연구실사고 예방을 위하여 연구실 안전정보를 수집하여 체계적으로 관리하여야 함

② 과학기술정보통신부 장관은 연구실안전정보의 체계적인 관리를 위하여 연구실안전정보시스템을 구축 · 운영하여야 함

③ 연구실안전정보시스템은 지정된 권역별 연구안전지원센터가 운영

④ 연구실안전정보시스템은 안전정보통합관리시스템과 연계하여 운영

⑤ 과학기술정보통신부 장관은 연구실안전정보시스템을 통하여 대학 · 연구기관 등의 연구실 안전정보를 매년 1회 이상 공표할 수 있음

⑥ 과학기술정보통신부 장관은 연구실안전정보시스템 구축을 위하여 관계 중앙행정기관의 장 및 연구주체의 장에게 필요한 자료의 제출을 요청할 수 있으며 이 경우 요청을 받은 관계 중앙행정기관의 장 및 연구주체의 장은 특별한 사유가 없으면 이에 따라야 함

⑦ 연구실안전정보시스템의 구축범위 및 운영절차는 대통령령으로 정함

⑧ 연구실안전정보시스템에 포함되어야 하는 정보 22 기출

㉠ 대학 · 연구기관 등의 현황

㉡ 분야별 연구실사고 발생 현황, 연구실사고 원인 및 피해 현황 등 연구실사고에 관한 통계

㉢ 기본계획 및 연구실 안전 정책에 관한 사항

㉣ 연구실 내 유해인자에 관한 정보

㉤ 안전점검 지침 및 정밀안전진단 지침

㉥ 안전점검 및 정밀안전진단 대행기관의 등록 현황

㉦ 안전관리 우수연구실 인증 현황

ⓞ 권역별 연구안전지원센터의 지정 현황

ⓩ 연구실안전환경관리자 지정 내용 등 법 및 이 영에 따른 제출 · 보고 사항

ⓒ 기타 연구실 안전환경 조성에 필요한 사항

⑨ 과학기술정보통신부 장관은 연구주체의 장, 안전점검 또는 정밀안전진단 대행기관의 장, 권역별 연구안전지원센터의 장 등에게 시스템에 포함되어야 하는 정보에 대한 자료를 제출하거나 안전정보시스템에 입력하도록 요청할 수 있음

⑩ 과학기술정보통신부 장관은 제출받거나 안전정보시스템에 입력된 정보의 신뢰성과 객관성을 확보하기 위하여 그 정보에 대한 확인 및 점검을 해야 함

⑪ 연구주체의 장과 권역별 연구안전지원센터의 장 등은 안전정보시스템에 자료 입력과 별도로 연구실의 중대한 결함 보고와 연구실 사용제한 조치 등의 보고를 별도로 실시해야 함

(4) 연구실책임자

① 연구실책임자는 연구주체의 장이 연구실사고 예방 및 연구활동종사자의 안전을 위해 지정

② 연구실책임자는 해당 연구실의 안전관리 업무를 효율적으로 수행하기 위하여 해당 연구실의 연구활동종사자 중 연구실안전관리담당자를 지정할 수 있음

③ 연구실책임자는 연구활동종사자를 대상으로 해당 연구실의 유해인자에 관한 교육을 실시하여야 함

④ 연구실책임자는 연구실에 연구활동에 적합한 보호구를 비치하고 연구활동종사자로 하여금 이를 착용하게 하여야 함. 이 경우 보호구의 종류는 과학기술정보통신부령으로 정함

⑤ **연구실 책임자의 요건(연구주체의 장이 지정)** 22 기출

㉠ 대학 · 연구기관 등에서 연구책임자 또는 조교수 이상의 직에 재직하는 사람일 것

㉡ 해당 연구실의 연구활동과 연구활동종사자를 직접 지도 · 관리 · 감독하는 사람일 것

㉢ 해당 연구실의 사용 및 안전에 관한 권한과 책임을 가진 사람일 것

(5) 연구실안전환경관리자

① 연구주체의 장은 연구실안전환경관리자를 지정 또는 변경 시 연구실안전환경관리자 지정 보고서에 연구실안전환경관리자의 자격기준서류, 재직증명서, 담당 업무를 기술한 서류를 과학기술정보통신부 장관에게 그로부터 14일 이내에 제출해야 함

② **연구실안전환경관리자의 대리자**

㉠ 연구실안전환경관리자가 여행 · 질병이나 그 밖의 사유로 일시적으로 그 직무를 수행할 수 없는 경우 지정

㉡ 연구실안전환경관리자의 해임 또는 퇴직과 동시에 다른 연구실안전환경관리자가 선임되지 아니한 경우 지정

㉢ 대리자의 직무대행 기간은 30일을 초과할 수 없음(출산휴가 사유로 지정 시 90일까지 인정)

㉣ 대리자의 자격요건

- 국가기술자격법에 따른 안전관리 분야의 국가기술자격을 취득한 사람
- 고압가스안전관리법, 산안법, 도시가스사업법, 전기안전관리법 해당하는 안전관리자, 소방안전관리로 선임되어 있는 사람
- 연구실 안전관리 업무 실무경력이 1년 이상인 사람
- 연구실 안전관리 업무에서 연구실안전환경관리자를 지휘 · 감독하는 지위에 있는 사람

③ 연구활동종사자 수에 따른 연구실안전환경관리자의 수

연구활동종사자 수	연구실안전환경관리자 수
1천명 미만	1명 이상
1천명 이상 3천명 미만	2명 이상
3천명 이상	3명 이상

④ 대학 · 연구기관 등의 분교 또는 분원이 있는 경우에는 분교 또는 분원에 별도로 연구실안전환경관리자를 지정하여야 함

⑤ 분교 또는 분원에 연구실안전환경관리자를 지정하지 않을 수 있는 경우

㉠ 분교 또는 분원의 연구활동종사자 총인원이 10명 미만인 경우

㉡ 본교와 분교 또는 본원과 분원이 같은 시 · 군 · 구 지역에 소재하는 경우

㉢ 본교와 분교 또는 본원과 분원 간의 직선거리가 15km 이내인 경우

⑥ 연구실안전환경관리자의 자격기준

㉠ 안전관리 분야의 기사 이상 자격을 취득한 사람

㉡ 교육 · 훈련을 이수한 연구실안전관리사

㉢ 연구실 안전관리 업무 실무경력이 8년 이상인 사람

㉣ 안전관리 분야의 산업기사 자격을 취득한 후 연구실 안전관리 업무 실무경력이 1년 이상

㉤ 전문대학 이상의 학교에서 안전관련학과를 졸업 후 연구실 안전관리 업무 실무경력이 2년 이상인 사람

㉥ 전문대학 이상의 학교에서 이공계학과를 졸업 후 연구실 안전관리 업무 실무경력이 4년 이상인 사람

㉦ 고등기술학교 또는 이와 같은 수준 이상의 학교를 졸업한 후 연구실 안전관리 업무 실무경력이 6년 이상인 사람

㉧ 다음 어느 하나에 해당하는 안전관리자로 선임되어 연구실 안전관리 업무 실무경력이 1년 이상인 사람

- 고압가스안전관리법에 따른 안전관리자
- 산업안전보건법에 따른 안전관리자
- 도시가스사업법에 따른 안전관리자
- 전기안전관리법에 따른 전기안전관리자
- 화재의 예방 및 안전관리에 관한 법률에 따른 소방안전관리자
- 위험물안전관리법에 따른 위험물안전관리자

⑦ 연구실안전환경관리자의 업무 22 기출

㉠ 안전점검 · 정밀안전진단 실시 계획의 수립 및 실시

㉡ 연구실 안전교육계획 수립 및 실시

㉢ 연구실사고 발생의 원인조사 및 재발 방지를 위한 기술적 지도 · 조언

㉣ 연구실 안전환경 및 안전관리 현황에 관한 통계의 유지 · 관리

㉤ 안전관리규정을 위반한 연구활동종사자에 대한 조치의 건의

㉥ 기타 안전관리규정이나 다른 법령에 따른 연구시설의 안전성 확보에 관한 사항

⑧ 상시 연구활동종사자가 300명 이상이거나 연구활동종사자가 1,000명 이상인 경우에는 연구실안전환경관리자 중 1명 이상에게 연구실안전환경관리자의 업무만을 전담토록 해야 함

(6) 연구실안전관리위원회 22 기출

① **연구주체의 장** : 안전과 관련된 주요사항을 협의하기 위해 연구실안전관리위원회(이하 위원회)를 구성해야 함

② **위원** : 위원장 1명을 포함한 15명 이내의 위원으로 구성하며 위원은 연구실안전환경관리자와 다음의 사람 중에서 연구주체의 장이 지명하는 사람으로 하고, 위원장은 위원 중에서 호선함

㉠ 연구실책임자

㉡ 연구활동종사자

㉢ 연구실 안전 관련 예산 편성 부서의 장

㉣ 연구실안전환경관리자가 소속된 부서의 장

③ **회의** : 정기회의는 연 1회 이상, 임시회의는 위원회의 위원장이 필요하다고 인정할 때 또는 위원회의 위원 과반수가 요구할 때 실시, 위원회의 회의는 재적위원 과반수의 출석으로 개의하고, 출석위원 과반수의 찬성으로 의결

④ **위원장** : 위원회에서 의결된 내용 등 회의 결과를 게시 또는 그 밖의 적절한 방법으로 연구활동종사자에게 신속하게 알려야 함

⑤ **위원회 운영에 필요한 사항**

㉠ 위원회의 의결을 거쳐 위원회의 위원장이 정함

㉡ 위원회를 구성할 경우 해당 대학 · 연구기관 등의 연구활동종사자가 전체 위원회 위원의 2분의 1 이상이어야 함

㉢ 연구주체의 장은 정당한 활동을 수행한 연구실안전관리위원회 위원에 대하여 불이익한 처우를 하여서는 아니됨

㉣ 위원회의 구성 · 운영에 관한 세부기준은 과학기술정보통신부령으로 정함

⑥ **위원회에서 협의하여야 할 사항**

㉠ 안전관리규정의 작성 또는 변경

㉡ 안전점검 실시 계획의 수립

㉢ 정밀안전진단 실시 계획의 수립

㉣ 안전 관련 예산의 계상 및 집행 계획의 수립

㉤ 연구실 안전관리 계획의 심의

㉥ 그 밖의 연구실 안전에 관한 주요사항

(7) 연구실 안전관리 주체별 업무

정 부	• 연구실사고를 예방하고 안전한 연구환경을 조성하기 위하여 5년마다 연구실 안전환경 조성 기본계획을 수립 · 시행하여야 함 • 기본계획은 연구실안전심의위원회의 심의를 거처 확정함 • 기본계획 수립 · 시행 등에 필요한 사항은 대통령령으로 정함
연구실안전심의위원회	• 기본계획 수립 · 시행에 관한 사항 • 연구실 안전환경 조성에 관한 주요정책의 총괄 · 조정에 관한 사항 • 연구실사고 예방 및 대응에 관한 사항 • 연구실 안전점검 및 정밀안전진단 지침에 관한 사항 • 연구실 안전환경 조성에 관하여 위원장이 회의에 부치는 사항

연구주체의 장	• 연구실사고 예방 및 연구활동종사자의 안전을 위하여 연구실책임자를 지정 • 연구실안전환경관리자 및 대행자의 지정, 전문교육 이수 추진 • 연구실안전관리위원회 구성 및 운영 • 안전관리 규정을 작성하여 각 연구실에 게시하고, 연구활동종사자에게 알림 • 안전점검 및 정밀안전진단 지침에 따라 안전점검 및 정밀안전진단을 실시 • 안전점검 또는 정밀안전진단 실시 결과의 공표 • 연구활동종사자에 대하여 연구실사고 예방 및 대응에 필요한 교육 · 훈련 실시 • 유해인자에 노출될 위험성이 있는 연구활동종사자에게 정기적 건강검진 실시 • 연구실에 필요한 안전 관련 예산을 배정 및 집행 • 연구활동종사자를 피보험자 및 수익자로 하는 보험에 가입하여야 함 • 안전관리 우수연구실 인증 신청
안전관리위원회	• 안전관리규정의 작성 또는 변경 • 안전점검 및 정밀안전진단 실시 계획의 수립 • 안전 관련 예산의 계상 및 집행 계획의 수립 • 연구실 안전관리 계획의 심의
연구실안전환경관리자	• 연구실의 안전점검 및 정밀안전진단의 실시계획 수립 및 실시 • 연구실의 안전교육계획 수립 및 실시 • 연구실사고발생의 원인조사 및 재발방지를 위한 기술적 지도 · 조언 • 연구실 안전환경 및 안전관리 현황에 관한 통계의 유지 · 관리
연구실책임자	• 해당 연구실의 연구활동종사자 중 연구실안전관리담당자의 지정 • 연구개발활동 시작 전 사전유해인자위험분석을 실시 • 연구활동종사자를 대상으로 현행 연구실의 유해인자에 관한 교육실시 • 연구활동에 적합한 보호구를 비치하고 착용 • 안전보건표지, 안전수칙 부착 • 연구실별 사고 예방 및 대응 매뉴얼 작성 • 유해물질, 연구 설비 및 장비의 유지 · 관리 • 사고 발생 시 피해 최소화 대책 시행 • 사고 대응 활동 및 사고조사에 적극 협조 • 사고 재발방지대책 시행
연구실안전관리담당자	• 해당 연구실에서 안전관리 및 사고예방 업무를 수행
연구활동종사자	• 연구실 안전관리 및 연구실사고 예방을 위한 각종 기준과 규범 등을 준수 • 연구실 안전환경 증진활동에 적극 참여

* 연구주체의 장 : 대학 · 연구기관 등의 대표자 또는 해당 연구실의 소유자

* 연구실안전환경관리자 : 연구실 안전과 관련한 기술적인 사항에 대하여 연구주체의 장을 보좌하고 연구실안전관리담당자를 지도하는 자

* 연구실책임자 : 각 연구실에서 과학기술분야 연구개발활동 및 연구활동종사자를 직접 지도 · 관리 · 감독하는 자

* 연구실안전관리담당자 : 각 연구실에서 안전관리 및 사고예방 업무를 수행하는 자

3 연구실 안전조치

(1) 안전관리규정

① 연구실의 연구활동종사자를 합한 인원이 10명 이상인 경우 연구주체의 장은 연구실 안전관리규정을 작성하여 연구실에 게시 또는 비치하고 연구활동종사자에게 알려야 함

② 연구주체의 장은 안전관리규정을 산업안전 · 가스 및 원자력 분야 등의 다른 법령에서 정하는 안전관리에 관한 규정과 통합하여 작성할 수 있음

③ 안전관리규정의 작성내용

㉠ 안전관리 조직체계 및 그 직무에 관한 사항

㉡ 연구실안전환경관리자 및 연구실책임자의 권한과 책임에 관한 사항

㉢ 연구실안전관리담당자의 지정에 관한 사항

㉣ 안전교육의 주기적 실시에 관한 사항

㉤ 연구실 안전표식의 설치 또는 부착

㉥ 중대 연구실사고 및 그 밖의 연구실사고의 발생을 대비한 긴급대처 방안과 행동요령

㉦ 연구실사고 조사 및 후속대책 수립에 관한 사항

㉧ 연구실 안전 관련 예산 계상 및 사용에 관한 사항

㉨ 연구실 유형별 안전관리에 관한 사항

㉩ 그 밖의 안전관리에 관한 사항

(2) 안전점검

① 연구주체의 장은 연구실의 안전관리를 위하여 안전점검 지침에 따라 소관 연구실에 대하여 안전점검을 실시하여야 함

② 연구주체의 장은 안전점검을 실시하는 경우 대행기관으로 하여금 이를 대행하게 할 수 있음

③ 안전점검의 실시시기, 실시요건 및 안전점검 실시자의 자격은 대통령령으로 정함

④ 안전점검 지침 및 정밀안전진단 지침에 포함되어야 하는 사항 22 기출

㉠ 안전점검 · 정밀안전진단 실시 계획의 수립 및 시행에 관한 사항

㉡ 안전점검 · 정밀안전진단을 실시하는 자의 유의사항

㉢ 안전점검 · 정밀안전진단의 실시에 필요한 장비에 관한 사항

㉣ 안전점검 · 정밀안전진단의 점검대상 및 항목별 점검방법에 관한 사항

㉤ 안전점검 · 정밀안전진단 결과의 자체평가 및 사후조치에 관한 사항

㉥ 기타 연구실의 기능 및 안전을 유지 · 관리하기 위하여 과학기술정보통신부 장관이 필요하다고 인정하는 사항

⑤ 자료 및 기록유지

㉠ 연구주체의 장은 연구시설물의 설계도면, 연구실 배치도, 안전설비 · 유해인자의 목록, 보호구 및 연구활동종사자 배치현황 등의 자료를 정리, 유지해야 함

㉡ 연구주체의 장은 안전계획에 관한 다음의 사항을 정리 · 유지하여야 함
- 안전관리계획서, 안전점검 및 정밀안전진단 결과보고서, 안전시설 보수 · 보완공사 관련자료
- 유해인자 취급 및 관리대장, 물질안전보건자료(MSDS). 단, MSDS는 기관 홈페이지에 링크한 경우 기록유지(게시 및 비치)한 것으로 갈음
- 보호구 목록 및 관리대장
- 기계기구 · 설비 · 장비 · 안전방호장치 명세서 및 이력카드

㉢ 관련 용어정의 22 기출

일상점검	• 연구활동에 사용되는 기계 · 기구 · 전기 · 약품 · 병원체 등의 보관상태 및 보호장비의 관리 실태 등을 직접 눈으로 확인하는 점검 • 연구활동 시작 전에 매일 실시하는 조사행위 • 저위험연구실의 경우에는 매주 1회 이상 실시
정기점검	• 연구활동에 사용되는 기계 · 기구 · 전기 · 약품 · 병원체 등의 보관상태 및 보호장비의 관리 실태 등을 안전점검기기를 이용하여 실시하는 세부적인 점검 • 매년 1회 이상 실시 • 저위험연구실과 안전관리 우수연구실 인증을 받은 연구실은 정기점검을 면제 • 안전관리 우수연구실 인증을 받은 연구실의 면제기한은 인증 유효기간의 만료일이 속하는 연도의 12월 31일까지로 함
특별안전점검	• 폭발사고 · 화재사고 등 연구활동종사자의 안전에 치명적인 위험을 야기할 가능성이 있을 것으로 예상되는 경우에 실시하는 점검 • 연구주체의 장이 필요하다고 인정하는 경우에 실시
정밀안전진단	• 연구실에서 발생할 수 있는 재해를 예방하기 위하여 잠재적 위험성의 발견과 그 개선대책의 수립을 목적으로 일정 기준 또는 자격을 갖춘 자가 실시하는 조사 · 평가
노출도평가	• 연구실 유해인자의 노출로 인한 유해성을 분석해서 개선대책을 수립하기 위해 연구활동 종사자 또는 연구실에 대하여 노출도 측정계획을 수립한 후 시료를 채취하여 분석 · 평가하는 것
실시자	• 연구실 안전환경 조성에 관한 법률에 따라 등록된 안전점검 또는 정밀안전진단 대행기관 • 안전점검 또는 정밀안전진단의 직접 실시 요건을 갖춘 연구주체의 장

(3) 정밀안전진단 22 기출

① 안전점검을 실시한 결과 연구실사고 예방을 위하여 정밀안전진단이 필요하다고 인정되는 경우와 중대 연구실사고가 발생한 경우에는 정밀안전진단 지침에 따라 정밀안전진단을 실시해야 함

② 정밀안전진단지침에 포함되어야 하는 사항

㉠ 유해인자별 노출도 평가에 관한 사항

㉡ 유해인자별 취급 및 관리에 관한 사항

㉢ 유해인자별 사전 영향 평가 · 분석에 관한 사항

③ 연구주체의 장은 유해인자를 취급하는 등 위험한 작업을 수행하는 연구실에 대하여 정기적으로 정밀안전진단을 실시하여야 함

④ 연구주체의 장은 정밀안전진단을 실시하는 경우 등록된 대행기관으로 하여금 이를 대행하게 할 수 있음

⑤ 정밀안전진단의 실시시기, 실시요건, 정밀안전진단 실시자의 자격, 정기적인 정밀안전진단이 필요한 연구실의 대상에 관해서는 대통령령으로 정함

⑥ 정밀안전진단 대상연구실
   ㉠ 연구활동에 화학물질관리법 제2조 제7호에 따른 유해화학물질을 취급하는 연구실
   ㉡ 연구활동에 산업안전보건법 제104조에 따른 유해인자를 취급하는 연구실
   ㉢ 연구활동에 과학기술정보통신부령으로 정하는 독성가스를 취급하는 연구실
⑦ 정밀안전진단은 2년마다 1회 이상 실시해야 함

(4) 안전점검, 정밀안전진단의 실시결과보고, 공표

① 연구주체의 장은 안전점검 또는 정밀안전진단을 실시한 경우 그 결과를 지체 없이 공표
② 연구주체의 장은 안전점검 또는 정밀안전진단을 실시한 결과 연구실에 유해인자가 누출되는 등 대통령령으로 정하는 중대한 결함이 있는 경우에는 그 결함이 있음을 안 날부터 7일 이내에 과학기술정보통신부 장관에게 보고
③ 과학기술정보통신부 장관은 보고받은 경우 이를 즉시 관계 중앙행정기관의 장 및 지방자치단체의 장에게 통보하고, 연구주체의 장에게 연구실 사용제한 등(제25조)에 따른 조치를 요구하여야 함
④ 과학기술정보통신부 장관은 보고받은 안전점검 및 정밀안전진단 실시 결과에 관한 기록을 유지 · 관리하여야 함

(5) 안전점검, 정밀안전진단 대행기관의 등록

① 안전점검 및 정밀안전진단을 대행하려는 사람은 과학기술정보통신부 장관에게 등록
② 대행기관은 등록한 사항을 변경하고자 할 경우 과학기술정보통신부 장관에게 변경등록 실시
③ 과학기술정보통신부 장관은 등록이나 변경등록을 한 대행기관에게 등록증을 발급
④ 대행기관의 등록취소 등
   과학기술정보통신부 장관은 대행기관으로 등록한 자가 다음의 어느 하나에 해당하는 경우에는 등록취소, 6개월 이내의 업무정지, 시정명령을 할 수 있음
   ㉠ 거짓 또는 그 밖의 부정한 방법으로 ①에 따른 등록 또는 ②에 따른 변경등록을 한 경우(이 경우는 바로 등록취소됨)
   ㉡ 타인에게 대행기관 등록증을 대여한 경우
   ㉢ 대행기관의 등록기준에 미달하는 경우
   ㉣ 등록사항의 변경이 있은 날부터 6개월 이내에 변경등록을 하지 아니한 경우
   ㉤ 대행기관이 안전점검 지침 또는 정밀안전진단 지침을 준수하지 아니한 경우
   ㉥ 등록된 기술인력이 아닌 자로 안전점검 또는 정밀안전진단을 대행한 경우
   ㉦ 안전점검 또는 정밀안전진단을 성실하게 대행하지 아니한 경우
   ㉧ 업무정지 기간에 안전점검 또는 정밀안전진단을 대행한 경우
⑤ 과학기술정보통신부 장관은 ④에 따라 등록을 취소하려면 청문을 하여야 함
⑥ 과학기술정보통신부 장관은 대행기관에 대하여 필요한 자료의 제출을 명하거나, 관계 공무원으로 하여금 관련 서류나 장비를 조사하게 할 수 있음
⑦ 대행기관을 운영하는 사람은 등록된 기술인력에 대하여 교육을 받도록 하여야 함
⑧ 대행기관의 기준과 등록 및 변경등록의 절차 · 요건, 등록증의 발급과 대행기관의 운영 · 관리에 필요한 사항, 등록취소, 업무정지, 시정명령의 절차 및 방법, 교육과정 및 교육방법은 대통령령으로 정함

(6) 사전유해인자위험분석 22 기출

① 사전유해인자위험분석 : 연구활동 시작 전에 유해인자를 미리 분석하는 것
② 연구실책임자는 대통령령으로 정하는 절차 및 방법에 따라 사전유해인자위험분석을 실시하여야 함
③ 연구실책임자는 사전유해인자위험분석 결과를 연구주체의 장에게 보고하여야 함
④ 연구활동과 관련하여 주요 변경사항이 발생하거나 연구실책임자가 필요하다고 인정하는 경우에는 사전유해인자위험분석을 추가적으로 실시
⑤ 사전유해인자위험분석 순서 22 기출
㉠ 해당 연구실의 안전현황 분석
㉡ 해당 연구실의 유해인자별 위험 분석
㉢ 연구실 안전계획 수립
㉣ 비상조치계획 수립

(7) 교육 · 훈련

① 연구주체의 장은 연구실의 안전관리에 관한 정보를 연구활동종사자에게 제공하여야 함
② 연구주체의 장은 연구활동종사자에 대하여 연구실사고 예방 및 대응에 필요한 교육 · 훈련을 실시하여야 함
③ 연구실안전환경관리자는 연구실 안전에 관한 전문교육을 받아야 함
④ 연구주체의 장은 지정된 연구실안전환경관리자가 전문교육을 이수하도록 하여야 함
⑤ 연구주체의 장은 교육 · 훈련을 실시하는 경우에는 다음의 어느 하나에 해당하는 사람으로 하여금 교육 · 훈련을 담당하도록 해야 함
㉠ 해당 기관의 정기점검 또는 특별안전점검을 실시한 경험이 있는 사람(연구활동종사자는 제외)
㉡ 대학의 조교수 이상으로서 안전에 관한 경험과 학식이 풍부한 사람
㉢ 연구실책임자
㉣ 연구실안전환경관리자
㉤ 권역별 연구안전지원센터에서 실시하는 전문강사 양성 교육 · 훈련을 이수한 사람
㉥ 연구실안전관리사
⑥ 일반교육 : 연구주체의 장은 연구활동종사자에게 다음에 따른 교육 · 훈련을 실시해야 함

신규 교육 · 훈련	연구활동에 신규로 참여하는 연구활동종사자에게 실시하는 교육 · 훈련
정기 교육 · 훈련	연구활동에 참여하고 있는 연구활동종사자에게 과학기술정보통신부령으로 정하는 주기에 따라 실시하는 교육 · 훈련
특별안전 교육 · 훈련	연구실사고가 발생했거나 발생할 우려가 있다고 연구주체의 장이 인정하는 경우 연구실의 연구활동종사자에게 실시하는 교육 · 훈련

⑦ 전문교육 : 연구주체의 장은 연구실안전환경관리자가 다음에 따른 전문교육을 이수하도록 해야 함

신규교육	연구실환경관리자가 지정된 날부터 6개월 이내에 받아야 하는 교육
보수교육	연구실안전환경관리자가 따른 신규교육을 이수한 날을 기준으로 2년마다 받아야 하는 교육. 이 경우 매 2년이 되는 날을 기준으로 전후 6개월 이내에 보수교육을 받도록 해야 함

⑧ 연구활동종사자 교육 · 훈련의 시간 및 내용 [22] 기출

구 분	교육대상		교육시간 (교육시기)	교육내용
신규 교육 · 훈련	근로자	정밀안전진단 대상 연구실에 신규로 채용된 연구활동종사자	8시간 이상 (채용 후 6개월 이내)	• 연구실 안전환경 조성 관련 법령에 관한 사항 • 연구실 유해인자에 관한 사항 • 보호장비 및 안전장치 취급과 사용에 관한 사항 • 연구실사고 사례, 사고 예방 및 대처에 관한 사항 • 안전표지에 관한 사항 • 물질안전보건자료에 관한 사항 • 사전유해인자위험분석에 관한 사항 • 그 밖에 연구실 안전관리에 관한 사항
		정밀안전진단 연구실 대상이 아닌 연구실에 신규로 채용된 연구활동종사자	4시간 이상 (채용 후 6개월 이내)	
	근로자가 아닌 사람	대학생, 대학원생 등 연구활동에 참여하는 연구활동종사자	2시간 이상 (연구활동 참여 후 3개월 이내)	
정기 교육 · 훈련	저위험연구실의 연구활동종사자		연간 3시간 이상	• 연구실 안전환경 조성 관련 법령에 관한 사항 • 연구실 유해인자에 관한 사항 • 안전한 연구활동에 관한 사항 • 물질안전보건자료에 관한 사항 • 사전유해인자위험분석에 관한 사항 • 그 밖에 연구실 안전관리에 관한 사항
	정밀안전진단을 실시해야 하는 연구실의 연구활동종사자		반기별 6시간 이상	
	위 연구실이 아닌 연구실의 연구활동종사자		반기별 3시간 이상	
특별안전 교육 · 훈련	연구실사고가 발생했거나 발생할 우려가 있다고 연구주체의 장이 인정하는 연구실의 연구활동종사자		2시간 이상	• 연구실 유해인자에 관한 사항 • 안전한 연구활동에 관한 사항 • 물질안전보건자료에 관한 사항 • 그 밖에 연구실 안전관리에 관한 사항

(8) 건강검진 [22] 기출

① 연구주체의 장은 유해인자에 노출될 위험성이 있는 연구활동종사자에 대하여 정기적으로 건강검진을 실시

② 과학기술정보통신부 장관은 연구활동종사자의 건강을 보호하기 위하여 필요하다고 인정할 때에는 연구주체의 장에게 특정 연구활동종사자에 대한 임시건강검진의 실시나 연구장소의 변경, 연구시간의 단축 등 필요한 조치를 명할 수 있음

③ 연구활동종사자는 건강검진 및 임시건강검진 등을 받아야 함

④ 연구주체의 장은 건강검진 및 임시건강검진 결과를 연구활동종사자의 건강 보호 외의 목적으로 사용하여서는 아니됨

⑤ 건강검진 · 임시건강검진의 대상, 실시기준, 검진 항목 및 예외 사유는 과학기술정보통신부령에 따름

⑥ 연구주체의 장은 유해인자를 취급하는 연구활동종사자에 대하여 일반건강검진을 실시

⑦ 일반건강검진은 국민건강보험법에 따른 건강검진기관 또는 산업안전보건법에 따른 특수건강진단기관에서 1년에 1회 이상 다음의 검사를 포함하여 실시 [22] 기출

㉠ 문진과 진찰
㉡ 혈압, 혈액 및 소변 검사
㉢ 신장, 체중, 시력 및 청력 측정
㉣ 흉부방사선 촬영

⑧ 연구활동종사자가 다음의 어느 하나에 해당하는 검진, 검사 또는 진단을 받은 경우에는 일반건강검진을 받은 것으로 봄
   ㉠ 국민건강보험법에 따른 일반건강검진
   ㉡ 학교보건법에 따른 건강검사
   ㉢ 산업안전보건법 시행규칙에서 정한 일반건강진단의 검사항목을 모두 포함하여 실시한 건강진단
⑨ 연구주체의 장은 유해인자를 취급하는 연구활동종사자에 대하여 특수건강검진을 실시(임시 작업과 단시간 작업을 수행하는 연구활동종사자에 대해서는 특수건강검진을 실시하지 않을 수 있으나, 발암성 물질, 생식세포 변이원성 물질, 생식독성 물질을 취급하는 연구활동종사자는 제외함)
⑩ **임시건강검진을 실시하는 경우**
   ㉠ 연구실 내에서 유소견자가 발생한 경우
   ㉡ 연구실 내 유해인자가 외부로 누출되어 유소견자가 발생했거나 다수 발생할 우려가 있는 경우

1과목

(9) 비용의 부담

① 안전점검 및 정밀안전진단에 소요되는 비용은 해당 대학 · 연구기관 등이 부담
② 연구주체의 장은 매년 소관 연구실에 필요한 안전 관련 예산을 배정 · 집행
③ 연구주체의 장은 안전 관련 예산을 다른 목적으로 사용해서는 아니 됨
④ 연구주체의 장은 연구실 안전 및 유지 · 관리비를 사용한 경우에는 그 명세서를 작성
⑤ 연구주체의 장은 매년 4월 30일까지 계상한 해당 연도 연구실 안전 및 유지 · 관리비의 내용과 전년도 사용 명세서를 과학기술정보통신부 장관에게 제출
⑥ 연구주체의 장은 연구과제 수행을 위한 연구비를 책정할 때 다음의 용도로 사용하기 위한 예산을 일정비율 이상 배정해야 함
   ㉠ 안전관리에 관한 정보제공 및 연구활동종사자에 대한 교육 · 훈련
   ㉡ 연구실안전환경관리자에 대한 전문교육
   ㉢ 건강검진
   ㉣ 보험료
   ㉤ 연구실의 안전을 유지 · 관리하기 위한 설비의 설치 · 유지 및 보수
   ㉥ 연구활동종사자의 보호장비 구입
   ㉦ 안전점검 및 정밀안전진단
   ㉧ 기타 연구실의 안전환경 조성에 필요한 사항으로 과학기술정보통신부 장관이 고시하는 용도

4 연구실사고

(1) 연구실사고 보고

연구주체의 장은 연구실사고가 발생한 경우에는 과학기술정보통신부령으로 정하는 절차 및 방법에 따라 과학기술정보통신부 장관에게 보고하고 이를 공표하여야 함

(2) 연구실사고 조사의 실시

① 연구실사고가 발생한 경우 장관은 재발 방지를 위하여 연구주체의 장에게 관련 자료의 제출을 요청할 수 있고 추가 조사가 필요하다고 인정되는 경우에는 대통령령으로 정하는 절차 및 방법에 따라 관련 전문가에게 경위 및 원인 등을 조사하게 할 수 있음

② 과학기술정보통신부 장관은 제출된 자료와 조사 결과에 관한 기록을 유지 · 관리하여야 함

(3) 연구실 사용제한 등

① 연구주체의 장은 안전점검 및 정밀안전진단의 실시 결과 또는 연구실사고 조사 결과에 따라 연구활동종사자 또는 공중의 안전을 위하여 긴급한 조치가 필요하다고 판단되는 경우에는 다음 중 하나 이상의 조치를 취하여야 함

㉠ 정밀안전진단 실시

㉡ 유해인자의 제거

㉢ 연구실 일부의 사용제한

㉣ 연구실의 사용금지

㉤ 연구실의 철거

㉥ 그 밖의 연구주체의 장 또는 연구활동종사자가 필요하다고 인정하는 안전조치

② 연구활동종사자는 연구실의 안전에 중대한 문제가 발생하거나 발생할 가능성이 있어 긴급한 조치가 필요하다고 판단되는 경우에는 연구실 사용제한 조치를 직접 취할 수 있고, 이 경우 연구주체의 장에게 그 사실을 지체없이 보고해야 함

③ 연구주체의 장은 연구실 사용제한 조치를 취한 연구활동종사자에 대하여 그 조치의 결과를 이유로 신분상 또는 경제상의 불이익을 주어서는 아니 됨

④ 연구주체의 장은 연구실 사용제한조치가 있는 경우 그 사실을 과학기술정보통신부 장관에게 즉시 보고하여야 하고, 과학기술정보통신부 장관은 이를 공고하여야 함

(4) 사고조사반의 구성 및 운영 22 기출

① 사고조사반의 구성

㉠ 과학기술정보통신부 장관은 연구실사고의 경위 및 원인을 조사하게 하기 위하여 다음의 사람으로 구성되는 사고조사반을 운영할 수 있음

- 연구실 안전과 관련한 업무를 수행하는 관계 공무원
- 연구실 안전 분야 전문가
- 그 밖의 연구실사고 조사에 필요한 경험과 학식이 풍부한 전문가

㉡ 사고조사반의 책임자는 사고조사반 사람 중에서 과학기술정보통신부 장관이 지명하거나 위촉

② 사고조사반의 운영

㉠ 사고조사반의 책임자는 연구실사고 조사가 끝났을 때에는 지체 없이 연구실사고 조사보고서를 작성하여 과학기술정보통신부 장관에게 제출해야 함

㉡ 과학기술정보통신부 장관은 연구실사고 조사에 참여한 사람에게 예산의 범위에서 그 조사에 필요한 여비 및 수당을 지급할 수 있음

㉢ 규정한 사항 외에 사고조사반의 구성 및 운영에 필요한 사항은 과학기술정보통신부 장관이 정함

(5) 중대 연구실사고 등의 보고 및 공표 22 기출

① 연구주체의 장은 중대 연구실사고가 발생한 경우에는 지체 없이 다음의 사항을 과학기술정보통신부 장관에게 전화, 팩스, 전자우편이나 그 밖의 적절한 방법으로 보고해야 함

㉠ 사고 발생 개요 및 피해 상황

㉡ 사고 조치 내용, 사고 확산 가능성 및 향후 조치 · 대응계획

㉢ 그 밖의 사고 내용 · 원인 파악 및 대응을 위해 필요한 사항

② 연구주체의 장은 연구활동종사자가 의료기관에서 3일 이상의 치료가 필요한 생명 및 신체상의 손해를 입은 연구실사고가 발생한 경우에는 사고가 발생한 날부터 1개월 이내에 연구실사고 조사표를 작성하여 과학기술정보통신부 장관에게 보고해야 함

③ 연구주체의 장은 보고한 연구실사고의 발생 현황을 대학 · 연구기관 등 또는 연구실의 인터넷 홈페이지나 게시판 등에 공표해야 함

5 보 험

(1) 보험가입

① 연구주체의 장은 연구활동종사자의 상해 · 사망에 대비하여 연구활동종사자를 피보험자 및 수익자로 하는 보험에 다음 기준을 모두 충족하는 보험에 가입하여야 함

보험의 종류	• 연구실사고로 인한 연구활동종사자의 부상 · 질병 · 신체상해 · 사망 등 생명 및 신체상의 손해를 보상하는 내용이 포함된 보험일 것
보상금액	• 과학기술정보통신부령으로 정하는 보험급여별 보상금액 기준을 충족할 것
보험가입 제외대상 연구활동종사자	• 산업재해보상보험법에 의해 보상이 이루어지는 자 • 공무원 재해보상법에 의해 보상이 이루어지는 자 • 사립학교교직원 연금법에 의해 보상이 이루어지는 자 • 군인 재해보상법에 의해 보상이 이루어지는 자

② 연구주체의 장은 보험에 가입하는 경우 매년 보험가입에 필요한 비용을 예산에 계상하여야 함

③ 연구주체의 장은 연구활동종사자가 보험에 따라 지급받은 보험금으로 치료비를 부담하기에 부족하다고 인정하는 경우 해당 연구활동종사자에게 치료비를 지원할 수 있음

㉠ 치료비는 진찰비, 검사비, 약제비, 입원비, 간병비 등 치료에 드는 모든 의료비용을 포함할 것

㉡ 치료비는 연구활동종사자가 부담한 치료비 총액에서 보험에 따라 지급받은 보험금을 차감한 금액을 초과하지 않을 것

④ 과학기술정보통신부 장관은 연구주체의 장이 가입한 보험회사 및 연구주체의 장에 대하여 보험가입 현황, 연구실사고 보상 및 치료비 지원에 관한 사항 등 과학기술정보통신부령으로 정하는 자료를 제출하도록 할 수 있으며 그 자료는 다음과 같음

㉠ 해당 보험회사에 가입된 대학 · 연구기관 등 또는 연구실의 현황

㉡ 대학 · 연구기관 등 또는 연구실별로 보험에 가입된 연구활동종사자의 수, 보험가입 금액, 보험기간 및 보상금액

㉢ 해당 보험회사가 연구실사고에 대하여 이미 보상한 사례가 있는 경우에는 보상받은 대학 · 연구기관 등 또는 연구실의 현황, 보상받은 연구활동종사자의 수, 보상금액 및 연구실사고 내용

(2) 보험급여의 종류 및 보상금액

① 보험급여별 보상금액 기준

요양급여	최고한도(20억원 이상)의 범위에서 실제로 부담해야 하는 의료비
장해급여	후유장해 등급별로 과학기술정보통신부 장관이 정하여 고시하는 금액 이상
입원급여	입원 1일당 5만원 이상
유족급여	2억원 이상
장의비	1천만원 이상

② **요양급여** : 연구활동종사자가 연구실사고로 발생한 부상 또는 질병 등으로 인하여 의료비를 실제로 부담한 경우에 지급(다만, 긴급하거나 그 밖의 부득이한 사유가 있을 때에는 해당 연구활동종사자의 청구를 받아 요양급여를 미리 지급할 수 있음)

③ **장해급여** : 연구활동종사자가 연구실사고로 후유장해가 발생한 경우에 지급

④ **입원급여** : 연구활동종사자가 연구실사고로 발생한 부상 또는 질병 등으로 인하여 의료기관에 입원을 한 경우에 입원일부터 계산하여 실제 입원일수에 따라 지급(다만, 입원일수가 3일 이내이면 지급하지 않을 수 있고, 입원일수가 30일 이상인 경우에는 최소한 30일에 해당하는 금액은 지급)

⑤ **유족급여** : 연구활동종사자가 연구실사고로 인하여 사망한 경우에 지급

⑥ **장의비** : 연구활동종사자가 연구실사고로 인하여 사망한 경우에 그 장례를 지낸 사람에게 지급

⑦ 두 종류 이상의 보험급여를 지급해야 하는 경우 지급기준

㉠ 부상 또는 질병 등이 발생한 사람이 치료 중에 그 부상 또는 질병 등이 원인이 되어 사망한 경우 : 요양급여, 입원급여, 유족급여 및 장의비를 합산한 금액

㉡ 부상 또는 질병 등이 발생한 사람에게 후유장해가 발생한 경우 : 요양급여, 장해급여 및 입원급여를 합산한 금액

㉢ 후유장해가 발생한 사람이 그 후유장해가 원인이 되어 사망한 경우 : 유족급여 및 장의비에서 장해급여를 공제한 금액

6 안전관리 우수연구실 인증제

(1) 인증제의 실시 22 기출

① 과학기술정보통신부 장관은 연구실의 안전관리 역량을 강화하고 표준모델을 발굴 · 확산하기 위하여 안전관리 우수연구실 인증을 할 수 있음

② 인증을 받으려는 연구주체의 장은 과학기술정보통신부 장관에게 인증을 신청

③ 과학기술정보통신부 장관은 인증을 받은 자가 다음의 어느 하나에 해당하면 인증을 취소할 수 있음

㉠ 거짓이나 그 밖의 부정한 방법으로 인증을 받은 경우(이 경우 반드시 취소해야 함)

㉡ 정당한 사유 없이 1년 이상 연구활동을 수행하지 않은 경우

㉢ 인증서를 반납하는 경우

㉣ 인증 기준에 적합하지 않게 된 경우

④ 인증 기준 · 절차 · 방법 및 유효기간은 대통령령으로 정함

(2) 인증제의 운영

① 안전관리 우수연구실 인증을 받으려는 연구주체의 장은 과학기술정보통신부령으로 정하는 인증신청서를 과학기술정보통신부 장관에게 제출해야 하며 그 인증기준은 다음과 같음

㉠ 연구실 운영규정, 연구실 안전환경 목표 및 추진계획 등 연구실 안전환경 관리체계가 우수하게 구축되어 있을 것

㉡ 연구실 안전점검 및 교육 계획 · 실시 등 연구실 안전환경 구축 · 관리 활동 실적이 우수할 것

㉢ 연구주체의 장, 연구실책임자 및 연구활동종사자 등 연구실 안전환경 관계자의 안전의식이 형성되어 있을 것

② 인증신청을 받은 과학기술정보통신부 장관은 해당 연구실이 인증 기준에 적합한지를 확인하기 위하여 연구실 안전 분야 전문가 등으로 구성된 인증심의위원회의 심의를 거쳐 인증 여부를 결정

③ 인증심의위원회의 구성 및 운영에 필요한 사항은 과학기술정보통신부 장관이 정하여 고시

④ 과학기술정보통신부 장관은 인증심의위원회의 심의 결과 해당 연구실이 인증 기준에 적합한 경우에는 과학기술정보통신부령으로 정하는 인증서를 발급해야 함

⑤ 인증의 유효기간은 인증을 받은 날부터 2년임

⑥ 인증을 받은 연구실이 인증의 유효기간이 지나기 전에 다시 인증을 받으려는 경우에는 유효기간 만료일 60일 전까지 과학기술정보통신부 장관에게 인증을 신청

⑦ 인증을 받은 연구실은 과학기술정보통신부령으로 정하는 인증표시를 해당 연구실에 게시하거나 해당 연구실의 홍보 등에 사용할 수 있음

(3) 인증신청 22 기출

① 안전관리 우수연구실 인증을 받으려는 연구주체의 장은 인증신청서에 다음의 서류를 첨부하여 과학기술정보통신부 장관에게 제출해야 함

㉠ 기초연구진흥 및 기술개발지원에 관한 법률에 따라 인정받은 기업부설연구소 또는 연구개발전담부서의 경우에는 인정서 사본

㉡ 연구활동종사자 현황

㉢ 연구과제 수행 현황

㉣ 연구장비, 안전설비 및 위험물질 보유 현황

㉤ 연구실 배치도

㉥ 연구실 안전환경 관리체계 및 연구실 안전환경 관계자의 안전의식 확인을 위해 필요한 서류(과학기술정보통신부 장관이 해당 서류를 정하여 고시한 경우만 해당)

② 인증신청서를 제출받은 과학기술정보통신부 장관은 행정정보의 공동이용을 통하여 사업자등록증과 법인 등기사항증명서를 확인해야 함(다만, 신청인이 사업자등록증의 확인에 동의하지 않는 경우에는 그 사본을 첨부하도록 해야 함)

7 연구실 안전환경 조성

(1) 연구실 안전환경조성에 필요한 비용 지원

① 국가는 다음에 해당하는 기관 또는 단체 등에 대하여 연구실의 안전환경 조성에 필요한 비용의 전부 또는 일부를 지원할 수 있으며, 지원대상의 범위, 지원방법 및 절차는 대통령령으로 정함

㉠ 대학 · 연구기관 등

㉡ 연구실 안전관리와 관련 있는 연구 또는 사업을 추진하는 비영리 법인 또는 단체

② **연구실 안전환경조성에 필요한 비용 지원대상의 범위**

㉠ 연구실 안전관리 정책 · 제도개선, 안전관리 기준 등에 대한 연구, 개발 및 보급

㉡ 연구실 안전 교육자료 연구, 발간, 보급 및 교육

㉢ 연구실 안전 네트워크 구축 · 운영

㉣ 연구실 안전점검 · 정밀안전진단 실시 또는 관련 기술 · 기준의 개발 및 고도화

㉤ 연구실 안전의식 제고를 위한 홍보 등 안전문화 확산

㉥ 연구실사고의 조사, 원인 분석, 안전대책 수립 및 사례 전파

㉦ 그 밖의 연구실의 안전환경 조성 및 기반 구축을 위한 사업

(2) 권역별 연구안전지원센터의 지정 · 운영

① 과학기술정보통신부 장관은 효율적인 연구실 안전관리 및 연구실사고에 대한 신속한 대응을 위하여 권역별 연구안전지원센터를 지정할 수 있음

② 권역별 연구안전지원센터로 지정받으려는 자는 과학기술정보통신부령으로 정하는 지정신청서에 다음의 서류를 첨부하여 과학기술정보통신부 장관에게 제출해야 함

㉠ 사업 수행에 필요한 인력 보유 및 시설 현황

㉡ 센터 운영규정

㉢ 사업계획서

㉣ 그 밖의 연구실 현장 안전관리 및 신속한 사고 대응과 관련하여 과학기술정보통신부 장관이 공고하는 서류

③ **권역별 연구안전지원센터의 지정요건**

㉠ 아래와 같은 기술인력을 2명 이상 갖출 것

- 안전, 기계, 전기, 화공, 산업위생 또는 보건위생, 생물 중 어느 하나에 해당하는 기술사 자격 또는 박사학위를 취득한 후 안전업무경력이 1년 이상인 사람
- 안전, 기계, 전기, 화공, 산업위생 또는 보건위생, 생물 중 어느 하나에 해당하는 기사 또는 석사 학위를 취득한 후 안전업무경력이 3년 이상인 사람
- 안전, 기계, 전기, 화공, 산업위생 또는 보건위생, 생물 중 어느 하나에 해당하는 산업기사를 취득한 후 안전업무경력이 5년 이상인 사람

㉡ 권역별 연구안전지원센터의 운영을 위한 자체규정을 마련할 것

㉢ 권역별 연구안전지원센터의 업무 추진을 위한 사무실을 확보할 것

④ 과학기술정보통신부 장관은 센터를 지정한 경우에는 해당 기관에 그 사실을 통보하고, 인터넷 홈페이지 및 안전정보시스템 등을 통하여 게시해야 함

⑤ 권역별 연구안전지원센터의 수행업무

㉠ 연구실사고 발생 시 사고 현황 파악 및 수습 지원 등 신속한 사고 대응에 관한 업무

㉡ 연구실 위험요인 관리실태 점검 · 분석 및 개선에 관한 업무

㉢ 업무 수행에 필요한 전문인력 양성 및 대학 · 연구기관 등에 대한 안전관리 기술 지원에 관한 업무

㉣ 연구실 안전관리 기술, 기준, 정책 및 제도 개발 · 개선에 관한 업무

㉤ 연구실 안전의식 제고를 위한 연구실 안전문화 확산에 관한 업무

㉥ 정부와 대학 · 연구기관 등 상호 간 연구실 안전환경 관련 협력에 관한 업무

㉦ 연구실 안전교육 교재 및 프로그램 개발 · 운영에 관한 업무

㉧ 그 밖의 과학기술정보통신부 장관이 정하는 연구실 안전환경 조성에 관한 업무

⑥ 과학기술정보통신부 장관은 센터가 업무를 수행하는 데에 필요한 예산 등을 지원할 수 있음

⑦ 센터는 해당 연도의 사업계획과 전년도 사업추진실적을 과학기술정보통신부 장관에게 매년 제출해야 함

(3) 검 사

① 과학기술정보통신부 장관은 관계 공무원으로 하여금 대학 · 연구기관 등의 연구실 안전관리 현황과 관련 서류 등을 검사하게 할 수 있음

② 과학기술정보통신부 장관은 검사를 하는 경우에는 연구주체의 장에게 검사의 목적, 필요성 및 범위 등을 사전에 통보하여야 함(다만, 연구실사고 발생 등 긴급을 요하거나 사전 통보 시 증거인멸의 우려가 있어 검사 목적을 달성할 수 없다고 인정되는 경우에는 그러하지 아니함)

③ 연구주체의 장은 검사에 적극 협조하여야 하며, 정당한 사유 없이 이를 거부하거나 방해 또는 기피하여서는 아니 됨

(4) 시정명령

① 과학기술정보통신부 장관은 다음의 어느 하나에 해당하는 경우에 연구주체의 장에게 일정한 기간을 정하여 시정을 명하거나 그 밖의 필요한 조치를 명할 수 있음

㉠ 연구실 설치 · 운영 기준에 따라 연구실을 설치 · 운영하지 아니한 경우

㉡ 연구실안전정보시스템의 구축과 관련하여 필요한 자료를 제출하지 않거나 거짓으로 제출한 경우

㉢ 연구실안전관리위원회를 구성 · 운영하지 아니한 경우

㉣ 안전점검 또는 정밀안전진단 업무를 성실하게 수행하지 아니한 경우

㉤ 연구활동종사자에 대한 교육 · 훈련을 성실하게 실시하지 아니한 경우

㉥ 연구활동종사자에 대한 건강검진을 성실하게 실시하지 아니한 경우

㉦ 안전을 위하여 필요한 조치를 취하지 아니하였거나 안전조치가 미흡하여 추가조치가 필요한 경우

㉧ 검사에 필요한 서류 등을 제출하지 아니하거나 검사 결과 연구활동종사자나 공중의 위험을 발생시킬 우려가 있는 경우

② 시정명령을 받은 사람은 그 기간 내에 시정조치를 하고, 그 결과를 과학기술정보통신부 장관에게 보고하여야 함

8 연구실안전관리사

(1) 연구실안전관리사의 자격 및 시험

① 연구실안전관리사가 되려는 사람은 과학기술정보통신부 장관이 실시하는 연구실안전관리사 자격시험에 합격하여야 함

② 자격을 취득한 연구실안전관리사는 직무를 수행하려면 과학기술정보통신부 장관이 실시하는 교육·훈련을 이수하여야 함

③ 연구실안전관리사는 발급받은 자격증을 다른 사람에게 빌려주거나 다른 사람에게 자기의 이름으로 연구실안전관리사의 직무를 하게 하여서는 아니 됨

④ 자격을 취득한 연구실안전관리사가 아닌 사람은 연구실안전관리사 또는 이와 유사한 명칭을 사용하여서는 아니 됨

⑤ 안전관리사시험의 응시자격, 시험과목, 평가위원, 선발 기준 및 방법과 교육·훈련 대상자, 교육·훈련의 방법 및 절차는 대통령령으로 정함

(2) 연구실안전관리사의 수행직무

① 연구시설·장비·재료 등에 대한 안전점검·정밀안전진단 및 관리

② 연구실 내 유해인자에 관한 취급 관리 및 기술적 지도·조언

③ 연구실 안전관리 및 연구실 환경 개선 지도

④ 연구실사고 대응 및 사후 관리 지도

⑤ 그 밖의 연구실 안전에 관한 사항으로서 대통령령으로 정하는 사항

(3) 연구실안전관리사가 될 수 없는 자(결격사유)

① 미성년자, 피성년후견인 또는 피한정후견인

② 파산선고를 받고 복권되지 아니한 사람

③ 금고 이상의 실형을 선고받고 그 집행이 끝나거나(집행이 끝난 것으로 보는 경우를 포함) 집행을 받지 아니하기로 확정된 날부터 2년이 지나지 아니한 사람

④ 금고 이상의 형의 집행유예를 선고받고 그 유예기간 중에 있는 사람

⑤ 연구실안전관리사 자격이 취소된 후 3년이 지나지 아니한 사람

(4) 부정행위자에 대한 제재처분, 자격취소, 정지처분 등

① 과학기술정보통신부 장관은 안전관리사시험에서 부정한 행위를 한 응시자에 대하여는 그 시험을 정지 또는 무효로 하고, 그 처분을 한 날부터 2년간 안전관리사시험 응시자격을 정지

② 과학기술정보통신부 장관은 연구실안전관리사가 다음의 어느 하나에 해당하면 그 자격을 취소하거나 2년의 범위에서 그 자격을 정지할 수 있음

㉠ 거짓이나 그 밖의 부정한 방법으로 연구실안전관리사 자격을 취득한 경우(이 경우 반드시 취소해야 함)

㉡ 자격증을 다른 사람에게 빌려주거나, 다른 사람에게 자기의 이름으로 연구실안전관리사의 직무를 하게 한 경우

㉢ 고의 또는 중대한 과실로 연구실안전관리사의 직무를 거짓으로 수행하거나 부실하게 수행하는 경우
㉣ 연구실안전관리사가 될 수 없는자(결격사유)에 해당하게 된 경우(이 경우 반드시 취소해야 함)
㉤ 직무상 알게 된 비밀을 제3자에게 제공 또는 도용하거나 목적 외의 용도로 사용한 경우
㉥ 연구실안전관리사의 자격이 정지된 상태에서 연구실안전관리사 업무를 수행한 경우(이 경우 반드시 취소해야 함)

③ 과학기술정보통신부 장관은 자격을 취소하거나 정지하려면 청문을 하여야 함
④ 자격의 취소 또는 정지에 관한 세부기준은 처분의 사유와 법률 위반의 정도 등을 고려하여 대통령령으로 정함

9 신고, 비밀유지, 벌칙

(1) 신 고

① 연구활동종사자는 연구실에서 연구실안전법 또는 연구실안전법에 따른 명령을 위반한 사실이 발생한 경우 그 사실을 과학기술정보통신부 장관에게 신고할 수 있음
② 연구주체의 장은 신고를 이유로 해당 연구활동종사자에 대하여 불리한 처우를 하여서는 아니 됨

(2) 비밀 유지

① 안전점검 또는 정밀안전진단을 실시하는 사람은 업무상 알게 된 비밀을 제3자에게 제공 또는 도용하거나 목적 외의 용도로 사용하여서는 아니 됨(다만, 연구실의 안전관리를 위하여 과학기술정보통신부 장관이 필요하다고 인정할 때에는 그러하지 아니함)
② 연구실안전관리사는 그 직무상 알게 된 비밀을 누설하거나 도용하여서는 아니 됨

(3) 권한 · 업무의 위임 및 위탁

① 과학기술정보통신부 장관의 권한은 그 일부를 대통령령으로 정하는 바에 따라 관계 중앙행정기관의 장에게 위임할 수 있음
② 과학기술정보통신부 장관은 다음의 업무를 권역별 연구안전지원센터에 위탁할 수 있음
㉠ 연구실안전정보시스템 구축 · 운영에 관한 업무
㉡ 안전점검 및 정밀안전진단 대행기관의 등록 · 관리 및 지원에 관한 업무
㉢ 연구실 안전관리에 관한 교육 · 훈련 및 전문교육의 기획 · 운영에 관한 업무
㉣ 연구실사고 조사 및 조사 결과의 기록 유지 · 관리 지원에 관한 업무
㉤ 안전관리 우수연구실 인증제 운영 지원에 관한 업무
㉥ 검사 지원에 관한 업무
㉦ 기타 연구실 안전관리와 관련하여 필요한 업무로서 대통령령으로 정하는 업무
③ 과학기술정보통신부장관은 다음의 업무를 대통령령으로 정하는 바에 따라 관계 전문기관 또는 단체 등에 위탁할 수 있음
㉠ 안전관리사시험의 실시 및 관리
㉡ 교육 · 훈련의 실시 및 관리

(4) 벌 칙

① 다음의 어느 하나에 해당하는 자는 5년 이하의 징역 또는 5천만원 이하의 벌금에 처하고, 그로 인해 사람을 사상에 이르게 한 자는 3년 이상 10년 이하의 징역에 처함

㉠ 안전점검 또는 정밀안전진단을 실시하지 아니하거나 성실하게 실시하지 아니함으로써 연구실에 중대한 손괴를 일으켜 공중의 위험을 발생하게 한 자

㉡ 연구실 사용제한에 따른 조치를 이행하지 아니하여 공중의 위험을 발생하게 한 자

② 직무상 알게 된 비밀을 제3자에게 제공 또는 도용하거나 목적 외의 용도로 사용한 자는 1년 이하의 징역이나 1천만원 이하의 벌금에 처함

(5) 양벌규정

① 법인의 대표자나 법인 또는 개인의 대리인, 사용인, 그 밖의 종업원이 그 법인 또는 개인의 업무에 관하여 위반행위를 하면 그 행위자를 벌하는 외에 그 법인 또는 개인에게도 해당 조문의 벌금형을 과함(다만, 법인 또는 개인이 그 위반행위를 방지하기 위하여 해당 업무에 관하여 상당한 주의와 감독을 게을리하지 아니한 경우에는 그러하지 아니함)

② 법인의 대표자나 법인 또는 개인의 대리인, 사용인, 그 밖의 종업원이 그 법인 또는 개인의 업무에 관하여 사람을 사상에 이르게 하는 위반행위를 하면 그 행위자를 벌하는 외에 그 법인 또는 개인에게도 1억원 이하의 벌금형을 과함(다만, 법인 또는 개인이 그 위반행위를 방지하기 위하여 해당 업무에 관하여 상당한 주의와 감독을 게을리하지 아니한 경우에는 그러하지 아니함)

(6) 과태료의 부과

① 2천만원 이하의 과태료

㉠ 정밀안전진단을 실시하지 아니하거나 성실하게 수행하지 아니한 자

㉡ 보험에 가입하지 아니한 자

② 1천만원 이하의 과태료

㉠ 안전점검을 실시하지 아니하거나 성실하게 수행하지 아니한 자

㉡ 교육 · 훈련을 실시하지 아니한 자

㉢ 건강검진을 실시하지 아니한 자

③ 500만원 이하의 과태료

㉠ 연구실책임자를 지정하지 아니한 자

㉡ 연구실안전환경관리자를 지정하지 아니한 자

㉢ 연구실안전환경관리자의 대리자를 지정하지 아니한 자

㉣ 안전관리규정을 작성하지 아니한 자

㉤ 안전관리규정을 성실하게 준수하지 아니한 자

㉥ 안전점검 또는 정밀안전진단 실시결과 중대결함이 있음에도 보고를 하지 아니하거나 거짓으로 보고한 자

㉦ 안전점검 및 정밀안전진단 대행기관으로 등록하지 아니하고 안전점검 및 정밀안전진단을 실시한 자

㉧ 연구실안전환경관리자가 전문교육을 이수하도록 하지 아니한 자

㉨ 소관 연구실에 필요한 안전 관련 예산을 배정 및 집행하지 아니한 자

㉩ 연구과제 수행을 위한 연구비를 책정할 때 일정 비율 이상을 안전 관련 예산에 배정하지 아니한 자

㉪ 안전 관련 예산을 다른 목적으로 사용한 자

㉫ 연구실사고 보고를 하지 아니하거나 거짓으로 보고한 자

㉬ 연구실사고 조사 실시명령을 위반하여 자료제출이나 경위 및 원인 등에 관한 조사를 거부 · 방해 또는 기피한 자

㉭ 시정명령을 위반한 자

과목별 예상문제

01 **다음 중 연구실 안전관련법령의 종류로 옳지 않은 것은?**

① 실험실 안전 – 연구실 안전환경 조성에 관한 법률, 산업안전보건법 등
② 화학물질 안전 – 위험물안전관리법, 화학물질관리법, 화학물질의 등록 및 평가 등에 관한 법률 등
③ 가스 안전 – 고압가스안전관리법, 액화석유가스의 안전관리 및 사업법, 도시가스안전관리법, 소방시설 설치 및 관리에 관한 법률 등
④ 생물 안전 – 유전자변형생물체의 국가간 이동 등에 관한 법률 등

해설
소방시설 설치 및 관리에 관한 법률은 가스 안전이 아니라 소방 안전에 관한 법률이다.

02 **연구실 안전환경 조성에 관한 법률(연구실안전법)의 적용범위에 포함되지 않는 연구실로 옳은 것은?**

① 5명 이상의 연구실
② 10명 미만의 연구실
③ 15명 미만의 연구실
④ 20명 미만의 연구실

해설
법의 전부 또는 일부를 적용하지 않는 연구실과 그 연구실에 적용하지 않는 법 규정(연구실안전법 시행령 별표1)
대학 · 연구기관 등이 설치한 각 연구실의 연구활동종사자를 합한 인원이 10명 미만인 경우에는 각 연구실에 대하여 법의 전부를 적용하지 않는다.

01 ③ 02 ② 정답

03 **대학 · 연구기관 등에서 연구실 안전과 관련한 기술적인 사항에 대하여 연구주체의 장을 보좌하고 연구실책임자 등 연구활동종사자에게 조언 · 지도하는 업무를 수행하는 자로 옳은 것은?**

① 연구실안전환경관리자
② 연구실책임자
③ 연구실안전관리담당자
④ 연구주체의 장

해설

정의(연구실안전법 제2조 제5호)
연구실안전환경관리자란 각 대학 · 연구기관 등에서 연구실 안전과 관련한 기술적인 사항에 대하여 연구주체의 장을 보좌하고 연구실책임자 등 연구활동종사자에게 조언 · 지도하는 업무를 수행하는 사람을 말한다.

1과목

04 **연구실에서 과학기술분야 연구개발활동 및 연구활동종사자를 직접 지도 · 관리 · 감독하는 자로 옳은 것은?**

① 연구실안전환경관리자
② 연구실책임자
③ 연구실안전관리담당자
④ 연구주체의 장

해설

정의(연구실안전법 제2조 제6호)
연구실책임자란 연구실 소속 연구활동종사자를 직접 지도 · 관리 · 감독하는 연구활동종사자를 말한다.

05 **과학기술정보통신부 장관은 몇 년마다 연구실 안전환경 및 안전관리 현황 등에 대한 실태조사를 실시해야 하는가?**

① 1년
② 2년
③ 3년
④ 4년

해설

연구실 안전환경 등에 대한 실태조사(연구실안전법 시행령 제3조 제1항)
과학기술정보통신부 장관은 2년마다 연구실 안전환경 및 안전관리 현황 등에 대한 실태조사를 실시한다. 다만, 필요한 경우에는 수시로 실태조사를 할 수 있다.

정답 03 ① 04 ② 05 ②

06 **다음 중 연구실 안전환경을 확보하기 위한 국가의 책무로 옳지 않은 것은?**

① 연구실의 안전한 환경을 확보하기 위한 연구활동을 지원하는 등 필요한 시책을 수립 · 시행
② 연구실 안전관리기술 고도화 및 연구실사고 예방을 위한 연구개발 추진 및 유형별 안전관리 표준화 모델과 안전교육 교재를 개발 · 보급
③ 연구활동종사자의 안전한 연구활동을 보장하기 위하여 연구 안전에 관한 지식 · 정보의 제공 등 연구실 안전문화를 확산
④ 연구실 안전환경확보가 미흡한 연구실에 대한 처벌 및 관리감독 강화

해설

연구실에 대한 처벌 및 관리감독 강화는 국가의 책무에 해당하지 않는다.
국가의 책무(연구실안전법 제4조)

- 국가는 연구실의 안전한 환경을 확보하기 위한 연구활동을 지원하는 등 필요한 시책을 수립 · 시행하여야 한다.
- 국가는 연구실 안전관리기술 고도화 및 연구실사고 예방을 위한 연구개발을 추진하고, 유형별 안전관리 표준화 모델과 안전교육 교재를 개발 · 보급하는 등 연구실의 안전환경 조성을 위한 지원시책을 적극적으로 강구하여야 한다.
- 국가는 연구활동종사자의 안전한 연구활동을 보장하기 위하여 연구 안전에 관한 지식 · 정보의 제공 등 연구실 안전문화의 확산을 위하여 노력하여야 한다.

07 **과학기술정보통신부 장관이 연구실 안전에 대한 기본계획 수립 및 시행에 관한 사항, 연구실 안전환경 조성에 관한 주요정책의 총괄 · 조정에 관한 사항 등을 심의하기 위해 구성하는 위원회로 옳은 것은?**

① 연구실안전심의위원회
② 연구실안전조정위원회
③ 연구실안전관리위원회
④ 연구실안전감독위원회

해설

연구실안전심의위원회(연구실안전법 제7조 제1항)
과학기술정보통신부 장관은 연구실 안전환경 조성에 관한 다음의 사항을 심의하기 위하여 연구실안전심의위원회를 설치 · 운영한다.

1. 기본계획 수립 · 시행에 관한 사항
2. 연구실 안전환경 조성에 관한 주요정책의 총괄 · 조정에 관한 사항
3. 연구실사고 예방 및 대응에 관한 사항
4. 연구실 안전점검 및 정밀안전진단 지침에 관한 사항
5. 그 밖의 연구실 안전환경 조성에 관하여 위원장이 회의에 부치는 사항

06 ④ 07 ① 정답

08 연구주체의 장이 연구실 안전과 관련된 주요사항을 협의하기 위하여 구성하는 위원회로 옳은 것은?

① 연구실안전심의위원회
② 연구실안전관리위원회
③ 연구실안전감독위원회
④ 연구실안전규제위원회

해설

연구실안전관리위원회(연구실안전법 제11조 제1항)
연구주체의 장은 연구실 안전과 관련된 주요사항을 협의하기 위하여 연구실안전관리위원회를 구성 · 운영하여야 한다.

1과목

09 정부가 수립하는 연구실 안전환경 조성 기본계획에 포함되어야 하는 사항으로 옳지 않은 것은?

① 연구실 안전환경 조성을 위한 발전목표 및 정책의 기본방향
② 안전관리 우수연구실 인증제 운영
③ 연구실 유형별 안전관리 표준화 모델 개발
④ 연구실 안전프로그램 개발

해설

연구실 안전교육 교재 및 프로그램 개발 · 운영에 관한 업무는 권역별 연구안전지원센터에서 수행한다.

연구실 안전환경 조성 기본계획(연구실안전법 제6조 제3항)
기본계획에는 다음의 사항이 포함되어야 한다.

1. 연구실 안전환경 조성을 위한 발전목표 및 정책의 기본방향
2. 연구실 안전관리 기술 고도화 및 연구실사고 예방을 위한 연구개발
3. 연구실 유형별 안전관리 표준화 모델 개발
4. 연구실 안전교육 교재의 개발 · 보급 및 안전교육 실시
5. 연구실 안전관리의 정보화 추진
6. 안전관리 우수연구실 인증제 운영
7. 연구실의 안전환경 조성 및 개선을 위한 사업 추진
8. 연구안전 지원체계 구축 · 개선
9. 연구활동종사자의 안전 및 건강 증진
10. 그 밖의 연구실사고 예방 및 안전환경 조성에 관한 중요사항

정답 08 ② 09 ④

10 연구실안전정보시스템에 포함되어야 하는 정보로 옳지 않은 것은?

① 대학 · 연구기관 등의 현황

② 분야별 연구실사고 발생 현황, 연구실사고 원인 및 피해 현황 등 연구실사고에 관한 통계

③ 기본계획 및 연구실 안전 정책에 관한 사항

④ 연구실 내 위험요소에 관한 정보

해설

연구실안전정보시스템의 구축 · 운영 등(연구실안전법 시행령 제6조 제1항)

과학기술정보통신부 장관은 연구실안전정보시스템을 구축하는 경우 다음의 정보를 포함해야 한다.

1. 대학 · 연구기관 등의 현황
2. 분야별 연구실사고 발생 현황, 연구실사고 원인 및 피해 현황 등 연구실사고에 관한 통계
3. 기본계획 및 연구실 안전 정책에 관한 사항
4. 연구실 내 유해인자에 관한 정보
5. 안전점검 지침 및 정밀안전진단 지침
6. 안전점검 및 정밀안전진단 대행기관의 등록 현황
7. 안전관리 우수연구실 인증 현황
8. 권역별 연구안전지원센터의 지정 현황
9. 연구실안전환경관리자 지정 내용 등 법 및 이 영에 따른 제출 · 보고 사항
10. 그 밖의 연구실 안전환경 조성에 필요한 사항

11 다음 중 연구활동종사자 수에 따른 연구실안전환경관리자의 지정 규정으로 옳지 않은 것은?

① 연구활동종사자가 500명 미만인 경우 1명 이상

② 연구활동종사자가 1천명 미만인 경우 1명 이상

③ 연구활동종사자가 1천명 이상 3천명 미만인 경우 2명 이상

④ 연구활동종사자가 3천명 이상인 경우 3명 이상

해설

연구활동종사자가 500명 미만인 경우에 대한 규정은 존재하지 않는다.

연구실안전환경관리자의 지정(연구실안전법 제10조 제1항)

연구주체의 장은 다음의 기준에 따라 연구실안전환경관리자를 지정하여야 한다.

1. 연구활동종사자가 1천명 미만인 경우 : 1명 이상
2. 연구활동종사자가 1천명 이상 3천명 미만인 경우 : 2명 이상
3. 연구활동종사자가 3천명 이상인 경우 : 3명 이상

10 ④ 11 ① 정답

12 다음 중 연구실 안전환경 조성에 관한 법률(연구실안전법)에 따른 연구실 안전점검의 종류로 옳지 않은 것은?

① 일상점검
② 정기점검
③ 특별안전점검
④ 수시안전점검

해설

안전점검의 실시 등(연구실안전법 시행령 제10조 제1항)
안전점검의 종류 및 실시시기는 다음의 구분에 따른다.

1. 일상점검 : 연구활동에 사용되는 기계 · 기구 · 전기 · 약품 · 병원체 등의 보관상태 및 보호장비의 관리실태 등을 직접 눈으로 확인하는 점검으로써 연구활동 시작 전에 매일 1회 실시
2. 정기점검 : 연구활동에 사용되는 기계 · 기구 · 전기 · 약품 · 병원체 등의 보관상태 및 보호장비의 관리실태 등을 안전점검기기를 이용하여 실시하는 세부적인 점검으로써 매년 1회 이상 실시
3. 특별안전점검 : 폭발사고 · 화재사고 등 연구활동종사자의 안전에 치명적인 위험을 야기할 가능성이 있을 것으로 예상되는 경우에 실시하는 점검으로써 연구주체의 장이 필요하다고 인정하는 경우에 실시

13 폭발사고 · 화재사고 등 연구활동종사자의 안전에 치명적인 위험을 야기할 가능성이 있을 것으로 예상되는 경우에 실시하는 점검으로 옳은 것은?

① 일상점검
② 정기점검
③ 특별안전점검
④ 정밀안전점검

해설

안전점검의 실시 등(연구실안전법 시행령 제10조 제1항)
안전점검의 종류 및 실시시기는 다음의 구분에 따른다.

3. 특별안전점검 : 폭발사고 · 화재사고 등 연구활동종사자의 안전에 치명적인 위험을 야기할 가능성이 있을 것으로 예상되는 경우에 실시하는 점검으로써 연구주체의 장이 필요하다고 인정하는 경우에 실시

정답 12 ④ 13 ③

14 다음 중 연구실 안전환경 조성에 관한 법률(연구실안전법)에 따라 연구주체의 장이 연구활동종사자에게 실시하는 교육 · 훈련의 종류로 옳지 않은 것은?

① 신규 교육 · 훈련

② 정기 교육 · 훈련

③ 특별안전 교육 · 훈련

④ 전문 교육 · 훈련

해설

전문 교육은 연구실안전환경관리자가 이수하는 것으로 신규 교육과 보수 교육으로 나뉜다.

연구활동종사자 등에 대한 교육 · 훈련(연구실안전법 시행령 제16조 제2항)

연구주체의 장은 연구활동종사자에게 다음의 구분에 따른 교육 · 훈련을 실시해야 한다.

1. 신규 교육 · 훈련 : 연구활동에 신규로 참여하는 연구활동종사자에게 실시하는 교육 · 훈련
2. 정기 교육 · 훈련 : 연구활동에 참여하고 있는 연구활동종사자에게 과학기술정보통신부령으로 정하는 주기에 따라 실시하는 교육 · 훈련
3. 특별안전 교육 · 훈련 : 연구실사고가 발생했거나 발생할 우려가 있다고 연구주체의 장이 인정하는 경우 연구실의 연구활동종사자에게 실시하는 교육 · 훈련

15 연구실사고 발생 시 사고조사반에 구성되는 사람으로 옳지 않은 것은?

① 연구실책임자

② 연구실 안전 분야 전문가

③ 연구실 안전과 관련한 업무를 수행하는 관계 공무원

④ 연구실사고 조사에 필요한 경험과 학식이 풍부한 전문가

해설

사고조사반의 구성 및 운영(연구실안전법 시행령 제18조 제1항)

과학기술정보통신부 장관은 연구실사고의 경위 및 원인을 조사하게 하기 위하여 다음의 사람으로 구성되는 사고조사반을 운영할 수 있다.

1. 연구실 안전과 관련한 업무를 수행하는 관계 공무원
2. 연구실 안전 분야 전문가
3. 그 밖의 연구실사고 조사에 필요한 경험과 학식이 풍부한 전문가

14 ④ 15 ① 정답

16 중대 연구실사고가 발생하였을 경우 과학기술정보통신부 장관에게 보고해야 하는 자로 옳은 것은?

① 연구주체의 장
② 연구활동 종사자
③ 연구실 책임자
④ 연구실 안전관리담당자

해설

중대 연구실사고 등의 보고 및 공표(연구실안전법 시행규칙 제14조 제1항)
연구주체의 장은 중대 연구실사고가 발생한 경우에는 지체 없이 다음의 사항을 과학기술정보통신부 장관에게 전화, 팩스, 전자우편이나 그 밖의 적절한 방법으로 보고해야 한다.

17 다음 빈칸 안에 들어갈 말로 옳은 것은?

연구주체의 장은 연구활동종사자가 의료기관에서 ( ) 이상의 치료가 필요한 생명 및 신체상의 손해를 입은 연구실사고가 발생한 경우 과학기술정보통신부 장관에게 보고해야 한다.

① 1일 ② 2일
③ 3일 ④ 4일

해설

중대 연구실사고 등의 보고 및 공표(연구실안전법 시행규칙 제14조 제2항)
연구주체의 장은 연구활동종사자가 의료기관에서 3일 이상의 치료가 필요한 생명 및 신체상의 손해를 입은 연구실사고가 발생한 경우에는 사고가 발생한 날부터 1개월 이내에 별지 제6호 서식의 연구실사고 조사표를 작성하여 과학기술정보통신부 장관에게 보고해야 한다.

18 연구활동종사자의 상해 · 사망에 대비하여 연구활동종사자를 피보험자 및 수익자로 하는 보험에 가입하여야 하는 자로 옳은 것은?

① 연구주체의 장
② 연구실안전환경관리자
③ 연구실책임자
④ 연구실안전관리담당자

해설

보험가입 등(연구실안전법 제26조 제1항)
연구주체의 장은 대통령령으로 정하는 기준에 따라 연구활동종사자의 상해 · 사망에 대비하여 연구활동종사자를 피보험자 및 수익자로 하는 보험에 가입하여야 한다.

정답 16 ① 17 ③ 18 ①

19 **보험사항에 대하여 과학기술정보통신부 장관이 연구주체의 장에게 제출을 명하는 자료로 옳지 않은 것은?**

① 해당 보험회사에 가입된 대학 · 연구기관 등 또는 연구실의 현황
② 대학 · 연구기관 등 또는 연구실별로 보험에 가입된 연구활동종사자의 수, 보험가입 금액, 보험기간 및 보상금액
③ 보상받은 대학 · 연구기관 등 또는 연구실의 현황, 보상받은 연구활동종사자의 수, 보상금액 및 연구실사고 내용
④ 최근 5년간의 보험사고 이력 및 지급현황

해설

보험 관련 자료의 제출(연구실안전법 시행규칙 제17조)
과학기술정보통신부 장관이 제출하도록 하는 자료란 다음과 같다.
1. 해당 보험회사에 가입된 대학 · 연구기관 등 또는 연구실의 현황
2. 대학 · 연구기관 등 또는 연구실별로 보험에 가입된 연구활동종사자의 수, 보험가입 금액, 보험기간 및 보상금액
3. 해당 보험회사가 연구실사고에 대하여 이미 보상한 사례가 있는 경우에는 보상받은 대학 · 연구기관 등 또는 연구실의 현황, 보상받은 연구활동종사자의 수, 보상금액 및 연구실사고 내용

20 **다음 중 연구활동종사자가 연구실사고로 후유장해가 발생한 경우에 지급받는 급여로 옳은 것은?**

① 요양급여
② 장해급여
③ 입원급여
④ 유족급여

해설

보험급여의 종류 및 보상금액(연구실안전법 시행규칙 제15조)
- 요양급여는 연구활동종사자가 연구실사고로 발생한 부상 또는 질병 등으로 인하여 의료비를 실제로 부담한 경우에 지급한다.
- 장해급여는 연구활동종사자가 연구실사고로 후유장해가 발생한 경우에 지급한다.
- 입원급여는 연구활동종사자가 연구실사고로 발생한 부상 또는 질병 등으로 인하여 의료기관에 입원을 한 경우에 입원일부터 계산하여 실제 입원일수에 따라 지급한다.
- 유족급여는 연구활동종사자가 연구실사고로 인하여 사망한 경우에 지급한다.

19 ④ 20 ② 정답

21 다음 중 연구실안전관리사의 수행직무로 옳지 않은 것은?

① 연구시설 · 장비 · 재료 등에 대한 안전점검 · 정밀안전진단 및 관리
② 연구실 내 유해인자에 관한 취급 관리 및 기술적 지도 · 조언
③ 연구실 안전관리 및 연구실 환경 개선 지도
④ 안전관리 우수연구실 인증 신청

해설

안전관리 우수연구실 인증 신청은 연구주체의 장이 해야 한다.
연구실안전관리사의 직무(연구실안전법 제35조)
연구실안전관리사는 다음의 직무를 수행한다.
1. 연구시설 · 장비 · 재료 등에 대한 안전점검 · 정밀안전진단 및 관리
2. 연구실 내 유해인자에 관한 취급 관리 및 기술적 지도 · 조언
3. 연구실 안전관리 및 연구실 환경 개선 지도
4. 연구실사고 대응 및 사후 관리 지도
5. 그 밖의 연구실 안전에 관한 사항으로서 대통령령으로 정하는 사항

22 다음 연구활동종사자 교육 · 훈련 시간으로 옳은 것은?

ㄱ. 정밀안전진단 대상 연구실에 신규로 채용된 연구활동종사자의 신규 교육 · 훈련 – 8시간 이상
ㄴ. 정밀안전진단 연구실 대상이 아닌 연구실에 신규로 채용된 연구활동종사자의 신규 교육 · 훈련 – 6시간 이상
ㄷ. 정밀안전진단 대상 연구실의 연구활동종사자의 정기 교육 · 훈련 – 반기별 6시간 이상
ㄹ. 저위험연구실의 연구활동종사자의 정기 교육 · 훈련 – 연간 12시간 이상

① ㄱ, ㄴ
② ㄱ, ㄷ
③ ㄴ, ㄷ
④ ㄷ, ㄹ

해설

ㄴ. 정밀안전진단 연구실 대상이 아닌 연구실에 신규로 채용된 연구활동종사자의 신규 교육 · 훈련 – 4시간 이상
ㄹ. 저위험연구실의 연구활동종사자의 정기 교육 · 훈련 – 연간 3시간 이상

정답 21 ④ 22 ②

우리 인생의 가장 큰 영광은
결코 넘어지지 않는 데 있는 것이 아니라
넘어질 때마다 일어서는 데 있다.

– 넬슨 만델라 –

2과목

연구실 안전관리 이론 및 체계

01 연구활동 및 연구실 안전의 특성 이해

02 연구실 안전관리 시스템 구축 · 이행 역량

03 연구실 유해 · 위험요인 파악 및 사전유해인자위험분석 방법

04 연구실 안전교육

05 연구실사고 대응 및 관리

06 응급처치

과목별 예상문제

01 연구활동 및 연구실 안전의 특성 이해

1 연구실 안전관리 목적

(1) 목 적

안전관리에 관한 기준을 확립하고 사고의 예방과 안전사고 발생 시 신속하고 적절한 초기 대응을 가능하게 함으로써, 인명의 안전과 자산을 유지 보존하기 위함

(2) 연구실 안전관리의 기본 방향

① 연구실의 안전확보

② 적절한 보상을 통한 연구활동종사자의 건강과 생명보호

③ 안전한 연구환경 조성

(3) 연구실 안전관리 제도의 배경

① 연구실 안전관리를 위해서는 안전관리조직이 구성되어야 하며, 전문지식이 있는 관리자가 연구실을 관리해야 함

② 연구실책임자와 연구활동종사자의 안전한 연구실 환경조성 및 사고예방을 위해 보다 자율적이고 주체적으로 참여하려는 노력이 요구됨

③ 2016년 3월부터 연구실책임자가 스스로 연구실의 유해인자에 대한 실태를 파악하고 이에 대한 사고예방 등을 위하여 필요한 사항을 정하여 연구실 및 연구활동종사자를 보호하고 연구개발 활성화에 기여함을 목적으로 연구실 사전유해인자위험분석 실시에 관한 지침을 제정하여 시행하고 있음

④ 우리나라의 모든 연구실에서는 이 지침에 따라 안전점검 및 정밀안전진단을 시행해야 하며, 기관 내에서는 유해인자를 관리하기 위한 모니터링을 하거나 안전관리 체계를 구축하여 안전관리 업무를 수행해야 함

⑤ 연구주체의 장은 연구비 책정 시 그 연구과제 인건비 총액의 1퍼센트 이상에 해당하는 금액을 안전 관련 예산으로 배정해야 함 22 기출

2 안 전

(1) 안전의 정의

① 안전이란 불안전한 상태와 불안전한 행동을 제거하여 사고가 없는 온전한 상태로 만드는 것
② 안전관리를 통해 모든 사고를 예방할 수 있고, 사고가 발생하더라도 그 피해를 줄일 수 있음

(2) 하인리히의 법칙

① 하인리히의 1 : 29 : 300의 법칙에 의하면 1건의 중상해 사고가 발생하였을 경우 29건의 경상해사고가 있었고, 300건의 아차사고가 있었음. 따라서 아차사고만 제대로 관리할 수 있다면 중상해사고를 사전에 예방할 수 있음
② 하인리히의 도미노이론에 의하면 사고는 5단계로 발생하는데 1단계는 기초원인으로 유전적인 요소와 사회적 환경의 영향이고, 2단계는 2차원인으로 개인의 결함, 3단계는 직접원인으로 불안전한 행동과 불안전한 상태로 인한 것이며, 4단계는 사고이고, 5단계는 그 사고가 재해로 이어짐
③ 직접원인을 제거할 수 있다면 재해로 이어지지 아니하며 이를 제거하는 것이 안전관리 활동임

(3) 버드의 법칙

① 버드는 하인리히의 도미노 이론을 발전시켜 수정 도미노 이론을 만들었는데 1단계는 근본원인으로 통제의 부족, 2단계는 기본원인인 4M, 3단계는 직접원인인 불안전한 행동과 불안전한 상태, 4단계는 사고, 5단계는 재해임
② 하인리히가 직접원인인 불안전한 행동과 불안전한 상태를 강조했다면 버드는 직접원인 앞에 기본원인인 4M(Man, Machine, Media, Management)이 있다고 하며 기본원인을 더 중요하다고 봄

(4) 연구실 안전의 4M 위험 요소

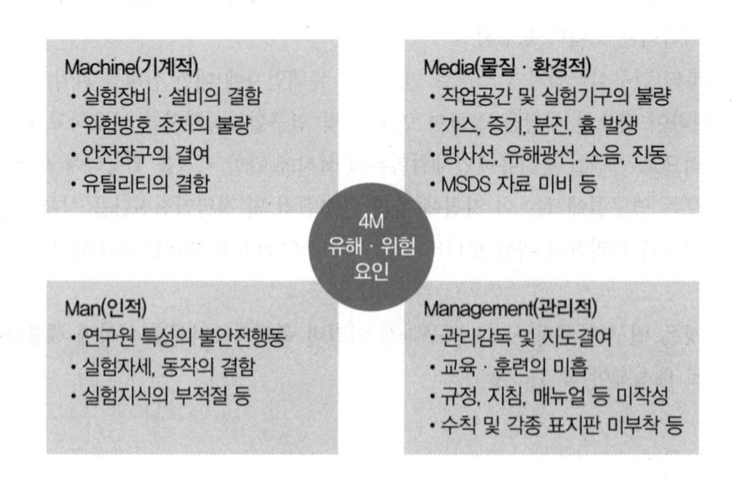

Machine(기계적)
• 실험장비 · 설비의 결함
• 위험방호 조치의 불량
• 안전장구의 결여
• 유틸리티의 결함
Media(물질 · 환경적)
• 작업공간 및 실험기구의 불량
• 가스, 증기, 분진, 흄 발생
• 방사선, 유해광선, 소음, 진동
• MSDS 자료 미비 등
4M
유해 · 위험
요인
Man(인적)
• 연구원 특성의 불안전행동
• 실험자세, 동작의 결함
• 실험지식의 부적절 등
Management(관리적)
• 관리감독 및 지도결여
• 교육 · 훈련의 미흡
• 규정, 지침, 매뉴얼 등 미작성
• 수칙 및 각종 표지판 미부착 등

① 인간의 불안전한 행동 : 지식의 부족, 기능의 미숙, 태도의 불량

② 4M 중 Man 관점에서의 불안전한 행동에 대한 대책

㉠ 안전활동에 대한 동기부여

㉡ 안전 리더십과 팀워크 형성

㉢ 효과적 커뮤니케이션

㉣ 인간관계의 개선

㉤ 연구활동종사자의 생활 지도(고민, 피로, 수면부족, 알코올, 질병, 무기력, 고령화 등)

㉥ 인적오류 예방기법의 적용

㉦ 위험예지(사전유해인자위험분석, 위험예지훈련, 위험성평가)

(5) 하비(Harvey)의 안전대책 22 기출

① Education(안전교육) : 교육적 측면, 안전교육의 실시 등

② Engineering(안전기술) : 기술적 측면, 설계 시 안전측면 고려, 작업환경의 개선 등

③ Enforcement(안전독려) : 관리적 측면, 안전관리조직의 정비, 적합한 기준설정 등

2과목

3 연구실 안전 확보

(1) 연구실 안전 항목별 관련법규

연구실 안전	연구실 안전환경 조성에 관한 법률, 산업안전보건법
위험물, 화학물질안전	위험물안전관리법, 화학물질관리법
환경안전	물환경보전법, 폐기물 관리법, 수도법, 하수도법, 대기환경보전법
소방안전	건축법, 화재의 예방 및 안전관리에 관한 법률, 소방시설 설치 및 관리에 관한 법률
전기안전	전기사업법, 도시가스사업법, 고압가스안전관리법, 액화석유가스의 안전관리 및 사업법, 에너지이용 합리화법
생물안전	유전자변형생물체의 국가간 이동 등에 관한 법률, 생명공학육성법, 감염병의 예방 및 관리에 관한 법률, 화학무기 · 생물무기 금지와 특정화학물질 · 생물작용제 등의 제조 · 수출입 규제 등에 관한 법률, 가축전염병 예방법, 수산생물질병관리법, 생명윤리 및 안전에 관한 법률, 생명연구자원의 확보 · 관리 및 활용에 관한 법률, 동물보호법, 실험동물에 관한 법률

(2) 연구활동종사자의 역할과 책임, 의무, 권리

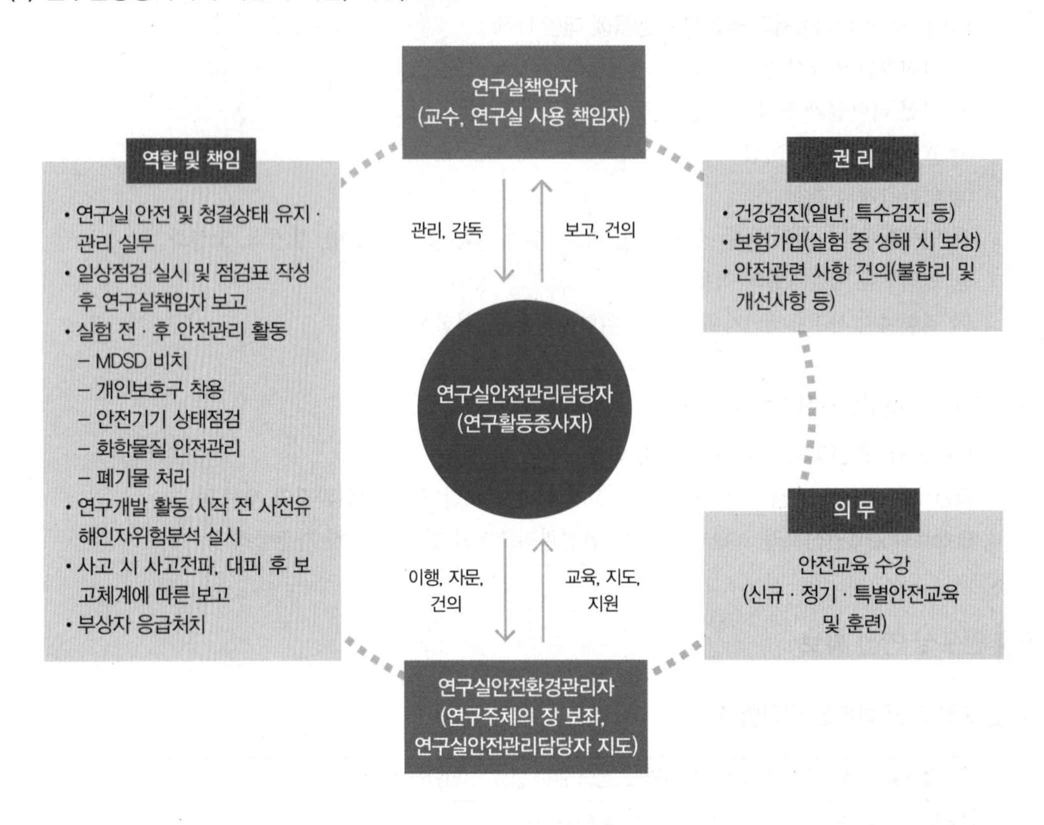

(3) 안전 확보 방법 22 기출

① 연구실 안전을 확보하기 위한 여러 가지 위험 처리 방법이 있지만 가장 중요한 것은 위험의 제거이고, 위험의 감소, 위험의 회피, 자기 방호, 사고확대방지의 순으로 이루어짐

② 위험감소대책 적용 순서

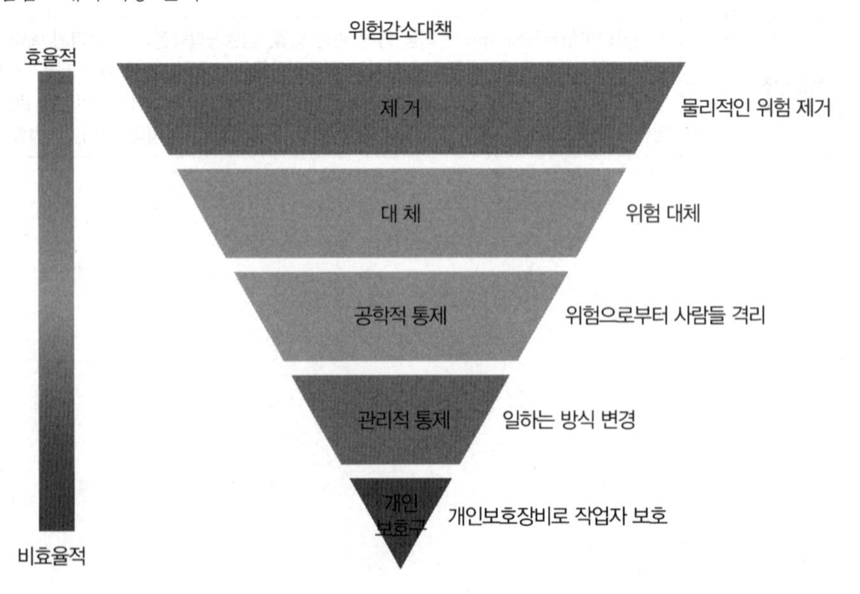

위험의 제거	가장 근원적인 해결방법으로 위험원 자체를 제거하는 방법이나 쉽지 않음 예 연소실험 시 직접 실험보다는 전산해석 등의 방법으로 위험원 자체를 제거
위험의 감소	위험도가 낮은 물질로 대체하거나, 위험의 발생빈도가 낮은 것으로 감소시킴 예 실험실에서 직접 실험을 수행하기보다는 안전시설을 갖춘 전문기관에 의뢰하여 위험도를 낮춤
위험의 회피	위험의 제거나, 감소가 불가능한 경우 위험원을 시공간적으로 격리시키는 방법 예 연소실험을 할 때 폭압을 견딜 수 있는 격리시설에서 실시하여 사고가 발생하더라도 연구자가 직접적인 피해를 입지 않도록 함
자기 방호	위험의 회피가 불가능한 경우 위험원을 덮어씌우는 등의 하는 방법으로 연구자 자신을 위험원으로부터 방호하는 방법 예 실험실에서 연소실험을 해야 하는 경우 폭발에 대비하여 원거리에서 조작하거나 방호벽을 설치하여 자신을 방호
사고확대방지	사고가 발생하였을 경우 피해를 최소화하도록 초기대응 요령 등의 숙지로 피해를 축소

(4) 안전환경

연구실 안전을 확보하기 위해서는 개인과 주위환경, 시스템이 조화를 이루어야 함

① **개인** : 지식 부족(Lack of Knowledge), 안전불감증(Safety Frigidity), 조직문화(Culture), 경험(Experience), 신체 능력(Physical Abilities)

② **주위환경** : 연구실 설계(Design), 연구실 설치(Installation), 연구실 유지관리(Maintenance), 연구시설 개조(Modifications)

③ **시스템** : 실험 절차(Procedures), 규정(Rules)과 정책(Policies)

(5) 안전관리조직

① Line(직계)형 조직

㉠ 특 징

- 100명 이하의 소규모 기업에 적합
- 안전관리 계획에서 실시에 이르기까지 모든 업무를 생산라인을 통해 직선적으로 이루어지도록 편성

㉡ 장점과 단점

장 점	단 점
• 안전에 관한 지시 및 명령 계통이 철저 • 안전대책의 실시가 신속하고 정확함 • 명령과 보고가 상하관계뿐으로 간단 · 명료	• 안전에 대한 지식 및 기술축적이 어려움 • 안전에 대한 정보수집, 신기술 개발이 어려움 • 생산라인에 과도한 책임을 지우기 쉬움

② Staff(참모)형 조직

㉠ 특 징

- 중규모 사업장(100~1,000명 이하)에 적합한 조직
- 안전업무를 담당하는 안전담당 참모(Staff)가 있음
- 안전담당 참모가 경영자에게 안전관리에 관한 조언과 자문
- 생산라인은 안전에 대한 권한 · 책임이 없음

㉡ 장점과 단점

장 점	단 점
• 사업장 특성에 맞는 전문적인 기술연구가 가능 • 경영자에게 조언과 자문역할을 할 수 있음 • 안전정보 수집이 빠름	• 안전지시나 명령이 작업자에게까지 신속 · 정확하게 전달되지 못함 • 권한다툼이나 조정 때문에 시간과 노력이 소모됨

③ Line-Staff(직계참모)형 조직

㉠ 특 징

- 대규모 사업장(1,000명 이상)에 적합한 조직
- 라인형과 스탭형의 장점만을 채택한 형태
- 안전업무를 전담하는 스탭을 두고 생산라인의 각 계층에서도 각 부서장으로 하여금 안전업무를 수행
- 라인과 스탭이 협조할 수 있고, 라인은 생산과 안전보건에 관한 책임을 동시에 부담함

㉡ 장점과 단점

장 점	단 점
• 안전에 대한 기술 및 경험축적이 용이 • 사업장에 맞는 독자적인 안전개선책 수립이 가능 • 안전지시나 안전대책이 신속하고 정확하게 전달됨	• 명령과 권고가 혼동되기 쉬움 • 스탭의 월권행위가 발생할 수 있음 • 라인이 스탭을 활용하지 않을 가능성 존재

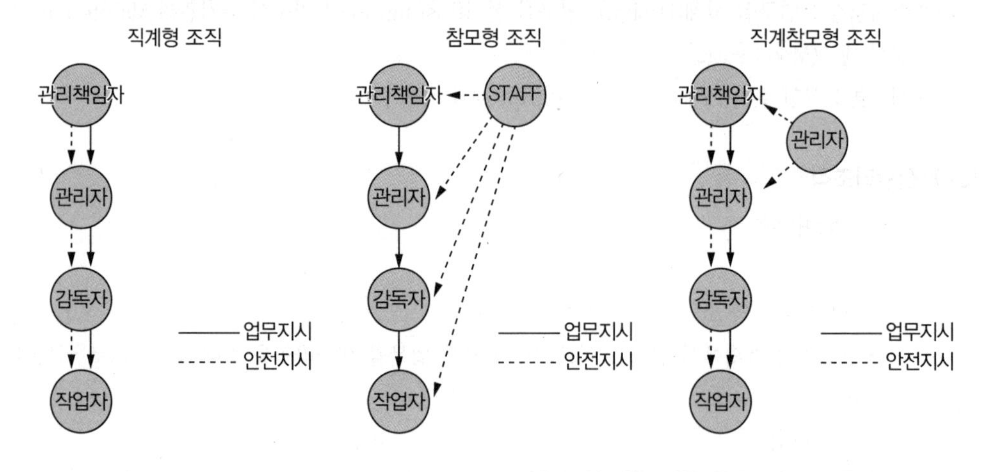

4 안전관리모델

(1) 동기 · 욕구이론

① **매슬로우(Maslow)의 욕구단계이론** : 매슬로우는 욕구의 강도와 충족을 계층적 구조로 표현하여 하위 욕구가 만족되어야 상위욕구 수준으로 높아진다고 보는 욕구 6단계이론을 주장함 22 기출

㉠ 1단계 : 생리적 욕구(Physiological Needs)

㉡ 2단계 : 안전의 욕구(Safety Security Needs)

㉢ 3단계 : 사회적 욕구(Acceptance Needs)

㉣ 4단계 : 존경의 욕구(Self-Esteem Needs)

㉤ 5단계 : 자아실현의 욕구(Self-Actualization)

㉥ 6단계 : 자아초월의 욕구, 이타정신(Self-Transcendence)

② **허츠버그(Herzberg)의 동기 · 위생이론**

㉠ 위생요인(유지욕구) : 개인적 불만족을 방지해주지만 동기부여가 안 됨

㉡ 동기요인(만족욕구) : 개인으로 하여금 열심히 일하게 하고, 성과도 높여주는 요인

㉢ 동기부여방법

- 새롭고 힘든 과정을 부여
- 불필요한 통제를 없앰
- 자연스러운 단위의 도급작업을 부여할 수 있도록 일을 조정
- 자기과업을 위한 책임감 증대
- 정기보고서를 통한 직접적인 정보제공
- 특정작업을 할 기회를 부여

③ **맥그리거(McGregor)의 X, Y이론**

㉠ 환경개선보다는 일의 자유화 추구 및 불필요한 통제를 없앰

㉡ 인간의 본질에 대한 기본적인 가정을 부정론과 긍정론으로 구분

- X이론(부정론) : 인간불신감, 성악설, 물질욕구(저차원 욕구), 명령 및 통제에 의한 관리, 저개발국형
- Y이론(긍정론) : 상호신뢰감, 성선설, 정신욕구(고차원 욕구), 자율관리, 선진국형

④ **데이비스(Davis)의 동기부여이론**

㉠ 경영의 성과 = 인간의 성과 × 물질의 성과

㉡ 인간의 성과 = 능력 × 동기

㉢ 능력 = 지식 × 기술

㉣ 동기 = 상황 × 태도

⑤ **맥클랜드(McClelland)의 성취동기이론**

㉠ 성취욕구가 높은 사람들은 위험을 즐김

㉡ 성공에서 얻어지는 보수보다는 성취 그 자체와 과정에 보다 더 많은 관심을 기울임

㉢ 과업에 전념하여 목표가 달성될 때까지 자신의 노력을 경주

2과목

⑥ 알더퍼(Alderfer)의 ERG이론

㉠ 매슬로우와 달리 두 가지 이상의 욕구가 동시에 작용할 수 있다고 주장

㉡ ERG의 구성

- 생존이론(Existence) : 유기체의 생존과 유지에 관한 욕구
- 관계이론(Relatedness) : 대인욕구
- 성장이론(Growth) : 개인발전과 증진에 관한 욕구

⑦ 동기 · 욕구이론 비교

<table>
<tr><th>매슬로우
(Maslow)
욕구
6단계설</th><th>알더퍼
(Alderfer)
ERG이론</th><th>허즈버그
(Herzberg)
2요인론</th><th>맥그리거
(McGregor)
X, Y이론</th><th>데이비스
(K. Davis)
동기부여
이론</th></tr>
<tr><td rowspan="2">자아초월의 욕구
(Self–Trans
endence)</td><td rowspan="5">Growth
(성장 욕구)</td><td rowspan="7">동기요인
(만족 욕구)</td><td rowspan="5">X이론</td><td rowspan="5">경영의 성과
=
인간의 성과 ×
물질의 성과</td></tr>
<tr></tr>
<tr><td rowspan="2">자아실현 욕구
(Self–Actua
lization)</td></tr>
<tr></tr>
<tr><td rowspan="2">존경의 욕구
(Self–Esteem
Needs)</td></tr>
<tr><td rowspan="4">Relatedness
(관계 욕구)</td><td rowspan="7">Y이론</td><td rowspan="7">인간의 성과
=
능력 × 동기유발

능력 =
지식 × 기술

동기유발 =
상황 × 태도</td></tr>
<tr><td rowspan="2">사회적 욕구
(Acceptance
Needs)</td></tr>
<tr><td rowspan="5">위생요인
(유지 욕구)</td></tr>
<tr><td rowspan="2">안전의 욕구
(Safety Security
Needs)</td></tr>
<tr><td rowspan="3">Existence
(생존 욕구)</td></tr>
<tr><td rowspan="2">생리적 욕구
(Physiologi
cal Needs)</td></tr>
<tr></tr>
</table>

(2) 안전관리모델

① 브래들리 모델 (Bradley Model)

㉠ 듀퐁(Dupont)의 브래들리 모델에 의하면 조직의 안전문화는 반응적 안전, 의존적 안전, 독립적 안전, 상호의존적 안전의 형태로 발전해감

㉡ 1단계는 본능적인 안전이며, 2단계인 의존적 안전인 관리감독적 측면에서의 안전은 사고율을 일정부분 감소시키지만 일정 단계가 지나가면 더 이상 사고가 감소되지 않음

㉢ 누가 시키지 않더라도 본인 스스로가 안전규정을 준수하고 안전을 내면화하여 보다 수준 높은 안전관리 체계로 나아가는 것이 3단계 독립적 안전단계임

㉣ 4단계의 안전수준은 인간행동과 심리에 기반한 안전의식의 변화를 통해 개인뿐만 아니라 조직원 내 상호안전을 도모하는 수준의 단계로 안전문화가 조직 전체에 내재화된 단계임

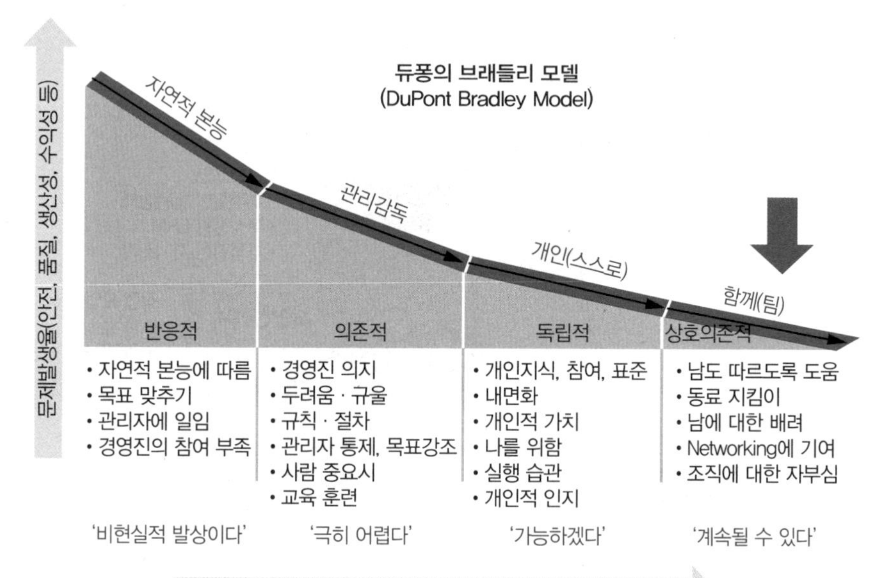

② SHELL 모델 : 앨린 에드워즈(Elwyn Edwards)의 SHEL모델을 프랭크 호킨스(Frank H. Hawkins)가 수정한 것으로 SHELL이 뜻하는 바는 다음과 같음 22 기출

㉠ S(Software) : 항공기 운항과 관련한 법규나 비행절차, Checklist, 기호, 컴퓨터 프로그램 등의 소프트웨어 등의 유형적 요소

㉡ H(Hardware) : 항공기 운항과 관련하여 승무원이 조작하는 모든 장비 장치류 등의 유형적 요소

㉢ E(Enviornment) : 주변 환경과 조종실 내 조명, 습도, 온도, 기압, 산소농도, 소음, 시차 등을 나타내는 환경적 요소

㉣ L(Liveware) : 그림 중앙에 있는 L은 운항승무원 등 업무를 주도적으로 수행하는 사람

㉤ L(Liveware) : 그림 아랫부분의 L은 업무에 관여하면서 지시, 명령을 하는 관제사와 같은 사람

③ 스위스 치즈 모델(Swiss Cheese Model)

㉠ 제임스 리즌(James Reasen)이 1990년에 제시한 사고원인과 결과에 대한 모형이론으로 하인리히의 도미노이론이 인적요인을 강조했다면 스위스 치즈이론은 인적요인보다는 조직적 요인을 강조함

㉡ 스위스 치즈 모델은 사고발생에 있어 인적과실(Human Error)이라는 원인이 규명될 경우 사고발생의 요인에 대한 분석을 조직적인 요인까지 확대해야 한다는 이론적인 근거를 제시하여 조직사고(Organizational Accident)의 위험성을 강조했다는 데 그 의의가 있음

㉢ 스위스 치즈이론에 의한 사고발생의 4단계 과정 22 기출

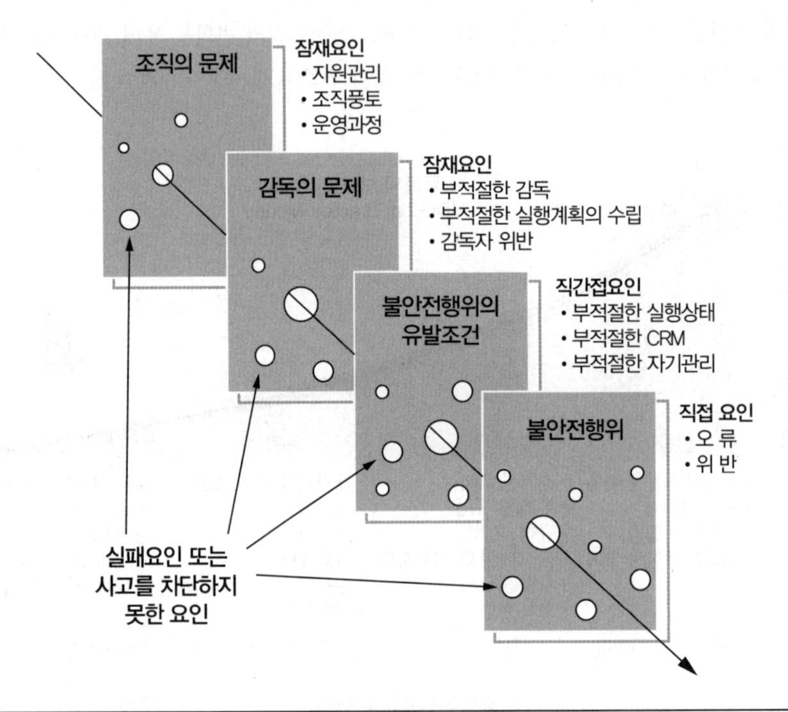

1단계 : 조직의 문제	• 개인의 불안전한 행동과 불안전한 관리를 넘어 조직 그 자체가 개인과 조직에 영향을 미치는 단계
2단계 : 감독의 문제	• 불안전한 관리(Unsafe Supervision) • 경험이 없는 신참직원을 위험한 작업공정에 투입한 것을 예로 들 수 있음
3단계 : 불안전행위의 유발조건	• 불안전한 행동을 야기하는 예정된 조건들(Preconditions for Unsafe Acts) • 조직원들의 피로, 부족한 의사소통, 조직원들 간의 협조 부족 등을 예로 들 수 있음
4단계 : 불안전행위	• 사고를 일으킨 행위자의 불안전행위(Unsafe Acts) • 이러한 행동은 행위자가 중요한 절차상의 과정을 무시하거나 생략함으로써 발생되는 실수(Active Failure)에 의해 발생

5 안전심리

(1) 의식수준 22 기출

인간의 의식수준은 뇌파의 활성화 정도에 따라 0단계부터 4단계로 나뉨

의식수준	뇌 파	의식모드	주파수대역	신뢰도
0단계	δ(Delta)	무의식, 숙면	0.5~4Hz	없 음
1단계	θ(Theta)	몽롱함	4~7Hz	낮 음
2단계	α(Alpha)	편안한 상태	8~12Hz	높 음
3단계	β(Beta)	집중력 유지	15~18Hz	매우 높음
4단계	High β(Beta)	긴장, 불안	18Hz 이상	매우 낮음

(2) 주의력(Attention)

① 정보처리를 직접 담당하지는 않으나 정보처리단계에 관여하며 정보를 받아들일 때 충분히 주의를 기울이지 않으면 지각하지 못함

② 주의력의 3가지 특징

방향성	주의가 집중되는 방향의 자극과 정보에는 높은 주의력이 배분되나 그 방향에서 멀어질수록 주의력이 떨어짐
선택성	여러 작업을 동시에 수행할 때는 주의를 적절히 배분해야 하며, 이 배분은 선택적으로 이루어짐
변동성	주의력의 수준이 주기적으로 높아졌다 낮아지는 것을 반복하는 현상(주기는 40~50분)

③ 부주의 : 주의력의 결핍으로 발생

㉠ 의식의 저하 : 피로한 경우나 단조로운 반복작업을 하는 경우 정신이 혼미해지는 현상

㉡ 의식의 혼란 : 주변 환경이 복잡하여 인지에 지장을 초래하고 판단에 혼란이 생기는 현상

㉢ 의식의 중단 : 의식의 지속적인 흐름에 공백이 발생하는 경우

㉣ 의식의 우회 : 작업 도중에 걱정거리, 고민거리, 욕구불만 등으로 의식의 흐름이 옆으로 빗나가는 현상(산업현장에서 흔히 발생하는 사고가 의식의 우회로 인한 사고)

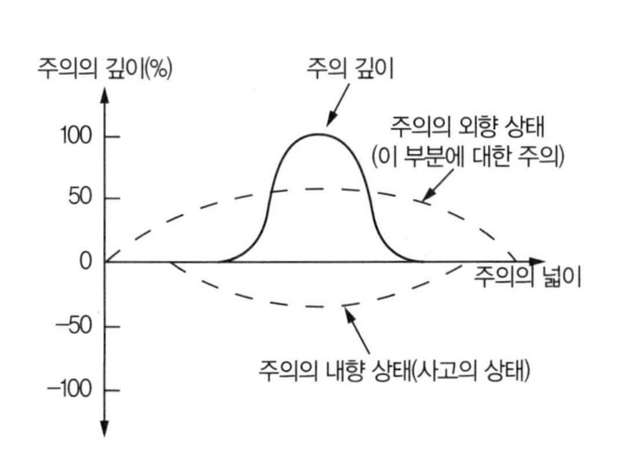

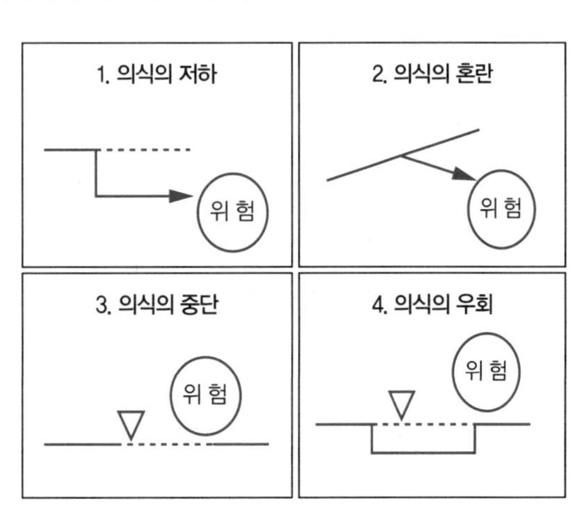

(3) 인간의 행동수준

① 라스무센(J. Rasmussen)의 인간의 3가지 행동수준

㉠ 지식기반 행동(Knowledge Based Behavior) : 인지 → 해석 → 사고 · 결정 → 행동

㉡ 규칙기반 행동(Rule Based Behavior) : 인지 → 유추 → 행동

㉢ 숙련기반 행동(Skill Based Behavior) : 인지 → 행동

② 레빈(K. Lewin)의 법칙

㉠ 인간의 행동은 개성과 환경의 함수, 즉 $B = f(P \times E)$

㉡ 여기서 B는 행동(Behavior), P는 개성(Personality), E는 환경(Environment)

- P(개성, Personality) : 연령, 성격, 경험, 지능, 심신상태
- E(환경, Environment) : 인간관계, 작업환경

6 휴먼에러

(1) 위켄(Wickens)의 정보처리체계(Human Information Processing)

① 정보처리과정 : 감각 → 지각 → 정보처리(선택, 조직화, 해석, 의사결정) → 실행

② 감각(Sensing) : 물리적 자극을 감각기관을 통해서 받아들이는 과정

③ 지각(Perception) : 감각기관을 거쳐 들어온 신호를 장기기억 속에 담긴 기존 기억과 비교

④ 선택 : 여러 가지 물리적 자극 중 인간이 필요한 것을 골라냄

⑤ 조직화 : 선택된 자극은 게슈탈트과정을 거쳐 조직화됨

⑥ 의사결정 : 지각된 정보는 어떻게 행동할 것인지 결정

⑦ 실행 : 의사결정에 의해 목표가 수립되면 이를 달성하기 위해 행동이 이루어짐

⑧ 정보처리의 기본기능

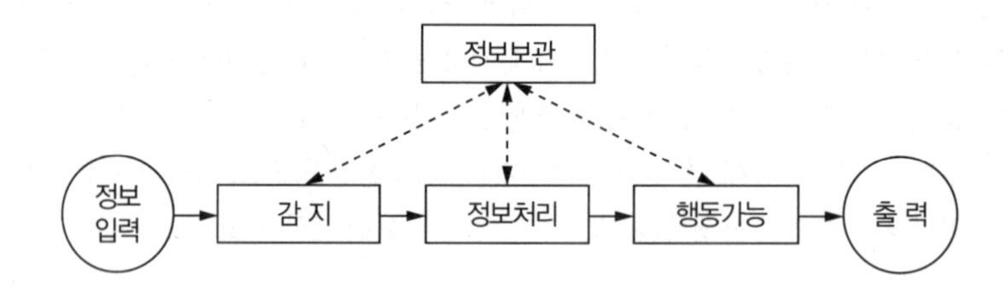

(2) 제임스 리즌(James Reason)의 정보처리 단계에서의 분류

라스무센의 인간의 3가지 행동수준에 따른 제임스 리즌의 휴먼에러 분류

① Skill–based Error : 숙련상태에 있는 행동에서 나타나는 에러(Slip, Lapse)

② Rule–based Mistake : 처음부터 잘못된 규칙을 기억, 정확한 규칙이나 상황에 맞지 않게 잘못 적용

③ Knowledge–based Mistake : 처음부터 장기기억 속에 지식이 없음

④ Violation : 지식을 갖고 있고, 이에 알맞은 행동을 할 수 있음에도 나쁜 의도를 가짐

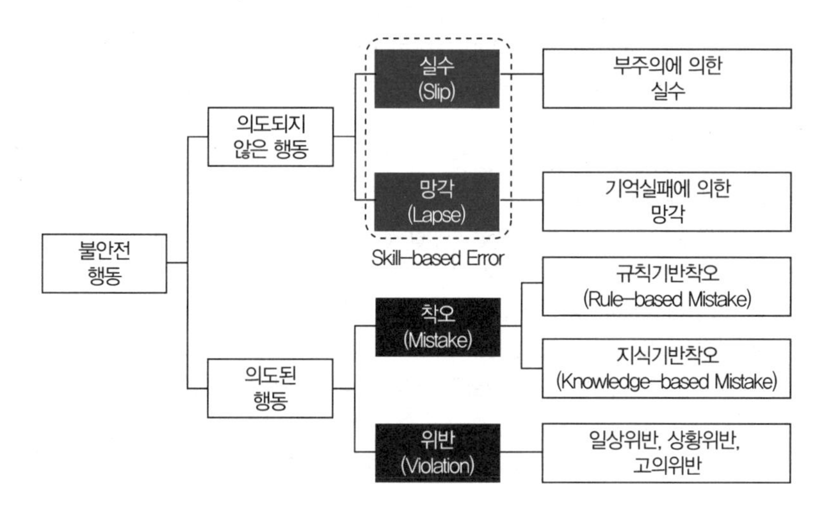

(3) 스웨인(Swain)과 구트만(Guttman)의 분류(행위적 분류)

① 실행 에러(Commission Error) : 작업 내지 단계는 수행하였으나 잘못한 에러

② 생략 에러(Omission Error) : 필요한 작업 내지 단계를 수행하지 않은 에러

③ 순서 에러(Sequential Error) : 작업수행의 순서를 잘못한 에러

④ 시간 에러(Timing Error) : 주어진 시간 내에 동작을 수행하지 못하거나 너무 빠르게 또는 너무 느리게 수행하였을 때 생긴 에러

⑤ 불필요한 행동 에러(Extraneous Act Error) : 해서는 안 될 불필요한 작업의 행동을 수행한 에러

⑥ 휴먼에러의 행위적 분류

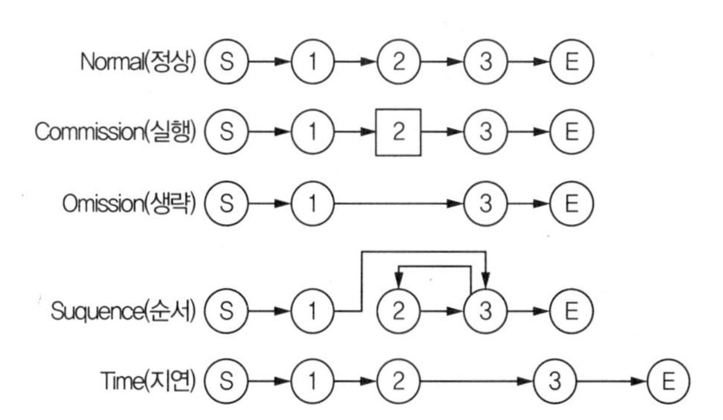

7 연구실 안전관리 수칙

연구실 안전수칙

1. 각 연구실에서 이루어지는 실험은 반드시 안전관리담당자의 승인을 받고 실험시작 전에 안전수칙을 충분히 숙지하여야 하며, 적절한 안전관련 보호 장비를 착용한 후 실험에 임하여야 함
2. 연구실에서는 절대 음식물 섭취 및 취침을 금함
3. 연구실에서는 금연, 정숙, 청결, 정리정돈을 유지하여야 할 것
4. 연구실에서는 난방용 전열기구 및 가스기구(실험용 가스기구는 제외) 등을 사용할 수 없음
5. 연구실 이용자는 실험 중에 자리를 이탈해서는 아니 되며, 부득이할 경우 안전관리담당자의 허락을 받아 안전수칙을 숙지시킨 대리인을 두어야 함
6. 실험장치의 가동 중에는 정비 및 청소를 하지 말 것
7. 실험장치용 장비의 밸브는 서서히 열고 서서히 잠그도록 할 것
8. 가연물질은 진행 중인 실험에 필요한 최소량만을 보관할 것
9. 모든 실험장치는 담당자 이외에는 손대지 말 것
10. 폭발물이나 스파크 등이 발생하는 위험한 실험의 경우에는 안전관리담당자의 입회 하에 실험토록 할 것
11. 실험장치 사용의 제한사항은 반드시 준수할 것
12. 인화성물질을 사용하는 연구실에는 화기는 엄금토록 하며, 구급 및 소방관리에 철저를 기할 것(소화기, 화재경보장치, 구급약품 등)
13. 인화성물질(유류, 가스 등)은 공기유통이 잘 되고 사람의 접근이 많은 곳에서 격리시켜 보관하고, 통제구역표시를 할 것
14. 통제구역은 임의로 출입하여서는 안 되며, 필요할 경우에는 통제구역 담당자 또는 안전관리담당자의 승인을 받을 것
15. 연구실 최종 퇴실자는 전기기구의 전원차단, 인화성물질 격리, 위험물의 안전한 정리정돈, 시건장치 등을 확인할 것

(1) 연구실 안전의 원칙

① 기본수칙

㉠ 연구자는 발생가능한 사고에 대해 대비하고 경각심을 가지면서 연구에 임하여 사고를 미연에 방지

㉡ 위험성을 가진 작업이 있을 경우 반드시 실험복 및 적절한 보호구 등을 착용

㉢ 소화기, 비상샤워기 등의 위치와 사용법을 숙지

㉣ 위험하거나 독성이 있는 물질 또는 휘발성이 있는 화학약품 등은 후드 내에서 사용

㉤ 수돗물 사용 후 밸브를 잠그고 누수 및 안전을 확인

㉥ 사고 발생 시 신속히 안전관리담당자에게 보고

㉦ 연구실 사용 시 연구실로부터 대피할 수 있는 비상구가 항상 개방되도록 함

㉧ 실험 테이블 위에 나와 있는 유기용매는 최소량으로 함

㉨ 기계의 오작동이나 환기불량, 전기, 수도 등으로 야기될 수 있는 위험요인에 대해서는 실험실을 떠나기 전에 반드시 안전을 확인

㉩ 선반이나 테이블 위의 시약이 넘어지지 않도록 적절히 조치

㉪ 전기안전수칙을 지켜 누전사고에 대비

㉫ 연구실은 항상 정돈된 상태로 유지

② 다른 사람의 안전에 대한 고려

㉠ 연구실에서 부주의하거나 안전에 위험한 행동을 하는 사람은 주의시킴

㉡ 동료에게 실험업무의 일부를 협조 받는 경우 필요한 보호구를 착용시켜 연구하도록 함

③ 연구와 관련된 위험성에 대한 숙지

㉠ 어떠한 연구를 계획하거나, 새로운 장비의 사용 및 화학약품을 다루기 전에 연구에 관계되는 위험성과 사고 시의 안전조치를 알고 있어야 함

㉡ 연구에 대한 위험과 안전조치에 대한 정보를 공유하여 연구실 내 모든 사람이 숙지하고 사고 시의 안전에 대비할 수 있도록 하여야 함

(2) 화학약품 취급 시 안전수칙

① 운반용 캐리어, 바스켓 또는 운반 용기에 놓고 운반

② 엘리베이터나 복도에서 운반 시 용기가 개봉되어 있어서는 안 됨

③ 약품명 등의 라벨을 부착

④ 직사광선을 피하고 다른 물질과 섞이지 않도록 하며 화기, 열원으로부터 격리

⑤ 위험한 약품의 분실 · 도난 시 사고의 우려가 있으므로 연구실책임자 및 안전관리담당자에게 보고

⑥ 물질안전보건자료(MSDS)를 숙지하고 있어야 함

(3) 연구실 폐수 및 폐기물 처리 수칙

① 폐수 처리 시 유의 사항

㉠ 탱크 자체의 변형 우려가 있으므로 폐시약원액은 집수조에 버리지 않고 별도 보관하여 처리하며, 시약의 성분별로 분류하여 관리

㉡ 폐수 보관 용기는 일반 용기와 구별이 되도록 도색 등의 조치를 취함

㉢ 일반하수 씽크대에 폐수를 무단 방류해서는 안 됨

㉣ 폐수 집수조에 유리병 등 이물질을 투여해서는 안 됨

㉤ 폭발성 및 인화성이 있는 시약류를 집수조에 투여해서는 안 됨

㉥ 시약을 취급한 기구나 용기 등을 세척한 세척수도 폐수 집수조에 버림

㉦ 폐수 집수조는 저장량을 주기적으로 확인하고 수탁처리업체에 위탁처리 함

② 폐기물 처리 요령

㉠ 시약병은 잔액을 완전히 제거하고, 내부를 세척 및 건조

㉡ 병뚜껑과 용기를 분리하여 처리

㉢ 운반이 용이토록 적절한 용기에 담아 보관장소에 보관

㉣ 재활용 가능 품목은 분리하여 배출

㉤ 품목별 보관 용기에 일반 쓰레기를 투여하지 않음

㉥ 연구가 종료되면 폐기물을 반드시 처리하여 방치되는 일이 없도록 함

(4) 연구실에서의 전기안전 수칙

① 전기스위치 부근에 인화성, 가연성, 유기용매 등의 취급을 금지
② 반드시 정격 전압을 사용
③ 결함이 있는 전기기구 사용을 금지
④ 전기 및 전열기구의 손상, 과열, 접속상태, 피복의 손상여부 등을 확인
⑤ 장비를 검사하기 전에 회로의 스위치를 끄거나 장비의 플러그를 뽑아서 전원을 끔
⑥ 연결 코드선은 가능한 한 짧게 사용

(5) 연구실에서의 가스안전 수칙

① 가스저장 시설에는 실험용 가스 성분과 종류별로 보관
② 비눗물이나 점검액으로 배관, 호스 등의 연결부분을 수시로 점검, 가스의 누출여부를 확인
③ 연소기는 항상 깨끗이 하여 노즐이 막히지 않도록 청소
④ 가스 누설 경보기의 작동이 잘 되고 있는지 수시로 확인
⑤ 모든 가스탱크에 대해서는 내용물에 대해 또렷한 표기가 되어 있어야 하며, 노후한 용기는 반납하고, 넘어지지 않도록 잘 묶여 있어야 함

8 연구실 안전사고 예방

(1) 연구활동종사자의 보호

① 모든 연구활동종사자는 실험을 하는 동안 발끝을 덮는 신발을 착용(끈으로 된 신발, 발끝이 드러나는 신발, 샌들 등은 보호신발로 부적절)
② 긴 머리는 부상을 방지하기 위하여 뒤로 묶음
③ 청결한 실험복을 실험하는 동안 항시 착용하고 실험실을 떠날 때 탈의(오염된 실험복은 화학물질 접촉과 감염의 원인이 될 수 있음)
④ 모든 실험실과 지정된 장소에서 눈 보호구의 착용이 요구될 경우 보안경은 항시 착용

(2) 연구실 안전사고 예방

① 모든 미생물 표본을 전염성이 있는 것으로 간주하여 안전한 취급을 위해 요구되는 조건에 따름
② 방사선 발생원(레이저, 자외선, 방사선 물질, 아크 램프 등)은 연구실책임자의 지시와 감독하에 사용

(3) 실험 실습 시 기본사항

① 학생들은 연구실책임자의 허락 없이 실험실에 들어가서는 안 됨
② 실험실에서의 인가되지 않은 실험은 엄격히 금지하고, 정해진 시간 이외의 시간에 실험실의 사용을 원하는 연구활동종사자들은 그들의 연구실책임자로부터 허가를 받아야 함
③ 실험실 탁자 위에 앉는 것을 금지하고, 실험실 내부나 복도에서 뛰지 않도록 함
④ 실험실 내에서 식음료(음료수병을 포함)를 섭취하여서는 안 됨
⑤ 버너의 올바르고 안전한 사용은 연구실책임자의 설명에 따름
⑥ 입을 이용한 피펫팅 금지

(4) 실험 실습 후 기본사항

① 망가진 장비나 깨진 유리 기구는 연구실책임자에게 알림

② 실험 · 실습 공간은 청결하게 유지하고 깨진 유리조각, 날카로운 물건 및 실험실 폐기물은 실험실 내 표시된 쓰레기통에 버림

③ 폐기물은 싱크대에 놓아두거나 방치하지 않도록 하며 연구실책임자의 허락 없이 폐기물을 싱크대에 버리지 않음

④ 누출된 물질은 즉시 닦아내며 시약, 액체 또는 실험기구는 연구실책임자의 허가 없이 실험실 외부로 반출금지

⑤ 생물 시료와 접촉한 장갑은 특별히 표시된 바이오 폐기물통 안에 폐기

⑥ 실험실을 떠나기 전에 항상 손을 씻음

(5) 비상상황 시 대처방안

① 비상시 비상탈출 절차를 숙지하고 있어야 함

② 실험 · 실습실이 있는 건물의 모든 작업구역과 비상구의 위치 숙지

③ 실험실의 비상 샤워기, 안구 세정기, 소화기 위치 등의 안전시설을 알고 있어야 함

④ 실험기구, 폐기자재 등으로 보행로나 소방통로를 방해하지 않도록 함

⑤ 실험실의 상해, 질병, 사건보고 양식에는 모든 사고와 실수까지 보고하고 기록

⑥ 비상사태 및 비상탈출 훈련을 실시할 때에는 실험실로부터 외부 계단이나 가장 가까운 비상 탈출구로 신속하고 안전하게 이동하고 재출입이 가능할 때까지 대기

9 연구실 실험폐기물

(1) 폐기물의 처리

① 폐기물의 관리는 발생 전과 발생 후로 나눌 수 있음

② 연구실에서 발생하는 폐기물의 종류로는 화학약품, 제품, 장비, 실험기구 등 그 종류가 매우 다양함

③ 연구실에서 발생하는 폐기물은 발생원에서의 감량(Source Reduction)과 내부순환(Internal Recycle)이 가장 바람직함

(2) 폐기물의 분류

① 실험폐기물은 크게 일반폐기물, 화학폐기물, 생물폐기물, 의료폐기물, 방사능폐기물, 배기가스 등으로 구분됨

② 폐기물관리법에서 정의하는 지정 폐기물의 종류

㉠ 특정 시설에서 발생되는 폐기물 : 폐합성고분자 화합물(폐합성수지, 폐합성고무), 오니류(폐수처리오니, 공정오니), 폐농약

㉡ 부식성 폐기물 : 폐산(액체상태, pH 2 이하), 폐알칼리(액체상태, pH 12.5 이상)

㉢ 유해물질 함유 폐기물 : 광재, 분진, 폐주물사 및 샌드블라스트 폐사, 폐내화물 및 재벌구이 이전에 유약을 바른 도자기 조각, 소각재, 안정화 또는 고형화 처리물, 폐촉매, 폐흡착제 및 폐흡수제

㉣ 폐유기용매 : 할로겐족, 기타 폐유기용제

㉤ 폐페인트 및 폐락카

㉥ 폐유(기름 성분 5% 이상 함유)

㉦ 폐석면

㉧ 폴리클로리네이티드비페닐 함유 폐기물

㉨ 폐유독물

㉩ 의료폐기물

㉪ 천연방사성제품폐기물

㉫ 수은폐기물

㉬ 기타 주변 환경을 오염시킬 수 있는 유해한 물질로서 환경부 장관이 정하여 고시하는 물질

③ 폐기물관리법에서 정의하는 의료폐기물의 종류

격리 의료폐기물	• 감염병으로부터 타인을 보호하기 위하여 격리된 사람에 대한 의료행위에서 발생한 일체의 폐기물
위해 의료폐기물	• 조직물류 폐기물 : 인체 또는 동물의 조직 · 장기 · 기관 · 신체의 일부, 동물의 사체, 혈액 · 고름 및 혈액생성물(혈청, 혈장, 혈액제제) • 병리계 폐기물 : 시험 · 검사 등에 사용된 배양액, 배양용기, 보관균주, 폐시험관, 슬라이드, 커버글라스, 폐배지, 폐장갑 • 손상성 폐기물 : 주사바늘, 봉합바늘, 수술용 칼날, 한방침, 치과용침, 파손된 유리재질의 시험기구 • 생물 · 화학 폐기물 : 폐백신, 폐항암제, 폐화학치료제 • 혈액오염 폐기물 : 폐혈액백, 혈액투석 시 사용된 폐기물, 그 밖의 혈액이 유출될 정도로 포함되어 있어 특별한 관리가 필요한 폐기물
일반 의료폐기물	• 혈액 · 체액 · 분비물 · 배설물이 함유되어 있는 탈지면, 붕대, 거즈, 일회용 기저귀, 생리대, 일회용 주사기, 수액세트

(3) 실험폐기물에 대한 정보 확인

① 폐기물을 처리하기 전에는 폐기물의 부식성, 산화성, 발화성(공기 또는 물과의 반응성), 유독성 등 그 폐기물의 성질 및 특성을 GHS/MSDS 통하여 잘 숙지하고 그 주의사항에 따라 처리

② 폐기물의 특징을 충분히 인지하지 못하는 경우 폐기물에 의한 안전사고 및 환경오염을 발생할 수 있으므로 반드시 올바른 처리 절차에 따라 처리해야 함

(4) 실험폐기물의 처리

① 처리해야 되는 폐기물에 대한 사전 유해 · 위험성을 평가하고 숙지

② 화학반응이 일어날 것으로 예상되는 물질은 혼합금지

③ 폐기하려는 화학물질은 반응이 완결되어 안정화되어 있어야 함

④ 화학물질의 성질 및 상태를 파악하여 분리, 폐기

⑤ 가스가 발생하는 경우, 반응이 완료된 후 폐기 처리

⑥ 적절한 폐기물 용기를 사용

⑦ 수집 용기에 적합한 폐기물 스티커를 부착 및 기록 유지

⑧ 폐기물이 누출되지 않도록 뚜껑을 밀폐하고, 누출 방지를 위한 키트를 설치

⑨ 폐기물의 장기간 보관을 금지

⑩ 개인 보호구와 비상샤워기, 세안기, 소화기 등 응급안전장치가 설비되어 있어야 함

(5) 폐기물의 최소화 방안

① 화학약품이 필요한 경우 포장 단위를 고려하여 최소한의 양을 구입

② 철저한 실험 계획을 수립하여 가능한 한 최소량의 화학약품을 사용하고, 반복 확인실험은 최소화

③ 화학약품은 모두 기록하여 타인이 활용할 수 있도록 공개

④ 개봉된 화학약품은 오염되지 않도록 주의하여 관리

⑤ 합성된 화학물질을 일시 보관 할 경우 관리자 및 취급 주의사항 등을 상세히 기재

(6) 화학폐기물의 처리

① 화학폐기물은 실험 후 발생하는 액체, 고체, 슬러지 등의 화학물질과 유효기간이 지난 화학약품으로써 더 이상 실험 활동에 필요하지 않게 된 화학물질임

② 화학폐기물은 화학 물질이 가지고 있는 부식성, 산화성, 공기 또는 물과의 반응성, 유해성 등의 특성을 유지하거나 새로운 화학물질이 합성되어 유해 · 위험성이 실험 전의 화학물질보다 더 커질 수 있으므로 주의를 기울여야 함

③ 화학폐기물의 물질별 처리방법

폐유기용제(용매)	• 솔벤트 등 액체 상태의 모든 유기화합물질로 할로겐족 유기용제와 비할로겐족 유기용제가 있음 – 할로겐족 유기용제 : 발암성 물질로 처리에 신중을 기해야 하며 분리 · 증발 · 추출 · 농축 방법으로 처리한 후 잔재물은 고온 소각 · 중화 · 산화 · 환원 · 중합 · 축합 등의 방법으로 처리 – 비할로겐 유기용제 : 아세톤, 각종 알콜, 벤젠, 헥산 등으로 처리방법은 할로겐족 유기용제과 같음
유해 물질 함유 폐기물	• 잠재적 위험성을 함유한 고형화된 폐기물, 폐촉매, 폐흡수제, 폐흡착제, 실리카 등으로 지정폐기물을 매립할 수 있는 관리형 매립시설에 매립하거나 고온 소각
부식성 물질	• 동물 또는 인체 피부 접촉 시 피부조직(세포)을 파괴시키는 물질로써 pH 2 이하의 부식성 산류와 pH 12.5 이상의 부식성 염기류가 있음 • 부식성 산류 : 농도 20% 이상인 질산, 염산, 황산과 농도 60% 이상인 인산, 불산, 아세트산 등 • 부식성 염기류 : 농도 40% 이상인 수산화나트륨 용액, 수산화칼륨 용액, 암모니아 등 • 처리방법 – 다른 폐기물과 섞이지 않도록 산성과 알칼리성 폐기물은 따로 분리 보관 – 산 및 염기 폐기물은 가능하면 중화하고 중화 시 산에는 염기를, 염기에는 산을 적당한 비율로 혼합하여 pH 7에 근접하도록 함 – 산화 · 환원의 반응을 이용하여 처리한 후 응집 · 침전 · 여과 · 탈수의 방법으로 처리 증발 · 농축의 방법으로 처리 – 분리 · 증류 · 추출 · 여과의 방법으로 정제 처리

발화성 물질 (공기 또는 물과의 반응성 물질)	• 대기 중에서 물질 스스로 발화가 용이하며 물과 접촉하면 발화하면서 가연성 가스를 발생하는 물질 • 발화성 물질에 속하는 위험물은 주기율표의 1~3족에 속하는 금속 원소의 덩어리나 분말 등으로 금속칼륨, 금속나트륨, 탄화칼슘(카바이트), 마그네슘분말, 알킬리튬, 알킬알루미늄 등 물과 작용해서 발열 반응을 일으키거나 가연성 가스를 발생시켜 연소 또는 폭발하는 물질들이 있음 • 가연성 고체인 황화인, 적린, 유황, 철분, 금속분말, 인화성고체 등이 비교적 저온에서 점화하기 쉬운 가연성 물질임 • 완전히 반응시키거나 산화시켜 고형물질로 폐기하거나 용액으로 만들어 폐기 처리
산화성 물질	• 산화력이 강하고 가열, 충격 및 다른 화학물질과의 접촉 등으로 인하여 격렬히 분해되어 반응하는 물질 • 가열, 충격, 마찰 등을 가하지 않도록 취급에 주의하고, 분해를 촉진시킬 수 있는 연소성 물질과 철저히 분리 보관 • 환기 상태가 양호하고 서늘한 장소에 보관 • 과염소산을 폐기 처리할 때 황산이나 유기화합물들과 혼합하게 되면 폭발을 일으킬 수 있으므로 특별히 주의
독성 물질의 폐기	• 냉각 · 분리 · 흡수 · 소각 등의 처리공정을 통하여 독성 물질이 외부로 방출되지 않도록 주의하여 처리 • 독성 물질이 외부로 누출될 때 감지 · 경보할 수 있는 장치를 갖춤
기타 폐기물	• 화학약품을 모두 사용한 물질로서 시약 · 약품공병, 깨진 초자류, 화학물질이 묻은 장갑, 실험용 기자재, 오염 포장지류 및 폐지 등 고형 폐기물이 있음

(7) 폐기 시 주의를 요하는 화학폐기물

폭발성 물질	• 산소나 산화제의 공급 없이 가열, 마찰, 충격 또는 다른 화합물질과의 접촉 등으로 격렬한 반응을 일으켜 폭발할 수 있는 물질 • 가연성 물질이면서 질소와 산소를 함유하는 초산에스테르류, 니트로화합물, 아조화합물, 이산화질소화합물 및 유기과산화물 등이 있음 • 염소산 칼륨, 아세틸렌과 중금속의 화합물, 질산은과 암모니아수, 과산화수소 등은 폭발성이 있음 – 염소산 칼륨 : 갑작스런 충격이나, 고온으로 가열 시 폭발 – 아세틸렌과 중금속의 화합물 : 질산은이나 황산구리의 용액에 아세틸렌을 통하여얻은 물질은 건조할 때 폭발 – 질산은과 암모니아수 : 질산은에 암모니아수를 가한 것을 방치할 경우 폭발성이 있는 물질을 생성 – 과산화수소 : 진한 과산화수소수(30~50%)와 금속, 금속의 산화물, 탄소 가루를 혼합하면 폭발 • 질산 + 유기물 또는 황산 + 과망간산칼륨을 혼합 시 폭발 위험성이 있음
과산화물 형성 물질	• 과산화물은 충격, 마찰, 열과 접촉 시 폭발할 수 있어 저장 및 폐기물 처리에 각별한 주의가 필요 • 과산화물 형성 물질은 불포화 화합물로 낮은 온도나 실온에서도 산소와 반응하거나 과산화 화합물을 형성 • 농축된 과산화물 결정이 유리용기의 바닥, 뚜껑에 생성될 경우, 제거 혹은 개봉 시 심각한 폭발을 야기할 수 있음
발화성 물질 (공기 또는 물과 의 반응성 물질)	• 물과 작용해서 발열반응을 일으키거나 가연성 가스를 발생시켜 연소 또는 폭발하는 물질 • 알칼리 금속을 폐기 처리 시에는 완전히 반응 혹은 산화시켜 고형물질로 폐기하거나 용액으로 만들어 폐기 처리

감염성 폐기물	• 감염성 폐기물이란 보건 위생적, 환경적 관리가 필요한 혈액 분비물, 인체조직 등 적출물, 탈지면, 실험동물의 사체 등임 • 바이오 실험과 관련하여 사용 또는 배출되는 배양액, 배양용기, 슬라이드, 주사기, 커버글라스 외에 장갑 등 1회용 용품과 감염성 폐기물과 혼합되었거나 접촉한 폐기물 등을 감염성 폐기물로 분류 • 감염성 바이오 물질은 화학약품과 달리 복제능력이 있으므로 대규모로 확산될 수 있음 • 화학약품은 '안전' 범위의 것은 환경에 버리는 것이 허용되지만 병원성 유기체에 대한 방출의 '안전' 범위는 없음
	• 고체 바이오 폐기물(플라스틱판, 종이, 장갑) 관리 – 용기 외부에 바이오 위험물 스티커를 붙이고, 내부에는 가압 멸균 가능한 투명 쓰레기 봉지에 폐기물을 수거 – 봉지가 거의 차면 가압 멸균기로 옮기고 가압 멸균 태그를 포함하여 봉지를 연 상태로 가압 멸균 – 장비 사용법은 가압 멸균기의 종류에 따라 다르므로 매뉴얼을 숙지 – 가압 멸균기의 작동이 끝난 후에 폐기물을 냉각 – 냉각 시 봉지를 닫고 태그를 고정시킨 다음 가압 멸균 처리된 폐기물을 쓰레기 용기에 넣음 – 가압 멸균 폐기물 기록을 완료
	• 액체 바이오 폐기물(배양액, 상층액, 매질) 관리 – 가압 멸균 처리하고 냉각시킨 후 배수구로 배출하거나 염소 또는 요오드화합물과 같은 화학적 살균제를 사용 – 해당 농축액을 첨가 – 농축은 살균제와 액체 폐기물의 양에 따라 다른데 표백제의 경우 최종 농축은 10% 용량(예 클로록스 표백제 1을 액체 폐기물 9 비율로 첨가)이어야 함 – 20분 동안 기다렸다가 배수구로 배출
	• 날카로운 물체 – 바이오로 오염된 날카로운 물체는 바이오 위험물 스티커가 붙은 Stericycle 천공성 용기에 수거 – 용기의 옆쪽 라인이 채워지면 뚜껑을 완전히 닫아 고정시킨 다음 용기가 가득 찼다는 라벨을 붙임 – 용기가 가득 차면 수거 양식을 작성하여 정해진 절차에 따라 폐기 – 날카로운 방사능 물체는 동위원소 반감기에 따라 방사선 안전관리자가 제공하는 적절한 용기에 넣어야 함
	• 동물, 동물 깔개 등의 특수 실험폐기물 – 모든 동물 사체는 처리하기 전에 먼저 동물실의 냉동고로 반환하여 보관 – 냉동고에 넣기 전에 사체를 비닐봉지에 넣고 밀봉 – 절차에 따라 동물 깔개를 처리
	• 사람 혈액, 체액, 조직 등의 특수 실험폐기물 – 인체 조직 및 기관은 소각 – 인체 혈액, 체액 또는 조직과 접촉한 고체 폐기물은 가압 멸균 처리하거나 소각 – 오염된 액체 폐기물은 가압 멸균 처리하거나 10% 표백제를 사용하여 화학적으로 오염을 제거하고 20분간 기다렸다가 배수구로 배출
	• 바이오 유해 혼합물 – 폐기물과 연관된 화학적 위험요소를 증가시키지 않는 살균 처리를 통해 생체물질을 불활성화시킴 – 일단 생체물질이 불활성화되면 이 폐기물은 유해 화학 폐기물로 관리할 수 있음 – 일부 화학물질은 열과 압력을 받으면 폭발하거나 휘발할 수 있으므로 가압 멸균 처리는 권장되지 않음

감염성 폐기물	• 바이오 방사능 혼합물 – 방사능 폐기물은 휘발시키지 않는 살균 처리를 통해 생체 물질을 불활성화시킴 – 사용하는 살균제는 방사능 폐기물 보관 및 포장 규약(pH 등)에 적합해야 함 – 일단 생체 물질이 불활성화되면 이 폐기물은 방사능 폐기물로 관리할 수 있음 – 방사능 폐기물을 가압 멸균하는 것은 경우에 따라 다름. 방사능이 방출되는 경우 가압 멸균은 권장하지 않음 – 자세한 내용은 방사선안전관리자에게 문의

(8) 연구실 폐기물 스티커

① 연구실 폐기물은 수집 시부터 폐기물 스티커를 부착하여야 하며, 폐기물 스티커는 폐기물의 종류에 따라서 색상으로 구분할 수 있도록 제작함

② **폐기물 정보 작성 시 기재 사항**

㉠ 최초 수집된 날짜 : 최초 폐기물을 수집하는 날짜를 자세하게 기록

㉡ 수집자 정보 : 수집자 이름, 연구실 전화번호 등을 상세히 기록

㉢ 폐기물 정보

용 량	• 대략적인 용량을 "kg"이나 "L"로 표시. 운반 도중 넘치지 않을 정도인 70%로 채움
상 태	• 가급적 단일 화학종을 수집하도록 노력하고 다음의 사항을 기재 – 수용액 : 수용액의 경우 pH Paper를 이용하여 대략적인 pH를 기록 – 혼합물질 : 모든 혼합물질의 화학물질 명과 농도를 명확히 표기 – 유기용매 : 화학물질 명을 명확히 표기
화학물질명	• 포함하고 있는 모든 화학종을 기록하고 대략적인 농도를 %로 나타냄
잠재적인 위험도	• 폭발성, 맹독성 등은 운반이나 전문처리업자에게 중요한 정보임. 잠재적인 위험을 가진 경우 해당사항에 모두 기록하여 취급 시 주의하도록 함
폐기물 저장소 이동 날짜	• 기관 내 폐기물 저장소로 이동한 날짜를 기록

③ 폐기물 스티커 예시

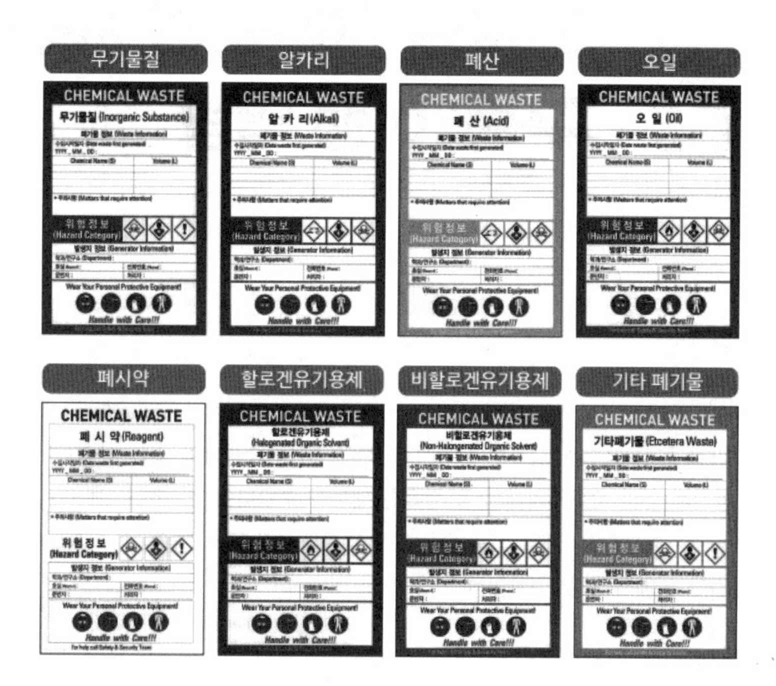
무기물질
CHEMICAL WASTE
무기물질 (Inorganic Substance)
알카리
CHEMICAL WASTE
알 카 리(Alkali)
폐산
CHEMICAL WASTE
폐 산 (Acid)
오일
CHEMICAL WASTE
오 일 (Oil)
폐시약
CHEMICAL WASTE
폐 시 약(Reagent)
할로겐유기용제
CHEMICAL WASTE
할로겐유기용제
(Halogenated Organic Solvent)
비할로겐유기용제
CHEMICAL WASTE
비할로겐유기용제
(Non-Halongenated Organic Solvent)
기타 폐기물
CHEMICAL WASTE
기타폐기물 (Etcetera Waste)
위험정보
(Hazard Category)
Wear Your Personal Protective Equipment!
Handle with Care!!!

※ 출처 : 국가연구안전정보시스템

CHAPTER 02 연구실 안전관리 시스템 구축·이행 역량

1 연구실 안전관리

(1) 안전관리의 개요

① 대학 · 연구기관 등의 안전관리는 연구실(실험 · 실습실)에 잠재되어 있는 유해 · 위험요인을 사전에 파악하여, 안전계획 및 비상조치계획 등 필요한 대책을 수립하여 안전하고 쾌적한 연구 환경 조성을 목적으로 함

② 대학 · 연구기관 등에서 각종 연구실사고 발생 시 신속하고 체계적인 대응으로 인명 및 재산피해를 최소화하기 위함

안전관리규정의 작성 및 준수	• 안전관리 조직체계 및 그 직무에 관한 사항 • 연구실안전환경관리자 및 연구실책임자의 권한과 책임에 관한 사항 • 연구실안전관리담당자의 지정에 관한 사항 • 안전교육의 주기적 실시에 관한 사항 • 연구실 안전표식의 설치 또는 부착 • 중대 연구실사고 및 그 밖의 연구실사고의 발생을 대비한 긴급대처 방안과 행동요령 • 연구실사고 조사 및 후속대책 수립에 관한 사항 • 연구실 안전 관련 예산 계상 및 사용에 관한 사항 • 연구실 유형별 안전관리에 관한 사항
교육 및 훈련	• 연구실의 안전관리에 관한 정보를 연구활동종사자에게 제공하여야 함 • 연구실사고 예방 및 대응에 필요한 교육 · 훈련을 연구활동종사자에게 실시하여야 함 • 연구실환경관리자는 연구실 안전에 관한 전문교육을 받고 이수하여야 함 • 교육 · 훈련의 내용과 방법, 교육 · 훈련 담당자의 요건은 대통령령으로 정함

(2) 용어정의

안전점검 및 정밀안전진단 지침	과학기술정보통신부 장관은 대통령령으로 정하는 기준에 따라 연구실의 안전점검 및 정밀안전진단의 실시내용, 방법, 절차 등에 관한 지침을 작성하여 관보에 고시하여야 함
사전유해인자위험 분석의 실시	연구실책임자는 대통령령으로 정하는 절차 및 방법에 따라 사전유해인자위험분석을 연구활동 시작 전에 실시하고, 연구주체의 장에게 보고하여야 함
안전관리 우수 연구실 인증제	과학기술정보통신부 장관은 연구실의 안전관리 역량을 강화하고 표준모델을 발굴 확산하기 위하여 안전관리 우수연구실을 인증할 수 있음
권역별 연구안전 지원센터의 지정 · 운영	과학기술정보통신부 장관은 효율적인 연구실 안전관리 및 연구실사고에 대한 신속한 대응을 위하여 권역별 연구안전지원센터를 지정할 수 있음

연구실사고	연구실에서 연구활동과 관련하여 부상 · 질병 · 신체장애 · 사망 등 생명 및 신체상의 손해를 입거나 연구실의 시설 · 장비 등이 훼손되는 사고로 아래와 같은 사고를 말함 • 중대 연구실사고 : 사고로 연구실사고 중 손해 또는 훼손의 정도가 심한 사고 – 사망 또는 후유장해 1급부터 9급까지 부상자가 1명 이상 발생한 사고 – 3개월 이상의 요양을 요하는 부상자가 동시에 2명 이상 발생한 사고 – 3일 이상의 입원이 필요한 부상을 입거나 질병에 걸린 사람이 동시에 5명 이상 발생한 사고 • 일반 연구실사고 : 중대 연구실사고를 제외한 사고로 인명피해는 당해사고로 병원 등 의료기관의 진료를 받은 사고, 물적 피해는 1백만 원 이상의 장비 등이 훼손된 사고 • 단순 연구실사고 : 인적 · 물적 피해가 매우 경미한 사고
연구실의 중대한 결함	다음의 사유로 인하여 연구활동 종사자의 사망 또는 심각한 신체적 부상이나 질병을 야기할 우려가 있는 결함을 말함 • 유해화학물질, 유해인자, 독성 가스 등에 유해, 위험물질의 누출 또는 관리부실 • 전기설비의 안전관리 부실 • 연구개발활동에 사용되는 유해, 위험설비의 부식, 균열 또는 파손 • 연구실 시설물의 구조안전에 영향을 미치는 지반침하, 균열, 누수 또는 부식 • 인체에 심각한 위험을 끼칠 수 있는 병원체의 누출
사고원인	비정상 상태를 발생시키는 원인으로 직접적인 원인과 간접적인 원인을 포함하며, 한 가지 비정상 상태에 대해 여러 개의 원인이 제시될 수 있음
사고조사	사고 원인 규명과 사고로 인한 피해를 산정하기 위하여 자료의 수집, 관계자 등에 대한 질문, 현장 확인 등을 행하는 일련의 행동
사고 대응	사고 발생 시 응급처치, 사고피해의 확대 방지, 사고현장 보존 등을 위한 일련의 활동
안전담당 부서	대학 · 연구기관 등에서 연구실 안전과 관련된 업무를 수행하는 주된 부서
시설관리부서	과학기술분야 연구개발활동을 위하여 설치한 시설 · 장비 · 연구실험실 등에 대한 유지 · 관리 업무를 담당하는 주된 부서
연구실 안전관계자	연구실책임자, 연구실안전환경관리자, 생물안전관리자, 안전담당 부서의 소속 직원 등
생물안전관리자	기관 내 생물안전 준수사항 이행을 감독하고 생물안전교육 · 훈련과 안전점검을 실시하며, 생물안전사고조사 및 보고, 생물안전에 관한 정보를 수집하고 이를 제공하는 자
가연성 가스	아세틸렌 · 암모니아 · 수소 · 황화수소 · 일산화탄소 · 메탄 · 부탄 · 벤젠 등과 같이 공기 중에서 연소하는 가스로서 폭발한계의 하한이 10% 이하인 것과 폭발한계의 상한과 하한의 차가 20% 이상인 것
독성 가스	암모니아 · 일산화탄소 · 이황화탄소 · 불소 · 염소 · 벤젠 · 포스겐 · 염화수소 · 모노실란 · 디실란 · 디보레인 · 세렌화수소 · 포스핀 등 및 그 밖의 공기 중에 일정량 이상 존재하는 경우 인체에 유해한 독성을 가진 가스로서 허용농도가 100만분의 5,000 이하인 것
병원체	질병의 원인이 되는 미생물로서 형태의 크기에 따라 바이러스, 리케차, 세균, 진균, 스피로헤타, 원충의 6종으로 분류할 수 있으나 새로운 형태의 병원체가 발견되고 있음
유해광선	전자파로서 인체에 해를 주는 자외선, 적외선, 가시광선, 광학방사선, X–ray, γ선 등을 말함

(3) 안전관리 책임과 권한

구 분	책임과 권한
연구주체의 장	• 연구실의 안전유지 및 관리를 철저히 함으로써 연구실의 안전환경을 확보할 책임 • 중대 연구실사고가 발생한 경우 연구실사고대책본부 운영 • 사후관리대책에 대한 승인 및 이행 여부 확인 • 사고조사 결과에 따른 연구실 사용제한 조치 • 과학기술정보통신부에 사고보고

연구실책임자	• 해당 연구실 연구활동종사자 대상 안전교육 실시 • 사고 발생 시 사고보고체계에 의하여 즉시 보고될 수 있는 체계 구축 • 개인보호구 비치 및 관리 • 안전보건표지, 안전수칙 부착 • 연구실별 사고 예방 및 대응 매뉴얼 작성 • 유해물질, 연구 설비 및 장비의 유지 · 관리 • 연구실험은 2인 이상 수행토록 지도 • 사고 발생 시 피해 최소화 대책 시행 • 사고 대응 활동 및 사고조사에 적극 협조 • 필요 시 병원 및 소방서 신고 • 사고 발생 시 해당 부상자 가족에게 연락 • 사고 재발방지대책 시행
연구실안전환경관리자	• 법정 정기점검 및 진단 실시 • 안전보건표지, 안전수칙 제작 • 기관 전체 연구활동종사자 대상 안전교육 수립 및 시행 • 유해물질, 연구 설비 및 장비의 안전관리 여부 확인 감독 • 사고 시 현장 출입 통제 • 사고 대응에 대한 기술 조언 • 부상자 발생 시 보험 청구
안전담당부서, 시설관리부서 등	• 연구실사고 발생을 대비한 보고체계 및 대응체계 등 수립 • 연구활동종사자 대상 정기적 건강검진 조치 • 연구실 안전 설비 등 유지 보수 • 방송을 통한 기관 내 재실자에게 사고 전파 • 사고 원인 조사 및 현장 보존 • 전기, 가스 등 설비 차단 및 복구 • 화학물질 누출 시 제거 및 중화 작업 • 사고 현장 수습 및 복구(연구실책임자와 협의)
생물안전관리자	• 기관 내 생물안전 준수사항 이행 감독 • 기관 전체 생물안전 교육 대상자를 파악하여 생물안전 교육과 훈련을 수립 · 이행 • 기관 내 생물안전 규정과 생물 폐기물 규정 등을 수립 및 이행 감독 • 생물안전 시설의 등급별 표지 및 LMO 시설의 표지, 생물 재해 표지 등을 제작 및 제공 • 생물안전 등급 시설 및 장비의 주기적 안전 점검을 계획 및 실시 • 생물사고 발생 시 사고현장 통제 및 대응 지원 • 생물안전 사고 발생원인 조사 및 관련 기관에 보고 • 생물안전에 관한 정보 수집 및 제공 • 생물안전위원회 지원
연구활동종사자	• 실험 관련 안전교육 수료 • 개인보호구 착용 후 실험 • 일일 점검 실시 • 연구실 내 정리정돈 실시 • 안전 수칙 준수 • 사고 시 동료에게 사고 전파 및 대피 • 사고 발생 시 사고보고체계에 의하여 즉시 보고 • 부상자 응급 처치

2 안전관리 우수연구실 인증제 운영에 관한 규정

(1) 용어정의

① **안전관리 우수연구실 인증제** : 정부가 연구실의 자율적인 안전관리 역량을 강화하고 표준모델을 발굴 · 확산하기 위하여 인증기준을 설정하고 심사를 통하여 이를 달성한 연구실에 안전관리가 우수한 연구실로 인증하는 것

② **인증심사** : 인증신청 연구실에 대한 인증의 적합 여부를 판단하기 위하여 서류심사와 현장심사를 포함한 모든 활동과 절차

③ **인증심사위원** : 인증심사를 공정하게 수행하기 위하여 연구실 안전보건에 관한 전문지식과 경험이 풍부한 사람으로서 인증심사를 직접 수행하는 사람

④ **인증심의** : 인증심사위원이 실시한 인증심사 결과에 대하여 산 · 학 · 연 전문가 등으로 구성된 인증심의위원회에서 검토 · 의결하는 절차

⑤ **재인증** : 인증을 받은 연구실이 인증의 유효기간이 지나기 전에 다시 인증을 받는 것

2과목

(2) 운영체계

① 인증심의위원회

㉠ 연구실 안전관련 업무와 관련한 산 · 학 · 연 전문가 등 15명 이내의 위원으로 구성

㉡ 위원장은 과학기술정보통신부장관이 위원 중에서 선임

㉢ 위원의 임기는 2년으로 하되 연임 가능

㉣ 위원은 임기가 만료된 경우에도 후임자가 위촉될 때까지 그 직무를 수행할 수 있음

㉤ 위원회의 심의 · 의결사항은 다음과 같음

- 인증기준에 관한 사항
- 인증심사 결과 조정 및 인증 여부 결정에 관한 사항
- 인증취소 여부 결정에 관한 사항
- 그 밖에 과학기술정보통신부장관 또는 위원회의 위원장이 회의에 부치는 사항

㉥ 위원회는 심의 · 의결사항을 수행하기 위하여 재적위원 과반수의 출석으로 개의, 출석위원 과반수의 찬성으로 의결

㉦ 위원회의 사무를 처리할 간사를 두며, 간사는 과학기술정보통신부장관이 소속 공무원 중에서 지명

② **위원의 제척, 기피, 회피** : 위원은 다음의 경우 심의 · 의결에 관여할 수 없음

㉠ 위원 본인과 직접적인 이해관계가 있는 경우

㉡ 위원 본인과 친족관계에 있거나 있었던 사람과 관련된 경우

㉢ 위원 본인이 속한 기관이 인증심의 대상인 경우이거나, 위원이 직접 인증과 관련한 자문, 컨설팅 등을 수행하는 등 이해관계가 있는 경우

㉣ 그 밖에 위원이 안건과 직접적인 이해관계가 있다고 위원장이 인정하는 경우

(3) 인증심사 절차 및 방법

① 과학기술정보통신부장관은 매년 인증사업 시행계획을 수립하고 공고해야 함

② 인증신청에 필요한 서류

㉠ 기업부설연구소 또는 연구개발전담부서의 경우 인정서 사본

㉡ 연구활동종사자 현황

㉢ 연구과제 수행 현황

㉣ 연구장비, 안전설비 및 위험물질 보유 현황

㉤ 연구실 배치도

㉥ 기타 인증심사에 필요한 서류

③ 인증심사위원의 자격

㉠ 인증심사위원으로서 관련 경력이 3년 이상인 사람

㉡ 전문대학 이상의 대학에서 안전보건관련 교수 이상인 사람으로서 연구실 안전 관련 경력이 3년 이상인 사람

㉢ 이공계분야 박사학위 소지자로 연구실 안전 관련 경력이 3년 또는 석사학위 소지자로 연구실 안전 관련 경력이 5년 이상인 사람

㉣ 연구실안전관리사의 자격을 취득한 사람으로서 연구실 안전 관련 경력이 4년 이상인 사람

㉤ 안전보건 관련분야 기술사 자격을 취득한 사람으로서 연구실 안전 관련 경력이 3년 이상인 사람 또는 안전보건 관련분야 기사 자격을 취득한 사람으로서 연구실 안전 관련 경력이 5년 이상인 사람

㉥ 기타 연구실 안전보건분야의 학식과 경험이 풍부한 전문가

④ 인증심사방법 및 절차

㉠ 서류심사 후 현장심사

㉡ 인증심사위원으로 3인 이상의 인증심사반을 구성

㉢ 안전환경시스템분야 12개 항목, 안전환경활동분야 11개 항목, 안전환경관계자의 안전의식도분야 4개 항목별로 인증심사 실시

㉣ 인증심사 방법

- 법에서 정한 인증심사 기준 적용
- 인증 운영매뉴얼, 절차서 등에 대한 문서자료 및 현황 조사
- 연구실 현장의 안전환경 활동 확인
- 연구주체의 장 및 연구실책임자 등의 면담, 인터뷰 등의 방법

㉤ 인증심사반은 인증심사 후 인증심사결과서 작성

⑤ 인증여부 결정

㉠ 과학기술정보통신부장관은 인증심사 결과 인증기준에 적합하다고 판단되는 경우, 인증심사 결과서를 작성한 날부터 90일 이내에 위원회의 심의 · 의결을 거쳐 인증 여부를 결정

㉡ 인증 또는 재인증을 신청한 자가 인증을 받으려면 필수 이행항목에 적합 판정을 받고, 각 분야별로 100분의 80 이상을 득점한 경우에 한하여 인증 결정을 할 수 있음

⑥ 인증서 발급

㉠ 과학기술정보통신부장관이 안전관리 우수연구실 인증서를 발급

㉡ 인증서를 발급받은 자는 안전관리 우수연구실 인증패를 제작하여 해당 연구실에 게시

(4) 사후관리

① **인증서 등의 반환** : 인증서를 발급받은 자가 인증 취소 사유에 해당하는 경우에는 그 날부터 7일 이내에 해당 인증서를 과학기술정보통신부장관에게 반환

② **인증서의 기재사항 변경 및 재발급** : 인증서를 발급받은 자가 인증서의 기재사항의 변경, 인증서의 분실 또는 훼손되었을 경우, 그 날부터 1개월 이내에 과학기술정보통신부장관에게 인증서 기재사항 변경 및 재발급 신청

③ **인증유효기간 및 재인증**

㉠ 인증의 유효기간은 인증일로부터 2년

㉡ 인증서를 발급받은 자는 인증유효기간의 만료일의 60일 전까지 재인증을 신청할 수 있음

㉢ 재인증 신청을 받은 과학기술정보통신부장관은 인증심사반을 구성하여 인증심사 실시

㉣ 심사 결과 재인증이 적합한 경우에는 인증서를 발급

④ **분야별 인증심사 기준** 22 기출

인증심사 분야	분야별 총점	인증심사 세부항목	배 점
연구실 안전환경 시스템분야 12개 항목	30	운영법규 등 검토	3
		목표 및 추진계획	3
		조직 및 업무분장	3
		사전유해인자위험분석	3
		교육 및 훈련, 자격 등	3
		의사소통 및 정보제공	2
		문서화 및 문서관리	2
		비상 시 대비 · 대응 관리 체계	3
		성과측정 및 모니터링	1.5
		시정조치 및 예방조치	1.5
		내부심사	3
		연구주체의 장의 검토 여부	2
연구실 안전환경 활동 수준분야 11개 항목 (세부항목 중 해당사항 없는 경우 제외)	50	연구실의 안전환경 일반	5
		연구실 안전점검 및 정밀안전진단 상태 확인	2
		연구실 안전교육 및 사고 대비 · 대응 관련 활동	7
		개인보호구 지급 및 관리	4
		화재 · 폭발 예방	4
		가스안전	5
		연구실 환경 · 보건 관리	5
		화학안전	5
		실험 기계 · 기구 안전	4
		전기안전	4
		생물안전	5

연구실 안전관리 관계자 안전의식 분야 4개 항목	20	연구주체의 장	5
		연구실책임자	5
		연구활동종사자	5
		연구실안전환경관리자	5

3 연구실 안전점검 및 정밀안전진단

(1) 실시계획의 수립

① 연구주체의 장은 연구실에 잠재되어 있는 위험 요인의 도출과 적절한 안전 조치를 취하기 위하여 안전점검 및 정밀안전진단 실시 계획을 수립 · 시행하여야 함

② 실시계획 수립 시 포함되어야 할 사항

㉠ 안전점검 및 정밀안전진단의 실시 일정 및 예산

㉡ 안전점검 및 정밀안전진단 대상 연구실 목록

㉢ 점검 · 진단의 자체실시 또는 위탁실시(대행기관) 여부

㉣ 점검 · 진단의 항목, 분야별 기술인력 및 장비

㉤ 그 밖에 안전점검 및 정밀안전진단에 필요한 사항

③ 실시자가 준수해야 할 사항

㉠ 해당 연구실 특성에 맞는 보호구 항시 착용 및 공공안전 확보 · 유지

㉡ 성실한 점검 · 진단 수행

㉢ 분야별 기술인력과 장비를 갖출 것

㉣ 비밀 유지

㉤ 그 밖에 연구실내의 안전관리 규정준수

④ 연구실책임자와 연구활동종사자가 협조해야 하는 사항

㉠ 연구실 개방 및 입회

㉡ 연구실 내 유해인자, 연구활동에 관한 기술적인 사항 안내

㉢ 그 밖에 실시자가 필요로 하는 사항

(2) 안전점검

① 일상점검

㉠ 연구실책임자는 연구활동종사자가 매일 연구활동 시작 전 일상점검을 실시하고 그 결과를 기록 · 유지하도록 하여야 함

㉡ 이때 연구실책임자는 연구실안전관리담당자를 지정하여 점검을 하도록 할 수 있음

㉢ 일상점검을 실시하는 자는 사고 및 위험 가능성이 있는 사항 발견 즉시 해당 연구실책임자에게 보고하고 필요한 조치를 취하여야 함

㉣ 연구실책임자는 일상점검 결과기록 및 미비사항을 매일 확인 조치하고, 지시사항을 점검일지에 기록하여야 함

ⓜ 다만, 연구실책임자가 휴가 · 질병 또는 출장 등의 사유로 불가피하게 연구실에 부재한 경우에는 예외로 할 수 있음

ⓗ 일상점검 실시 내용 양식 22 기출

구 분	점검 내용	점검 결과		
		양 호	불 량	미해당
일반 안전	연구실(실험실) 정리정돈 및 청결상태			
	연구실(실험실) 내 흡연 및 음식물 섭취 여부			
	안전수칙, 안전표지, 개인보호구, 구급약품 등 실험장비(흄 후드 등) 관리 상태			
	사전유해인자위험분석 보고서 게시			
기계 기구	기계 및 공구의 조임부 또는 연결부 이상여부			
	위험설비 부위에 방호장치(보호 덮개) 설치 상태			
	기계기구 회전반경, 작동반경 위험지역 출입금지 방호설비 설치 상태			
전기 안전	사용하지 않는 전기기구의 전원투입 상태 확인 및 무분별한 문어발식 콘센트 사용 여부			
	접지형 콘센트를 사용, 전기배선의 절연피복 손상 및 배선정리 상태			
	기기의 외함접지 또는 정전기 장애방지를 위한 접지 실시상태			
	전기 분전반 주변 이물질 적재금지 상태 여부			
화공 안전	유해인자 취급 및 관리대장, MSDS의 비치			
	화학물질의 성상별 분류 및 시약장 등 안전한 장소에 보관 여부			
	소량을 덜어서 사용하는 통, 화학물질의 보관함 · 보관용기에 경고표시 부착 여부			
	실험폐액 및 폐기물 관리상태(폐액분류표시, 적정용기 사용, 폐액용기덮개체결상태 등)			
	발암물질, 독성물질 등 유해화학물질의 격리보관 및 시건장치 사용여부			
소방 안전	소화기 표지, 적정소화기 비치 및 정기적인 소화기 점검상태			
	비상구, 피난통로 확보 및 통로상 장애물 적재 여부			
	소화전, 소화기 주변 이물질 적재금지 상태 여부			
가스 안전	가스 용기의 옥외 지정장소보관, 전도방지 및 환기 상태			
	가스용기 외관의 부식, 변형, 노즐잠금상태 및 가스용기 충전기한 초과여부			
	가스누설검지경보장치, 역류/역화 방지장치, 중화제독장치 설치 및 작동상태 확인			
	배관 표시사항 부착, 가스사용시설 경계/경고표시 부착, 조정기 및 밸브 등 작동 상태			
	주변화기와의 이격거리 유지 등 취급 여부			
생물 안전	생물체(LMO 포함) 및 조직, 세포, 혈액 등의 보관 관리상태[보관용기 상태, 보관기록 유지, 보관 장소의 생물재해(Biohazard) 표시 부착 여부 등]			
	손 소독기 등 세척시설 및 고압멸균기 등 살균 장비의 관리 상태			
	생물체(LMO 포함) 취급 연구시설의 관리 · 운영대장 기록 작성 여부			
	생물체 취급기구(주사기, 핀셋 등), 의료폐기물 등의 별도 폐기 여부 및 폐기용기 덮개설치 상태			

② 정기점검

㉠ 연구주체의 장은 안전점검 장비를 이용하여 매년 1회 이상 정기적으로 소관 연구실에 대해 점검을 실시하여야 함

㉡ 다만 다음 어느 하나에 해당하는 연구실의 경우에는 정기점검을 면제함

- 저위험 연구실
- 안전관리 우수연구실 인증을 받은 연구실(면제기한은 인증 유효기간의 만료일이 속하는 연도의 12월 31일까지로 함)

㉢ 실시자는 연구실 내의 모든 인적 · 물적인 면에서 물리화학적 · 기능적 결함 등이 있는지 여부를 다음의 사항에 따라 점검하여야 함

㉣ 기술인력과 점검장비를 갖추어 점검을 실시하고 그 측정값을 점검결과에 기입

㉤ 해당 연구실의 위험요인에 적합한 보호구를 착용한 후 점검을 실시하고, 그 보호구는 사용 후 최적 상태가 유지되도록 보관

㉥ 연구주체의 장은 연구 중단으로 연구실이 폐쇄되어 1년 이상 방치된 연구실의 경우 연구를 재개하기 전에 연구실의 기기 · 시설물 전반에 대해 정기점검에 준하는 점검을 해당 연구실책임자와 함께 실시하고, 점검결과에 따라 적절한 안전조치를 취한 후 연구를 재개하도록 하여야 함

③ **특별안전점검** : 연구주체의 장은 폭발사고 · 화재사고 등 연구활동종사자의 안전에 치명적인 위험을 일으킬 가능성이 있는 경우 분야별 기술인력과 장비를 갖추어 특별안전점검을 실시하여야 함

(3) 정밀안전진단

① 실시 대상

㉠ 유해화학물질을 취급하는 연구실

㉡ 유해인자를 취급하는 연구실

㉢ 독성가스를 취급하는 연구실

② 실시 방법

㉠ 연구주체의 장은 2년마다 1회 이상 정기적으로 정밀안전진단을 실시

㉡ 정밀안전진단을 실시한 연구실에 대해서는 해당연도 정기점검 생략가능

㉢ 실시자는 분야별 기술인력과 진단장비를 갖추어 정밀안전진단을 실시하고, 측정 · 분석한 내용을 결과보고서에 기입하여야 함

③ 실시 내용

㉠ 정밀안전진단은 외관을 직접 눈으로 점검하거나 점검장비를 사용하여 연구실 내 · 외의 안전보건과 관련된 사항을 진단 · 평가

㉡ 정밀안전진단 시 포함하여야 할 사항

- 정기점검 실시 내용
- 유해인자별 노출도평가의 적정성
- 유해인자별 취급 및 관리의 적정성
- 연구실 사전유해인자위험분석의 적정성

④ 유해인자별 노출도평가

㉠ 연구주체의 장은 정밀안전진단 실시 대상 연구실에 대하여 노출도평가 실시계획을 수립하여야 함

㉡ 노출도평가 대상 연구실 선정기준

- 연구실책임자가 사전유해인자위험분석 결과에 근거하여 노출도평가를 요청할 경우
- 연구활동종사자가 연구활동을 수행하는 중에 CMR물질(발암성 물질, 생식세포 변이원성 물질, 생식독성 물질), 가스, 증기, 미스트, 흄, 분진, 소음, 고온 등 유해인자를 인지하여 노출도평가를 요청할 경우
- 정밀안전진단 실시 결과 노출도평가의 필요성이 전문가(실시자)에 의해 제기된 경우
- 중대 연구실사고나 질환이 발생하였거나 발생할 위험이 있다고 인정되어 과학기술정보통신부장관의 명령을 받은 경우
- 그 밖에 연구주체의 장, 연구실안전환경관리자 등에 의해 노출도평가의 필요성이 제기된 경우

㉢ 노출도평가 실시에 필요한 기술적인 사항은 국제적으로 공인된 측정방법과 산업안전보건법에 따라 고용노동부령으로 정하는 측정방법에 준함

㉣ 산업안전보건법에 따라 작업환경측정을 실시한 연구실은 노출도평가를 실시한 것으로 봄

㉤ 노출도평가는 산업안전보건법에 따라 작업환경측정기관의 요건이 충족된 기관 또는 동등한 요건을 충족한 기관이 측정하여야 함

㉥ 시료채취는 노출도평가를 실시하여야 하는 기관 또는 대행기관에 소속된 자로서 산업위생관리산업기사 이상의 자격을 가진 자가 할 수 있음

㉦ 노출도평가는 연구실의 노출 특성을 고려하여 노출이 가장 심할 것으로 우려되는 연구활동 시점에 실시하여야 함

㉧ 연구주체의 장은 노출도평가 실시 결과를 연구활동종사자에게 알려야 하며, 노출기준 초과 시 감소대책 수립, 연구활동종사자 건강진단의 실시 등 적절한 조치를 하여야 함

㉨ 노출도평가 대상 연구실 선정 및 노출기준 초과 여부를 판단할 때에는 고용노동부고시 화학물질 및 물리적 인자의 노출기준에 준하여 실시

㉩ 정밀안전진단 실시자는 노출도평가의 적정 실시 여부, 노출도평가 결과 개선조치 여부 등에 대해 평가하여야 함

㉪ 노출도평가가 추가로 필요하다고 판단되는 연구실은 연구주체의 장에게 그 필요성을 알리고 결과보고서에 기재하여야 함

⑤ 유해인자별 취급 및 관리

㉠ 연구실책임자는 해당 연구실에 보관 · 사용 중인 유해인자의 특성 및 취급 주의사항에 대해 연구활동종사자에게 교육을 실시하여야 하고, 그 안전에 관한 책임을 짐

㉡ 연구활동종사자는 유해인자의 특성에 맞게 취급 · 관리하여야 함

㉢ 연구실책임자는 정밀안전진단 실시 대상 연구실의 안전확보를 위하여 연구실의 위험기계, 시설물, 화학물질 등 유해인자에 대한 취급 및 관리대장을 작성하여야 함

㉣ 관리대장에 포함하여야 할 사항 : 물질명(장비명), 보관장소, 현재 보유량, 취급 유의사항, 그 밖에 연구실책임자가 필요하다고 판단한 사항

㉤ 관리대장은 유해인자의 구입, 사용, 폐기 등 변경사유가 발생한 경우 보완하여야 함

㉥ 작성된 관리대장은 각 연구실에 게시 또는 비치하고, 이를 연구활동종사자에게 알려야 함

ⓢ 정밀안전진단 실시자는 유해인자의 취급 · 관리 및 관리대장의 적정성에 대해 평가하고, 결과보고서에 기재하여야 함

ⓞ 유해인자 취급 및 관리대장 예시

연번	물질명 (장비명)	CAS No. (사양)	보유량 (보유대수)	보관장소	유해 · 위험성 분류		대상여부	
					물리적 위험성	건강 및 환경 유해성	정밀 안전 진단	작업 환경 측정
1	벤 젠	71-43-2 (액상)	700mL	시약장-1			O	O
2	아세틸렌	74-86-2 (기상)	200mL	밀폐형 시약장-3			O	X
3	원심 분리기	MaxRPM : 8,000	1EA	실험대1	고속회전에 따 른 사용주의 (시료 균형 확보 등)	-	-	-
4	인화점 측정기	Measuring Range (80℃ to 400℃)	1EA	실험대2	Propane Gas 이용에 따른 화재 및 폭발 주의	-	-	-

- 물질명/Cas No : 연구실 내 사용, 보관하고 있는 유해인자(화학물질, 연구장비, 안전설비 등)에 대해 작성[단, 화학물질과 연구장비(설비) 등은 별도로 작성 · 관리 가능]
- 보유량 : 보관 또는 사용하고 있는 유해인자에 대한 보유량 작성(단위기입)
- 물질보관장소 : 저장 또는 보관하고 있는 화학물질의 장소 작성
- 유해 · 위험성분류 : 화학물질은 MSDS를 확인하여 작성(MSDS상 2번 유해 · 위험성 분류 및 화학물질 분류 · 표시 및 물질안전보건자료에 관한 기준 별표 1 참고)하고, 장비는 취급상 유의사항 등을 기재
- 대상여부 : 화학물질별 법령에서 정한 관리대상 여부(연구실안전법 시행령 제11조 정밀안전진단 대상 물질여부, 산업안전보건법 시행규칙 별표 21 작업환경측정 대상 유해인자 여부)

※ 연구실책임자의 필요에 따라 양식 변경 가능[단, 물질명(장비명), 보관장소, 보유량, 취급상 유의사항, 그 밖에 연구실책임자가 필요하다고 판단하는 사항은 반드시 포함할 것]

⑥ **연구실 사전유해인자위험분석**

㉠ 연구실책임자는 연구실 사전유해인자위험분석을 실시하여 유해인자별 위험분석을 실시하고 안전계획 및 비상조치계획을 수립하여야 함

㉡ 정밀안전진단 실시자는 해당 연구실의 모든 연구활동 및 유해인자에 대하여 사전유해인자위험분석을 적정하게 실시하였는지를 확인 · 평가하여야 함

㉢ 정밀안전진단 결과보고서에 사전유해인자위험분석 결과의 유효성 여부와 후속조치 이행여부 등의 내용을 포함하여야 함

(4) 결과의 평가 및 후속조치

① 실시 결과보고서

㉠ 정기점검, 특별안전점검, 정밀안전진단결과의 보고서 작성

㉡ 연구실 내 결함에 대한 증빙 및 분석 등을 명확히 하기 위하여 현장사진, 점검장비 측정값 등 근거자료를 기록하고 문제점과 개선대책을 제시해야 함

② 결과의 평가 및 안전조치

㉠ 정기점검, 특별안전점검 및 정밀안전진단을 실시한 자는 그 점검 또는 진단 결과를 종합하여 연구실 안전등급을 부여하고, 그 결과를 연구주체의 장에게 알려야 함

㉡ 연구실 안전등급

등 급	연구실 안전환경 상태
1	연구실 안전환경에 문제가 없고 안전성이 유지된 상태
2	연구실 안전환경 및 연구시설에 결함이 일부 발견되었으나, 안전에 크게 영향을 미치지 않으며 개선이 필요한 상태
3	연구실 안전환경 또는 연구시설에 결함이 발견되어 안전환경 개선이 필요한 상태
4	연구실 안전환경 또는 연구시설에 결함이 심하게 발생하여 사용에 제한을 가하여야 하는 상태
5	연구실 안전환경 또는 연구시설의 심각한 결함이 발생하여 안전상 사고발생위험이 커서 즉시 사용을 금지하고 개선해야 하는 상태

㉢ 연구실 안전등급 4등급 또는 5등급을 받거나 중대한 결함이 발견된 경우 조치사항

- 중대한 결함이 있는 경우에는 그 결함이 있음을 인지한 날부터 7일 이내 과학기술정보통신부장관에게 보고하고 안전상의 조치를 취하여야 함
- 안전등급 평가결과 4등급 또는 5등급 연구실의 경우에는 사용제한 · 금지 또는 철거 등의 안전조치를 이행하고 과학기술정보통신부장관에게 즉시 보고

㉣ 연구주체의 장은 정기점검, 특별안전점검, 정밀안전진단을 실시한 날로부터 3개월 이내에 그 결함사항에 대한 보수 · 보강 등의 필요한 조치에 착수하고, 특별한 사유가 없는 한 착수한 날부터 1년 이내에 이를 완료해야 함

㉤ 연구주체의 장은 안전점검 및 정밀안전진단 실시 결과를 지체 없이 게시판, 사보, 홈페이지 등을 통해 공표하여 연구활동종사자들에게 알려야 함

③ **서류의 보존** : 일상점검표는 1년, 정기점검, 특별안전점검, 정밀안전진단 결과보고서, 노출도평가 결과보고서는 3년 이상 보존 · 관리하여야 함(단, 보존기간의 기산일은 보고서가 작성된 다음연도의 첫 날로 함) 22 기출

④ **재검토 기한** : 과학기술정보통신부장관은 2021년 7월 1일을 기준으로 매 3년이 되는 시점(매 3년째의 6월 30일까지)마다 그 타당성을 검토하여 개선 등의 조치를 하여야 함

연구실 유해·위험요인 파악 및 사전유해인자위험분석 방법

1 불안전한 행동의 배후요인

(1) 인적요인

① 심리적요인

㉠ 지름길반응 : 지나가야 할 길이 있음에도 불구하고, 가급적 가까운 길을 걸어 빨리 목적장소에 도달하려고 하는 행동 22 기출

㉡ 주연적 동작 : 어떤 것을 의식의 중심에서 생각하면서 동작을 하고 있지만, 도중에 일상적인 습관을 의식의 한쪽 구석(주연, 周緣)에서 하는 경우가 있음

㉢ 억측판단 : 자의적인 주관적 판단, 희망적 관측을 토대로 위험도를 확인하지 않고 이것으로 괜찮을 거라고 판단

② 생리적요인

㉠ 피로 : 작업능률에 관련되는 주의력의 산만 등을 초래

㉡ 수면부족 : 수면부족 시 건강하고 안전한 생활을 할 수 없음

(2) 외적요인(환경적요인)

① 인간적요인 : 인간관계에 의한 요인, 각자의 능력 및 지능에 의한 요인

② 설비적요인 : 기계설비의 위험성과 취급성의 문제 및 유지관리 시의 문제

③ 작업적요인 : 작업방법적 요인 및 작업환경적 문제

④ 관리적요인 : 교육훈련의 부족, 감독지도의 불충분, 적정배치의 불충분

2 연구실 유해 · 위험요인 파악

(1) 위험성평가

① 위험성평가에서 가장 중요한 것이 유해 · 위험요인을 파악하는 것임

② 유해 · 위험요인 파악은 유해 · 위험요인을 명확히 하는 것과 유해 · 위험요인이 사고에 이르는 과정을 명확히 하는 것으로 나뉨

③ 유해 · 위험요인의 파악은 연구표준과 연구절차서를 활용하며 실제의 연구활동을 자세히 관찰하여 유해 · 위험요인이 누락되지 않는 것이 중요함

④ 유해 · 위험요인의 파악은 연구활동을 자세히 관찰하거나, 연구활동종사자로부터 청취조사를 하는 방법, 현장의 목소리를 듣기 위해 위험체험의 메모를 보고받는 방법 등이 있음

(2) 위험성평가 절차 22 기출

① 유해 · 위험요인의 파악 : 순회점검, 청취조사 등의 방법이 있음
② 위험성 추정 : 부상 또는 질병으로 이어질 수 있는 가능성과 중대성을 추정하여 크기 산출
③ 위험성 결정 : 추정한 위험성의 크기가 허용 가능한 범위인지 여부를 판단
④ 감소대책의 수립 및 실행 : 위험성 결정 결과 허용 불가능한 위험성을 합리적으로 실천 가능한 범위에서 가능한 한 낮은 수준으로 감소시키기 위한 대책을 수립하고 실행하는 것으로, 관리적 대책보다는 공학적 대책을 먼저 적용

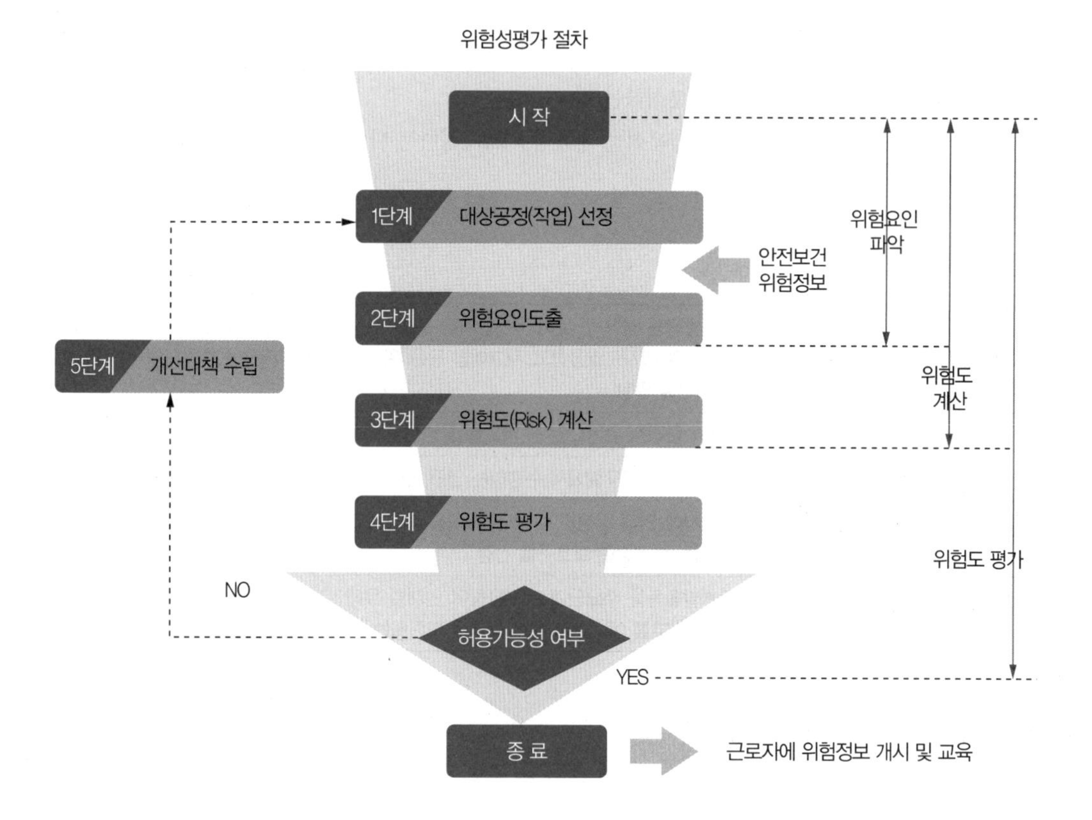

(3) 위험성분석기법

① FTA(Fault Tree Analysis) : 정상사상을 설정하고, 하위 사고의 원인을 찾아가는 연역적 분석기법 22 기출
② ETA(Event Tree Analysis) : 장치의 이상, 운전자의 실수가 어떠한 결과를 미치는지를 정량적으로 분석하는 귀납적 분석기법
③ Bow Tie Analysis : FTA와 ETA를 합쳐놓은 것으로 FTA는 사고발생의 원인을 찾아가고 ETA는 그로 인해 어떠한 잠재적 사고가 발생하는지 찾아가는 기법
④ 결함위험분석(FHA ; Fault Hazard Analysis) : 여러 공장에서 제작된 부품들을 조립하여 하나의 기계가 되었을 때 각각의 서브시스템이 전체시스템에 어떠한 결과를 미치는지 분석하는 기법
⑤ FMEA(Failure Mode & Effect Analysis) : 정성적 · 귀납적 분석법으로 서브시스템, 구성요소, 기능 등의 잠재적 고장 형태에 따른 시스템의 위험을 파악하는 기법

3 사전유해인자위험분석

(1) 목 적

① 연구실에 잠재되어 있는 유해 · 위험요인을 사전에 파악하여, 안전계획 및 비상조치계획 등 필요한 대책을 수립하여 안전하고 쾌적한 연구환경 조성

② 연구실책임자가 스스로 연구실의 유해인자에 대한 실태를 파악

③ 사고 예방 등을 위하여 필요한 사항을 정하여 연구실 및 연구활동종사자를 보호하고 연구개발 활성화에 기여

④ 사전유해인자위험분석 제도란 연구개발활동 시작 전 화학적, 물리적 위험요인 등 사고를 발생시킬 가능성이 있는 유해인자를 미리 분석하는 것

⑤ 연구실책임자는 사전유해인자위험분석을 대통령령으로 정하는 바에 따라 실시하여, 연구주체의 장에게 보고하여야 함

(2) 용어의 정의 22 기출

사전유해인자위험분석	연구개발활동 시작 전 유해인자를 미리 분석하는 것으로 연구실책임자가 해당 연구실 의 유해인자를 조사 · 발굴하고 사고예방 등을 위하여 필요한 대책을 수립하여 실행하는 일련의 과정을 말함
유해인자	화학적 · 물리적 위험요인 등 사고를 발생시킬 가능성이 있는 인자
연구개발활동	과학기술분야 연구실에서 수행하는 연구, 실험, 실습 등을 수행하는 모든 행위
개인보호구 선정	유해인자에 의해 발생할 수 있는 사고를 예방하고 사고 발생 시 연구활동종사자를 보호하기 위하여 적정한 보호구를 선정
연구개발활동 안전분석	연구개발활동을 주요단계로 구분하여 단계별 유해인자를 파악하고 유해인자의 제거, 최소화 및 사고를 예방하기 위한 대책을 마련하는 기법(R&D SA)

(3) 사전유해인자위험분석 수행 절차

① 사전준비(사전유해인자위험분석을 실시할 대상 및 범위 지정)

② 연구실 안전현황분석

③ 연구개발활동별 유해인자위험분석

④ 연구개발활동 안전분석(R&D SA ; Research&Development Safety Analysis)

⑤ 사전유해인자위험분석 보고서 관리이며, 각 절차별 수행과정 흐름은 다음과 같음

단 계	내 용		주 체
1단계 (주요 유해인자 확인)	• 자료수집 • 일정협의 • 자료 및 실험절차 리뷰		연구실책임자
2단계 (연구실 안전현황)	• 기관명 • 연구개발동향정보 • 연구실유해인자 • 연구실개요 • 연구활동종사자현황	• 개인보호구 및 안정장비 현황 • 비상연락처 • 주요기자재현황 • 연구실 배치현황	
3단계 (유해인자위험분석)	• 화학물질 • 생물체 • 위험분석 • 비상조치계획	• 가연성 · 독성 가스 • 물리적 유해인자 • 안전계획 • 개인보호구 선정	
4단계 (R&D Safety Analysis)	• 연구실험절차수립 • 위험분석 • 안전계획 • 비상조치계획		
5단계 (유지관리)	• 변경사항 관리 • 조치사항 관리		연구안전 · 환경관리자

(4) 사전유해인자위험분석의 주체

① 사전유해인자위험분석 작성 및 그 내용에 대한 책임은 연구실책임자에게 있음

② 연구실책임자는 사전유해인자위험분석을 실시하여 연구주체의 장에게 보고해야 함

③ 사전유해인자위험분석은 실제 연구를 수행하는 연구실책임자 주도하에 연구실안전환경관리자, 연구활동종사자와 함께 유해인자에 대한 위험분석을 실시하여, 안전계획 및 비상조치계획을 수립하도록 하고 있음

구 분	사전유해인자 위험분석	연구실 일상점검	연구실 정밀안전진단 (특별안전점검)	사업장 공정안전보고서	사업장 위험성평가	화학사고 예방관리계획서
책임주체	연구실책임자	연구주체의 장		사업주		
점검 및 작성자	연구실책임자, 연구활동종사자	연구활동종사자	법령에서 정하는 국가기술자격 보유자 및 대행전문기관			운영자(관련 교육 이수)
점검항목	화학물질, 가스, 생물체, 물리적인자, 보호구, 안전시설, 실험절차, 안전계획, 비상조치계획	일반, 기계, 전기, 화공, 소방, 가스, 생물	일반, 기계, 전기, 화공, 소방, 가스, 산업위생, 생물	유해 · 위험물질 취급시설, 안전시설 및 설비, 공정, 안전운전계획, 비상조치계획	공정에 대한 유해 · 위험물질, 위험성추정, 위험성파악, 감소대책	유해화학물질 및 취급시설에 관한 정보, 장외평가정보, 사전관리방침, 내 · 외부비상 대응계획

실시시기	새로운 실험 또는 연구과제 시작 전	일상점검 (매일)	정기점검 (매년 1회 이상), 정밀안전진단 (2년 1회 이상)	대통령령으로 정하는 유해하거나 위험한 설비 설치 시	사업 개시일 (건설업은 실착공일)로부터 1개월이 되는 날까지	유해화학물질 취급시설을 설치 시
관계법규	연안법 제9조	연안법 제14조	연안법 제15조	산안법 제44조	산안법 제36조	화관법 제23조
관련부처	과학기술정보통신부			고용노동부		환경부

※ 화학물질관리법 제23조에 근거하는 장외영향평가서는 위해관리계획서와 중복되는 측면이 있는 바, 이로 인한 사업장의 서류제출 부담을 완화하기 위하여 화학사고 예방관리계획서로 통합(2020. 3. 31. 개정이유 참고)

(5) 사전유해인자위험분석의 구성 및 적용대상

① 사전유해인자위험분석의 구성
- ㉠ 연구실 안전현황
- ㉡ 유해인자위험분석
- ㉢ 연구실 안전계획 수립
- ㉣ 비상조치계획 수립

② 사전유해인자위험분석의 적용대상
- ㉠ 화학물질관리법에 따른 유해화학물질
- ㉡ 산업안전보건법에 따른 유해인자
- ㉢ 고압가스 안전관리법 시행규칙에 따른 독성 가스

(6) 사전유해인자위험분석에 대한 정부의 책무

① 과학기술정보통신부 장관은 연구실의 사전유해인자위험분석이 효과적으로 추진되도록 하기 위하여 다음의 사항을 강구하여야 함
- ㉠ 사전유해인자위험분석 제도의 개선 · 홍보
- ㉡ 사전유해인자위험분석 기법의 연구 · 개발
- ㉢ 사전유해인자위험분석 실시 지원을 위한 정보관리시스템 구축
- ㉣ 그 밖의 사전유해인자위험분석에 관한 정책의 수립 및 추진

② 장관은 위의 각 사항 중 필요한 사항에 대해 권한을 위임받은 기관 또는 연구실 안전 관련 사업을 수행하는 기관으로 하여금 수행하게 할 수 있음

(7) 연구실 사전유해인자위험분석 절차 및 방법

① 실시시기 : 사전유해인자위험분석은 연구개발활동 시작 전에 실시하며, 연구개발활동과 관련된 주요 변경사항 발생 또는 연구실책임자가 필요하다고 인정할 경우 추가적으로 실시하여야 함

② 사전유해인자위험분석 과정
- ㉠ 연구실책임자는 다음의 과정으로 이루어지는 사전유해인자위험분석을 실시하여야 함
- ㉡ 연구실 안전현황 분석 → 연구개발활동별 유해인자위험분석 → 연구실 안전계획 수립 → 비상조치계획 수립

③ **연구실 안전현황 분석에 필요한 자료**

㉠ 기계 · 기구 · 설비 등의 사양서

㉡ 물질안전보건자료(MSDS)

㉢ 연구 · 실험 · 실습 등의 연구내용, 방법(기계 · 기구 등 사용법 포함), 사용되는 물질 등에 관한 정보

㉣ 안전 확보를 위해 필요한 보호구 및 안전설비에 관한 정보

㉤ 그 밖의 사전유해인자위험분석에 참고가 되는 자료 등

※ 연구실 사전유해인자위험분석 실시에 관한 지침 [별지 제1호] 연구실 안전현황표 참고

④ **연구활동별 유해인자위험분석**

㉠ 연구실책임자는 파악한 해당 연구실의 연구활동별 유해인자에 대해 위험분석을 실시하고, 그 결과를 작성하여야 함

※ 연구실 사전유해인자위험분석 실시에 관한 지침 [별지 제2호] 연구개발활동별(실험 · 실습/연구과제별) 유해인자 위험분석 보고서 참고

㉡ 연구실책임자는 해당 연구실의 유해인자를 포함한 연구에 대해 연구개발활동안전분석(R&D SA ; Research&Development Safety Analysis)을 실시하고, 그 결과를 작성해야 함

※ 연구실 사전유해인자위험분석 실시에 관한 지침 [별지 제3호] 연구개발활동안전분석(R&DSA) 보고서 참고

⑤ **연구실 안전계획** : 연구실책임자는 연구활동별 유해인자위험분석 실시 후 유해인자에 대한 안전한 취급 및 보관 등을 위한 조치, 폐기방법, 안전설비 및 개인보호구 활용 방안 등을 연구실 안전계획에 포함시켜야 함

⑥ **비상조치계획** : 연구실책임자는 화재, 누출, 폭발 등의 비상사태가 발생했을 경우에 대한 대응 방법, 처리 절차 등을 비상조치계획에 포함시켜야 함

(8) 사전유해인자위험분석의 보고 및 관리

① 연구실책임자는 사전유해인자위험분석 결과를 연구개발활동 시작 전에 연구주체의 장에게 보고

② 연구주체의 장은 연구실책임자가 작성한 사전유해인자위험분석 보고서를 종합하여 확인 후 이를 체계적으로 관리할 수 있도록 관리 · 보관하고, 사고발생 시 보고서 중 유해인자의 위치가 표시된 배치도 등 필요한 부분에 대해 사고 대응기관에 즉시 제공

③ 연구주체의 장은 연구실책임자가 작성한 사전유해인자위험분석 보고서를 검토하여 필요할 경우 조치를 취하고 이에 대한 결과를 기록 · 보존

④ 연구실책임자는 사전유해인자위험분석 보고서를 연구실 출입문 등 해당 연구실의 연구활동종사자가 쉽게 볼 수 있는 장소에 게시

⑤ 사전유해인자위험분석은 2021년 7월 1일 기준으로 매 3년이 되는 시점(매 3년째의 6월 30일까지를 말함)마다 그 타당성을 검토하여 개선 등의 조치를 하여야 함

연구실 안전교육

1 안전교육

(1) 안전욕구

① 인간의 본능적인 안전으로 눈앞에 보이는 위험에서는 반드시 피하고 싶은 욕망이 나타남
② 보이지 않는 위험에 대해서는 사람마다 이해가 다르기 때문에 안전교육이 필요함
③ 안전교육에 대한 실효성 문제가 있지만 재해예방에 대한 최선의 해결책은 안전교육임

(2) 생애주기별 안전교육지도(KASEM ; Korean Age-specific Safety Education Map)

① **인간의 발달수준별 안전의식의 변화 순서** : 발달수준에 따라 위험을 인지하는 능력 향상 → 인과관계를 이해하는 능력 향상 → 사고예방 및 사고에 대처하는 능력 향상 → 타인을 위해 교육 · 지도 · 구조를 실천할 수 있는 능력 향상
② 생애주기별 안전의식

구분	내용
영유아기 (0~5세)	안전교육 의존기 : 위험한 도구를 구별하고, 가전제품의 위험을 인지
아동기 (6~12세)	안전교육 준비기 : 도구의 안전사용습관을 형성하고 보호구 착용을 습관화
청소년기 (13~18세)	안전교육 성숙기 : 제품의 안전한 사용을 실천하고, 안전한 제품을 선별하며, 안전수칙을 실천
청년기 (19~29세)	안전교육 확립기 : 맞춤형 안전관리를 실천하고, 인체역학을 적용하여 재해예방을 실천
성인기 (30~64세)	안전교육 확대기 및 성찰기 : 조직 내 안전관리 및 일상생활의 안전관리를 확대
노년기 (65세 이상)	안전교육 유지기 : 보행보조기구의 안전사용, 안전한 일상활동 실천을 통해 안전을 유지

(3) 체계적인 안전교육의 원리

일회성의 원리	• 1회의 교육만으로도 생존과 사망을 결정할 수 있다는 사실을 명심하고 안전교육을 실시
지역의 특수성 원리	• 안전교육은 지형, 산업, 인구 구조 등 지역적 특수성을 고려하여 실시 • 해변가 지역에서는 수상 안전을, 복잡한 교통 구조를 지닌 지역에서는 교통 안전을 산업단지에서는 기계 · 기구 및 설비 안전을 강조하여 실시
인성교육의 원리	• 안전교육은 인격에 관한 교육으로 자신의 생명뿐만 아니라 타인의 생명도 존중할 수 있도록 하는 교육 • 스스로를 존경하고 타인의 안전에도 관심을 갖도록 인성교육이 수반되어야 함
실천의 원리	• 자신의 생명뿐만 아니라 타인의 생명도 존중할 수 있도록 하는 교육인 만큼 실천 교육이 수반되어야 함

(4) 효과적인 안전교육

① 동기부여

㉠ 안전에 대처하는 능력은 지식과 기술에서 나오지만 더 중요한 것이 동기임

㉡ 동기는 동기를 유발하는 상황과 그 상황에 대한 태도에서 발생

㉢ 동기를 유발하기 위해서는 무엇이 동기를 유발하는지, 동기유발은 어떻게 이루어지는지, 무엇이 동기부여 수준을 지속하는지를 파악해야 함

㉣ 안전에 대한 동기부여는 안전상의 책임감, 안전활동에 대한 충실감, 역할에 대한 달성감, 향상되고 있다는 성장감이 수반되어야 함

② 동기부여 방법

㉠ 연구의 가치가 있는 연구공간 만들기

㉡ 책임과 프로의식의 고양으로 업무의 충실도 향상

㉢ 연구실책임자가 하고자 하는 감정을 먼저 일으키고 솔선수범

㉣ 연구활동종사자에 대해 안전 행동 목표와 역할을 주지

(5) 교육의 종류 22 기출

① **지식교육** : 지식을 전달

② **기능교육** : 안전기술을 습득

③ **태도교육** : 어떤 일을 대하는 마음가짐

④ **문제해결교육** : 어떠한 문제를 능숙하게 해결하는 방법으로 종합능력을 육성

⑤ **추후지도교육** : 지식, 기능, 태도교육을 반복하고 정기적인 OJT를 실시

(6) 교육방법 22 기출

① **실습법** : 흥미를 일으키기 쉽고 습득이 빠르나, 교육장소 섭외가 어렵고 사고의 위험성이 있음

② **토의법** : 참가자가 자주적이고 적극적이며 교육내용을 참가자 전원에게 주의시키기 쉬움

③ **프로젝트법** : 교사가 학습자에게 일방적으로 지식을 제공하거나 행동 지침을 제공하는 것이 아니라 어떠한 프로젝트나 미션을 제공하여 그것을 진행하는 과정에서 학습하는 교육방법

④ **시청각법** : 시청각적 교육 매체를 교육과정에 통합시켜 적절하게 활용함으로써 학습효과를 높이는 교육방법

(7) 교육의 진행과정 22 기출

① 지식교육

단 계	제1단계 도입 (Preparation)	제2단계 제시 (Presentation)	제3단계 적용(실습) (Performance)	제4단계 확인 (Follow-up)
중요 포인트	왜	무엇을, 어떻게	할 수 있게 하려면	해야하는 일은
중요 단원	• 교육의 목적, 목표 (법규, 기준, 사규, 배경)	• 재해방지의 원칙 • 재해요인의 발견요령 • 재해요인의 개선요령 • 재해요인의 제거, 시정 방법 • 질의응답	• 과제토의(테마와 목적) • 토의 지도 • 토론(공감대 형성) • 실 습	• 정리와 보충강의 • 실천사항 확인 • 일상의 각오 • 피교육자에 기대

② 기능교육 : 개인의 반복적 시행착오로 경험을 체득

③ 태도교육 : 행동을 습관화하는 교육

(8) 안전교육 효과에 대한 적절한 평가방법

평가방법 / 평가항목	관찰에 의한 방법			시험에 의한 방법		
	관찰법	면접법	결과평가	질문법	평정법	시험법
지 식	○	○		○	⊙	⊙
기 능	○		⊙		○	⊙
태 도	⊙	⊙			○	○

⊙ : 효과가 매우 크다
○ : 효과가 크다

2 법정안전교육

(1) 안전점검 및 정밀안전진단 대행기관 기술인력에 대한 교육시간 및 내용(연구실안전법 시행규칙 [별표2])

구 분	교육 시기 · 주기	교육시간	교육내용
신규교육	등록 후 6개월 이내	18시간 이상	• 연구실 안전환경 조성 관련 법령에 관한 사항 • 연구실 안전 관련 제도 및 정책에 관한 사항 • 연구실 유해인자에 관한 사항 • 주요 위험요인별 안전점검 및 정밀안전진단 내용에 관한 사항 • 유해인자별 노출도 평가, 사전유해인자위험분석에 관한 사항 • 연구실사고 사례, 사고 예방 및 대처에 관한 사항 • 기술인력의 직무윤리에 관한 사항 • 그 밖의 직무능력 향상을 위해 필요한 사항
보수교육	신규교육 이수 후 매 2년이 되는 날을 기준으로 전후 6개월 이내	12시간 이상	

(2) 연구활동종사자에 대한 교육 · 훈련(연구실안전법 시행규칙 [별표3])

① 근로자란 근로기준법에 따른 근로자임

② 연구주체의 장은 신규 교육 · 훈련을 받은 사람에 대해서는 해당 반기 또는 연도의 정기 교육 · 훈련을 면제할 수 있음

③ 정기 교육 · 훈련은 사이버교육의 형태로 실시할 수 있음(100점을 만점으로 60점 이상 득점한 사람에 대해서만 교육을 이수한 것으로 인정)

④ 연구활동종사자 교육 · 훈련의 시간 및 내용

<table>
<tr><th>구 분</th><th colspan="2">교육대상</th><th>교육시간
(교육시기)</th><th>교육내용</th></tr>
<tr><td rowspan="3">신규
교육 · 훈련</td><td rowspan="2">근로자</td><td>정기적으로 정밀안전진단을 실시해야 하는 연구실에 신규로 채용된 연구활동종사자</td><td>8시간 이상
(채용 후
6개월 이내)</td><td rowspan="3">• 연구실 안전환경 조성 관련 법령에 관한 사항
• 연구실 유해인자에 관한 사항
• 보호장비 및 안전장치 취급과 사용에 관한 사항
• 연구실사고 사례, 사고 예방 및 대처에 관한 사항
• 안전표지에 관한 사항
• 물질안전보건자료에 관한 사항
• 사전유해인자위험분석에 관한 사항
• 그 밖의 연구실 안전관리에 관한 사항</td></tr>
<tr><td>정기적으로 정밀안전진단을 실시해야 하는 연구실이 아닌 연구실에 신규로 채용된 연구활동종사자</td><td>4시간 이상
(채용 후
6개월 이내)</td></tr>
<tr><td>근로자가
아닌 사람</td><td>대학생, 대학원생 등 연구활동에 참여하는 연구활동종사자</td><td>2시간 이상
(연구활동
참여 후
3개월 이내)</td></tr>
<tr><td rowspan="3">정기
교육 · 훈련</td><td colspan="2">저위험연구실의 연구활동종사자</td><td>연간
3시간 이상</td><td rowspan="3">• 연구실 안전환경 조성 관련 법령에 관한 사항
• 연구실 유해인자에 관한 사항
• 안전한 연구활동에 관한 사항
• 물질안전보건자료에 관한 사항
• 사전유해인자위험분석에 관한 사항
• 그 밖의 연구실 안전관리에 관한 사항</td></tr>
<tr><td colspan="2">정기적으로 정밀안전진단을 실시해야 하는 연구실의 연구활동종사자</td><td>반기별
6시간 이상</td></tr>
<tr><td colspan="2">위 규정한 연구실이 아닌 연구실의 연구활동종사자</td><td>반기별
3시간 이상</td></tr>
<tr><td>특별안전
교육 · 훈련</td><td colspan="2">연구실사고가 발생했거나 발생할 우려가 있다고 연구주체의 장이 인정하는 연구실의 연구활동종사자</td><td>2시간 이상</td><td>• 연구실 유해인자에 관한 사항
• 안전한 연구활동에 관한 사항
• 물질안전보건자료에 관한 사항
• 그 밖의 연구실 안전관리에 관한 사항</td></tr>
</table>

연구실사고 대응 및 관리

1 연구실사고 대응규정

(1) 목 적

① 대학 · 연구기관 등에서 안전사고 발생 시 피해 확대방지를 위함
② 기관별 특성에 맞는 사고 대응 매뉴얼을 작성하고, 교육 · 훈련 자료로 활용
③ 연구실사고로 인한 인명 및 재산 피해 발생 시 신속하고 체계적인 대응 및 응급처치에 활용

(2) 연구실사고의 구분

구분	내용
중대 연구실사고	• 연구실사고 중 손해 또는 훼손의 정도가 심한 다음에 해당하는 사고 – 사망 또는 후유장애 부상자가 1명 이상 발생한 사고 – 3개월 이상의 요양을 요하는 부상자가 동시에 2명 이상 발생한 사고 – 부상자 또는 질병에 걸린 사람이 동시에 5명 이상 발생한 사고 – 연구실의 중대한 결함*으로 인한 사고
일반 연구실사고	• 중대 연구실사고를 제외한 일반적인 사고로 다음에 해당하는 사고 – 인적 피해 : 병원 등 의료 기관 진료 시 – 물적 피해 : 1백만원 이상의 재산 피해 시
단순 연구실사고	• 인적 · 물적 피해가 매우 경미한 사고로 일반 연구실사고에 포함되지 않는 사고

더 알아보기

연구실의 중대한 결함

1. 화학물질관리법 제2조 제7호에 따른 유해화학물질, 산업안전보건법 제104조에 따른 유해인자, 과학기술정보통신부령으로 정하는 독성 가스 등 유해 · 위험물질의 누출 또는 관리 부실
2. 전기사업법 제2조 제16호에 따른 전기설비의 안전관리 부실
3. 연구활동에 사용되는 유해 · 위험설비의 부식 · 균열 또는 파손
4. 연구실 시설물의 구조안전에 영향을 미치는 지반침하 · 균열 · 누수 또는 부식
5. 인체에 심각한 위험을 끼칠 수 있는 병원체의 누출

2 사고 대응 업무수행 체계

(1) 사고 대응 단계별 수행업무

진행 단계	수행업무	업무 수행
연구실 사고 발생		
사고보고	• 최초발견자(연구실 책임자) → 안전담당부서 (연구실안전환경관리자) → 연구주체의 장	• 연구실안전관계자
사고대응	• 필요 시 연구실사고대책본부 구성 • 사고피해 확대 방지 조치 • 연구실책임자에 의한 응급조치	• 연구실안전관계자
사고조사	• 사고원인 규명 및 사고로 인한 인명 및 재산 피해 확인	• 안전담당부서
재발방지대책 수립 · 시행	• 연구실안전환경관리자는 사고방지 대책 수립 후 연구주체의 장에게 보고 • 연구실책임자는 재발방지대책 시행	• 안전담당부서 • 연구실책임자
사후관리	• 재발방지 대책 시행 여부 확인 및 사고 분석결과를 바탕으로 향후 안전관리 추진계획에 반영	• 연구주체의 장 • 안전담당부서

(2) 사고 보고

① 연구실에서 사고 발생 시 최초 발견자는 연구실책임자에게 즉시 보고

② 연구실책임자는 안전담당부서에 사고 발생을 통보, 필요 시 소방서 및 병원 등 유관기관에 협조요청

③ 안전담당부서는 연구주체의 장에게 사고 상황 보고

④ 연구주체의 장은 중대 연구실사고 발생 시 지체 없이 다음의 사항을 과학기술정보통신부에 전화, 팩스, 전자우편이나 그 밖의 적절한 방법으로 보고

㉠ 사고 발생 개요 및 피해 상황

㉡ 사고 조치 내용, 사고 확산 가능성 및 향후 조치 · 대응계획

㉢ 그 밖에 사고 내용 · 원인 파악 및 대응을 위해 필요한 사항

⑤ 연구주체의 장은 중대 연구실사고 발생 시 그 날부터 1개월 이내에 연구실사고조사표를 작성하여 과학기술정보통신부 장관에게 제출해야 함

⑥ 연구실사고 보고 체계

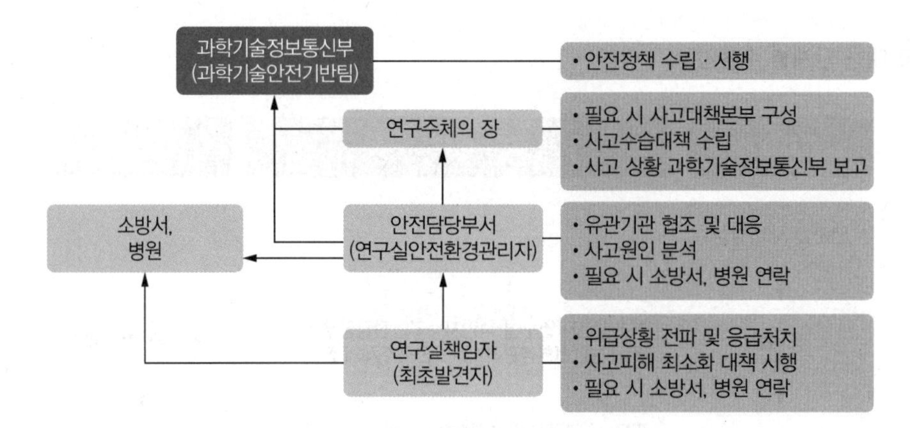

(3) 사고 대응

① 중대 연구실사고 대응

㉠ 연구주체의 장 : 중대 연구실사고 발생 즉시 사고대책본부를 운영하기 위해 사고 대응반과 현장사고조사반 구성

㉡ 사고대책본부 : 사고 대응반을 사고 장소에 급파하여 초기 인명 구호 활동 및 사고피해의 확대 방지에 주력

㉢ 사고 대응반의 사고 대응이 어려운 경우 소방서, 경찰서 등의 관계기관의 협조를 받고 현장사고조사반은 사고원인 규명

㉣ 사고대책본부 구성 및 주요 임무

구 분	구 성	주요 임무
사고대책본부	• 본부장 : 연구주체의 장	• 사고 대응반, 현장사고 조사반 구성 · 운영 • 사고수습대책 수립 및 시행
사고 대응반	• 반장 : 연구실책임자 • 반원 : 2인 이상	• 사고피해 최소화 대책 시행 • 인명피해자 긴급 후송 • 유관기관 협조 및 대응 • 피해자 가족 대응
현장사고 조사반	• 반장 : 안전담당부서장(또는 연구실안전환경관리자) • 반원 : 2인 이상	• 사고원인 분석 • 사고현장 출입 통제 • 사고현황 과학기술정보통신부 보고

② 일반 연구실사고 대응

㉠ 연구주체의 장은 필요 시 현장사고조사반 운영

㉡ 연구실안전환경관리자는 사고원인 및 피해규모를 파악하여 연구주체의장 및 과학기술정보통신부에 보고

㉢ 연구실안전환경관리자 및 안전담당부서는 사고원인을 분석하고 사고재발방지대책 수립

㉣ 연구실책임자는 적절한 응급조치를 실시하고 재발방지대책 시행

㉤ 현장사고조사반은 사고원인 규명

ⓗ 사고대책본부 구성 및 주요 임무

구 분	구 성	주요 임무
현장사고 조사반	• 반장 : 안전담당부서장(또는 연구실안전환경관리자) • 반원 : 1인 이상	• 사고원인 분석 및 피해조사 • 재발방지대책 수립 • 사고현황 과학기술정보통신부 장관에게 보고

③ **단순 연구실사고 대응** : 연구실책임자는 적절한 응급조치 실시 후 재발방지대책 수립 · 시행

(4) 사고조사 체계

① 중대 연구실사고 발생 시 연구주체의 장은 즉시 현장사고조사반을 구성하여 현장상황을 파악
② 사고조사는 물적 증거가 손상 또는 소실되기 전에 착수하여야 하며 늦어도 사고 대응이 완료된 후 24시간 이내에 착수하고, 필요에 따라 외부 사고조사기관에 조사를 의뢰
③ 현장사고조사반은 조사된 사고내용을 기초로 하여 사고원인에 따른 재발방지대책 제시
④ **사고조사 보고서의 작성** : 현장사고조사반은 수집된 자료를 검토하여 사고의 원인분석 및 대책수립 등 다음의 사항이 포함된 사고조사 보고서를 작성하여 연구주체의 장에게 보고
  ㉠ 사고발생 일시 및 사고조사 일자
  ㉡ 사고 개요 및 발생원인
  ㉢ 사고 시 인물 사진, 사고현장 사진, 피해 사진
  ㉣ 사고의 유형 및 피해의 크기와 범위
  ㉤ 조치 현황
  ㉥ 사고재발방지를 위한 장단기 대책 등

(5) 재발방지대책 수립 · 시행

① 재발방지대책은 사고의 원인을 확실하게 규명하여 동종 · 유사사고가 재발하지 않도록 예방하는 데 근본 목적이 있음
② 현장 사고조사반은 사고조사 후 도출된 권고사항 및 수립된 사고방지대책에 대해 시정 및 조치 계획을 수립하고, 그 결과를 연구주체의 장에게 총괄 보고
③ 연구실책임자는 동종 · 유사사고의 재발을 방지하기 위하여 관련 연구활동종사자를 대상으로 안전교육 실시 등 재발방지대책 시행
④ **재발방지대책 수립 순서** : 위험의 제거 → 위험의 회피 → 자기 방호 → 사고확대 방지

(6) 사후관리

① 연구주체의 장은 시정조치 계획에 따라 이행이 되는지 여부를 확인하고 시정조치 미 이행 시 필요하다면 연구 활동 중지 명령을 내림
② 연구실안전환경관리자는 사고보고서를 재해통계 및 사고방지를 위한 교육 자료로 활용하기 위하여 보존
③ 연구실안전환경관리자는 매년 말 사고 통계를 분석하고, 향후 연도 안전관리 추진계획에 반영하여 연구주체의 장에게 보고

응급처치

1 응급처치

(1) 응급처치의 기본원칙

① **쇼크의 예방 및 지혈** : 신체의 모든 부위를 자세히 살펴 형태가 변하거나 갑자기 부어오르는 부위가 있다면 내부 출혈 의심

② **기도유지** : 산소 공급이 5분 이상 차단될 경우 뇌세포에 심각한 손상

③ **의식상태 관찰** : 빛에 노출시켰을 때 동공이 반응이 없거나 느리다면 매우 위중

④ **상처 보호** : 감염을 막기 위하여 멸균 조치를 취하고 오염을 방지

⑤ **통증과 불안 감소** : 불안감 증가 시 통증이 심해지고 치료 및 생존 의지 저하

(2) 응급처치 시 주의사항

① 긴급한 상황이라도 처치하는 자신의 안전과 현장 상황의 안전을 우선 확보해야 함

② 비의료인의 경우 환자나 부상자의 생사를 판단하지 않으며 지시를 받기 전까지 원칙적으로 의약품을 사용하지 않음

③ 무의식 환자에게 음식물을 주어서는 안 되며, 긴급을 요하는 환자부터 처치

④ 도움을 요청할 경우 사고의 경위, 환자의 상태 및 응급처치의 내용 등을 구체적으로 알려야 함

⑤ 응급처치 후 반드시 전문 의료인에게 인계해 전문 진료를 받도록 함

⑥ 응급처치 순서

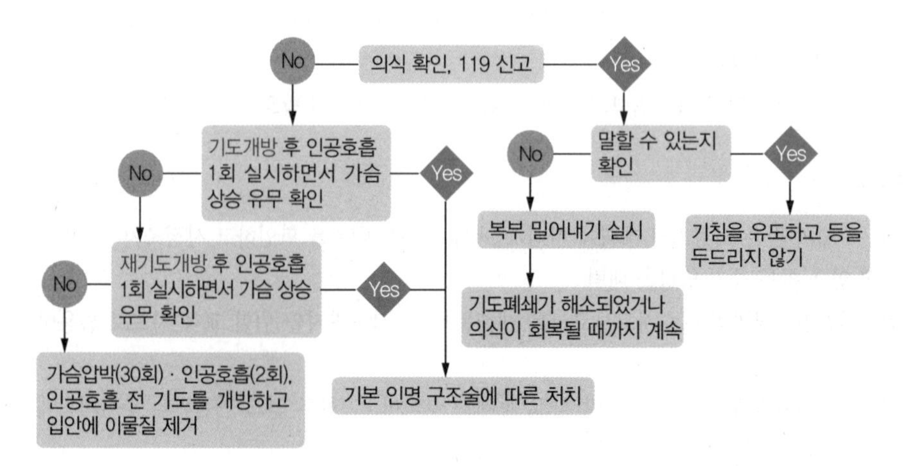

2 심폐소생술

(1) 심폐소생술의 기본원칙

① 인공호흡 이전에 가슴압박을 먼저 하도록 권장, 가슴압박 → 기도유지 → 인공호흡의 순서로 심폐소생술을 시행

② 심폐소생술을 교육받지 않았거나, 심폐소생술에 익숙하지 않은 일반인들에게는 인공호흡은 시행하지 않고 가슴압박만 하는 '가슴압박 소생술'을 권장

③ 양질의 심폐소생술을 위해 약 5cm 깊이(소아 4~5cm)로 최소 분당 100회 이상의 가슴압박을 권장하며, 가슴압박 소생술의 중단을 최소화

④ 반응이 없거나 호흡이 없는 사람을 발견한 경우에는 즉각적인 가슴압박의 시행을 원칙으로 함

⑤ 일반인 구조자의 기본소생술 순서

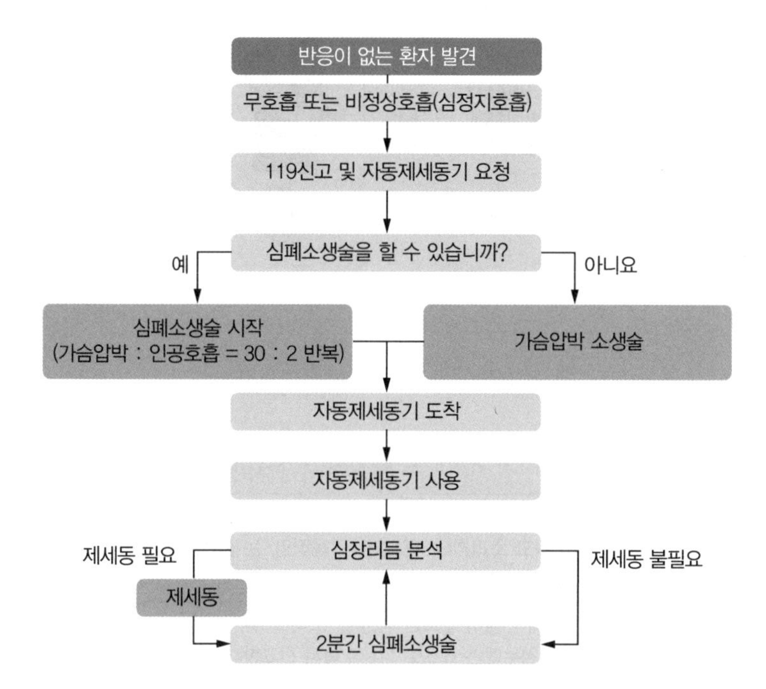

(2) 기도폐쇄 시 응급처치(하임리히법)

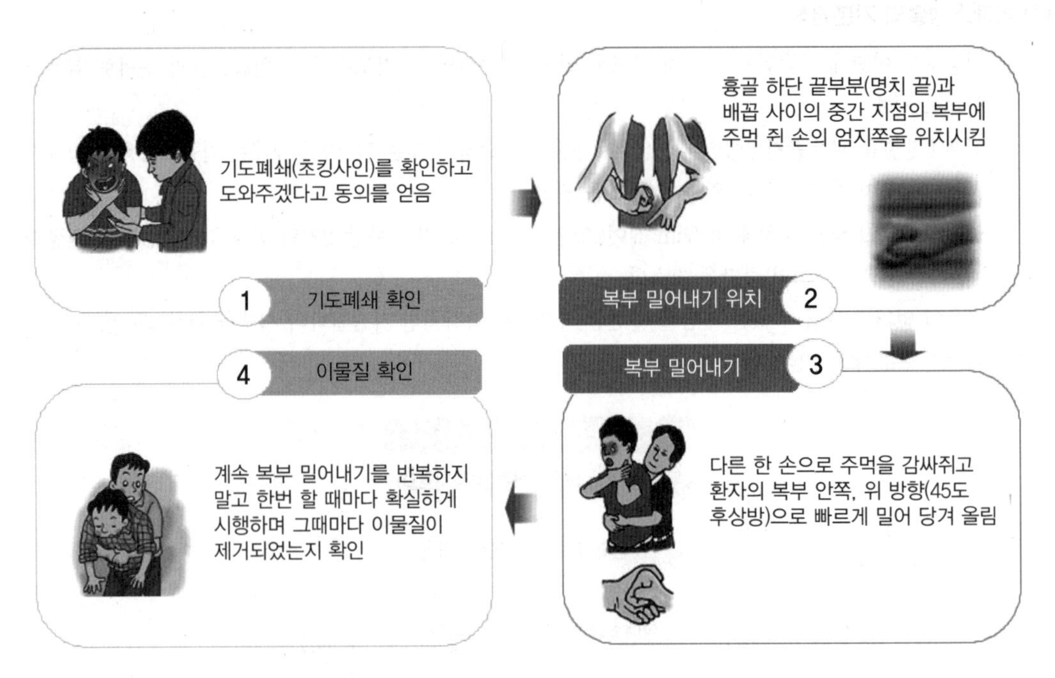

기도폐쇄(초킹사인)를 확인하고
도와주겠다고 동의를 얻음
1 기도폐쇄 확인
흉골 하단 끝부분(명치 끝)과
배꼽 사이의 중간 지점의 복부에
주먹 쥔 손의 엄지쪽을 위치시킴
복부 밀어내기 위치 2
복부 밀어내기 3
다른 한 손으로 주먹을 감싸쥐고
환자의 복부 안쪽, 위 방향(45도
후상방)으로 빠르게 밀어 당겨 올림
4 이물질 확인
계속 복부 밀어내기를 반복하지
말고 한번 할 때마다 확실하게
시행하며 그때마다 이물질이
제거되었는지 확인

※ 출처 : 국가연구안전정보시스템

(3) 심폐소생술 순서

심폐소생술 순서	시행방법
심정지 확인	환자의 양쪽 어깨를 가볍게 두드리며, 큰 목소리로 "여보세요, 괜찮으세요? 눈 떠 보세요."라고 소리친다. 환자의 몸, 움직임, 눈 깜박임, 대답 등으로 반응을 확인하고, 동시에 숨을 쉬는지 또는 비정상 호흡을 보이는지 관찰한다.
도움 및 119신고	환자의 반응이 없으면 즉시 큰 소리로 주변 사람에게 도움을 요청한다. 주변에 아무도 없는 경우에는 스스로 119에 즉시 신고한다. 만약 주위에 자동제세동기가 비치되어 있다면 자동제세동기를 함께 요청한다.
가슴압박 30회 실시	환자의 가슴 중앙에 깍지를 낀 두 손의 손바닥 뒤를 댄다. 손가락이 가슴에 닿지 않도록 주의하여야 하며, 양팔을 쭉 편 상태에서 체중을 실어서 환자의 몸과 수직이 되도록 가슴을 압박한다. 가슴 압박은 성인에서 분당 100~120회의 속도와 가슴이 5~6cm 깊이로 눌릴 정도로 강하고, 빠르게 압박한다. 또한 '하나, 둘, 셋 … 서른'하고 세어가면서 시행하며, 압박된 가슴은 완전히 이완도록 한다.
인공호흡 2회 시행	인공호흡을 시행하기 위해서는 먼저 환자의 머리를 젖히고, 턱을 들어 올려서 환자의 기도를 개방시킨다. 머리를 젖혔던 손의 엄지와 검지로 환자의 코를 잡아서 막고, 입을 크게 벌려 환자의 입을 완전히 막은 뒤에 가슴이 올라올 정도로 1초 동안 숨을 불어 넣는다. 환자의 가슴이 부풀어 오르는지 눈으로 확인하고, 숨을 불어넣은 후에는 입을 떼고 코도 놓아주어서 공기가 배출되도록 한다. 인공호흡 방법을 모르거나, 꺼려지는 경우에는 인공호흡을 제외하고 지속적으로 가슴 압박만을 시행한다.

가슴압박과 인공호흡의 반복	30회의 가슴압박과 2회의 인공호흡을 119 구급대원이 현장에 도착할 때까지 반복해서 시행한다. 다른 구조자가 있는 경우에는 한 구조자는 가슴압박을 다른 구조자는 인공호흡을 맡아서 시행하며, 심폐소생술 5주기를 시행한 뒤에 서로 역할을 교대한다.
회복 자세	가슴압박과 인공호흡을 계속 반복하던 중에 환자가 소리를 내거나 움직이면, 호흡도 회복되었는지 확인한다. 호흡이 회복되었으면, 환자를 옆으로 돌려 눕혀 기도(숨길)가 막히는 것을 예방한다. 그 후 계속 움직이고 호흡을 하는지 관찰한다. 환자의 반응과 정상적인 호흡이 없어지면 심정지가 재발한 것이므로 가슴압박과 인공호흡을 즉시 다시 시작한다.

(4) 자동제세동기(AED) 사용방법

순 서	시행방법
AED 준비	현장의 안전을 확인하고 응급의료체계로 구조 요청한 후 응급환자에게 심폐소생술을 실시하면서 자동제세동기(AED)가 도착하면 바로 사용할 수 있도록 준비한다.
패드 부착	전원을 켜고 "패드를 부착하십시오"라는 음성이 나오면 안내에 따라 환자의 가슴에 패드를 부착한다. 패드는 우측빗장뼈하부(쇄골)와 좌측 유두 외측 겨드랑이 중앙선상에 부착한다.
리듬 분석	구조자는 환자의 몸과 닿지 않게 떨어지고 "전기충격이 필요합니다"라는 음성이 나오면 깜빡이는 주황색 Shock버튼을 누른다.
가슴압박	심폐소생술 5주기가 끝나면 자동으로 2차 심박동 리듬분석이 시작된다. 제세동이 필요없으면 2분간 심폐소생술을 시행하고 맥박이 있으면 지침에 따라 행동한다.

3 상처의 처치

(1) 상처의 종류

① 피부 상처의 종류

	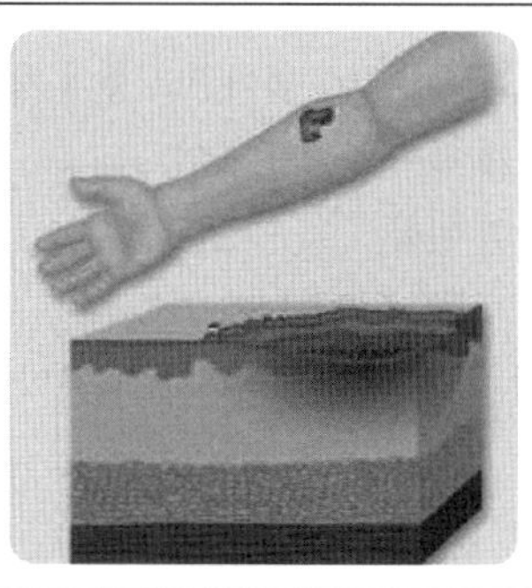	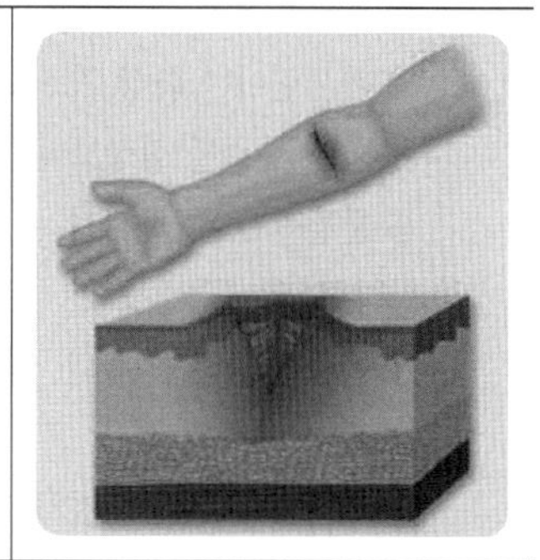
타박상 외부의 힘(충돌 등)이 피부의 넓은 면에 가해질 때 생기는 상처	**찰과상** 마찰에 의하여 피부의 표면에 입는 상처	**절 상** 끝이 예리한 물체(칼, 유리, 파편 등)에 의해 피부가 잘려져 입는 상처

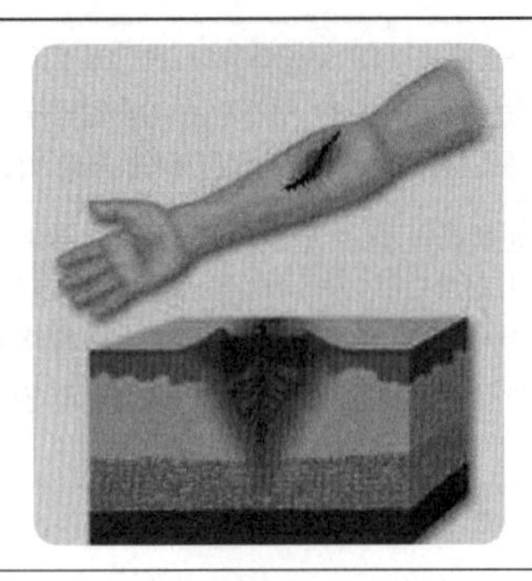	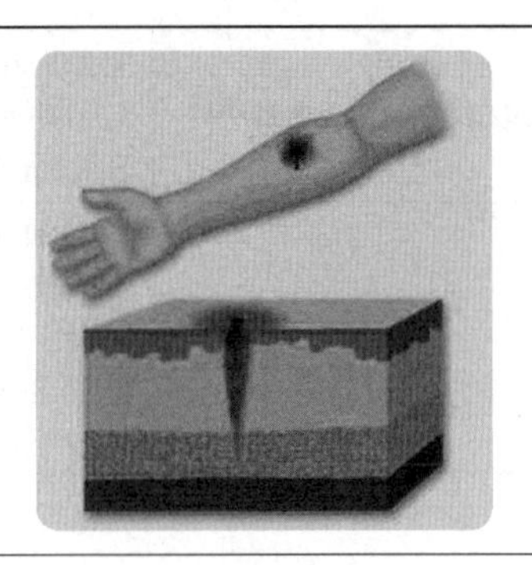
열 상 외부의 자극에 의해 피부가 찢어져 입는 상처	**자 상** 끝이 예리한 물체(못, 창)등에 의해 피부가 찔려서 입는 상처

※ 출처 : 국가건강정보포털

② 병원치료가 반드시 필요한 상처

㉠ 지혈이 되지 않는 경우

㉡ 깊이 베인 상처나 찢어진 상처

㉢ 근육이나 뼈까지 상처가 났을 때

㉣ 이물질이 깊이 박힌 경우

㉤ 상처가 넓고 틈이 벌어진 경우

(2) 화 상

① 열상화상

㉠ 불(화염), 뜨거운 물, 뜨거운 물질에 접촉하여 발생한 화상

㉡ 환자를 안전한 곳으로 옮기고 시계와 반지 등은 피부가 부어오르기 전에 신속히 제거

㉢ 흐르는 찬물로 15~30분 정도 식힘

㉣ 바세린이나 화상 거즈로 화상 부위를 덮어주고 붕대 처리

㉤ 화상 부위를 심장보다 높게 하여 붓기를 줄임

㉥ 불필요한 수포 제거는 감염 위험

② 화학화상

㉠ 약품이 묻은 의류와 신발 등은 즉시 제거하고, 화학약품이 전부 제거될 때까지 흐르는 물로 계속 씻어줌

㉡ 화학화상의 처치 절차

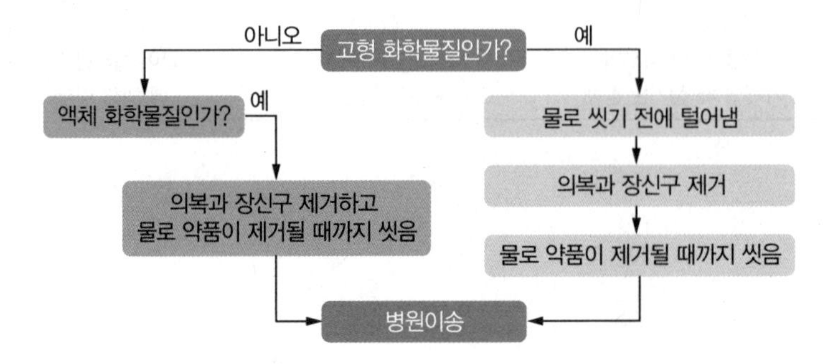

③ 전기화상 또는 감전

㉠ 전원을 끊고 쇼크를 방지

㉡ 반응이 없는 경우 심폐소생술(CPR) 실시

㉢ 호흡과 심장 회복 후 화상 처치

㉣ 화상(전류의 입구와 출구 부위)은 몸의 심부까지 차게 유지

㉤ 전기 화상 및 감전의 처치 절차

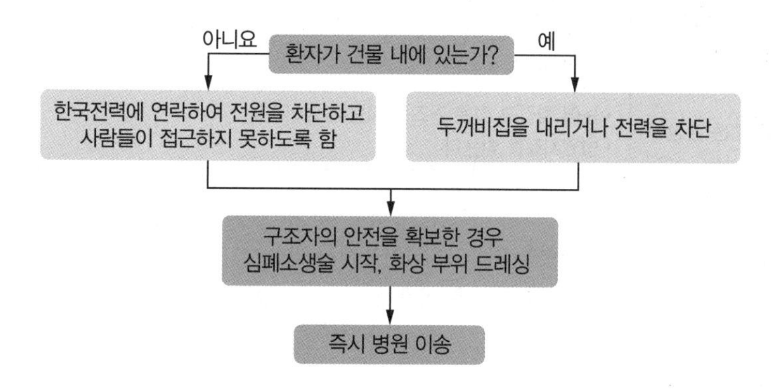

2과목

(3) 손상 부위별 응급처치 요령

① 머리 부위

두피의 상처	• 출혈을 막기 위해 깨끗한 멸균거즈로 직접 압박한다.
머리뼈의 골절	• 호흡을 평가하며, 필요하면 처치를 한다. • 상처의 가장자리를 압박해 출혈을 막는다. • 환자의 머리와 목을 움직이지 못하게 고정한다.
뇌손상(뇌진탕)	• 호흡을 평가하며, 필요하면 처치를 한다. • 환자의 머리와 목을 움직이지 못하게 고정한다. • 두피 부위의 출혈을 확인하고, 출혈이 확인되면 출혈을 막는다.

② 코 부위

코 피	• 머리를 앞으로 약간 숙인 상태로 앉게 한다. • 5~10분간 코의 부드러운 부위를 엄지와 검지를 이용하여 눌러준다. • 10분 이상 코피가 멈추지 않거나, 코피가 목 뒤로 넘어가거나, 코뼈의 골절이 동반된 경우는 병원치료를 받는다.
뇌손상(뇌진탕)	• 코피를 가볍게 지혈한다. • 15분 정도 얼음찜질을 한다. • 병원치료를 받는다.

③ 눈 부위

단순이물질	• 양쪽 눈꺼풀 밑에서 이물질을 찾는다. • 만약 이물질이 보이면, 거즈를 이용하여 제거한다.
눈의 관통상	• 눈을 관통한 물체가 있는 경우, 이물질을 제거하지 않고 그 물체를 고정한 상태에서 눈을 보존하도록 한다. • 119에 연락한다.

눈 부위의 타박상	• 얼음 등을 이용한 찜질을 시행한다. 안구에 직접 얼음이나 얼음팩을 올려놓지 않는다. • 만약 시력에 문제가 생기거나 시야혼탁 등이 발생하면 안과병원에 방문한다.
눈의 찢겨진 상처	• 생리식염수로 젖어있는 거즈를 이용하여 압박을 하지 않은 상태로 눈을 가려준다.
절단된 눈꺼풀	• 119에 연락한다. • 안구에 손상이 발생한 경우, 압박을 가하지 않는다. • 안구에 손상이 없이 눈꺼풀이 찢어진 경우 조심스럽게 압박을 하면서 거즈로 덮는다.
화학물질에 의한 눈 손상	• 119에 연락한다. • 20분 이상 따뜻한(미지근한 정도의 온도) 물로 씻어낸다. • 병원치료를 받는다.
빛에 의한 눈 손상	• 눈에 차갑고 젖은 거즈를 이용해 덮어준다. • 병원치료를 받는다.

④ 치 아

㉠ 치아가 빠진 부위에서의 출혈을 거즈 등을 이용해서 막음

㉡ 빠진 치아를 찾아 우유나 환자의 침을 이용하여 보관(이때 치아의 뿌리 부분이 아니라 치아의 머리 부분을 잡도록 한다)

㉢ 환자의 치아를 치과병원에 보냄

⑤ 척 추

㉠ 머리와 목을 움직이지 못하게 고정

㉡ 환자가 반응이 없는 경우, 기도를 개방하고 호흡 상태를 평가

㉢ 119에 연락하고, 지시에 따름

㉣ 척추 손상을 의심하게 되는 소견

- 팔이나 다리를 움직이지 못하는 경우
- 팔이나 다리 부위의 통증 및 감각 이상을 호소하는 경우
- 머리 및 목 부위의 변형이 발생한 경우(사고경위 상 목 부위 충격 및 추락 등의 외상이 발생한 경우)

⑥ 가슴 부위

갈비뼈 골절(늑골 골절)	• 편안한 자세를 취하도록 한다. • 베개, 담요 또는 두툼하고 부드러운 섬유소재를 이용하여 갈비뼈를 지탱하게 한다.
흉부의 이물질 삽입	• 병원치료를 받는다. • 물체를 상처부위에 그대로 둔다(물체를 제거하지 않는다). • 두꺼운 거즈를 여러 겹으로 하거나 옷을 이용하여 그 물체를 고정한다. • 119에 연락하고, 지시에 따른다.
흡인성 흉부 창상	• 공기가 가슴으로 들어가지 않도록 상처부위를 막는다. 비닐 등을 이용하거나, 소독된 장갑이 있는 경우 손을 이용한다. • 환자의 호흡 상태에 따라 막았던 상처부위를 제거한다. • 119에 연락하고 지시에 따른다. • 갈비뼈의 골절을 의심하게 되는 소견 : 깊게 호흡을 하거나 기침을 할 때 또는 움직일 때 가슴 부위에서 느껴지는 날카로운 통증이 있는 경우 • 가슴 부위의 창상을 의심하게 되는 소견 : 가슴의 상처 부위에서 기포를 동반한 혈액이 발생하는 경우

⑦ 복부(배) 부위

복부의 타박상(폐쇄성)	• 다리를 복부 가까이에 끌어당긴 채 편안한 자세를 취하도록 한다. • 병원 치료를 받는다.
복부의 타박상(개방성)	• 다리를 복부 가까이에 끌어당긴 채 편안한 자세를 취하도록 한다. • 튀어나온 장기를 다시 배 안으로 집어넣지 않는다. • 살균된 큰 거즈가 있는 경우, 생리식염수에 적셔 장기 부위를 덮어둔다. • 119에 연락하고, 지시에 따른다.

⑧ 골반 부위

골반 손상	• 환자를 움직이지 않게 그대로 둔다. • 쇼크 증상이 동반된 경우, 이에 대해 처치한다. • 119에 연락하고, 지시를 따른다.

⑨ 근골격계의 손상(골절, 탈구, 삠 및 타박상)

골 절	• 손상된 부위를 노출시키고 검사한다. • 개방되어 있는 모든 상처에 대해 붕대를 이용하여 감는다. • 손상 부위를 고정한다. • 손상된 주변 부위를 차갑게 한다. • 병원치료를 받는다. 중증도에 따라 119에 연락하여 지시에 따른다.
탈 구	• 손상된 부위를 노출시키고 검사한다. • 손상 부위를 고정한다. • 손상된 주변 부위를 차갑게 한다. • 병원치료를 받는다.
근육타박상 또는 염좌(삠)	• 휴식을 취한다. • 얼음을 이용한 찜질을 시행한다. • 손상된 부위를 압박한다. • 약간 위로 들어올린다.

⑩ 출 혈

외출혈 (외부출혈)	• 처치하는 사람이 혈액에 접촉되지 않도록 장갑 등을 이용하여 보호한다. • 상처에 멸균된 거즈를 이용하여 덮는다. • 가능하다면 상처부위를 올려준다. • 압박붕대를 이용하여 감싸준다. • 만약 출혈이 조절되지 않으면 출혈 부위 상부를 압박한 후 관찰한다.
내출혈 (경미한 출혈, 타박)	• 휴식을 취한다. • 얼음찜질을 시행한다. • 탄력붕대를 이용하여 상처 부위를 압박한다. • 상처 입은 팔 또는 다리 부위를 들어올린다.
내출혈 (쇼크 동반)	• 119에 신고한다. • 쇼크에 대한 처치를 시행한다. • 만약 구토를 한다면, 환자를 옆으로 돌린다.

2과목

⑪ 쇼 크

구분	내용
쇼 크	• 호흡 상태를 관찰하고, 필요 시 치료를 제공한다. • 119에 신고한다. • 확인된 모든 출혈을 막는다. • 환자를 바른 자세로 눕힌다. • 환자의 다리를 약 30cm 정도 올려준다. • 골절이 있다면, 환자를 움직이지 않는다. • 환자가 체온저하를 느끼지 않도록 담요 등으로 덮어준다.
심한 알레르기 반응 (아나팔락시스)	• 호흡을 관찰하고, 심폐소생술을 준비한다. • 무반응인 경우는 심폐소생술을 시행한다. • 119에 신고한다. • 의식이 있는 환자의 경우는 환자의 호흡을 돕기 위해 앉힌다. • 무반응의 환자는 옆으로 눕힌다.

⑫ 외상(개방성 상처, 절단, 이물질 삽입)

구분	내용
개방성 상처	• 비누와 물로 씻어낸다. • 수압을 높여 흐르는 물에 씻는다. • 남아있는 작은 물체 등은 제거한다. • 출혈이 계속되는 경우, 상처에 압박을 가한다. • 깨끗한 멸균 거즈를 덮는다. • 감염위험이 높은 상처와 봉합이 필요한 상처는 다음 조치를 위해 병원치료를 받는다.
절 단	• 119에 연락한다. • 출혈을 막는다. • 쇼크가 생기지 않도록 관찰한다. • 절단된 부위를 보호하고, 깨끗한 거즈로 싼다. • 비닐봉지와 방수용기를 이용하여 절단된 부위를 넣는다. • 상처를 차게 유지시킨다.
이물질	• 가시와 같은 작은 물체가 아닌 경우를 제외하고는 물체를 제거하지 않는다. • 물체 주변에 압박을 가해 출혈을 막는다. • 두꺼운 거즈나 깨끗한 천으로 물체를 고정한다. • 병원치료를 받는다.

과목별 예상문제

01 **연구실 안전관리의 목적으로 옳지 않은 것은?**

① 안전관리 기준 확립
② 연구실사고의 예방
③ 안전사고 발생 시 신속하고 적절한 초기 대응
④ 연구실사고재발방지

해설

연구실 안전관리의 목적은 안전관리에 관한 기준을 확립하고 사고의 예방과 안전사고 발생 시 신속하고 적절한 초기 대응을 가능하게 함으로써, 인명의 안전과 자산을 유지 보존하기 위함이다. 사고재발방지는 목적에 해당되지 않는다.

02 **연구실 안전 확보 방안의 적용순서로 옳은 것은?**

① 위험의 제거 – 위험의 회피 – 위험의 감소 – 자기 방호 – 사고확대방지
② 위험의 제거 – 위험의 감소 – 위험의 회피 – 자기 방호 – 사고확대방지
③ 위험의 제거 – 자기 방호 – 위험의 감소 – 위험의 회피 – 사고확대방지
④ 위험의 제거 – 위험의 회피 – 자기 방호 – 사고확대방지 – 위험의 감소

해설

연구실 안전 확보 방안

1. 위험의 제거 : 가장 근원적인 해결방법이지만 쉽지 않음
2. 위험의 감소 : 위험도가 낮은 물질로 대체
3. 위험의 회피 : 위험원을 시공간적으로 격리
4. 자기 방호 : 연구자 자신을 위험원으로부터 방호
5. 사고확대방지 : 사고가 발생하였을 경우 피해를 최소화

정답 01 ④ 02 ②

03 **다음 중 연구활동종사자의 권리로 옳지 않은 것은?**

① 건강검진
② 보험가입
③ 안전 관련 사항 건의
④ 안전교육 수강

해설

안전교육은 권리가 아니라 의무사항이다.

04 **연구실 안전확보를 위해 필요한 3가지 구성요소로 옳지 않은 것은?**

① 개 인
② 조 직
③ 시스템
④ 주위환경

해설

연구실 안전을 확보하기 위해서는 개인과 주위환경, 시스템이 조화를 이루어야 한다.

- 개인 : 지식 부족, 안전불감증, 조직문화, 경험, 신체 능력
- 주위환경 : 연구실 설계, 연구실 설치, 연구실 유지관리, 연구시설 개조
- 시스템 : 실험 절차, 규정과 정책

05 **다음 중 연구실에서의 안전수칙으로 옳지 않은 것은?**

① 음식물은 가루가 날리지 않는 것만 섭취 가능
② 금연, 정숙, 청결, 정리정돈을 유지
③ 난방용 전열기구 및 가스기구 등을 사용할 수 없음
④ 가연물질은 최소량만 보관

해설

연구실에서 음식물 섭취는 절대 금해야 한다.

03 ④ 04 ② 05 ① 정답

06 연구실 폐수 및 폐기물 처리 수칙 중 안전수칙으로 옳지 않은 것은?

① 폐시약 원액은 집수조에 버린다.
② 폐수 보관 용기는 일반 용기와 구별이 되도록 도색 등의 조치를 한다.
③ 일반하수 씽크대에 폐수를 무단 방류해서는 안된다.
④ 폐수 집수조에 유리병 등 이물질을 투여해서는 안된다.

해설

폐시약 원액을 집수조에 버릴 경우 탱크 자체의 변형위험이 있으므로 별도 보관하여 처리하며, 시약의 성분별로 분류하여 관리한다.

2과목

07 연구실에서의 전기안전 수칙으로 옳지 않은 것은?

① 전기 스위치 부근에 인화성, 가연성, 유기용매 등의 취급을 금지한다.
② 반드시 정격 전압을 사용한다.
③ 결함이 있는 전기기구 사용을 금지한다.
④ 연결 코드선은 가능한 한 길게 사용한다.

해설

연구실에서의 전기안전 수칙

- 전기 및 전열기구의 손상, 과열, 접속상태, 피복의 손상여부 등을 확인한다.
- 장비를 검사하기 전에 회로의 스위치를 끄거나 장비의 플러그를 뽑아서 전원을 끈다.
- 연결 코드선은 가능한 짧게 사용한다.

08 연구활동종사자의 보호조치로 옳지 않은 것은?

① 모든 연구활동종사자는 실험을 하는 동안 발끝을 덮는 신발을 착용한다.
② 안경 대신 콘택트렌즈를 착용한다.
③ 청결한 실험복을 실험하는 동안 항시 착용하고 실험실을 떠날 때 탈의한다.
④ 모든 실험실과 지정된 장소에서 눈 보호구의 착용이 요구될 경우 보안경은 항시 착용한다.

해설

연구활동종사자는 콘택트렌즈 대신에 안경을 착용하고 긴 머리는 뒤로 묶어야 한다.

정답 06 ① 07 ④ 08 ②

09 **실험 실습 후 기본사항으로 옳지 않은 것은?**

① 망가진 장비나 깨진 유리 기구는 연구실책임자에게 알린다.
② 실험복은 실험실을 떠날 때에도 항상 착용하고 있어야 한다.
③ 누출된 물질은 즉시 닦아내며 시약, 액체 또는 실험기구는 연구실책임자의 허가 없이 실험실 외부로 반출을 금지한다.
④ 생물 시료와 접촉한 장갑은 특별히 표시된 바이오 폐기물통 안에 폐기한다.

해설
오염된 실험복은 화학물질 접촉과 감염의 원인이 될 수 있으므로 실험실을 떠날 때에는 탈의해야 한다.

10 **폐기 시 주의를 요하는 화학 폐기물로 산소나 산화제의 공급 없이 가열, 마찰, 충격 또는 다른 화합물질과의 접촉 등으로 격렬한 반응을 일으켜 폭발할 수 있는 물질로 옳은 것은?**

① 독성 물질
② 산화성 물질
③ 발화성 물질
④ 폭발성 물질

해설
폭발성 물질에는 염소산 칼륨, 아세틸렌과 중금속의 화합물, 질산은과 암모니아수, 과산화수소 등이 있다.

11 **폐기물의 종류 중 유해물질 함유 폐기물로 옳지 않은 것은?**

① 폐촉매
② 분 진
③ 소각재
④ 폐 산

해설
폐산은 부식성 폐기물에 해당한다. 유해물질 함유 폐기물은 광재, 분진, 폐주물사 및 샌드블라스트 폐사, 소각재, 안정화 또는 고형화 처리물, 폐촉매, 폐흡착제 및 폐흡수제 등이 있다.

09 ② 10 ④ 11 ④ 정답

12 연구실 폐기물 스티커에 폐기물 정보 작성 시에 기재할 사항으로 옳지 않은 것은?

① 최초 수집된 날짜
② 폐기자 정보
③ 폐기물 용량
④ 잠재적 위험도

해설
폐기자가 아니라 수집자 정보를 작성해야 한다. 수집자 정보에는 수집자 이름, 연구실 전화번호 등을 상세히 기록해야 한다.

13 연구실의 안전환경을 확보할 책임이 있는 자로 중대 연구실사고가 발생한 경우 연구실사고대책본부를 운영하고 사후관리대책에 대한 승인 및 이행 여부를 확인하는 권한을 가진 자로 옳은 것은?

① 연구주체의 장
② 연구실책임자
③ 연구실안전환경관리자
④ 연구실안전관리자

해설
연구주체의 장에 대한 설명이다. 연구주체의 장은 그 밖에도 사고조사 결과에 따른 연구실 사용제한 조치를 해야한다.

14 사전유해인자위험분석의 구성항목으로 옳지 않은 것은?

① 연구실 안전현황
② 유해인자위험분석
③ 연구실 안전계획 수립
④ 위험성평가

해설
위험성평가는 연구실 유해 · 위험요인을 파악하기 위한 것이다. 사전유해인자위험분석에서는 비상조치계획을 수립해야 한다.

정답 12 ② 13 ① 14 ④

15 **연구활동종사자에 대한 교육훈련 중 정밀안전진단 대상 연구실에 신규채용된 연구활동종사자가 채용 후 6개월 이내에 이수해야 하는 교육시간으로 옳은 것은?**

① 4시간 이상
② 8시간 이상
③ 16시간 이상
④ 32시간 이상

해설

정기적으로 정밀안전진단을 실시해야 하는 연구실에 신규로 채용된 연구활동종사자는 채용 후 6개월 이내에 8시간 이상의 교육을 이수해야 한다.

16 **연구실사고 발생 시 단계별 대응순서로 옳은 것은?**

① 사고 보고 – 사고 대응 – 사고 조사 – 재발방지대책 수립 · 이행 – 사후관리
② 사고 보고 – 사고 조사 – 사고 대응 – 개선대책 수립 – 사후관리
③ 사고 보고 – 사고 대응 – 사고 조치 – 재발방지대책 수립 · 이행 – 사후관리
④ 사고 보고 – 사고 대응 – 사고 조사 – 개선대책 수립 – 사후관리

해설

사고 대응 단계별 수행업무

1. 사고 보고 : 연구실에서 사고 발생 시 최초 발견자는 연구실책임자에게 즉시 보고하고 유관기관에 협조요청
2. 사고 대응 : 중대 연구실, 일반 연구실, 단순 연구실사고 대응으로 구분하여 대응
3. 사고 조사 : 현장 사고조사반은 물적 증거가 손상되기 전에 조사에 착수
4. 재발방지대책 수립 · 시행 : 유사사고가 발생하지 않기 위해 시정 및 조치
5. 사후관리 : 재발방지대책 이행 여부를 확인하고 미이행 시 연구활동 중지

15 ② 16 ① 정답

17 현장사고조사반의 주요 임무로 옳지 않은 것은?

① 사고원인 분석 및 피해조사
② 재발방지대책 수립
③ 사고현황 과학기술정보통신부 장관에게 보고
④ 인명피해자 긴급후송

해설

인명피해자 긴급후송은 사고 대응반의 임무이다.

2과목

18 다음 빈칸 안에 들어갈 말로 옳은 것은?

> 응급처치의 기본원칙은 기도를 유지하는 것이다. 이는 산소 공급이 ( ) 이상 차단될 경우 뇌세포에 심각한 손상이 가해지기 때문이다.

① 5분
② 6분
③ 7분
④ 8분

해설

산소 공급이 5분 이상 차단될 경우 뇌세포에 심각한 손상이 가해질 수 있다.

정답 17 ④ 18 ①

19 자동제세동기(AED)의 사용 순서로 옳은 것은?

① AED 준비 – 패드 부착 – 리듬 분석 – 가슴압박 시작
② AED 준비 – 리듬 분석 – 패드 부착 – 가슴압박 시작
③ AED 준비 – 패드 부착 – 가슴압박 시작 – 리듬 분석
④ AED 준비 – 가슴압박 시작 – 패드 부착 – 리듬 분석

해설

자동제세동기(AED) 사용 방법

1. AED 준비 : 심폐소생술을 실시하면서 자동제세동기가 도착하면 즉시 사용할 수 있도록 준비
2. 패드 부착 : 환자의 가슴에 패드를 부착
3. 리듬 분석 : 분석이 진행되는 동안 환자와 접촉하지 않고 분석이 끝나면 전기충격 시행
4. 가슴압박 시작 : 구급차가 도착할 때까지 심폐소생술과 제세동 과정을 반복

20 화상에 대한 처치방법으로 옳지 않은 것은?

① 흐르는 찬물로 15~30분 정도 식힌다.
② 바세린이나 화상 거즈로 화상 부위를 덮어주고 붕대 처리한다.
③ 화상 부위를 심장보다 높게 하여 붓기를 줄인다.
④ 수포는 바로 제거한다.

해설

불필요한 수포 제거는 감염 위험을 높인다. 그 밖의 화상 처치방법으로는 시계와 반지 등을 피부가 부어오르기 전에 신속하게 제거하는 것이 있다.

19 ① 20 ④ 정답

3과목

연구실 화학(가스) 안전관리

S D E D U

합격의 공식 SD에듀

화학(가스) 안전관리 일반

1 화학물질

(1) 화학물질의 정의와 특성

① 화학물질의 정의

㉠ 화학물질관리법의 정의 : 원소 또는 화합물 및 그에 인위적인 반응을 일으켜 얻어진 물질과 자연 상태에서 존재하는 물질을 추출하거나 정제한 것

㉡ 화학물질의 분류표시 및 물질안전보건자료에 관한 기준의 정의 : 원소 및 원소 간의 화학반응에 의하여 생성된 물질

② 화학물질의 특성

㉠ 화학물질 안전에 가장 기초가 되는 것은 화재 및 폭발가능성이며, 그밖의 특성으로 부식성, 반응성, 독성, 자기반응성 등 매우 다양한 특성을 갖고 있음

㉡ 일본은 세계최초로 1973년에 화학물질의 심사 및 제조 등의 규제에 관한 법률을 제정했고, 미국은 1976년에 독성물질관리법(TSCA ; Toxic Substances Control Act), 한국은 1990년에 유해화학물질관리법을 제정함

㉢ 화학물질에는 천연화학물질(석유 등)과 인공화학물질(세제 등)이 있음

(2) 화학물질의 종류

① 미국 화학학회(American Chemical Society)의 발표에 의하면 2020년까지 전 세계적으로 알려진 화학물질은 약 158,000,000종이고, 국내에는 약 45,000종의 화학물질이 유통되고 있지만 그 유해성이 알려진 것은 15% 정도로 추산됨

② 매년 2,000종 이상의 새로운 화학물질이 개발되고 있지만 그 유해성이 입증된 것은 0.01%에 불과하며, 매년 300종 이상이 국내시장에 진입되고 있음

③ 현재 국내 물질안전보건자료(MSDS)에도 20,346종만 등록되어 있을 뿐으로 아직도 보건분야에 있어 화학물질의 안전성의 검증은 아직 불모지나 다름없음

④ 많은 화학물질이 독성, 잔류성, 발암성 등의 유해성을 가지고 있으며 특히 폭발성, 인화성 등이 있는 화학물질은 제조, 사용, 폐기되는 과정에서 환경 중에 배출되어 생태계와 건강에 치명적인 위협을 주고 있음

⑤ 화학물질은 연구활동종사자에게는 물론 일상생활에서 유용한 물질로 활용되지만 종류에 따라 심각한 피해를 유발하기도 함

⑥ 화학물질의 식별표기

MSDS (Material Safety Data Sheet)	화학물질의 안전한 취급을 위한 물질의 특성과 유해 · 위험성을 사전 이해하고 운반, 저장, 누출 및 폐기를 포함하는 모든 취급 과정에서 안전을 도모하고, 사고 시 효과적인 방재를 위해서 화학 물질 각 개별로 제조자나 공급자가 만들어 제공하는 문서
GHS (Globally Harmonized System of Classification and Labelling of Chemicals)	화학물질분류 및 표지에 관한 세계조화시스템으로 동일한 화학물질에 대해 국제적으로 동일한 유해 · 위험성 분류 · 표시를 하기 위한 규정
CAS NO. (Chemical Abstract Service Register Number)	화학구조나 조성이 확정된 화학물질에 부여된 고유 번호

(3) 물질안전보건자료(MSDS)의 작성

① 작성대상

물리적 위험성	폭발성 물질, 인화성 가스, 인화성 에어로졸, 산화성 가스, 고압가스, 인화성 액체, 인화성 고체, 자기반응성 물질 및 혼합물, 자연발화성 액체, 자연발화성 고체, 자기발열성 물질 및 혼합물, 물반응성 물질 및 혼합물, 산화성 액체, 산화성 고체, 유기과산화물, 금속부식성 물질
건강 유해성	급성 독성, 피부 부식성 · 자극성, 심한 눈 손상성 · 자극성, 호흡기 과민성, 피부 과민성, 생식세포 변이원성, 발암성, 생식독성, 특정 표적장기 독성(1회 노출), 특정 표적장기 독성(반복 독성), 흡인 유해성
환경 유해성	수생환경 유해성

② 작성항목 22 기출

- 화학제품과 회사에 관한 정보
- 유해성 및 위험성
- 구성성분의 명칭 및 함유량
- 응급조치 요령
- 폭발 및 화재 시 대처방법
- 누출 사고 시 대처방법
- 취급 및 저장방법
- 노출방지 및 개인보호구
- 물리화학적 특성
- 안정성 및 반응성
- 독성에 관한 정보
- 환경에 미치는 영향
- 폐기 시 주의사항
- 운송에 필요한 정보
- 법적 규제현황
- 그 밖의 참고사항

③ 유해 · 위험 문구의 코드화

㉠ 유해 · 위험성 구분 표시
- H200 계열 : 폭발, 화재, 물과의 반응 등 물리적 위험성 표시
- H300 계열 : 경구, 경피, 흡입 시 등에서의 건강 유해성 표시
- H400 계열 : 수생생물에 대한 장 · 단기적 환경 유해성 표시

㉡ 예방 및 대응조치 구분 표시
- P200 계열 : 취급설명서 확보, 보호구 착용, 화기주의, 금수, 금연 등 사고 방지를 위한 예방 조치
- P300 계열 : 오염, 흡입, 화재 등 사고 발생 시 대응 조치
- P400 계열 : 격리, 환기, 직사광선, 온도 제한 등 저장 시 유의 사항
- P500 계열 : 내용물과 용기 등 폐기 시 유의 사항

㉢ 유해성을 나타내는 GHS 그림문자

인화성/물반응성
자기반응성/자기발열성
유기과산화물

금속부식성
피부부식성
심한 눈 손상성

폭발성
자기 반응성
유기과산화물

산화성

고압가스

급성 독성

경 고

수생환경 유해성

호흡기 반응성
발암성/생식세포변이원성
생식 독성/특정표적장기독성

(4) 유해화학물질

① 질병을 발생시키거나 심한 경우 죽음을 일으키는 등 인간과 동 · 식물의 건강에 직 · 간접적으로 악영향을 미치는 모든 화학물질

② 유해성 : 사람의 건강이나 환경에 유해한 영향을 미치는 화학물질 고유의 성질

③ 위해성 : 유해한 화학물질이 노출되는 경우 사람의 건강이나 환경에 피해를 줄 수 있는 정도

④ 유해화학물질의 종류

유독물질	유해성이 있는 화학물질로 대통령령으로 정하는 기준에 따라 환경부 장관이 정하여 고시한 것
허가물질	위해성이 있다고 우려되는 화학물질로 환경부 장관의 허가를 받아 제조, 수입, 사용하도록 환경부 장관이 고시한 것
제한물질	특정 용도로 사용되는 경우 위해성이 크다고 인정되는 화학물질로 그 용도로의 제조, 수입, 판매, 보관 · 저장, 운반 또는 사용을 금지하기 위하여 환경부 장관이 고시한 것
금지물질	위해성이 크다고 인정되는 화학물질로 모든 용도로의 제조, 수입, 판매, 보관 · 저장, 운반 또는 사용을 금지하기 위하여 환경부 장관이 고시한 것
사고대비물질	화학물질 중에서 급성독성 · 폭발성 등이 강하여 화학사고의 발생 가능성이 높거나 화학사고가 발생한 경우에 그 피해 규모가 클 것으로 우려되는 화학물질로 화학사고 대비가 필요하다고 인정하여 환경부 장관이 지정 · 고시한 화학물질

⑤ 유해화학물질의 지정기준

구분	기준
설치류에 대한 급성 경구독성	• 시험동물 수의 반을 죽일 수 있는 양(LD50)이 킬로그램당 300밀리그램(300mg/kg) 이하인 화학물질
설치류에 대한 급성 흡입독성	• 기체나 증기로 노출시킨 경우 시험동물 수의 반을 죽일 수 있는 농도(LC50, 4hr)가 2,500피피엠(2,500ppm) 이하이거나 리터당 10밀리그램(10mg/L) 이하인 화학물질 • 분진이나 미립자로 노출시킨 경우 시험동물 수의 반을 죽일 수 있는 농도(LC50, 4hr)가 리터당 1.0밀리그램(1.0mg/L) 이하인 화학물질
피부 부식성/자극성	• 피부에 3분 동안 노출시킨 경우 1시간 이내에 표피에서 진피까지 괴사를 일으키는 화학물질
어류, 물벼룩 또는 조류에 대한 급성독성	• 어류에 대한 급성독성 시험에서 시험어류 수의 반을 죽일 수 있는 농도(LC50, 96hr)가 리터당 1.0밀리그램(1.0mg/L) 이하인 화학물질 • 물벼룩에 대한 급성독성 시험에서 시험물벼룩 수의 반에게 유영저해를 일으킬 수 있는 농도(EC50, 48hr)가 리터당 1.0밀리그램(1.0mg/L) 이하인 화학물질 • 조류에 대한 급성독성 시험에서 시험조류의 생장률을 반으로 감소시킬 수 있는 농도(IC50, 72hr 또는 96hr)가 리터당 1.0밀리그램(1.0mg/L) 이하인 화학물질
어류, 물벼룩 또는 조류에 대한 만성독성	• 어류, 물벼룩 또는 조류에 대한 만성독성 시험에서 무영향농도 또는 이에 상응하는 영향을 주는 농도(ECx)가 리터당 0.01밀리그램(0.01mg/L) 이하인 화학물질
반복노출독성	• 사람에 대한 사례연구 또는 역학조사로부터 반복 노출에 의해 사람에게 중대한 독성을 일으킨다는 신뢰성이 있고 양질의 증거가 있는 화학물질 • 시험동물을 이용한 적절한 시험으로부터 일반적으로 낮은 수준의 노출농도에서 사람의 건강과 관련된 중대하거나 또는 강한 독성영향을 일으켰다는 소견에 기초하여 반복 노출에 의해 사람에게 중대한 독성을 일으킬 가능성이 있다고 추정되는 화학물질
변이원성	• 사람에 대한 역학조사연구에서 양성인 증거가 있는 물질로 사람의 생식세포에 유전성 돌연변이를 일으키는 것으로 알려진 화학물질 • 포유동물을 이용한 유전성 생식세포 변이원성시험에서 양성인 화학물질 • 포유동물을 이용한 체세포 변이원성시험에서 양성이고, 생식세포에 돌연변이를 일으킬 수 있는 증거가 있는 화학물질 • 사람의 생식세포에 변이원성 영향을 보여주는 시험에서 양성인 화학물질
발암성	• 사람에게 발암성이 있다고 알려져 있는 물질로 주로 사람에게 충분한 발암성 증거가 있는 화학물질 • 사람에게 발암성이 있다고 추정되는 물질로 주로 시험동물에게 발암성 증거가 충분한 물질이거나 시험동물과 사람 모두에게서 제한된 발암성 증거가 있는 화학물질
생식독성	• 사람에게 성적기능, 생식능력이나 발육에 악영향을 주는 것으로 판단할만한 증거가 있는 화학물질 • 사람에게 성적기능, 생식능력이나 발육에 악영향을 주는 것으로 추정할만한 동물시험 증거가 있는 화학물질
기 타	• 위의 '설치류에 대한 급성경구독성'부터 '반복노출독성'까지의 규정에 해당하는 유독물질을 1퍼센트 이상 함유한 화합물 또는 혼합물 • 위의 '변이원성'부터 '생식독성'까지의 규정에 해당하는 유독물질을 0.1퍼센트 이상 함유한 화합물 및 혼합물

(5) 화학물질의 분류

① 일반적 특성에 의한 분류

폭발성 물질	가열, 마찰, 충격 또는 다른 화합물질과의 접촉 등으로 인하여 산소나 산화제의 공급이 없더라도 폭발 등 격렬한 반응을 일으킬 수 있는 물질 (예 초산에스테르류, 니트로화합물, 유기과산화물 등)
발화성 물질	대기 중에서 물질 스스로 발화가 용이하거나, 물과 접촉하면 발화하며 가연성 가스를 발생하는 물질(예 금속칼륨, 금속나트륨, 탄화칼슘, 황린 등)
산화성 물질	일반적으로 다른 물질을 산화시키는 성질이 있는 물질 (예 황산, 과산화칼륨, 과산화바륨 등)
인화성 물질	대기압 하에서 인화점이 65℃ 이하인 가연성 액체로 쉽게 점화되어 연소하는 물질 (예 메탄올, 에탄올, 펜탄, 이소프로파놀 등)
가연성 가스	공기 또는 산소와 혼합되어 밀폐된 공간하에 가스 종류별 일정 농도 범위에 있을 때 폭발을 일으키는 물질(예 수소, 아세틸렌, 메탄, 에탄 등)
부식성 물질	금속이나 플라스틱을 쉽게 부식시키고 인체에 접촉하면 화상 등의 심한 상해를 입히는 물질로 산류와 염기류가 존재(예 황산, 질산, 수산화나트륨 등)

② 화학적, 물리적 특성에 의한 분류

제1류 위험물 (산화성 고체)	아염소산염류, 과염소산염류, 무기과산화물류, 브롬산염류, 질산염류, 요오드산염류, 과망간산염류, 중크롬산염류
제2류 위험물 (가연성 고체)	황화린, 적린, 유황, 철분, 마그네슘, 금속분, 인화성 고체
제3류 위험물 (자연발화성 물질 및 금수성 물질)	칼륨, 나트륨, 알킬알루미늄 및 알킬리튬, 황린, 알칼리금속류(칼륨 및 나트륨제외) 및 알칼리토 금속류, 유기금속화합물류(알킬알루미늄 및 알킬리튬 제외), 금속수소 화합물류, 금속인화합물류, 칼슘 또는 알루미늄의 탄화물류
제4류 위험물 (인화성 액체)	특수인화물류, 제1석유류(비수용성), 알코올류, 제2석유류(비수용성), 제3석유류(비수용성), 제4석유류, 동식물류
제5류 위험물 (자기반응성 물질)	유기과산화물류, 니트로화합물류, 아조화합물류, 디아조화합물류, 히드라진 및 유도체류
제6류 위험물 (산화성 액체)	과염소산, 과산화수소, 질산, 할로겐화합물

2 화학물질의 보관

(1) 화학물질의 보관위치

① 화학물질의 바닥보관 금지(밟을 수 있고, 걸려 넘어질 수 있음)
② 선반에 보관 시 낙하방지 바(Bar)가 설치된 곳에 시약을 보관
③ 유리로 된 용기는 파손을 대비하여 낮은 곳에 보관
④ 용량이 큰 화학물질은 취급 시 파손 및 누출에 대비하여, 낮은 곳에 보관
⑤ 화학물질의 성질에 따라 분리하고, 전용의 캐비닛, 방화구획된 별도의 구역에 저장
⑥ 가급적이면 위쪽이나 눈높이 위에 화학물질 보관금지, 특히 부식성 · 인화성 약품은 가능한 눈높이 아래 보관

⑦ 가연성이 있는 화학물질은 내화성능이 있는 내화캐비닛에 보관
⑧ 독성이 있는 화학물질은 잠금장치가 되어 있는 안전캐비닛에 보관

(2) 화학물질의 보관환경

① 휘발성 액체는 직사광선, 열, 점화원 등을 피할 것
② 환기가 잘되고 직사광선을 피할 수 있는 곳에 보관
③ 보관장소는 열과 빛을 동시에 차단할 수 있어야 하며, 보관온도는 15℃ 이하가 적절
④ 적당한 기간에 사용할 수 있게 필요한 양만큼 저장(하루 사용분만 연구실 내로 반입보관)
⑤ 보관된 화학물질은 1년 단위로 물품 조사를 실시
⑥ 정기적인 유지 관리를 실시하여 너무 오래되거나 사용하지 않는 화학물질은 폐기처리
⑦ 모터나 스위치 부분이 시약 증기와 접촉하지 않도록 외부에 설치하며, 폭발의 위험성이 있는 물질은 방폭형 전기설비 설치

(3) 화학물질 보관 시 안전 수칙

① 보관되는 화학물질의 특성에 따라, 누출을 검출할 수 있는 누출경보기 설치
② 화재에 대비하여 소화기를 반드시 배치하고 가스누출경보기는 주기적으로 점검
③ 인체에 화학물질이 직접 접촉될 경우를 대비하여, 비상샤워장치와 세안장치 설치
④ 비상샤워장치와 세안장치는 주기적으로 점검하여 작동여부를 확인
⑤ 비상장치의 위치는 알기 쉽게 도식화하여 연구실종사자가 모두 볼 수 있는 곳에 표시
⑥ 산성 및 알칼리 물질을 취급하는 연구실의 경우, 누출에 대비하여 중화제 및 제거물질 등을 구비
⑦ 화학물질은 제조사에서 공급된 적절한 용기에 보관하여 사용
⑧ 불가피하게 덜어 쓰거나, 따로 보관하게 될 경우 화학물질의 정보가 기입된 라벨을 반드시 부착
⑨ 화학물질의 정보가 부착된 라벨은 손상되면 안 되며, 읽기 쉬워야 함

(4) 화학물질의 밀폐 보관

① 화학물질은 밀폐된 상태로 보관
② 화학물질 보관 용기의 뚜껑을 임의로 바꾸는 행위금지
③ 가스가 발생하는 약품은 파손에 대비하여 정기적으로 가스의 압력을 제거
④ 약품 보관 용기의 뚜껑의 손상여부를 정기적으로 체크하여, 화학물질의 누출을 방지
⑤ 화학물질을 덜어서 사용하게 될 경우, 보관용기의 특성을 확인하고 소분하며 용기에는 라벨표시

(5) 산과 염기성 물질의 보관

① 산과 염기 성질을 가지는 화학물질은 각각 분리하여 저장(전용 캐비닛을 이용하여 저장하는 것이 가장 확실)
② 산, 염기성 물질은 특성을 고려하여 보관 시 내식성 재질 사용(일반 캐비닛에 보관 시 금속이 부식됨)
③ 산화성이 강한 질산은 따로 저장

④ 특별한 주의를 요하는 위험한 산성 물질

질 산	• 부식성, 가연성이 센 산화물질 • 대다수의 물질과 반응하여 가연성 · 폭발성 화합물을 만드는 위험물질이므로 연소성 물질과는 반드시 따로 보관
과염소산	• 자발적으로 폭발성 물질을 형성하기 때문에 1년 이상 보관을 엄금 • 유기화합물 및 금속류와 접촉 시 매우 높은 폭발성을 가진 불완전한 화합물을 형성하므로 소량 수입하여 사용하는 것이 바람직
피브릭산	• 건조한 상태로 보관할 경우 폭발의 위험성이 존재, 따라서 수분이 많은 곳에 보관 • 매우 부식성이 강하여 유리도 부식 가능 • 용액이 피부에 접촉할 시 피부 깊은 곳까지 침투가 가능하므로 취급에 주의

(6) 가연성 액체의 보관

① 건조하고 환기가 잘 되는 장소에서 전용 캐비닛에 보관

② 화재나 폭발을 일으키는 증기를 만들기 때문에, 발화원이 없는 곳에 보관

③ 항상 화재와 폭발의 위험성이 존재하므로, 소량으로 보관 · 사용하도록 함

④ 폭발방지장치가 구성되어 있어야 하며, 화재에 대비하여 소화기 등의 안전장치를 구비

⑤ 유기용매 등 가연성이 강한 물질은 방폭기능이 구비된 냉장고에 보관

(7) 과산화물의 보관

① 과산화물이란 2개의 산소원자를 가지는 화합물로 산화력이 지나치게 강력하여 유기용제와 섞일 경우 대폭발이 일어날 수 있어 연구실에서 다루는 물질 중 가장 위험함

② 산화제, 환원제, 열, 마찰, 충격, 빛 등에 매우 민감함

③ 화학물질에 따라 자연적으로 시간이 오래 지나면 과산화물을 만드는 것도 있으므로 화학물질을 너무 오래 방치하는 것은 매우 위험함

④ 과산화물은 금속 보관용기에 보관을 원칙으로 하며 환기가 잘되고 직사광선을 피할 수 있는 곳에 보관

⑤ 보관장소는 열과 빛을 동시에 차단할 수 있어야 하며, 보관온도는 15℃ 이하가 적절

⑥ 주기적으로 위험성 여부를 확인하여 폐기하여야 함

(8) 부식성 물질의 보관

① 화학적인 작용으로 금속을 부식시키는 물질로 부식성 산류와 부식성 염기류로 구분할 수 있음

② 부식성은 크게 네 가지 부류인 강산, 강염기, 탈수제, 산화제로 구분됨

③ 농도가 20% 이상인 염산 · 황산 · 질산, 60% 이상인 인산 · 아세트산 · 불산, 40% 이상인 수산화나트륨 · 수산화칼륨 등이 있음

④ 용액을 섞거나 희석할 때 반드시 산을 다량의 물에 희석하는 방식을 사용해야 함

⑤ 환기가 잘되고 보관장소는 열을 차단할 수 있어야 하며, 보관온도는 15℃ 이하가 적절

⑥ 금속, 가연성물질, 산화성 물질과는 따로 보관해야 함

(9) 산화제와 반응성 물질의 보관

① 약간의 에너지에도 격렬하게 분해, 연소하는 물질

② 리튬, 나트륨, 칼륨 등과 같은 알칼리 금속은 물과 격렬하게 반응

③ 반응속도가 빠를 경우 심한 열과 함께 수소가 발생하고 폭발을 초래

④ 충분한 냉각 시스템을 갖춘 장소에서 사용 및 보관

⑤ 가연성 액체, 유기물, 탈수제, 환원제와는 따로 보관

⑥ 분류를 달리하는 위험물의 혼재금지 기준

구 분	산화성 고체	가연성 고체	자연발화 및 금수성 물질	인화성 액체	자기반응성 물질	산화성 액체
산화성 고체		×	×	×	×	○
가연성 고체	×		×	○	○	×
자연발화 및 금수성 물질	×	×		○	×	×
인화성 액체	×	○	○		○	×
자기반응성 물질	×	○	×	○		×
산화성 액체	○	×	×	×	×	

※ ○ : 혼재할 수 있음, ×: 혼재할 수 없음

※ 이 표는 지정수량의 1/10 이하의 위험물에 대하여는 적용하지 아니함

⑦ 화학물질의 분리보관 요령 예

구 분	권장 저장법	화학물질 예시	함께 보관 불가 물질
인화성 액체	• 인화성 용액 전용 안전캐비닛에 따로 보관	• 아세톤, 벤젠, 디에틸에테르, 메탄올, 헥산산, 멘탄, 자이렌, 톨루엔 등	• 산화제류, 산류
유기산 또는 유기염기	• 산 전용 안전캐비닛(산/염기 시약장으로 만들어진 부식성 물질용 캐비닛)에 따로 보관	• 산 : 알데히드류, 과산류, 아세트산, 락트산, 트리클로로아세트산, 개미산 등 • 염기 : 히드록실아민, 트리에틸아민, 피페라진 등	• 인화성 액체류, 인화성 고체류, 염기류, 산화제류, 무기산류
무기산 또는 무기염기	• 산 전용 안전캐비닛(산/염기 시약장으로 만들어진 부식성 물질용 캐비닛)에 따로 보관	• 산 : 인산, 염산, 황산, 크롬산, 질산 등 • 염기 : 수산화암모늄, 암모니아, 산화칼슘, 하이드라진, 수산화나트륨, 수산화칼륨 등	• 인화성 액체류, 인화성 고체류, 염기류, 산화제류, 무기산류
물반응성 물질	• 건조하고 서늘한 장소에 보관 • 물 및 발화원과 격리조치 • 위험물질 라벨 부착	• 금속 나트륨, 금속 칼륨, 금속 리튬, 금속 수소화물 등	• 모든 수용액, 모든 산화제
산화제	• 불연성 캐비닛에 따로 보관	• 하이포아염소산나트륨, 과산화벤조일, 과망간산칼륨, 아염소산염칼륨 등	• 환원제류, 인화성 물질, 인화원이 될만한 물질, 유기물

⑧ 화학약품의 보관용 시약장의 특징

구 분	일반형 시약장	밀폐형 시약장	배기형 시약장	
특 징	• 일반 목재 시약장	• 내부 순환형(이온클러스터)	• 실내 배기형(필터형)	• 실외 배기형(덕트형)
장 점	• 시약 및 초자류 보관 가능 • 서랍형 사용으로 시약 분류 보관 및 관리 용이	• 에너지 손실 없음 • 반영구적 사용 가능한 이온클러스터	• 유해가스 체류 없음 • 공조시설 필요 없음 • 에너지 손실 없음	• 연구실을 안전하게 유지 • 다양한 시약 보관
단 점	• 한정적인 시약의 보관 • 유해물질 보관 불가능 • 유해가스 발생 물질 보관 불가능	• 산 보관용도로 부적절 • 보관 가능한 시약의 제한성 • 이온클러스터 이용으로 인한 오존 발생 • 유해가스 체류	• 필터 교체 비용 발생 • 필터 시스템 손상 시 오염공기 실내 배출 • 용도 맞는 필터 사용(HEPA, Carbon)	• 유해물질 실외 배출로 환경오염 • 에너지 손실 • 공조시설 공사 요구
기 타	• (국외)비위험 시약에 대한 분류 및 표기를 체계화하여 일괄적으로 보관 • 공조시설을 추가설치하여 배기형으로 변환 가능	• (국외)일반적으로 사용하지 않음 • 장기 보관하는 분말 형태의 시약 보관에 적합	• (국외)비인화성 물질 보관용	• (국외)필터 시스템 구비 후 건물 외부 배출형으로 사용 • 비인화성 물질 보관용

3과목

(10) 시약의 취급 및 보관

① 표지기준

㉠ 시약용기에는 독 · 극성 물질, 인화성 물질, 반응성 및 부식성 물질 등 식별이 용이하도록 표지를 부착

㉡ 다른 용기에 덜어서 임시로 사용하는 경우에도 시약의 명칭, 제조일자, 위해 정도 등을 표시하여 안전사고를 예방

② 운반기준

㉠ 가벼운 시약은 두 손을 사용하여 운반하고, 무거운 경우에는 바퀴가 달린 카트 등의 운반기구를 이용

㉡ 1리터 이상의 유리병 등을 운반할 때에는 고무로 된 운반용기나 양동이 등을 사용하여 병이 깨지는 것을 최소화

③ 저장기준

㉠ 시약은 실험에 필요한 양만 실험대 위에 두어야 하며, 연구실에 대형용기의 시약을 두어야 할 경우에는 안전관리담당자가 지정하는 안전한 위치에 별도 관리

㉡ 인화성 액체의 주변에는 가열기구나 전기 스파크 등이 발생하는 기기나 장비를 함께 비치 금지

㉢ 액체는 눈높이 이상의 선반에 보관하지 않음

㉣ 에테르류의 용매는 용기를 개봉 후에 6개월 이상 보관하지 않도록 하며, 용기 개봉일자를 반드시 별도로 기록하여 용기에 부착

④ 사용기준

㉠ 사용하기 전에 반드시 물질안전보건자료(MSDS)를 찾아 해당 시약에 대한 물리·화학적인 특성과 반응성 그리고 이의 독성에 관한 내용을 숙지하고, 착용해야 할 보호장비와 비상시 응급처치 요령을 숙지함

㉡ 인화성 물질을 취급할 때에는 소화기의 위치 및 사용법을 숙지한 후에 작업을 시작

㉢ 다량의 독극성·인화성 액체를 이송할 때에는 통풍이 잘 되는 곳에서 플라스틱 간이펌프 등의 이송도구를 이용하여 따르도록 함

㉣ 시약을 취급할 경우에는 흄 후드 등 환기장치가 있는 곳에서 하여야 함

㉤ 유독성 시약을 취급할 때에는 반드시 보안경, 보호장갑 등 보호장비를 착용해야 하며, 눈·얼굴·피부 등 신체에 묻었을 경우에 곧바로 세척할 수 있는 수도밸브가 설치된 곳에서 취급해야 함

⑤ 폐기기준

㉠ 산성 및 염기성 폐시약 수거용기, 산화제와 환원제 폐시약 수거용기는 실수 등으로 인해 섞이지 않도록 따로 보관

㉡ 폐시약 및 세척액은 폐수 저장용기에 배출 처리

3 가스

(1) 가스의 종류

구분	내용
압축가스	• 상용 온도 또는 35℃에서 압력 1.0MPa 이상인 기체
액화가스	• 상용 온도 또는 35℃에서 압력 0.2MPa 이상인 액화가스 • 35℃에서 0MPa를 초과하는 액화시안화수소(HCN), 액화산화에틸렌(C_2H_4O), 액화브롬화메탄(CH_3Br)
용해가스	• 15℃에서 0MPa 이상인 아세틸렌가스
가연성 가스	• 공기 중 연소하는 가스로서 공기 중 폭발한계 하한이 10% 이하, 폭발한계의 상한과 하한의 차가 20% 이상인 가스 • 폭발한계란 공기와 가스가 혼합된 경우 폭발을 일으킬 수 있는 공기 중의 가스농도의 한계
독성 가스	• 공기 중에 일정량 이상 존재하는 경우 인체에 유해한 독성을 가진 가스로 허용농도가 5,000ppm 이하인 가스 • 허용농도(LC50, 반수치사농도) : 가스가 성숙한 흰 쥐의 집단에서 대기 중에서 1시간 이상 존재하는 경우 14일 이내에 그 흰 쥐의 2분의 1 이상이 죽게 되는 가스농도

(2) 주요 독성 가스 정보

순 번	가스명	CAS No.	분자식	폭발범위	LC50 (ppm)	TLV-TWA (ppm)
1	아크릴로니트릴	107-13-1	C_3H_3N	3~17	666	2
2	아크릴알데히드	107-02-8	C_3H_4O	4.1~57	65	0.1
3	아황산가스	7446-09-5	SO_2	–	2520	2
4	암모니아	7664-41-7	NH_3	15~28	7338	25

5	일산화탄소	630-08-0	CO	12.5~74	3760	25
6	이황화탄소	75-15-0	CS_2	1.2~44	-	10
7	불 소	7782-41-4	F_2	-	185	1
8	염 소	7782-50-5	Cl_2	-	293	0.5
9	브롬화메탄	74-83-9	CH_3Br	10~16	850	5
10	염화메탄	74-87-3	CH_3Cl	8.1~17.4	5133	50
11	염화프렌	126-99-8	C_4H_5Cl	4~20	-	10
12	산화에틸렌	75-21-8	C_2H_4O	3~80	2900	1
13	시안화수소	74-90-8	HCN	5.6~40	144	10
14	황화수소	231-977-3	H_2S	4.3~45	712	10
15	모노메틸아민	74-89-5	CH_5N	4.9~20.7	7110	5
16	디메틸아민	124-40-3	C_2H_7N	2.8~14.4	5290	5
17	트리메틸아민	75-50-3	C_3H_9N	2.0~11.6	7000	5
18	벤 젠	71-43-2	C_6H_6	1.4~7.1	13900	1
19	포스겐	75-44-5	$COCl_2$	-	5	0.1
20	요오드화수소	10034-85-2	HI	-	2860	0.1
21	브롬화수소	10035-10-6	HBr	-	2860	3
22	염화수소	7647-01-0	HCl	-	2810	2
23	불화수소	7664-39-3	HF	-	1307	3
24	겨자가스	505-60-2	$C_4H_8Cl_2S$	-	4	-
25	알 진	7784-42-1	AsH_3	5.1~100	178	0.05
26	모노실란	7803-62-5	SiH_4	1.37~100	19000	5
27	디실란	1590-87-0	Si_2H_6	-	-	-
28	디보레인	19287-45-7	B_2H_6	0.5~88.0	80	0.1
29	세렌화수소	7783-07-5	SeH_2	-	51	0.05
30	포스핀	7803-51-2	PH_3	1.8~100	20	0.3
31	모노게르만	7782-65-2	GeH_4	-	620	0.2
32	일산화질소	10102-43-9	NO	-	115	25
33	육불화텅스텐	7783-82-6	WF_6	-	218	3
34	삼염화붕소	10294-34-5	BCl_3	-	2541	5
35	오불화비소	7784-36-3	AsF_5	-	178	0.01
36	오불화인	7647-19-0	PF_5	-	261	2.5
37	삼불화인	7783-55-3	PF_3	-	436	3
38	삼불화붕소	7637-07-02	BF_3	-	864	1
39	사불화유황	7783-60-0	SF_4	-	40	0.1
40	사불화규소	7783-61-1	SiF_4	-	922	2.5

※ LC50(Lethal Concentration 50) : 흡입독성으로, 기체상태의 물질에 대해서는 ppm으로, 분말상태의 물질에 대해서는 mg/㎥ 등으로 표시하며, 쥐나 토끼와 같은 동물에게 독성물질을 흡입시켜 반수가 죽는 독성치(값이 클수록 독성이 낮음)

※ LD50(Lethal Dose 50) : 경구독성으로, 단위는 mg/kg으로 무게 1kg당 투여한 실험물질의 양을 뜻하며, 쥐나 토끼와 같은 동물에게 독성물질을 투여하여 반수가 죽는 독성치(값이 클수록 독성이 낮음)

※ TLV-TWA(Threshold Limit Value-Time Weighted Average) : 시간가중치로서 거의 모든 노동자가 1일 8시간 또는 주 40시간의 평상 작업에 있어서 악영향을 받지 않는다고 생각되는 농도로 시간에 중점을 둔 유해물질의 평균농도

(3) 가스의 분류 22 기출

가스의 분류		가스의 종류
상태에 의한 분류	압축가스	산소, 수소, 메탄, 질소, 아르곤 등
	액화가스	프로판, 부탄, 암모니아, 이산화탄소, 액화산소, 액화질소 등
	용해가스	아세틸렌
	부식성 가스	염소, 암모니아, 아황산가스, 황화수소
연소성에 의한 분류	가연성 가스	수소, 암모니아, 메탄, 프로판, 부탄, 아세틸렌, 황화수소 등
	조연성(산화성) 가스	산소, 공기, 염소 등
	불연성 가스	질소, 이산화탄소, 아르곤, 헬륨 등
독성에 의한 분류	독성 가스	포스핀, 실란, 디보레인, 염소, 일산화탄소, 아황산가스, 암모니아, 산화에틸렌, 황화수소 등
	비독성 가스	질소, 산소, 부탄, 메탄 등

① 압축가스

㉠ 수소, 질소, 메탄 등과 같이 임계온도(기체가 액체로 되기 위한 최고온도)가 상온(14.5~15.5℃)보다 낮음

㉡ 상온에서 압축시켜도 액화되지 않고, 단지 기체 상태로 압축되는 가스

② 액화가스

㉠ 프로판, 부탄, 탄산가스 등과 같이 임계온도가 상온보다 높아 상온에서 압축시키면 비교적 쉽게 액화되는 가스로 액체 상태로 용기에 충전하는 가스

㉡ 액화가스 중 액화산소, 액화질소 등은 초저온에서 액화한 후에 단열조치를 하여 초저온 상태로 저장

③ 용해가스

㉠ 아세틸렌과 같이 압축하거나 액화시키면 스스로 분해 폭발을 일으키는 가스

㉡ 폭발을 방지하기 위해 용기에 다공물질(스폰지나 숯과 같이 고체 내부에 많은 빈공간을 가진 물질)과 가스를 잘 녹이는 용제(아세톤, 디메틸포름 아미드 등)를 넣어 용해시켜 충전해야 함

④ 가연성 가스

㉠ 공기 또는 산소 등과 혼합하여 점화 시에 급격한 산화반응으로 열과 빛을 수반하여 연소(폭발)을 일으키는 가스

㉡ 가연성 가스가 연소하려면 공기와 점화원 즉, 불씨가 있어야 하며, 또한 공기와 혼합 시에도 어느 농도의 범위가 되어야만 연소함

㉢ 연소할 수 있는 농도(연소범위 또는 폭발범위)는 가스마다 다름

⑤ 고압가스 22 기출

㉠ 고압압축가스 : 상용온도에서 압력이 1MPa 이상, 35℃에서 압력이 1MPa 이상

㉡ 고압액화가스 : 상용온도에서 압력이 0.2MPa 이상, 0.2MPa이 되는 경우의 온도가 35℃ 이하

㉢ 용해가스 : 15℃에서 압력이 0Pa를 초과하는 아세틸렌가스, 35℃에서 압력이 0Pa를 초과하는 액화시안화수소, 액화브롬화메탄, 액화산화에틸렌

⑥ 독성 가스

㉠ 공기 중에 일정량 이상 존재하는 경우 인체에 유해한 독성을 가진 가스

㉡ 허용농도(가스를 흰 쥐 집단에게 대기 중에서 1시간 동안 노출시킨 경우 14일 이내에 흰 쥐의 2분의 1 이상이 죽게 되는 가스의 농도)가 100만분의 5,000(5,000ppm) 이하인 가스

㉢ 대표물질 : 아크릴로니트릴 · 아크릴알데히드 · 아황산가스 · 암모니아 · 일산화탄소 · 이황화탄소 · 불소 · 염소 · 브롬화메탄 · 염화메탄 · 염화프렌 · 산화에틸렌 · 시안화수소 · 황화수소 · 모노메틸아민 · 디메틸아민 · 트리메틸아민 · 벤젠 · 포스겐 · 요오드화수소 · 브롬화수소 · 염화수소 · 불화수소 · 겨자가스 · 알진 · 모노실란 · 디실란 · 디보레인 · 세렌화수소 · 포스핀 · 모노게르만 등

무독성	LC50이 5,000ppm 이상
독 성	200ppm < LC50 ≤ 5,000ppm
맹독성	LC50이 200ppm 이하

㉣ 주요 독성 가스의 허용 농도 22 기출

가스종류	포스겐	브 롬	불 소	오 존	인화수소	모노실란	황화수소	암모니아	일산화탄소
허용농도 (ppm)	0.1	0.1	0.1	0.1	0.3	0.5	10	25	50

⑦ 가스 용어

㉠ 가스비중 : 가스의 무게와 공기의 무게를 비교한 값으로 '가스무게 ÷ 공기무게'로 구함

㉡ 증기압 : 밀폐된 용기 내에서 액체와 기체가 평형을 이루었을 때의 기체가 나타내는 압력

㉢ 증기밀도 : 가스밀도를 공기밀도와 비교한 값으로 '해당 물질의 분자량 ÷ 공기의 분자량'으로 구함

(4) 가스의 사용신고

① 특정 고압가스의 사용신고 대상 22 기출

㉠ 액화가스 : 저장능력 500kg 이상

㉡ 압축가스 : 저장능력 50㎥ 이상

㉢ 배관으로 공급받는 경우(천연가스 제외)

㉣ 자동차 연료용으로 특정 고압가스를 사용하는 경우

㉤ 압축모노실란 · 압축디보레인 · 액화알진 · 포스핀 · 셀렌화수소 · 게르만 · 디실란 · 오불화비소 · 오불화인 · 삼불화인 · 삼불화질소 · 삼불화붕소 · 사불화유황 · 사불화규소 · 액화염소 또는 액화암모니아를 사용하려는 자. 다만, 시험용(해당 고압가스를 직접 시험하는 경우만 해당한다)으로 사용하려 하거나 시장 · 군수 또는 구청장이 지정하는 지역에서 사료용으로 볏짚 등을 발효하기 위하여 액화암모니아를 사용하려는 경우는 제외

② **특정 고압가스 사용신고 절차**

㉠ 1단계 : 사용신고(관할 시 · 군 · 구청)

㉡ 2단계 : 가스사용시설 시공(가스시공업 1종업체)

㉢ 3단계 : 완성검사(한국가스안전공사)

㉣ 4단계 : 완성검사필증 교부

㉤ 5단계 : 가스사용 개시

㉥ 6단계 : 정기검사 실시(연1회)

(5) 연구실에서의 가스사고

① 연구실에서 발생하는 가스사고의 원인은 가스의 누출에 기인함

② 가스 누출 시 화재 · 폭발, 질식, 중독사고로 이어짐

③ 연구실에서는 고압가스용기 외에 자체 제작한 압력용기도 사용하므로 이 경우 반드시 기밀시험, 비파괴 검사를 실시한 후에 실험을 해야 함

폭발성 가스	아세틸렌, 수소, LPG, LNG
독성 가스	염소, 염화수소, 암모니아
질식 가스	염소, 이산화탄소, 질소

4 가스의 폭발

(1) 폭발범위

① 가연성 가스의 연소는 가연성 가스가 공기와 혼합된 상태에서 일어나며, 가스와 공기의 혼합기체는 일정한 혼합비율이 되는 경우에만 연소함

② 일정한 혼합비율을 폭발범위(폭발한계)라 하고, 혼합기체가 연소하는 데 필요한 최저혼합비율(농도)을 폭발상한(UEL ; Upper Explosive Limit), 폭발하한(LEL ; Lower Explosive Limit)이라 하며, 위험도는 다음과 같이 계산함

위험도(H) = (폭발상한 − 폭발하한) ÷ 폭발하한

③ **혼합가스의 폭발범위** : 르샤틀리에(Le Chatelier) 공식을 이용하여 폭발하한계를 계산할 수 있음 22 기출

$$\frac{100}{L} = \frac{V_1}{L_1} + \frac{V_2}{L_2} + \frac{V_3}{L_3} + \cdots$$

(2) 폭발범위에 영향을 주는 인자

① 산 소 22 기출

㉠ 폭발하한계에는 영향이 없으나, 폭발상한계를 크게 증가시켜 폭발범위가 넓어짐

㉡ 수소의 폭발범위는 공기 중에서는 4~74.2%이지만 산소 중에서는 4~94%로 증가함

② 불활성 가스(Inert Gas)

㉠ 질소와 이산화탄소 등과 같은 불활성 가스를 첨가하면 폭발하한계는 약간 높아지고 폭발상한계는 크게 낮아져 전체적으로 폭발범위가 좁아짐

㉡ 가솔린의 공기 중 폭발범위는 1.4~7.6%이지만, 질소 40%를 첨가하면 1.5~3%로 좁아짐

③ 압력 : 압력이 높아지면 폭발하한계는 거의 영향을 받지 않지만 폭발상한계는 현격하게 증가

④ 온도 : 온도가 높아지면 폭발하한계는 감소하고 폭발상한계는 증가하여 양방향으로 넓어짐

⑤ 연소범위

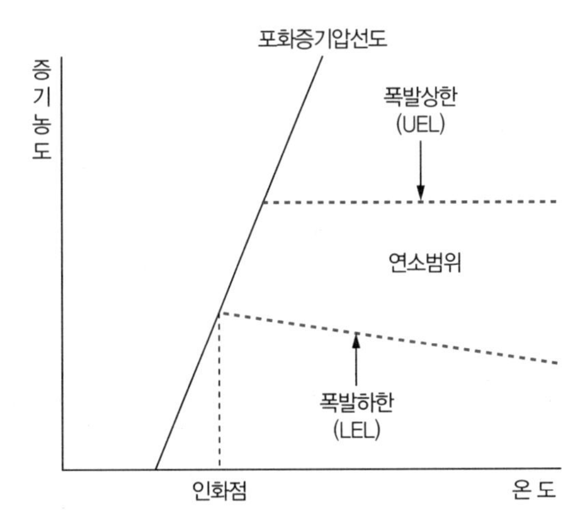

⑥ 대표적인 인화성물질의 폭발범위

물 질	화학식	비 중 (공기 = 1)	인화점	착화점	폭발한계	
					하 한	상 한
수 소	H_2	0.07	기 체	500	4.0	75
메 탄	CH_4	0.55	기 체	537	5.0	15
프로판	C_3H_8	1.56	기 체	432	2.2	9.5
부 탄	C_4H_{10}	2.01	기 체	365	1.9	8.5
톨루엔	C_7H_8	3.14	4.0	480	1.3	6.7
벤 젠	C_6H_6	2.77	−11	498	1.4	6.7

3과목

5 가스의 안전관리

(1) 고압가스 사용시설

① 가스 사용시설의 구성

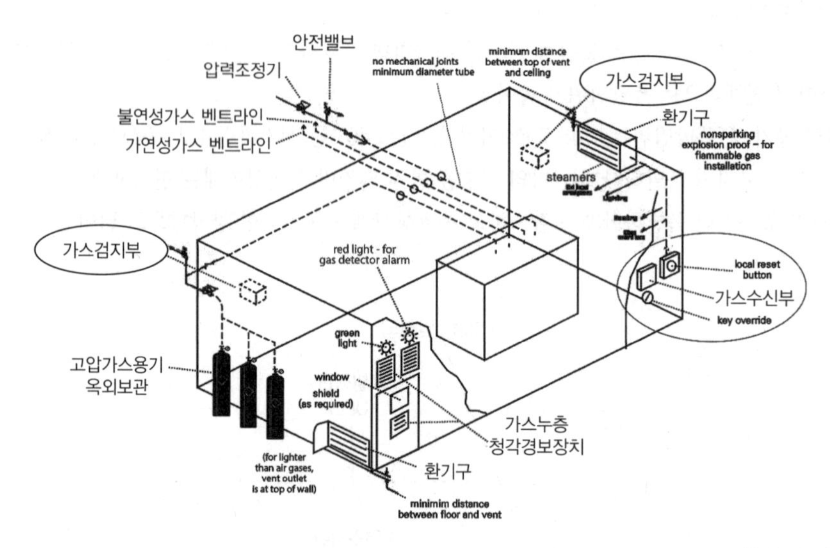

※ 출처 : 국가연구안전정보시스템

② 고압가스 용기의 색상

가스의 종류	색깔의 구분
산 소	녹 색
수 소	주황색
아세틸렌	황 색
이산화탄소	파 랑
액화암모니아	백 색
액화염소	갈 색
액화석유가스, 그 밖의 가스	회 색

(2) 불연성 가스의 안전관리

① 불연성 가스의 종류

㉠ 산업용 가스 : 질소, 헬륨, 알곤 등

㉡ 특수가스 : 크세논, 크립톤, 육불화황 등

② 불연성 가스의 특징

㉠ 유해성은 낮지만 위험성은 높음

㉡ 무색 · 무취 · 비자극성, 실내 누출 시 적절한 환기 및 산소 농도 감시 요망

㉢ 산소 결핍에 의한 치명적인 결과 초래 가능

③ 산소농도에 따른 신체 증상

4%	40초 이내 의식불명 및 사망 유발
8%	정신혼미, 구토
12%	맥박 · 호흡증가 및 판단력 감소
19.5%	최소작업가능 수치[미국(OSHA ; Occupational Safety and Health Administration) 기준]

(3) 가스 실린더 고정

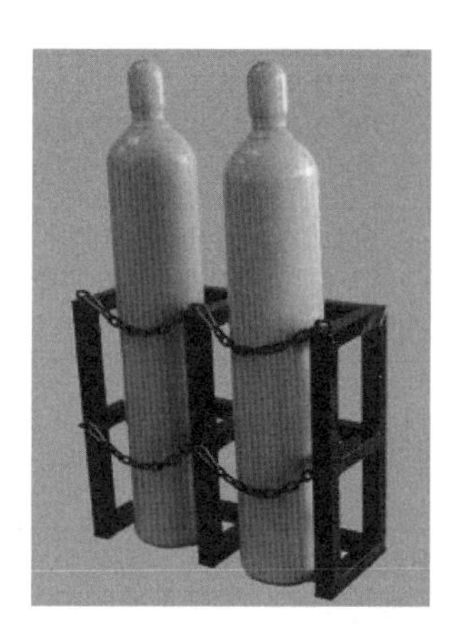

※ 출처 : 국가연구안전정보시스템

① 고압가스 용기는 체인이나 브라켓 등을 이용하여 실린더의 전도를 방지할 수 있는 조치 마련

② 전도방지 조치는 실린더 바닥으로부터 1/3, 2/3지점 2개소에 설치

③ 조연성 가스 또는 가연성 가스와는 5m 거리를 두고, 화기를 취급하는 장소 사이에 8m 안전거리 확보

(4) 가연성 가스의 안전관리

가연성 가스 표지(배경 붉은 색)

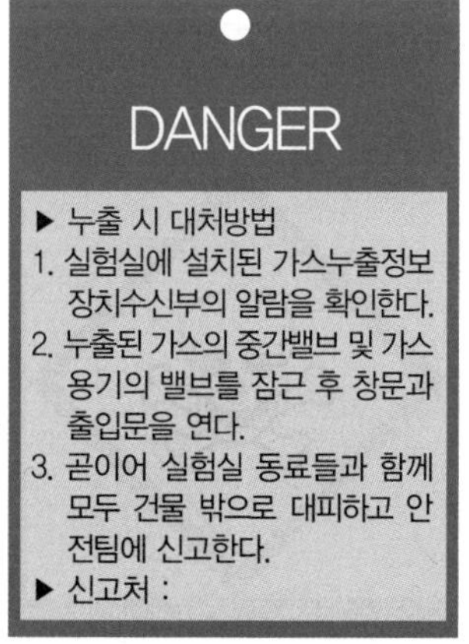

① 가연성 가스 종류 및 특징

종 류	• 지정가스 : 아세틸렌, 암모니아, 수소, 산화에틸렌, 벤젠 등 32종 • 그 밖의 가스 : 폭발한계 하한이 10% 이하인 것과, 폭발한계의 상한과 하한의 차가 20% 이상인 것
특 징	• Flammable Range in Air(연소범위 또는 폭발범위, 폭발한계) • 대기 중 공기와 가스 혼합 시 폭발이 가능한 범위 • Auto Ignition Temperature(자동발화온도, AIT) : 점화원 없이 외기의 온도에 의해 전달된 에너지만으로 연소가 일어나는 온도 • 자기발화가스(Pyrophoric Gas)란 자동발화온도가 상온보다 낮은 가스(AIT < 상온)

② 가연성 가스의 안전설비

가스누출경보장치	• 가스저장 및 사용 장소의 가스누출검지기 설치 위치 고려 • 공기보다 가벼운 가스 : 천장에서 30cm 이내 설치 • 공기보다 무거운 가스 : 바닥에서 30cm 이내 설치
가연성 가스의 위험 제어방법	• 가연성 가스 사용 및 보관지역은 적절한 방폭설비 설치 • 가스누출경보장치와 연동된 자동차단밸브 설치 • 방염복, 가죽장갑, 보안경, 안면 보호대 등 개인보호구 착용

(5) 산화성 가스의 안전관리

종 류	• 산소, 삼불화질소, 아산화질소, 불소
특 징	• 주변 물질의 연소 및 반응을 촉진 • 농도가 높아지면 급격하게 연소성과 반응성 증가 • 산소 농도 과잉환경 > 23.5% • 점화원 관리 필수 • 유체와 배관 내부의 마찰 : 적절한 배관 재질 선정 및 유속제어 • 오염물질(오일 등) 접촉 : 오일 및 불순물 제거

(6) 독성 가스의 안전관리

DANGER

▶ 누출 시 대처방법
1. 실험실에 설치된 가스누출정보장치수신부의 알람을 확인한다.
2. 누출된 가스의 중간밸브 및 가스용기의 밸브를 잠근 후 창문과 출입문을 연다.
3. 곧이어 실험실 동료들과 함께 모두 건물 밖으로 대피하고 안전팀에 신고한다.
4. 독성가스를 흡입한 경우 즉시 신선한 공기가 있는 곳으로 이동 하고 전문의의 도움을 받는다.

▶ 신고처 :

독성 가스 표지(배경 붉은 색)

① 독성 가스 종류 및 특징

종 류	• 지정가스 : 암모니아, 염소, 모노실란 등 31종 • 그 밖의 가스 : 공기 중에 있을 때 인체에 유해한 독성을 가진 가스로 허용농도 5,000ppm 이하
특 징	• 작업자 신체에 손상을 끼치며, 장비를 부식시킴 • 용기를 사용 전에는 수분을 제거하여 통제 • 산성 가스 : 산성 물질이 물과 반응하여 발생 • 염기성 가스 : 염기성 물질이 물과 반응하여 발생

② 독성 가스 중화제독장치

㉠ 독성 가스는 중화제독설비에 의해 처리하여 허용농도(TWA) 이하로 대기 방출

㉡ TLV-TWA(Threshold Limit Value-Time Weighted Average) : 시간가중치로서 거의 모든 노동자가 1일 8시간 또는 주 40시간의 평상 작업에 있어서 악영향을 받지 않는다고 생각되는 농도로서 시간에 중점을 둔 유해물질의 평균농도

㉢ 실험 장비 및 가스캐비닛과 중화제독설비는 가능한 가깝게 설치

㉣ 중화제독방법은 산화, 환원, 중화, 가수분해, 흡수, 흡착 또는 이들의 조합

㉤ 독성 가스 중화제독 방식

구분		SCRUBBER 종류							TLV
		HEAT WET	WET	HEAT FILTER	ABSORBENT	BURN WET	CATALYST	PLASMA WET	
가연성 가스	AsH_3	○		○	○	○		○	0.05ppm
	B_2H_6	○	○	○		○		○	0.1ppm
	DCS	○	○		○	○		○	N/A
	GeH_4	○		○		○		○	0.2ppm
	H_2	○		○		○	○	○	N/A
	PH_3	○		○	○	○		○	0.3ppm
	SiH_4	○		○	○	○		○	5ppm
	Si_2H_6	○		○	○	○		○	N/A
	$B(C_2H_5)_3$	○	○	○	○	○		○	–
	$(C_2H_5O)_4Si$	○		○	○	○		○	10ppm
	$P(OC_2H_5)_3$	○	○	○	○	○		○	–
수용성 가스	BCl_3	○	○		○	○	○	○	N/A
	Cl_2				○	○	○	○	0.5ppm
	F_2	○	○			○	○	○	1ppm
	HCl	○	○		○	○	○	○	5ppm
	HF	○	○		○	○	○	○	3ppm
	NH_3	○	○		○	○	○	○	25ppm
	WF_6	○	○		○	○		○	1mg/㎥

PFC 가스	CF_4					○	○	○	–
	C_2F_6					○	○	○	–
	C_3F_8					○	○	○	–
	NF_3				○	○	○	○	10ppm
	SF_6				○	○	○	○	1,000ppm

③ 고압가스 실린더캐비닛

㉠ 모든 독성 가스 용기는 실린더캐비닛에 보관

㉡ 실린더캐비닛은 한국가스안전공사로부터 완성 검사를 받은 제품이어야 함

㉢ 실린더캐비닛은 내부의 누출된 가스를 항상 제독설비 등으로 이송할 수 있고 내부압력이 외부압력보다 항상 낮게 유지되어야 함

④ 독성 가스가 혼합된 가스의 독성 판정 계산식

$$LC_{50}=\frac{1}{\sum_{i=1}^{n}\left(\frac{C_i}{LC_{50i}}\right)}$$

LC_{50} : 독성 가스의 허용농도
n : 혼합가스를 구성하는 가스 종류의 수
C_i : 혼합가스에서 i번째 독성 성분의 몰분율
LC_{50i} : 부피 ppm으로 표현되는 i번째 가스의 허용농도

⑤ 독성 가스의 분류(국내 기준, KGS GC203 등)

㉠ 제1종 독성 가스 : 염소, 시안화수소, 이산화질소, 불소, 포스겐, 기타 허용농도가 1ppm 이하인 것

㉡ 제2종 독성 가스 : 염화수소, 삼불화붕소, 이산화황, 불화수소, 브롬화메틸, 황화수소, 기타 허용농도가 1ppm 초과 10ppm 이하인 것

㉢ 제3종 독성 가스 : 1, 2종 이외의 독성 가스

⑥ 허용농도의 종류

구 분	내 용	허용시간
TLV-TWA	하루 8시간, 주 40시간을 일할 때 부작용을 느끼지 않는 유해물질 농도	정상작업 동안 해를 주지 않는 정도
TLV-STEL	한 번에 15분의 노출을 받으나 연속적으로 60분 이후에 다시 노출될 때 부작용을 느끼지 않는 유해물질의 농도	단시간만 허용
TLV-C	전혀 맡아서는 안 되는 유해물질 농도	짧은 시간(순간)

⑦ 물질 자체의 독성 기준(KS B ISO 5145)

분류1	무독성[LC50 > 5,000ppm(V/V)일 때]
분류2	독성[200ppm(V/V) LC50 > 5,000ppm(V/V)일 때]
분류3	맹독성[LC50 < 200ppm(V/V)일 때]

⑧ 인체 유해성 기준(GHS ; Globally Harmonized System of Classification and Labelling of Chemicals)

분류1	흡입 시 치명적 0ppm < LC50 ≤ 100ppm(V/V)일 때
분류2	흡입 시 치명적 100ppm < LC50 ≤ 500ppm(V/V)일 때
분류3	흡입 시 독성 500ppm < LC50 ≤ 2,500ppm(V/V)일 때
분류4	흡입 시 해로움 2,500ppm < LC50 ≤ 20,000ppm(V/V)일 때

6 가스의 취급기준

표지기준	• 가스용기에는 식별이 용이하도록 표지를 부착하되, 표지에는 가스의 명칭, 위해 정도(독 · 극성, 인화성, 반응성 및 부식성), 입고일자를 포함한 정보 등을 기록
운반기준	• 반드시 보호 캡을 씌움 • 떨어뜨리거나 충격을 주어서는 안 됨 • 가연성 가스와 독성 가스는 함께 운반해서는 안 됨 • 무거운 가스통은 반드시 바퀴가 달린 카트를 사용하여 운반
저장기준	• 용기 보관 장소에는 그 출입구 및 외부에 식별이 쉽도록 독성 또는 가연성 표시를 부착 • 가스용기를 저장할 경우는 그 저장소의 주위 2m 이내에는 화기 또는 발화성 · 인화성 물질을 두지 않음 • 가스용기는 충격으로 인한 밸브 등의 손상을 방지하기 위하여 안전한 장소를 선정하여 로프나 체인 등으로 벽면이나 기둥에 견고히 고정 • 가스용기는 온도 40℃ 이하에서 보관 • 가연성 가스의 저장소에는 화기를 절대로 가까이 접근하지 못하도록 하고 금연, 화기엄금, 위험 등의 표시를 외부에서 보기 쉬운 곳에 부착 • 가연성 가스 저장소에는 소화기(분말소화기, 탄산가스소화기 등)를 비치 • 독성 가스 저장소에는 화기를 절대로 가까이 접근하지 못하도록 하고 가연성 가스의 저장소와 같은 표시를 함 • 독성 가스 저장소에는 흡수제, 중화제 및 독성 가스에 적당한 방독마스크, 송풍마스크 또는 공기호흡기 등을 상시 비치 할 것 • 통로는 배치면적의 20% 이상을 확보 • 충압병과 공병의 구별을 명확하게 할 것 • 가스용기를 보관 장소에 저장할 경우 가스누설이 없는지를 사전에 확인
사용기준	• 가연성 가스를 사용하는 장소에는 반드시 유효한 소화기를 비치 • 가연성 가스를 소비할 경우 감압 설비와 소비 설비 간의 역화 방지 설비를 설치 • 가연성 가스, 독성 가스를 취급하는 장소에서는 가스 지식을 잘 알고 취급에 대하여 충분히 숙련된 사람 이외에는 취급을 하지 않을 것 • 독성 가스를 사용할 경우 가스 누설에 대비하여 가스감지장치를 설치 • 독성 가스를 사용할 경우 방독 마스크 및 보안경 등의 장구를 착용 • 작업장의 환풍장치를 가동하여 실내의 공기치환을 완료하고 나서 입실, 작업 • 압력 조절기, 압력계, 유량계 등의 가스와 접촉하는 기구나 부품은 전용화하고 그 외 다른 가스와 병행 사용해서는 안 됨 • 압력 조절기를 부착할 때는 취부구의 먼지 등을 깨끗하게 청소하고 난 뒤 부착 • 용기의 개폐는 압력 조절기나 압력계의 정면에서 조작이 쉽도록 • 밸브, 배관, 압력계 등의 부착위치의 누설여부를 점검한 후 작업에 임할 것 • 충압병과 공병과는 충분한 간격을 두어 구분 보관하고 별도의 표시 할 것 • 빈 가스용기에 재충진 할 경우 사전에 용기의 결함여부를 확인

연구실 내 화학물질 관련 폐기물 안전관리

1 연구실 내 화학폐기물

(1) 화학폐기물 22 기출

① 화학폐기물이란 화학실험 후 발생한 화학물로 더 이상 연구 및 실험 활동에 필요하지 않은 화학물질

② 화학물질이 가지고 있던 인화성, 부식성, 독성 등의 특성을 유지하거나 합성 등으로 새로운 화학물질이 생성되어 유해 · 위험성이 실험 전보다 더 커질 수 있어 위험함

③ 발생된 폐기물은 그 성질 및 상태에 따라서 분리 및 수집하고, 불가피하게 혼합될 경우에는 혼합되어도 위험하지는 않은지 확인

④ 혼합 폐액은 과량으로 혼합된 물질을 기준으로 분류하며 폐기물 스티커에 기록

⑤ 화학물질을 보관하던 용기나 화학물질이 묻어 있는 장갑, 기자재뿐만 아니라 실험기자재를 닦은 세척수도 모두 화학폐기물로 처리해야 함

⑥ 화학폐기물의 구분

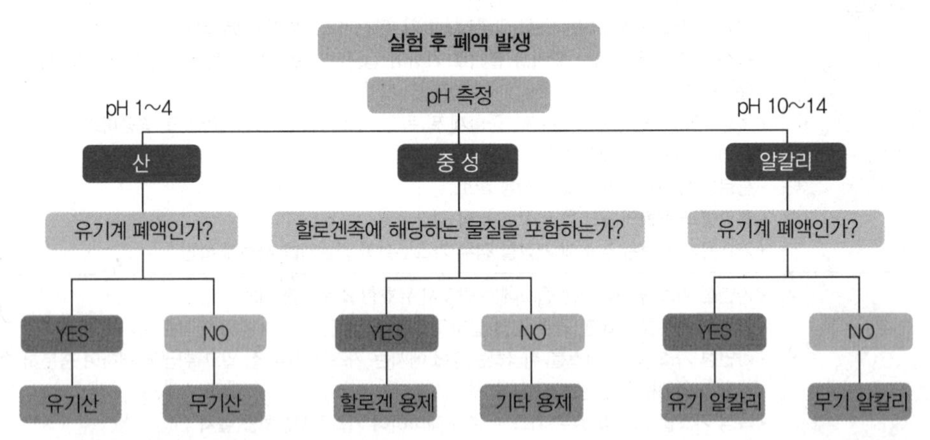

※ 화학폐기물 분류 시의 pH 농도 기준

2 화학폐기물의 처리

(1) 화학폐기물 처리 절차

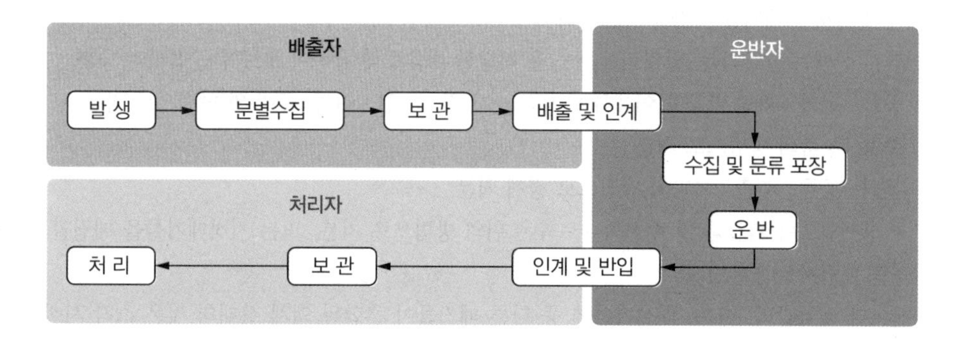

(2) 처리 전 숙지 사항

① 처리해야 되는 폐기물에 대한 사전 유해 · 위험성을 평가해야 함
② 화학반응이 일어날 것으로 예상되는 물질은 혼합 금지
③ 폐기하려는 화학물질은 반응이 완결되어 안정화되어 있는 상태인지 확인
④ 화학물질의 성질 및 상태를 파악하여 분리 · 폐기하고, 가스가 발생하는 경우 반응이 완료된 후 폐기
⑤ 적절한 폐기물 용기를 사용해야 하며, 수집 용기에 폐기물 스티커를 부착하고 라벨지를 이용하여 기록 유지
⑥ 폐기물이 누출되지 않도록 뚜껑을 밀폐하고, 누출 방지를 위한 키트를 설치
⑦ 폐기물의 장기간 보관은 금지
⑧ 비상상황에 대비하여 개인화학보호구와 비상샤워기, 세안기, 소화기 등 응급안전장치 설비 구비

(3) 폐유기용제의 처리

① 기름과 물 분리가 가능한 것은 분리방법으로 사전처분
② 할로겐족으로 액체 상태의 물질은 다음의 방법 중 하나로 처분
㉠ 고온소각증발 · 농축방법으로 처분 → 잔재물은 고온소각
㉡ 분리 · 증류 · 추출 · 여과의 방법으로 정제 → 잔재물은 고온소각
㉢ 중화 · 산화 · 환원 · 중합 · 축합의 반응을 이용하여 처분 → 잔재물은 고온소각
㉣ 응집 · 침전 · 여과 · 탈수의 방법으로 처분 → 잔재물은 다시 고온소각
③ 할로겐족으로 고체 상태의 물질은 고온소각으로 처분
④ 폐유기용제로서 액체 상태의 물질은 다음의 방법 중 하나로 처분
㉠ 소 각
㉡ 증발 · 농축방법으로 처분 → 잔재물은 고온소각
㉢ 분리 · 증류 · 추출 · 여과의 방법으로 정제 → 잔재물은 고온소각
㉣ 중화 · 산화 · 환원 · 중합 · 축합의 반응을 이용하여 처분 → 잔재물은 고온소각
㉤ 응집 · 침전 · 여과 · 탈수의 방법으로 처분 → 잔재물은 다시 고온소각
⑤ 폐유기용제로서 고체 상태의 물질은 소각을 통하여 처분

(4) 부식성 물질의 처리

① 부식성 폐기물은 pH2 이하인 폐산과 pH12.5 이상인 폐알칼리

② 다른 폐기물과 섞이지 않도록 산성과 알칼리성 폐기물은 따로 분리 보관

③ 산 및 알칼리성 폐기물은 가능하면 중화시킴

④ 중화 시 산에는 알칼리를, 알칼리에는 산을 적당한 비율로 혼합하여 pH7에 근접시켜 중화

㉠ 중화 · 산화 · 환원 반응을 이용하여 처리 → 응집 · 침전 · 여과 · 탈수의 방법으로 처분

㉡ 증발 · 농축의 방법으로 처분

㉢ 분리 · 증류 · 추출 · 여과의 방법으로 정제 처분

⑤ 고체 상태인 수산화칼륨 및 수산화나트륨은 위의 방법으로 처분, 또는 지정폐기물을 매립할 수 있는 관리형 매립시설에 매립

⑥ 폐산이나 폐알칼리, 폐유, 폐유기용제 등 다른 폐기물이 혼합된 액체 상태의 것은 소각 시설에 지장이 생기지 않도록 중화 등으로 처분하여 소각한 후 매각

⑦ 할로겐족 폐유기용제 등 고온소각대장 폐기물이 혼합되어 있는 경우에는 고온 소각하도록 함

(5) 폐유의 처리

① 액체 상태의 물질은 다음의 방법 중 하나로 처분

㉠ 기름과 물을 분리하여 분리된 기름성분은 소각하고, 남은 물은 물환경보전법에서 지정된 적절한 수질오염방지시설에서 처리

㉡ 증발 · 농축 방법으로 처리 → 잔재물은 소각하거나 안정화 처분

㉢ 응집 · 침전 방법으로 처리 → 잔재물은 소각

㉣ 분리 · 증류 · 추출 · 여과 · 열분해의 방법으로 정제처분

㉤ 소각하거나 안정화처분

② 고체 상태(타르 및 피치류 제외)의 물질은 소각하거나 안정화 처분

③ 타르 및 피치류는 소각하거나 지정폐기물을 매립할 수 있는 관리형 매립시설에 매립

(6) 발화성 물질의 처리

① 발화성 물질에 속하는 위험물은 주기율표의 1~3족에 속하는 금속원소덩어리가 포함

② 금속칼륨, 탄화칼슘, 마그네슘 분말, 알킬알미늄 등

③ 불과 작용해서 발열 반응을 일으키거나 가연성 가스를 발생시켜 연소 또는 폭발

④ 반드시 완전히 반응시키거나 산화시켜 고형물질로 폐기하거나 용액으로 만들어 폐기 처리

(7) 유해물질 함유 폐기물의 처리

① 분진 : 고온용융 처분하거나 고형화 처분

② 소각재

㉠ 지정 폐기물 매립을 할 수 있는 관리형 매립시설에 매립 안정화 처분

㉡ 시멘트 · 합성고분자 화합물을 이용하여 고형화 처분

③ 폐촉매

㉠ 안정화 처분

㉡ 시멘트 · 합성고분자화합물을 이용한 고형화 처분

㉢ 지정폐기물을 매립할 수 있는 관리형 매립시설에 매립

㉣ 가연성 물질을 포함한 폐촉매는 소각할 수 있고, 할로겐족에 해당하는 물질을 포함한 폐촉매를 소각하는 경우에는 고온 소각해야 함

④ 폐흡착제 및 폐흡수제

㉠ 고온소각 처분대상물질을 흡수하거나 흡착한 것 중 가연성은 고온소각하여야 하고, 불연성은 지정폐기물을 매립할 수 있는 관리형 매립시설에 매립

㉡ 일반소각 처분대상물질을 흡수하거나 흡착한 것 중 가연성은 일반소각하여야 하며, 불연성은 지정폐기물을 매립할 수 있는 관리형 매립시설에 매립

㉢ 안정화 처분

㉣ 시멘트 · 합성고분자화합물을 이용하여 고형화 처분, 혹은 이와 비슷한 방법으로 고형화 처분

㉤ 광물유 · 동물유 또는 식물유가 포함된 것은 포함된 기름을 추출 등으로 재활용

(8) 산화성 물질의 처리

① 가열, 마찰, 충격 등이 가해질 경우 격렬히 분해되어 반응되는 물질

② 분해를 촉진시킬 수 있는 연소성 물질과 철저히 분리 처리

③ 환기 상태가 양호하고 서늘한 장소에서 처리

④ 과염소산을 폐기 처리할 때 황산이나 유기화합물들과 혼합하게 되면 폭발을 야기함

(9) 독성 물질의 처리

① 냉각, 분리, 흡수, 소각 등의 처리 공정을 통하여 처리함

② 독성물질이 외부로 노출되지 않도록 주의하여 처리

③ 노출에 대비한 감지, 경보 장치 마련

(10) 과산화물 생성물질의 처리

① 과산화물은 자체적으로 산소를 가지고 있으므로 충격, 강한 빛, 열 등에 노출될 경우 폭발할 수 있는 폭발성 화합물임

② 과산화물의 취급, 저장, 폐기 처리에는 각별한 주의가 요구됨

③ 과산화물을 만들어 낼 수 있는 물질은 개봉 후 3~6개월 내에 폐기 처리하는 것이 안전

④ 낮은 온도나 실온에서도 산소와 반응하거나 과산화 화합물을 형성할 수 있으므로 처리에 주의

(11) 수은의 처리

① 독성이 강한 액체금속으로 노출되었을 경우 일회용 스포이드를 이용하여 플라스틱 용기에 수집

② 수집한 수은에 황 또는 아연을 뿌려 안정화시킨 후 폐기 처리

③ 수은온도계를 처리할 때에는 온도계 케이스에 담아 배출하고 안전팀에 연락

(12) 폭발성 물질의 처리

① 산소나 산화제의 공급 없이도 가열, 마찰, 충격에 격렬한 반응을 일으켜 폭발할 수 있음

② 다양한 종류의 화합물이 존재하므로 각별한 주의가 필요함

③ 폭발성 물질의 종류

염소산칼륨	갑작스런 충격이나, 고온 가열 시 폭발 위험
질산은, 암모니아수	두 물질이 섞인 화학 폐기물을 방치할 경우, 폭발성이 있는 물질을 생성
과산화수소	과산화수소의 금속, 금속 산화물, 탄소가루 등이 혼합되면 폭발 가능
질산 + 유기물, 황산 + 과망간산칼륨	혼합 시 폭발 위험

3 화학폐기물 보관 용기

(1) 화학폐기물의 수집(성상이나 특성에 따라 분류)

구 분	폐 액	폐시약	공병 등
종 류	• 유기용제 • 폐 산 • 알칼리	• 사용하지 않는 시약 • 장기간 보관 시약	• 시약공병 및 유리기구 • 폐플라스틱 • 주사기
배출용기	• 폴리에틸렌 수집용기	• 종이박스	• 종이박스
기 타	• 종류별 분류 보관 • 혼합해서는 안 되는 물질 혼합금지 • 폐기물 스티커 부착	• 특성별 분류 • 시약병 사이 완충재 삽입하여 포장 • 폐시약 목록 및 폐기물 스티커 부착	• 바늘류의 경우 반드시 캡을 씌워 배출 • 폐기물 스티커 부착

① 폐기물 수집 시 폐기물 스티커에 그 이력을 반드시 작성

② 폐기물 스티커가 미부착된 경우 수거가 불가능하므로 반드시 작성

③ 유리용기에 폐액 수집은 절대불가

④ 화학폐기물은 수집 시작 후 최대한 빠른 시간 내에 배출

(2) 폐기물 정보 작성 시 기재 사항

화학폐기물은 반드시 스티커를 부착하여, 내용물이 무엇인지 기록

① 최초 화학폐기물 수집날짜

② 수집자 정보 : 이름, 연구실 등의 상세한 기록

③ 폐기물 정보

㉠ 용량 : 대략적으로 kg이나 L로 표시(운반 도중 넘치게 될 경우 2차 사고가 발생할 수 있으므로 70~80% 미만으로 채움)

㉡ 상태 : 고체 · 액체 상태 여부, pH 등의 정보, 유기 · 무기 용제 여부 등을 기록

㉢ 화학물질명 : 단일 화합물일 경우 그 명칭을 기록, 혼합물의 경우에는 혼합물을 구성하는 모든 화학물질의 종류를 기록

㉣ 잠재적 위험성 : 폭발성, 부식성 등 특성을 기록하여 취급 시 주의점을 표시함

④ 성상이나 종류에 따라 구분

⑤ 쉽게 내용물이 무엇인지 파악하도록 함

⑥ 폐기물 스티커 예시

(3) 폐시약병 등의 처리기준

폐시약병 세척방법	• 빈 용기는 상표 및 뚜껑을 제거하고 세척제로 3회 이상 세척 • 빈 용기는 사람의 후각 검사 시 냄새가 나지 않아야 하며 이물질이 없어야 함
폐시약병 및 실험폐수 배출방법	• 폐시약 및 세척액은 별도의 수거용기에 성상별로 분리수거 • 폐시약 및 세척액은 일반생활하수와 섞이지 않도록 유의 • 시약병과 분리하기 어려운 고체성분의 폐시약은 시약병 전체를 별도 분리수거 • 유리가 아닌 폐시약병은 용기를 세척한 후 최대한 부피를 줄여서 분리수거
폐시약병 세척검사 및 배출전표 배부	• 안전관리담당자는 각 연구실에서 배출되는 시약병에 대하여 세척검사를 실시한 후, 배출전표를 부착하여 지정장소의 분리수거함에 보관
폐기물의 처리	• 안전관리부서의 장은 안전관리담당자 또는 안전환경관리자의 의뢰를 받아 수시로 폐기물처리업체에 위탁처리
폐기물 처리 시 유의사항	• 재활용 가능품목은 분리하여 배출 • 분리수거함 또는 저장용기에 일반 생활폐기물을 투입하지 않도록 함 • 실험할 때 발생된 폐기물은 안전관리담당자의 책임 하에 실험종료 후 반드시 처리하여 방치되는 일이 없도록 함

4 폐기물 저장시설 및 관리 등

(1) 폐기물 저장시설 22 기출

① 폐기물 저장시설은 실험실과는 별도로 외부에 설치하는 것이 바람직하며, 최소 3개월 이상의 폐기물을 보관할 수 있는 곳이어야 함

② 폐기물 저장시설은 재활용이 가능한 폐기물과 지정폐기물 등 종류별로 별도 보관할 수 있도록 공간을 배치하는 것이 바람직

③ 폐기물의 저장시설은 습기, 빗물 등으로 인한 냄새나 썩는 것을 방지하기 위해 외부와의 환기 및 통풍이 잘 되어야 하며(온도 10~20℃, 습도 45% 이상), 가연성 폐기물은 화재가 발생하지 않도록 구분하는 것이 바람직함

④ 지정폐기물은 부식 또는 손상되지 않는 재질로 된 보관용기나 보관시설에 저장(보관표지는 노란 바탕에 검은색 글씨)

⑤ 폐유기용제는 휘발되지 않도록 밀폐용기에 보관해야 함

⑥ 지정폐기물의 보관창고에는 지정폐기물의 종류별로 양 및 보관기간 등의 기재한 표지판을 설치하여 보관함

⑦ 독성물질이나 의료폐기물의 보관은 성상별로 밀폐, 포장하여 보관하도록 하며, 보관용기는 의료폐기물 전용용기를 사용함

⑧ 보관창고, 보관장소 및 냉동시설에는 보관중인 의료폐기물의 종류와 양, 보관기간 등을 기재한 표지판을 설치해야 함

⑨ 실험을 통해 발생되는 폐수의 저장시설은 반드시 별도의 설비를 갖추어야 하며, 일일 발생량 기준으로 최소한 6개월 이상 저장할 수 있는 여유공간을 설치해야 함

⑩ 의료폐기물은 전문기관에서 소각 또는 멸균분쇄하되, 생체조직 및 액상폐기물은 소각해야 함

⑪ 폐수저장시설은 가능한 한 지하나 혐오감을 주지 않는 공간에 설치하고, 방수처리가 완벽한 재질로 폐수가 외부로 유출되지 않도록 해야 함

⑫ 폐수저장시설은 폐액(산, 알칼리)에 따라 저장시설을 별도로 분리, 보관할 수 있어야 함

⑬ 폐수저장시설에서 나오는 악취와 냄새가 외부로 유출되지 않는 재질로 설비를 구성

(2) 화학폐기물 관리

① 모든 화학폐기물은 화학적으로 안정한 용기에 저장. 예를 들어, 불산이나 강한 알칼리성 용액은 유리용기에 저장하지 않아야 하며, 폐액용기의 뚜껑은 스크류 타입이어야 하며, 액체는 부식성이 있는 양철통에 담지 않아야 함

② 폐액 수거용기의 경우는 20리터를 초과하지 않아야 하며, 폐기물 용기는 가득 차면(용기의 80% 이상) 즉시 실험실 외부로 반출하여 폐기물 보관 장소에 보관해야 함

③ 보관방법

폐기물은 종류별, 성상별로 구분하여 밀폐가능한 용기에 저장하고, 필요시 외부에 별도의 폐액 저장소를 구축하여 관리함

㉠ 지정폐기물은 지정폐기물 외의 폐기물과 구분하여 보관

㉡ 폐유기용제는 휘발되지 않도록 밀폐된 용기에 보관

㉢ 지정폐기물의 보관창고에는 보관 중인 지정폐기물의 종류, 보관가능 용량, 취급 시 주의사항 및 관리책임자 등을 적어 넣은 표지판을 설치해야 함. 다만, 드럼 등 보관용기를 사용하여 보관하는 경우에는 용기별로 폐기물의 종류와 양, 배출업소 등을 각각 알 수 있도록 표지판에 적어야 함

④ 지정폐기물 보관기간

㉠ 지정폐기물 중 폐산, 폐알칼리, 폐유, 폐유기용제, 폐촉매, 폐흡착제, 폐흡수제, 폐농약, 폴리클로리네이트드비페닐 함유폐기물 : 45일 이하

㉡ 폐수처리 오니 중 유기성 오니 : 보관이 시작된 날부터 45일 이하

㉢ 기타 지정폐기물 : 60일 이하

㉣ 1년간 배출하는 지정폐기물의 총량이 3톤 미만인 사업장의 경우에는 1년의 기간 내에서 보관

(3) 화학폐기물 처리상의 안전기준

① 폐액으로 인한 유독가스가 발생하거나, 발열, 폭발 등의 위험이 발생할 수 있으므로 처리 전에 폐액의 성질을 충분히 조사하고, 첨가하는 약재를 소량씩 넣는 등 주의하면서 처리

② 다음의 폐액은 서로 혼합하지 않아야 함

㉠ 과산화물과 유기물

㉡ 시안화물, 황화물, 차아염소산염과 산

㉢ 염산, 불화수소 등의 휘발성 산과 비휘발성 산

㉣ 진한 황산, 설폰산, 옥살산, 폴리

㉤ 암모늄염, 휘발성 아민과 알칼리

③ 악취가 나는 폐액(메르캅탄, 아민 등), 유독가스가 발생하는 폐액(시안, 포스겐 등) 및 인화성이 강한 폐액(이황화탄소, 에테르 등)은 누설되지 않도록 적당한 처리를 강구하며, 신속히 처리함

④ 폭발성 물질(과산화물, 니트로글리세린 등)을 함유하는 폐액은 보다 신중하게 취급하고, 조기에 처리

⑤ 간단한 제거제로는 처리가 어려운 경우(착이온, 킬레이트제 등)에는 적당한 처리를 강구하여, 미처리된 상태로 방출되는 일이 없도록 함

⑥ 처리 후에도 유독성 폐액이 생성되는 경우(유리염소, 수용성 황화물 등이 발생할 경우)에는 별도의 후처리할 필요가 있음

(4) 방사선 물질의 폐기물 처리

① 고체 방사선 폐기물은 플라스틱 봉지에 넣고 테이프로 봉한 후 방사선 물질 폐기전용으로 고안된 금속제 통에 넣어 처리

② 액체 방사선 폐기물은 수용성과 유기성으로 분리하며, 고체의 경우와 마찬가지로 액체 방사선 폐기물을 위해 고안된 통을 이용해야 함

③ 폐기물이 나온 시험번호, 방사성 동위원소, 폐기물이 물리적 형태 등으로 표시된 방사선의 양들을 기록, 유지해야 함

④ 하수시설이나 일반 폐기물 속에 방사선 폐기물을 같이 버려서는 안 됨

CHAPTER 03 연구실 내 화학물질 누출 및 폭발 방지 대책

1 가스사고 방지 대책

(1) 개인보호구 착용

① 모든 고압가스를 취급할 때는 취급물질에 적합한 개인보호구 착용
② 액체가스를 취급하는 경우에는 반드시 안면보호구나 고글을 상시 착용
③ 손은 깨끗하고 건조된 단열 가죽장갑이나 초저온용 단열장갑 착용
④ 안전화 등 비침투성 신발을 착화하고, 슬리퍼 등의 신발 종류는 금지
⑤ 항상 실험가운을 착용하여야 하며, 가연성 가스를 취급하는 경우에는 방염가운 착용
⑥ 실험가운은 실험실 안에서만 착용하며 외부에서는 절대 착용금지

(2) 가스 누출 여부 점검

① 연구활동종사자는 고압가스를 사용하기 전 반드시 가스의 누출 여부를 비눗방울이나 휴대용 가스 누출경보장치를 이용하여 점검 실시
② 산소를 사용하는 때에는 석유류, 유지류 등에 의한 사고를 방지하기 위하여 밸브, 레귤레이터 등 가스설비를 깨끗이 닦아 사용

(3) 가스밸브의 취급기준

① 밸브에는 개폐 방향을 명시
② 밸브 등이 설치된 배관에는 가스명, 흐름 방향, 사용압력 표시
③ 안전상 중대한 영향을 미치는 안전밸브, 자동차단밸브, 제어용 공기밸브 등과 같은 밸브는 개폐 상태를 명시하는 표지판을 부착하고 함부로 조작할 수 없도록 자물쇠의 채움, 봉인, 조작금지 표지, Lockout 등을 설치
④ 밸브 등의 조작에 대해서 유의해야 할 사항을 연구실 내 연구활동종사자에게 주지
⑤ 밸브는 반드시 직접 손으로 조작해야 함

(4) 압력조정기 설치 및 조작

① 사용하려는 가스의 사용압력이 압력조정기의 타입과 맞는지 확인
② 압력조정기 설치 전에 충전구의 먼지 또는 이물질 등을 확인하여 완전히 제거 후 체결
③ 압력조정기 입구 쪽에 스트레이너 또는 필터 설치
④ 독성 가스인 경우 압력조정기의 몸체 및 다이어프램의 재질이 부식이 없는 적합한 재질인지 확인

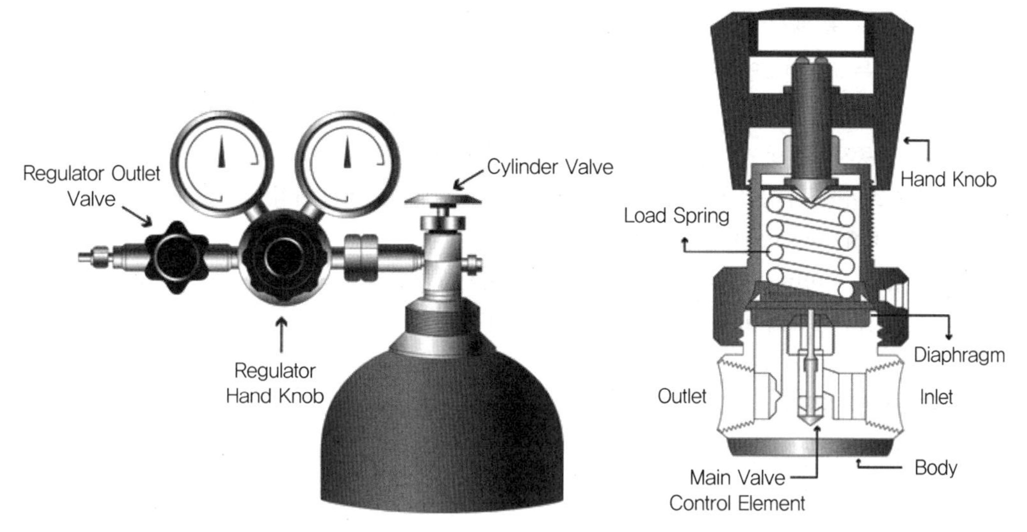

※ 출처 : 국가연구안전정보시스템

(5) 가스누출경보장치 유지 관리

① 가스누출경보장치는 6개월에 1회 이상 전문 검사기관에 위탁하여 검교정 실시

② 검교정 결과에 따라 센서 교체 등 즉시 필요한 후속조치 실시

(6) 가스누출 시 조치요령

① 가연성 가스누출 시 조치 요령

㉠ 연구실 설치된 가스누출경보장치 수신부의 알람 확인

㉡ 누출된 가스의 종류와 가스농도를 확인

㉢ 누출된 가스의 중간밸브 및 가스 용기의 메인밸브 잠금

㉣ 수신부의 알람이 1차 알람인 경우, 창문과 출입문 열고 환기

㉤ 수신부의 알람이 2차 알람인 경우, 즉시 연구실 동료들과 함께 모두 건물 밖 집결지로 대피

㉥ 소방서, 가스안전공사 등 안전관리 주관부서로 신고하고 누출된 장소 및 가스의 종류 등을 정확하게 전달

② 독성 가스누출 시 조치요령

㉠ 연구실에 설치된 가스누출경보장치 수신부 알람 확인

㉡ 누출된 가스의 종류와 가스농도 확인하고 즉시, 건물 밖 집결지로 대피

㉢ 소방서, 가스안전공사 등 안전관리 주관부서로 신고하고 누출된 장소 및 가스의 종류 등을 정확하게 전달

㉣ 독성 가스를 흡입한 경우, 즉시 신선한 공기가 있는 곳으로 이동하고 전문의의 도움을 받음

(7) 가스용기 구입 및 폐기

① 고압가스는 고압가스안전관리법에 따라 고압가스 판매허가를 받은 업체로부터 구입
② 고압가스 구입 시 공급업체로부터 물질안전보건자료(MSDS)를 받아 연구실 비치
③ 연구활동종사자는 용기의 충전기한 초과 여부를 확인하고 구입
④ 독성 가스 구입 시 공급계약서, 가스성적서 등 가스 공급 관련 문서 남김
⑤ 가스용기 폐기는 구입한 업체로 반납 및 폐기 처리
⑥ 고압가스를 수입하려는 자는 산업통상자원부령으로 정하는 바에 따라 수입 품목과 수량을 해당 시 · 군 · 구청장에게 미리 또는 수입 후 30일 이내 신고

(8) 초저온가스 안전관리

① 액체질소, 액체알곤 등 불활성의 초저온가스의 용기는 질식의 위험이 있으므로 지하실 또는 밀폐된 공간에서의 보관 및 사용 금지
② 초저온가스를 보관 및 사용하는 장소에는 연구실 내부에 산소농도측정기 설치
③ 초저온가스를 보관 및 사용하는 장소는 충분한 환기 설비를 갖추어야 함
④ 초저온가스 용기는 항상 수직상태로 세워져 있어야 함
⑤ 용기를 이동할 경우 굴리거나 충격을 주어서는 안 되며, 반드시 전용 수레를 이용하여 운반

2 화학물질 누출 방지대책

(1) 화학물질 누출 방지

① 연구실 화학사고의 특성
㉠ 독성, 부식성 등 유해위험물질의 누출로 인한 접촉
㉡ 인화성 물질 누출로 인한 화재 및 폭발 사고 발생
㉢ 사고 빈도는 낮지만 강도가 매우 크고, 연구종사자 및 인근지역 등 연쇄적으로 피해를 확산시킴
㉣ 다종 · 다량 · 신규 화학물질 사용으로 인한 사고 위험성 증대
㉤ 연구실 화학사고의 주요원인은 화학설비의 결함, 취급부주의, 기타 운송 등의 형태로 발생

화학설비 결함	• 플랜지, 개스킷 패킹류의 재질 또는 체결 불량 • 배관 체결부의 볼트 이완, 강도저하
화학물질 취급자 부주의	• 밸브 개폐 오조작 • 화학물질 투입량 과다 등 오류 • 과반응, 과충진에 의한 압력 상승
기타 운송 및 운반 중 사고	• 전도, 낙하, 충격

② 화학사고 시 대응방법

사고상황 전파	• 주변 연구원 및 연구실책임자와 안전관리 담당부서(또는 119) • 발생위치, 화학물질 종류 및 양, 부상자 유 · 무 등 전파
현장 파악, 출입통제 및 자료확보	• 사고내용 및 피해상황 등 현장파악 • 대피안내 및 사고구역 출입통제 • 사고조사를 위한 현장보존, 사진 등 관련자료 확보

(2) 화학물질의 화재 및 폭발

① 폭발의 성립조건

㉠ 공기 또는 산소와 혼합된 가연성 가스, 증기 및 분진이 일정농도(폭발범위)에 있을 때

㉡ 혼합된 물질의 일부에 점화원이 존재하여 최소점화에너지 이상의 에너지를 가할 수 있을 때

② 폭발방지

㉠ 가연성 가스, 증기 및 분진이 폭발범위 내로 축적되지 않도록 환기 실시

㉡ 공기 또는 산소의 혼입 차단(불활성 가스 봉입 등)

㉢ 용접 또는 용단 작업의 불꽃, 기계 및 전기적인 점화원의 제거 또는 억제

③ 화재 · 폭발의 발생 메커니즘

㉠ 가연물이 혼합된 공기가 점화원과 접촉하는 순간 화재 및 폭발이 발생

㉡ 공기의 제어는 어려우므로 가연물과 점화원 관리가 중요함(방폭형 전기설비 설치 등)

④ 화재 · 폭발 관리 대책

가연물 관리	• 작업시간 전 가연물의 제거 · 퍼지 · 차단 확인 – 제거작업 전 가연물의 물성파악 – 작업장 주변 가연물 제거, 용기나 배관 내용물배출표식 등 안전조치 사항 확인 – 용접불꽃 비산방지를 위한 각종 개구부 차단 여부 확인 • 가스 분진 누출 여부 측정 – 독성, 가연성 가스 퍼지 후 가스잔류 여부 확인 – 용단 전 냉각 후 테스트 홀을 통하여 가스감지 – 비중, 환기상태, 누출원 등을 고려하여 실시 • 내용물 제거 시 안전대책 – 가연성 가스 · 분진제거 후 불활성 가스로 치환 – 잔존물 이송 시 철재호스 사용 및 접지 – 불꽃이 발생하지 않는 재질의 방폭공구 사용
점화원 관리	• 가연성 물질, 인화성 물질 근처에서 화기취급 금지 • 밀폐공간에서의 화기작업금지 • 안전점검 및 화기작업 허가철저 : 작업내용 변동에 따른 추가조치 • 중점관리 철저 : 산소와 점화원은 제거가 불가능하므로 가연물에 대한 집중관리

⑤ 폭발위험장소

㉠ 0종 장소(Zone 0) : 지속적인 위험 분위기, 폭발성 가스 혹은 증기가 폭발 가능한 농도로 계속해서 존재하는 지역

㉡ 1종 장소(Zone 1) : 통상 상태에서의 간헐적 위험 분위기, 상용 상태에서 위험분위기가 존재할 가능성이 있는 장소

㉢ 2종 장소(Zone 2) : 이상 상태에서의 위험 분위기, 이상상태에서 위험 분위기가 단시간 동안 존재할 수 있는 장소

구 분	IEC 60079	KS, JIS	NFPA 497
지속적인 위험 분위기(연간 1,000시간 이상)	Zone 0	0종 장소	Division 1
간헐적인 위험 분위기(연간 10~100시간)	Zone 1	1종 장소	
이상상태 위험 분위기(연간 0.1~10시간)	Zone 2	2종 장소	Division 2

⑥ **방폭구조의 종류**

㉠ 방폭구조란 가연성 가스나 증기 또는 분진에 인화되거나 착화되어 발생하는 폭발사고를 방지하는 것으로 다음과 같은 종류가 있음

- 내압방폭구조(Flameproof Type, D) : 용기 내부에서 폭발성가스 또는 증기의 폭발 시 용기가 그 압력을 견딤. 접합면, 개구부 등을 통해서 외부의 폭발성가스에 인화될 우려가 없도록 전기설비를 전폐구조의 특수 용기에 넣어 보호한 것으로, 용기 내부에서 발생되는 점화원이 용기 외부의 위험원에 점화되지 않도록 함

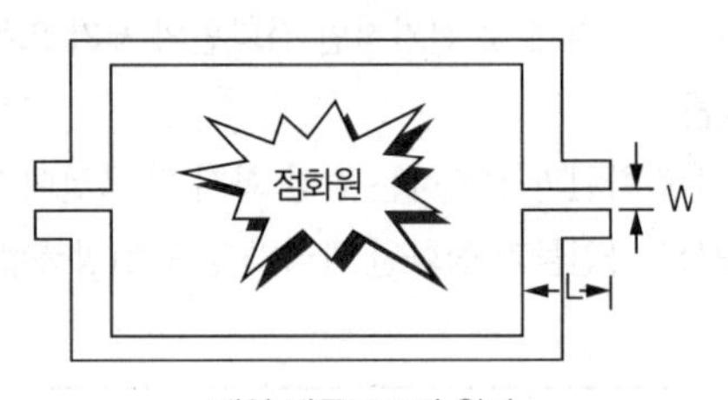

내압 방폭구조의 원리

- 압력방폭구조(Pressurezed Type, P) : 전기설비 용기 내부에 공기, 질소, 탄산가스 등의 보호가스를 봉입하여 가연성 가스 또는 증기가 침입하지 못하도록 한 구조 22 기출

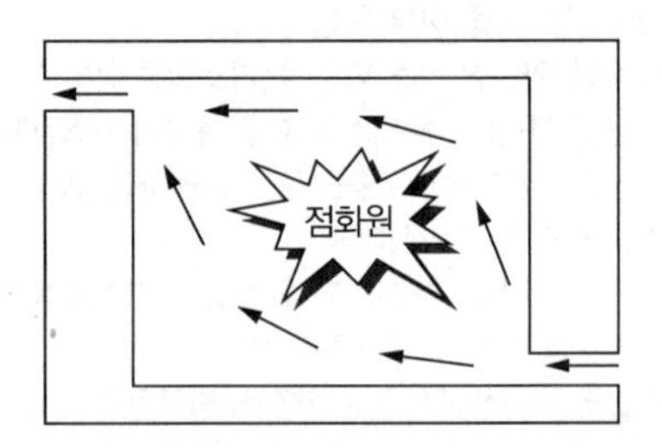

- 유입방폭구조(Oil Immersed Type, O) : 전기기기의 불꽃, 아크 또는 고온이 발생하는 부분을 기름 속에 넣어 기름면 위에 존재하는 폭발성 가스 또는 증기에 인화될 우려가 없도록 한 구조

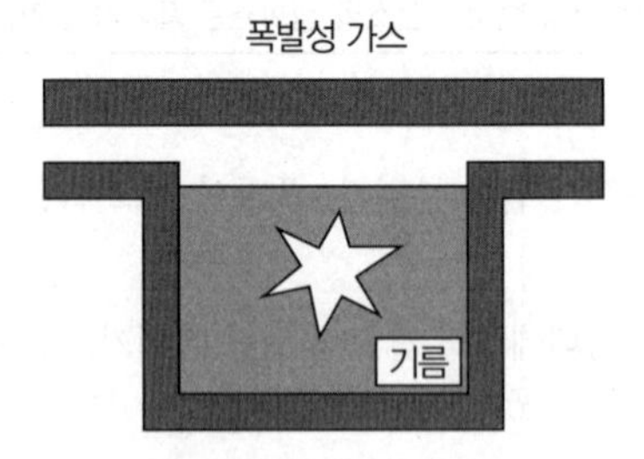

- 안전증방폭구조(Increased Safety Type, E) : 폭발성 가스, 증기에 점화원이 될 수 있는 전기불꽃, 아크, 고온이 되어서는 안 될 부분이 발생하는 것을 방지하기 위하여 기계적 · 전기적 구조를 통해 온도상승에 대해서 특히 안전도를 증가시킨 구조

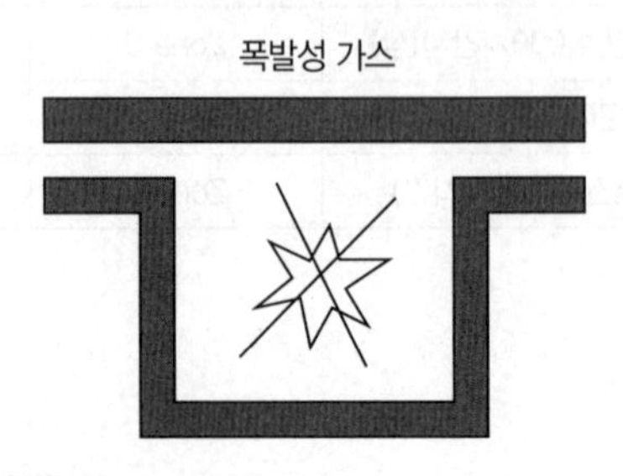

• 본질안전방폭구조(Intrinsic Safety Type, Ia or Ib) : 방폭지역에서 전기에 의한 스파크, 접점 단락 등으로 발생하는 전기적 에너지를 제한하여 전기적 점화원 발생을 억제하고, 만약 점화원이 발생하더라도 위험물질을 점화할 수 없다는 것을 시험을 통하여 확인할 수 있는 구조

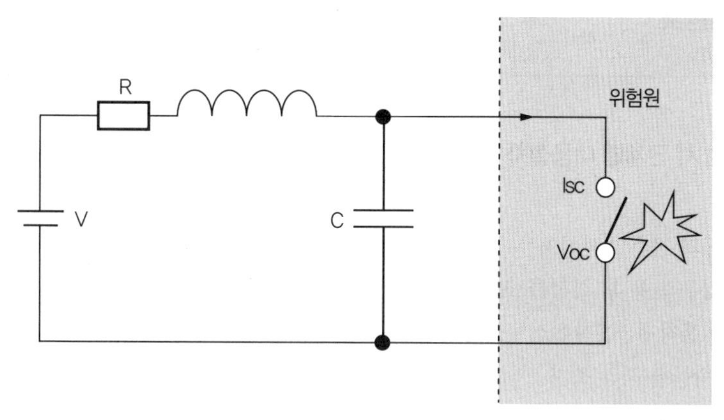

• 충전방폭구조(Filled, Q) : 위험원이 전기기기에 접촉되는 것을 방지할 목적으로 모래, 분체 등의 고체충진물을 채워서 위험원과 차단 · 밀폐시키는 구조

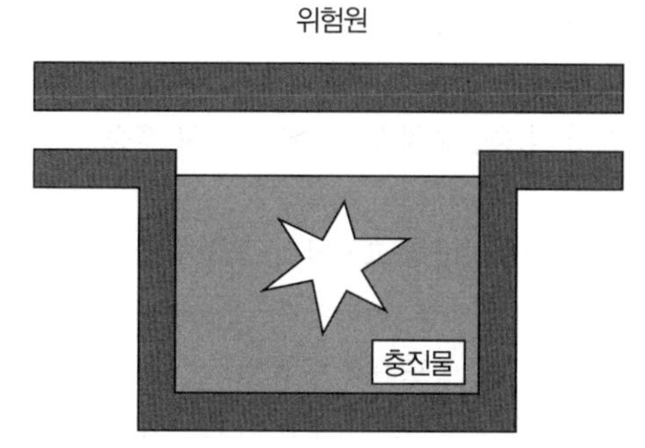

• 비점화방폭구조(Nonsparking Type, N) : 정상동작 시 주변의 폭발성 가스나 증기에 점화시키지 않고, 점화 가능한 고장이 발생하지 않도록 전기기기를 보호하는 구조
• 몰드(캡슐)방폭구조(Mold Type, M) : 보호기기를 고체로 차단시켜 열적안정을 유지한 것으로, 유지 보수가 필요 없는 기기를 영구적으로 보호하는 구조
• 특수방폭구조(Special Type, S) : 위의 8가지 구조 이외의 방폭구조로 폭발성 가스, 증기에 점화, 위험분위기로 인화를 방지할 수 있는 것이 시험에 의하여 확인된 구조

ⓛ 위험장소에 따른 방폭구조의 적용

위험장소	내 압	압 력	유 입	안전증	본질안전	충 전	비점화	몰 드
0종 장소					○(i_a)			
1종 장소	○	○	○	○	○	○		○
2종 장소	○	○	○	○	○	○	○	○

㉢ 방폭설비의 온도등급 : 방폭설비의 온도등급은 전기기기의 최고표면온도로 결정하며, 최고표면온도는 폭발성분위기에 의한 최저방화온도를 초과하지 않아야 함 22 기출

온도등급	T1	T2	T3	T4	T5	T6
최고표면온도 (℃)	450	300	200	135	100	85

(3) 화학사고 발생 시 단계별 대응절차

① 초기대응

㉠ 화학물질과 접촉된 부상자는 즉각적인 세정실시(비상샤워장치, 세안장치 등)

㉡ 개인보호구 착용 후 적정한 조치 실시, 불가피할 경우 신속히 대피

㉢ 흡착포 · 흡착제 · 흡착펜스 · 중화제 등을 사용하여 피해확대 방지, 누출 화학물질과 급격히 반응하는 화학물질 격리 조치

㉣ 사고확대 방지를 위하여 가스누출지점 이전 밸브 차단

㉤ 인화성 가스 누출 시 해당 지역에 대한 환기 등 조치

㉥ 독성 가스 누출로 대피 시에는 출입문 및 방화문을 닫아 피해 확산 방지

㉦ 화재구역 비치 소화기로 초기 화재진화 수행

㉧ 전기 및 설비에 원료 등 공급 차단

㉨ 응급조치반 : 부상자 발생 시 응급조치 및 인근병원으로 후송

② 사고처리 및 진압

㉠ 초기대응이 미흡한 경우 전문처리반 사고처리

㉡ 누출 화학물질에 대한 MSDS 및 대응 장비 확보

㉢ 가스누출, 화재 시 대응 이전 가스농도측정 등 시행

㉣ 연구실책임자, 안전담당부서와 협력하여 적절한 사고 진압

㉤ 119신고 및 현장 진입로 확보, 중대사고 상황 지휘계통 유관기관에 통보

③ 복구 등 사고 진압 후 조치

㉠ 부상자 가족에게 사고 전달 및 대응

㉡ 사고복구 방안 논의 및 이행

㉢ 사고원인 정밀조사 및 재발방지 대책 수립

㉣ 사고현장 안전점검 실시 및 이상 유 · 무 확인

㉤ 보험사에 피해비용 보험 청구

(4) 사고종류별 예방, 대응, 복구절차

① 화학물질 누출 · 접촉

구 분	연구실책임자, 연구활동종사자	연구실안전환경관리자
예방 · 대비 단계	• MSDS/GHS 비치 및 교육 • 화학물질 성상별 분류 보관	• 다량의 인화물질을 보관하기 위한 별도 보관 장소 마련
사고 대응 단계	• 주변 연구활동종사자들에게 사고 전파 • 안전담당부서(필요 시 소방서, 병원)에 약품 누출 발생사고 상황 신고(위치, 약품 종류 및 양, 부상자 유 · 무 등) • 유해물질에 노출된 부상자의 노출된 부위를 깨끗한 물로 20분 이상 씻어줌 • 금수성 물질이나 인 등 물과 반응하는 물질이 묻었을 경우 물로 세척 금지 • 위험성이 높지 않다고 판단되면, 안전담당부서와 함께 정화 및 폐기작업 실시	• 누출물질에 대한 MSDS/GHS 및 대응 장비 확보 • 사고현장에 접근금지테이프 등을 이용하여 통제구역 설정 • 개인보호구 착용 후 사고처리(흡착제, 흡착포, 흡착휀스, 중화제 등 사용) • 부상자 발생 시 응급조치 및 인근 병원으로 후송
사고복구 단계	• 사고원인 조사를 위한 현장은 보존하되, 2차 사고가 발생하지 않도록 조치하는 범위 내에서 사고현장 주변 정리 정돈 • 부상자 가족에게 사고 내용 전달 및 대응 • 피해복구 및 재발방지 대책마련 · 시행	• 사고원인 조사

② 화학물질 화재 · 폭발

구 분	연구실책임자, 연구활동종사자	연구실안전환경관리자
예방 · 대비 단계	• MSDS/GHS 비치 및 교육 • 화학물질 성상별 분류 보관 • 폭발 대비 대피소 지정	• 다량의 인화물질을 보관하기 위한 별도 보관 장소 마련
사고 대응 단계	• 주변 연구활동종사자들에게 사고 전파 • 위험성이 높지 않다고 판단되면, 초기 진화 실시 • 2차 재해에 대비하여 현장에서 멀리 떨어진 안전한 장소에서 물 분무 • 금수성물질이 있는 경우 물과의 반응성을 고려하여 화재 진압 실시 • 유해가스 또는 연소생성물의 흡입 방지를 위한 개인보호구 착용 • 초기진화가 힘든 경우 지정대피소로 신속히 대비	• 방송을 통한 사고전파로 신속한 유도 • 호흡이 없는 부상자 발생 시 심폐소생술실시 • 사고현장에 접근금지테이프 등을 이용하여 통제 구역 설정 • 필요 시 전기 및 가스설비 공급 차단 • 사고물질의 누설, 유출방지가 곤란한 경우 주변의 연소방지를 중점적으로 실시 • 유해화학물질의 확산, 비산 및 용기의 파손, 전도방지 등 조치 강구 • 소화를 하는 경우 중화, 희석 등 재해 조치를 병행 • 부상자 발생 시 응급조치 및 인근 병원으로 후송
사고복구 단계	• 사고원인 조사를 위한 현장은 보존하되 2차 사고가 발생하지 않도록 조치하는 범위 내에서 사고현장 주변 정리 정돈 • 부상자 가족에게 사고 내용 전달 및 대응 • 피해복구 및 재발방지 대책마련 · 시행	• 지정대피소로 집결한 인원 확인(건물별 또는 연구실별) • 전기 및 가스 설비 점검 후 공급 • 사고장비에 대한 결함 여부 조사 및 안전조치

화학 시설(설비) 설치·운영 및 관리

1 실험실

(1) 건축환경

① 사무공간과 실험실을 구분하며 화재나 폭발에 의한 영향을 최소화할 수 있는 구조로 할 것

② 환기 및 통풍시설은 연구원들이 안전한 환경에서 실험을 할 수 있도록 설치

③ 조명은 최소 300lux 이상, 정밀실험 시 600lux 이상 유지

④ 광원이 직접 보이는 경우에는 빛을 분산시키는 조명기기로 교체하거나 광원이 보이지 않도록 조치

⑤ 색효과(Color Effect) 발생에 따라 사물의 표면이 다른 색으로 보일 수 있으므로 자연광에 가까운 광원을 사용

⑥ 칸막이는 평상 시 실험실 내부 상황을 확인할 수 있도록 투시창(강화유리, 망입유리 등 실험특성에 맞는 재료사용)을 설치하고 난연성 및 내화학성을 만족하여야 함

⑦ 위험기계 · 기구장치에는 안전덮개 등 위험기계 · 기구별 방호장치를 설치하고, 기계작동반경을 고려한 울타리 및 바닥면에 안전구획을 표시하여 실험자를 보호하고 실험구역을 명확히 함

⑧ 실험공간과 연구공간을 분리해야 함

※ 출처 : 교육부, 국가연구안전정보시스템

(2) 출입문 및 통로

① 출입문의 폭은 신속히 탈출할 수 있도록 90cm 이상으로 할 것
② 출입문은 특별한 경우가 아니면 바닥 문턱이 돌출되지 않도록 할 것
③ 출입문의 개폐방향은 신속한 대피를 위해 대피방향으로 열리는 구조일 것
④ 실험실은 양방향 대피가 가능하도록 2개 이상의 출입문을 갖출 것
⑤ 출입문은 자동으로 닫히는 구조이어야 하며, 개폐 시 최소의 힘으로 입출입이 가능해야 함
⑥ 출입문 주변에는 원활한 출입을 위해 물건이나 장비를 설치하지 않을 것

(3) 벽과 바닥

① 사용하는 화학물질에 부식되지 않는 재질로 보수 및 청소가 용이할 것
② 화학물질이 쏟아졌을 때 침투하지 못하는 구조로 시공할 것
③ 바닥은 평탄하며 미끄러지지 않는 구조일 것
④ 바닥면은 실험실 특성에 맞는 내화학성 제품으로 마감할 것
⑤ 실험실 바닥하중은 무거운 실험기기가 설치될 것에 대비하여 100~125pounds/in^2 이상일 것

(4) 실험실의 안전정보

① 실험실 내부에는 실험실안전수칙, 물질안전보건자료(MSDS), 안전보건표지 등 실험특성별 각종 안전정보를 제공할 수 있는 게시판을 게시, 비치할 것
② 실험실 복도에는 일정 간격으로 안전대피도, 안전게시판을 게시, 비치할 것
③ 안전대피도에는 건물 내 위치정보, 소방시설, 안전용품 위치도 등을 포함할 것
④ 안전게시판에는 안전관리규정지침, 안전관리조직, 비상연락체계 등 안전정보를 통합하여 게시할 것
⑤ 건물 출입구 주변에는 실험실의 주요 위험정보(화학물질, 가스 등), 소방시설현황(소화설비, 경보설비), 안전용품현황 등의 기본안전정보를 제공할 수 있는 안전게시판을 비치할 것

2 실험설비

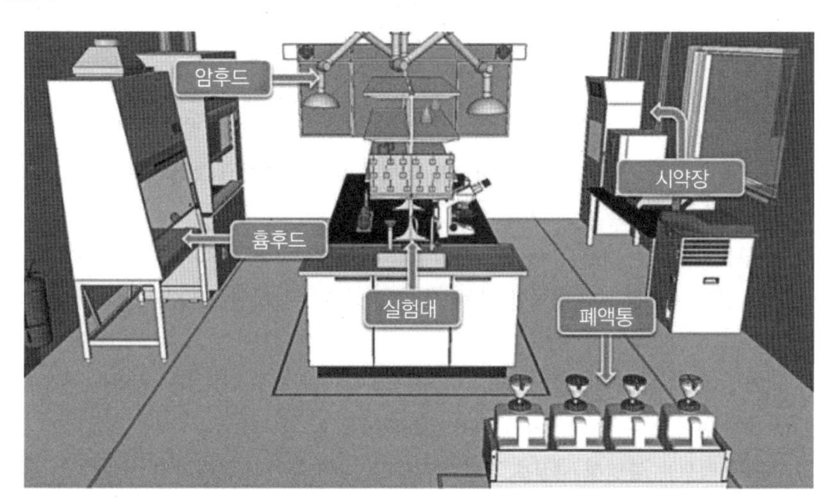

※ 출처 : 교육부, 국가연구안전정보시스템

3과목

(1) 후 드

① 후드의 구조

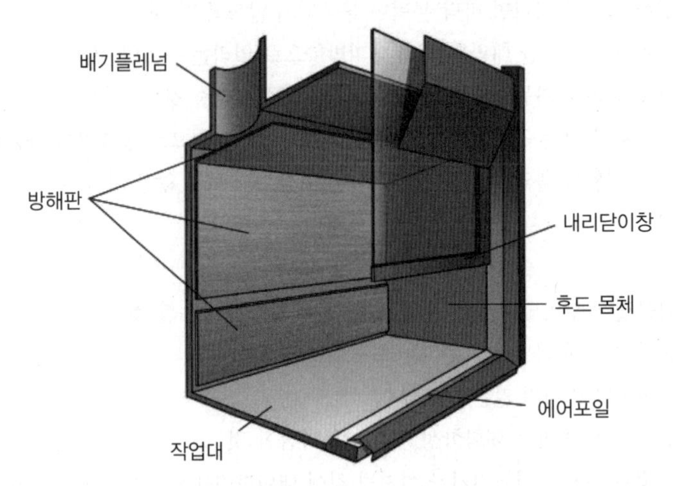

※ 출처 : 국가연구안전정보시스템

㉠ 배기 플레넘(Exhaust Plenum) : 후드 전면에 걸쳐 공기의 흐름이 균일하게 분포되도록 도움을 줌. 이 부품에 포집된 물질이 많아지면 난류가 생성되고 유해물질 포집 효율이 감소

㉡ 방해판(Baffles) : 후드의 뒤편을 따라 일자형의 구멍을 생성하는 데 사용하는 이동식 가림막(Partitions). 배기 플레넘과 마찬가지로 후드의 전면에 균일한 공기 흐름을 유지하는 데 도움을 주고 포집 효율을 증가시킴

㉢ 작업대(Work Surface) : 실제 작업이 이루어지는 후드 아래의 영역

㉣ 내리닫이창(Sash) : 작업을 하는 동안 효율을 증가시키기 위하여 최적의 높이로 닫을 수 있는 이동식 전면 투명판. 사용하지 않을 때는 에너지를 절약하기 위하여 완전히 닫음. 물리적 보호 장벽을 제공하여 오염으로부터 방어할 수 있는 추가적 안전 조치를 제공

㉤ 에어포일(Airfoil) : 후드의 전면 양 옆과 바닥을 따라 위치해 있음. 후드 안으로 공기의 흐름이 유선형으로 흐르도록 하며 난류를 방지하는 작용을 함. 에어포일 아래에 있는 작은 공간은 샷시가 완전히 닫혔을 때 후드의 실험실 내 공기를 배출시키는 역할을 함

② 후드의 종류

㉠ 흄 후드(Fume Hoods) : 흄이란 승화, 증류, 화학반응 등에 의해 발생하는 직경 1㎛이하의 고체 미립자로, 흄 후드란 이러한 물질이 나오는 실험을 할 때, 사람의 호흡기로 들어가기 전 오염원에서 밖으로 빼주는 역할을 하는 장비

- 흄 후드를 설치하는 경우 유해물질이 발생하는 실험실마다 설치하고, 유해인자의 발산원을 제어할 수 있는 구조로 설치하여야 하며, 후드 형식은 가능하면 포위식 또는 부스식 후드를 설치할 것
- 흄 후드 설치 시 유해물질이 발생하는 실험실마다 설치하고, 부스를 개방한 상태로 개구면에서 0.4m/s(포위식 포위형) 이상의 풍속이 유지되도록 할 것
- 흄 후드의 덕트는 불연성 재질로 건물 외부 또는 환기구까지 분리하여 설치하고, 덕트 유입속도는 물질의 퇴적을 최소화하기 충분한 속도일 것

• 흄 후드의 위치는 가능한 벽쪽으로 설치하고, 문이나 창가, 복도쪽으로는 설치하지 않을 것(개구부로부터 1.5m 이상 이격)
• 흄 후드의 평균 면속도는 가스 상태의 경우 최소 0.4m/s 이상으로 하고, 입자상태일 경우 0.7m/s 이상을 유지할 것

물질의 상태	후드 형식	제어풍속(m/s)
가스상	포위식 포위형	0.4
	외부식 측방흡입형	0.5
	외부식 하방흡인형	0.5
	외부식 상방흡인형	1.0
입자상	포위식 포위형	0.7
	외부식 측방흡인형	1.0
	외부식 하방흡인형	1.0
	외부식 상방흡인형	1.2

• 실내 공기흐름에 의해 오염공기의 배출이 어려워 후드의 성능이 저하되지 않도록 위치선정에 주의할 것
• 환풍기 등에 의한 유입공기는 후드에 맞추어 조절되어야 하며, 후드의 영향범위에 들어오지 않도록 할 것(후드 입구의 외부공기흐름이 0.1~0.13m/s를 넘지 않으면 0.4~0.5m/s의 제어풍속을 유지할 수 있음)
• 환기구나 출입구 등 공기의 이동량이 많은 지역과는 3m 이상 격리하여 설치할 것
• 흄 후드 입구의 공기의 흐름은 입구 면에 수직이고, 안쪽으로 향해야 하며, 흄 후드는 공기유량계를 설치하여 상시 면 속도를 확인할 수 있도록 흄 후드 정면에 설치할 것
• 흄 후드 내에 실험장치를 설치할 경우에는 전면에서 15cm 이상 안쪽에 설치하고, 전기설비는 방폭형으로 설치할 것
• 후드라벨에는 최종확인일로부터 인증기한, 평균 면속도(Face Velocity), 점검자 성명 등의 정보를 기재할 것
• 흄 후드는 매년 1회 이상 자체검사를 실시하고, 분기별로 제어풍속을 확인할 것
• 흄 후드 하부에는 인화성물질을 보관하지 않도록 하고 내부에 멀티콘센트를 사용하지 않을 것
• 흄 후드는 실험 후 실험잔존물이 없도록 청결함을 유지하고, 후드 내부에는 필수 실험장비 외에는 불필요한 장비를 두지 않을 것, 특히 폐기물 및 유해화학물질은 별도로 보관할 것

㉡ 암후드(Arm Hoods) : 공조 덕트에 연결되었지만 연결부를 기준으로 일정한 반경 내에 움직일 수 있고, 후드만한 크기 범위 내에서 유해물질을 빨아들일 수 있는 실험실 기본 배기 장비

(2) 실험대

① 실험대의 모든 부분은 돌출부나 날카로운 부분이 없이 매끄러운 표면을 유지할 것
② 실험대의 표면은 화학물질 누출 시 체류할 수 있어야 하며, 체류능력(Retention Capacity)은 최소 5리터/㎡ 이상일 것
③ 바닥으로부터 높이 1.5m 이상의 실험대 선반에는 화학물질을 보관하지 않을 것
④ 실험대의 작업표면은 화학물질 등에 대해 불침투성일 것
⑤ 표면은 쉽게 청소할 수 있는 구조이어야 하며, 화학물질의 침투 및 오염을 방지할 수 있는 매끄러운 일체형일 것
⑥ 합판은 부적절하고, 전기설비, 배관작업 등을 위한 홀(Hole)이 존재해야 하고, 실링(Sealing)처리가 되어 있을 것
⑦ 실험대와 실험대의 간격은 원활한 작업 영역의 확보와 접근이 용이하도록 최소 1.5m 이상의 거리를 확보할 것
⑧ 실험대 표면은 내화학성을 갖고 있어야 하며, 염산, 질산, 황산 등의 강산에 강한 저항성을 가질 것

(3) 시약보관시설

① 시약의 균질성과 안정성을 확보하고 오염이나 혼동이 없도록 설치할 것
② 시약보관시설이 최소공간은 해당기관의 분석량 또는 시료의 수 등에 있어 실험에 지장이 없도록 시약여유분을 확보할 수 있는 최소한의 공간을 갖출 것
③ 시약장 내 시약은 종류, 성상별로 구분하여 배치하고, 눈에 잘 띄게 비치할 것
④ 냉동상태로 보관이 필요한 분석기기용 시약 등을 위해 상온, 냉장, 냉동 등의 설치를 갖출 것
⑤ 독성물질, 방사선물질, 감염성물질 등의 시약은 보관 조건별로 별도의 공간에 보관하며, 반드시 안전장치를 설치하고 물질기록 관리대장을 비치할 것
⑥ 무기물, 유기물, 유기용매, 부식성 시약 등은 실험실의 안전과 오염을 방지하기 위해 별도의 용기에 보관할 것
⑦ 시약보관시설의 조명은 시약의 기재사항을 확인할 수 있도록 150lux 이상일 것
⑧ 시약보관시설은 항상 통풍이 잘되어야 하며, 환기는 외부공기와 원활하게 접촉할 수 있도록 설치하며, 환기속도는 최소한 0.3~0.4m/s 이상일 것
⑨ 분석용 시약은 종류 및 성상별로 구분하여 밀폐형 시약장에 보관하며, 유독성, 인화성, 폭발성을 가진 위험물 시약의 경우 경고표지 등을 명확히 표시하여 별도의 밀폐형 시약장에 보관할 것
⑩ 지정수량 이상의 위험물을 보관할 경우 허가를 받은 위험물저장소에 저장할 것
⑪ 시약을 최초 개봉하는 경우 변질 여부 등을 쉽게 파악할 수 있도록 최초 개봉일자를 기재하여 관리할 것
⑫ 연구활동종사자는 매월 개봉하지 않은 시약에 대한 재고 현황을 파악하여 연구책임자에게 보고할 것

(4) 시약장(캐비닛)

① 가연성, 부식성 물질의 보관량을 최소화 할 것
② 출입문과 캐비닛과의 이격거리는 최소 3m를 확보할 것
③ 점화원이 될 수 있는 요소와는 최소 3m를 이격할 것
④ 액상물질은 항상 고상물질의 아래쪽에 보관할 것

⑤ 화학물질 저장 캐비닛간의 간격은 최소 0.25m의 거리를 확보할 것

⑥ 실험실내 38리터(10gal) 이상이 화학물질을 저장, 사용, 취급할 경우 그 양에 따라 1개 이상의 캐비닛을 설치할 것

⑦ 실험실내 인화성, 가연성 액체의 양은 227리터(60gal)를 초과하지 말 것

⑧ 인화성 액체를 저장하는 캐비닛은 문에 경고표지를 부착하여야 하고, 문은 자동잠금장치를 설치할 것

⑨ 하나의 실험실에 3개 이상의 인화성액체 저장 캐비닛을 두지 말 것

⑩ 화학물질을 소분/분취하는 개별 용기의 크기는 25리터(액체용), 25kg(고체용)을 초과하지 않을 것

⑪ 화학물질 저장 전용 캐비닛의 전체 용량은 250리터를 초과하지 않을 것

⑫ 시약 등 유해물질을 저장할 경우에는 강제배기장치가 설치되어 통풍이 되는 캐비닛에 저장할 것

⑬ **유해물질의 사용 및 유지관리**

㉠ 화학약품은 물성이나 특성별로 저장

㉡ 서로 반응할 수 있는 약품을 함께 두지 않음

㉢ 캐비닛 통풍구의 뚜껑은 캐비닛이 통풍시스템에 부착되기 전에는 제거하지 않음

㉣ 유해물질은 물성이나 특성별로 저장하여야 하며 알파벳순 등 이름 분류로 저장하지 않을 것

⑭ **캐비닛의 형식**

㉠ 가연성 물질용 캐비닛은 가연성 물질 및 인화성 액체 저장용으로 사용

㉡ 산과 부식성 물질용 캐비닛은 내부식성 재질을 사용

㉢ 대용량의 가연성, 부식성 액체를 저장하는 캐비닛은 실험실 밖에 설치할 것

(5) 개별저장용기

① 유해물질을 저장하는 용기를 선택할 때에는 약품과 반응하지 않는지 확인할 것

② 용기의 크기는 20리터 이하로 제한 할 것

③ 용기를 밀폐시킬 수 있는 뚜껑, 배출구 덮개를 가지고 있어야 하며 용기 내부압력이 상승되지 않도록 서늘한 장소에 보관할 것

④ 유리용기를 구매할 때에는 폭발위험을 최소화할 수 있도록 배기구 뚜껑이 부착된 것으로 할 것

(6) 실험실용 냉장고

① 일반 냉장고를 가연성 물질과 같은 위험물질보관용으로 사용하지 않을 것

② 실험실용도의 냉장고는 유해물질의 저장이 가능한 것을 사용

③ 위험물질의 보관기간은 가능한 짧게 할 것

④ 냉장고는 정기적으로 점검할 것

⑤ **냉장고의 사용 및 유지관리 준수사항**

㉠ 냉장고에 저장하는 유해물질은 표지를 붙일 것

㉡ 방사능 물질을 저장하는 경우 냉장고에 방사능 물질을 저장하고 있다는 표지를 붙일 것

㉢ 냉장고 내부에 보관되는 용기는 완전히 밀폐되거나 뚜껑이 덮여 있어야 하며 물질표지가 붙어 있을 것

㉣ 뚜껑이 알루미늄 호일, 코르크 마개, 유리 마개로 제작된 용기는 저장을 피할 것

㉤ 냉장고는 물이 떨어지는 것을 방지할 수 있도록 서리가 끼지 않는 것을 사용

(7) 싱크대

① 실험실에는 손을 씻을 수 있는 싱크대가 반드시 있어야 하며, 가구 세척 등의 사용이 편리해야 하고, 부식되지 않는 재질이어야 함
② 바닥 배수 시스템은 실험실에 물이 고이지 않도록 배수관로를 확보하여 미끄러짐을 방지
③ 실험실 폐액 처리시설은 폐액 저장시설과 별도로 배관을 연결하여 실험실 내에 폐액이 있지 않도록 하는 것이 바람직하고, 배관 연결 시 산 · 알칼리 등은 가능한 한 분리해서 배관을 연결
④ 배관시설이 되어 있지 않으면 별도로 전용용기에 보관한 후 즉시 처리할 수 있도록 분리하여 처리시설로 이송
⑤ 악취 등 냄새 유발 물질을 세척하는 싱크대는 일반적인 후드를 설치하여 실험실이 오염되지 않도록 함
⑥ 오수 배관은 건물 내 오폐수 배관이나 저장탱크와 연결되어야 함

3 가스설비

(1) 가스용기 보관기준

① 용기 보관실은 불연성 재료 및 녹이 슬지 않는 재질로 시공
② 가연성 가스, 조연성 가스, 독성 가스의 용기 보관소는 각각 구분하여 설치
③ 용기 보관실은 가스가 누출 시 가스의 옥외 배출이 가능하도록 통풍구 설치
④ 통풍구는 바닥면적의 3% 이상이어야 하며, 2방향 이상이어야 함
⑤ 독성 가스 용기보관실 내부는 음압을 유지하여야 하며, 외부에서 확인 가능한 미차압력계를 설치하고 독성 가스 누출 시 흡입장치와 연동하여 누출된 가스가 중화제독장치로 이송될 수 있도록 함
⑥ 용기 보관실에는 저장하는 가스 종류에 따라 가스누출경보장치를 설치하되 가연성 가스 취급장소에는 방폭성능을 갖추어야 함

(2) 가스저장시설

① 가스저장시설은 가능한 한 실험실 외부공간에 배치하여야 하며, 외부의 열을 차단할 수 있는 지하공간이나 음지쪽에 설치, 적절한 습도를 유지하기 위해 상대습도 65% 이상 유지하도록 환기시설을 설치 22 기출
② 가스저장시설의 최소 면적은 분석용 가스저장분의 1.5배 이상이어야 하며, 가스별로 배관을 별도로 설비하고 가능한 한 이음매 없이 설치
③ 가스저장시설의 안전표시와 각 가스라인을 표기하고 구분하여 사용
④ 가스저장시설의 출입문에 위험표지 등 경고문을 부착해야 하며, 가스용기 유출입 상황을 반드시 기재하고 잠금장치를 설치하여 관리자가 통제
⑤ 저장용기가 넘어지는 것을 방지하기 위해 전도방지장치를 설치
⑥ 내부조명은 독립적으로 개폐할 수 있도록 하고 가스라인을 쉽게 구별할 수 있도록 최소 150lux 이상. 조명은 가능한 한 방폭등으로 설치하고 점멸스위치는 출입구 바깥부분에 설치
⑦ 가스저장실의 지붕과 벽은 불연 재료를 사용
⑧ 가스저장실의 안전관리시설은 고압가스 안전관리법의 기준에 맞게 설비(저장탱크 설치 기준, 안전장치, 기타시설 등)

⑨ 가스저장시설의 채광은 불연재료로 하고 연소의 우려가 없는 장소에 채광면적을 최소화
⑩ 가스저장시설의 환기는 가능한 한 자연배기방식으로 하는 것이 바람직하며, 만약 환기구를 설치를 할 경우에는 지붕 위 또는 지상 2m 이상의 높이에 회전식 벤틸레이터(Ventilator)나 루프팬(Roof Fan) 방식으로 설치
⑪ 가스공급 배관은 가스 누출을 방지하기 위해 각 배관별로 압력게이지와 스톱 벨브 등을 설비하고, 가스누출로 인한 사고를 예방하기 위해 누출경보장치를 설치
⑫ 가스설비 및 배관의 재료는 고압가스의 특성에 적합한 기계적 · 화학적 · 물리적 성질을 가져야 함

(3) 가스용기의 보관

① 고압가스 보관량이 저장능력을 초과하는 경우에는 저장설비의 기준을 갖춘 별도의 저장공간에 보관
② 가연성 가스, 독성 가스는 각각 구분하여 한국가스안전공사에서 인증한 고압가스용 실린더캐비닛에 보관하여야 하며, 누출사고 발생 시 이를 신속히 감지하여 효과적으로 대응할 수 있는 조치를 할 것
③ 건물 내 출입구의 1m 이내에는 가스실린더를 보관하지 않아야 함
④ 독성 가스 실린더는 다른 종류의 가스실린더와 최소 3m 이격
⑤ 지연성 또는 조연성 가스와 가연성 기체는 약 6m 거리를 두거나 높이 약 1.5m의 불연성, 내화성 격벽을 설치
⑥ 가연성 기체는 가연물과 적어도 약 6m의 거리를 두어 보관
⑦ 가스실린더 보관대는 체인이나 금속 스트랩(Strap) 등을 이용하여 실린더의 전도를 방지할 수 있는 구조이어야 함
⑧ 스트랩은 불연성 재질을 사용
⑨ 전도, 방지조치는 최소 1개소에 설치하여 실린더가 넘어지지 않도록 고정시켜야 함
⑩ 스트랩 및 체인 1개당 조치할 수 있는 가스실린더의 수는 최대 3개로 하는 것이 바람직
⑪ 건물 내 가스실린더를 보관할 경우 보관장소는 직사광선을 피하고 통풍이 원활하여야 하며, 가스 특성에 맞는 적절한 온도를 유지
⑫ 가연성 가스, 독성 가스 및 산소의 용기는 각각 구분하여 용기 보관장소에 보관
⑬ 가스설비 또는 저장설비는 그 외면으로부터 화기를 취급하는 장소까지 2m(가연성 가스 또는 산소의 가스설비 또는 저장설비는 8m 이상) 이상의 우회거리를 유지해야 하고, 가스설비와 화기를 취급하는 장소와의 사이에는 그 가스설비로부터 누출된 가스가 유동하는 것을 방지하기 위한 적절한 조치를 하여야 함

(4) 가스누출경보기

① 액화석유가스(LPG)를 사용하는 설비에는 누출된 가스를 신속히 감지하여 자동으로 가스 공급을 차단할 수 있는 가스누출경보차단장치를 설치
② 설치장소 선정
㉠ 시설물 내외에 설치되어 있는 가연성 및 독성물질을 취급설비
㉡ 압축기, 밸브반응기, 배관연결부위 등 가스누출 우려가 되는 화학설비 및 부속설비
㉢ 가열로 등 발화원이 있는 제조 설비 주위의 가스가 체류하기 쉬운 장소
㉣ 기타 특별히 가스가 체류하기 쉬운 장소

③ 설치위치

㉠ 가스누출경보기는 가능한 한 가스의 누출부위 가까이 설치. 다만 직접적인 가스누출이 예상되지 않는 경우는 주변에서 누출된 가스가 체류하기 쉬운 곳에 설치

㉡ 가스누출경보기는 연구활동종사자가 상주하는 곳에 설치

④ 가스누출경보기의 성능 22 기출

㉠ 가연성 가스누출경보기는 담배연기 등에 경보되지 않아야 하며, 독성 가스누출감지경보기는 담배연기, 세척유 가스, 등유의 증발가스, 배기가스 및 탄화수소계가스, 기타 가스에 경보가 울리지 않아야 함

㉡ 가스감지에서 경보발신까지 걸리는 시간은 경보 농도의 1.6배에서 보통 30초 이내이어야 함

㉢ 다만, 암모니아와 일산화탄소 또는 이와 유사한 가스 등을 감지하는 가스누출경보기는 1분 이내

㉣ 지시계의 눈금범위는 가연성 가스용은 0~폭발 하한값, 독성 가스는 0~허용농도의 3배

㉤ 암모니아를 실내에서 사용하는 경우에는 150ppm 이내이어야 함

㉥ 경보를 발령한 경우에는 가스농도가 변화하여도 경보가 계속 울려야 하며, 누출 또는 대책을 조치한 후에 경보를 정지시킬 것

㉦ 누출경보기는 충분한 강도의 구조를 지녀야 하며, 취급 및 정비가 쉽고 접촉하는 부분은 내식성의 재료 또는 충분한 부식방지 처리한 재료를 사용하고, 그 외의 부분은 도장이나 도금처리가 양호한 재료이어야 함

㉧ 가스누출경보기는 항상 작동상태이어야 하며 정기적인 점검과 보수를 통하여 정밀도를 유지하여야 함

㉨ 가스누출경보기는 가연성가스의 폭발하한계 1/4 이하에서 경보를 울려야 함

⑤ 수소화염 및 산소아세틸렌을 사용하는 화염용접 또는 용단 작업용으로 사용하는 액화석유가스(LPG) 사용시설에는 가스가 역화되는 것을 효과적으로 차단할 수 있는 역화방지장치를 설치

(5) 가스안전설비 기준

① 실린더 전용 캐비닛 22 기출

구 조	• 실린더캐비닛은 그 내부의 누출된 가스를 항상 제독설비 등으로 이송할 수 있고 내부압력이 외부압력보다 항상 낮게 유지할 수 있는 구조로 함 • 실린더캐비닛 내부의 충전용기 또는 배관에는 외부에서 조작이 가능한 긴급차단장치가 설치된 것으로 함 • 실린더캐비닛에 사용하는 가스는 상호반응에 의하여 재해가 발생할 우려가 없는 것으로 함 • 가연성 가스용기를 넣는 실린더캐비닛은 당해 실린더캐비닛에서 발생하는 정전기를 제거하는 조치가 된 것으로 함
성 능	• 배관계에 대하여 질소나 공기 등 기체로 상용압력의 1.1배 이상의 압력으로 내압시험을 실시하여 이상 팽창과 균열이 없는 것으로 함
표 시	• 실린더캐비닛의 몸통 부분 등의 보기 쉬운 곳에 다음사항이 각인되거나 금속박판에 각인되어 이를 보기 쉬운 곳에 부착되어 있는지 확인함 • 표시 : 제조자의 명칭, 가스명, 제조번호, 제조연월, 최고 사용압력 등

② 중화제독장치

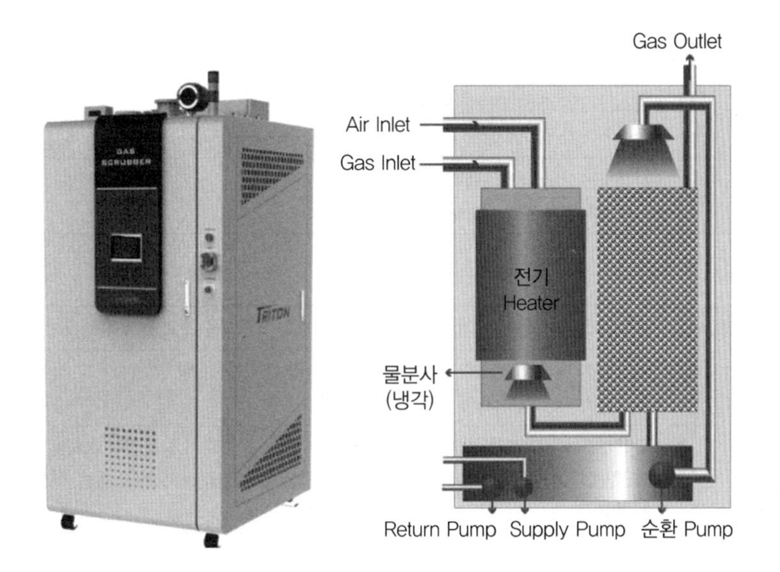

※ 출처 : 국가연구안전정보시스템

일반사항	• 독성 가스는 중화제독설비에 의해 처리하여 허용농도(TWA) 이하로 대기 방출 • 독성 가스를 사용하는 실험장비 및 가스캐비닛과 중화제독설비는 가능한 가깝게 설치하며 독성 가스를 직접 처리 • 중화제독방법은 산화, 환원, 중화, 가수분해, 흡수, 흡착 또는 이들의 조합, 그 밖의 동등 이상의 방법에 의해 처리
선 정	• 배관계에 물이나 흡수제로 흡수 또는 중화하는 조치 • 흡착제로 흡착 제거하는 조치 • 연소설비에서 안전하게 연소시키는 조치 • 플라즈마 또는 촉매를 이용하여 제거하는 조치
제독제	• 독성 가스 종류에 따라 적합한 흡수, 중화제 1가지 이상의 것을 보유

③ 가스누출경보장치 22 기출

설치장소	• 연구실 안에 설치되는 경우, 설비군의 둘레 10m마다 1개 이상 설치 • 연구실 밖에 설치되는 경우, 설비군의 둘레 20m마다 1개 이상 설치 • 감지대상가스가 공기보다 무거운 경우 바닥에서 30cm 이내 설치 • 감지대상가스가 공기보다 가벼운 경우 천장에서 30cm 이내 설치 • 진동이나 충격이 있는 장소, 온도 및 습도가 높은 장소는 피함 • 출입구 부근 등 외부 기류가 통하는 장소는 피함
구 조	• 충분한 강도가 있어야 함 • 가연성 가스의 경우 방폭 성능이 있어야 함
기 능	• 가연성 가스는 폭발하한계 ¼이하에서 경보를 울려야 함 • 독성 가스는 TLV-TWA 기준 농도 이하에서 경보를 울려야 함 • 검지에서 발신까지 걸리는 시간은 경보농도의 1.6배 농도에서 30초 이내로 함

④ 자동차단밸브

구 조	• 가연성 가스를 사용하는 실험실 또는 저장소 • 독성 가스를 사용하는 실험실 또는 저장소
성 능	• 가스용기의 메인 밸브를 잠그는 방식 • 가스의 1차 압력조정기 후단의 배관을 차단하는 방식
표 시	• 사용하는 가스의 양, 설비의 특성을 고려하여 설치 • 가스검지부로부터 신호를 받아 즉시 차단하는 기능

⑤ 과압안전장치

설치장소	• 고압가스설비 중 압력이 최고허용농도 또는 설계압력을 초과할 우려가 있는 장소
구 조	• 가스설비 내 고압가스의 압력 및 온도에 견딜 수 있어야 함 • 가스설비 내 고압가스에 내식성이 있어야 함
기 능	• 고압가스 설비 내의 압력이 상용압력을 초과하는 경우 즉시 상용압력 이하로 되돌릴 수 있어야 함 • 과압안전장치를 통해 분출된 가스는 밴트라인으로 연결하여 옥외 또는 적절한 처리장치로 이송하여야 함

⑥ 역화방지장치

설치장소	• 수소화염 또는 산소, 아세틸렌 화염을 사용하는 시설의 분기되는 각각의 배관에 설치
기 능	• 가스가 역화되는 것을 효과적으로 차단할 수 있음

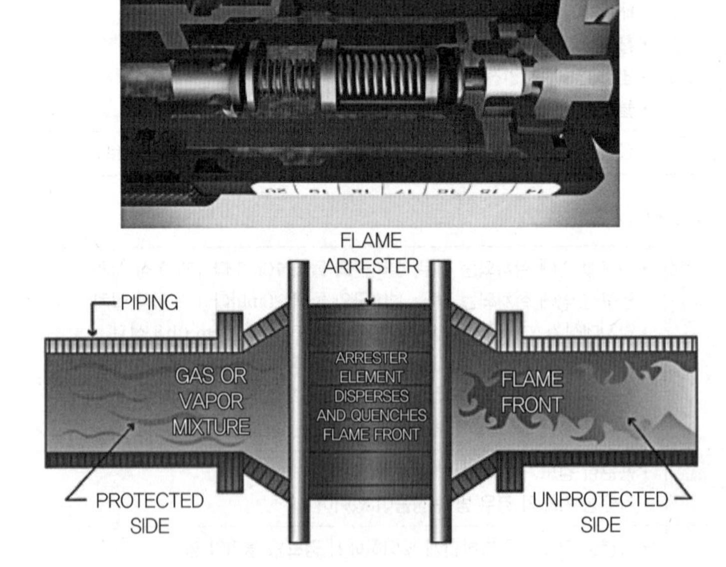

※ 출처 : 국가연구안전정보시스템

과목별 예상문제

01 현재 국내에 유통되고 있는 것으로 추정되는 화학물질의 종류는?

① 35,000종
② 45,000종
③ 55,000종
④ 65,000종

해설
현재 국내에 유통되고 있는 것으로 추정되는 화학물질은 약 45,000종으로 추정되고 있다.

02 위해성이 있다고 우려되는 화학물질로 환경부 장관의 허가를 받아 제조, 수입, 사용하도록 환경부 장관이 관계 중앙행정기관의 장과의 협의와 화학물질의 등록 및 평가 등에 관한 법률에 따른 화학물질평가위원회의 심의를 거쳐 고시한 물질로 옳은 것은?

① 허가물질
② 제한물질
③ 금지물질
④ 사고대비물질

해설
유해화학물질 중 허가물질에 대한 설명이다.

정답 01 ② 02 ①

03 **화학물질의 구분 중 공기 또는 산소와 혼합되어 밀폐된 공간하에 가스 종류별 일정 농도 범위에 있을 때 폭발을 일으키는 물질로 옳은 것은?**

① 폭발성 물질
② 발화성 물질
③ 산화성 물질
④ 가연성 물질

해설
화학물질 중 가연성 물질에 대한 설명이다. 가연성 물질에는 수소, 아세틸렌, 메탄, 에탄 등이 있다.

04 **다음 중 화학물질의 보관환경에 관한 설명으로 옳지 않은 것은?**

① 휘발성 액체는 직사광선, 열, 점화원 등을 피할 것
② 환기가 잘되고 직사광선을 피할 수 있는 곳에 보관할 것
③ 보관장소는 열과 빛을 동시에 차단할 수 있어야 하며, 보관온도는 15℃ 이하가 적절함
④ 보관된 화학물질은 2년 단위로 물품 조사를 실시할 것

해설
보관된 화학물질은 1년 단위로 물품 조사를 실시해야 한다.

05 **자발적으로 폭발성 물질을 형성하기 때문에 1년 이상 보관을 금하며, 유기화합물 및 금속류와 접촉 시 매우 높은 폭발성을 가진 불완전한 화합물을 형성하므로 소량 수입해서 사용해야 하는 물질로 옳은 것은?**

① 과염소산
② 질 산
③ 황 산
④ 피브릭산

해설
특별한 주의를 요하는 산성물질 중 과염소산에 대한 설명이다.

03 ④ 04 ④ 05 ① 정답

06 다음 중 각각의 위험물을 서로 혼재하여 보관할 수 없는 물질로 옳은 것은?

① 인화성 액체와 가연성 고체
② 자기반응성 물질과 인화성 액체
③ 가연성 고체와 인화성 액체
④ 가연성 고체와 금수성 물질

해설

가연성 고체와 금수성 물질은 서로 혼재하여 보관할 수 없다.

분류를 달리하는 위험물의 혼재금지 기준

구 분	산화성 고체	가연성 고체	자연발화 및 금수성 물질	인화성 액체	자기반응성 물질	산화성 액체
산화성 고체		×	×	×	×	○
가연성 고체	×		×	○	○	×
자연발화 및 금수성 물질	×	×		○	×	×
인화성 액체	×	○	○		○	×
자기반응성 물질	×	○	×	○		×
산화성 액체	○	×	×	×	×	

07 시약장의 종류 중에서 에너지 손실이 없어 반영구적으로 사용할 수 있으나 산 보관용도로는 부적절하여 보관 가능한 시약의 제한성이 있는 시약장으로 옳은 것은?

① 일반형 시약장
② 특수형 시약장
③ 밀폐형 시약장
④ 배기형 시약장

해설

밀폐형 시약장

- 내부 순환형(이온클러스터)
- 에너지 손실이 없고 반영구적으로 사용 가능
- 산 보관용도로 부적절
- 이온클러스터 사용으로 인한 오존 발생
- 장기보관하는 분말형태의 시약 보관에 적합

정답 06 ④ 07 ③

08 다음 중 시약의 저장기준으로 옳지 않은 것은?

① 시약은 실험에 필요한 양만 실험대 위에 두어야 한다.
② 연구실에 대형용기의 시약을 두어야 할 경우에는 안전관리담당자가 지정하는 안전한 위치에 별도 관리한다.
③ 인화성 액체의 주변에는 가열기구나 전기 스파크 등이 발생하는 기기나 장비를 함께 두지 않는다.
④ 액체시약은 잘 보이도록 눈높이보다 조금 높은 선반에 보관한다.

해설

액체시약은 안전사고방지를 위해 눈높이 이상의 선반에는 보관하지 않아야 한다.

09 가스의 종류 중 상용의 온도 또는 35℃에서 압력 1.0MPa 이상인 기체의 가스로 옳은 것은?

① 압축가스
② 액화가스
③ 용해가스
④ 가연성 가스

해설

압축가스에 대한 설명이다. 액화가스는 상용 온도 또는 35℃에서 압력 0.2MPa 이상이고 용해가스는 15℃에서 0MPa 이상인 아세틸렌 가스이다. 가연성 가스는 공기 중 연소하는 가스로서 공기 중 폭발한계 하한이 10% 이하, 폭발한계의 상한과 하한의 차가 20% 이상인 가스이다.

10 가스를 상태에 의해 분류한 것으로 옳지 않은 것은?

① 불연성 가스
② 압축가스
③ 액화가스
④ 부식성 가스

해설

가연성 가스, 조연성 가스, 불연성 가스는 연소성에 의한 분류이다. 상태에 의한 분류는 압축가스, 액화가스, 용해가스, 부식성 가스이다.

08 ④ 09 ① 10 ① 정답

11 독성 가스의 분류기준으로 옳지 않은 것은?

① 무독성 가스 – LC50이 5,000ppm 이상
② 독성 가스 – 200ppm < LC50 ≤ 5,000ppm
③ 맹독성 가스 – LC50이 200ppm 이하
④ 극독성 가스 – LC50이 100ppm 이하

해설

극독성 가스는 존재하지 않는다.

12 다음 중 가스의 종류가 올바르게 짝지어지지 않은 것은?

① 폭발성 가스 – 아세틸렌, 수소, LPG, LNG
② 독성 가스 – 염소, 염화수소, 암모니아
③ 질식 가스 – 염소, 이산화탄소, 질소
④ 불활성 가스 – 산소, 수소

해설

산소는 조연성 가스, 수소는 가연성 가스에 해당한다. 불활성 가스는 질소, 이산화탄소, 아르곤, 헬륨 등이 있다.

3과목

13 산소농도 수치에 따른 신체의 증상으로 옳지 않은 것은?

① 2% – 40초 이내 의식불명 및 사망 유발
② 8% – 정신혼미, 구토
③ 12% – 맥박 · 호흡증가 및 판단력 감소
④ 19.5% – 최소작업가능 수치

해설

40초 이내 의식불명 및 사망을 유발하는 산소농도는 2%가 아니라 4%이다.

정답 11 ④ 12 ④ 13 ①

14 가연성 가스의 가스누출경보장치의 설치위치로 옳은 것은?

① 공기보다 가벼운 가스 – 천장에서 30cm 이내 설치
② 공기보다 가벼운 가스 – 천장에서 40cm 이내 설치
③ 공기보다 무거운 가스 – 바닥에서 50cm 이내 설치
④ 공기보다 무거운 가스 – 바닥에서 60cm 이내 설치

해설

공기보다 가벼운 가스를 감지하기 위한 가스누출경보장치는 천장에서 30cm 이내에 설치하고, 공기보다 무거운 가스는 바닥에서 30cm 이내 설치한다.

15 독성 가스의 정의를 설명하는 글에서 다음 빈칸 안에 들어갈 말로 옳은 것은?

공기 중에 일정량 이상 존재하는 경우 인체에 유해한 독성을 가진 가스로서 허용농도가 ( ) 이하인 가스

① 1,000ppm
② 2,000ppm
③ 3,000ppm
④ 5,000ppm

해설

독성 가스란 암모니아, 염소, 모노실란 등 31종과 그 밖의 공기 중에 있을 때 인체에 유해한 독성을 가진 가스로 허용농도 5,000ppm 이하인 가스를 말한다.

16 가열, 마찰, 충격 등이 가해질 경우 격렬히 분해되어 반응되는 물질로 분해를 촉진시킬 수 있는 연소성 물질과 철저히 분리하여 처리해야 하는 물질은?

① 산화성 물질
② 독성 물질
③ 과산화물
④ 폐촉매

해설

산화성 물질에 대한 설명이다. 산화성 물질은 환기 상태가 양호하고 서늘한 장소에서 처리해야 하며, 과염소산을 폐기할 때 황산이나 유기화합물들과 혼합하게 되면 폭발을 야기한다.

14 ① 15 ④ 16 ① 정답

17 폐기물 처리 시 유기성 오니는 보관이 시작된 날부터 며칠을 초과하여 보관해서는 아니 되는가?

① 30일
② 45일
③ 50일
④ 55일

해설

유기성 오니는 보관이 시작된 날부터 45일을 초과하여 보관해서는 안 되며, 기타 지정폐기물은 60일을 초과하여 보관하는 것을 금지한다.

18 가연성 가스누출 시 조치 요령으로 옳지 않은 것은?

① 연구실에 설치된 가스누출경보장치 수신부의 알람을 확인한다.
② 누출된 가스의 종류와 가스농도를 확인한다.
③ 누출된 가스의 중간밸브 및 가스용기의 메인밸브를 잠근다.
④ 수신부의 알람이 2차 알람인 경우, 창문과 출입문을 열고 환기한다.

해설

수신부의 알람이 1차 알람인 경우 창문과 출입문 열고 환기하고, 2차 알람인 경우 즉시 모두 건물 밖 집결지로 대피해야 한다.

19 연구실의 건축환경요소로 옳지 않은 것은?

① 사무공간과 실험실을 구분하며 화재나 폭발에 의한 영향을 최소화 할 수 있는 구조로 한다.
② 환기 및 통풍시설은 연구원들이 안전한 환경에서 실험을 할 수 있도록 설치한다.
③ 조명은 최소 200lux 이상, 정밀실험 시 400lux 이상 유지한다.
④ 색효과(Color Effect) 발생에 따라 사물의 표면이 다른 색으로 보일 수 있으므로 자연광에 가까운 광원을 사용한다.

해설

조명은 최소 300lux 이상, 정밀실험 시 600lux 이상 유지해야 한다.

정답 17 ② 18 ④ 19 ③

20 직경 1㎛ 이하의 고체 미립자가 사람의 호흡기로 들어가기 전 오염원에서 밖으로 빼주는 역할을 하는 장비로 옳은 것은?

① 흄 후드
② 증기후드
③ 가스후드
④ 미스트 후드

해설

흄이란 승화, 증류, 화학반응 등에 의해 발생하는 직경 1㎛ 이하의 고체 미립자로, 흄 후드(Fume Hoods)란 이러한 물질이 나오는 실험을 할 때 사람의 호흡기로 들어가기 전 오염원에서 밖으로 빼주는 역할을 하는 장비를 말한다.

21 빈칸 안에 들어갈 숫자로 옳은 것은?

> 수소 60vol.%, 메탄 10vol.%, 벤젠 20vol.%인 혼합가스의 공기 중 폭발하한계 값은 약 (　　)vol.% 이다(단, 각 성분의 하한계 값은 수소 4.0vol.%, 메탄 5.0vol.%, 벤젠 1.4vol.%임).

① 1.19
② 2.19
③ 3.19
④ 4.19

해설

혼합가스의 폭발하한계(L)는 르샤틀리에(Le Chatelier) 공식을 이용하여 구할 수 있다.

$$\frac{100}{L} = \frac{V_1}{L_1} + \frac{V_2}{L_2} + \frac{V_3}{L_3} + \cdots$$

V_1에 60, L_1에 4.0, V_2에 10, L_2에 5.0, V_3에 20, L_3에 1.4를 대입하면

$$\frac{100}{L} = \frac{60}{4} + \frac{10}{5} + \frac{20}{1.4} \fallingdotseq 31.28$$

L ≒ 100/31.28

∴ L ≒ 3.19

따라서 보기에서 제시된 혼합가스의 공기 중 폭발하한계 값은 약 3.19vol.%이다.

20 ① 21 ③ 정답

4과목

연구실 기계·물리 안전관리

기계 안전관리 일반

1 연구실 기계사고

(1) 연구실 기계사고 원인

① 기계 자체가 실험용, 개발용으로 제작되어 안전성이 떨어짐
② 기계의 사용 방식이 자주 바뀌거나 사용하는 시간이 짧음
③ 기계의 사용자가 경험과 기술이 부족한 학생임
④ 기계의 담당자가 자주 바뀌어 기술 축적이 어려움
⑤ 연구실 환경이 복잡하며 여러 가지 기계가 함께 보관됨
⑥ 기계 자체의 결함으로 인해 사고가 발생할 수 있음
⑧ 방호장치의 고장, 미설치 등으로 인해 사고가 발생할 수 있음
⑨ 보호구를 착용하지 않고 설비를 사용하여 사고가 발생할 수 있음

(2) 기계사고 발생 시 조치순서

① **기계정지** : 사고가 발생한 기계 · 기구 · 설비 등의 운전을 중지
② **사고자 구조** : 사고자를 구출
③ **사고자 응급처치** : 사고자에 대하여 응급처치(지혈, 인공호흡 등)를 하고, 즉시 병원으로 이송
④ **관계자 통보** : 기타 관계자에게 연락하고 보고
⑤ **2차 재해 방지** : 폭발이나 화재의 경우에는 소화 활동을 개시함과 동시에 2차 재해의 확산 방지에 노력하고 현장에서 다른 연구활동종사자를 대피시킴
⑥ **현장보존** : 사고원인 조사에 대비하여 현장을 보존

2 응력과 변형율

(1) 응력(Stress)

① 하중(p)이 외부에서 가해지는 힘이라면 응력은 그 힘에 대하여 내부에서 견딜 수 있는 힘
② 시그마로 표현하며 그 단위는 cm^2당 견디는 힘으로 표현, $\sigma = p/A$이며, 단위는 kg/cm^2

(2) 변 형

① 철강은 탄성한계 전까지의 외력은 외력이 사라지고 나면 제자리로 돌아올 수 있지만, 탄성한계 이상으로 견딜 수 없는 힘이 외부에서 가해지면 변형을 일으킴

② 철강은 비례한도라 불리는 응력값까지의 변형률과 응력이 직선적 관계를 유지함

③ 이 직선의 기울기를 탄성계수라 하며, 탄성한계 이내에서 외력을 제거하면 모양이 복원됨

④ 탄성한계 이상으로 항복점을 넘는 외력을 가하면 재료는 영구변형을 일으킴

⑤ 소성변형을 일으킨 재료에 계속 힘을 가하면 재료가 견딜 수 있는 최대강도에 도달하며 이 값을 극한 응력이라 함

⑥ 재료가 최대강도를 넘어서면 외력을 줄여도 계속하여 늘어나는 현상이 발생하며 재료가 파단되는 파단점에서의 응력은 최고점보다 작음

⑦ **응력과 변형률의 관계** 22 기출

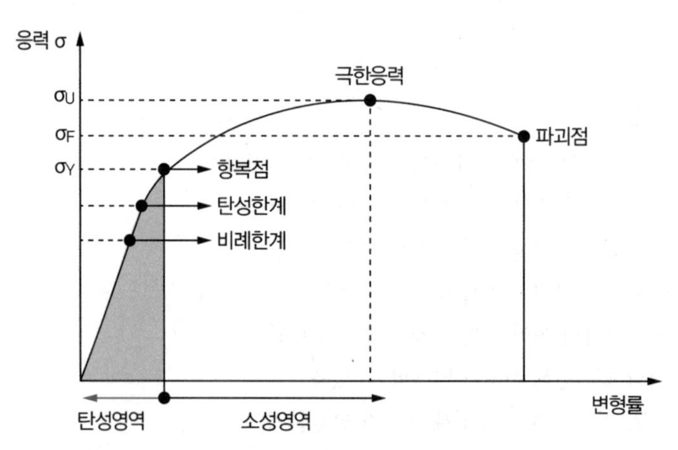

㉠ 비례한계 : 응력과 변형율이 비례하는 구간, 후크의 법칙이 성립

㉡ 탄성한계 : 탄성제거 시 변형이 제거되고 원상복원되는 구간

㉢ 상항복점 : 하중의 증가 없이도 재료의 신장이 발생하는 응력이 최대인 점의 항복점

㉣ 하항복점 : 상항복점보다 낮은 응력으로도 변형이 진행되는 점

㉤ 인장강도(극한강도) : 재료가 파단 전 발생하는 가장 높은 응력

㉥ 파괴점 : 재료가 파단되기까지의 응력

(3) 허용응력

① 기계나 구조물에 사용되는 재료의 최대응력은 영구변형이 발생하지 않는 탄성한도 이하여야만 함

② 기계의 운전이나 구조물의 작용이 실제적으로 안전한 범위 내에서 작용하고 있는 응력은 사용응력, 재료를 사용하는 데 허용할 수 있는 최대 응력은 허용응력이라고 함

③ 안전을 위해 사용응력은 허용응력보다 작아야 함

④ 허용응력은 안전율로 정하며, 안전율은 기준강도로 정함

(4) 사용응력

① 구조물과 기계 등에 실제로 사용되었을 경우 발생하는 응력

② 사용응력은 허용응력 및 탄성한도 내에 있어야 함(탄성한도 > 허용응력 > 사용응력)

③ 설계 할 때 충격하중, 반복하중, 압축응력, 인장응력 등 각종 요인을 고려하여 실제로 발생될 응력을 산출한 후 충분히 안전하도록 재료를 선택하고 부재 크기 등을 정해야 함

(5) 기준강도

① 재료에 대해 강도적으로 손상을 준다고 인정되는 응력

② 어떤 재료가 강도적으로 안전하기 위해서는 '기준강도 > 허용응력 > 사용응력'이 되어야 함

③ 재료에 손상을 주는 응력인 기준강도는 재료마다 모두 다르고, 사용환경에 따라 다름

④ 재료별 기준강도

㉠ 연강과 같은 연성재료는 항복점을 기준강도로 함

㉡ 주철과 같은 취성재료는 극한강도를 기준강도로 함

㉢ 반복하중이 존재하는 경우 피로강도를 기준강도로 함

㉣ 고온에서 정하중이 존재하는 경우 Creep한도를 기준강도로 함

㉤ 좌굴이 발생하는 장주에서는 좌굴응력을 기준강도로 함

(6) 안전율

① 고장이나 파손 없이 안전하게 사용할 수 있도록 정한 기준강도와 허용응력의 비율

② 안전율은 응력계산 및 재료의 불균질 등에 대한 부정확을 보충하고 각 부분의 불충분한 안전율과 더불어 경제적 치수결정에 대단히 중요함

③ 안전율 = 기준강도 ÷ 허용응력

(7) 안전율의 선정 22 기출

① **하중견적의 정확도** : 관성력, 잔류응력이 존재하는 경우 부정확을 보완하기 위해 안전율을 크게 잡음

② **응력계산의 정확도** : 정확한 응력계산이 어려운 형상이 복잡한 것, 응력의 작용상태가 복잡한 것은 안전율을 크게 잡음

③ **재료 및 균질성에 대한 신뢰도** : 연성재료는 내부결함에 대한 영향이 취성재료에 비해 작고, 탄성파손 개시 후에도 파괴가 수반되지 않기에 신뢰도가 높아 안전율을 작게 잡음

④ **불연속부분** : 불연속부분이 있으면 그 부분에 응력집중이 생기므로 안전율을 크게 잡음

⑤ **예측할 수 없는 변화** : 사용수명 중에는 특정부분의 마모, 온도변화의 가능성이 생길 수 있어 안전율을 고려해서 설계함

⑥ **공작의 정도** : 공작의 정도, 다듬질면, 조립의 양부 등이 기계수명을 좌우하는 인자가 되므로 설계 시 공작의 정도에 대한 안전율을 고려해야 함

⑦ **응력의 종류 및 성질** : 응력의 종류 및 성질에 따라 안전율을 다르게 적용함

(8) 소음관리

① 소 음 22 기출

㉠ 인간의 가청주파수는 20~20,000Hz

㉡ 인간의 가청음압 범위는 0.00002~20N/m^2(0~120dB)로, 음압이 20N/m^2 이상이 되면 귀에 통증

㉢ 음압수준은 어떤 음의 음압과 기준 음압(20μPa)의 비율을 상용로그의 20배로 나타낸 단위(dB)로 SPL(Sound Pressure Level)로 표현함

㉣ SPL(dB) = $10\log_{10}(P/P_0)^2$, 여기서 P은 측정 하고자 하는 음압, P_0는 기준음압(20μN/m^2)

4과목

② 대 책

소음원 대책	전파경로 대책	수음측 대책
• 소음의 제거 : 가장 효과적이고 적극적인 대책 • 음향적 설계 – 진동시스템의 에너지를 줄임 – 에너지와 소음발산 시스템과의 조합을 줄임 – 구조를 바꿔서 적은 소음이 노출되게 함 • 저소음 기계로 교체 • 작업방법의 변경 • 소음 발생원의 유속저감, 마찰력감소, 충돌방지, 공명방지 • 급 · 배기구에 팽창형 소음기 설치 • 흡음재로 소음원 밀폐 • 방진재를 통한 진동감소 • 밸런싱을 통해 구동부품의 불균형에 의한 소음 감소 • 능동제어 : 감쇠대상의 음파와 동위상인 신호를 보내어 음파 간에 간섭현상을 일으켜 소음을 저감	• 근로자와 소음원과의 거리를 멀게 함 • 천정, 벽, 바닥이 소음을 흡수하고 반향을 줄임 • 기전파경로와 고체전파경로상에 흡음장치, 차음장치를 설치, 진동전파경로는 절연 • 소음원을 밀폐, 소음원과 인접한 벽체에 차음성을 높임 • 차음벽을 설치 • 차음상자로 소음원을 격리 • 고소음장비에 소음기 설치 • 공조덕트에 흡 · 차음제를 부착한 소음기 부착 • 소음장비의 탄성지지로 구조물로 전달되는 에너지양 감소	• 건물 내외부 차음성능을 높임 • 작업자측을 밀폐 • 작업시간을 변경 • 교대근무를 통해 소음노출시간을 줄임 • 개인보호구를 착용(적합하지 않은 방법으로 최후수단으로 사용해야 함)

③ **소음관리 대책 적용순서 :** 소음원의 제거 → 소음의 차단 → 소음수준의 저감 → 개인보호구 착용

3 연구실 기계안전수칙

(1) 기본수칙

① 혼자 실험하지 않을 것

② 기계를 작동시킨 채 자리를 비우지 않을 것

③ 안전한 사용법 및 안전관리 매뉴얼을 숙지한 후 사용해야 함

④ 보호구를 올바로 착용

⑤ 기계에 적합한 방호장치가 설치되어 있고 작동이 유효한지 확인

⑥ 기계에 이상이 없는지 수시로 확인

⑦ 기계, 공구 등을 제조 당시의 목적 외의 용도로 사용해서는 안 됨

⑧ 피곤할 때는 휴식을 취하며 바른 작업자세로 주기적인 스트레칭 실시

⑨ 실험 전 안전 점검, 실험 후 정리 정돈 실시

⑩ 안전 통로 확보

(2) 정리정돈

① 3정 5S운동

3정	정 품	정해진 제품을 정하고, 보관하는 방법을 결정하여 물건의 품명을 표시하는 것
	정 량	보관 품목의 사용상태를 파악하여 정해진 최대 · 최소양을 표시하는 것
	정위치	보관 위치를 결정하여 품목을 정해진 장소에 명확히 하는 것
5S	정 리	필요한 것과 불필요한 것을 구분하여 불필요한 것을 버리는 것
	정 돈	필요한 것을 누구라도 항상 꺼낼 수 있도록 하는 것
	청 소	눈으로 보거나 만져 보아도 깨끗하게 하는 것
	청 결	정리, 정돈, 청소, 상태를 계속 유지 또는 개선하는 것
	습관화	결정된 규정, 규칙을 지속적으로 실시하는 것

② 정리정돈 상태가 불량하면 불안전한 상태가 발생하여 불안전한 행동으로 이어지기 쉬우며, 이는 각종 사고가 발생하는 원인이 됨

작업환경	정리 · 정돈 · 청소 상태가 불량하면 각종 사고와 질병을 초래
유해위험물질	유해가스 · 유기용제 등을 사용하는 장소에서는 착각 · 오조작, 용기의 넘어짐, 파손 등에 의하여 내용물의 유출, 증발하여 화재, 폭발 등 사고 초래
기계 설비의 고장과 트러블	정리 · 정돈 · 청소가 불량하면 찌꺼기, 쓰레기, 먼지 때문에 기계 설비가 마모되어 정밀도가 저하되며 수명이 짧아지고 고장 · 트러블 발생
불명확한 표지, 표시와 사고	정리 · 정돈 · 청소의 불량은 안전 보건, 사고 예방 관계의 표지 또는 표시, 기계의 조작 계통의 표시 등을 식별하기 어렵게 하며 불안전한 상태, 오조작, 오판단을 초래하기 쉬우므로 중대한 사고와 재해의 원인이 됨

③ 기계설비의 정리정돈 [22] 기출

날카로운 모서리	공구 및 기계장치의 날카로운 모서리 등은 위험을 초래하지 않도록 관리
구동부의 주변	공작기계의 구동부를 불안전한 상태로 방치하는 것은 위험함
연구활동 종사자의 주위와 바닥 위	연구활동종사자의 주위나 작업대는 정리 · 정돈 · 청소상태가 불량하기 쉬우며 원자재나 치공구, 연장코드 호스, 실험용구 등이 불안전한 상태에 놓일 때가 많음
기계와 그 근처의 장소	절삭유의 비산, 절삭부에서 발생하는 흄, 기름 누출, 누수 등으로 기계 자체가 더러워지며 주위가 지저분하게 됨

(3) 보호구 착용

① 사고를 예방하고 사고 발생 시 피해를 최소화하기 위한 기본용구로, 방호에 적합한 제품을 선택해 바르게 사용해야 함

② 보호구의 구비조건

㉠ 착용이 간편해야 함

㉡ 작업에 방해가 되지 않아야 함

㉢ 재료의 품질이 양호해야 함

㉣ 구조와 끝마무리가 양호해야 함

㉤ 외양과 외관이 양호해야 함

4과목

ⓑ 유해 · 위험요소에 대한 방호성능이 충분해야 함
ⓢ 보호구를 착용하고 벗을 때 수월해야 하고, 착용했을 때 구속감이 적고 고통이 없어야 함
ⓞ 예측할 수 있는 유해위험요소로부터 충분히 보호될 수 있는 성능을 갖추어야 함
ⓙ 충분한 강도와 내구성이 있어야 하며 표면 등의 끝마무리가 잘 되어서 이로 인한 상처 등을 유발 시키지 않아야 함

③ 안전인증대상 보호구(12종)

보호구	설 명
추락 및 감전 위험방지용 안전모	• 물체의 낙하 · 비래 및 추락에 따른 위험을 방지 또는 경감하거나 감전에 의한 위험을 방지하기 위하여 사용하는 안전모. 다만 물체의 낙하 · 비래에 의한 위험만을 방지 또는 경감하기 위해 사용하는 안전모는 제외
안전화	• 물체의 낙하 · 충격 또는 날카로운 물체에 의한 위험으로부터 발 또는 발등을 보호하거나 물 · 기름 · 화학약품 등으로부터 발을 보호하기 위하여 사용하는 안전화 • 전기로 인한 감전 또는 정전기의 인체대전을 방지하기 위하여 사용하는 안전화
안전장갑	• 전기에 의한 감전을 방지하기 위한 내전압용 안전장갑 • 액체상태의 유기화합물이 피부를 통하여 인체에 흡수되는 것을 방지하기 위하여 사용하는 유기화합물용 안전장갑
방진마스크	• 분진, 미스트 또는 흄이 호흡기를 통하여 체내에 유입되는 것을 방지하기 위하여 사용되는 방진마스크
방독마스크	• 유해물질 등에 노출되는 것을 막기 위하여 착용하는 방독마스크
송기마스크	• 산소결핍장소 또는 가스 · 증기 · 분진 흡입 등에 의한 근로자의 건강장해 예방을 위해 사용하는 송기마스크
전동식 호흡보호구	• 분진 또는 유해물질이 호흡기를 통하여 체내에 유입되는 것을 방지하기 위하여 착용하는 전동식 호흡용 보호구

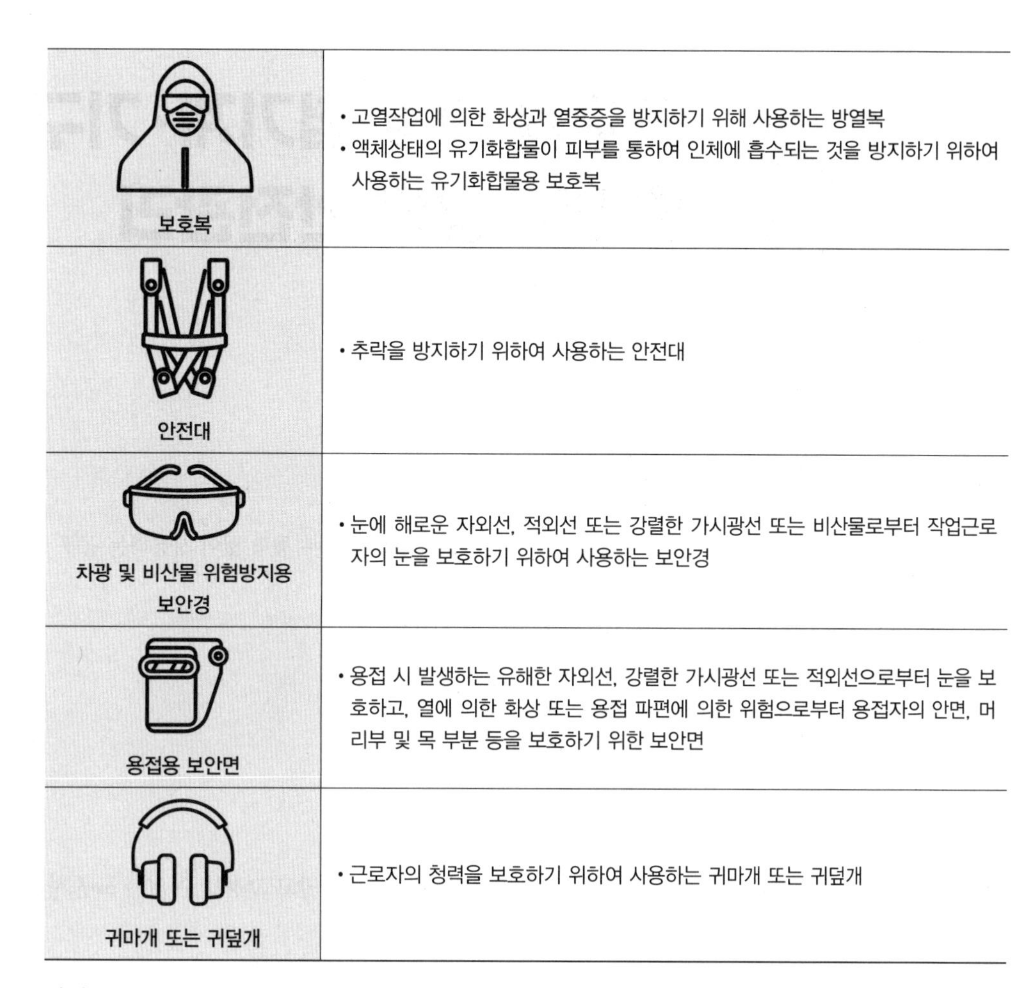

보호복	• 고열작업에 의한 화상과 열중증을 방지하기 위해 사용하는 방열복 • 액체상태의 유기화합물이 피부를 통하여 인체에 흡수되는 것을 방지하기 위하여 사용하는 유기화합물용 보호복
안전대	• 추락을 방지하기 위하여 사용하는 안전대
차광 및 비산물 위험방지용 보안경	• 눈에 해로운 자외선, 적외선 또는 강렬한 가시광선 또는 비산물로부터 작업근로자의 눈을 보호하기 위하여 사용하는 보안경
용접용 보안면	• 용접 시 발생하는 유해한 자외선, 강렬한 가시광선 또는 적외선으로부터 눈을 보호하고, 열에 의한 화상 또는 용접 파편에 의한 위험으로부터 용접자의 안면, 머리부 및 목 부분 등을 보호하기 위한 보안면
귀마개 또는 귀덮개	• 근로자의 청력을 보호하기 위하여 사용하는 귀마개 또는 귀덮개

④ 방진마스크의 구비조건 22 기출

㉠ 안면에 밀착하는 부분은 피부에 장해를 주지 않을 것

㉡ 여과재는 여과성능이 우수하고 인체에 장해를 주지 않을 것

㉢ 방진마스크에 사용하는 금속부품은 내식성이 있을 것

㉣ 충격 시 마찰스파크가 발생되어 가연성 혼합물을 점화시킬 수 있는 알루미늄, 마그네슘, 티타늄 또는 이의 합금을 사용하지 말 것

CHAPTER 02

연구실 내 위험기계·기구 및 연구장비 안전관리

1 공구 및 기계

(1) 수공구

① 해머, 정, 펜치(Pincers), 렌치, 드라이버, 스패너, 리머, 탭 등 외부 동력 없이 사용하는 공구

② 수공구 안전

㉠ 수공구는 사용 전에 깨끗이 청소하고 점검한 다음 사용

㉡ 전과 끌 같은 기구는 때리는 부분이 버섯모양 같이 되면 교체

㉢ 자루가 망가지거나 헐거우면 바꾸어 끼우도록 함

㉣ 수공구는 사용 후 반드시 전용 보관함에 보관

㉤ 끝이 예리한 수공구는 덮개나 칼집에 넣어 보관 이동

㉥ 파편이 튈 위험이 있는 실험에는 보안경 착용

㉦ 망치 등으로 때려서 사용하는 수공구는 손으로 수공구를 잡지 말고 고정할 수 있는 도구 사용

㉧ 각 수공구는 일정한 용도 이외에는 사용하지 않도록 함

㉨ 수공구를 던지지 않음

(2) 동력공구

① 드릴, 동력톱, 전동드라이버 등 동력을 이용하여 사용하는 공구

② 동력공구 안전

㉠ 동력공구는 사용 전에 깨끗이 청소하고 점검한 다음 사용

㉡ 실험에 적합한 동력공구를 사용하고 사용하기 적당한 상태 유지

㉢ 전기로 동력공구를 사용할 때에는 누전차단기에 접속하여 사용

㉣ 스파크 등이 발생할 수 있는 실험 시에는 주변의 인화성 물질을 제거한 후 실험 실시

㉤ 전선의 피복이 손상된 부분이 없는지 사용 전 확인

㉥ 철제 외함 구조로 된 동력공구 사용 시 손으로 잡는 부분은 절연 조치를 하고 사용하거나 이중절연구조로 된 동력공구 사용

㉦ 동력공구를 착용한 채로 이동하지 않음

㉧ 동력공구 사용자는 보안경, 장갑 등 개인보호구를 반드시 착용

㉨ 동력공구는 사용 후 반드시 지정된 장소에 보관

㉩ 사용할 수 없는 동력공구는 꼬리표를 부착하고 수리된 후 사용

(3) 공작기계(가공기계)

① 프레스, 절삭기(선반, 밀링 등), 연삭기(그라인더) 등 재료를 가공 · 성형하기 위한 기계

② 산업현장에서도 많이 이용되며 사고 발생 시 피해가 큼

(4) 시험 및 분석 장비

① 시험품의 성능 측정을 위하여 이용하는 장비로 완제품을 구매하는 경우도 있으나 연구실에서 직접 설계하여 사용하기도 함

② 회전기계 : 펌프, 압축기 등

③ 고정기계 : 압력용기, 열교환기, 밸브 등 기계 자체의 작동이 없는 기계

(5) 기타기계

① 광학기계 : 레이저나 UV 광원을 이용하여 측정, 가공 등 작업 수행

② 운반용 기계 : 리프트, 천장크레인 등

2 기계의 위험요인 및 방호 장치

(1) 기계의 위험요인

① 기계는 원동기, 동력전달장치, 작업점 및 부속장치 등으로 구성됨

② 운동하고 있는 기계의 작업점(Operational Point)은 큰 힘을 가지고 있음

③ 작업점은 공작물 가공을 위해 공구가 회전운동이나 왕복운동을 함으로써 이루어지는 지점으로 각종 위험점을 만들어냄

(2) 기계의 위험요인(6가지 위험점)

구분	내용
회전말림점 (Trapping Point)	• 드릴, 회전축 등과 같이 회전하는 부위로 인해 발생하는 위험점 • 회전하는 물체의 튀어나온 부위에는 장갑, 작업복, 머리카락 등이 말려들어갈 위험이 존재
접선물림점 (Tangential Nip Point)	• 풀리와 벨트사이에서 발생하는 회전하는 부분에 접선으로 물려 들어가는 위험점 • 체인과 스프로킷 사이 피니언과 랙에서도 생김
절단점 (Cutting Point)	• 회전하는 운동부분 자체, 운동하는 기계부분의 돌출부에 존재하는 위험점 • 밀링커터, 띠톱이나 둥근톱 톱날, 벨트의 이음새 부분에 생김
물림점 (Nip Point)	• 서로 맞대어 회전하는 회전체에 의해서 만들어지는 위험점 • 2개의 회전체가 서로 반대 방향으로 맞물려 회전하는 롤러기가 이에 해당함
협착점 (Squeeze Point)	• 왕복운동하는 동작 부분과 고정 부분 사이에 형성되는 위험점 • 단조해머, 프레스 등에서 발생함
끼임점 (Shear Point)	• 회전하는 동작 부분과 고정 부분 사이에 형성되는 위험점 • 교반기 날개와 용기 몸체 사이, 반복작동하는 링크기구 등에서 생김

(3) 방호장치의 분류

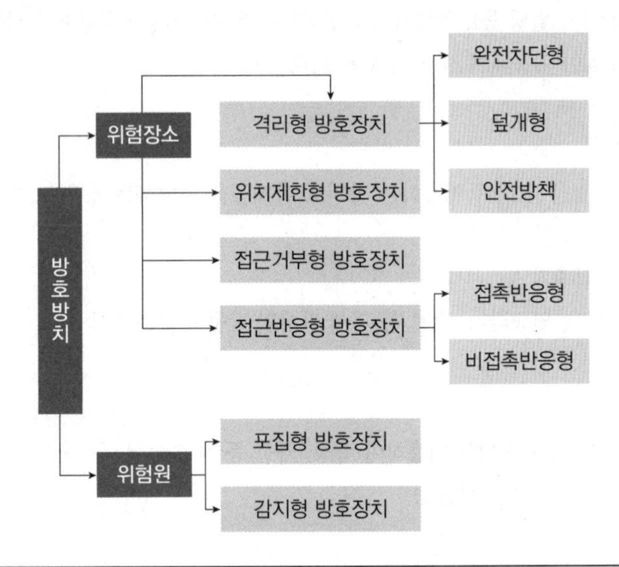

격리형(Guards)	위험점에 작업자가 접근하여 일어날 수 있는 재해를 방지하기 위해 차단벽이나 망을 설치함(방책)
위치제한형	위험점에 접근하지 못하도록 안전거리를 확보하여 작업자를 보호(양수조작식 프레스)
접근 거부형 (Pull Back/Out Device)	위험점에 접근하면 위험 부위로부터 강제로 밀어냄(손쳐내기식 프레스)
접근 반응형 (Psd ; Presence Sensing Device)	위험점에 접근했을 때 센서가 작동하여 기계를 정지시킴(광전자식 프레스)
감지형	이상온도, 이상압력, 과부하 등 기계설비의 부하가 한계치를 초과하는 경우 이를 감지하여 설비작동을 중지시킴
포집형	위험장소의 방호가 아니라 위험원에 대한 방호(연삭숫돌의 포집장치)

(4) Fool Proof 22 기출

인간이 실수를 범하여도 안전장치가 설치되어 있어 사고나 재해로 연결되지 않도록 하는 기능

예 세탁기의 뚜껑을 열면 운전이 정지, 손이 금형 사이로 들어가면 프레스가 자동으로 정지

(5) Fail Safe

① 기계나 부품에 고장이나 기능불량이 생겨도 항상 안전하게 작동하는 기능

예 증기보일러의 안전변을 복수로 설치하는 것, 석유난로가 일정 각도 이상으로 기울어지면 자동으로 불이 꺼지도록 소화기능 내장된 것

② Fail Safe의 기능면 3단계 22 기출

㉠ Fail Passive : 부품이 고장나면 통상 기계는 정지

㉡ Fail Active : 부품이 고장나면 기계는 경보를 울리는 가운데 짧은 시간동안 운전가능

㉢ Fail Operational : 부품의 고장이 있어도 기계는 추후 보수가 될 때까지 안전한 기능 유지, 병렬계통 또는 대기여분계통으로 해결

③ 구조적 Fail Safe

㉠ 다경로 하중구조 : 하중을 받아주는 부재가 여러개 있어 일부 파괴되어도 나머지 부재가 지탱

㉡ 분할구조 : 한 개의 큰 부재가 통상 점유하는 장소를 2개 이상의 부재를 조합시켜 하중을 분산 전달하는 구조

㉢ 교대구조 : 어떤 부재가 파괴되면 그 부재가 받던 하중을 다른 부재가 떠받는 구조

㉣ 하중경감구조 : 구조물이 일부가 파손되면 파손부의 하중이 다른 부분으로 옮겨가 하중이 경감되어 파괴되지 않는 구조

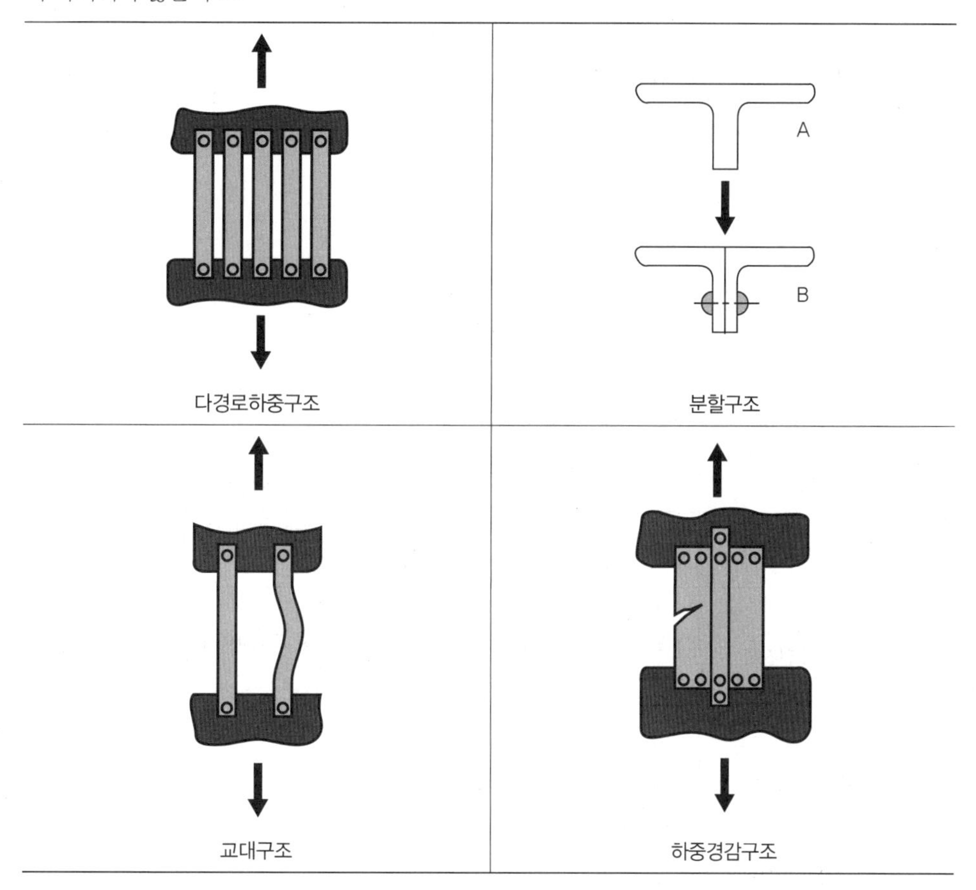

(6) Temper Proof

① 고의로 안전장치를 제거하는 것에 대비한 예방설계방법으로 위험설비의 안전장치를 제거하는 경우 제품이 작동하지 않게 하는 기능

② 장치 작동이 간섭(Temper)하는 것을 방지(Proof), 부당하게 변경하는 것을 방지, 임의로 변경하는 것을 금지하는 기능 등이 있음

(7) 비파괴검사 22 기출

① **방사선 투과검사(Radiographic Test)** : 방사선을 시험체에 투과시켜 필름에 상을 형성함으로써 시험체 내부의 결함을 검출하는 검사

② **염색침투 탐상검사(Penetrant Test)** : 모세관의 원리를 이용하여 표면에 있는 미세균열을 검출하는 검사

③ **초음파탐상검사(Ultrasonic Test)** : 시험체 내부에 초음파를 쏘면 결함이 있는 부위에서 초음파가 반사되어 돌아오는 원리를 이용한 검사

④ **자분탐상검사(Magnetic Test)** : 강자성체를 자화했을 때 결함이 있으면 자속선에 누설자속이 나타나는 원리를 이용한 검사

⑤ **와류탐상검사(Eddy Current Test)** : 금속시험체에 교류코일을 접근시키면 결함이 있는 부위에서 유기되는 전압이나 전류가 변하는 현상을 이용한 검사

⑥ **음향탐상검사(Acoustic Emission Test)** : 재료 변형 시 외부응력이나 내부의 변형과정에서 방출되는 낮은 응력파를 감지하여 공학적으로 이용하는 검사

3 기계설비의 안전관리

(1) 기계설비의 안전조건

외형의 안전화	• 재해예방을 위한 기본적인 안전조건 • 외관에 위험부위 즉 돌출부나 예리한 부위가 없어야 함 • 동력전달부는 방호되어야 함 • 비산하는 철분 등은 덮개로 방호되어야 함 • 기계 내외의 운동부위에 대해 안전공간이 마련되어야 함
기능상의 안전화	• 기계설비의 오동작, 고장 등 이상 발생 시 안전이 확보되어야 함 • Fail Safe 기능, Fool Proof 기능이 있어야 함
구조상의 안전화	• 재질결함, 설계결함, 가공결함에 유의해야 함 • 설계 시에는 응력설정을 정확히 하고 안전율을 고려해야 함 • 재료의 불균일에 대한 신뢰성을 확보해야 함 • 사용환경을 고려해야 함
작업의 안전화	• 인간의 생리적, 심리적 특성을 고려 • 인간공학적 작업환경 조성 • 안전작업설계
작업점의 안전화	• 작업점에 방호장치 설치 • 위험점에는 자동제어, 원격장치설치
보전작업의 안전화	• 기계제작 시 보전을 전제로 설계 • 방호장치해체 시 위험성이 증가되지 않도록 함 • 보수용통로와 작업공간 확보 • 고장발견 및 점검이 용이하게 함 • 부품의 교환 및 점검이 용이하게 함 • 주유방법을 용이하게 함 • 내마모성, 내온도성 등 작업환경에 적응성이 있어야 함

(2) 수공구 및 동력공구의 안전대책

종 류	안전대책
망 치	• 보안경 및 안면 보호구를 착용 • 맞는 공구의 표면보다 약 2.54㎝(1inch) 더 큰 직경의 내리치는 표면이 있는 망치 선택 • 망치의 내리치는 표면이 맞는 표면에 평행하도록 망치를 수직으로 내리치고, 빗나가는 내리침을 항상 피하도록 주의 • 손잡이가 헐겁거나 파손된 망치의 사용 금지 • 금이 가고, 부러지고, 쪼개지고, 모서리가 날카롭거나 망치머리에 헐겁게 끼워진 조잡한 손잡이의 사용 금지 • 파인 곳, 이가 빠진 자리, 버섯 모양으로 퍼진 형태 또는 지나치게 마모된 비정상적인 망치머리의 사용 금지 • 손목을 똑바로 하고 손잡이를 둘러싼 채로 망치를 쥐고 사용 • 망치는 사용 전에 쐐기가 잘 박혀 있는지, 자루는 튼튼한지 등을 점검하고 망치의 손잡이 끝부분을 맨손으로 잡고 실시
줄	• 보안경 및 안면 보호구 착용 • 작업에 적합한 크기의 줄 사용 • 날카로운 모서리가 없고 줄에 단단하게 부착된 매끈한 손잡이가 있는 줄 선택 • 손잡이에 마디, 적쇠, 못, 나사 등의 이물질 유무 점검 • 손잡이 고정 후 사용 • 자신의 몸으로부터 먼 방향으로 깎거나 자르는 작업 방법 준수 • 손과 몸을 끌의 자르는 면 뒤쪽에 두고 작업 실시 • 줄의 절단면에 플라스틱 보호뚜껑을 씌워 안전하게 보관 • 구부러지거나 파인 것, 금이 간 것, 이가 빠진 자리가 있거나 지나치게 마모된 비정상적인 줄 교체 • 줄을 정해진 서랍이나 상자 안에 보관 • 부러지거나 쪼개진 손잡이 교체 • 줄을 단단하게 쥐고 사용 • 목공용 줄을 지레나 쐐기로 사용 금지 • 버섯 모양으로 퍼진 표면이나 이 빠진 모서리의 강철 줄의 사용 금지
렌 치	• 보안경 및 안면 보호구를 착용하고, 렌치가 미끄러지지 않도록 올바르게 잡고 사용 • 조(Jaw)를 정확히 조여 사용, 렌치의 조정 조(Jaw)를 앞으로 향하게 하고 사용 • 렌치를 돌려서 압력이 영구턱과 반대가 되게 사용하고, 적당한 자세를 잡고 충분한 힘을 가하면서 밀지 않고 당겨서 작업 실시, 렌치를 머리 위로 올릴 때는 옆에 서서 작업 실시 • 모든 지레 작용 공구들은 사용 중 정확히 조정된 상태로 유지 • 공구와 렌치는 사용 후 깨끗이 청소한 후 공구 상자, 선반 또는 공구 걸이 등의 제자리에 보관 • 렌치는 제 규격의 것을 정확하게 사용 너트나 볼트에는 파이프렌치 사용 금지, 기계 작동 중 렌치 사용 금지 • 사용 전 조, 핀 등이 마모되지 않았는지 점검하고, 마모된 렌치 사용 금지 • 렌치 대신 플라이어를 사용하는 등 용도에 맞지 않는 공구 사용 금지 • 꼭 맞게 하기 위해 렌치 홈에 쐐기를 넣지 않고 작업 실시 • 많은 힘을 얻기 위해 망치 등으로 렌치를 두드려서 사용 금지 • 공구에 파이프 등을 끼워 공구 길이를 길게 하여 지렛대 작용을 증가시켜 사용 금지

드라이버	• 손에서 공구가 미끄러지지 않게 생크를 플랜지로 꽉 조임 • 전동 드라이버는 손잡이가 생크와 직각인 것을 선택 • 기름이 묻은 손잡이는 사고를 유발할 수 있으니 드라이버 손잡이를 청결하게 유지 • 전기작업을 할 때는 절연 손잡이로 된 드라이버 사용 • 드라이버를 머리 위에서 사용 시에는 보안경, 안전모 착용 • 손이 잘 닿지 않고 불편한 곳에서 나사를 돌리기 시작할 때는 나사가 붙는 드라이버 사용 • 일반적인 드라이버가 사용될 수 없는 좁은 지역에서는 오프셋 스크류 드라이버 사용 • 드라이버의 끝은 완전한 직사각형 모양 유지 • 둥글게 된 끝은 가장자리가 일직선이 되도록 유지 • 사용 시 알맞은 드라이버를 바로 선택할 수 있도록 공구걸이나 구분된 칸에 드라이버 보관 • 드라이버로 연속작업을 할 때는 다음 사양들을 갖춘 드라이버 사용 – 곧은 자세로 작업을 할 수 있는 공구의 형태를 선택할 것 – 공구를 앞으로 밀 때 나사부가 회전하는 구조일 것 – 돌리기 힘든 나사를 효율적으로 돌릴 수 있는 래칫 장치일 것
쇠 톱	• 공작물의 종류에 따라 정확한 날 선택 • 톱니가 앞쪽으로 된 날 사용 • 톱질을 할 때는 날 전체 길이 사용 • 힘 있고 꾸준한 반복동작으로 똑바로 톱질 실시 • 톱날을 꼭 고정시키고, 톱대는 반듯하게 직선이 되게 톱질 실시 • 얇고 평평한 조각들의 모서리를 자를 때는 자재를 단단히 고정 후 톱질 실시 • 톱날은 깨끗하고 가볍게 기름 친 상태로 보관 • 날이 과열되고 부러지지 않도록 날 위에 농도가 옅은 기계오일을 뿌려 사용 • 톱질 시 발생되는 분진 등에 의한 건강장해를 예방하기 위해 방진마스크 착용 • 반복적인 동작, 불편한 자세, 무리한 힘의 사용 등에 의한 근골격계 질환 예방을 위해 작업 전 · 후 손목, 어깨의 근육피로 등을 풀어줄 수 있는 스트레칭 실시 • 톱질 전 톱날의 균열 등 손상유무 확인 후 톱질 실시 • 톱질 시 손으로 자재를 잡지 말고 바이스 등으로 고정 후 톱질 실시
정	• 작업 시 보안경 및 안면보호구를 착용 • 정의 자루 위에 스펀지 고무로 된 보호물을 씌워 손 보호 • 자르기 · 깎기 작업을 위해 절삭날의 사면을 자르거나 깎는 면에 대해 평평하게 되는 각도로 정을 잡고 사용 • 결이 거칠거나 버섯 모양으로 퍼진 머리를 한 타격용 공구들을 교정 • 구부러지고 금이 가거나 이가 빠진 공구들 폐기 • 예리하고 볼록한 절삭날로 선단이나 절삭날을 원래 형태로 교정 • 열이 발생되면 경도를 저하시킬 수 있으므로 정을 갈 때는 주기적으로 찬물에 담그며, 너무 많은 압력을 가하지 않도록 함 • 깍인 조각이 다른 종사자에게 튀지 않도록 비산방지 조치 실시 • 장시간 망치로 정을 치는 작업으로 인해 관절에 충격을 줄 수 있으므로 무리한 작업 자제 • 한 작업자가 큰 정을 쥐고 다른 작업자가 내리치게 하지 않도록 하고, 정을 안내하는 집게나 정고정기를 이용하여 정을 잡는 사람의 손이 다치지 않도록 작업

바이스	• 보안경 및 안면 보호구 착용 • 바이스 바닥의 모든 구멍에 볼트를 박아 바이스를 단단하게 고정하여 설치 • 고정조가 작업대 모서리보다 약간 앞으로 나오도록 바이스 장착 • 공작물을 변형시키지 않고 고정시킬 수 있는 충분한 크기의 바이스 사용 • 진동을 방지하기 위해 최대한 조에 가깝게 공작물을 바이스에 고정 • 모든 나사 부분과 작동 부위를 깨끗이 하고 기름을 쳐서 칩과 먼지가 없게 유지 • 공작물을 손상시킬 수 있는 바이스에서는 조 보호판을 사용 • 구부러진 손잡이와 마모된 조 보호판을 교체 • 가벼운 바이스에서 무거운 봉을 굽히는 용도로 사용 금지 • 바이스 조의 한쪽 모서리에 과도한 힘을 가하지 않도록 사용 • 바이스를 꼭 조이기 위해 손잡이를 길게 하여 사용 금지 • 바이스 조를 가공용 받침대로 사용 금지 • 손의 힘을 초과해서 조이기 위해 손잡이를 망치로 두드려 사용 금지 • 바이스에 미세한 금이 가는 등 손상이 있을 시 사용 금지 • 용접이나 납땜으로 바이스를 수리하지 말고 교체하여 사용
전동드릴	• 가공 작업 시 공작물을 클램프 등을 이용해 단단히 고정 • 작업 시 누전에 의한 감전 예방을 위해 누전차단기 설치 및 접속 • 작업 전 공구의 외함, 전선 피복 등의 손상유무 확인 후 작업 실시 • 절삭 작업 시 불티가 비산하는 방향을 확인하여 비산방지조치 실시(차단판 등의 설치) • 소음, 분진 등에 의한 건강 장해 예방을 위해 반드시 귀마개, 보안경 및 방진 마스크를 착용 후 작업 실시 • 무리한 동작, 불편한 작업 자세로 인한 근골격계 질환 예방을 위해 작업 전 · 중 · 후 스트레칭 실시 • 작업복이 드릴날에 말리지 않도록 단정히 착용 • 드릴날에 말릴 수 있는 면장갑 대신 손에 밀착되는 장갑 착용
핸드 그라인더	• 숫돌 파괴 시 사고를 예방하기 위해 방호덮개 설치 • 작업 시 누전에 의한 감전 예방을 위해 누전차단기 설치 및 접속 사용 • 작업 전 연삭숫돌의 손상유무 확인 후 작업 실시 • 작업 전 전선 피복의 손상유무 확인 후 작업 실시 • 연삭 작업 시 불티가 비산하는 방향을 확인하여 비산방지조치 실시(차단판 등의 설치) • 연삭숫돌 이상 조치 또는 교체는 반드시 연삭기를 정지한 상태에서 실시 • 소음, 분진 등에 의한 건강 장해 예방을 위해 반드시 귀마개, 보안경 및 방진 마스크를 착용 후 작업 실시 • 연삭작업 시 숫돌에 충격이 가지 않도록 주의 • 연삭작업 시작 전 1분 정도 덮개를 설치한 상태로 공회전 • 연삭기의 회전속도 및 규격에 적합한 연삭숫돌 사용
고속 절단기	• 방호덮개가 견고하게 부착되었는지 여부 확인 • 공작물은 고정장치 등을 이용하여 견고하게 고정 후 작업 실시 • 전원케이블의 손상 여부 확인 • 절단석의 균열이나 이 빠짐 등 손상 여부 확인 • 절단 시 불티가 비산하는 방향을 확인하여 비산방지조치 실시(차단판 등의 설치) • 공작물 이상 조치 또는 교체는 반드시 절단기를 정지한 상태에서 실시 • 반드시 귀마개, 보안경 및 방진 마스크를 착용 후 작업 실시 • 절단작업 시 숫돌에 충격이 가지 않도록 주의 • 절단작업 시작 전 1분 정도 덮개를 설치한 상태로 공회전 • 절단기의 회전속도에 상응하는 숫돌 사용

(3) 공작기계의 안전대책 [22] 기출

종 류	위험요인	안전대책
선 반	• 기계 가동 중 회전부에 실험자 신체 및 옷자락이 말릴 위험 • 기계 가동 중 발생하는 칩이 비산되어 실험자가 맞을 위험 • 본체 절연 파괴 등으로 누전발생 시 연구활동종사자의 신체 접촉에 의한 감전 위험 • 절삭유 미스트에 의한 건강 장해의 발생 위험 • 반복동작과 장시간 서있는 자세로 인한 근골격계 질환 발생 위험	• 공작물의 칩은 선반 주축의 회전이 완전히 멈춘 후에 제거 • 공작물의 고정 작업 시 선반 척의 조(Jaw)를 완전히 고정 • 선반의 기어박스 위에 작업 공구 등이 없도록 정리정돈 후에 작업 실시 • 칩 비산방지장치 설치, 가공 작업 시 보안경 착용 • 면장갑 착용 제한, 옷소매를 단정히 하는 등 적절한 작업복 착용 • 공작물의 설치는 반드시 스위치 차단 후 바이트를 충분히 뗀 다음 실시 • 칩 제거 작업 시 브러시를 사용하여 칩 제거 • 절삭유, 소음, 칩 등에 의한 사고 및 질병을 예방하기 위해 보호구(귀마개, 보안경 등) 착용
밀 링	• 실험자가 엔드밀, 커터 등 가공부에 접촉으로 말릴 위험 • 비산되는 절삭 칩에 의한 눈 상해 및 분진 흡입에 의한 호흡기 질환 발생 위험 • 노출된 회전 절삭 날 접촉에 의한 장갑 또는 작업복이 말릴 위험 • 운전 중 청소, 수리 또는 보수 작업으로 회전체 접촉에 의해 작업복이 말릴 위험	• 연동식 방호장치 설치 : 주 축대가 회전하기 전에 방호장치가 먼저 하강하도록 자동으로 전원이 공급 · 차단되는 구조로 설치 • 공작물 설치 시 절삭공구의 회전을 정지한 후 작업 실시 • 작업 전 밀링 테이블 위의 공작물 정리 실시 • 작업테이블에 공작물을 단단히 고정한 후 작업 실시 • 밀링커터 이상 조치 또는 교체는 반드시 밀링 머신을 정지한 상태에서 실시 • 반드시 귀마개, 보안경 및 방진 마스크를 착용 후 작업 실시 • 작업 전 밀링커터의 손상유무 등 상태 확인 후 작업 실시 • 면장갑을 착용하지 않고 손에 밀착 되는 장갑을 착용하고 작업복의 소매나 작업모가 말려들어가지 않도록 단정히 착용 • 밀링커터 교환 시 너트를 확실히 체결하고, 1분간 공회전시켜 커터의 이상 유무 점검
드릴링 머신	• 면장갑을 착용하고 작업 중 회전 드릴 날에 감겨 말릴 위험 • 작업 중 비산되는 칩에 의한 실험자의 눈 상해 위험 • 칩을 걸레로 제거 중 손가락 베일 위험 • 균열이 심한 드릴 또는 무디어진 날이 파괴되어 그 파편에 맞을 위험 • 공작물을 견고히 고정하지 않아 공작물이 복부를 강타할 위험	• 방호덮개를 설치하고 뒷면을 180° 개방하여 가공작업 시 발생되는 칩의 배출이 용이하게 설치 • 고정대에 가공위치에 따라 전후로 이동시킬 수 있게 안내 홈을 만들고 바이스를 장착하여 작업 실시 • 잡고 있던 레버가 일정위치 복귀 시 리미트 스위치에 의해 전원이 차단되고 드릴날 회전이 정지하는 회전정지장치 설치 • 칩 제거 시 전용의 수공구를 사용하여 제거 • 장갑착용 시 손에 밀착되는 가죽으로 된 재질의 안전장갑 착용 • 칩 비산 시 눈을 보호할 수 있는 보안경 착용

띠 톱	• 작업에 사용하지 않는 톱날 부위의 노출로 접촉에 의한 신체 절단 위험 • 가동 중인 띠톱에 신체 접촉에 의한 절단 위험 • 절단 작업 중 소재의 반발에 의한 위험 • 기계 주변의 정리정돈을 실시하지 않음으로 인해 넘어질 위험 • 절삭유, 금속분진, 소음 등에 의한 직업성 질환 발생 위험	• 톱날의 접촉에 의한 사고를 예방하기 위해 방호덮개 설치 • 작업 전 톱날의 이상 유무 확인 후 작업 실시 • 가동 중인 톱날 등으로 인해 절단 위험이 있는 곳은 통행금지 • 띠톱 기계에 접근할 경우 톱날이 완전히 정지한 후 출입 • 띠톱날 이상 조치 또는 교체는 반드시 기계의 전원을 차단한 후 실시 • 작업 시 발생되는 소음, 분진 등에 의한 건강 장해 예방을 위해 귀마개, 보안경 및 방진 마스크 등의 개인보호구 착용 후 작업 실시 • 절삭유가 바닥에 떨어지거나 흘러내리지 않도록 조치 • 비상 정지스위치 정상 작동 여부 확인 후 작업 실시
머시닝센터 (CNC밀링)	• 공작물 고정 및 취출 작업 시 공작물이 떨어지거나 날아와 맞을 위험 • MCT 가공작업 중 회전하는 절삭공구 접촉에 의해 끼일 위험 • MCT 가공작업 중 회전하는 절삭공구가 이탈되어 날아와 맞을 위험 • MCT 가공작업 중 발생되는 소음 및 오일미스트에 의한 건강 장해 위험	• 날아오는 공작물에 의한 사고를 예방하기 위해 안전문 및 연동 장치 설치 • 공작물 고정 및 취출 작업 시 기계를 정지한 후 실시 • 무리한 동작으로 인한 근골격계 질환을 예방하기 위해 적합한 작업 발판 설치 및 사용 • 절삭유를 바닥에 흘리지 않도록 조치 및 오일 제거 • 개인보호구 착용(귀마개, 방진마스크) • 청소 시 전원 차단하고 다른 종사자가 조작하지 않도록 [조작 금지] 표지판 부착
연삭기 22 기출	• 방호덮개 해체사용 중 연삭숫돌 파손 시 숫돌에 의한 위험 • 전원 케이블 손상 및 누전에 의한 감전 위험 • 절단 작업 중 소재 반발에 의한 위험 • 작업 중 비산되는 불꽃에 의한 눈 상해, 비산되는 분진의 흡입에 의한 호흡기 질환 발생 위험	• 숫돌 파괴 시 사고를 예방하기 위해 방호덮개 설치 • 작업 받침대는 견고하게 고정하고 숫돌과의 간격은 3mm 이내로 설치 • 전원케이블의 손상 여부 확인 • 연삭숫돌의 균열 등 손상 여부 확인 • 연삭 작업 시 불티가 비산하는 방향을 확인하여 비산 방지 조치 실시(차단판 등의 설치) • 연삭숫돌 이상 조치 또는 교체는 반드시 연삭기를 정지한 상태에서 실시 • 반드시 귀마개, 보안경 및 방진 마스크를 착용 후 작업 실시 • 연삭작업 시 숫돌에 충격이 가지 않도록 주의 • 연삭작업 시작 전 1분 정도 덮개를 설치한 상태로 공회전 • 연삭기의 회전속도에 상응하는 연삭숫돌 사용 • 숫돌이 너무 경하여 일감이 상하고 표면이 변질되는 현상인 글레이징(Glazing)을 방지하기 위해 연삭숫돌의 표면층을 깎아 절삭성을 회복하는 작업인 드레싱(Dressing)을 함
방전가공기	• 방전가공액에 의한 화재 위험 • 방전가공액 작업 시 발생하는 미스트 연기 등에 의한 호흡기 질환 위험 • 비산된 방전가공액에 의한 미끄러짐 위험 • 공작물 탈부착 시 근골격계 질환 발생 위험 • 가동 중 점검 · 청소 · 수리 · 이상 조치 시에 끼임 또는 추락 위험	• 방전 가공액 수위는 가동부로부터 적정 거리 유지 • 작업 시 발생되는 미스트 등의 흡입을 예방하기 위해 방진 마스크 등 개인보호구 착용 • 작업 발판, 작업장 통로 등에 비산 침전된 가공유 제거, 청소 철저 • 감전의 위험이 있어 방전 중 작업 탱크 내에 손을 넣는 행동 금지 • 금형 자재 등 중량물 탈부착 시 카운터 발란스 등 중량물 취급 보조 설비 사용

프레스 및 전단기	• 프레스 방호방치를 부착하지 않고 작업 중 금형 사이에 끼일 위험 • 소재가 금형에 제대로 투입되지 않은 상태에서 프레스 가공 중 파손된 금형 파편에 맞을 위험 • 소재, 금형 등 중량물 운반 작업 중 장해물에 걸려 넘어질 위험 • 소음, 분진 등에 의한 작업성 질환 발생 위험 • 폭이 좁은 소부품 공급 시나 철판 취출 시 누름판이나 칼날에 끼이거나 절단될 위험 • 작업 중 전단날과 베드 사이에 의한 손 절단 위험	• 전단기 전면에 방호울 설치 • 프레스 및 전단기 외함에 접지 여부 확인 • 2인 1조 공동 작업 시 연락 신호 확립 후 작업 여부 확인 • 프레스 방호장치 설치(광전자식 방호장치, 양수조작식 방호장치, 게이트 가드식 방호장치) • 금형 교체 시 슬라이드 하강을 방지하기 위해 안전블럭 설치 • 풋스위치 사용 시 상부에 덮개를 설치하여 물건의 낙하 등으로 인한 오작동 예방
원심기	• 동력 전달부에 끼일 위험 • 회전 중인 내부 회전체에 끼일 위험 • 접지 미 실시로 누전에 의한 감전 위험 • 내부 물체가 날아와 맞을 위험 • 원심기 안전검사 미 실시 • 폭이 좁은 소부품 공급 시나 철판 취출 시 누름판(Hold Down)이나 칼날(Blade)에 끼이거나 절단될 위험	• 방호덮개 설치 및 연동 장치 설치 • 기계 가동 전 정상 작동 여부 확인 후 작업 실시 • 감전을 예방하기 위해 접지 실시 • 최고 사용 회전 수 초과 사용 금지 • 원심기가 정지한 후 덮개를 열어야 함 • 정비, 수리 및 청소 등의 작업 시 기계의 전원을 차단한 후 작업 • 폭발성, 휘발성 증기 발생 물질은 원심 분리 금지 • 수평한 곳에 설치 후 작업 • 회전 중인 챔버(Chamber) 등을 손으로 감속 및 정지 금지 • 개인보호구 등은 반드시 착용 후 작업 • 설치 후 3년이 경과한 시점에서 2년마다 안전검사를 받아야 함
분쇄기 22 기출	• 분쇄기에 원료 투입 · 내부 보수 · 점검 · 이물질 제거작업 중 회전날에 끼일 위험 • 전원 차단 후 수리 작업 시 다른 종사자의 전원 투입에 의해 끼일 위험 • 원료 투입, 점검 작업 시 투입부 및 점검구 발판에서 떨어질 위험 • 모터, 제어반 등 전기 기계 기구의 충전부 접촉 누전에 의한 감전 위험 • 분쇄 작업 시 발생되는 분진, 소음 등에 의한 직업성 질환 발생 위험	• 분쇄기의 칼날부에 손이 접촉되지 않도록 개구부에 방호덮개 설치 • 방호덮개에 리미트 스위치를 설치하여 덮개를 열면 전원이 차단되도록 연동장치 설치 • 내부 칼날부 청소작업 시 전원을 차단하고 수공구를 사용하여 작업 • 분쇄작업 중 과부하가 발생될 경우 역회전시켜 분쇄물을 빼낼 수 있도록 자동 · 수동 역회전 장치 설치 • 배출구역 하부는 칼날부에 손이 접촉되지 않도록 조치 • 분쇄 작업 시 개인 보호구(보안경, 방진마스크, 귀마개 등) 착용

교류아크 용접기	• 용접봉 홀더의 노출된 충전부, 교류아크 용접기 외함 전기누전 등에 따라 신체접촉에 의한 감전사고 발생의 위험 • 작업장 주변 인화성 물질 및 가연물 등에 의한 용접 불티 등 비산물에 의한 화재 발생 위험 • 용접 시 발생하는 오존 등 가스, 흄을 장기간 흡입 시 직업성 질환 발생의 위험 • 용접기 케이블, 배선 등의 손상에 의한 감전사고 위험	• 작업 시작 전 전기충전부(자동전격방지기 부착 및 손상여부), 용접봉 홀더(용접봉 홀더 파손 확인), 용접기 외함 접지(용접기 외함 등 접지 확인), 케이블 피복(각종 케이블 손상 확인) 등 점검 철저 및 파손, 손상 시 교체 • 습윤한 장소, 철골조, 밀폐된 좁은 장소 등에서의 용접 작업 시에는 자동전격방지기 부착 • 작업장 주변 인화성 물질 제거 후 작업, 소화기 등 비치 • 용접 작업 시 개인보호구(앞치마, 보안경, 보안면, 방진마스크 등)을 착용하고 작업 실시 • 용접 작업을 중지하고 작업 장소를 떠날 경우 용접기의 전원 개폐기를 차단 • 도전성이 높은 장소, 습윤한 장소 등에서는 누전차단기에 접속 사용
조형기	• 조형기의 금형 개폐 시에 금형 사이에 끼일 위험 • 기계 가동 중 발생하는 소음으로 인한 소음성 난청 위험 • 금형 가열 열원에 접촉으로 인한 화상 위험 • 가동 중 점검, 청소, 수리, 이상 조치 시에 끼임 위험	• 방호울을 금형 가동부 전면에 설치 • 절연 캡을 감전 예방을 위해 금형 가열용 전기히터의 단자부에 처리 • LPG 가스 누출 감지기 설치 • 작업 시 발생되는 분진 등에 의한 건강 장해를 예방하기 위해 국소배기장치 등 배기장치 설치 • 소음 등에 의한 건강 장해를 예방하기 위해 귀마개 등 개인보호구 착용 • 설비 점검, 수리, 청소, 이상 조치 시에는 전원을 차단하고 조작반에 [조작금지] 표지 부착
증착장비	• 작업 시 발생되는 독성물질 등의 흄 흡입에 의한 호흡기질환 발생 위험 • 고온 열 및 플라즈마 아크 분무에 의한 위험 • 절단 작업 중 발생하는 소음에 의한 건강장해 위험 • 작업 중 누전 등에 의한 감전 위험 • 수리 및 보수 유지 작업 시의 사고 위험	• 고온 및 고속의 발사체로부터 연구활동종사자를 보호할 수 있는 방호장치 구비 • 흄 노출로부터 연구활동종사자를 보호할 수 있도록 환기시설(국소배기장치 등) 구비 • 작업 시 발생하는 소음에 의한 건강 장해를 예방하기 위해 귀마개 등 개인보호구 착용 • 감전의 위험으로부터 연구활동종사자를 보호할 수 있도록 교육 실시 • 개인보호구를 반드시 착용할 수 있도록 지시
3D프린터	• 고온의 압출된 물질에 신체 접촉으로 인한 화상 위험 • 가공 중 유해화학물질의 흡입에 의한 건강 장해 위험 • 접지 불량에 의한 감전, 화재 위험 • 안전문의 불량에 의한 손 끼임 위험	• 전체 환기시설 설치 • 전선 피복의 손상 유무 확인 • 바닥에 방치된 전선 등에 의한 넘어짐 방지 조치 • 실험 전 안전문 연동 장치의 작동 상태 확인 • 제품에 명시된 전원 공급 장치의 전압 사용 • 필요 시 안전화, 귀마개, 지정작업복 등 적합한 개인보호구 착용 • 작업장 주변의 재료, 부품 등은 작업 후 정리 정돈 및 청소 • 작업 전 반드시 유해성 기체 발생 여부 확인 후 실험 실시 • 3D프린터 내부의 움직이는 프린터기에 부딪히거나 끼임 주의

(4) 시험 및 분석장비의 안전대책

종 류	위험요인	안전대책
만능재료 시험기	• 시험 시 재료 파손으로 인해 파편이 튈 위험 • 고온 및 저온 실험 시 재료나 장치 표면에 의한 화상 위험 • 압축 시 장비에 끼여 상해 위험	• 시험 재료의 끊어짐이 발생할 수 있는 부분에 보호면을 이용하거나 스크린 설치 • 기계 근처에 작업자가 있을 경우 컴퓨터로 기계 작동 금지 • 압축 모드로 가동 시 재료가 부서져 파편이 튈 수 있으므로 특별히 더욱 주의 • 비상정지버튼은 언제든 누를 수 있도록 장애물 제거 • 장비 가동 시 연구실 사람들에게 알려 가동 중 접근 금지 • 정기적으로 점검 및 교정 실시 • 지정된 용량 범위를 넘기거나, 지정되지 않은 장치로 고정 후 실험 금지 • 압축가스를 이용하여 시험한 경우, 가스의 공급을 끄고 잔류가스를 제거한 후 결합 해제 • 60℃ 이상 고온이나 0℃ 이하 저온에서 시험할 때에는 보호의, 보호 장갑 등을 착용 • 시험 재료를 장착하거나 제거할 때 Grip 등 • 고정 부위의 안전한 장착 및 재료의 완전한 제거 확인
고압멸균기 22 기출	• 고압멸균기의 고온 스팀이나 가열된 재료에 피부 노출 시 화상 위험 • 덮개에서 발생되는 고온의 열기에 의한 화상 위험 • 밀폐 기능 오작동이나 작동 중 폭발 위험 • 무거운 시험물 사용시 낙하/상해 위험 • 설비 접지 미 실시로 누전에 의한 감전 위험	• 덮개나 문을 열기 전 고압멸균기가 OFF 상태이며 압력이 낮은지 확인 • 시험물을 넣기 전, 이전 시험물이 남아있는지 내부 확인 • 시험물 용기의 뚜껑은 느슨하게 닫아 가압 시 압력을 받지 않게 조치 • 위험물/폐기물은 열과 압력을 견디는 Bag이나 용기에 담아 사용 • 발화성, 반응성, 부식성, 독성, 방사성 물질은 사용 금지 • 작동 전 문을 단단히 잠금, 문이 완전히 닫히지 않으면 작동하지 않는 연동 장치 구비 • 고압멸균기 주변에 연소성 물질 제거 • 열차폐장치를 하거나 "고온표면 주의", "접근 금지" 등 위험을 알리는 표지 설치 • 문을 열고 30초 이상 기다린 후 시험물 천천히 제거 • 방열장갑, 안전 고글을 반드시 착용하고, 많은 양의 액체를 다룰 때는 튀거나 쏟아질 경우를 대비하여 고무 부츠와 고무 앞치마를 착용 • 고압멸균기를 화학 물질이 묻은 실험복을 세탁하는 데 사용해서는 안 되며 세제 등을 넣을 경우 폭발 위험 주의
가열건조기	• 과열로 인한 화재 위험 • 휘발성, 인화성 시료로 인한 화재 위험	• 가열 · 건조기 가동 중 자리를 비우지 않고 수시로 온도 확인, 작동 기능 온도 숙지 • 발생 가능한 화재에 따라 적절한 제품의 소화기를 구비, 작동 방법 숙지할 것 • 유체를 가열하는 히터의 경우 유체의 수위가 히터 위치 이하로 떨어지지 않도록 확인

펌 프 22 기출	• 이물질, 공기 유입 등으로 펌프 파손 시 유해물질 누출 위험 • 파손 시 유체공급 차단으로 인한 화재, 파손, 유해물질에 노출 위험 • 파손 시 파편으로 인한 후단 공정 손상 및 오작동 위험 • 장기간 가동 시 과열로 인한 화재 위험 • 전기 모터 누전으로 인한 감전 위험	• 펌프의 움직이는 부분[벨트(Belt), 축 연결부위 등]은 덮개 설치 • 사용 전 시범운전을 실시하여 기기의 정상 작동 확인 • 초기작동 시 공기를 충분히 빼고 작동하고, 규칙적인 소리가 나는지 확인 • 이물질이 들어가지 않도록 전단에 스트레이너를 설치하는 등의 조치 실시 • 압력이 형성되지 않을 때는 회전체의 종류에 따라 이물질이 들어갔는지 살펴보거나, 모터 회전방향을 확인
공기압축기	• 내부 압력 상승에 의한 폭발 위험 • 전기 배선의 비접지로 인한 감전 위험 • 점검 시 벨트에 신체의 말림 위험성	• 방호장치의 정기적인 점검 및 작동 유무 확인이 중요 • 충분한 작동법을 익힌 자격자만 사용 • 운전 중 일시 방호덮개나 회전부에 접근 금지 • 점검 시 전원 차단 후 작동이 되지 않음을 확인 후 내부 압력이 빠지고 냉각된 상태에서 작업 • 작업 중 사고 예방을 위해 다른 작업자의 접근 방지를 위한 조치를 실시 • 주기적으로 절연상태 점검 • 주변에 장애물 확인 후 제거
압력용기 22 기출	• 급작스런 압력 상승이나 하강으로 인한 용기의 파손 위험 • 공기저장탱크 내부 압력 상승에 의한 파열 사고 발생 위험 • 전기배선 및 전원부의 충전부 노출, 미접지로 인한 신체 접촉 및 누전 시 감전 사고 발생 위험	• 압력용기에는 안전밸브 또는 파열판 설치 • 압력용기 내부의 압력을 알 수 있도록 압력계 설치 • 안전밸브의 작동 설정압력은 압력용기의 설계압력보다 낮도록 설정 • 안전밸브는 용기 본체 또는 그 본체의 배관에 밸브축을 수직으로 설정 • 압력용기 및 안전밸브는 성능검사 합격품 사용 • 안전밸브 전 · 후단에 차단 밸브의 설치 금지

(5) 기타장비의 안전대책

종 류	위험요인	안전대책
레이저 장비	• 레이저에 직접 노출 시 눈과 피부에 위험 • 레이저시스템 및 광학물질 사용으로 인한 전기적 충격, 화학적 공기 오염, 방사선 오염, 화재 등의 위험	• 보안경을 썼더라도 레이저광을 직접 응시 금지 • 레이저 사용 표시 부착, 장비 가동 시에는 안전 교육을 받은 자만 출입 • 작업 범위에서 불필요한 반사면 제거 • 보안경을 착용하여 산란된 레이저 노출 최소화 • 장비 종료 전 빔을 차단하고 시스템 셔터 폐쇄
UV장비 22 기출	• 파장에 따라 200nm 이상의 광원은 인체에 심각한 손상 위험 • 낮은 파장이라도 장시간, 반복 노출될 경우 눈을 상하게 하거나 피부 화상 위험	• 연구실 문에 UV 사용 표지를 부착하고 장비 가동 시에는 안전교육을 받은 자만 출입 • 작업 시에는 반드시 보호안경을 쓰고 장갑을 착용. 보호 외의 손목 끝과 장갑 사이에 틈이 없도록 하고, UV 차단 가능한 보호면 착용 • UV램프 작동 중 오존이 발생할 수 있으므로 배기장치 가동(0.12ppm 이상의 오존은 인체 유해) • UV전구 청소 시 전구 전원 차단

호이스트	• 와이어로프 파단으로 중량물이 떨어져 실험자가 깔릴 위험 • 훅에서 보조달기구의 이탈로 인해 중량물이 떨어져 실험자가 깔릴 위험 • 방호장치의 고장, 미설치 등에 의한 안전사고 위험 • 크레인 작업반경 내 접근으로 운반 중인 중량물에 부딪힐 위험 • 주행레인 상부에 임의 출입이나 크레인 정비 · 보수 등 작업 시 떨어질 위험	• 크레인의 방호장치 설치 및 작동여부 확인 후 작업 실시 • 와이어로프 상태 확인 후 작업 실시 • 크레인의 정격하중을 준수하여 작업 실시 • 작업 시 안전모, 안전화 등의 개인보호구를 착용 • 크레인 작업반경 내 다른 연구활동종사자의 출입 통제
중량물 운반작업	• 무리한 운반 시도나 잘못된 자세로 인한 중량물이 떨어질 위험 • 무리한 운반 시도나 잘못된 자세로 인한 근골격계 손상 위험	• 중량물을 인력으로 옮길 때는 무리하지 않고 여럿이 협력하여 작업하고 잡담 및 장난 금지 • 중량물 이동 전 안전한 이동 방법을 미리 예상하고 작업 • 중량물을 들 때에는 올바른 자세 유지

4 기계설비의 사고 대응조치

(1) 기계일반 22 기출

구 분	연구실책임자, 연구활동종사자	연구실안전환경관리자
예방 · 대비 단계	• 기계 안전장치 설치(방호덮개, 비상정지 장치 등) • 기계별 방호조치 수립 • 기계사용 시 적정 개인보호구 착용	• 보유하고 있는 주요 위험 기계 목록 작성 유지 및 점검 • 방호장치 작동 여부 확인
사고 대응 단계	• 안전이 확보된 범위 내에서 사고 발견 즉시 사고 기계의 작동 중지(전원 차단) • 사고 상황 파악 및 부상자를 안전이 확보된 장소로 옮기고 적절한 응급조치 시행 • 손가락이나 발가락 등이 잘렸을 때 출혈이 심하므로 상처에 깨끗한 천이나 거즈를 두툼하게 댄 후 단단히 매어서 지혈 조치 • 절단된 손가락이나 발가락은 깨끗이 씻은 후 비닐에 싼 채로 얼음을 채운 비닐봉지에 젖지 않도록 넣어 빨리 접합전문병원에서 수술을 받을 수 있도록 조치	• 2차 사고가 발생하지 않도록 전원 차단 여부 추가 확인 • 의식이 있는 부상자는 담요, 외투 등을 덮어서 따뜻하게 유지 • 의식이 없는 부상자는 기도를 확보하고 호흡유무를 체크하여 심폐소생술(CPR) 혹은 자동심장제세동기(AED) 실시 및 부상자를 병원으로 이송 조치 • 전원 재투입 전에 기계별 안전상태 확보 및 사고원인 제거 재차 확인
사고복구 단계	• 사고원인 조사를 위한 현장은 보존하되 2차 사고가 발생하지 않도록 조치하는 범위 내에서 사고현장 주변 정리 정돈 • 부상자 가족에게 사고 내용 전달 및 대응 • 피해복구 및 재발방지대책 마련 · 시행	• 사고기계에 대한 결함 여부 조사 및 안전 조치 • 피해복구 및 재발방지대책 마련 · 시행

(2) 상처 · 출혈

구 분	연구실책임자, 연구활동종사자	연구실안전환경관리자
예방 · 대비 단계	• 개인보호구 착용 후 실험 • 안전보건표지 부착 및 준수	• 기관 주변 전문병원 연락처 등 비상연락망 확보
사고 대응 단계	• 사고 상황 파악 및 부상자를 안전이 확보된 장소로 옮기고 적절한 응급조치 시행 • 베인 경우 상처 소독보다 지혈에 신경쓰고, 작은 상처는 1회용 밴드로 감아주며, 큰 상처의 경우 붕대를 감은 후 상처 부위를 심장보다 높은 곳에 위치 • 피부가 까진 경우 소독하기 전에 흐르는 깨끗한 물로 씻고 소독액 사용 • 멍이든 부위를 얼음주머니나 찬물로 찜질을 하고 시간이 지나 다친 부위를 움직이지 못하면 골절이나 염좌가 의심되므로 병원 진료 실시 • 지혈 등 응급조치 시행	• 필요 시 부상자를 병원으로 이송 조치
사고복구 단계	• 사고원인 조사를 위한 현장은 보존하되 2차 사고가 발생하지 않도록 조치하는 범위내에서 사고현장 주변 정리 정돈 • 부상자 가족에게 사고 내용 전달 및 대응 • 피해복구 및 재발방지대책 마련 · 시행	• 사고원인 조사 • 사고내용 과학기술정보통신부 보고 • 피해복구 및 재발방지대책 마련 · 시행

(3) 화 상

구 분	연구실책임자, 연구활동종사자	연구실안전환경관리자
예방 · 대비 단계	• 안전보건표지 부착 및 준수 • 개인보호구 착용 후 실험	• 연구실 내 고온, 저온 발생장치에 대한 작동 기능 확인 • 화상치료 전문병원 연락처 등 확보
사고 대응 단계	• 해당 실험장치 작동 중지 • 사고 상황 파악 및 부상자를 안전이 확보 된 장소로 옮기고 적절한 응급조치 시행 • 화학물질이 액체가 아닌 고형물질인 경우 물로 씻기 전에 털어 냄 • 가벼운 화상의 경우 화상부위를 찬물에 담그거나 물에 적신 차가운 천을 대어 통증 감소 • 심한 화상인 경우 깨끗한 물에 적신 헝겊으로 상처 부위를 덮어 냉각하고 감염 방지 등 응급조치 후 병원 이송 조치 • 화상 부위나 물집은 건드리지 말고 2차 감염을 막기 위해 상처 부위를 거즈로 덮음	• 2차 사고가 발생하지 않도록 전원 차단 여부 추가 확인 • 부상자를 병원으로 이송 조치 • 전원 재투입 전에 기계별 안전상태 확보 및 사고원인 제거 재차 확인
사고복구 단계	• 사고원인 조사를 위한 현장은 보존하되 2차 사고가 발생하지 않도록 조치하는 범위 내에서 사고현장 주변 정리 정돈 • 부상자 가족에게 사고 내용 전달 및 대응 • 피해복구 및 재발방지대책 마련 · 시행	• 사고기계에 대한 결함 여부 조사 및 안전 조치 • 피해복구 및 재발방지대책 마련 · 시행

(4) 유해광선접촉

구 분	연구실책임자, 연구활동종사자	연구실안전환경관리자
예방 · 대비 단계	• 발생원의 격리, 차폐 • 차광장치 설치 • 차광보호구 구입 및 비치 • 실험 중 차광보호구 착용	• 차광, 차폐장치 이상 여부 점검 • 차광보호구 이상 여부 수시 점검
사고 대응 단계	• 해당 실험장치 작동 중지 • 사고 상황 파악 및 부상자를 안전이 확보 된 장소로 옮기고 적절한 응급조치 시행 • 기관 내 보건소 또는 병원에 이송 조치	• 사고접수 및 사고 장비(레이저, 용접기등)의 위험성 확인 • 사고현장 출동 및 안전보호구 착용(보안경, 안전장갑 등) • 2차 사고가 발생하지 않도록 전원 차단여부 추가 확인 • 전원 재투입 전에 해당실험장치의 안전상태 확보 및 사고 원인 제거 재차 확인
사고복구 단계	• 사고원인 조사를 위한 현장은 보존하되 2차 사고가 발생하지 않도록 조치하는 범위 내에서 사고현장 주변 정리 정돈 • 부상자 가족에게 사고 내용 전달 및 대응 • 피해복구 및 재발방지대책 마련 · 시행	• 사고 장비에 대한 결함 여부 조사 및 안전 조치 • 사고원인 조사 • 피해복구 및 재발방지대책 마련 · 시행

연구실 내 레이저, 방사선 등 물리적 위험요인에 대한 안전관리

1 레이저 등급에 따른 안전 조치사항

(1) 레이저의 등급에 따른 위해성

등 급	세부등급	노출한계	내 용
1	1	–	• 망원경 등으로 레이저 빔에 장시간 노출되어도 안전한 제품 • 1등급 레이저에는 Eye-safe라는 용어가 쓰여 있으며 이들 레이저의 파장은 1400nm 이상임
	1M		• 망원경 등으로 레이저 빔에 노출되면 눈의 상해를 입을 수 있음 • 특정 광학계 사용을 제외한 보통의 사용조건에서는 안전하고 위해성이 없음
2	2	1mW (0.25초 이상의 노출시간인 경우)	• 0.25초 미만의 노출에는 위험성이 적지만 장시간 노출 시 안구손상을 야기 • 2M과는 달리 광학기계를 사용해도 안구손상위험이 낮음
	2M		• 맨눈으로 노출되어도 안전 • 광학기기로 레이저 빔을 보거나 조사하면 위험
3	3R	5mW (가시광선 영역에서 0.35초 이상의 노출시간인 경우)	• 눈에 레이저 빔이 조사되면 위험 • 주변조도가 특별히 낮은 조건에서는 3R등급 레이저 빔으로 인해 눈부심, 섬광, 잔상이 발생 • 3R등급의 레이저는 직접적으로 내부 빔에 노출되는 것이 불가능한 경우에만 사용해야 함 ※ 보안경 착용 권고
	3B	500mW (315nm 이상의 파장에서 0.25초 이상의 노출시간인 경우)	• 우발적인 짧은 시간 노출을 포함하여 내부 빔에 의한 노출이 발생 시 위험 • 난반사되거나 산란된 레이저광선에 의한 노출에는 안전하지만 인체에 직접적으로 레이저광선에 노출되는 경우에는 아주 작은 피부손상 유발 • 인화성 물질을 발화시킬 수 있음 ※ 보안경 착용 필수
4		500mW 초과	• 직접적인 노출뿐만 아니라 난반사 및 산란 등에 의한 간접적인 노출에도 위해성이 있고 안구 및 피부 손상, 화재 등의 사고를 야기할 수 있어 사용에 각별한 주의가 요구되는 레이저 • 화재를 유발할 수 있음 ※ 보안경 착용 필수

① 1등급 레이저

㉠ 자체 안전시스템이 있거나 시스템이 밀폐되어 있음

㉡ 레이저 광선이 안구에 노출되지 않아 추가적인 안전 조치를 필요로 하지 않음

② 1M등급 레이저

㉠ 특정 광학계를 통한 노출이 발생할 경우 안구 손상을 야기할 수 있음

㉡ 안구에 도달하는 레이저광선의 세기가 최대허용노광량 미만이 되도록, 이에 합당한 셔터 등의 안전장치를 설치하거나 보안경 등의 보호 장비를 착용한 후 레이저를 사용하여야 함

㉢ 광학 기구를 이용한 내부광 관찰은 통제되어야 하며 렌즈 등의 광학부품을 사용 시 다음의 두 경우에 대해서는 안구 손상에 대한 위험이 증가할 수 있음

- 출력광선이 퍼지는 경우(Diverging Beams) : 광학부품이 레이저 출력단으로부터 100mm 이내에 있는 경우
- 출력광선이 평행한 경우(Collimated Beams) : 출력광선의 지름이 아래 표의 파장별 최대 가능 지름보다 클 경우

③ 2등급 레이저 : 0.25초(반사신경동작으로 눈의 깜박임 정도) 미만의 노출에 대해서는 안전하나 이보다 긴 시간 동안의 노출이나 직접적인 노출은 안구 손상을 야기할 수 있음

④ 2M등급 레이저

㉠ 1M등급 레이저와 마찬가지로 특정 광학계를 이용해서 레이저 시스템을 관측할 시에는 안구에 도달하는 레이저광선의 세기가 최대허용노광량보다 미만이 되도록 하는 셔터, 보안경 등을 착용해야 함

㉡ 렌즈와 같은 광학부품을 사용할 경우도 1M등급 레이저와 마찬가지로 두 가지의 출력광선 형태에 따라 보안경과 같은 적합한 보호 장비를 착용한 후 실험을 진행해야 함

⑤ 3R등급 레이저

㉠ 직접적인 노출이나 특정 광학계 등을 이용하여 레이저광선을 관찰할 시 안구 손상을 야기할 수 있음

㉡ 출력 파장 및 노출 시간에 따라 최대허용노광량이 정해지므로 사용하는 레이저에 대한 최대허용노광량을 정확히 인지하고 있는 상태에서 실험을 진행해야 함

㉢ 3R 레이저가 스크린 등을 이용한 인클로저를 통해 광차폐가 되어 있는 경우, 보안경을 착용할 필요가 없으나 레이저광선이 광섬유 등을 통해 인클로저 밖으로 나오거나 인클로저 없이 레이저광선이 자유 공간에서 진행을 하도록 설계되어 있는 경우에는 레이저광선의 직접적인 노출로 인한 잠재적인 위해성이 있으므로 사용하는 레이저의 최대허용노광량에 따라 보안경의 착용 여부를 결정해야 함

더 알아보기

인클로저(Enclosure)

- 고출력 레이저가 외부로 노출되는 것을 막기 위한 광차폐 시스템으로 500W 이상의 출력을 갖는 고출력 레이저는 필수적으로 설치가 되어야 함
- 고출력 레이저광선에 대한 직접적인 측정은 인클로저 내부에서 이루어져야 하고, 스펙트럼 측정 등과 같이 레이저광선에 대한 간접적인 측정을 위한 목적에서는 충분히 감쇠된 레이저광선을 인클로저 외부로 통하게 할 수 있음
- 인클로저 외부로 인출되는 레이저광선의 출력은 반드시 최대허용노광량 미만이 되도록 해야 함

⑥ 3B등급 레이저 [22] 기출

㉠ 레이저광선에 의한 직접적인 노출이나 정반사된 광선에 의한 노출은 심각한 안구 손상을 야기할 수 있으므로 의무적으로 보안경을 착용하고 실험을 진행해야 함

㉡ 레이저안전관리자가 부여한 사용 권한이 있는 경우에만 사용할 수 있음

㉢ 레이저 안전 교육을 받지 않은 사용자가 3B등급 레이저가 사용되고 있는 공간에 들어가기 위해서는 3B등급 레이저에 접근 권한이 있는 사용자가 같이 입회하여야 함

㉣ 레이저안전관리자는 공칭장해구역에 대한 범위를 명시적으로 정해야 하고 모든 실험은 출입문이 닫힌 채로 진행되어야 함

㉤ 인터락 시스템을 통해 레이저가 켜지면 레이저의 동작을 알리는 경광등 역시 자동으로 켜지도록 해야 함

㉥ 레이저가 동작하고 있을 시 실험실의 출입문이 열리면 자동으로 빔셔터가 동작해 레이저의 출력을 막는 안전장치를 설치해 발생할 수 있는 안전사고의 가능성을 최소화해야 함

⑦ **4등급 레이저**

㉠ 3B등급 레이저의 기준보다 높은 출력을 갖는 고출력 장치로 직접적인 노출뿐만 아니라 난반사, 산란된 광선에 의한 노출로도 안구 및 피부 손상을 야기할 수 있으므로 의무적으로 보안경을 착용해야하고 신체가 노출되지 않는 옷을 입어야 함

㉡ 화재를 발생시킬 수 있으므로 사용에 있어서 각별한 주의가 필요

㉢ 레이저안전관리자가 부여한 접근 권한이 있는 경우에만 사용할 수 있음

㉣ 사용 권한이 없거나 레이저 안전교육을 받지 않은 경우, 사용 권한이 있는 사용자의 입회 여부와 관계없이 절대 4등급 레이저를 사용할 수 없음

㉤ 3B등급 레이저와 마찬가지로 레이저안전관리자는 공칭장해구역에 대한 범위를 명시적으로 정해야하고 출입문이 닫힌 채로 레이저가 동작해야 함

㉥ 인터락 시스템을 설치해 레이저의 동작과 경광등의 작동을 동기화하고 출입문이 열렸을 시 빔셔터를 통해 자동으로 레이저의 출력을 제어하도록 해야 함

㉦ 레이저광선이 진행하는 경로에는 반사나 산란을 유발하는 어떠한 물체도 있으면 안 되고 광학부품을 사용할 시에는 그 정렬을 정확히 해 불필요한 반사 및 산란을 최소화해야 함

㉧ 4등급 레이저는 화재를 발생시킬 수 있으므로 레이저 시스템 주위나 레이저 광선이 진행하는 경로 주위에는 가연성 물질을 위치시키지 않도록 하고, 빔스톱 · 빔블록과 같은 안전장치는 비가연성 물질을 이용해야 함

2 방사선의 안전 조치사항

(1) 방사성동위원소

① 동위원소란 같은 원소지만 질량이 다른 원소로 원소를 구성하는 양성자 수는 같지만 중성자 수가 다르기 때문에 그 질량이나 에너지에서 차이가 나며, 이 중 방사능을 가진 동위원소를 방사성동위원소(RI ; Radioisotope)라고 함

② 방사성동위원소는 사용 형태에 따라 개봉 또는 밀봉 방사성동위원소로 구분할 수 있음

③ 방사선이 약하고 인체에 미치는 영향이 적은 동위원소는 개봉된 형태로 사용하고, 그렇지 않은 것은 특수용기에 밀봉된 형태로 공급되어 사용

④ 원자력안전법에 따라 방사성동위원소를 생산, 판매, 사용 또는 이동사용하려면 동위원소의 종류 및 용량별로 신고 또는 허가를 거쳐야 함

⑤ 사용 시 주의사항

㉠ 사용 전 방사선안전보고서에 기재된 사용방법을 다시 한 번 숙지할 것

㉡ 체외 피폭 방지를 위하여 반드시 테이블 상단 실드(Table Top Shield) 안에서만 작업할 것

㉢ 배기설비를 이용하여 작업실안의 공기 중 방사성동위원소 농도를 유도공기 중농도 이하로 유지할 것

㉣ 배기구에서 오염된 물질을 정화하거나 배출 시에는 배기 중 방사성동위원소의 농도를 배출관리기준 제한값 이하로 할 것

㉤ 실험에 사용된 원액은 별도로 마련된 액체폐기물 용기에 수거할 것

㉥ 재사용이 가능한 실험기자재 및 방사선작업종사자 손 세척 등으로 발생되는 저농도 폐액은 3단 배수정화조로 유입, 희석하여 배출할 것

㉦ 동위원소실 내 설치되어있는 비상샤워시설은 방사성동위원소 외 유독물질 오염 시 사용하는 것으로, RI로 인한 오염 시에는 Hot Sink를 사용하여 세척을 실시할 것

㉧ 선원을 재구매할 경우 반드시 방사선안전관리자의 서명을 받아 구매할 것

㉨ 방사선관리구역의 출입 시 출입기록부, 방사선발생장치 사용 시 사용기록부를 작성할 것

(2) 방사선발생장치

① 하전입자를 가속시켜 방사선을 발생시키는 장치

② 다른 형태의 에너지를 인위적으로 방사선 에너지로 변환하여, 방사선이 방출되도록 만든 장치

③ 방사선발생장치에는 X-ray 촬영 시 사용하는 X선 발생장치 등이 있으며 그 밖의도 다양한 종류의 가속기가 방사선 발생장치에 포함됨

④ 방사선발생장치를 생산, 판매, 사용, 또는 이동사용하려면 종류 및 수량별로 신고 또는 허가를 거쳐야 함

⑤ 방사선발생장치의 사용 시 주의사항

㉠ 방사선발생장치로 인한 피폭은 외부의 방사선원으로부터 노출되는 외부피폭임

㉡ 사용 전 방사선안전보고서에 기재된 사용방법을 다시 한 번 숙지할 것

㉢ 방사선발생장치는 사용시설 내에 고정, 설치된 상태로 보관 · 관리할 것

㉣ 방사선발생장치는 방사선안전관리자의 관리 하에 방사선작업종사자만이 작동할 것. 방사선 작업종사자는 사용시설 밖에서만 방사선 발생장치를 제어할 것

㉤ 출입문의 인터록, 경고등 및 비상스위치의 이상 유무를 수시로 확인할 것

㉥ 방사선작업종사자가 체류하는 위치에서 방사선측정기를 사용하여 작업 중 방사선량률을 측정 및 기록할 것

㉦ 방사선관리구역의 출입 시 출입기록부, 방사선발생장치 사용 시 사용기록부를 작성할 것

⑥ 방사선 방호원칙 22 기출

㉠ 외부피폭 3원칙 : 시간, 거리, 차폐

㉡ 내부피폭 3원칙 : 격납(격리), 희석, 경로차단

(3) 연구실의 방사선원의 사용

① 연구실에서 사용하는 방사선원으로는 크게 방사성동위원소와 방사선발생장치로 구분됨

② 방사성동위원소 등을 생산 · 판매 · 사용 및 이동사용하려면 원자력안전법에 따라 원자력안전위원회에 신고하거나, 원자력안전위원회의 허가를 받아야 함

③ 방사성동위원소 등의 사용에 관한 허가사용자는 사용개시 전 방사선안전관리자에 선임신고를 하고 시설검사를 받아야 함
④ 방사성동위원소 등의 사용에 관한 신고사용자는 사용개시 전 방사선안전관리자에 선임신고를 해야 함
⑤ 사용개시 신고가 완료된 이후, 허가사용자는 허가 종류에 따라 월간 · 분기 · 연간 보고를 하게 되며, 정해진 주기에 따라 정기적으로 검사를 받아야 함
⑥ 허가받은 사항이나 이미 신고한 사항에 대한 변경사항이 있을 경우, 변경허가 또는 변경신고를 하여야 하며 경미한 사항이나 일시적인 사용장소의 변경, 방사선원의 양도 및 양수 등에 대해서도 신고하여야 함

(4) 방사선관리구역의 출입

① 방사선관리구역이란 외부의 방사선량율, 공기 중의 방사성물질의 농도 또는 방사성물질에 따라 오염된 물질의 표면의 오염도가 원자력안전위원회규칙으로 정하는 값을 초과할 우려가 있는 곳으로서 방사선의 안전관리를 위하여 사람의 출입을 관리하고 출입자에 대하여 방사선의 장해를 방지하기 위한 조치가 필요한 구역
② 허가받은 방사성동위원소 및 방사선발생장치를 이용하는 모든 장소는 방사선에 노출될 수 있으므로, 별도의 방사선관리구역으로 지정하여 출입 등을 철저히 통제
③ 방사선작업종사자, 수시출입자 및 방사선관리구역 출입자는 방사선 안전관리에 관한 방사선안전관리자의 조치와 권고에 따라야 함
④ 방사선관리구역의 출입자
　㉠ 방사선작업종사자, 청소, 시설관리 등 기타 다른 업무로 출입하는 수시출입자, 방문, 견학 등을 목적으로 일시적으로 출입하는 출입자로 구분
　㉡ 방사선작업종사자 및 수시출입자가 되기 위해서는 건강검진 및 종사자 교육 이수 등 법적 등록 절차가 필요
⑤ **건강진단** : 방사선작업종사자 및 수시출입자는 다음의 경우 건강진단을 받아야 함
　㉠ 최초로 해당 업무에 종사하기 전
　㉡ 해당 업무에 종사 중인 경우 매년
　㉢ 피폭방사선량이 선량한도를 초과한 때
⑥ **방사선관리구역 출입자 교육**

방사선작업종사자	• 최초 해당업무에 종사하기 전 신규교육(기본교육 8시간 + 직장교육 4시간) • 매년 정기교육(기본교육 3시간 + 직장교육 3시간)
수시출입자	• 최초 해당업무에 종사하기 전 기본교육 또는 직장교육 3시간 • 매년 기본교육 또는 직장교육 3시간
그 외 출입자	• 출입하는 때마다 방사선장해방지 등에 대한 안전교육 이수

(5) 개인선량계 착용

① 방사선관리구역에 출입하는 사람의 안전확보를 위해 피폭방사선량을 측정
② 법적으로 요구하는 개인선량계를 착용해야 하며 법적으로 요구하는 선량한도를 초과하지 않아야 함
③ **피폭방사선량 측정대상자** : 방사선작업종사자, 수시출입자 및 방사선관리시설에 일시적으로 출입하는 자로서 선량한도를 초과하여 피폭될 우려가 있는 자

④ 개인선량계의 올바른 착용법

㉠ 개인선량계는 방사선 피폭 작업 수행 시 반드시 지정된 방식으로 착용

㉡ 공식선량계는 통상적으로 왼쪽 가슴 등 가슴 상위에 착용하며 사용자의 이름이나 선량계의 창이 있는 앞면이 전방을 향하도록 착용

㉢ 작업의 성격에 따라 허리에 착용할 수도 있으며, 임신을 한 임산부가 작업 중 방사선 노출의 위험이 있는 경우에는 하복부 근처에 착용

㉣ 납치마를 착용할 경우에는 납치마 아래 가슴 또는 하복부 전면에 선량계를 착용

㉤ 손의 선량을 별도로 측정할 필요가 있는 작업자의 경우에는 반지형 손 선량계를 통해 손의 피폭 선량을 체크

⑤ 방사선작업종사자 및 수시출입자의 의무

㉠ 방사선관리구역에 출입 전 건강진단과 방사선 안전교육을 받은 후 개인선량계를 지급받아야 함

㉡ 방사선관리구역에서 업무를 수행 할 때에는 개인선량계를 반드시 착용하고 방사선안전관리자의 조치와 권고에 따라야 함

㉢ 방사선안전관리규정을 인지하고 항상 준수해야 함

(6) 방사선 사고 시 비상안전조치

방사성동위원소 등의 사용 중 다음과 같은 방사성 물질 등의 누설 · 화재와 그 밖의 사고가 발생한 때에는 즉시 방사선안전관리자 또는 연구실책임자에게 연락

① 방사성 물질 등의 누설 또는 일탈 등으로 환경오염이 우려되거나 방사선작업종사자의 안전이 위협받게 되었을 때

② 차량 또는 방사성 물질 등의 화재로 인하여 방사성물질 등의 누설이 우려될 때

③ 방사선작업종사자 및 수시출입자가 선량한도 이상으로 피폭되었을 때

④ 방사성 물질 등을 도난당하거나 분실하였을 때

⑤ 방사성 물질 등이 누출되어 인근 주민의 긴급대피가 필요할 때

(7) 방사선 사고 시 응급조치의 원칙

① **안전유지의 원칙** : 인명 및 신체의 안전을 최선으로 하고, 물질의 손상에 대한 배려를 차선으로 함

② **통보의 원칙** : 인근에 있는 사람, 사고현장책임자(시설관리자) 및 방사선장해방지에 종사하는 관계자(방사선관리담당자, 방사선안전관리자)에게 신속히 알림

③ **확대방지의 원칙** : 응급조치를 한 자가 과도한 방사선피폭이나 방사선물질의 흡입을 초래하지 않는 범위 내에서 오염의 확산을 최소한으로 저지하고, 화재발생 시 초기 소화와 확대방지에 노력

④ **과대평가의 원칙** : 사고의 위험성을 과대평가 하는 경우는 있어도 과소평가 하는 일은 없도록 함

(8) 방사선관리

① 방사선 시설을 설치하려면 안전관리책임자를 선임해야 함

② 방사선을 취급하고자 하는 자는 등록을 하고, 취급허가를 받아야 함

③ 방사선 취급지역은 관리구역으로 설정하여 출입을 제한

④ 방사선을 보관, 운송, 폐기하는 절차와 승인관계를 수립하고 이를 준수해야 함

⑤ 관리구역 내외에서의 방사선량율, 입자속밀도, 방사선 등의 오염상황 등을 관계법령에 따라 측정 관리해야 함

⑥ 방사선 등의 장해방지를 위해 설비 및 이외 부대시설에 대한 보존상태 등을 정기적으로 점검해야 함

⑦ 관리구역에 출입한 자에 대하여 피폭방사선량 및 방사성 동위원소에 의한 오염상황을 측정, 기록하고 보관

⑧ 방사선취급자에게는 교육훈련 계획을 수립, 시행해야 함

⑨ 방사선취급자의 건강관리를 위한 건강진단 또는 보건지도를 실시하고, 피폭우려가 있거나 피폭된 자에 대한 응급조치 등 필요한 사항을 수립, 시행

⑩ 방사선 등의 시설에 있어서 장해나 응급사항 등이 발생하거나 발생할 우려가 있을 경우를 대비한 위험시의 비상조치 계획을 수립, 시행

⑪ **방사선 물질 취급 시 주의사항**

㉠ 밀봉되지 않는 방사선 동위원소를 취급자가 사용할 때에는 책임자의 지시에 따라야 하며, 주의사항을 준수하여 인체가 받는 방사선량을 최소화해야 함

㉡ 밀봉된 방사선동위원소를 사용할 때는 관리구역으로 설정하여 철저히 관리하되, 주의사항을 엄수하여 인체가 받는 방사선양을 최소화 하도록 노력해야 함

㉢ 밀봉된 방사선동위원소 중 기기에 장착되어 있는 것을 사용할 때에는 이 부근을 관리구역으로 설정하여 철저히 관리하고 별도의 밀봉방사선 전원 장비기기취급에 관한 지침을 정하여 운용하여야 함

㉣ 취급자가 방사선발생장치를 사용할 때는 관리구역으로 설정하여 철저히 관리하되 별도의 장치 사용지침을 정하여 운용하고, 주의사항을 준수해야 함

㉤ X선 발생장치 등은 사용지침에 따라 사용해야 함

3 전자기장의 안전 조치사항

(1) 전자파

① 전기장과 자기장이 서로 공명해 만드는 파동으로 정확한 명칭은 전기자기파(Electromagnetic Wave)이며 대기중에 빛의 속도로 퍼져 나감

② 전자파는 주파수 크기에 따라 주파수가 낮은 순서대로 전파(장파, 중파, 단파, 초단파, 극초단파, 마이크로파) · 적외선 · 가시광선(빛) · 자외선 · X선 · 감마선 등으로 구분됨

③ 방송통신용 안테나, 이동전화 단말기, 레이더, 치료용 의료기기, 각종 전자제품 등에 전자파가 이용됨

④ **전리전자파와 비전리전자파**

전리전자파(Ionizing Electromagnetic Wave)	원자와 상호작용을 일으킬 때 원자의 궤도에 강하게 결합하고 있는 전자를 떼어내어 원자를 전리(이온화)시킬 수 있는 충분한 에너지를 가지고 있는 전자파(엑스선, 감마선)
비전리전자파(Non-Ionizing Electromagnetic Wave)	광자에너지가 약해 원자를 전리화시킬 수 없는 전자파

⑤ 비전리전자기파의 종류

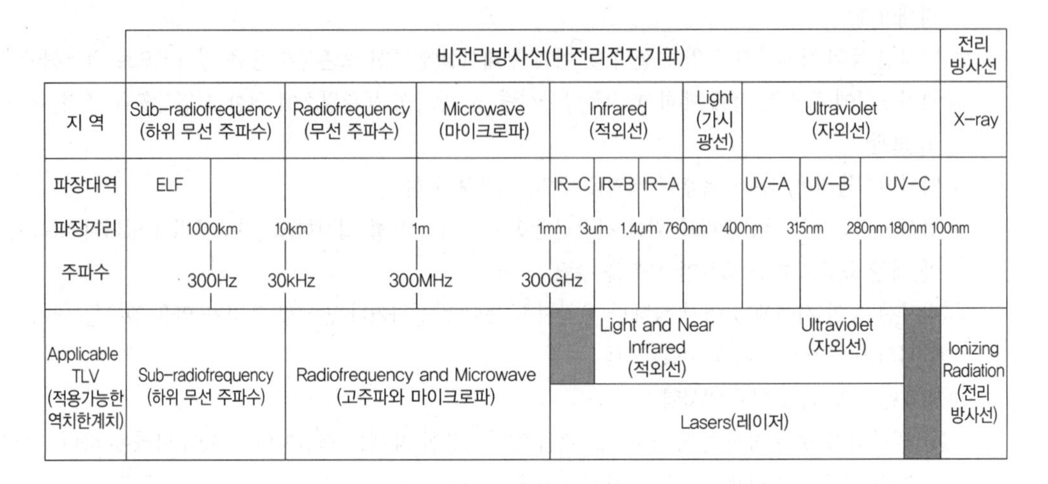

	비전리방사선(비전리전자기파)						전리방사선
지 역	Sub-radiofrequency (하위 무선 주파수)	Radiofrequency (무선 주파수)	Microwave (마이크로파)	Infrared (적외선)	Light (가시광선)	Ultraviolet (자외선)	X-ray
파장대역	ELF			IR-C IR-B IR-A		UV-A UV-B UV-C	
파장거리	1000km	10km	1m	1mm 3um 1.4um 760nm	400nm	315nm 280nm 180nm 100nm	
주파수	300Hz	30kHz	300MHz	300GHz			
Applicable TLV (적용가능한 역치한계치)	Sub-radiofrequency (하위 무선 주파수)	Radiofrequency and Microwave (고주파와 마이크로파)		Light and Near Infrared (적외선) / Lasers(레이저)		Ultraviolet (자외선) / Lasers(레이저)	Ionizing Radiation (전리 방사선)

(2) 전자기파의 유해성

① 전자파의 유해성은 에너지 밀도에 따라 다름

② 전자파의 유해성은 인체를 구성하고 있는 원자나 분자에게 전자파가 가진 에너지를 전달하기 때문

③ 흡수한 에너지로 인해 원자나 분자의 구성이 깨지거나 달라지면 인체는 즉시 복구에 나서지만 흡수한 에너지가 크면 한꺼번에 많은 복구를 해야 하기 때문에 어려움을 겪거나 위험해질 수 있음

④ 전자파가 인체에 미칠 수 있는 영향

열작용	• 주파수가 높고 강한 세기의 전자파에 노출돼 체온이 상승, 세포나 조직의 기능에 영향을 줄 수 있음 • 전신가열, 국소가열로 나눌 수 있으며, 높은 수준의 고주파 및 마이크로파는 세포조직 가열작용을 할 수 있음 • 높은 수준의 고주파 및 마이크로파에 노출될 경우 눈 자극과 백내장이 발생할 수 있음
비열작용	• 미약한 전자파에 장기간 노출되었을 때 발생 • 현재까지 비열작용으로 영향을 받은 사례는 밝혀지지 않고 있음
자극작용	• 주파수가 낮고 강한 전자파에 노출되었을 때 인체에 유도된 전류가 신경이나 근육을 자극할 수 있음 • 60Hz 자기장 노출 시 심박수, 심박변이도, 피부전기활동에서 유의한 차이를 보일 수 있음
기타작용	• 극저주파 자기장에 장기간 노출되면 인체 내 유도전류가 생성되어 세포막 내외에 존재하는 Na^+, K^+, Cl^- 등 각종 이온의 불균형을 초래하여 호르몬 분비 및 면역세포에 영향을 줄 수 있음 • 기지국(무선주파수 대역) 근처에 거주하는 주민들이 식욕감퇴, 오심, 불안증, 우울증상, 두통, 수면장애 등을 호소하였으며, 여성과 나이 든 사람들에게서 더 많이 발생할 수 있음

구 분		영향의 원인	영향의 평가척도	측정시간
직접영향	열적영향	세포의 가열 열응력	SAR 온도 상승	단기(6분)
	자극영향	전류 자극에 의한 신경 및 근육 자극	유도 전류밀도	단기(1초)
	비열영향	알려지지 않음	전자기장 강도	장기(수개월)
간접영향		전기적 쇼크 화상	접촉 전류	단기(1초)

⑤ 유해광선

감마선	돌연변이를 일으키기도 하고, 암을 발생 시킬 수도 있는 위험한 전자기파
자외선	적은 양은 오히려 건강에 이롭지만 많은 양은 피부암 발생의 원인이 되거나 기미가 끼는 등 피부에 나쁜 영향을 미침
가시광선	강한 가시광선은 눈에 악영향을 끼치기 때문에 선글라스가 필요함
전자파	아주 강한 전류가 흐르는 주변은 아주 강한 전자기파가 생기므로 고압선이 지나는 송전탑 주변이 위험

(3) 전자파의 발암성

① 국제암연구기구(IARC)는 극저주파 대역(ELF~MF)을 2002년에 발암등급 2B등급(소아백혈병)으로 지정하였으며, 이후 무선주파수 대역(휴대전화) 전자파(RF)도 2011년에 2B등급(뇌암)으로 지정함

② 휴대폰의 전자파량은 전자파흡수율(SAR ; Specific Absorption Rate)로 나타냄

③ SAR은 인체에 흡수되는 전자파의 양을 표시한 수치로 W/㎏으로 표기

④ 우리나라는 국제기준인 국제비전리복사방호위원회(ICNIRP)가 정한 기준보다 더 엄격한 기준인 1.6W/㎏으로 제한하고 있음

⑤ 휴대폰의 최대 출력은 250mW 수준이며 도심지역에서 실제 통화할 때 휴대폰의 출력은 약 10~40mW 정도로, 이 때의 SAR값은 약 0.4W/㎏ 이하로서 휴대폰 제조사가 공개하고 있는 최대 SAR값의 4분의 1~10분의 1 수준임

⑥ WHO 국제암연구소(IARC)의 암 발생등급 분류

그 룹		사람에 대한 발암성	물리, 화학 인자(Agent)
1등급		사람에게 발암성이 있는 그룹	석면, 담배, 벤젠, 콜타르 등 118종
2등급	A	암 유발 후보 그룹	자외선, 디젤엔진매연, 무기 납 화합물, 미용사 및 이발사 직업 등 79종
	B	암 유발 가능 그룹	젓갈, 절인채소, 가솔린엔진가스, 납, 극저주파 자기장, RF 등 291종
3등급		발암물질로 분류 곤란한 그룹 (Not Classifiable)	카페인, 콜레스테롤, 석탄재, 잉크, 극저주파 전기장, 커피 등 507종
4등급		사람에 대한 발암성이 없는 것으로 추정되는 그룹	카프로락탐(나일론 원료)

(4) 전자파의 노출기준

① 우리나라의 근로자에 대한 비전리전자기파 노출기준은 2000년 12월에 국제적으로 가장 많은 나라에서 채택하고 있는 국제암연구소(IARC)의 기준을 준용하여 제정됨

② 근로자에 대한 전자파 강도기준(과학기술정보통신부 고시 제2019-4호 전자파 인체보호 기준)

주파수 범위	전기장강도 (V/m)	자기장강도 (A/m)	자속밀도 (μT)	전력밀도 (W/m^2)
1㎐ 이하	–	1.63×10^5	2×10^5	–
1㎐ 이상~8㎐ 미만	20,000	$1.63 \times 10^5/f^2$	$2 \times 10^5/f^2$	

8㎐ 이상~25㎐ 미만	20,000	$2\times10^4/f$	$2.5\times10^4/f$	-
0.025㎑ 이상~0.82㎑ 미만	500/f	20/f	25/f	
0.82㎑ 이상~65㎑ 미만	610	24.4	30.7	
0.065㎒ 이상~1㎒ 미만	610	1.6/f	2.0/f	
1㎒ 이상~10㎒ 미만	610/f	1.6/f	2.0/f	
10㎒ 이상~400㎒ 미만	61	0.16	0.2	10
400㎒ 이상~2,000㎒ 미만	$3f^{1/2}$	$0.008f^{1/2}$	$0.01f^{1/2}$	f/40
2㎓ 이상~300㎓ 미만	137	0.36	0.45	50

③ 현재까지 노출기준이 산업안전보건법에 제정되어 있지 않으나, 미국산업위생전문가협회(ACGIH)에서 정한 비전리전자기파의 노출기준을 적용할 수 있음

④ 정자기장(Static Magnetic Field)의 TLV

노 출	천장값(Ceiling Value)
전신(일반 작업장)	2T
전신(정자기장 노출 작업장)	8T
사 지	20T
의료기구 착용	0.5mT

※ 직류전류가 흐르는 경우에는 정전자기장의 노출기준은 2T이고, 특별히 훈련받은 작업자나 통제된 작업환경에서는 8T까지 허용

(5) 비전리전자기파 건강장해 예방

① 전자파는 대부분 거리에 따라 받는 영향이 큰 차이가 발생하므로 가능한 일정거리 이상 떨어져서 전기기기를 사용하는 것이 좋음

② 전원이 제대로 접지되어 있으면 플러그를 콘센트에 연결하고 스위치를 켜지 않아도 전기장이 거의 발생하지 않으나, 우리나라의 전원은 대체로 접지가 제대로 되어있지 않은 경우가 많아서 플러그를 뽑아 놓아야 전기장이 발생하지 않음

③ 전기장이 통과하는 곳에 나무들과 같은 물체가 있거나 벽이나 지붕이 있다면 대부분의 전기장은 그 물체의 전하와 충돌하여 더 이상 나아가지 못하며 보통의 건물은 외부 전계의 약 90%를 차단함

④ 전계는 지붕이나 벽면을 접지된 알루미늄 같은 차폐물질을 사용한다면 충분히 차폐가 가능함

⑤ 자기파가 발생하는 설비 또는 장소에는 경고표지판를 부착(비전리전자기파 경고표지판)

[비전리전자기파 경고표지판]

과목별 예상문제

01 다음 중 기계사고 발생 시 조치순서로 옳은 것은?

① 기계정지 – 사고자 구조 – 사고자 응급처치 – 관계자 통보 – 2차 재해 방지 – 현장보존
② 기계정지 – 관계자 통보 – 사고자 구조 – 사고자 응급처치 – 2차 재해 방지 – 현장보존
③ 기계정지 – 2차 재해 방지 – 사고자 구조 – 사고자 응급처치 – 관계자 통보 – 현장보존
④ 기계정지 – 2차 재해 방지 – 관계자 통보 – 사고자 구조 – 사고자 응급처치 – 현장보존

해설

기계사고 발생 시 조치순서
1. 기계정지 : 사고가 발생한 기계 · 기구 · 설비 등의 운전을 중지
2. 사고자 구조 : 사고자를 구출
3. 사고자 응급처치 : 사고자에 대하여 응급처치(지혈, 인공호흡 등)를 하고, 즉시 병원으로 이송
4. 관계자 통보 : 기타 관계자에게 연락하고 보고
5. 2차 재해 방지 : 폭발이나 화재의 경우에는 소화 활동을 개시함과 동시에 2차 재해의 확산 방지에 노력하고 현장에서 다른 연구활동종사자를 대피시킴
6. 현장보존 : 사고원인 조사에 대비하여 현장을 보존

02 기계의 6가지 위험점으로 옳지 않은 것은?

① 회전말림점
② 접선물림점
③ 절단점
④ 전도점

해설

기계의 6가지 위험점은 회전말림점(Trapping Point), 접선물림점(Tangential Nip Point), 절단점(Cutting Point), 물림점(Nip Point), 협착점(Squeeze Point), 끼임점(Shear Point)이다.

정답 01 ① 02 ④

03 위험점에 작업자가 접근하여 일어날 수 있는 재해를 방지하기 위해 차단벽이나 망을 설치하는 방호장치로 옳은 것은?

① 격리형 방호장치
② 위치제한형 방호장치
③ 접근 거부형 방호장치
④ 접근 반응형 방호장치

해설

방호장치의 분류

- 격리형 : 재해를 방지하기 위해 차단벽이나 망을 설치
- 위치제한형 : 안전거리를 확보하여 작업자를 보호
- 접근 거부형 : 위험부위로부터 강제로 밀어냄
- 접근 반응형 : 센서가 작동하여 기계를 정지
- 감지형 : 부하가 한계치를 초과하는 경우 이를 감지하여 설비작동을 중지
- 포집형 : 위험원에 대한 방호

04 기계설비의 안전조건 중 외관에 위험부위 즉 돌출부나 예리한 부위가 없어야 하며 동력전달부는 방호되어야 하는 안전조건으로 옳은 것은?

① 기능상의 안전화
② 외형의 안전화
③ 구조상의 안전화
④ 작업의 안전화

해설

기계설비의 안전조건

- 외형의 안전화 : 외관에 위험부위 즉 돌출부나 예리한 부위가 없어야 함
- 기능상의 안전화 : 기계설비의 오동작, 고장 등 이상 발생 시 안전이 확보되어야 함
- 구조상의 안전화 : 설계 시에는 응력설정을 정확히 하고 안전율을 고려해야 함
- 작업의 안전화 : 인간의 생리적, 심리적 특성을 고려
- 작업점의 안전화 : 작업점에 방호장치 설치
- 보전작업의 안전화 : 기계제작 시 보전을 전제로 설계

03 ① 04 ② 정답

05 수공구 사용 시 렌치의 이용수칙에 대한 설명 중 옳지 않은 것은?

① 보안경 및 안면 보호구 착용하고, 렌치가 미끄러지지 않도록 올바르게 잡고 사용한다.
② 조(Jaw)를 정확히 조여 사용하고, 렌치의 조정 조(Jaw)를 앞으로 향하게 하여 사용한다.
③ 렌치를 돌려서 압력이 영구턱과 반대가 되게 사용한다.
④ 렌치를 머리 위로 올릴 때는 정면에 서서 작업을 실시한다.

해설

수공구 안전대책 : 렌치

- 보안경 및 안면 보호구 착용하고, 렌치가 미끄러지지 않도록 올바르게 잡고 사용
- 조(Jaw)를 정확히 조여 사용, 렌치의 조정 조(Jaw)를 앞으로 향하게 하고 사용
- 렌치를 돌려서 압력이 영구턱과 반대가 되게 사용하고, 적당한 자세를 잡고 충분한 힘을 가해(밀지 않고) 당겨서 작업을 실시, 렌치를 머리 위로 올릴 때는 옆에 서서 작업 실시
- 모든 지레 작용 공구들은 사용 중 정확히 조정된 상태로 유지
- 공구와 렌치는 사용 후 깨끗이 청소한 후 공구 상자, 선반 또는 공구 걸이 등의 제자리에 보관
- 렌치는 제 규격의 것을 정확하게 사용, 너트나 볼트에는 파이프렌치 사용 금지, 기계 작동 중 렌치 사용 금지
- 사용 전 조, 핀 등이 마모되지 않았는지 점검하고, 마모된 렌치 사용 금지
- 렌치 대신 플라이어를 사용하는 등 용도에 맞지 않는 공구 사용 금지
- 꼭 맞게 하기 위해 렌치 홈에 쐐기 등을 넣는 것 금지
- 많은 힘을 얻기 위해 망치 등으로 렌치를 두드려서 사용하는 것 금지
- 공구에 파이프 등을 끼워 공구 길이를 길게 하여 지렛대 작용을 증가시켜 사용하는 것 금지

06 선반의 사용 시 이용수칙에 대한 설명 중 옳지 않은 것은?

① 공작물의 설치는 반드시 스위치 차단 후 바이트를 충분히 뗀 다음 실시한다.
② 칩 제거 작업 시 브러시를 사용하여 칩을 제거한다.
③ 절삭유, 소음, 칩 등에 의한 사고 및 질병을 예방하기 위해 보호구(귀마개, 보안경 등)를 착용한다.
④ 작업할 때는 항상 손을 보호하기 위해 면장갑을 착용한다.

해설

선반작업 시 면장갑을 착용하면 말려들어갈 위험이 있으므로 가죽장갑을 착용해야 한다. 또한 옷소매를 단정히 하는 등 적절한 작업복을 착용해야 한다.

정답 05 ④ 06 ④

07 핸드그라인더 작업 시 이용수칙에 대한 설명 중 옳지 않은 것은?

① 숫돌 파괴 시 사고를 예방하기 위해 방호덮개를 설치한다.
② 작업 시 누전에 의한 감전 예방을 위해 누전차단기를 설치한다.
③ 작업 전 연삭숫돌의 손상유무 확인 후 작업을 실시한다.
④ 작업시작 전 1분 정도 덮개를 열어둔 상태로 공회전시킨다.

해설

작업시작 전이라도 덮개를 덮어둔 안전한 상태에서 공회전시켜야 한다.

08 원심기 작업 시 이용수칙에 대한 설명 중 옳지 않은 것은?

① 방호덮개 설치 및 연동 장치를 설치한다.
② 기계 가동 전 정상 작동 여부를 확인 후 작업을 실시한다.
③ 감전을 예방하기 위해 접지를 실시한다.
④ 폭발성 물질만 원심기에서 사용금지한다.

해설

폭발성 물질, 휘발성 물질, 증기 발생 물질 등도 사용을 금지해야 한다.

09 다음 보기에서 설명하는 '이 장비'로 옳은 것은?

이 장비의 위험요인으로는 시험 시 재료 파손으로 인해 파편이 튈 위험, 고온 및 저온 실험 시 재료나 장치 표면에 의한 화상 위험, 압축 시 장비에 끼여 상해 위험 등이 있다.

① 만능재료시험기
② 고압멸균기
③ 가열건조기
④ 공기압축기

해설

만능재료시험기에 대한 설명이다.

07 ④ 08 ④ 09 ① 정답

10 **파장에 따라 200nm 이상의 광원이 인체에 심각한 손상을 가할 위험이 있는 장비로 옳은 것은?**

① 레이저 장비
② UV장비
③ 호이스트
④ 전기증착기

해설
UV장비에 대한 설명이다. 또한 UV장비는 낮은 파장이라도 장시간, 반복 노출될 경우 눈을 상하게 하거나 피부 화상의 위험이 있다.

11 **연구실책임자 · 연구활동종사자가 할 수 있는 유해광선접촉위험에 대한 효과적인 예방조치로 옳지 않은 것은?**

① 발생원의 격리, 차폐
② 차광장치 설치
③ 차광보호구 구입 및 비치
④ 안전보건표지 부착

해설
발생원을 격리 · 차폐하고 차광장치와 차광보호구를 사용하는 것이 가장 효과적인 예방조치다. 안전보건표지 부착은 실효성이 떨어지는 조치이다.

12 **망원경 등으로 레이저 빔에 노출되면 눈에 상해를 입을 수 있는 레이저 등급으로 옳은 것은?**

① 1등급
② 1M등급
③ 3B등급
④ 3R등급

해설
1M등급 레이저
- 망원경 등으로 레이저 빔에 노출되면 눈의 상해를 입을 수 있으나 특정 광학계 사용을 제외한 보통의 사용조건에서는 안전하고 위해성이 없는 등급
- 안구에 도달하는 레이저광선의 세기가 최대허용노광량 미만이 되도록, 이에 합당한 셔터 등의 안전장치를 설치하거나 보안경 등의 보호 장비를 착용한 후 레이저를 사용하여야 함

정답 10 ② 11 ④ 12 ②

13 **다음 중 방사성동위원소(RI) 사용 시 주의사항으로 옳지 않은 것은?**

① 사용 전 방사선안전보고서에 기재된 사용방법을 다시 한 번 숙지할 것
② 체외 피폭 방지를 위하여 반드시 테이블 상단 실드(Table Top Shield) 안에서만 작업할 것
③ 배기설비를 이용하여 작업실 안의 공기 중 방사성동위원소 농도를 유도공기 중농도 이하로 유지할 것
④ 재사용이 가능한 실험기자재 및 방사선작업종사자 손세척 등으로 발생되는 저농도 폐액은 2단 배수정화조로 유입, 희석하여 배출할 것

해설

재사용이 가능한 실험기자재 및 방사선작업종사자 손세척 등으로 발생되는 저농도 폐액은 3단 배수정화조로 유입, 희석하여 배출해야 한다.

14 **방사선발생장치의 사용 시 주의사항으로 옳지 않은 것은?**

① 방사선발생장치로 인한 피폭은 외부의 방사선원으로부터 노출되는 외부피폭이다.
② 피폭방호의 3원칙은 시간, 거리, 차폐이다.
③ 방사선발생장치는 사용시설 내에 고정, 설치된 상태로 보관 · 관리한다.
④ 방사선작업종사자는 사용시설 안에서만 방사선 발생장치를 제어해야 한다.

해설

방사선발생장치는 방사선안전관리자의 관리하에 방사선작업종사자만이 작동해야 하며 방사선작업종사자는 사용시설 밖에서만 방사선 발생장치를 작동해야 한다.

13 ④ 14 ④ 정답

15 다음 중 방사선관리구역의 출입에 대한 내용으로 옳지 않은 것은?

① 방사선관리구역이란 외부의 방사선량율, 공기 중의 방사성물질의 농도 또는 방사성 물질에 따라 오염된 물질의 표면의 오염도가 원자력안전위원회 규칙으로 정하는 값을 초과할 우려가 있는 곳이다.
② 방사선의 안전관리를 위하여 사람의 출입을 관리하고 출입자에 대하여 방사선의 장해를 방지하기 위한 조치가 필요한 구역이다.
③ 방사선발생장치를 이용하는 모든 장소와 방사성동위원소를 이용하는 특정 장소는 별도의 방사선관리구역으로 지정하여 출입 등을 철저히 통제해야 한다.
④ 방사선작업종사자, 수시출입자 및 방사선관리구역 출입자는 방사선 안전관리에 관한 방사선안전관리자의 조치와 권고에 따라야 한다.

해설
방사성동위원소 및 방사선발생장치를 이용하는 모든 장소는 방사선에 노출될 수 있으므로, 별도의 방사선관리구역으로 지정하여 출입 등을 철저히 통제해야 한다.

4과목

16 방사선관리구역 출입자 교육에 대한 내용으로 옳지 않은 것은?

① 방사선작업종사자가 최초 해당업무에 종사하기 전 받아야 하는 기본교육은 8시간이다.
② 방사선작업종사자가 매년 받아야 하는 정기 기본교육은 3시간이다.
③ 방사선작업종사자가 매년 받아야 하는 정기 직장교육은 3시간이다
④ 방사선관리구역의 수시출입자가 매년 받아야 하는 기본교육은 4시간이다.

해설
방사선관리구역 출입자 교육

구분	내용
방사선작업종사자	• 최초 해당업무에 종사하기 전 신규교육(기본교육 8시간 + 직장교육 4시간) • 매년 정기교육(기본교육 3시간 + 직장교육 3시간)
수시출입자	• 최초 해당업무에 종사하기 전 기본교육 또는 직장교육 3시간 • 매년 기본교육 또는 직장교육 3시간
그 외 출입자	• 출입하는 때마다 방사선장해방지 등에 대한 안전교육 이수

정답 15 ③ 16 ④

17 방사선안전관리자 또는 연구실책임자에게 연락해야 하는 방사선 사고로 옳지 않은 것은?

① 방사성 물질 등의 누설 또는 일탈 등으로 환경오염이 우려되거나 방사선작업종사자의 안전이 위협받게 되었을 때

② 차량 또는 방사성 물질 등의 화재로 인하여 방사성 물질 등의 누설이 우려될 때

③ 방사선작업종사자 및 수시출입자가 선량한도 이하로 피폭되었을 때

④ 방사성 물질 등을 도난당하거나 분실하였을 때

해설

방사선 사고 시 비상연락해야 하는 경우

- 방사성 물질 등의 누설 또는 일탈 등으로 환경오염이 우려되거나 방사선작업종사자의 안전이 위협받게 되었을 때
- 차량 또는 방사성물질 등의 화재로 인하여 방사성물질 등의 누설이 우려될 때
- 방사선작업종사자 및 수시출입자가 선량한도 이상으로 피폭되었을 때
- 방사성 물질 등을 도난당하거나 분실하였을 때
- 방사성 물질 등이 누출되어 인근주민의 긴급대피가 필요할 때

18 전기장과 자기장이 서로 공명해 만드는 파동으로 옳은 것은?

① 초단파

② 레이저

③ 전자파

④ 감마파

해설

전자파

- 전기장과 자기장이 서로 공명해 만드는 파동으로 정확한 명칭은 전기자기파(Electromagnetic Wave)이며 대기 중에 빛의 속도로 퍼져 나감
- 전자파는 주파수 크기에 따라 주파수가 낮은 순서대로 전파(장파, 중파, 단파, 초단파, 극초단파, 마이크로파) · 적외선 · 가시광선(빛) · 자외선 · X선 · 감마선 등으로 구분됨
- 방송통신용 안테나, 이동전화 단말기, 레이더, 치료용 의료기기, 각종 전자제품 등에 전자파가 이용됨

17 ③ 18 ③ 정답

19 **광자에너지가 약해 원자를 전리화시킬 수 없는 전자파를 나타내는 말로 옳은 것은?**

① 비전리전자파
② 전리전자파
③ 마이크로파
④ 극초단파

해설

- 전리전자파(Ionizing Electromagnetic Wave) : 원자와 상호작용을 일으킬 때 원자의 궤도에 강하게 결합하고 있는 전자를 떼어내어 원자를 전리(이온화)시킬 수 있는 충분한 에너지를 가지고 있는 전자파(엑스선, 감마선)
- 비전리전자파(Non-Ionizing Electromagnetic Wave) : 광자에너지가 약해 원자를 전리화시킬 수 없는 전자파

4과목

20 **전자파의 인체에 대한 작용으로 옳지 않은 것은?**

① 열작용
② 비열작용
③ 자극작용
④ 연소작용

해설

전자파가 인체에 미칠 수 있는 영향

- 열작용 : 주파수가 높고 강한 세기의 전자파에 노출돼 체온이 상승, 세포나 조직의 기능에 영향을 줄 수 있음
- 비열작용 : 미약한 전자파에 장기간 노출되었을 때 발생
- 자극작용 : 주파수가 낮고 강한 전자파에 노출되었을 때 인체에 유도된 전류가 신경이나 근육을 자극할 수 있음

정답 19 ① 20 ④

성공한 사람은 대개 지난번 성취한 것 보다 다소 높게,
그러나 과하지 않게 다음 목표를 세운다. 이렇게 꾸준히
자신의 포부를 키워간다.

– 커트 르윈 –

5과목

연구실 생물 안전관리

01 생물 안전관리 일반
02 설비설치 및 운영관리
03 생물체 관련 폐기물 안전관리
04 생물체 누출 및 감염 방지대책
과목별 예상문제

CHAPTER 01 생물 안전관리 일반

1 생물체

(1) 생물체의 종류

① **생물체** : 유전물질을 전달하거나 복제할 수 있는 모든 생물학적 존재(생식능력이 없는 유기체, 바이러스 및 바이로이드 포함)를 의미

② **(살아있는) 유전자변형생물체(LMO ; Living Modified Organism)** : 유전자변형생물체의 국가간 이동 등에 관한 법률에 정의된 바와 같이 현대 생명과학기술을 이용하여 새롭게 조합된 유전물질을 포함하고 있는 생물체

③ **유전자변형생물체(GMO ; Genetically Modified Organism)**

㉠ 기존의 생물체 속에 다른 생물체의 유전자를 끼워 넣음으로써 기존의 생물체에 존재하지 않던 새로운 성질을 갖도록 한 생물체

㉡ LMO는 생식과 번식이 가능한 살아있는 생물체만을 일컫는 데 반해, GMO는 생식이 불가능한 생물체를 모두 포함한 것으로 LMO보다 좀 더 넓은 범위의 용어임

④ **관련 용어** 22 기출

실험실	• 유전자재조합실험을 실시하는 방
실험구역	• 출입을 관리하기 위한 전실에 의해 다른 구역으로부터 격리된 실험실, 복도 등으로 구성되는 구역
연구시설	• 전실을 포함한 실험구역으로서 안전관리의 단위가 되는 구역 또는 건물을 말하며 신고 또는 허가 신청 시의 신청단위
생물안전작업대	• 실험 중 발생하는 오염 에어로졸 등이 외부로 누출되지 않도록 구조 및 규격을 갖춘 장비
생물이용연구실	• 연구실 내에서 생물체(세균, 바이러스, 진균, 동물, 곤충, 식물 등)나 생물체의 일부 또는 그 유래 물질을 취급하는 연구실 • 생물이용연구실에서는 일반생물, LMO 이외에 '고위험병원체', '생물작용제', '독소' 등을 이용하여 실험을 실시할 수 있으며, 관련 법령에 따른 생물안전 준수 및 연구시설 신고 · 허가 등의 절차를 따라야 함
LMO연구실	• 유전자변형생물체 개발과 실험을 행하는 연구실
생물안전	• 잠재적으로 인체 및 환경 위해 가능성이 있는 생물체 또는 생물재해로부터 실험자 및 국민의 건강을 보호하기 위한 지식과 기술, 그리고 장비 및 시설을 적절히 사용하도록 하는 조치
유전자재조합분자	• 핵산(합성된 핵산 포함)을 인위적으로 결합하여 구성된 분자로 살아있는 세포 내에서 복제가 가능한 것

유전자재조합실험	• 유전자재조합분자 또는 유전물질(합성된 핵산 포함)을 세포에 도입하여 복제하거나 도입된 세포를 이용하는 실험
숙 주	• 유전자재조합실험에서 유전자재조합분자 또는 유전물질(합성된 핵산 포함)이 도입되는 세포
벡 터	• 유전자재조합실험에서 숙주에 유전자재조합분자 또는 유전물질(합성된 핵산 포함)을 운반하는 수단(핵산 등)
공여체	• 벡터에 삽입하거나 또는 직접 주입하고자 하는 유전자재조합분자 또는 유전물질(합성된 핵산 포함)이 유래된 생물체
숙주-벡터계	• 숙주와 벡터의 조합
대량배양실험	• 유전자재조합실험 중 10리터 이상의 배양용량 규모로 실시하는 실험
동물을 이용하는 실험	• 유전자변형동물을 개발하거나 이를 이용하는 실험 및 기타 유전자재조합분자 또는 유전자변형생물체를 동물에 도입하는 실험
식물을 이용하는 실험	• 유전자변형식물을 개발하거나 이를 이용하는 실험 및 기타 유전자재조합분자 또는 유전자변형생물체를 식물에 도입하는 실험

(2) 고위험병원체(Selected Agents)

① 생물테러의 목적으로 이용되거나 사고 등에 의하여 외부에 유출될 경우 국민 건강에 심각한 위험을 초래할 수 있는 감염병병원체

② 고위험병원체의 종류

㉠ 세균 및 진균 : 페스트균, 탄저균(탄저균 스턴은 제외), 브루셀라균, 비저균, 멜리오이도시스균, 보툴리눔균, 이질균, 클라미디아 시타시, 큐열균, 야토균, 발진티푸스균, 홍반열 리케치아균, 콕시디오이데스균, 콜레라균

㉡ 바이러스 및 프리온 : 헤르페스 B 바이러스, 크리미안 콩고 출혈열 바이러스, 이스턴 이콰인 뇌염 바이러스, 에볼라 바이러스, 헨드라 바이러스, 라싸 바이러스, 마버그 바이러스, 원숭이폭스 바이러스, 니파 바이러스, 리프트 벨리열 바이러스, 남아메리카 출혈열 바이러스, 황열 바이러스, 서부마 뇌염 바이러스, 진드기 매개 뇌염 바이러스, 두창 바이러스, 소두창 바이러스, 베네주엘라 이콰인 뇌염 바이러스, 중증 급성호흡기 증후군 코로나 바이러스, 조류 인플루엔자 인체감염증 바이러스, 고위험 인플루엔자 바이러스, 전염성 해면상 뇌병증 병원체, 중동 호흡기 증후군 코로나 바이러스

㉢ 그 밖의 질병관리청장이 외부에 유출될 경우 공중보건상 위해 우려가 큰 세균, 진균, 바이러스 또는 프리온으로서 긴급한 관리가 필요하다고 인정하여 지정 · 공고하는 병원체

(3) 생물작용제, 독소, 실험실획득감염

① 생물작용제

㉠ 자연적으로 존재하거나 유전자를 변형하여 만들어져 인간이나 동식물에 사망, 고사(枯死), 질병, 일시적 무능화나 영구적 상해를 일으키는 미생물 또는 바이러스

㉡ 화학무기 · 생물무기의 금지와 특정화학물질 · 생물작용제 등의 제조 · 수출입 규제 등에 관한 법률로 정하는 물질

② **독소** : 생물체가 만드는 물질 중 인간이나 동식물에 사망, 고사, 질병, 일시적 무능화나 영구적 상해를 일으키는 것으로써, 화학무기 · 생물무기의 금지와 특정화학물질 · 생물 작용제 등의 제조 · 수출입 규제 등에 관한 법률로 정하는 물질

③ **실험실획득감염(Laboratory Acquired Infection)** : 실험실 혹은 실험실과 관련된 활동을 통해 얻은 유증상 혹은 무증상의 감염

2 생물안전 및 보안

(1) 생물안전(Biosafety)

① 생물안전이란 생물체 등의 취급으로 인해 초래될 가능성이 있는 위험으로부터 연구활동종사자와 국민의 건강보호를 위해 적절한 지식과 기술 등의 제반 제도를 마련 및 안전장비 · 시설 등의 물리적 장치 등을 갖추는 포괄적 행위

② 생물재해란 생물 연구실에서의 실험실 감염과 확산 등의 피해와 세균 · 곰팡이 · 바이러스 등의 병원체로 인하여 발생할 수 있는 직 · 간접적인 사고 및 피해

③ 감염병예방법에서는 생물테러의 목적으로 이용되거나 사고 등에 의하여 외부에 유출될 경우 국민 건강에 심각한 위험을 초래할 수 있는 감염병병원체를 고위험병원체로 지정하고 분리 시 질병관리청에 신고하여야 하며, 이동(분양), 반입(수입), 인수는 사전에 신고서 혹은 허가신청서 제출

④ 연구자는 보존 현황을 매년 1월 31일까지 의무적으로 신고해야 함. 고위험병원체를 연구하기 위해서는 적절한 시설을 갖추어야 하고, 연구계획단계에서 사전 국가승인을 받아야 함

⑤ 생화학무기법에서도 생물무기로 사용될 수 있는 생물작용제 54종 및 독소 13종을 지정하여 관리. '가축전염병예방법'과 '식물방역법'에서도 가축 및 식물에 관련된 생물체 관리

(2) 생물안전의 목표

① 생물재해를 방지함으로써 연구활동종사자 및 국민의 건강한 삶을 보장하고 안전한 환경을 유지

② 연구실 생물안전은 병원체와 비병원체에 따라 기준을 달리 적용해야 하며, 취급하는 생물체의 위험 특성과 실험 환경의 다양성에 따라 시설 · 장비의 선택 및 적용을 달리해야 함

(3) 생물안전관리(Biosafety Management)

① 위해 가능 생물체를 취급하면서 발생할 수 있는 위험으로부터 사람과 환경에 대한 안전성을 확보하는 일련의 활동

② 적절한 물리적 밀폐 확보, 연구자(기관)의 위해성 평가 능력 향상, 안전관리프로그램 구축 운영 등이 있음

(4) 생물위해관리(Biorisk Management)

① **생물위해** : 생물학적 요인이 일으킬 수 있는 손해 발생 가능성과 그 심각성의 조합

② **생물위해관리** : 생물위해를 관리하는 것으로 생물안전과 생물보안 측면 모두 포함

(5) 생물안전의 3가지 구성요소

① 위해성 평가(Biological Risk Assessment) 능력 확보

㉠ 실험 내용에 따른 생물안전 요구 수준과 보유 밀폐시설, 장비, 인력 등을 분석하여 연구 위해 수준을 평가하여 안전을 확보

㉡ 취급하는 생물체가 갖는 위해 정도 등을 고려하여 생물체 위험군(Risk Group) 및 연구실의 생물안전등급을 정하고 생물안전수준을 판단

㉢ 생물안전수준을 결정하기 위해 고려해야 할 사항은 취급하는 미생물 및 감염성물질 등에 의해 발생할 수 있는 잠재적 위해성임

㉣ 미생물은 사람에 대한 위해도에 따라 4가지 위험군(Risk Group)으로 분류됨

제1위험군	질병을 일으키지 않는 생물체
제2위험군	증세가 경미하고 예방 및 치료가 용이한 질병을 일으키는 생물체
제3위험군	증세가 심각하거나 치명적일 수 있으나 예방 및 치료가 가능한 질병을 일으키는 생물체
제4위험군	치명적인 질병 또는 예방 및 치료가 어려운 질병을 일으키는 생물체

② 물리적 밀폐(Physical Containment)의 확보 22 기출

㉠ 물리적 밀폐의 정의 및 목적

- 정의 : 생물체 및 감염성 물질 등을 취급 보존하는 연구 환경에서 이들을 안전하게 관리하는 방법을 확립하는 데 있어 가장 기본적인 개념
- 목적 : 연구활동종사자, 기타 관계자, 그리고 연구실과 외부 환경 등이 잠재적 위해인자 등에 노출되는 것을 줄이거나 차단하기 위함

㉡ 밀폐의 중요성

일차적 밀폐	• 연구활동 종사자와 연구실 내부 환경이 감염성 병원체 등에 노출되는 것을 방지 • 일차적 밀폐에는 정확한 미생물학적기술의 확립과 적절한 안전장비를 사용하는 것이 중요
이차적 밀폐	• 실험 외부 환경이 감염성 병원체 등에 오염되는 것을 방지 • 연구 시설의 올바른 설계 및 설치, 시설 관리 · 운영하기 위한 수칙 등을 마련하고 준수하는 활동

③ 안전운영

㉠ 기관생물안전위원회 구성, 생물안전관리책임자 임명 및 기관생물안전 관리규정 등 적절한 생물안전관리 및 운영을 위한 방안들을 확보, 체계수립, 이행 등을 통해 안전한 환경 확보

㉡ 생물체의 의도적인 잘못된 사용에 대한 예방과 사고에 대처하는 생물보안관리 필요

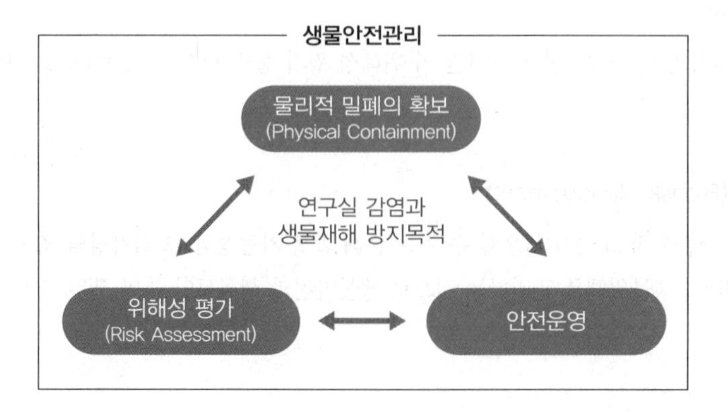

(6) 생물보안

① 감염병의 전파, 격리가 필요한 유해 동물, 외래종이나 유전자변형생물체의 유입 등에 의한 위해를 최소화하기 위한 일련의 선제적 조치 및 대책

② 연구실에서 생물학적 물질의 도난이나 의도적인 유출을 막고, 잠재적 위험성이 있는 생물학적 물질이 잘못 사용되는 상황을 사전 방지한다는 생물보안 개념도 포함

③ **생물보안의 주요요소** : 물리적 보안, 기계적 보안, 인적 보안, 정보 보안, 물질통제 보안, 이동 보안, 프로그램 관리 등의 보안 요소

(7) 생물안전등급(Biosafety Level) 22 기출

① 연구활동종사자에 대한 위해 정도와 수행하는 실험 내용, 생물체의 위험 정도에 따라서 1~4등급으로 구분

② 1~2등급은 관계행정기관에 신고만 하면 되나, 3~4등급은 인체위해성 관련 시설의 경우 질병관리청장의 허가를 받아야 하고, 환경위해성 관련 연구시설의 경우 과학기술정보통신부장관의 허가를 받아야 함

③ 연구시설의 안전관리등급 분류

등 급	대 상	허가 또는 신고여부
1등급 (BSL-1)	건강한 성인에게는 질병을 일으키지 아니하는 것으로 알려진 유전자변형생물체와 환경에 대한 위해를 일으키지 아니하는 것으로 알려진 유전자변형생물체를 개발하거나 이를 이용하는 실험을 실시하는 시설	신 고
2등급 (BSL-2)	사람에게 발병하더라도 치료가 용이한 질병을 일으킬 수 있는 유전자변형생물체와 환경에 방출되더라도 위해가 경미하고 치유가 용이한 유전자변형생물체를 개발하거나 이를 이용하는 실험을 실시하는 시설	신 고
3등급 (BSL-3)	사람에게 발병하였을 경우 증세가 심각할 수 있으나 치료가 가능한 유전자변형생물체와 환경에 방출되었을 경우 위해가 상당할 수 있으나 치유가 가능한 유전자변형생물체를 개발하거나 이를 이용하는 실험을 실시하는 시설	허 가
4등급 (BSL-4)	사람에게 발병하였을 경우 증세가 치명적이며 치료가 어려운 유전자변형생물체와 환경에 방출되었을 경우 위해가 막대하고 치유가 곤란한 유전자변형생물체를 개발하거나 이를 이용하는 실험을 실시하는 시설. 국내에는 질병관리청만이 갖고 있으며, 전세계적으로 54개가 존재	허 가

④ 생물안전등급 지정은 여러 위해군에 속하는 인자를 이용하여 작업하는 데 필요한 설계 특징, 건축물, 오염시설, 장비, 실험수행과 작업절차의 조합을 토대로 이루어짐

⑤ 생물안전등급과 생물체 위험군이 일치하는 것은 아니며, 각 등급별로 적합하게 운영해야 함

⑥ 위험군과 생물안전등급, 실행지침 및 장비와의 관련성

생물안전 등급	정 의	실험실유형	실험실 실행지침	안전장비
1등급	건강한 성인에게는 질병을 일으키지 아니하는 것으로 알려진 병원체를 이용하는 실험을 실시하는 시설	기초교육, 연구기관	GMT	없음(개방형 벤치)
2등급	사람에게 경미한 질병을 일으키고, 발병하더라도 치료가 용이한 질병을 일으킬 수 있는 병원체를 이용하는 실험을 실시하는 시설	1차 의료기관, 진단기관, 연구기관	GMT + 보호복, 생물재해 표시	개방형 벤치 + 발생 가능한 에어로졸에 대비한 생물안전작업대
3등급	사람에게 발병하였을 경우 증세가 심각할 수 있으나 치료가 가능한 병원체를 이용하는 실험을 실시하는 시설	특수진단기관, 연구기관	BSL 2 + 특수 보호복, 접근 통제, 한 방향 공기의 흐름	생물안전작업대 또는 모든 활동을 위한 1차 장비
4등급	사람에게 발병하였을 경우 증세가 치명적이며 치료가 어려운 병원체를 이용하는 실험을 실시하는 시설	위험 병원체 시설	BSL 3 + 에어록(Airlock) 출입, 퇴실 시 샤워, 폐기물 특별 처리	Class Ⅲ 생물안전작업대 또는 Class Ⅱ 생물안전작업대 사용 시 양압복, 양문형 고압증기멸균기(벽을 통한), 여과된 공기

3 생물 안전관리

(1) 생물 안전수칙

① 병원성 미생물 및 감염성 물질 취급 시 주의사항

㉠ 취급물질의 위험도를 고려한 연구시설의 생물안전등급에 따라 지정된 실험구역에서 실험을 수행할 것

㉡ 실험실 출입문은 닫힘 상태를 유지하며 허가받지 않은 사람이 임의로 실험실에 출입하지 않도록 할 것

㉢ 병원성 미생물 및 감염성 물질을 취급할 경우에는 생물안전작업대 등 안전장비 내에서 수행할 것

㉣ 모든 실험 조작은 가능한 에어로졸 발생을 최대한 줄일 수 있는 방법으로 실시할 것

㉤ 실험이 종료되었을 때에는 실험대 및 생물안전작업대를 정리, 소독하며 실험 중 오염이 발생할 경우 등 필요 시 즉시 소독할 것

㉥ 병원성 미생물 및 감염성 물질을 취급하는 실험종사자는 각 부서 내에 정상 혈청을 보관할 것

② 병원성 미생물 및 감염성 물질 운송 시 주의사항

㉠ 병원성 미생물 및 감염성 물질을 담고 있는 용기가 쉽게 파손되지 않고 밀폐가 가능한 용기를 사용하고, 사고 등에 대비하여 내용물이 외부로 유출되지 않도록 3중 포장할 것

㉡ 병원성 미생물 및 감염성 물질의 특성이 보존될 수 있도록 적절한 온도를 유지할 수 있는 조건으로 수송 또는 운반할 것

③ **병원성 미생물 및 감염성 물질의 보존관리**

㉠ 바이알, 튜브, 앰플 등 병원체 보존 단위용기에 해당 병원체명과 제조일 관련 정보를 표기하거나 표기된 라벨을 부착할 것

㉡ 병원체의 특성 및 성상을 유지할 수 있는 방법(동결, 동결건조, 냉장, 실온)으로 보존할 것

④ **병원성 미생물 및 감염성 물질의 표지 부착**

㉠ 병원성 미생물 및 감염성 물질을 취급하거나 보관하는 실험실에는 취급병원체명, 생물안전등급, 안전관리담당자, 실험실책임자의 정보를 알 수 있도록 생물안전표지판을 부착

㉡ 생물안전작업대, 배양기, 보관용 냉장고, 냉동고 등 병원성 미생물 및 감염성 물질을 취급하거나 보관하는 장소에는 생물재해(Biohazard) 표시를 부착

⑤ **병원성 미생물 및 감염성 물질의 폐기처리** : 병원체 특성 및 보존형태를 고려하여 고압증기멸균과 같은 적합한 방법으로 불활화시킨 후 폐기물관리법 및 의료폐기물 처리 매뉴얼에 따라 처리

⑥ 실험실안전관리담당자는 실험실에서 취급하거나 보관하는 병원성 미생물 및 감염성 물질의 보관위치 등에 대한 기록과 관련 자료들의 목록을 마련하여 관리하여야 함

⑦ 실험실책임자는 고위험병원체 분리, 이동, 사용 및 보존수량 등의 현황 기록을 위해 감염병의 예방 및 관리에 관한 법률 시행규칙의 고위험병원체 관리대장 및 고위험병원체 안전관리지침의 고위험병원체 사용내역대장을 작성하고 보관하여야 함

⑧ 실험실책임자는 고위험병원체의 전부 폐기 또는 이동 등으로 보존하지 않는 경우에는 고위험병원체 관리대장에 기록하고 그 내용을 청장에게 통지하여야 함

⑨ 실험실책임자는 고위험병원체를 전부 폐기한 경우 폐기 후 고위험병원체 사용내역대장 및 고위험병원체 관리대장을 5년간 보관하여야 함

⑩ 실험실책임자는 기록관리 사항을 잠금장치가 있는 서류함에 보관하고 관리하여야 함

(2) 유전자변형생물체(LMO) 이용 연구실 안전관리

① LMO를 개발하거나 이를 이용하는 실험을 실시하는 연구시설은 생물안전등급에 따라서 관계 중앙행정기관장에게 신고 또는 허가를 받아야 함

② 신고 또는 허가받은 자는 인체 또는 환경에 대한 위해 정도나 예방조치 및 치료 등에 따라서 안전관리 등급을 구분하여 연구시설 설치 · 운영 기준 이행

③ LMO를 취급하는 시설이란 단순히 중합효소 연쇄반응으로 유전자를 확인하는 실험을 하는 시설은 해당이 되지 않고, 유전자를 다른 생물체에 도입하는 것이면 모두 해당

④ 연구시설의 생물 안전관리를 위하여 LMO 보관장소에 생물위해 표시 등을 부착하여야 하며, 연구자는 연구시설 설치 · 운영 관련 기록 및 LMO 보관대장, 실험 감염사고에 대한 기록을 작성하고 보관

⑤ 생물안전 2등급 이상의 시설을 운영하는 기관에서는 생물안전위원회를 구성 · 운영하고, 생물안전관리책임자 임명

⑥ 연구활동종사자는 등급에 상관없이 생물안전교육 필수

⑦ LMO의 연구 · 개발은 연구 대상, 연구 내용 등에 따른 위해도에 따라 사전 국가승인, 사전 기관승인, 사전 기관신고 및 면제 대상으로 구분되어짐. 따라서 연구자는 이를 잘 숙지하고 연구계획단계에서 사전 위해성 평가를 실시하여 적절한 절차를 따라야 함

(3) 생물안전표지

① 출입문에 LMO 연구시설임을 알리는 생물안전표지를 부착

② 생물안전표지를 부착하여 관계자들이 인식할 수 있도록 조치

LMO 보관장소에 부착	연구시설 주 출입구에 부착
유전자변형생물체	유전자변형생물체연구시설 시 설 번 호 / 안전관리등급 / L M O 명 칭 / 운 영 책 임 자 / 연 락 처 /

※ 출처 : 중앙대학교 안전관리정보센터

4 생물안전관리조직

(1) 기관생물안전위원회(IBC ; Institutional Biosafety Committee)의 설치 · 운영

구 분	기관생물안전위원회 설치 · 운영	생물안전관리책임자 임명	생물안전관리자 지정
생물안전 1등급시설(BSL-1)	권 장	필 수	권 장
생물안전 2등급시설(BSL-2)	필 수	필 수	권 장
생물안전 3등급시설(BSL-3)	필 수	필 수	필 수

(2) 기관생물안전위원회의 구성 및 역할

① **기관생물안전위원회의 구성** : 위원장 1인, 생물안전관리책임자 1인, 외부위원 1인을 포함한 5인 이상의 내 · 외부위원

② **기관생물안전위원회의 역할**

㉠ 유전자재조합실험 등이 수반되는 실험의 위해성 평가 심사 및 승인에 관한 사항

㉡ 생물안전 교육 · 훈련 및 건강관리에 관한 사항

㉢ 생물안전관리규정의 제 · 개정에 관한 사항

㉣ 기타 기관 내 생물안전 확보에 관한 사항

③ **생물안전교육** 22 기출

㉠ 연구시설 사용자 : 연 2시간 이상

㉡ 생물안전관리책임자, 생물안전관리자 : 연 4시간 이상

㉢ 허가시설(BSL-3, 4)의 경우 안전관리전문기관에서 운영하는 교육을 이수

④ 기관생물안전위원회 조직

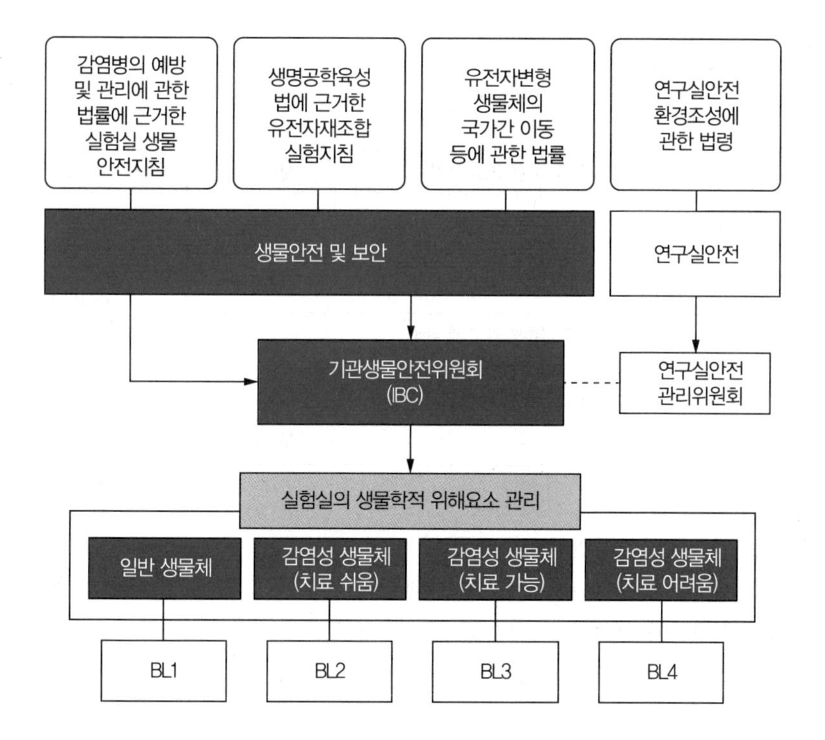

5 생물안전관리인력

(1) 생물안전관리책임자(IBO ; Institutional Biosafety Officer)

① 생물안전관리책임자의 자격요건

학 력	전 공	실무경력	생물안전교육
석사 이상	생물학, 수의학, 의학 등 보건관련 학과	–	8시간 이상 이수 (3등급 연구시설 보유 기관의 경우 20시간 이상 이수)
전문학사 이상		2년 이상	
전문학사 이상	이공계 학과	4년 이상	

② 생물안전관리책임자의 역할 22 기출

㉠ 생물안전위원회 운영에 관한 사항

㉡ 생물안전관리규정 제 · 개정에 관한 사항

㉢ 기관 내 생물안전 준수사항 이행 · 감독에 관한 사항

㉣ 기관 내 생물안전 교육 · 훈련 이행에 관한 사항

㉤ 연구실 생물안전 사고 조사 및 보고에 관한 사항

㉥ 생물안전에 관한 국내외 정보수집 및 제공에 관한 사항

㉦ 생물안전관리자 지정에 관한 사항

㉧ 그 밖에 기관 내 생물안전 확보에 관한 사항

(2) 생물안전관리자

① 생물안전관리자는 생물안전관리책임자를 보좌하는 자

② 생물안전관리자의 자격요건 : 생물안전관리책임자의 자격요건에 해당하거나, 다음 자격요건을 요충하는 자

학 력	국가자격증 혹은 기술자격증	실무경력	생물안전교육
무 관	국가기술자격법의 안전관리분야 기사 이상	–	8시간 이상 이수 (3등급 연구시설 보유 기관의 경우 20시간 이상 이수)
	국가기술자격법의 안전관리분야 산업기사	1년 이상	
	엔지니어링진흥법의 건축설비, 전기공사, 공조냉동, TAB 등 분야의 중급기술자 이상의 자격	–	
고등기술학교	–	6년 이상	

③ 생물안전관리자의 역할

㉠ 기관 또는 연구실 내 생물안전관리 실무

㉡ 기관 또는 연구실 내 생물안전 준수사항 이행 감독 실무

㉢ 기관 또는 연구실 내 생물안전 교육 · 훈련 이행 실무

㉣ 기관 또는 연구실 내 연구실 생물안전 사고 조사 및 보고 실무

㉤ 기관 또는 연구실 내 생물안전에 필요한 정보수집 및 제공

㉥ 기타 기관 또는 연구실 내 생물안전 확보에 관한 사항

(3) 고위험병원체 전담관리자

① 기관의 장을 보좌하며, 고위험병원체의 취급 · 관리에 필요한 충분한 지식을 갖춘 자로 고위험병원체 관리책임자와 실무관리자(필요 시 지정)가 있음

② 고위험병원체 전담관리자 자격요건

학 력	전 공	실무경력 (보건의료 또는 생물 관련 분야 경력)	고위험병원체 취급교육
전문대학 이상의 대학 졸업 또는 이와 동등한 학력	보건의료, 생물 관련 분야	–	매년 이수
전문대학 이상의 대학 졸업 또는 이와 동등 이상의 학력	보건의료, 생물 관련 분야 외의 분야	2년 이상	
고등학교 · 고등기술학교 졸업 또는 이와 동등 이상의 학력	–	4년 이상	

③ 고위험병원체 전담관리자 역할

㉠ 법률에 의거한 고위험병원체 반입허가 및 인수, 분리, 이동, 보존현황 등 신고절차 이행

㉡ 고위험병원체 취급 및 보존지역 지정, 지정구역 내 출입 허가 및 제한 조치

㉢ 고위험병원체 취급 및 보존 장비의 보안관리

㉣ 고위험병원체 관리대장 및 사용내역 대장 기록 사항에 대한 확인

㉤ 사고에 대한 응급조치 및 비상대처방안 마련

㉥ 안전교육 및 안전점검 등 고위험병원체 안전관리에 필요한 사항

④ 고위험병원체 취급자의 기준
㉠ 고위험병원체를 취급하기 위해서는 일반적인 생물안전관리 이외에 추가적인 기준이 요구됨
㉡ 고위험병원체 취급자는 감염병예방법 및 시행규칙에서 정하는 학력 및 경력 기준을 충족해야 함

(4) 의료관리자(MD ; Medical Advisor)

① 기관 내 생물안전에 대한 의료자문과 기관 내 생물안전 사고에 대한 응급처치 및 자문을 하는 자
② 기관 내 의료관리자를 둘 수 없을 경우, 지역사회 병·의원과 연계하여 필요 시 자문을 제공할 수 있는 의료관계자를 선임하여 운영가능

(5) 시험·연구책임자[연구실 책임자(PI ; Principal Investigator)]

① 시험·연구책임자는 정해진 절차에 따라 위원회에 연구계획을 신고하여 승인을 얻은 뒤 연구 및 실험행위를 하여야 함
② 시험·연구책임자는 생물안전관리규정을 숙지하고 생물안전사고의 발생을 방지하기 위한 지식 및 기술을 갖추어야 함
③ 시험·연구책임자의 업무
㉠ 해당 유전자재조합실험의 위해성 평가
㉡ 해당 유전자재조합실험의 관리 및 감독
㉢ 시험·연구종사자에 대한 생물안전 교육 및 훈련
㉣ 유전자변형생물체의 취급관리에 관한 사항의 준수
㉤ 생물안전사고 및 기타 중요사항 발생 시 기관생물안전관리책임자에게 보고
㉥ 기타 해당 유전자재조합실험의 생물안전 확보에 관한 사항

5과목

(6) 시험·연구종사자(연구활동종사자)

① 시험·연구종사자의 업무
㉠ 생물안전 교육·훈련 이수
㉡ 생물안전관리규정 준수
㉢ 시험·연구종사자의 신체적 이상 증상, 생물안전사고를 시험·연구책임자에게 보고
㉣ 기타 해당 유전자재조합실험의 위해성에 따른 생물안전 준수사항의 이행

6 위해성 평가(Biological Risk Assessment)

(1) 생물학적 위해성 평가의 정의

① 과학적인 방법으로 미생물 및 이들이 생산하는 독소 등으로 야기될 수 있는 질병의 심각성과 발생 가능성을 여러 단계에 걸쳐 평가하는 체계적인 과정
② 연구실 환경, 연구활동종사자 및 작업 형태 등 평가하고자 하는 대상 및 목적에 따라 위험요소, 위해성의 특성, 노출의 종류 등이 달라질 수 있음
③ 위해성 평가는 사용을 고려하는 생물체의 특성과 사용할 장비 및 절차, 사용될 수 있는 동물 모델, 이용할 밀폐 장비 및 시설 등을 가장 잘 알고 있는 사람이 수행해야 함

④ 연구실책임자(PI ; Principal Investigator)는 위해성 평가를 시기에 맞게 적절히 수행하게 하고, 안전위원회와 생물안전담당자 간에 긴밀히 협조하여 적합한 장비와 시설을 이용하여 작업을 진행하도록 지원할 책임이 있음

(2) 위험요인(Hazard Factor)

① **병원체 요소**

㉠ 미생물이 가지는 미생물 위험군(Risk Group) 정보와 유전자 재조합에 의한 변이 특성, 항생제 내성, 역학적 유행주, 해외 유입성 등이 포함됨

㉡ 미생물 위험군

- 제1위험군 : 질병을 일으키지 않는 생물체
- 제2위험군 : 증세가 경미하고 예방 및 치료가 용이한 질병을 일으키는 생물체
- 제3위험군 : 증세가 심각하거나 치명적일 수 있으나 예방 및 치료가 가능한 질병을 일으키는 생물체
- 제4위험군 : 치명적인 질병 또는 예방 및 치료가 어려운 질병을 일으키는 생물체

② **연구활동종사자 요소** : 연구활동종사자의 면역 및 건강상태, 백신접종 여부, 기저질환 유무, 알러지성, 바람직하지 못한 실험습관, 생물안전 교육 이수 여부 등

③ **실험환경 요소** : 실험 시 병원체의 농도 및 양, 노출 빈도 및 기간, 에어로졸 발생실험, 대량배양실험, 유전자재조합실험, 병원체 접종 동물실험 등 위해 가능성을 포함하는지의 여부와 현재 확보하고 있는 물리적 밀폐 연구시설의 안전등급, 주사침 등 날카로운 실험기기, 안전장비 확보, 안전 및 응급조치 등

(3) 위해성(Risk)

① 위험요인에 노출되거나 위험요소로 인하여 손상이나 건강의 악영향을 일으킬 수 있는 위험성

② **위해성 증가 요소**

㉠ 유해성(Hazard) : 에어로졸 발생실험, 대량배양실험, 실험동물 감염실험, 실험실-획득 감염 병원체 이용, 미지 또는 해외유입병원체 취급, 새로운 실험방법 및 장비사용, 주사침 또는 칼 등 날카로운 도구 사용 등

㉡ 노출량(Exposure) : 연구활동종사자가 이러한 유해성에 노출되어 있는 정도

③ **OECD의 위해성 산출법** : 위해성(Risk) = 유해성(Hazard) × 노출량(Exposure)

(4) 위해성 평가(Risk Assessment)

① 특정 조건에서 위험원에 노출 시 인간 및 환경에게 일어날 수 있는 악영향 및 그 가능성 그리고 수반되는 불확실성을 과학적이고 객관적으로 규명하는 것

② 사람이 환경적 위험(Environmental Hazard)에 노출되었을 경우, 발생 가능한 영향을 정성 또는 정량적으로 추정

③ 유해물질에 대한 역학적, 임상적, 독성학적 및 환경학적 연구결과로부터 모델을 이용한 외삽법(Extrapolation)을 통해 주어진 노출 조건하에서 인간에 미칠 수 있는 건강 위해 범위를 예측하고 평가. 외삽법이란 이전의 경험과 실험으로부터 얻은 데이터를 이용하여 아직 경험해보거나 실험해 보지 못한 경우를 예측하는 기법

④ 위해성 평가를 수행하기 위해서는 취급 생물체 또는 생산 독소 등의 병원성, 질병 발생 위험성, 전파 방식, 에어로졸 발생 여부 등에 대한 과학적 근거뿐만 아니라 감염위해를 최소화시키거나 제거하기 위해 생물 안전 연구시설, 안전 장비 등에 대한 적절한 과학적 지식이 있어야 함

⑤ 위해성 평가는 연구실 환경, 연구활동종사자 및 작업 형태 등 평가하고자 하는 대상 및 목적에 따라 위험요소, 위해성의 특성, 노출의 종류 등이 달라질 수 있음

⑥ 위해성 평가 결과는 해당 실험의 위해 감소 관리를 위한 생물이용 연구실의 밀폐수준, 개인보호장비, 생물안전장비 및 안전수칙 등을 결정하는 주요 인자가 됨

⑦ 위해성 평가의 목적은 실험실에서의 발생가능한 모든 유해 · 위험요인을 평가하여 관리 · 개선하기 위함

(5) 위해성 평가의 4단계

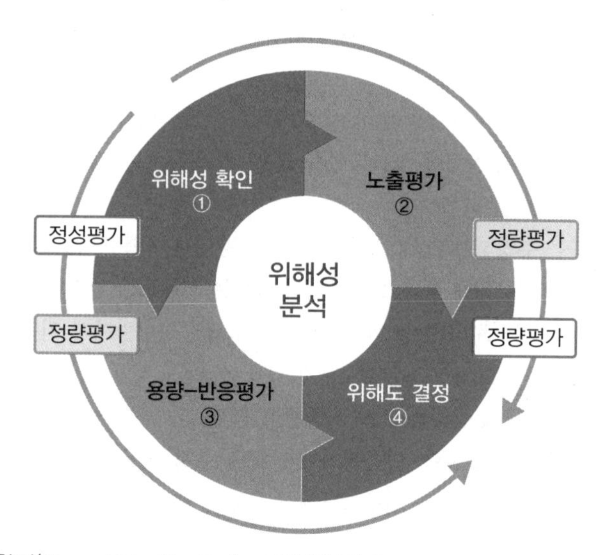

① 1단계 : 위해성 확인(Hazard Identification) – 정성적 평가

㉠ 사람이 어떤 화학물질에 노출되었을 경우, 과연 유해한 영향을 유발시키는가를 정성적으로 확인하는 단계

㉡ 그 물질에 대한 모든 동물 실험자료 및 인체 피해에 대한 자료(역학 연구)를 토대로 위험성의 여부를 확인

② 2단계 : 노출평가(Exposure Assessment) – 정량적 평가

㉠ 사람이 다양한 매체(공기, 음용수, 식품첨가물, 치료약품, 토양 등)를 통해 위해성이 확인된 유해물질에 과연 얼마나 노출되는가를 결정하는 단계

㉡ 그 물질의 매체 중 농도 또는 생물학적인 감시(Biological Monitoring) 자료들을 토대로 추정

㉢ 노출과 용량은 시간의 함수로써 표현되는데 노출은 농도와 시간으로 표현되는 반면, 용량은 양과 시간으로 표현

㉣ 위해성 평가에서 노출평가는 매우 중요한데, 영향의 정도가 총노출량보다는 노출의 패턴을 파악하는 것이 더 중요하게 고려될 수도 있기 때문임

㉤ 특정경로에 대한 총노출이 필요할 때에는 통합된 노출이 유용

㉥ 시간가중 평균이 노출평가에서 폭넓게 사용되는데, 예로 평생 일일 평균노출량(LADD ; Lifetime Average Daily Dose)을 들 수 있음

ⓢ 만성 노출을 포함하는 대부분의 위해성 평가에 있어 노출(mg/kg/day)은 다음과 같이 표현

$$\text{일생동안 일일 평균 노출량} = \frac{\text{총 용량}(Total\ Dose;mg)}{\text{체중}(kg) \times \text{수명}(days)}$$

여기서 총 용량 = 오염물질 농도 × 접촉율 × 노출 기간 × 흡수분율

- 오염물질 농도 : 인체와 접촉하고 있는 매체(공기, 물, 음식, 토양 등) 내에서 오염물질의 농도
- 접촉률 : 흡입, 소화 또는 피부 접촉을 통하여 매체와 신체가 접촉하는 비율
- 노출 기간 : 오염물질과의 접촉기간
- 흡수분율 : 접촉하여 인체 내로 들어가는 총 오염물질의 유효분율
- 대기오염에 의한 접촉률 : 일일 호흡률(성인 평균 20㎥/day)을 이용
- 음용수 섭취에 의한 접촉률 : 일일 음용수 섭취량(성인 평균 2ℓ/day)을 이용
- 흡수분율이 결정되지 않은 물질들은 인체에 노출된 양의 100%가 흡수된다고 가정함

③ 3단계 : 용량–반응 평가(Dose–response Assessment) – 정량적 평가

㉠ 사람이 유해물질의 특정 용량에 노출되었을 경우, 과연 유해한 영향을 발생시킬 확률은 얼마인가를 결정하는 단계

㉡ 사람의 반응확률을 추정하기 위해 일반적으로 고용량에서 수행된 동물 실험 자료를 이용

㉢ 사람이 노출될 수 있는 매체 중의 오염물질의 농도는 저농도로 존재하기 때문에, 용량–반응평가에서는 동물에서 사람으로의 용량 변환(Dose Scaling), 고용량에서 저용량으로의 수학적 통계모델인 외삽절차(Extrapolation Procedure)가 필요

④ 4단계 : 위해도 결정(Risk Characterization) – 정량적 평가

㉠ 위해성 확인, 노출평가 및 용량–반응평가에서 도출된 정보를 종합하여 특정 화학물질의 특정 농도에 노출되었을 경우, 개인이나 인구집단에서 유해한 영향이 발생할 확률을 결정하는 단계

㉡ 위해도의 계산

평생개인위해도 (Individual Lifetime Risk)	용량(Dose) × 발암잠재력(Potency)
인구집단위해도 (Population Risk)	평생개인위해도 × 노출인구수(Population Exposed)
상대위해도 (Relative Risk)	노출군의 발생률(Incidence Rate in Exposed Group) ÷ 비노출군의 발생률(Incidence Rate in Nonexposed Group)
표준화 사망비 (Standardized Mortality or Morbidity Ratio)	노출군의 발생률(Incidence Rate in Exposed Group) ÷ 일반인구집단의 발생률(Incidence Rate in General Population)
기대수명의 손실 (Loss Life of Expectancy)	평생개인위해도 × 36년(Average Remaining Lifetime)

7 위해성 평가와 밀폐방법

(1) 위해성 평가와 밀폐방법

① 실험에 적합한 밀폐방법이 결정되도록 실험의 위해성 평가는 다음의 요소에 따라 종합적으로 실시

㉠ 숙주 및 공여체의 위험군

㉡ 숙주 및 공여체의 독소생산성 및 알레르기 유발성

㉢ 생물체의 숙주 범위 또는 감수성 변화 여부

㉣ 배양 규모 및 농도

㉤ 실험과정 중 발생 가능한 감염경로 및 감염량

㉥ 인정 숙주-벡터계의 사용 여부

㉦ 환경에서의 생물체 안정성

㉧ 유전자변형생물체의 효과적인 처리 계획

㉨ 효과적인 예방 또는 치료의 유효성

② 실험의 밀폐등급은 숙주 및 공여체 중 가장 높은 위험군에 대응하여 결정하는 것을 기본 원칙으로 하되, 위해성 평가 결과에 따라 해당 실험의 밀폐등급을 낮추거나 높일 수 있음

(2) 숙주 및 공여체의 위험군 분류

① 인체에 미치는 위해 정도에 따라 다음의 네 가지 위험군으로 분류

㉠ 제1위험군 : 건강한 성인에게는 질병을 일으키지 않는 것으로 알려진 생물체

㉡ 제2위험군 : 사람에게 감염되었을 경우 증세가 심각하지 않고 예방 또는 치료가 비교적 용이한 질병을 일으킬 수 있는 생물체

㉢ 제3위험군 : 사람에게 감염되었을 경우 증세가 심각하거나 치명적일 수도 있으나 예방 또는 치료가 가능한 질병을 일으킬 수 있는 생물체

㉣ 제4위험군 : 사람에게 감염되었을 경우 증세가 매우 심각하거나 치명적이며 예방 또는 치료가 어려운 질병을 일으킬 수 있는 생물체

② 생물체의 위험군 분류 시 주요 고려사항 [22] 기출

㉠ 해당 생물체의 병원성

㉡ 해당 생물체의 전파방식 및 숙주범위

㉢ 해당 생물체로 인한 질병에 대한 효과적인 예방 및 치료 조치

㉣ 인체에 대한 감염량 등 기타 요인

(3) 물리적 밀폐

① 실험의 생물안전 확보를 위한 연구시설의 공학적, 기술적 설치 및 관리 · 운영을 말함

② 생물안전 밀폐연구시설 4등급

㉠ 생물안전 1등급 : 제1위험군 취급 시 요구되는 연구시설

㉡ 생물안전 2등급 : 제2위험군 취급 시 요구되는 연구시설

㉢ 생물안전 3등급 : 제3위험군 취급 시 요구되는 연구시설

㉣ 생물안전 4등급 : 제4위험군 취급 시 요구되는 연구시설

③ 대량배양실험, 동식물 · 곤충 · 어류 이용실험을 위한 연구시설 등급은 생물안전 1등급에서 4등급으로 분류

④ 생물안전 1, 2등급 연구시설을 설치 · 운영하고자 하는 자는 관계 중앙행정기관의 장에게 신고해야 하고, 인체위해성 관련 생물안전 3, 4등급 연구시설을 설치 · 운영하고자 하는 자는 질병관리청장의 허가를 받아야 함

⑤ 숙주 · 공여체 및 유전자변형생물체에 대한 추가적인 안전조치 시 고려사항

㉠ 해당 생물체의 숙주범위, 생활사, 전파방식

㉡ 해당 생물체의 침입성, 기생성, 정착성, 병원성

㉢ 해당 생물체로 인한 인체 대사계 및 면역계로의 영향 등

(4) 생물학적 밀폐

특수한 배양조건 이외에는 생존하기 어려운 숙주와 실험용 숙주 이외의 생물체로는 전달성이 매우 낮은 벡터를 조합시킨 숙주-벡터계를 이용하는 조치

설비설치 및 운영관리

1 생물안전작업대(BSC ; Biological Safety Cabinet)

(1) 생물안전작업대의 이해

① 고위험병원체 등 감염성 물질을 다룰 때 사람과 환경을 보호하기 위해 사용하는 기본적인 생물안전 장비

② 연구활동종사자 및 연구환경을 안전하게 보호하기 위해 사용하는 1차적 밀폐장치로 물리적 밀폐능이 있음

③ 생물안전작업대는 내부에 장착된 고효율 미세공기 정화필터인 헤파(HEPA ; High Efficiency Particulate Air)필터를 통해 유입된 공기를 처리

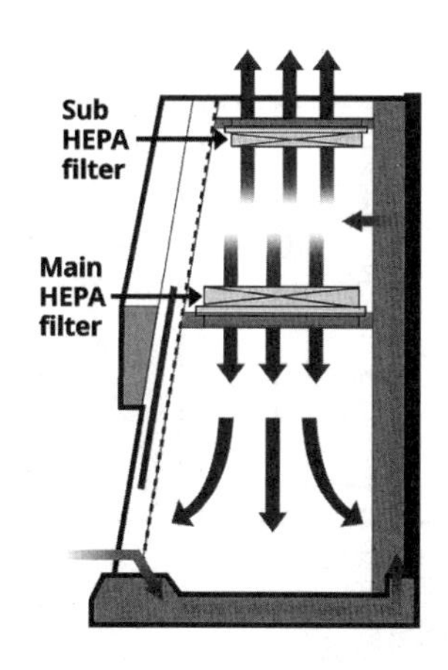

※ 출처 : 대영이화학 Bio Safety Cabinet

㉠ 헤파필터를 통과한 공기가 생물안전작업대 작업공간 내부로 유입되어 무균조작이 가능

㉡ 내부의 오염된 공기가 전면 도어 밖으로 유출되지 않도록 설계되어 연구자 및 연구환경을 보호

④ 공기흐름의 방향을 안쪽으로, 위에서 아래로 일정하게 유지함으로써 등급에 따라 시험 · 연구종사자, 연구 환경, 그리고 취급 물질 등을 안전하게 보호함

(2) 생물안전작업대의 종류

① Class Ⅰ, Ⅱ, Ⅲ가 있으며 Class Ⅱ 생물안전작업대는 구조와 공기 속도, 공기 흐름 양상, 배기 시스템 등에 따라 A형과, B형으로 나눠지며 A형은 다시 A1, A2로 구분되고, B형은 B1, B2로 나눠짐

② 생물안전작업대는 그 특성에 따라 선택하여 사용할 수 있으며, 가장 많이 사용되는 유형은 Class Ⅱ, A2 유형임

구분	특성	기타
Class Ⅰ	여과 배기, 작업대 전면부 개방, 최소 유입풍속 유지, 시험 · 연구종사자 보호	일반 미생물 실험 수행 (단, 실험물질 오염의 가능성이 있음)
Class Ⅱ	여과 급 · 배기, 작업대 전면부 개방, 최소 유입풍속 및 하방향풍속 유지, 시험 · 연구종사자 및 실험물질 보호 가능	구조, 기류 속도, 흐름 양상, 배기 시스템 등에 따라 Type A1, A2, B1, B2로 구분
Class Ⅲ	최대 안전 밀폐환경 제공, 시험 · 연구 종사자 및 실험물질 보호가능	–

구분		배기량	전면부 최소 평균 기류속도 (m/sec)
Class Ⅰ		급기의 100%	0.36
Class Ⅱ	A1	급기의 30%	0.38~0.51
	A2	급기의 30%	0.51
	B1	급기의 70%	0.51
	B2	급기의 100%	0.51
Class Ⅲ		급기의 100%	–

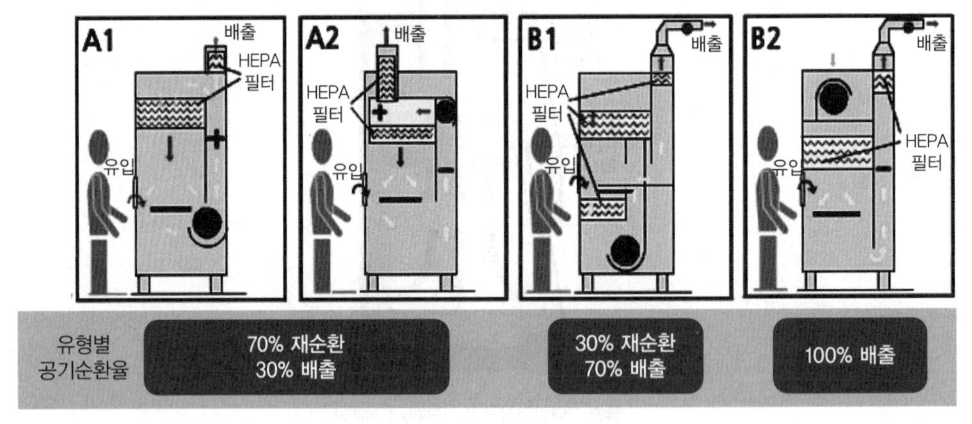

※ 출처 : 질병관리청

(3) 생물안전작업대의 일반적 주의사항

① 생물안전작업대는 취급 미생물 및 감염성물질에 따라 적절한 등급을 선택하여 공인된 규격(KSJ0012, EN12469, NSF49 등)을 통과한 제품을 구매함

② 생물안전작업대의 성능 및 규격을 인증받을 수 있는 인증서 및 성적서 등을 구매업체로부터 제공받아 검토하고 보관

③ 생물안전작업대는 항상 청결한 상태로 유지

④ 생물안전작업대에서 작업하기 전 · 후에 손을 닦고, 작업 시에는 실험복과 장갑을 착용

⑤ 생물안전작업대의 일정한 공기흐름을 방해할 수 있는 물체들(검사지, 실험노트, 휴대폰 등)은 생물안전작업대 안에 두지 않음
⑥ 피펫, 실험기기 등의 저장을 최소화하고 생물안전작업대 근처에 실험에 필요한 물건들을 둠
⑦ 생물안전작업대 내에서 실험하는 작업자는 팔을 크고 빠르게 움직이는 행위를 하지 말아야 하며, 작업대 내에서 실험 중인 작업자의 동료들은 작업자 뒤로 빠르게 움직이거나 달리는 등의 행위는 하지 말아야 함
⑧ 실험실 문을 열 때 생기는 기류, 환기 시스템, 에어컨 등으로부터 나오는 기류는 방향 등에 따라 생물안전작업대의 공기흐름에 영향을 줄 수 있음
⑨ 연구실안전관리담당자 및 연구실책임자 등은 일정기간을 두고 생물안전작업대의 공기흐름 및 헤파필터 효율 등에 대한 점검을 실시해야 함
⑩ 연구활동종사자는 생물안전작업대가 어떻게 작동하는지를 이해하고 실험을 수행하기 전에 계획을 세워 실험과정에서 발생 가능한 위해로부터 스스로를 보호해야 함

(4) 생물안전작업대의 설치 · 배치

① 생물안전작업대는 화학적 흄 후드 같은 다른 작업기구들이 위치한 반대편에 위치금지
② 개방된 전면을 통해 생물안전작업대로 흐르는 기류의 속도는 약 0.45m/s를 유지
③ 프리온을 취급하는 밀폐구역의 헤파필터는 Bag-in/Bag-out 능력이 있거나 또는 필터를 안전하게 제거하기 위한 절차를 갖추어야 함
④ 하드덕트(Hard-duct)가 있는 생물안전작업대는 배관의 말단에 배기 송풍기를 가지고 있어야 함

(5) 생물안전작업대의 종류와 특성

① 생물안전작업대는 무균작업대(Clean Bench), 흄 후드(Chemical Fume Hood), 아이솔레이터(Isolator)등 아래와 같이 그 특성이 구분되며 각각의 목적에 맞게 장비를 선택하여 사용해야 함
② 생물안전작업대의 특성
㉠ 생물안전작업대(BSC) : 외기(Class 1)또는 정화된 공기(Class 2, 3)가 작업대에 제공되고, 작업대의 공기는 정화되어 작업대 밖으로 배출되므로 환경 및 연구자를 보호할 수 있음
㉡ 흄 후드(Chemical Fume Hood) : 주로 화학실험실에서 사용하며 사용자가 위험한 화학물이나 유독가스, 연기를 마시지 않도록 보호함
㉢ 클린벤치(Clean Bench) : 정화된 공기가 작업대에 제공되고, 작업대의 공기는 개구부를 통하여 작업대 밖으로 배출되므로, 시료를 보호할 수는 있지만 연구자를 보호할 수 없음
㉣ 아이솔레이터(Isolator)
- 완전한 무균환경을 유지하는 방식으로 무균동물(Germfree Animal)과 노토바이오트(Gnotobiote) 동물을 사육할 때 사용함
- 아이솔레이터의 실내 공기는 기기에 장착된 초고성능 필터에서 여과된 후 송풍됨
- 4등급 연구시설은 별도의 덕트에 의한 아이솔레이터를 설치해야 함

아이솔레이터(Isolator)　　생물안전작업대(BSC)　　클린벤치(무균대, Clean Bench)

※ 출처 : 씨애치씨랩

③ 생물안전작업대 등의 구분과 보호대상

구 분	연구자	연구물질	연구실 환경
Chemical Fume Hood	O		O
Clean Bench		O	
Class I BSC	O		O
Class II BSC	O	O	O
Class III BSC	O	O	O
Isolator	O	O	O

(6) 생물안전작업대 사용 시 주의점

① 생물안전작업대의 전면도어를 열 때 셔터레벨 이상으로 열지 않도록 함. 셔터레벨 이상으로 도어가 열리면 내부의 오염된 공기가 외부로 유출될 수 있음

② 공기가 유입되는 그릴 부분을 막으면 외부 공기가 뒤쪽 그릴로 빨려들어가 내부가 오염되고, 실험 물질도 오염됨

③ 알코올 램프를 사용하면 상승기류가 생겨 실험 물질의 오염을 가져올 수 있으며, 헤파필터의 수명을 단축시키는 결과를 초래

④ 두 명의 연구원이 하나의 작업대를 사용할 경우 정상 기류를 방해하기 때문에 이로 인해 감염 물질 등이 외부로 유출될 수 있으며, 실험 물질이 오염될 수 있음

⑤ 생물안전작업대에서는 위험 물질을 다루므로 작업 도중 휴대전화 사용 금지

⑥ 생물안전작업대는 스테인리스로 제작되어 있지만, 특정부위가 염소 성분에 녹이 슬 수 있고, 락스 등의 소독제에 의해 산화될 수 있으므로 직접적인 사용에 주의 필요. 락스를 사용할 경우에는 희석하여 사용하고, 사용 후 물이나 70% 알코올로 다시 닦아줌

⑦ 작업대 내부에 형광램프와 UV 램프가 동시 점등된 경우 UV 램프의 점등 사실을 인지하지 못하고 작업하여 눈과 피부 등에 화상을 입을 수 있음

⑧ 작업대에 팔을 넣을 때는 손을 작업대 면과 수직이 되게 넣어 에어커튼의 교란 최소화

⑨ 주변에 사람이 지나가면 Air Barrier가 교란되므로, 1m 가량의 안전거리 확보

⑩ BSC 내 아래로 순환하는 공기와 실험 재료의 직접적인 접촉을 최소화하기 위하여 개방된 튜브 및 병은 수직으로 세워두지 않아야 하며, 페트리디쉬와 배양용기 사용 시 노출을 최소화하도록 뚜껑을 살짝 열어 실험하고 가능한 빨리 닫음
⑪ 내부 작업 지역의 모든 불필요한 항목들은 멸균하고 제거, 저장고로 사용하지 않음

(7) 생물안전작업대 사용 전 준비과정

① 라텍스 또는 니트릴 장갑을 착용하고 소매가 긴 실험복을 입으며, 평상복을 입은 채로 생물안전작업대를 사용하지 않음(필요한 경우, 일회용의 덧소매와 2중 장갑을 착용)
② UV램프를 끄고, 조명등을 켬
③ 생물안전작업대 앞면부의 그릴을 통한 공기 흡입을 막는 기타의 물체들을 치우고, 공기흡입이 잘 이루어지는지를 점검
④ 장비의 전원을 켜고 전면 도어를 셔터레벨까지 올리고 송풍기를 15분 정도 가동시켜 내부 정화
⑤ 생물안전작업대 내부 표면은 70% 에탄올 등의 적절한 소독제에 적신 종이타월로 닦아 소독하고, 작업대의 바닥, 그릴, 옆면, 전면도어 유리까지 잘 닦아줌
⑥ 생물안전작업대 내에 실험기기의 수나 양을 최소화시키도록 하고, 실험 중 물품 등으로 흡입용 그릴 위를 덮는 것을 피함
⑦ 생물안전작업대에서 물품을 빼거나 새로운 물품을 넣을 경우, 공기흐름에 주는 영향을 최소화시킴
⑧ 소니케이터(Sonicator), 블렌더(Blender), 원심분리기 등의 공기의 난기류 등을 발생시킬 수 있는 장비들을 사용할 경우 흡입용 그릴로부터 12cm 이상 떨어진 곳에 두고 작동시킴
⑨ 실험에 필요한 모든 도구들은 소독 후 작업대 내에 넣어주고, 소독제와 폐기물 용기도 넣어줌
⑩ 실험 도구는 그릴 부분으로부터 12cm 이상 안쪽으로 넣고, 청정구역 · 작업구역 · 오염구역으로 구분하여 넣어주며, 공기 유입 그릴과 안쪽의 공기 유입구를 막지 않도록 배치

(8) 실험 종료 후 작업

① 생물안전작업대 사용이 끝나면, 사용한 실험 도구들은 소독제로 잘 닦은 후 작업대 밖으로 꺼냄
② 겉에 착용했던 장갑을 폐기하고, 폐기물 봉투를 잘 묶고 작업대 밖으로 꺼냄
③ 소독제로 바닥과 그릴, 옆면, 안쪽 벽면, 전면도어 유리를 잘 닦아 오염을 제거
④ 송풍기를 10분 이상 작동시키고, 조명 등을 끈 후 UV 등을 적정 시간 동안 작동

3 고압증기멸균기(Autoclave)

(1) 고압증기멸균기

① 멸균법 중 고압증기멸균기를 이용하는 습열멸균법은 실험실 등에서 널리 사용되는 멸균법으로, 일반적으로 121℃에서 15분간 멸균처리하는 방식
② 정확하고 올바른 실험과 미생물 등을 포함한 감염성 물질들을 취급하면서 발생하는 의료폐기물을 안전하게 처리하기 위해서 고압증기멸균기의 원리를 이해하고 올바르게 사용하는 것은 매우 중요
③ 생물안전관리자 및 담당자들은 고압증기멸균기의 정상 작동에 대한 검증프로그램을 마련하여 정기적으로 관리하고 신규종사자에 대하여 관련 교육을 실시

(2) 고압증기멸균기의 사용 시 고려사항

① 고압증기멸균기의 작동 여부를 확인하기 위한 화학적, 생물학적 지표인자(Indicator) 사용
② 멸균이 진행되는 동안, 내용물을 안전하게 담은 상태로 유지할 수 있는 적절한 용기의 선택
③ 멸균을 실시할 때 마다 각 조건에 맞는 효과적인 멸균 시간 선택
④ 고압증기멸균기 사용일지의 작성 및 관리
⑤ 고압증기멸균기의 작동방법에 대한 교육 실시
⑥ 고압증기멸균기의 올바른 사용을 위해서는 멸균을 실시하기 위한 포장부터 멸균효과를 확인하는 단계까지 관리가 필요
⑦ 고압증기멸균기 근처에 사용일지를 마련하여 가동시간, 멸균 대상물, 멸균 시행자 등에 대해 기록

(3) 멸균 지표인자(Indicator)

① 화학적 지표인자(Chemical Indicator)

구분	내용
화학적 색깔변화 지표인자 (Chemical Color Change Indicator)	• 고압증기멸균기가 작동하기 시작하여, 121℃(250℉)의 적정온도에서 수 분간 노출이 되면 색깔이 변하는데, 이는 멸균기 내의 열 침투에 대해 빠른 시간 내에 시각적으로 관찰이 가능하게 하며 일반적으로 멸균 대상물의 중앙 부위에 위치하도록 배치하여 사용함 • 대부분의 화학적 지표인자는 멸균기의 온도가 121℃에 이르렀느냐를 확인시켜 줄 뿐, 멸균시간에 대한 측정 기능은 없음 • 따라서 화학적 지표인자는 병원체들이 실제로 멸균시간 동안에 사멸되었다는 것을 증명하지 못함
테이프 지표인자 (Tape Indicator)	• 테이프 지표인자는 열 감지능이 있는 화학적 지표인자가 종이테이프에 부착되어 있음 • 일반적으로 사용되는 것은 대각선 줄에 들어 있는 것도 있고 멸균용 테이프 또는 Sterile이라는 글씨에 들어있는 것도 있음 • 테이프가 고압증기멸균기 내에서 멸균하기 위해 설정한 온도에 수 분간 노출이 되면 나타나게 됨 • 테이프 지표인자는 멸균기의 온도가 121℃에 이르렀느냐를 확인시켜 줄 뿐 병원체들이 실제로 멸균시간 동안에 사멸이 되었다는 것을 증명하지는 못함 • 테이프 지표인자는 비오염화를 시키는 모든 물건에 사용할 수 있음 • 3~4개 정도의 줄이 있는 멸균테이프를 고압증기멸균용 통, 봉투, 또는 개별 용기 등의 외부 표면에 부착하여서 사용

② 생물학적 지표인자(Biological Indicator)

㉠ 고압증기멸균기의 미생물을 사멸시키는 기능이 적절한지를 가늠하기 위해서 고안된 것으로 고압증기멸균기의 효능을 측정하기 위해 사용할 수 있음
㉡ 대부분의 생물학적 지표인자는 살아있는 포자 스트립(Spore Strip)이나 포자가 들어 있는 배지와 지표 염색약이 들어 있는 작은 유리앰풀로 되어 있음
㉢ 일반적으로 생물학적 지표인자는 고압증기멸균을 한 뒤에 멸균 물품으로부터 수거하여 56℃의 배양기에 넣고 3일간 배양하거나 제조회사의 설명서에 따라 배양
㉣ 멸균하지 않은 살아있는 대조군을 배양 후에 혼탁도 또는 지시약의 색깔 변화를 비교 · 측정함
㉤ 성공적으로 멸균이 된 경우, 시험용 바이알(Vial)에서는 포자의 증식 없이 깨끗하고 맑은 용액 상태로 지시약의 색깔 변화가 없음
㉥ 바이알(Vial)의 용액이 혼탁하거나 색깔이 변했다면 용액 내 포자가 발아한 것으로, 고압증기멸균이 정상적으로 작동하지 않는 것임

(4) 사용 시 주의사항

① 정기적으로 고압증기멸균기의 부품, 상태 등이 멸균에 적합한지 점검하고 멸균기 문의 잠금 및 밀봉 상태, 기계 마모도 등은 사고위험이 될 수 있으므로 주기적으로 점검

② 고압증기멸균기 내부의 유출수 배수구에 있는 불순물 등을 제거하고 이상이 있는 경우, 관리자 및 담당 기술자들에게 연락하고 수리가 완료되기 전까지는 고압증기멸균기를 작동시키지 않음

③ 고압증기멸균기는 고온의 수증기를 이용하는 멸균방법으로 멸균을 실시하기 전, 멸균기 내부의 물 상태를 항상 점검해야 하며, 절대로 건조한 상태로 멸균기를 가동해서는 안 됨

④ 뚜껑이나 마개 등으로 튜브 등 멸균용기를 꽉 막아 놓는 것은 피하도록 함. 수증기가 잘 침투하지 못하고, 밀폐된 용기 내의 차가운 공기로 인해 멸균이 원활히 이루어질 수 없음

⑤ 멸균시간, 멸균온도 등은 대상품목의 성상, 농도, 양, 용기 재질, 오염정도 등에 따라 달라질 수 있으며, 이는 멸균 전에 연구실 책임자 또는 담당자와 상의하여 결정

⑥ 액체배지, 증류수 등 액상물질의 멸균 시에는 내용물이 배수구 등으로 유출되는 것을 방지하기 위해 스테인리스 용기 등에 넣어서 멸균

⑦ 멸균 대상물이 고압증기멸균에 적당한 것인지 확인하고, 알맞은 용기 및 포장재를 선택하여 사용하며 신문지, 종이 등으로 유리용기 등을 포장하는 것은 멸균기 오작동의 원인이 될 수 있으므로, 외부 포장재로 사용하지 않음

⑧ 멸균기 내부의 물 상태를 확인하고, 부족한 경우 증류수 또는 깨끗한 물을 첨가

⑨ 멸균 대상물 외부 중앙에 멸균테이프를 붙이고, 대상품목의 포장용기 및 멸균봉투 등은 증기가 침투할 수 있을 정도로 묶거나 닫음

⑩ 멸균기 내부에 대상물을 적절히 배치하여 한 쪽으로 몰리거나 치우치지 않게 골고루 적재

⑪ 멸균기 문의 잠금장치 등을 이용하여 완전히 닫고, 가동시간, 온도, 압력 등을 확인하고 작동시킴

5과목

(5) 사용 종료 시

① 내열성 장갑, 보안경, 고글 등의 필요한 개인보호구를 착용

② 멸균이 종료되면, 문을 열기 전에 압력이 0점에 간 것을 확인

③ 천천히 잠금장치를 풀어 문을 열고 멸균기 내에 있는 수증기를 뺌

④ 멸균기에서 물품을 꺼내기 전에 10분 정도 냉각을 시킴, 고압증기멸균기 문을 너무 빨리 열면 유리제품들은 깨질 수도 있고 피부에 화상을 입을 수 있음

⑤ 건조가 필요한 물품의 경우, 건조기에 넣어 물기를 제거하여 멸균 후 오염을 방지

⑥ 혐기성균 배양액 등 멸균 시 악취가 발생할 수 있는 경우, 고압증기멸균기용 탈취제 등을 사용하여 냄새 발생을 최소화시킬 수 있으며 멸균기 내부를 주기적으로 청소 · 관리

4 원심분리기

(1) 원심분리기는 고속회전을 통한 원심력으로 물질을 구분하는 장치로 사용 시 안전컵 · 로터의 잘못된 이용 또는 튜브의 파손에 따른 감염성 에어로졸 및 에어로졸화 된 독소의 방출과 같은 위해성이 있음

(2) 사용 시 주의 사항

① 사용설명서를 완전히 숙지한 후 사용
② 장비는 사용자가 불편하지 않은 높이로 설치
③ 원심분리관 및 용기는 견고하고 두꺼운 재질로 제조된 것을 사용하며 원심분리할 때는 항상 뚜껑을 단단히 잠가야 함
④ 병원체 또는 감염성물질을 다룰 때에는 반드시 버켓에 뚜껑이 있는 장비를 사용
⑤ 안전컵 · 로터의 외부표면 오염을 제거하고 버켓 채로 균형을 맞추어 사용하여야 하며, 동일한 무게의 버켓 내 원심관의 위치가 대각선방향으로 서로 대칭이 되도록 조정
⑥ 로터에 직접 넣을 경우 제조사에서 제공하는 지침에 따라 양을 조절
⑦ 사용하고자 하는 원심관이 홀수일 경우 증류수나 70% 알코올을 빈 원심분리관에 넣어 무게 조절용 원심분리관으로 사용
⑧ 원심분리하는 동안 에어로졸의 방출을 막기 위해 밀봉된 원심분리기 안전컵 · 로터를 사용하며, 정기적으로 안전컵 · 로터 밀봉의 무결성 검사를 실시
⑨ 사용한 후에는 로터, 버켓 및 원심분리기 내부를 알코올 솜 등을 사용하여 청소
⑩ 감염성물질을 원심분리하는 동안 에어로졸 발생이 우려될 경우 생물안전작업대 안에서 실시
⑪ 원심분리가 끝난 후에도 작업대를 최소 10분간 가동시키며 작업대 내부를 소독
⑫ 버켓에 시료를 넣을 때와 꺼낼 때에는 반드시 생물안전작업대 안에서 수행

5 균질화기, 진탕기 및 초음파 파쇄기

(1) 사용 시 주의사항

① 실험실에서는 가정용으로 판매되는 균질화 장비를 사용하지 않음
② 실험 전 장비의 결함 여부나 사용되는 뚜껑, 용기 등에 찌그러진 곳이 있는지 항상 점검하고 개스킷의 장착여부도 반드시 확인
③ 균질화기, 진탕기 및 초음파 분쇄기 등의 장비 가동 시 용기 안에는 압력이 발생하며, 이에 따라 발생하는 내부의 에어로졸은 뚜껑과 용기 사이를 통해 외부로 누출될 수 있음
④ 파손 가능성, 감염성 물질의 노출 및 작업자의 부상 가능성이 있는 유리로 제조된 용기보다는 플라스틱, PTEE(Polytetrafluoroethylene)로 제작된 용기를 사용하는 것이 좋음
⑤ 장비를 사용할 경우 투명한 플라스틱 상자에 넣어 사용하거나 생물안전작업대 안에서 사용
⑥ 사용이 끝난 후 용기는 반드시 생물안전작업대 안에서 개봉하며, 초음파 파쇄기를 사용할 경우 귀마개를 하는 것도 종사자 안전에 도움이 됨
⑦ 유리로 된 분쇄기(Grinder)는 종사자가 실험 중 사용하는 장갑과 잘 붙으므로 플라스틱으로 된 분쇄기를 사용하는 것이 좋으며 조직분쇄기는 반드시 생물안전작업대에서 사용

6 개인보호구

(1) 개인보호구(PPE ; Personal Protective Equipment)

① 미생물을 취급하거나 유해 화학물질 등을 다루는 등의 발생 가능한 위해로부터 연구자의 안전을 지켜주는 가장 기본적인 장치

② 평소 그 종류와 사용법을 숙지하고 수행하는 연구활동에 맞는 개인보호구를 선별하여 사용

③ 수행 작업에 따라 필요한 개인보호구를 선택하여 착용, 노출 경로, 신체부위, 위험인자의 특성 등을 고려하여 선택

④ 일반구역으로 실험 물질이 오염 또는 확산되는 것을 방지

㉠ 모든 개인보호구는 연구 시작 전 착용하고 종료 시 탈의(착)

㉡ 탈의(착)한 개인보호구는 지정된 장소에 보관 혹은 폐기

㉢ 지정된 실험구역 이외에서는 착용하지 않도록 함

⑤ 생물 연구활동별 보호구종류(연구실안전법 시행규칙 별표1)

㉠ 감염성 또는 잠재적 감염성이 있는 혈액, 세포, 조직 등 취급 : 보안경 또는 고글, 일회용 장갑, 수술용 마스크 또는 방진마스크

㉡ 감염성 또는 잠재적 감염성이 있으며 물릴 우려가 있는 동물 취급 : 보안경 또는 고글, 일회용 장갑, 수술용 마스크 또는 방진마스크, 잘림 방지 장갑, 방진모(먼지 방지 모자), 신발덮개

㉢ 생물체의 위험군 분류 중 건강한 성인에게는 질병을 일으키지 않는 것으로 알려진 바이러스, 세균 등 감염성 물질 취급 : 보안경 또는 고글, 일회용 장갑

㉣ 사람에게 감염됐을 경우 증세가 심각하지 않고 예방 또는 치료가 비교적 쉬운 질병을 일으킬 수 있는 바이러스, 세균 등 감염성 물질 취급 : 보안경 또는 고글, 일회용 장갑, 호흡보호구

(2) 보호복

① 물리적, 화학적, 생물학적 신체 및 피부를 보호하기 위하여 일상복 위에 착용하며 여러 가지 유해인자로부터 실험자의 피부를 보호하는 최소한의 보호장비

② 실험 수행 시 항상 착용하며, 연구활동 용도에 맞는 보호복을 선택하며, 착탈의 및 보관

③ 계절에 상관없이 평상복을 모두 덮을 수 있는 긴 소매 착용

④ 감염성 물질 등이 묻은 경우 적절한 살균이나 멸균법으로 불활성화시켜 폐기

⑤ 세탁 · 폐기 시 오염물질의 확산을 방지(일반 실험복은 보관 시 일상복과 구분하여 보관하며 정기적으로 세탁하며 일반 세탁물과 함께 세탁하지 않음)

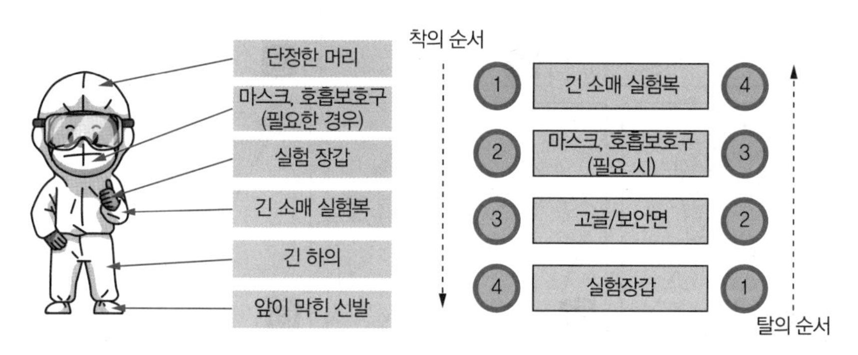

※ 출처 : 과학기술정보통신부

5과목

(3) 장갑(손보호구)

① 위험물 및 화합물, 실험 재료로부터 손을 보호하는 장비

② 노출될 수 있는 화학약품 또는 감염성 물질의 특성, 접촉기간 및 빈도, 규모, 실험 방법 등을 고려하여 장갑의 재질, 유형 및 크기, 장갑의 착용 수량 등을 결정

③ **일회용 장갑**

㉠ 폴리글로브(Poly Glove) : 물기 있는 작업이나 마찰, 열, 화학물질에 약하며 가벼운 작업에 적합

㉡ 라텍스글로브(Latex Glove) : 가볍고 값이 저렴하며 생명 관련 연구실에서 널리 사용. 액체 화학약품 취급 시에는 권장하지 않음(라텍스 알레르기 발생 우려)

㉢ 나이트릴글로브(Nitrile Glove) : 마찰과 화학물질, 윤활유, 부식제에 잘 견디고 비교적 고온에서 사용 가능

④ **재사용이 가능한 장갑**

㉠ 재사용이 가능한 장갑은 특수한 용도로 사용되는 경우가 많은데 용도에 맞게 사용자의 안전을 지킬 수 있는 장갑을 선택하여 사용

㉡ 클로로프렌 혹은 네오플랜 글로브 : 내화학성, 유성물질에 강한 성질, 화학물질 등을 다룰 때 적합

㉢ 테프론 글로브 : 내열 및 방수성 탁월, 드라이아이스 운반, 액체질소로부터 샘플 이동 시 유리

㉣ 방사선동위원소용 장갑 : 동위원소의 성격에 따라 일반 라텍스 장갑을 사용 가능하며, 경우에 따라 납이 포함된 장갑 등 사용

⑤ **장갑(손보호구) 사용 시 주의점**

㉠ 일회용 장갑은 절대로 재사용하지 말고 폐기

㉡ 적당한 시기에 교체하여 사용 중 파손된 상태 장갑 사용을 미연에 방지

㉢ 안전확보 및 그 밖의 필요 시 동일 혹은 다른 종류의 장갑을 이중으로 착용

㉣ 작업 종료 후 장갑을 벗을 때 오염된 부분을 건드리지 않는 것이 중요

⑥ **장갑 벗는 요령** : 한 손으로 다른 쪽 장갑의 손목 부분을 살짝 잡고 장갑을 뒤집으면서 벗어서 장갑 낀 손에 쥔다. 벗은 손의 손가락 1~2개를 반대편 장갑 손목 안쪽으로 넣어 뒤집듯이 벗으면 사용자의 손을 오염시키지 않고 장갑을 벗을 수 있다. 특히, 오염 물질면이 모두 안쪽으로 들어가서 오염물질의 확산을 감소시킬 수 있다.

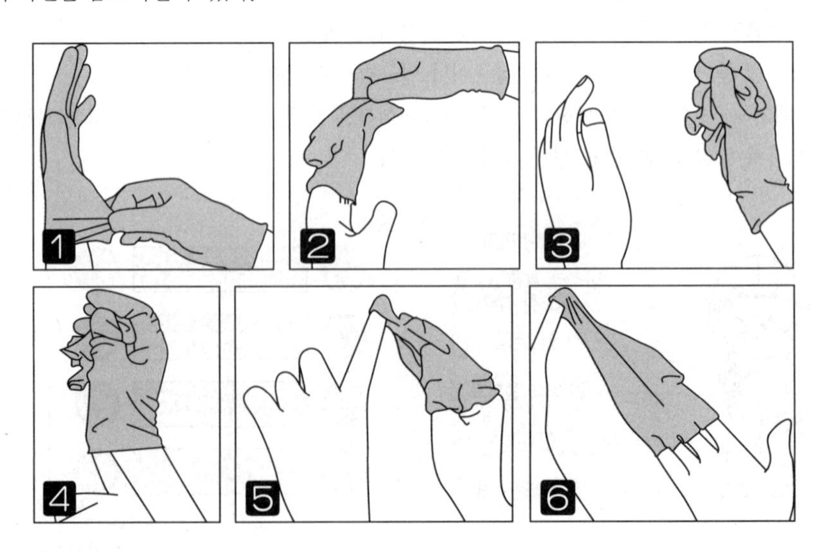

(4) 호흡보호구

① 감염성이 있는 에어로졸의 흡입 가능성이 있거나 잠재적으로 오염된 공기에 노출될 수 있는 연구를 수행할 경우 착용

② 취급병원체, 연구방법 등에 따라 적절한 보호구를 선택하여 착용

수술용 마스크 (병원체의 흡입을 막아주지는 못함)	N95 마스크	필터 교환식 마스크	전동식 마스크

(5) 신발류

① 연구실에서는 기본적으로 앞이 막히고 발등이 덮이면서 구멍이 없는 신발을 착용

② 구멍이 뚫린 신발, 슬리퍼, 샌들, 천으로 된 신발 등은 유해물질이나 날카로운 물체에 노출될 가능성이 많으므로 제외

③ 기본적인 신발 외에 시설이나 작업의 종류에 따라 덧신, 장화 등을 착용하는 경우가 있으므로 특수성을 고려하여 선택 사용

앞이 트인 실내화	앞이 막힌 신발	목이 짧은 덧신	목이 긴 덧신

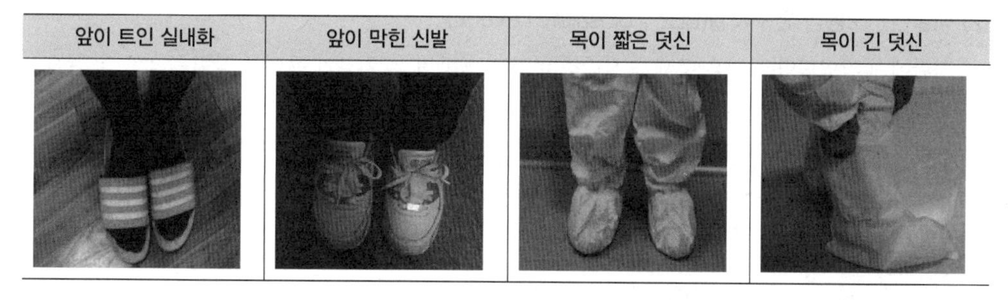

※ 출처 : 국가연구안전정보시스템

(6) 고글 · 안면보호대

① 실험 중 취급 병원체가 튀거나 충격으로부터 눈 등 안면을 보호할 필요성이 있을 때는 고글, 안면 보호대 등을 사용

② 실험용 안전안경의 경우 옆에서 튀는 액체나 파편에 대하여 눈을 보호할 수 없으나 고글은 눈 주위를 완전히 감싸기 때문에 눈을 완전히 보호할 수 있음

7 연구시설의 등급별 설치 · 운영기준

(1) 생물안전 1등급 연구시설(BL1 ; Biosafety Level 1)

건강한 성인에게는 질병을 일으키지 않는 것으로 알려진 제1위험군에 준하는 병원체를 취급 시 요구되는 연구시설

설치기준	• 실험구역과 일반구역 구분(권장) • 주출입구 잠금 장치 설치(권장) • 연구실 출입 전 개인 의류 및 실험복 보관소 설치(권장) • 고형폐기물, 실험 폐수 처리 설비(권장) • 시설 외부와 연결되는 통신 시설 설치(권장) • 고압멸균기설치(필수)
운영기준	• 적절한 개인보호장비 착의 • 지정된 구역에서 실험 수행 • 손을 자주 세척 • 기계식 피펫 사용 • 연구실에서 음식 섭취 금지 • 식품 보존, 흡연, 화장 행위 금지 • 에어로졸 발생 최소화 • 작업한 표면 오염제거 • 날카로운 물질 취급주의

(2) 생물안전 2등급 연구시설(BL2 ; Biosafety Level 2)

사람에게 감염되었을 경우 증세가 심각하지 않고 예방 또는 치료가 용이한 질병을 일으킬 수 있는 제2위험군에 준하는 병원체를 취급 시 요구되는 연구시설

설치기준	• 1등급 연구시설 기준 외에 다음 기준이 추가 적용됨 – 연구실 출입, 현관, 전실 등을 경유하도록 설치(권장) – 장비만 출입이 가능한 문 설치(권장) – 실험구역 또는 연구실 내부에 손 소독기 및 눈 세척기 설치(권장) – 고형폐기물처리 설비 설치(필수) – 생물안전작업대 설치(권장)
운영기준	• 1등급 연구시설 기준 외에 다음 기준이 추가 적용됨 – 생물안전위원회 운영 필수 – 생물 안전관리(책임)자 지정 필수 – 생물안전 1등급 연구실 이상의 안전이 요구됨 – 출입 대장 작성 – 생물안전표지 부착 – 실험 구역에서만 실험복 착용 – 유전자변형생물체 보관 장소에 생물재해표시 부착 – 유전자변형생물체 관리 대장 – 연구실 폐기물의 고압증기멸균 처리 등의 생물학적 활성 제거

(3) 생물안전 3등급 연구시설(BL3 ; Biosafety Level 3)

사람에게 감염되었을 경우 증세가 심각하거나 치명적일 수도 있으나 예방 또는 치료가 가능한 질병을 일으킬 수 있는 제3위험군에 준하는 병원체를 취급 시 요구되는 연구시설

구분	내용
설치기준	• 2등급 연구시설 기준 외에 다음 기준이 추가 적용됨 – 실험실 접근에 대한 통제 – 전실이 있어야 함 – 양문형 고압증기멸균기가 있어야 함 – 공기조절 및 음압 유지를 위한 별도의 공조장치 설치가 갖추어진 연구실
운영기준	• 2등급 연구시설 기준 외에 다음 기준이 추가 적용됨 – 출입대장 비치 및 기록 – 전용 실험복 등 보호장구 비치 및 사용 – 퇴실 시 실험복 탈의 및 샤워로 오염제거 권장 – 실험 감염 사고에 대한 기록 작성, 보고 및 보관 – 감염성 물질이 들어있는 물건 개봉 시 생물안전작업대 등 기타 물리적 밀폐장비에서 수행 – 연구활동종사자에 대한 정상 혈청 채취 및 보관 (필요 시 정기적인 혈청 채취 및 건강검진 실시) – 취급 병원체에 대한 백신이 있는 경우 접종

(4) 생물안전 4등급 연구시설(BL4 ; Biosafety Level 4)

사람에게 치명적인 질병을 일으키며 전염성이 높아 공중보건 상 심각한 위험을 가할 수 있으나 이에 대한 효과적인 예방 및 치료제가 존재하지 않는 제4위험군 병원체를 다루고자 할 때 사용되는 연구시설로 다음의 장치가 설치되어야 함

① 양압복 및 호흡용 공기공급시스템

㉠ 호흡용 공기를 공급하는 장치(BAS ; Breathing Air System)는 외부공기를 압축 및 필터링을 한 후 감압

㉡ 공기의 청정도와 온도(21 ± 2℃)를 유지하여야 하며, 유해성분이 기준치 이하여야 하고, 호흡공기에 대한 실시간 모니터링, 백업장치, 경보알람 시스템을 갖추어야 함

㉢ 양압복은 다음과 같은 기준 등을 만족하여야 함

- 양압복은 전면 일체형으로 제작되어야 하며 최종 양압복에 공급되는 청정공기의 압력은 최소 50PSI(170LPM, 온도조절시 120PSI) 이상으로 공급되어야 함
- 각 실험실의 문 앞에는 압력을 확인 및 조절할 수 있는 압력계가 장착되어야 함
- 양압복에 연결되는 노즐은 원 터치 방식으로 체결이 가능해야 함
- 양압복에 공급되는 공기는 청정된 공기를 유지하기 위해서 헤파필터 또는 이에 상응하는 필터를 장착하여야 함
- 양압복에서 호수 제거 시 자동으로 호스가 올라가는 기능이 있어야 함
- 1개소의 호스 길이는 사용공간의 최대 3배 정도의 여유 길이로 설치해야 함
- 양압복에 공급되는 공기압축기(Air Compressor)는 사용자의 안전을 위하여 최소 2개 이상을 설치해야 함
- 양압복에 사용한 헤파필터는 오염제거샤워(Decontamination Shower)에 사용하는 소독제에 영향을 받지 않는 구조로 되어야 하며 사용 후 멸균하여 폐기 처리해야 함

5과목

② 화학샤워시스템

㉠ 화학샤워실은 실험구역과 양압복 보관실의 경계에 위치

㉡ 연구자가 퇴실 시 양압복 표면에 대해 소독을 실시하는데 화학샤워는 몇 분간의 약제분사 및 물분사를 실시한 후 건조과정을 거쳐야 함

③ 폐수처리설비

㉠ BL4 시설에서 발생되는 폐수의 처리 방식으로는 화학약품처리방식과 열처리방식 등이 있음

㉡ 국내에서는 열처리방식만을 사용하여야 하며, 처리된 폐수는 별도탱크에 보관 후 1달에 1~2회 외부 위탁업체에서 수거

④ 기밀문

㉠ 기밀문은 BL4 주출입구, Pass Room, LN2탱크실, 화학샤워실 등에 설치

㉡ 공기압축방식(Bubble Tight)으로 설치 및 운전

⑤ 헤파필터시스템

㉠ 급기에는 1단의 헤파필터를 설치하여 실내공기질 유지 및 실내 양압 발생 시 급기덕트를 통한 외부 유출을 막아야 함

㉡ 배기에는 2단의 헤파필터를 설치하여 감염성병원체의 어떠한 유출도 방지

㉢ 예비용 헤파필터박스를 설치하여 시설의 중단 없이 헤파필터를 교환할 수 있어야 함

설치기준	• 3등급 연구시설 기준 외에 다음 기준이 추가 적용됨 – 출입문은 공기팽창 또는 압축밀봉이 가능한 문으로 설치 – 공조기기실은 밀폐구역과 인접하여 설치 – 밀폐시설은 콘크리트 벽에 둘러싸여진 별도의 내진설계가 반영된 실험전용건물에 설치 – 밀폐구역 내부 벽체는 콘크리트 등 밀폐를 보장할 수 있는 재질을 사용 – 내부 벽은 설정 압력의 1.25배 압력에 뒤틀림이나 손상이 없도록 설치 – 시설 환기는 시간당 최소 20회 이상 유지 – 배기 덕트에 2단의 헤파필터를 설치 – 배기 헤파필터 전단에 버블타이트형 댐퍼 또는 동급 이상의 댐퍼를 설치 – 배기 헤파필터 전단부분의 덕트 및 배기 헤파필터 박스는 2,500Pa 이상의 압력을 30분간 견디는 구조로 하고 누기율은 1% 이내를 유지 – 실험구역 또는 실험실 내부에 손 소독기 및 눈 세척기를 설치 – 밀폐구역 내 비상 샤워시설을 설치 – 오염된 실험복을 탈의할 때 사용하는 화학적 샤워장치 설치 – 양압복 및 압축공기 호흡장치 설치 – 실험폐수는 고압증기멸균을 이용하는 생물학적 활성을 제거할 수 있는 설비를 설치 – 폐수처리설비 설치, 기밀문 설치
운영기준	• 3등급 연구시설 기준 외에 다음 기준이 추가 적용됨 – 퇴실할 때에는 샤워로 오염을 제거 – 처리 전 폐기물은 별도의 안전한 장소 또는 폐기물 전용 용기에 보관 – 폐기물은 생물학적 활성을 제거한 후 처리 – 실험폐기물 처리에 대한 규정을 마련

8 유전자변형생물체의 개발 · 실험

(1) 위해가능성이 큰 유전자변형생물체 개발 · 실험의 종류 22 기출

① 종명이 명시되지 아니하고 인체위해성 여부가 밝혀지지 아니한 미생물을 이용하여 개발 · 실험하는 경우

② 척추동물에 대하여 보건복지부장관이 고시하는 기준 이상의 단백성 독소를 생산할 능력을 가진 유전자를 이용하여 개발 · 실험하는 경우

③ 자연적으로 발생하지 아니하는 방식으로 생물체에 약제내성 유전자를 의도적으로 전달하는 방식을 이용하여 개발 · 실험하는 경우. 다만, 보건복지부장관이 안전하다고 인정하여 고시하는 경우는 제외

④ 국민보건상 국가관리가 필요하다고 보건복지부장관이 고시하는 병원미생물을 이용하여 개발 · 실험하는 경우

⑤ 포장시험 등 환경방출과 관련한 실험을 하는 경우

⑥ 그 밖에 국가책임기관의 장이 바이오안전성위원회의 심의를 거쳐 위해가능성이 크다고 인정하여 고시한 유전자변형생물체를 개발 · 실험하는 경우

(2) 유전자변형생물체의 개발 · 실험승인의 변경

① 변경승인과 변경신고

변경승인	변경신고
승인사항 변경신청서를 관계 중앙행정기관의 장에게 제출하고 관계 중앙행정기관의 장은 변경신청서를 제출받은 날부터 60일 이내에 그 결과를 신청인에게 통지, 경미한 변경은 변경신고를 함	승인사항 변경신고서를 관계 중앙행정기관의 장에게 제출하고 중앙행정기관의 장은 신고인이 요구하는 경우 산업통상자원부령으로 정하는 바에 따라 변경신고에 대한 확인서를 발급

② 경미한 변경의 종류

㉠ 신청인의 사업장 주소, 연락처

㉡ 연구책임자의 성명, 주소, 연락처

㉢ 생물안전관리책임자의 성명, 주소, 연락처

(3) 유전자변형생물체를 이용하는 시설을 설치운영 시 제출서류

① 생산공정이용시설의 설계도서 또는 그 사본

② 생산공정이용시설의 범위와 그 소유 또는 사용에 관한 권리를 증명하는 서류

③ 위해방지시설의 기본설계도서 또는 그 사본

④ 허가기준을 갖추었음을 증명하는 서류

생물체 관련 폐기물 안전관리

1 폐기물의 종류

(1) 폐기물의 구분

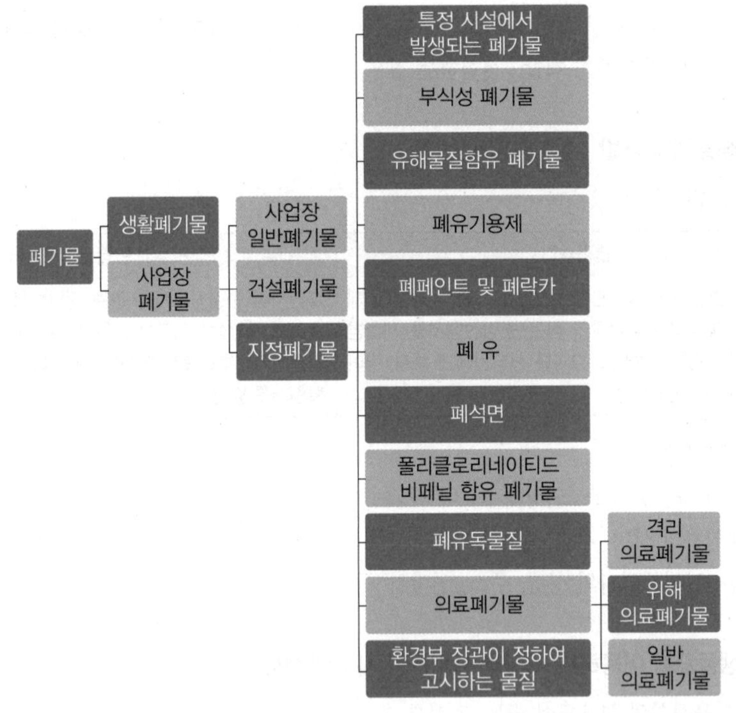

① **사업장폐기물** : 대기환경보전법, 물환경보전법 또는 소음 · 진동관리법에 따라 배출시설을 설치 · 운영하는 사업장에서 발생하는 폐기물

② **지정폐기물** : 사업장폐기물 중 폐유 · 폐산 등 주변 환경을 오염시킬 수 있거나 의료폐기물 등 인체에 위해를 줄 수 있는 해로운 물질

③ **의료폐기물** : 보건 · 의료기관, 동물병원, 시험 · 검사기관 등에서 배출되는 폐기물 중 인체에 감염 등 위해를 줄 우려가 있는 폐기물과 인체 조직 등 적출물, 실험동물의 사체 등 보건 · 환경보호상 특별한 관리가 필요하다고 인정되는 폐기물

④ **생활폐기물** : 사업장폐기물 외의 폐기물로 가정에서 배출하는 종량제봉투 배출 폐기물, 음식물류 폐기물, 폐식용유, 폐지류, 고철 및 금속캔류, 폐목재 및 폐가구류 등

(2) 지정폐기물의 종류

특정시설에서 발생되는 폐기물	• 폐합성고분자 화합물 • 오니류(수분함량이 95% 미만이거나 고형물함량이 5% 이상인 것에 한함)
부식성 폐기물	• 폐산(액체상태의 폐기물로서 수소이온농도지수가 2.0 이하인 것에 한함) • 폐알칼리
유해물질 함유 폐기물 (환경부령이 정하는 물질을 함유한 것)	• 폐산(액체상태의 폐기물로서 수소이온농도지수가 2.0 이하인 것에 한함) • 분진(대기오염방지시설에서 포집된 것에 한하되, 소각시설에서 발생되는 것 제외) • 폐주물사 및 샌드블라스트 폐사, 폐내화물 및 재벌구이전에 유약을 바른 도자기조각, 소각재, 안정화 또는 고형화 처리물, 폐촉매, 폐흡착제 및 폐흡수제
폐유기용제	• 할로겐족(아래의 물질 또는 이를 함유한 물질에 한함) • 기타 폐유기용제
폐페인트 및 폐락카	• 페인트 및 락카와 유기용제가 혼합된 것으로써 페인트 및 락카 제조업, 용적 5㎥ 이상 또는 동력 3마력 이상의 도장시설, 폐기물을 재활용하는 시설에서 발생되는 것과 페인트 보관용기에 잔존하는 페인트를 제거하기 위하여 유기용제와 혼합된 것 포함
폐 유	• 기름성분을 5% 이상 함유한 것을 포함하며, 폴리클로리네이티드비페닐 함유 폐기물 및 폐식용유 제외
폐석면	• 석면의 제조 · 가공 시 또는 공작물 · 건축물의 제거 시 발생되는 것(스레트 등 고형화되어 있어 비산될 우려가 없는 것 제외) • 스레트 등 고형화된 석면제품 등의 연마 · 절단 · 가공 공정에서 발생된 부스러기 및 연마 · 절단 · 가공 시설의 집진기에서 모아진 분진 • 석면의 제거작업에 사용된 비닐시트 · 방진마스크 · 작업복 등
폴리클로리네이티드비페닐 함유 폐기물	• 액체상태의 것(1리터당 2㎎ 이상 함유한 것에 한함) • 스레트 등 고형화된 석면제품 등의 연마 · 절단 · 가공 공정에서 발생된 부스러기 및 연마 · 절단 · 가공 시설의 집진기에서 모아진 분진
폐유독물	• 유해화학물질관리법 제2조 제3호의 규정에 의한 유독물을 폐기하는 경우에 한함
감염성 폐기물	• 환경부령이 정하는 의료기관이나 시험 · 검사기관 등에서 발생되는 것에 한함
기 타	• 주변환경을 오염시킬 수 있는 유해한 물질로서 환경부 장관이 정하여 고시하는 물질 – 오니류 · 폐흡착제 및 폐흡수제에 함유된 유해물질 – 광재 · 분진 · 폐주물사 · 폐사 · 폐내화물 · 도자기조각 · 소각재 · 안정화 또는 고형화처리물 및 폐촉매에 함유된 유해물질

(3) 의료폐기물의 종류

① 의료폐기물

㉠ 보건 · 의료기관, 동물병원, 시험 · 검사기관 등에서 배출되는 폐기물 중 인체에 감염 등 위해를 줄 우려가 있는 폐기물

㉡ 인체 조직 등 적출물, 실험동물의 사체 등, 보건 · 환경보호상 특별한 관리가 필요하다고 인정되는 폐기물

② 기관에서 발생하는 의료폐기물 중 인체, 환경 등에 질병을 일으키거나 감염가능성이 있는 폐기물에 대해서는 소독 및 멸균을 실시하여 오염원을 제거한 후 폐기

③ 의료폐기물의 종류 [22] 기출

격리의료폐기물	• 감염병으로부터 타인을 보호하기 위하여 격리된 사람에 대한 의료행위에서 발생한 일체의 폐기물
위해의료폐기물	• 조직물류폐기물 : 인체 또는 동물의 조직 · 장기 · 기관 · 신체의 일부, 동물의 사체, 혈액 · 고름 및 혈액생성물(혈청, 혈장, 혈액제제), 채혈진단에 사용된 혈액이 담긴 검사튜브, 용기 등 • 병리계폐기물 : 시험 · 검사 등에 사용된 배양액, 배양용기, 보관균주, 폐시험관, 슬라이드, 커버글라스, 폐배지, 폐장갑 • 손상성폐기물 : 주사바늘, 봉합바늘, 수술용 칼날, 한방침, 치과용침, 파손된 유리재질의 시험기구 • 생물 · 화학폐기물 : 폐백신, 폐항암제, 폐화학치료제 • 혈액오염폐기물 : 폐혈액백, 혈액 투석 시 사용된 폐기물, 그 밖에 혈액이 유출될 정도로 포함되어 있어 특별한 관리가 필요한 폐기물
일반의료폐기물	• 혈액 · 체액 · 분비물 · 배설물이 함유되어 있는 탈지면, 붕대, 거즈, 일회용 기저귀, 생리대, 일회용 주사기, 수액 세트
기 타	• 의료폐기물이 아닌 폐기물로서 의료폐기물과 혼합되거나 접촉된 폐기물은 혼합되거나 접촉된 의료폐기물과 같은 폐기물 • 채혈 진단에 사용된 혈액이 담긴 검사 튜브, 용기 등은 조직물류폐기물

(4) 생물이용 연구실의 주요폐기물

부식성폐기물	폐산, 폐알칼리
폐유기용제	할로겐족 또는 이름 포함한 물질, 기타 폐유기용제
의료폐기물	의료기관이나 시험 · 검사기관 등에서 발생되는 폐기물
LMO폐기물	LMO를 이용한 실험에서 발생되는 폐기물
기 타	방사성 폐기물 등

2 전용용기의 사용, 보관, 표시

(1) 전용용기의 사용 [22] 기출

① 전용용기는 환경부장관이 지정한 기관이나 단체가 환경부장관이 정하여 고시한 검사기준에 따라 검사한 전용용기만을 사용하고 한번 사용한 전용용기는 재사용 금지

② 전용용기는 다른 종류의 의료폐기물을 혼합하여 보관할 수 있음

③ 단, 봉투용 용기, 골판지류 상자형 용기에는 합성수지류 상자형 용기를 사용해야 하는 의료폐기물을 혼합하여 보관할 수 없음

(2) 전용용기의 종류 [22] 기출

구 분	설 명	예 시
골판지류 상자형	• 위해의료폐기물 중 병리계, 생물화학, 혈액오염 폐기물과 일반 의료폐기물 등의 고상폐기물을 처리할 때 사용 • 내부에 봉투형 용기를 붙이거나 넣어서 사용 • 사용종료 즉시 이송 보관하여 배출	
봉투형	• 골판지류 용기와 동일한 기준으로 혼합 보관할 수 있으나 위탁처리 시 골판지류(또는 합성수지류) 용기에 담아 배출 • 용량의 75% 미만으로 의료폐기물을 보관	
합성수지류 상자형	• 주사바늘, 수술용 칼날, 유리 재질의 시험기구 등의 손상성 폐기물, 격리의료폐기물, 조직물류, 액상폐기물을 처리하는 경우 사용	

※ 출처 : 한국의료폐기물전용용기협회

(3) 보관방법

① 전용용기는 주기적으로 소독하여 사용

② 의료폐기물은 보관기간을 초과하여 보관하지 않음

③ 사용 중인 모든 전용용기에 반드시 뚜껑을 장착하며 항상 닫아 둠

④ 의료폐기물은 발생한 때부터 종류별로 구분하여 전용용기에 넣어 보관

⑤ 감염위험이 있는 폐기물은 고압멸균 등 적절한 방법으로 불활화시킨 후 배출

⑥ 의료폐기물의 투입이 끝난 전용용기는 내용물이 새어나오지 않도록 밀폐포장

⑦ 의료폐기물을 넣은 봉투형 용기를 이동 시, 반드시 뚜껑이 있고 견고한 전용운반구를 사용하고 사용한 전용운반구는 약물소독의 방법으로 소독

(4) 표시방법

① 전용용기의 표시사항에는 배출자와 사용개시 연월일(의료폐기물을 전용용기에 최초로 넣은 날)을 반드시 표기

② 표시의 예 [22] 기출

이 폐기물은 감염의 위험성이 있으므로 주의하여 취급하시기 바랍니다.			
배출자	국립보건연구원 생물안전평가과	종류 및 성질과 상태	병리계폐기물
사용개시 연월일	2015.12.30.	수거자	홍길동

5과목

③ 의료폐기물의 도형과 종류별 표시방법

도 형	의료폐기물의 종류	도형 색상
	격리 의료폐기물	붉은색
	위해 의료폐기물(재활용하는 태반 제외) 및 일반 의료폐기물	검정색(봉투형)
		노란색(상자형)
	재활용하는 태반	녹 색

3 의료폐기물 보관시설

(1) 보관시설의 유지관리

① 보관창고의 바닥과 안벽은 세척이 쉽도록 물에 잘 견디는 타일, 콘크리트 등의 재질로 설치

② 보관창고는 소독장비와 이를 보관할 수 있는 시설을 갖추고, 냉장시설에는 내부 온도를 측정할 수 있는 온도계를 부착

③ 냉장시설은 내부온도를 4℃ 이하로 유지할 수 있는 설비를 갖추어야 함

④ 보관창고, 보관장소, 냉장시설은 주 1회 이상 약물소독

⑤ 보관창고와 냉장시설은 의료폐기물이 밖에서 보이지 않는 구조로 되어있어야 하며, 외부인의 출입을 제한

⑥ 보관창고, 보관장소, 냉장시설에는 보관 중인 의료폐기물의 종류, 양, 보관기간 등을 확인할 수 있는 표지판을 설치

⑦ 의료폐기물의 보관표지

	의료폐기물 보관표지	
	① 폐기물 종류 :	② 총보관량 : kg
	③ 보관기간 :	④ 관리책임자 :
	⑤ 취급 시 주의사항 • 보관 시 : • 운반 시 :	
	⑥ 운반장소 :	

㉠ 의료폐기물의 보관표지는 보관창고와 냉장시설의 출입구 또는 출입문에 붙일 것

㉡ 표지의 색깔 : 흰색 바탕에 녹색 선과 녹색 글자

㉢ 표지의 규격 : 가로 60cm 이상×세로 40cm 이상(냉장시설은 가로 30cm 이상×세로 20cm 이상)

⑧ 의료폐기물 전용용기 · 보관시설 및 기간

폐기물 종류	전용용기 (색상)	보관시설	보관기간
격리 의료폐기물	합성수지류 (붉은색)	• 성상이 조직물류일 경우 : 전용보관시설(4℃ 이하) • 조직물류 외 : 전용보관시설(4℃ 이하) 또는 전용보관창고	7일

<table>
<tr><td rowspan="6">위해
의료폐기물</td><td rowspan="2">조직물류폐기물
(재활용하는 태반)</td><td rowspan="2">합성수지류
(녹색, 노란색)</td><td rowspan="2">전용보관시설(4℃ 이하)</td><td>15일
(치아 60일)</td></tr>
<tr><td>15일</td></tr>
<tr><td>손상성 폐기물</td><td>합성수지류</td><td rowspan="5">전용보관시설(4℃ 이하)
또는 전용보관창고</td><td>30일</td></tr>
<tr><td>병리계폐기물</td><td rowspan="4">합성수지류,
골판지류(노란색),
봉투형(검은색)</td><td>15일</td></tr>
<tr><td>생물화학폐기물</td><td>15일</td></tr>
<tr><td>혈액오염폐기물</td><td>15일</td></tr>
<tr><td colspan="2">일반 의료폐기물</td><td>15일</td></tr>
</table>

4 LMO폐기물의 처리

(1) LMO폐기물 처리설비 설치기준

① **폐기물** : 고압증기멸균 또는 화학약품처리 등 생물학적 활성을 제거할 수 있는 설비 설치

② **실험폐수** : 고압증기멸균 또는 화학약품처리 등 생물학적 활성을 제거할 수 있는 설비 설치(4등급 연구시설은 고압증기멸균 설비 설치)

(2) LMO폐기물 처리방법

① 처리 전 오염 폐기물은 별도의 안전한 장소나 용기에 보관

② 폐기물은 생물학적 활성을 제거하여 처리

③ 실험 폐기물 처리에 대한 규정을 마련

④ 폐기물 전용용기의 뚜껑을 항상 닫아 두어 폐기물에서 발생하는 에어로졸의 확산 방지

⑤ 방사성 물질과 이로 인하여 오염된 각종 실험 물품, 시약, 반응물, 소모품, 생물체 등은 방사성폐기물 관리법에 따라 폐기

5 실험폐기물의 처리

(1) 실험폐기물의 처리방법

① 실험실에서 버려지는 배양용기, 시험관, 슬라이드, 커버글라스 등은 1회용 이외에는 자체 소독, 멸균 등을 거쳐 재사용 가능하나 최종적으로 폐기할 시에는 감염성 폐기물로 처리되어야 함

② 감염성 폐기물의 실험실 내 보관은 가능한 짧게 함

③ 감염성 폐기물의 보관은 일반 폐기물과 구분하여 보관하고 감염성 폐기물 표기 및 취급사항 등을 기재하여야 함

④ 멸균 및 소각처리 시설이 확보되지 않은 실험실에서는 의료법 및 폐기물관리법에 의하여 시·도지사로부터 지정을 받은 폐기물처리업자에게 의뢰하여야 함

⑤ 실험폐기물 분류 및 처리방법

폐기물 종류	적용 폐기물	처리방법
폐유기용제	클로로포름 등 할로겐족 폐유기용제 알코올 등 할로겐족을 제외한 폐유기용제	고온소각
부식성 폐기물	폐산, 폐알칼리	고온소각
폐유독물	유해성이 있는 폐화학물질	고온소각
기타 폐기물	화학약품을 모두 사용한 시약 공병 화학물질이 묻은 장갑, 실험용 기자재 등	일반소각

(2) 폐기물의 처리기준

① 처리 전 폐기물은 별도의 안전한 장소 또는 폐기물 전용 용기에 보관

② 폐기물은 생물학적 활성을 제거한 후 처리

③ 실험폐기물 처리에 대한 규정을 마련

④ 등급별 처리기준

생물안전 1등급	• 폐기물 및 실험폐수는 고압증기멸균 또는 화학약품처리 등 생물학적 활성을 제거할 수 있는 설비에서 처리
생물안전 2등급	• 연구시설에서 배출되는 공기는 헤파필터를 통해 배기 권장
생물안전 3등급	• 연구시설에서 배출되는 공기는 헤파필터를 통해 배기 • 별도 폐수탱크를 설치하고, 압력기준(고압증기멸균 방식 : 최대 사용압력의 1.5배, 화학약품처리 방식 : 수압 70kPa 이상)에서 10분 이상 견딜 수 있는지 확인
생물안전 4등급	• 실험폐수는 고압증기멸균을 이용하는 생물학적 활성을 제거할 수 있는 설비를 설치 • 연구시설에서 배출되는 공기는 2단의 헤파필터를 통해 배기

6 세척, 소독, 멸균, 소각

(1) 소독과 멸균에 관한 용어

① 항미생물제(Antimicrobial) : 미생물을 죽이거나 미생물의 성장과 증식을 억제하는 물질

② 방부제(Antiseptic) : 미생물을 반드시 죽이지는 않으며 미생물의 성장과 증식을 저해하는 성분

③ 살생제(Biocide) : 생물체를 죽이는 물질을 지칭하는 일반적인 용어

④ 화학적 살균제(Chemical Germicide) : 미생물을 죽이는 데 사용되는 화학물질 또는 화학물질 혼합물

⑤ 오염 제거(Decontamination) : 미생물을 죽이거나 제거하는 과정. 유해 화학물질과 방사성 물질의 제거나 중화에도 같은 용어를 사용함

⑥ 소독제(Disinfectant) : 미생물은 죽이지만 포자까지는 죽이지 않는 화학물질 또는 화학물질 혼합물

⑦ 소독(Disinfection) : 미생물은 죽이지만 반드시 포자까지는 죽이지 않는 물리적 또는 화학적 수단

⑧ 살미생물제(Microbicide) : 미생물을 죽이는 화학물질 또는 화학물질 혼합물

⑨ 살포자제(Sporocide) : 미생물과 포자를 죽이는 데 사용하는 화학물질 또는 화학물질 혼합물

⑩ 멸균(Sterilization) : 모든 종류의 미생물과 포자를 죽이거나 제거하는 과정

(2) 세 척

① 소독 · 멸균을 하기 전, 대상 물품의 외부 표면 등에 부착된 유기물, 토양, 기타 이물질 등을 제거하여 효과적인 소독 · 멸균이 가능하게 하는 것

② 소독 · 멸균 대상품에 부착되어 있는 물질들은 소독 · 멸균의 효과를 저하시킬 수 있기 때문에 기계적인 마찰, 세제, 효소 등을 사용하여 충분히 이물질 등을 제거 한 후에 소독 · 멸균 등을 실시

(3) 소 독

① 미생물의 생활력을 파괴시키거나 약화시켜 감염 및 증식력을 없애는 조작을 의미

② 미생물의 영양세포를 사멸시킬 수 있으나 포자는 파괴하지 못함

③ 소독의 종류

구분	내용
자연적 소독	• 자외선 멸균법 : 자외선을 이용한 소독이나 살균법 • 여과멸균법 : 여과기로 걸러서 균을 제거시키는 방법 • 방사선 멸균법 : 방사선 방출물질을 조사시켜 세균을 사멸하는 방법
화학적 소독	• 소독제 또는 살생물제(Biocide)를 이용하여 짧은 시간에 살균하는 방법 • 소독제에 따라 살균작용기전에 다소 차이가 있음 • 살생물제는 전통적으로 미생물의 성장을 억제하거나, 물리화학적 변화를 만들어냄으로써 활성을 잃거나 사멸하게 하는 작용기전을 가짐 • 살생물제의 효과는 활성물질과 미생물의 특정 표적간의 상호작용에서 나타나며, 활성물질의 표적은 매우 다양함
물리적 소독	• 건열에 의한 방법 – 화염멸균법 : 물체를 직접 건열하여 미생물을 태워죽이는 방법, 아포까지 제거 – 건열멸균법 : 건열멸균기를 이용하여 미생물을 산화시켜 미생물 · 아포 등을 멸균하는 방법, 170℃에서 1~2시간 건열 – 소각법 등 • 습열에 의한 방법 – 자비멸균법 : 물을 끓인 후 10~30분간 처리하는 방법 – 고온증기멸균법 : 고압증기멸균기를 이용하여 120℃에서 20분 이상 멸균하는 방법, 미생물 · 아포까지 제거

④ 소독 방법에 따른 구분

구분	내용
증기소독	• 유통증기를 사용하여 소독기 내의 공기를 배제하고 1시간 이상 100℃ 이상 습열소독 • 퇴색의 우려가 있는 물건은 증기소독 금지 • 다른 물건에 염색될 우려가 있는 물건은 다른 물건과 혼합하여 증기소독 금지
자비소독 (끓임소독)	• 소독할 물건을 전부 물에 적시어 30분 이상 자비
약물소독	• 실험실에서 주로 사용하는 방법 • 석탄산수(방역용 석탄산 3% + 물 97% 혼합액) – 정량의 방역용 석탄산에 소량의 온수 또는 물을 정량이 되도록 서서히 가하며 혼합한 후 진탕해야 함 – 석탄산수는 사용할 때 마다 진탕해야 함 • 크레졸수(크레졸액 3% + 물 97% 혼합액) – 정량의 크레졸 비누액에 정량의 물을 혼합해야 함 – 크레졸수는 사용할 때마다 진탕해야 함

약물소독	• 승홍수(승홍 0.1% + 보통식염수 0.1% + 물 99.8% 혼합액) – 정량의 승홍 및 보통식염을 정량의 물에 용해해야 함 – 승홍수는 금속제가 아닌 용기에 저장해야 함 • 생석회(소량의 물을 가하면 열을 발하여 붕괴하는 것) – 생석회말(생석회에 소량의 물을 가하여 분말한 것)을 사용할 때에는 소량의 물을 가하여 분말해야 함 – 석회유(생석회 20% + 물 80%) : 정량의 생석회에 정량의 물을 서서히 가하고 충분히 혼합해야 함 • 크롤칼키수(크롤칼키 5% + 물 95% 혼합액) : 크롤칼키수의 제법 및 용법은 석회유에 따름 • 포르마린수(포르마린 3% + 물 97% 혼합액) – 정량의 포르마린에 정량의 물을 가해야 함 – 포르마린수는 사용하기 직전에 만들어야 함 • 포름알데히드 : 포르마린을 분무하여 발생시키거나 적당한 장치에 의하여 발생시킴
일광소독	• 의류, 침구, 용구, 도서, 서류, 기타 물건에 위의 소독방법을 실시할 수 없는 경우 사용

⑤ 소독제는 가격이 싸고 소독효과가 높지만 인간 및 환경 위해 가능성 때문에 저장, 취급 등에 주의하고 제조사의 사용설명서와 MSDS(Material Safety Data Sheets)을 숙지해야 함

⑥ 물체의 표면에 있는 미생물 및 세균의 아포를 사멸하는 능력별 구분

높은 수준의 소독 (High Level Disinfection)	노출시간이 충분하면 세균 아포까지 죽일 수 있으며 모든 미생물을 파괴할 수 있는(Germicidal) 소독능
중간 수준의 소독 (Intermediate Level Disinfection)	결핵균, 진균을 불활성화시키지만, 세균 아포를 죽일 수 있는 능력은 없음
낮은 수준의 소독 (Low Level Disinfection)	세균, 바이러스, 일부 진균을 죽이지만, 결핵균이나 세균 아포 등과 같이 내성이 있는 미생물은 죽이지 못함

⑦ 소독제의 소독효과에 영향을 미칠 수 있는 요인

소독제의 농도	• 일반적으로 소독제의 농도가 높을수록 소독제의 효과도 높아지지만 기구의 손상을 초래할 가능성도 높아짐 • 소독하고자 하는 물체에 부식, 착생, 기능의 이상을 주지 않으면서 살균에 적절한 농도를 유지할 수 있어야 함
미생물 오염의 종류와 농도	• 일반적으로 미생물의 수가 많을수록 소독의 효과는 감소되며 미생물의 종류에 따라서도 차이가 있음
유기물의 존재	• 혈액, 단백질, 토양 등의 오염물질은 소독제 및 멸균제가 미생물과 접촉하는 것을 방해하거나 불활성화시킴 • 유기물이 많을수록 소독에 필요한 접촉시간은 지연되므로, 소독을 실시하기 전에 세척 등의 유기물 제거과정이 필요
접촉시간	• 소독제의 효과가 나타나기 위해서는 일정 시간동안 소독제와 접촉하고 있어야 함 • 필요한 접촉시간은 소독제의 종류와 기타 다른 영향요인들에 의해 결정됨 • 일반적으로 노출시간이 길어질수록 미생물의 숫자는 감소
물리적 · 화학적 요인	• 사용하는 희석용매의 물리적 · 화학적 요인이 영향을 미칠 수 있음 • 물에 용해되어 있는 칼슘이나 마그네슘은 비누와 작용하여 침전물을 형성하거나 소독제를 중화시킬 수 있음 • 물의 종류 즉, 지하수나 경수, 수돗물 혹은 정제수인지에 따라 영향을 받음 • 온도도 소독제의 효과에 영향을 미치며, 일반적으로 온도가 높을수록 소독력은 증가 • 기구에 형성된 생막(Biofilm)은 소독제로부터 생막 안쪽의 미생물들을 보호하는 역할을 하여 소독력을 저하시키기도 함

⑧ 소독제 선정 시 고려사항

㉠ 효과적인 살균을 위해서는 적절한 소독제의 선택과 함께 효과적인 살균과 위험 및 위해도를 낮추는 올바른 사용방법을 선택하는 것이 중요함

㉡ 적절한 소독제는 다음과 같은 사항을 고려하여 선정

- 병원체의 성상 확인, 통상적인 경우 광범위 소독제를 선정
- 피소독물에 최소한의 손상을 입히면서 가장 효과적인 소독제를 선정
- 소독방법(훈증, 침지, 살포 및 분무)을 고려
- 오염의 정도에 따라 소독액의 농도 및 적용시간을 조정
- 피소독물에의 침투가능 여부 고려
- 소독액의 사용온도 및 습도 고려(일반적인 소독제는 10℃ 상승할 때마다 소독효과가 약 2~3배 상승하므로 미온수가 가장 적당하며, 포르말린 훈증소독의 경우 70~90% 습도 시 가장 효과적)
- 소독약은 단일약제로 사용하는 것이 효과적

⑨ 소독제의 종류 및 특성 [22] 기출

소독제	장 점	단 점	실험실 사용 범위	상용 농도	반응 시간	세균에 대한 효과			바이러스	비 고
						영양세균	결핵균	아 포		
알코올	낮은 독성, 부식성 없음, 잔류물 적음, 반응속도 빠름	증발속도가 빨라 접촉 시간 단축, 가연성, 고무·플라스틱 손상 가능	피부소독, 표면소독, 클린벤치 등	70~95%	10~30분	+++	++++	−	++	Ethanol : 70~80%, Isopropanol : 60~95%
석탄산 화합물	유기물에 비교적 안정적	자극성 냄새, 부식성 있음	실험장비, 기구, 실험실 바닥, 기타 표면소독 등	0.5~3%	10~30분	+++	++	+	++	아포, 바이러스에 대한 효과가 제한적
염소계 화합물	넓은 소독범위, 저렴한 가격, 저온에서도 살균 효과	피부·금속에 부식성, 빛·열에 약함, 유기물에 의해 불활성화	폐수처리, 표면소독, 기기소독, 비상 유출사고 발생 시 등	4~5%	10~60분	+++	++	++	++	유기물에 의해 중화되어 효과 감소
요오드	넓은 소독범위, 넓은 활성pH 범위	아포에 대한 가변적 소독효과, 유기물에 의해 소독력 감소	표면소독, 기기소독 등	75~100ppm	10~30분	+++	++	−/+	+	아포에 효과가 없거나 약함

제4가 암모늄	계면활성제와 함께 소독효과를 나타내고 비교적 안정적	아포에 효과가 없음, 바이러스에 제한적 효과	표면소독, 벽 · 바닥 소독 등	제조사 권장 농도	10~30분	+++	−	−	+	경수에 의해 효과 감소
글루타알데히트	넓은 소독범위, 유기물에 안정적, 금속부식성 없음	온도 · pH에 영향을 받음, 가격이 비쌈, 자극성 냄새	표면소독, 기기 · 장비 소독, 유리제품 소독	2%	10시간	++++	+++	++++	++	반응속도가 느림
산화에틸렌	넓은 소독범위, 열 또는 습기 필요하지 않음	가연성, 돌연변이성, 암 유발 가능성	가스멸균	50~1,200mg/ℓ	1~12시간	++++	+++++	++++	++	가스멸균 시 사용, 인체접촉 시 화학적 화상 유발
과산화수소	빠른 반응속도, 잔류물 없음, 낮은 독성, 친환경적	폭발가능성, 일부 금속에 부식 유발	표면소독, 기기 · 장비 소독 등	3~30%	10~60분	++++	++++	++	++++	6%,30분 처리로 아포사멸 가능

(4) 멸 균

① 멸균이란 모든 형태의 생물, 특히 미생물을 파괴하거나 제거하는 물리적, 화학적 행위 또는 처리 과정으로 습식멸균, 건열멸균, 가스멸균 등이 있음

습식멸균 (고압증기멸균)	• 멸균방법 중 가장 흔히 사용되는 방법으로 121℃에서 15분간 멸균을 실시 • 물에 의한 습기로 열전도율 및 침투효과가 좋아 멸균에 가장 효과적이며 신뢰할 수 있음 • 환경독성이 없어 많은 실험실 및 연구시설에서 사용되고 있음
건열멸균	• 160℃ 또는 그 이상의 온도에서 1~2시간동안 멸균을 실시 • 가열된 공기 속에 일정시간 이상 방치하면 포자를 포함하여 모든 미생물을 사멸시킬 수 있음
가스멸균	• 산화에틸렌 증기에 노출되는 것으로 주로 일회용 플라스틱 실험도구를 멸균하는 데 사용 • 밀폐된 공간에서 160℃의 온도로 4시간동안 노출시킴으로서 멸균을 실시

② 고압증기멸균기(Gravity Displacement Autoclave)의 구조

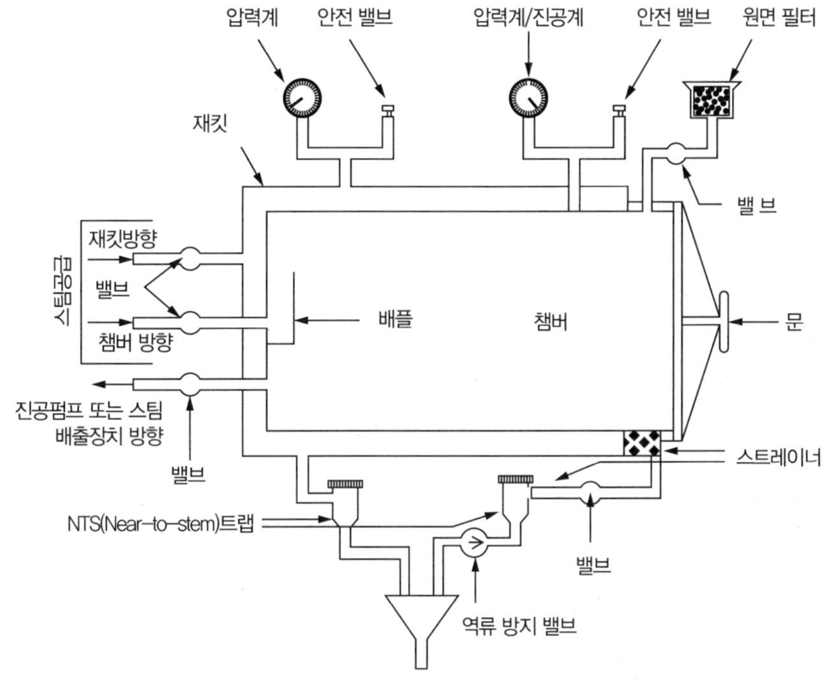

③ 병원체의 오염 제거에 사용되는 물리적 인자 가운데 가장 일반적인 것이 열

④ 건열은 완전한 비부식성이며 고온(160℃)에서 2~4시간 동안 견딜 수 있는 물품의 처리에 사용(소각도 일종의 건열)

⑤ 습열은 고압증기멸균 방식으로 사용할 때 가장 효과적, 끓인다고 해서 모든 종류의 미생물이나 병원체가 죽지는 않으나 다른 방법(화학적 소독이나 오염 제거, 고압증기멸균)이 가능하지 않은 경우에 최소한의 소독 방법으로 사용할 수 있음

⑥ 일반적으로 소독 · 멸균 효과에 영향을 미치는 요소

㉠ 유기물 양 : 혈액, 우유, 사료, 동물 분비물 등은 소독 · 멸균 효과를 저하시키며, 많은 종류의 유기물은 소독제를 중화시킴

㉡ 표면 윤곽 : 표면이 거칠거나 틈이 있으면 소독이 충분히 될 수 없음

㉢ 소독제 농도 : 모든 종류의 소독제가 고농도일 때 미생물을 빨리 죽이거나 소독 효과가 높은 것은 아니며, 대상물의 조직, 표면 등의 손상을 일으킬 수도 있음

㉣ 시간 및 온도 : 적정 온도 및 시간은 소독제의 효과를 증대시킬 수 있으나, 고온 또는 장시간 처리할 경우, 소독제 증발 및 소독효과 감소의 원인이 됨

㉤ 상대습도 : 포름알데히드의 경우 70% 이상의 상대습도가 필요

㉥ 물의 경도 및 세균의 부착능

⑦ 멸균을 실시할 때 주의사항

㉠ 멸균 전에 반드시 모든 재사용 물품을 철저히 세척

㉡ 멸균할 물품은 완전히 건조

㉢ 물품 포장지는 멸균제가 침투 및 제거가 용이해야 하며, 저장 시 미생물이나 먼지, 습기에 저항력이 있고, 유독성이 없어야 함

㉣ 멸균물품은 탱크 내 용적의 60~70%만 채우도록 하며, 가능한 같은 재료들을 함께 멸균

⑧ 일반적인 멸균 여부 확인 방법(적어도 두 가지 이상을 함께 사용)

기계적/물리적 확인 (Mechanical/Physical Indicator)	• 멸균 과정 동안의 진공, 압력, 시간, 온도를 측정하는 멸균기 소독 차트(Chart)를 확인하는 방법 • 멸균기 취급자는 멸균 과정 동안 멸균 사이클을 표시하고 기록계를 확인 • 이 방법은 멸균기 내부의 모든 부분에 대한 자료가 아니라 멸균기 내부의 한 시점에서의 상태를 나타내는 것
화학적 확인	• 멸균 과정과 관련된 하나 혹은 두 가지 이상의 변수의 변화에 의해 시각적으로 반응하는 민감한 화학제(Chemical Indicator)를 이용하는 방법 • 이 방법은 멸균 과정의 오류 발견이 비교적 쉽고 가격이 저렴 • 단점은 멸균상태를 확인하는 것 보다는 포장 물품이 멸균 과정을 거쳤는지를 확인하는 수준에 그침
생물학적 확인	• 멸균이 잘 안 되는 곳에 Bacillus Subtilis 혹은 Geobacillus Stearothermophilus Spore를 포함한 생물학적 표지자(BI ; Biological Indicator)를 멸균기에 넣고 멸균 • 멸균 후 BI 내의 세균을 배양하여 멸균 여부를 확인한다. • 멸균기를 처음 설치하였을 때나 멸균기의 주요한 수리 후, 멸균기의 위치변경 및 환경적인 변화가 있을 때, 설명할 수 없는 멸균실패가 발생했을 때, 스팀공급 및 공급라인의 변화, 물품의 적재방법 등의 변화가 있을 때에는 멸균기가 비어있는 상태에서 BI를 사용하여 연속 2회 검사를 시행. 2회 모두 멸균판정이 이루어졌을 때 멸균기를 가동

⑨ 멸균 방법은 고온을 이용한 방법과 화학적 제제를 이용한 방법으로 분류할 수 있으며, 멸균 여부를 확인할 수 있는지, 내부까지 멸균될 수 있는지, 물품의 화학적, 물리적 변화가 있을지, 멸균 후 인체나 환경에 유해한 독성이 있는지, 경제성 등을 고려하여 선택함

⑩ 의료폐기물 분류 및 처리 방법

폐기물 종류		적용 폐기물	처리방법
위해의료폐기물	조직물류	인체 또는 동물의 조직 · 장기 · 기관 · 신체의 일부, 동물의 사체, 혈액 · 고름 및 혈액생성물(혈청, 혈장, 혈액제제)	고압멸균
	병리계 폐기물	시험, 검사 등에 사용된 배양액, 배양용기, 보관균주, 폐시험관, 슬라이드, 커버글라스, 폐배지, 폐장갑	
	손상성 폐기물	주사바늘, 봉합바늘, 수술용 칼날, 한방침, 치과용침, 파손된 유리재질의 시험기구	
	혈액오염 폐기물	폐혈액백, 혈액투석 시 사용된 폐기물, 그 밖에 혈액이 유출될 정도로 포함되어 있어 관리가 필요한 폐기물	
일반의료폐기물		혈액 · 체액 · 분비물 · 배설물이 함유되어 있는 탈지면, 붕대, 거즈, 일회용 기저귀, 생리대, 일회용 주사기, 수액세트	

(5) 소 각

① 소각은 오염 제거 조치를 하거나 하지 않은 상태로 동물 사체와 해부학적 폐기물, 기타 실험실 폐기물의 처리에 유용

② 소각장치를 실험실에서 관리하는 경우에는 감염성 물질을 고압증기멸균 대신 소각할 수 있음

③ 적절한 소각을 위해서는 효율적인 온도 관리 수단과 2차 연소실이 필요. 특히, 단일 연소실을 구비한 장치는 감염성 물질, 동물 사체, 플라스틱의 처리에 적절하지 않음

④ 1차 연소실의 온도가 최소 800℃이고 2차 연소실 온도는 최소 1,000℃인 장치가 가장 이상적

⑤ 소각할 폐기물은 플라스틱 백에 담아 소각 장치로 이동하고, 소각 장치 운전자는 적재와 온도 관리에 관한 교육을 받아야 함

7 미생물의 저항성

(1) 고유 저항성(Instinct Resistance, Inherent Feature)

① 미생물의 고유한 특성, 즉 미생물의 구조, 형태 등의 특성, 균 속, 균 종 등에 따라 갖게 되는 소독제에 대한 고유 저항성을 의미

② 그람음성세균(Gram-negative Bacteria)은 그람양성세균(Gram-positive Bacteria)보다 소독제에 대한 저항성이 강하며, 포자의 경우 외막 등의 구조적 특성 때문에 영양세포보다 강한 저항성을 갖게 되므로 적합한 소독제 선택이 필요함

(2) 획득 저항성(Acquired Resistance, Develop Over Time)

① 미생물이 치사농도보다 낮은 농도의 소독제에 노출되는 과정에서 획득하는 내성

② 미생물의 염색체 유전자 변이 등에 의해 내성을 갖게 됨

(3) 소독제에 대한 미생물의 저항성

① 소독제에 대한 미생물의 저항성은 미생물의 종류에 따라 매우 다양함

② 영양형 세균, 진균, 지질 바이러스 등은 낮은 수준의 소독제에도 쉽게 사멸되며, 결핵균이나 세균의 아포는 높은 수준의 소독제에 장기간 노출되어야 사멸이 가능함

③ 소독과 멸균에 대한 미생물의 내성 수준

<table>
<tr><th>미생물</th><th>필요한 소독수준</th><th>내 성</th></tr>
<tr><td>프리온</td><td>프리온 소독방법</td><td rowspan="8">높 음
↓
낮 음</td></tr>
<tr><td>세균 아포</td><td rowspan="2">멸 균</td></tr>
<tr><td>Coccidia</td></tr>
<tr><td>항산균</td><td>높은 수준의 소독</td></tr>
<tr><td>비지질, 소형 바이러스</td><td rowspan="2">중간 수준의 소독</td></tr>
<tr><td>진 균</td></tr>
<tr><td>영양형 세균</td><td rowspan="2">낮은 수준의 소독</td></tr>
<tr><td>지질, 중형 바이러스</td></tr>
</table>

생물체 누출 및 감염 방지 대책

1 실험 종사자에 대한 조치

(1) 생물안전사고 대응

감염성 물질 등이 안면부에 접촉되었을 때 22 기출	• 눈에 물질이 튀거나 들어간 경우, 즉시 눈 세척기(Eye Washer) 또는 흐르는 깨끗한 물을 사용하여 15분 이상 세척하고 눈을 비비거나 압박하지 않도록 주의 • 필요한 경우 샤워실을 이용하여 전신 세척 • 발생 사고에 대해 연구실책임자에게 즉시 보고하고 필요한 조치를 받음 • 연구실책임자는 기관 생물안전관리책임자 또는 의료관리자에게 보고하고, 취급하였던 감염성 물질을 고려한 적절한 의학적 조치 등을 취함
감염성 물질 등이 안면부를 제외한 신체에 접촉되었을 때	• 장갑 또는 실험복 등 착용하고 있던 개인보호구를 신속히 벗음 • 즉시 흐르는 물로 세척 또는 샤워 • 오염 부위 소독 • 발생 사고에 대해 연구실책임자에게 즉시 보고하고 필요한 조치를 받음 • 연구실책임자는 기관 생물안전관리책임자 및 의료관리자에게 보고하고, 취급하였던 감염성 물질을 고려한 적절한 의학적 조치 등을 취함
감염성 물질 등을 섭취한 경우	• 즉시 개인보호구를 벗고 즉각적인 의료적 처치가 가능하도록 의료관리자에게 연락하여 조치에 따르고 의료기관으로 이송 • 섭취한 물질과 사고 사항을 즉시 기록하여 치료에 도움이 될 수 있도록 관련자들에게 전달
주사기에 찔렸을 경우	• 신속히 찔린 부위의 보호구를 벗고 주변을 압박, 방혈 후 15분 이상 충분히 흐르는 물 또는 생리식염수로 세척 • 발생 사고에 대해 연구실책임자에게 즉시 보고하고 필요한 조치를 받음 • 연구실책임자는 기관 생물안전관리책임자 및 의료관리자에게 보고하고, 취급하였던 병원성 미생물 또는 감염성 물질을 고려하여 적절한 의학적 조치를 받도록 함
실험동물에게 물렸을 경우의 응급처치 22 기출	• 상처부위를 압박하여 약간의 피를 짜낸 다음 70% 알코올 및 기타 소독제(Povidone–iodine 등)를 이용하여 소독을 실시 • 래트(Rat)에 물린 경우에는 Rat Bite Fever 등을 조기에 예방하기 위해 고초균(Bacillus Subtilis)에 효력이 있는 항생제를 투여 • 고양이에 물렸을 때 원인 불명의 피부질환 발생우려가 있으므로 즉시 70% 알코올 또는 기타 소독제를 이용하여 소독 • 개에 물린 경우에는 70% 알코올 또는 기타 소독제를 이용하여 소독한 후, 개의 광견병 예방 접종 여부를 확인. 광견병 예방접종 여부가 불확실한 개의 경우에는 광견병 백신을 일단 투여한 후, 개를 15일간 관찰하여 광견병 증상을 나타내는 경우 개는 안락사시키며 사육관리자 등 관련 출입인원에 대해 광견병 백신을 추가로 투여
기타 물질 또는 실험 중 부상을 당했을 경우	• 발생한 사고에 대하여 연구실책임자 및 의료관리자에게 즉시 보고하여 필요한 조치를 받음 • 연구실책임자는 기관 생물안전관리책임자 또는 의료관리자에게 보고하고 취급하였던 감염성 물질을 고려한 적절한 의학적 조치 등을 하도록 함

2 사고상황에 대한 조치

(1) 실험구역 내에서 감염성 물질 등이 유출된 경우

① 종이타월이나 소독제가 포함된 흡수 물질 등으로 유출물을 천천히 덮어 에어로졸 발생 및 유출 부위가 확산되는 것을 방지

② 유출 지역에 있는 사람들에게 사고 사실을 알려 연구활동종사자들이 즉시 사고구역을 벗어나게 하고 연구실책임자 및 생물안전관리자에게 보고하고 지시에 따름

③ 사고 시 발생한 에어로졸이 가라앉도록 20~30분 정도 방치한 후, 개인보호구를 착용하고 사고 지역으로 돌아감

④ 장갑을 끼고 핀셋을 이용하여 깨진 유리조각 등을 집고, 날카로운 기기(주사바늘 등) 등은 손상성 의료폐기물 전용용기에 넣음

⑤ 유출된 모든 구역의 미생물을 비활성화시킬 수 있는 소독제로 처리하고 20분 이상 그대로 둠

⑥ 종이타월 및 흡수 물질 등은 의료폐기물 전용용기에 넣음

⑦ 소독제를 사용하여 유출된 모든 구역을 닦음

⑧ 청소가 끝난 후 처리 작업에 사용했던 기구 등은 의료폐기물 전용 용기에 넣어 처리하거나 재사용할 경우 소독 및 세척함

⑨ 장갑, 작업복 등 오염된 개인보호구는 의료폐기물 전용 용기에 넣어 처리하고, 노출된 신체 부위를 비누와 물을 사용하여 세척하고, 필요한 경우 소독 및 샤워 등으로 오염 제거

(2) 생물안전작업대 내에서 감염성 물질 등이 유출된 경우

① 생물안전작업대의 팬을 가동시킨 후 유출 지역에 있는 사람들에게 사고 사실을 알리고 연구실책임자 및 생물안전관리자에게 보고

② 장갑, 호흡보호구 등 개인보호구를 착용하고 70% 에탄올 등의 효과적인 소독제를 사용하여 작업대 벽면, 작업 표면 및 이용한 장비들에 뿌리고 적정 시간 동안 방치

③ 종이타월을 사용하여 소독제와 유출 물질을 치우고 모든 실험대 표면을 닦아냄

④ 생물안전작업대에서 모든 물품들을 제거하기 전에 벽면에 묻어 있는 모든 오염 물질을 살균 처리하고 UV램프 작동

⑤ 청소가 끝난 후 처리작업에 사용했던 기구 등은 의료폐기물 전용 용기에 넣어 처리하거나 재사용할 경우 소독 및 세척

⑥ 장갑, 작업복 등 오염된 개인보호구는 의료폐기물 전용 용기에 넣어 소독 · 폐기하고, 노출된 신체 부위를 비누와 물을 사용하여 세척하며 필요한 경우 소독 및 샤워 등으로 오염 제거

⑦ 만일 유출된 물질이 생물안전작업대 내부로 들어간 경우, 기관 생물안전관리책임자 및 관련 회사에 알리고 지시에 따름

(3) 생물학적 유출사고 처리함 22 기출

① 병원성 미생물 및 감염성 물질에 관련된 연구를 수행하는 각각의 연구실에는 유출사고를 대비하여 생물학적 유출물처리함(Biological Spill Kit) 등을 비치해야 함

② 생물학적 유출물사고처리함은 유출사고에 빠르게 대처할 수 있도록 필요한 물품들로 구성

③ 소독제, 멸균용 봉투, 종이 타월, 개인보호구(일회용 장갑, 보안경, 마스크 등) 및 깨진 유리조각을 집을 수 있는 핀셋, 빗자루 등의 도구, 화학적 유출물처리함(Chemical Spill Kit) 등을 구비

④ 상용화된 키트를 구매할 수 있으며, 구성품을 개별적으로 모아 목적에 맞는 유출사고 처리함 구비

⑤ 생물학적 유출사고 처리함의 예시

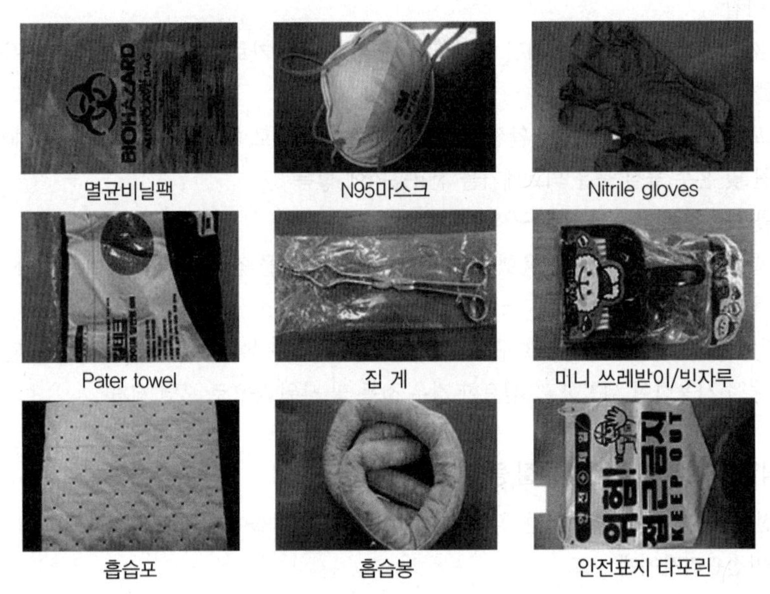

멸균비닐팩 / N95마스크 / Nitrile gloves
Pater towel / 집 게 / 미니 쓰레받이/빗자루
흡습포 / 흡습봉 / 안전표지 타포린

※ 출처 : 상명대학교

⑥ 유출사고 처리함의 사용

㉠ 접근금지 표지를 부착하여 유출구역으로의 접근 통제(동료에게 알림)

㉡ 처리함 안에 있는 장갑, 마스크 등의 개인보호구를 착용한 후, 적절한 소독제를 준비하여 유출구역으로 진입

㉢ 액상물질이 유출되었을 경우, 흡습봉으로 유출지역 주변을 봉쇄(유출이 적을 경우 흡착포만 사용)

㉣ 흡습봉으로 둘러싸인 유출물질 위에 흡착포를 덮어 유출된 물질을 흡착

㉤ 소독제를 유출구역 주변에서부터 중심부로 살포한 후 약 20분간 방치

㉥ 오염 물질을 흡수한 흡착포와 흡습봉은 멸균비닐봉지에 넣어 멸균 후 폐기(화학물질 유출의 경우 멸균하지 않음)

㉦ 장갑, 마스크 등 사용한 개인보호구는 폐기 또는 멸균하고, 2차 오염을 막기 위하여 노출된 신체 부위를 깨끗이 세척

㉧ 연구실책임자 및 기관 생물안전관리자에게 생물안전사고 보고

㉨ 고위험병원체의 경우 고위험병원체 취급시설 및 안전관리에 관한 고시의 별지 제10호 서식(고위험병원체 생물안전 사고보고서) 작성 후 질병관리청장에게 보고

(4) 실험동물의 탈출 등에 대한 조치사항

① 실험동물 탈출방지 장치 22 기출

㉠ 동물실험시설에서는 실험동물이 사육실 밖으로 탈출할 수 없도록 개별 환기사육장비에서 실험동물을 사육하고, 모든 각 사육실 출입구에는 실험동물 탈출방지턱 또는 끈끈이 등을 설치

㉡ 동물실험구역과 일반구역 사이의 출입문에도 탈출방지턱, 끈끈이 또는 기밀문을 설치하여 동물이 시설 외부로 탈출하지 않도록 함

㉢ 실험동물 사육실로부터 탈출한 실험동물을 발견했을 때에는 즉시 안락사 처리 후 고온고압 증기멸균하여 사체를 폐기하고, 시설관리자에게 보고

㉣ 시설관리자는 실험동물이 탈출한 호실과 해당 실험과제, 사용 병원체, 유전자재조합생물체 적용 여부 등을 확인하여야 함

② 탈출동물 포획장비

㉠ 사육실 밖 또는 케이지 밖에 나와 있는 실험동물은 발견하는 즉시 포획

㉡ 포획 시는 다른 방에 들어가지 않도록 차단한 뒤 조용히 접근하여 포획

㉢ 포획 시는 필히 장갑을 착용하고 필요 시 보안경 등을 착용

㉣ 포획장비로는 포획망, 포획틀, 미끼용 먹이(동물사료), 서치 랜턴 등이 있으며 경우에 따라 마취총, 블로우파이프(입으로 부는 화살총)를 사용할 수 있음

3 유전자변형생물체(LMO) 실험 비상조치 및 관리

(1) LMO 비상상황

① 2등급 이상의 연구시설에서 다뤄지는 LMO의 유출로 인하여 국민의 건강과 생물다양성의 보전 및 지속적인 이용에 중대한 부정적인 영향이 발생 또는 발생할 우려가 있다고 인정되는 상황

② LMO의 유출이 발생하였을 경우 비상상황 여부와 유출등급은 유출 또는 유출이 의심되는 유전자변형생물체의 위해도와 유출범위에 따라 결정됨

등 급	유출상황		보고범위	수 습
	위해도	유출범위		
주 의	1등급 연구시설	모든 범위	연구시설 설치 및 운영책임자에게 보고하고 자체처리 후 기록	자체처리
주 의	2등급 연구시설	국소적 범위로 확산제어가 가능한 경우	연구시설 설치 및 운영책임자에게 보고하고 자체처리 후 기록	자체처리
경 보	2등급 연구시설	광범위한 범위로 확산제어를 위한 별도의 조치가 필요한 경우	연구시설의 부서장을 통해 과학기술정보통신부에 1차(유선), 2차(서면) 보고	비상조치
위 험	3등급 이상 연구시설	모든 범위	연구시설의 부서장을 통해 과학기술정보통신부에 1차(유선), 2차(서면) 보고	비상조치

㉠ LMO 유출이 발생하면 위해도와 유출 범위에 따라 주의, 경보, 위험 등급으로 구분되며, 이 중 경보, 위험 등급만이 비상상황으로 분류됨

㉡ 1등급 연구시설에서 일어난 LMO의 모든 유출은 주의 등급에 해당

㉢ 2등급 연구시설에서 일어난 LMO의 유출은 유출 범위에 따라 주의와 경보 등급으로 나눌 수 있음

㉣ 3등급 연구시설 이상에서 일어난 LMO의 유출은 위험 등급에 해당

(2) LMO 유출에 따른 수습

자체처리	• LMO 유출 등급이 주의 등급에 해당하는 경우로 LMO의 회수 및 생물학적 활성제거 등, LMO 유출 발생기관에서 이뤄지는 자체적인 처리를 말함 • 자체처리는 연구시설 설치 · 운영책임자 및 생물안전관리책임자(생물안전위원회)가 중심이 되며 자체처리 시에는 반드시 사후기록으로 작성함
비상조치	• 비상상황에 해당하는 경보, 위험 등급에서 이뤄지는 조치를 말함 • 비상상황이 발생하면 유관기관에 1차 유선보고 및 2차 서면보고(비상상황발생보고서)하고, 유관기관에서 파견한 비상조치반을 중심으로 비상조치를 실시 • 비상상황이 발생하는 즉시 현장으로 비상조치반을 구성 · 파견하는 것이 원칙이나, 발생 연구기관의 지리적위치, 기타 제반사항을 고려하여 비상조치반의 구성 · 파견이 즉시 이뤄질 수 없을 때에는 사고발생기관이 중심이 되어 유관기관 LMO 전문가심사위원회의 자문 및 안내를 바탕으로 사전 비상조치가 이뤄지도록 함 • 유관기관에서 구성 · 파견한 비상조치반은 사전 비상조치에 대한 보고를 받고 유출 LMO의 위해도 및 유출범위를 고려하여 적절성을 검토한 뒤, 유출 발생기관의 생물안전관리책임자(생물안전위원회)와 연구시설설치 · 운영 책임자와 함께 비상조치를 실시

(3) LMO 유출 시 행동체계

1단계 (연락 및 통제)	• 최초 발견자(유출자)는 유출 장소에 대한 접근을 통제하고 LMO 유출 시 연락체계도에 따라 즉시 연구시설 설치 · 운영책임자 및 생물안전관리책임자에게 보고(화재 또는 응급환자 발생 시에는 119 또는 의료 기관에 신고)
2단계 (초동조치)	• 연구시설 설치 · 운영 책임자는 연락받는 즉시 생물안전관리책임자(생물안전위원회)와 협조하여 초동조치 실시(출입통제, 경고표지판 부착, 상황전파 및 대피, 유출 LMO 확산방지를 위한 조치 등)
3단계 (조사판단)	• 연구시설 설치 · 운영책임자 즉시 경고표지판을 부착하고, 생물안전관리책임자(생물안전위원회)와 함께 유출 상황을 조사하여 확산방지 조치 및 비상 상황 해당 여부 판단(비상상황 이외의 유출 시에는 기관 자체처리 후 반드시 사후기록 작성)
4단계 (비상조치)	• 과학기술정보통신부는 발생한 비상 상황의 등급 및 규모에 따라 과학기술정보통신부 과학기술안전기반팀 담당 공무원, 과학기술정보통신부 LMO전문가심사위원으로 구성된 비상조치반을 구성, 파견하고 사고 유형에 따라 LMO의 제거(회수, 사멸 등 생물학적 활성제거) 및 피해 확산 제어를 위한 비상조치 실시함 • 비상상황이 발생하는 즉시 현장으로 비상조치반을 구성, 파견하는 것이 원칙이나 발생 연구기관의 지리적 위치, 기타 제반 사항을 고려하여 비상조치반을 구성, 파견이 즉시 이루어질 수 없을 때에는 사고 발생 기관이 중심이 되어 과학기술정보통신부 LMO전문가심사위원회의 자문 및 안내를 바탕으로 사전 비상조치가 이뤄지도록 함 • 사후관리의 필요성이 있을 시에는 비상조치 후 일정 기간 동안 모니터링을 실시하고 잔류 오염물질 조사 및 평가 등을 실시, 또한 필요한 행정처분 및 개선 명령을 내려 처리결과를 통보하게 하거나 현장 점검을 통해 확인
5단계 (최종보고)	• 사고발생 연구기관의 장은 비상상황 발생 경위를 포함한 유출부터 비상조치까지의 전 과정을 문서화하여 과학기술정보통신부에 보고
6단계 (분석 및 재발방지)	• 사고발생 연구기관의 장은 발생한 비상상황 분석을 통해 재발 방지를 위한 개선책을 마련하고, 마련된 개선책을 바탕으로 재발 방지 교육 및 홍보 실시

(4) 유전자변형생물체(LMO) 유출 시 연락체계도

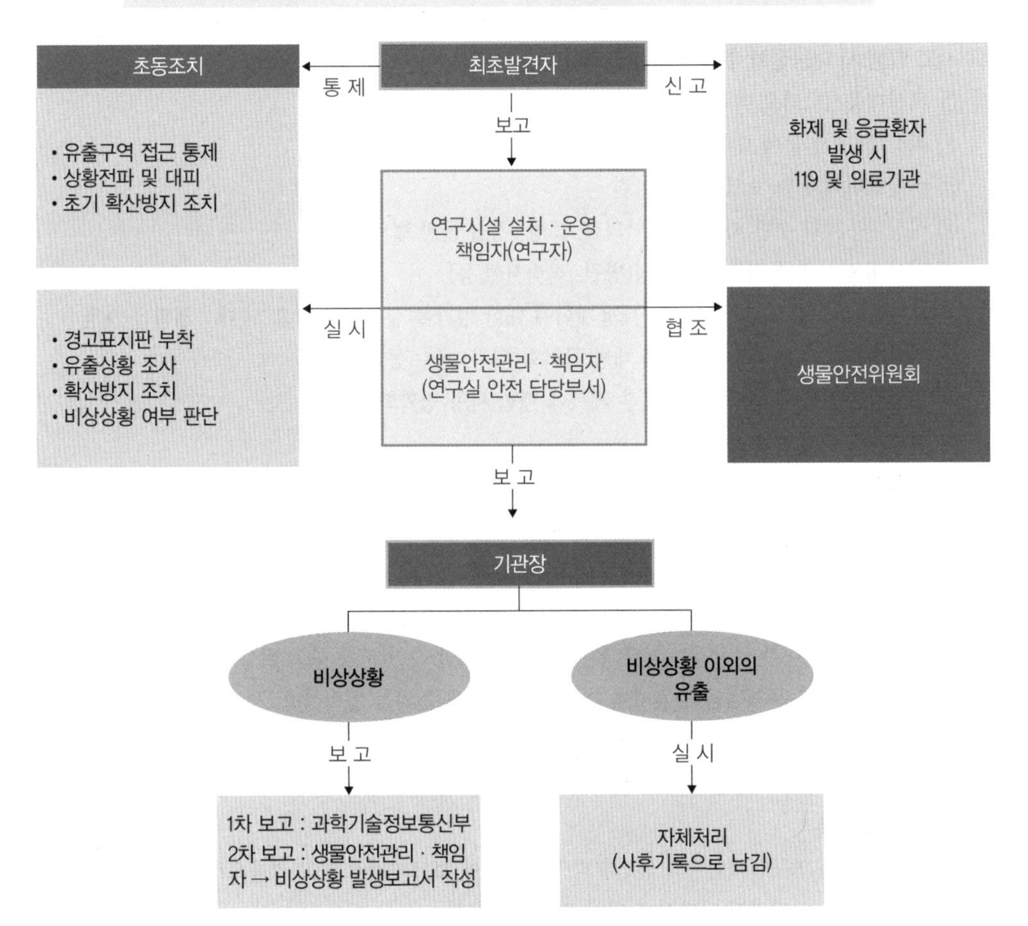

유전자변형생물체(LMO) 유출
• LM 미생물 등의 유출
• LM 마우스 등 실험동물의 탈출
• 수입 LMO의 분실 및 파손
• LMO 운송 중 사고로 인한 유출
초동조치
통 제
최초발견자
신 고
보 고
• 유출구역 접근 통제
• 상황전파 및 대피
• 초기 확산방지 조치
화제 및 응급환자
발생 시
119 및 의료기관
연구시설 설치 · 운영
책임자(연구자)
실 시
협 조
• 경고표지판 부착
• 유출상황 조사
• 확산방지 조치
• 비상상황 여부 판단
생물안전관리 · 책임자
(연구실 안전 담당부서)
생물안전위원회
보 고
기관장
비상상황
비상상황 이외의
유출
보 고
실 시
1차 보고 : 과학기술정보통신부
2차 보고 : 생물안전관리 · 책임
자 → 비상상황 발생보고서 작성
자체처리
(사후기록으로 남김)

5과목

4 비상대응 절차 및 사후관리

(1) 비상계획 수립

① 연구실사고의 효율적 대응을 위해 우선적으로 해야 할 일은 발생 가능한 비상상황에 대해 대응 시나리오를 마련하는 것 22 기출

② 감염사고, 엎지름, 화재, 정전 등 생물 분야 연구실 운영 시 발생할 수 있는 사고의 유형을 규정

③ **사고 발생 시 대응절차 수립을 위한 고려사항**

㉠ 비상대응시나리오 마련(감염노출사고, 화재, 자연재해, 테러 등)

㉡ 비상대응인원들에 대한 역할과 책임을 규정

㉢ 비상지휘체계 및 보고체계를 마련

㉣ 비상대응계획 수립 시 유관기관(의료, 소방, 경찰)들과 협의

㉤ 비상대응을 위한 의료기관 지정(병원, 격리시설 등)

㉥ 훈련을 실시한 후, 수립된 비상대응계획에 대한 평가를 실시하고 필요 시 대응계획을 개정

㉦ 비상대응장비 및 개인보호구에 대한 목록화(위치, 개수 등)

㉧ 비상탈출경로, 피난장소, 사고 후 제독에 대한 사항 명확화

㉨ 피해구역 진입인원 규명

㉩ 비상연락망을 수립하고 신속한 정보공유를 위해 무전기, 핸드폰 등 통신장비 사전 확보

㉪ 재난 시 실험동물 관리 혹은 도태방안 마련

④ **비상대응 교육, 훈련 및 평가**

㉠ 수립한 계획에 따라 비상대응 체계를 구축하고 비상대응 교육 및 시나리오에 따른 훈련을 실시

㉡ 훈련 시 기관 내부 담당자는 물론 유관기관이 참여할 수 있도록 하고 비상대응계획에 대해 평가

㉢ 각 대응조치별 문제점을 발견하여 개선방안에 대해 논의를 실시하고, 필요 시 기존의 비상대응계획에 대한 개정을 시행하는 피드백(Feedback)이 필요

㉣ 안전관리분야에서 일반적으로 적용되는 전략인 P-D-C-A(Plan-Do-Check-Act)의 방식과 동일

⑤ **사고 보고, 기록**

㉠ 모든 사고는 연구실책임자와 안전관리 담당부서에 보고되어야 하고 기록으로 남겨야 함

㉡ 모든 사고는 안전관리 담당자에 의해 조사되어야 함

㉢ 사고보고 및 조사는 연구활동종사자에게 책임을 묻고, 비난하기 위한 것이 아니라 동종 혹은 유사한 사고를 막기 위함이 목적

㉣ 경미한 사고라도 조사를 통해 조처가 취해질 때 큰 사고를 막을 수 있음

㉤ 유해물질에 의한 장기적 노출도 같은 요령으로 안전관리 부서에 제출

㉥ 보험과 책임성의 문제도 초기 사고 기록이 존재한다면 효과적으로 처리될 수 있음

과목별 예상문제

01 **다음 중 유전자변형생물체(LMO) 및 관련 법에 대한 설명으로 옳지 않은 것은?**

① LMO는 현대생명공학기술을 이용하여 새롭게 조합된 유전물질을 포함하고 있는 생물체 및 생식이 불가능한 그 산물까지 포함한다.
② LMO법에서 현대 생명공학기술은 인위적으로 유전자를 재조합하거나 유전자를 구성하는 핵산을 세포 또는 세포 내 소기관으로 직접 주입하는 기술 및 분류학에 의한 과(科)의 범위를 넘는 세포융합기술을 의미한다.
③ LMO법의 목적은 유전자변형생물체로 인한 국민의 건강과 생물 다양성의 보전 및 지속적인 이용에 미치는 위해를 사전에 방치하는 것이다.
④ LMO 연구시설을 설치 및 운영하고자 하는 자는 연구시설의 안전관리 등급별로 신고하거나 허가를 받아야 한다.

해설

GMO는 현대 생명공학기술을 이용하여 새롭게 조합된 유전물질을 포함하고 있는 생물체 및 생식이 불가능한 그 산물까지 포함한다. LMO는 생식과 번식을 할 수 있는 살아있는 생물체만을 일컫는 데 반해, GMO는 생식이 불가한 것을 모두 포함한 것으로 LMO보다 좀 더 넓은 범위의 용어이다.

02 **다음 중 실험실 혹은 실험실과 관련된 활동을 통해 얻은 유증상 혹은 무증상의 감염을 나타내는 말로 옳은 것은?**

① 생물작용제
② 독 소
③ 바이러스
④ 실험실획득감염

해설

실험실획득감염(Laboratory Acquired Infections)에 대한 설명으로 연구실에서 흔히 발생하는 사고이다.

정답 01 ① 02 ④

03 생물 안전관리의 구성요소로 옳지 않은 것은?

① 물리적 밀폐 확보
② 위해성 평가
③ 생물 위해관리
④ 안전운영

해설

생물 안전관리의 구성요소에는 물리적 밀폐 확보, 위해성 평가, 안전운영 등이 있다.

04 위해성 평가의 4단계로 옳은 것은?

① 위해성 확인 → 노출평가 → 용량-반응평가 → 위해도 결정
② 노출평가 → 위해성 확인 → 용량-반응평가 → 위해도 결정
③ 용량-반응평가 → 위해성 확인 → 노출평가 → 위해도 결정
④ 위해도 결정 → 위해성 확인 → 노출평가 → 용량-반응평가

해설

위해성 평가의 4단계

- 1단계 위해성 확인(Hazard Identification) : 사람이 어떤 화학물질에 노출되었을 경우, 과연 유해한 영향을 유발시키는가를 정성적으로 확인하는 단계
- 2단계 노출평가(Exposure Assessment) : 사람이 다양한 매체(공기, 음용수, 식품첨가물, 치료약품, 토양 등)를 통해 위해성이 확인된 유해물질에 과연 얼마나 노출되는가를 결정하는 단계
- 3단계 용량-반응평가(Dose-response Assessment) : 사람이 유해물질의 특정 용량에 노출되었을 경우, 과연 유해한 영향을 발생시킬 확률은 얼마인가를 결정하는 단계
- 4단계 위해도 결정(Risk Characterization) : 도출된 정보를 종합하여 특정 화학물질의 특정농도에 노출되었을 경우, 개인이나 인구집단에서 유해한 영향이 발생할 확률을 결정하는 단계

03 ③ 04 ① 정답

05 다음 위해도 계산 방법 중 옳지 않은 것은?

① 평생개인위해도 = 용량 × 발암잠재력
② 인구집단위해도 = 평생개인위해도 × 노출인구수
③ 상대위해도 = 노출군의 발생률 ÷ 일반인구집단의 발생률
④ 기대수명의 손실 = 평생개인위해도 × 36년

해설

상대위해도(Relative Risk)를 구하는 공식은 '노출군에서의 발생률(Incidence Rate in Exposed Group) ÷ 비노출군에서의 발생률(Incidence Rate in Nonexposed Group)'이다. '노출군의 발생률 ÷ 일반인구집단의 발생률'은 표준화 사망비를 구하는 공식이다.

06 생물체는 숙주 범위, 전파 방식, 병원성, 감염량, 예방 및 치료 가능성 등을 고려해 인체에 미치는 위해 정도에 따라 4개 위험군으로 나누어지는데, 위험군에 대한 설명으로 옳지 않은 것은?

① 제1위험군 – 과거에는 질병을 일으켰으나 현재는 소멸한 생물체
② 제2위험군 – 증세가 경미하고 예방 및 치료가 용이한 질병을 일으키는 생물체
③ 제3위험군 – 증세가 심각하거나 치명적일 수 있으나 예방 및 치료가 가능한 질병을 일으키는 생물체
④ 제4위험군 – 치명적인 질병 또는 예방 및 치료가 어려운 질병을 일으키는 생물체

해설

제1위험군은 건강한 성인에게는 질병을 일으키지 않는 생물체를 뜻한다.

07 병원성 미생물 및 감염성 물질 취급 시 주의사항으로 옳지 않은 것은?

① 취급물질의 위험도를 고려한 연구시설의 생물안전등급에 따라 지정된 실험구역에서 실험을 수행할 것
② 실험실 출입문은 닫힘 상태를 유지하며 허가받지 않은 사람이 임의로 실험실에 출입하지 않도록 할 것
③ 병원성 미생물 및 감염성 물질을 취급할 경우에는 생물안전작업대 등 안전장비 내에서 수행할 것
④ 모든 실험 조작은 가능한 에어로졸 발생을 최대한 증가시킬 수 있는 방법으로 실시할 것

해설

감염을 방지하기 위해 모든 실험 조작은 가능한 에어로졸 발생을 최대한 줄일 수 있는 방법으로 실시해야 한다.

정답 05 ③ 06 ① 07 ④

08 **유전자변형생물체의 개발 · 실험승인의 변경에 관한 사항 중 옳지 않은 것은?**

① 유전자변형생물체의 개발 · 실험에 관해 승인을 받은 자는 승인받은 사항을 변경하려면 변경승인을 받아야 한다.
② 변경승인을 받으려는 자는 승인사항 변경신청서를 관계 중앙행정기관의 장에게 제출하여야 한다.
③ 관계 중앙행정기관의 장은 승인사항 변경신청서를 제출받은 날부터 90일 이내에 그 결과를 신청인에게 통지하여야 한다.
④ 대통령령으로 정하는 경미한 사항을 변경하려면 변경신고를 하여야 한다.

해설

유전자변형생물체의 개발 · 실험승인의 변경(유전자변형생물체법 시행령 제23조의7 제2항)
관계 중앙행정기관의 장은 승인사항 변경신청서를 제출받은 날부터 60일 이내에 그 결과를 신청인에게 통지하여야 한다.

09 **보건 · 의료기관, 동물병원, 시험 · 검사기관 등에서 배출되는 폐기물 중 인체에 감염 등 위해를 줄 우려가 있는 폐기물과 인체 조직 등 적출물, 실험동물의 사체 등 보건 · 환경보호상 특별한 관리가 필요하다고 인정되는 폐기물로 옳은 것은?**

① 사업장폐기물
② 지정폐기물
③ 의료폐기물
④ 생활폐기물

해설

- 사업장폐기물 : 배출시설을 설치 · 운영하는 사업장에서 발생하는 폐기물
- 지정폐기물 : 사업장폐기물 중 폐유 · 폐산 등 주변 환경을 오염시킬 수 있거나 의료폐기물 등 인체에 위해를 줄 수 있는 해로운 물질
- 생활폐기물 : 사업장폐기물 외의 폐기물로 가정에서 배출하는 종량제봉투 배출 폐기물, 음식물류 폐기물, 폐식용유, 폐지류, 고철 및 금속캔류, 폐목재 및 폐가구류 등

08 ③ 09 ③ 정답

10 지정폐기물 중 폐기물을 재활용하는 시설에서 발생되는 것과 페인트 보관용기에 잔존하는 페인트를 제거하기 위하여 유기용제와 혼합된 것을 포함하는 폐기물로 옳은 것은?

① 폐유기용제
② 폐페인트 및 폐락카
③ 폐 유
④ 폐석면

해설

폐페인트 및 폐락카는 페인트 및 락카와 유기용제가 혼합된 것으로서 페인트 및 락카 제조업, 용적 5㎥ 이상 또는 동력 3마력 이상의 도장시설, 폐기물을 재활용하는 시설에서 발생되는 것과 페인트 보관용기에 잔존하는 페인트를 제거하기 위하여 유기용제와 혼합된 것을 포함한다.

11 혈액 · 체액 · 분비물 · 배설물이 함유되어 있는 탈지면, 붕대, 거즈, 일회용 기저귀, 생리대, 일회용 주사기, 수액 세트 등을 일컫는 말로 옳은 것은?

① 격리 의료폐기물
② 위해 의료폐기물
③ 일반 의료폐기물
④ 산업 의료폐기물

해설

일반 의료폐기물에 대한 설명이다. 산업 의료폐기물이라는 말은 존재하지 않는다.

5과목

12 연구실 폐기물 전용용기의 사용에 대한 설명으로 옳지 않은 것은?

① 전용용기는 환경부 장관이 지정한 기관이나 단체가 환경부 장관이 정하여 고시한 검사기준에 따라 검사한 전용용기만을 사용한다.
② 한번 사용한 전용용기는 재사용을 금지한다.
③ 전용용기는 다른 종류의 의료폐기물을 혼합하여 보관할 수 없다.
④ 봉투형 용기, 골판지류 상자형 용기에는 합성수지류 상자형 용기를 사용해야 하는 의료폐기물을 혼합하여 보관할 수 없다.

해설

전용용기는 다른 종류의 의료폐기물을 혼합하여 보관할 수 있다. 단 봉투형 용기, 골판지류 상자형 용기에는 합성수지류 상자형 용기를 사용해야 하는 의료폐기물을 혼합하여 보관할 수 없다.

정답 10 ② 11 ③ 12 ③

13 전용용기의 종류에 대한 설명으로 옳지 않은 것은?

① 골판지류 상자형 용기는 위해의료폐기물 중 병리계, 생물화학, 혈액오염 폐기물을 처리할 때 사용한다.

② 봉투형 용기는 골판지류 용기와 동일한 기준으로 혼합 보관할 수 있다.

③ 합성수지류 상자형 용기는 주사바늘, 수술용 칼날, 유리 재질의 시험기구 등의 손상성 폐기물, 격리의료폐기물, 조직물류, 액상폐기물을 처리하는 경우 사용한다.

④ 봉투형 용기는 안전을 위해 용량의 50% 미만으로 의료폐기물을 보관해야 한다.

해설

봉투형 용기는 용량의 75% 미만으로 의료폐기물을 보관해야 한다.

14 LMO 폐기물 처리기준으로 옳지 않은 것은?

① 처리 전 오염 폐기물은 별도의 안전한 장소나 용기에 보관한다.

② 폐기물은 물리학적 활성을 제거하여 처리한다.

③ 실험폐기물 처리에 대한 규정을 마련한다.

④ 폐기물 전용용기의 뚜껑을 항상 닫아 두어 폐기물에서 발생하는 에어로졸의 확산을 방지한다.

해설

폐기물은 생물학적 활성을 제거하여 처리한다. 또한 방사성 물질과 이로 인하여 오염된 각종 실험 물품, 시약, 반응물, 소모품, 생물체 등은 방사성폐기물 관리법에 따라 폐기해야 한다.

15 생물 안전사고에 관한 대응으로 옳지 않은 것은?

① 감염성 물질 등이 안면부에 접촉되었을 때 – 눈에 물질이 튀거나 들어간 경우, 즉시 눈 세척기(Eye Washer) 또는 흐르는 깨끗한 물을 사용하여 15분 이상 세척하고 눈을 비비거나 압박하지 않도록 주의한다.

② 안면부를 제외한 신체에 접촉되었을 때 – 장갑 또는 실험복 등 착용하고 있던 개인보호구를 신속히 벗는다.

③ 감염성물질 등을 섭취한 경우 – 즉시 개인보호구를 벗고 즉각적인 의료적 처치가 가능하도록 의료관리자에게 연락하여 조치에 따르고 의료기관으로 이송한다.

④ 주사기에 찔렸을 경우 – 즉시 흐르는 물로 세척 또는 샤워한다.

해설

주사기에 찔렸을 경우에는 신속히 찔린 부위의 보호구를 벗고 주변을 압박, 방혈 후 15분 이상 충분히 흐르는 물 또는 생리식염수로 세척해야 한다. 즉시 흐르는 물로 세척 또는 샤워해야 하는 경우는 안면부를 제외한 신체에 감염원이 접촉되었을 경우이다.

13 ④ 14 ② 15 ④ 정답

16 **실험구역 내에서 감염성 물질 등이 유출된 경우의 조치방법으로 옳지 않은 것은?**

① 종이타월이나 소독제가 포함된 흡수 물질 등으로 유출물을 천천히 덮어 에어로졸 발생 및 유출 부위가 확산되는 것을 방지한다.
② 유출 지역에 있는 사람들에게 사고 사실을 알려 연구활동종사자들이 즉시 사고구역을 벗어나게 하고 연구실책임자 및 생물안전관리자에게 보고하고 지시에 따른다.
③ 사고 시 발생한 에어로졸이 가라앉도록 5분 정도 방치한 후, 개인보호구를 착용하고 사고 지역으로 돌아간다.
④ 장갑을 끼고 핀셋을 이용하여 깨진 유리조각 등을 집고, 날카로운 기기(주사바늘 등) 등은 손상성 의료폐기물 전용 용기에 넣는다.

해설

사고 시 발생한 에어로졸이 가라앉도록 20~30분 정도 방치한 후, 개인보호구를 착용하고 사고 지역으로 돌아간다.

5과목

17 **연구실에서 착용하는 신발류에 대한 설명으로 옳지 않은 것은?**

① 연구실에서는 기본적으로 앞이 막히고 발등이 덮이면서 구멍이 없는 신발을 착용한다.
② 구멍이 뚫린 신발, 슬리퍼, 샌들, 천으로 된 신발 등은 유해물질이나 날카로운 물체에 노출될 가능성이 많으므로 제외한다.
③ 기본적인 신발 외에 덧신 등은 착용하지 않는다.
④ 실험환경의 특수성을 고려하여 장화 등을 착용한다.

해설

기본적인 신발 외에 시설이나 작업의 종류에 따라 덧신, 장화 등을 착용하는 경우가 있으므로 특수성을 고려하여 신발을 선택해야 한다.

정답 16 ③ 17 ③

18 생물안전작업대의 취급요령으로 옳지 않은 것은?

① 생물안전작업대는 취급 미생물 및 감염성 물질에 따라 적절한 등급을 선택하여 공인된 규격을 통과한 제품을 구매한다.
② 생물안전작업대의 성능 및 규격을 인증받을 수 있는 인증서 및 성적서 등을 구매업체로부터 제공받아 검토하고 보관한다.
③ 생물안전작업대는 항상 청결한 상태로 유지한다.
④ 실험실 문을 열 때 생기는 기류, 환기 시스템, 에어컨 등으로부터 나오는 기류로는 생물안전작업대의 공기흐름에 영향을 줄 수 없다.

해설

실험실 문을 열 때 생기는 기류, 환기 시스템, 에어컨 등으로부터 나오는 기류는 방향 등에 따라 생물안전작업대의 공기흐름에 영향을 줄 수 있다.

19 다음 중 고압증기멸균기의 사용에 대한 설명으로 옳지 않은 것은?

① 멸균법 중에서 건열멸균법이 실험실에서 주로 사용된다.
② 정확하고 올바른 실험과 미생물 등을 포함한 감염성 물질들을 취급하면서 발생하는 의료폐기물을 안전하게 처리할 수 있다.
③ 생물안전관리자 및 담당자들은 고압증기멸균기의 정상 작동에 대한 검증프로그램을 마련하여 정기적으로 관리하고 신규종사자에 대하여 관련 교육을 실시해야 한다.
④ 멸균을 실시할 때 마다 각 조건에 맞는 효과적인 멸균 시간 선택이 중요하다.

해설

멸균법 중 고압증기멸균기를 이용하는 습열멸균법이 실험실 등에서 널리 사용된다.

20 생물안전 4등급 연구시설(BL4)에서 사용하는 장비에 대한 설명으로 옳지 않은 것은?

① 양압복에 연결되는 노즐은 안전을 위해 체결 방식을 복잡하게 해야 한다.
② 양압복에 사용한 헤파필터는 사용 후 멸균하여 폐기 처리해야 한다.
③ 기밀문은 공기압축방식(Bubble Tight)으로 설치 및 운전되어야 한다.
④ 화학샤워실은 실험구역과 양압복 보관실의 경계에 위치해야 한다.

해설

양압복에 연결되는 노즐은 원 터치 방식으로 체결이 가능해야 한다.

18 ④ 19 ① 20 ① 정답

6과목

연구실 전기·소방 안전관리

소방 안전관리

1 연소이론

(1) 연소의 정의

① 연소 : 가연성 물질이 공기 중의 산소와 만나 빛과 열을 수반하며 급격히 산화하는 현상
② 산화반응 : 가연물이 산화되어 전자를 잃는 현상

(2) 연소의 용어

① 인화점 : 점화원에 의해 연소할 수 있는 최저온도(가연성 물질이 점화원과 접촉할 때 연소를 시작할 수 있는 최저온도)
② 연소점 : 연소상태가 지속될 수 있는 온도
③ 발화점 : 점화원 없이 연소가 가능한 최저온도
④ 물질의 인화점과 발화점

가연물질	인화점(℃)	발화점(℃)
아세트알데하이드	-37.7	185
이황화탄소	-30	100
휘발유	-43~-20	300
아세톤	-18	560
톨루엔	4.5	480
에틸알코올	13	363
등 유	30~60	257
중 유	60~150	350

(3) 연소 범위와 관련된 용어의 정의

① 연소 범위
㉠ 연소에 필요한 혼합가스의 농도범위 또는 자력으로 화염을 전파하는 공간
㉡ 공기 중에서 연소가 일어날 수 있는 가연성 가스의 농도 범위
② 연소 상한(Upper Flammable Limit) : 연소현상이 발생하는 농도 범위의 상한
③ 연소 하한(Lower Flammable Limit) : 연소현상이 발생하는 농도 범위의 하한

④ 위험도(H) = (UFL − LFL) ÷ LFL

⑤ 최소산소농도(MOC) = 산소몰수 ÷ 연료몰수 × LFL

⑥ 연소 범위에 영향을 주는 요인

㉠ 온도, 압력, 산소농도 상승 : 연소 범위 확대

㉡ 불활성 가스 농도 상승 : 연소 범위 축소

⑦ 연소한계곡선

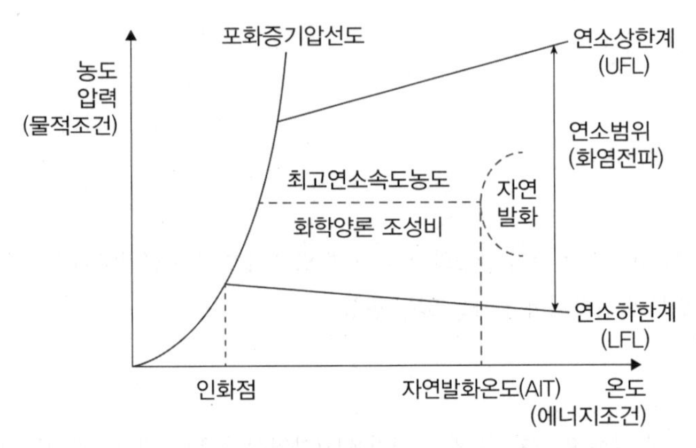

⑧ 물질의 연소 범위 22 기출

가연물질	아세틸렌	수 소	메틸 알코올	에틸 알코올	암모니아	아세톤	프로판	휘발유	중 유	등 유
연소 범위 (vol%)	2.5~81	4.1~75	7~37	3.5~20	15~28	2~13	2.1~9.5	1.4~7.6	1~5	0.7~5

(4) 연소의 4요소

① **가연성 물질** : 고체, 액체, 기체 가연물

② **산소공급원** : 공기(산소), 산화제, 자기반응성 물질

③ **점화원** : 고열물체, 나화, 정전기, 마찰, 충격, 전기스파크

④ 연쇄반응(화학적 연쇄반응)

⑤ 연소의 3요소와 4요소

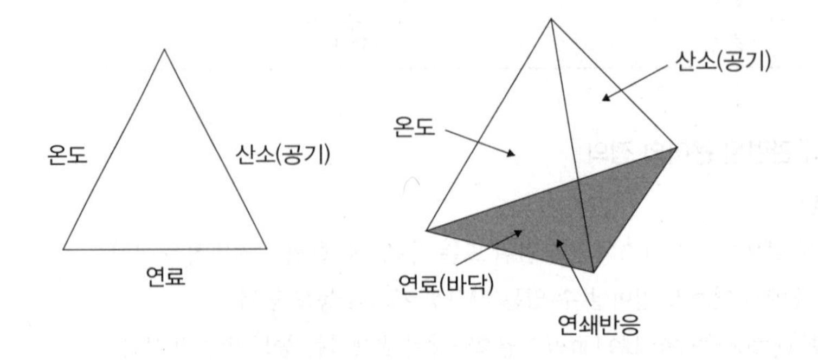

(5) 가연성 물질

① 고체가연물 : 종이, 섬유, 고무, 목재 등

② 액체가연물 : 휘발유, 등유, 경유 등

③ 기체가연물 : 프로판, 부탄, LPG, LNG 등

④ 가연물의 구비조건

㉠ 발열량이 클 것

㉡ 표면적이 클 것

㉢ 활성화 에너지가 작을 것

㉣ 열전도도가 작을 것

㉤ 발열반응일 것

㉥ 연쇄반응을 수반할 것

(6) 산소공급원

① 산소공급원으로 대표적인 것이 공기이고 그 밖의 산화제와 자기반응성 물질이 있음

② 산화제 : 자체로는 연소하지 않으나 산소를 발생시키는 물질

③ 자기반응성 물질 : 분자 내 연소를 하는 물질로서 외부로부터 산소의 공급 없이도 연소, 폭발할 수 있는 물질

산화제	제1류 위험물 (산화성 고체)	아염소산염류, 염소산염류, 질산염류, 요오드산염류 등
	제6류 위험물 (산화성 액체)	과염소산, 과산화수소, 질산 등
자기반응성 물질	제5류 위험물	유기과산화물, 질산에스테르류, 니트로화합물 등

(7) 점화원(점화에너지)

열적 점화원	• 나화 : 난로, 담배, 보일러, 토치 램프 • 고온의 표면 : 전열기, 배기관, 연도
기계적(물리적) 점화원	• 압축열 : 기체를 급하게 압축할 때 발생되는 열 • 마찰열 : 두 고체를 마찰시킬 때 발생되는 열 • 마찰스파크 : 고체와 금속을 마찰시킬 때 불꽃이 발생하는 현상
전기적 점화원	• 유도열 : 도체 주위에 자장이 존재할 때 전류가 흘러 발생되는 열 • 유전열 : 누전 등에 의한 전기절연의 불량에 의해 발생되는 열 • 저항열 : 도체에 전류가 흐를 때 전기저항 때문에 발생되는 열 • 아크열 : 스위치에 의한 On/Off 아크 때문에 발생되는 열 • 정전기열 : 정전기가 방전할 때 발생되는 열 • 낙뢰에 의한 열 : 낙뢰에 의해 발생되는 열
화학적 점화원	• 연소열 : 가연물이 산소와 반응하여 발열반응을 할 때 생성되는 열량 • 분해열 : 가연물이 분해 반응할 때 발생하는 열량 • 중합열 : 시안화수소 산화에틸렌 등의 중합 시 발생하는 열량 • 용해열 : 어떤물질이 액체에 용해될 때 발생하는 열 • 생성열 : 발열반응에 의해 화합물이 생성될 때 발생하는 열 • 자연발화열 : 외부로부터 어떤 열의 공급을 받지 아니하고 온도가 상승하는 현상

(8) 최소점화에너지(MIE ; Minimum Ignition Energy)

① 점화에 필요한 최소에너지

② 최소점화에너지는 불꽃방전을 사용하여 방전에너지계산을 통해 구함

③ 최소점화에너지는 매우 낮으므로 줄(J)대신에 1/1000J인 mJ을 사용함

④ 최소점화에너지 계산식 22 기출

$$E = \frac{1}{2} CV^2$$

여기서 E는 최소점화에너지(J), C는 콘덴서용량(F), V는 전압(V)

⑤ 물질별 최소점화에너지

물질명	분자식	최소점화에너지 (mJ)	물질명	분자식	최소점화에너지 (mJ)
이황화탄소	CS_2	0.009	펜 탄	C_5H_{12}	0.22
수 소	H_2	0.011	에 탄	C_2H_6	0.24
아세틸렌	C_2H_2	0.017	톨루엔	C_7H_8	0.24
산화에틸렌	C_2H_4O	0.05	프로판	C_3H_8	0.25
에틸렌	C_2H_4	0.07	부 탄	C_4H_{10}	0.25
부타디엔	C_4H_6	0.13	메 탄	CH_4	0.28
메탄올	CH_3OH	0.14	티메틸에테르	C_2H_6O	0.29
에테르	$C_4H_{10}O$	0.19	헥 산	C_6H_{14}	0.29
벤 젠	C_6H_6	0.20	아세트알데히드	CH_3CHO	0.36

(9) 연소의 종류

① 기체의 연소

㉠ 일정한 양의 가연성 기체에 산소를 접촉시킨 상태에서 점화원을 주게 되면 산소와 접촉하고 있는 부분부터 불꽃을 내면서 연소하게 되는데 이것을 기체의 연소라 함

㉡ 기체의 연소는 불꽃이 있으나 불티가 없는 연소로서 불꽃연소 또는 발염연소라 함

㉢ 불꽃연소는 예열대의 존재 유무에 따라 예열대가 존재하지 않는 확산연소와 예열대가 존재하여 화염을 자력으로 수반하는 예혼합연소가 있음

㉣ 기체 연소의 가장 큰 특징은 예혼합연소에 의해 폭발을 수반함

㉤ 고체나 액체는 산소를 공급한다고 해도 폭발을 일으키지 않음

② 액체의 연소

㉠ 액체 가연물이 연소할 때는 액체 자체가 연소하는 것이 아님

㉡ 증발연소 : 액체 표면에서 발생된 증기가 연소

㉢ 분해연소 : 액체가 비휘발성인 경우 열분해되어 그 분해가스가 연소

㉣ 분무연소 : 점도가 높고 휘발성이 낮은 액체 중질유를 가열 등의 방법으로 점도를 낮추어 미세입자로 분무하여 연소

㉤ 보통 액체의 연소는 증발연소가 대부분임

③ 고체의 연소

증발연소 (Evaporative Combustion)	• 고체 가연물에 열을 가했을 때 가연성 증기가 발생하여 발생한 증기와 공기의 혼합상태에서 연소 • 유황이나 나프탈렌은 가열하면 열분해를 일으키지 않고 증발하여 증기와 공기가 혼합하여 연소 • 양초, 유지 등은 가열하면 융해되어 액체로 변하게 되고 지속적인 가열로 기화되면서 증기가 되어 공기와 혼합하여 연소
분해연소 (Destructive Combustion)	• 고체 가연물에 열을 가했을 때 열분해 반응을 일으켜 생성된 가연성 증기와 공기와 혼합하여 연소 • 생성된 가연성 혼합기의 연소가 진행되면 반응열에 의해 고체 가연물의 열분해는 계속 진행되며 가연물이 없어질 때까지 계속됨 • 목재, 석탄, 종이, 플라스틱 등의 연소가 대표적
표면연소 (Surface Combustion)	• 고체 가연물의 표면에서 산소와 반응하여 연소하는 현상으로 휘발성분이 없어 가연성 증기 증발도 없고 열분해반응도 없기 때문에 불꽃이 없는 것이 특징 • 보통 직접연소라고도 하며 발염을 동반하지 않기 때문에 무염연소라고도 함 • 숯, 코크스, 목탄, 금속분 마그네슘 등의 연소가 대표적
자기연소 (Self Combustion)	• 제5류 위험물과 같이 가연성이면서 자체 내에 산소를 함유하고 있어 공기 중의 산소를 필요로 하지 않는 연소형태로서 내부연소라고도 함 • 셀룰로이드, TNT 등은 분자 내에 산소를 가지고 있어 가열 시 열분해에 의해 가연성 증기와 함께 산소를 발생하여 자신의 분자 속에 포함되어 있는 산소에 의해 연소함 • 공기 중 산소가 부족하여도 연소가 빠르게 진행되며 외부에 산소가 존재 시 폭발로도 진행될 수 있음

2 화재이론

(1) 화재의 개념

① 사람의 의도에 반하여 발생하는 연소 현상

② 불로 인해 사람에게 피해를 주는 연소 현상으로 소화가 필요한 상황

(2) 화재의 정의

① **국제표준화기구(ISO)** : 시간적, 공간적으로 제어되지 않고 확대되는 급격한 연소 현상

② **국내 화재조사 및 보고 규정** : 사람의 의도에 반하거나 고의에 의해 발생하는 연소 현상으로서 소화시설 등을 사용하여 소화할 필요가 있는 화학적인 폭발 현상

(3) 화재분류(가연물 특성)

① A급 화재(일반화재)

구 분	내 용
가연물	면직물, 목재 및 목재 가공물, 종이, 볏짚, 플라스틱, 석탄 등
발생원인	연소기 및 화기 사용 부주의, 담뱃불, 불장난, 방화, 전기 등 다양한 점화원이 존재
예방대책	열원의 취급주의, 가연물을 열원으로부터 격리 및 보호 등
소화방법	소화수에 의한 냉각소화, 포(Foam), 분말소화기를 이용한 질식, 억제 소화가 유리함

② B급 화재(유류화재)

구 분	내 용
가연물	• 휘발유, 시너, 알코올, 동식물류 등으로 주된 가연물이 유류인 화재
발생원인	• 누설된 가연물이 낮은 온도에서 증발하므로 유증기가 공기와 혼합을 이루면 A급 화재의 점화원은 물론 정전기, 스파크 등 낮은 에너지를 가지는 점화원에서도 착화
예방대책	• 환기나 통풍시설 작동, 방폭대책 강구, 제전대전 강구, 가연물을 점화원으로부터 격리 및 보호, 저장시설의 지정
소화방법	• 포(Foam)이나 분말소화기를 이용, 불활성 가스 등으로 질식소화가 유리 • 소화수 등으로 냉각소화를 시도할 경우 흐르는 물의 표면을 따라 화염이 유동하여 화재를 확산

③ C급 화재(전기화재)

구 분	내 용
가연물	• 전기가 흐르고(통전 중) 있는 장치에 발생한 화재로 화재 성장 후에는 주변의 여러 가지 가연물이 연소될 수 있을 것이나, 전기적인 원인에 의해 발화하는 경우에는 배선의 피복이나 전기, 전자 기기의 외함이 됨
발생원인	• 절연피복 손상, 아크, 접촉저항 증가, 합선, 누전, 트래킹, 반단선 등의 전기적인 발열에 의해 발화할 수 있으며 기타 다른 원인에 의한 전기시설의 화재도 연소 중인 현재 전기가 흐르고 있다면 C급 화재로 분류됨
예방대책	• 전기기기의 규격품 사용, 퓨즈 차단기 등 안전장치의 적용, 과열부 사전 검색 및 차단, 접속부 접촉 상태확인 및 보수, 점검 등
소화방법	• 분말소화기 사용을 추천하며 소화수 등을 사용 시 경우에 따라 감전의 위험이 있음 • 장비 및 시설 비용을 감안하여 불활성 기체를 통한 질식 소화의 방법이 권장됨

④ D급 화재(금속화재) 22 기출

구 분	내 용
가연물	• 칼륨, 나트륨, 마그네슘, 리튬, 칼슘 등
발생원인	• 위험물의 수분 노출, 작업공정에서 열 발생, 처리 및 반응 제어 과실, 공기 중 방치 등 정전기에 의한 폭발
예방대책	• 금속가공 시 분진 생성 억제, 기계 및 공구에서 발생하는 열의 적절한 냉각, 환기시설 작동, 자연발화성 금속의 저장 용기나 저장액 보관, 수분 접촉 금지, 분진에 대한 폭발 방지 대책 강구
소화방법	• 가연물의 제거 및 분리, 질식 소화의 방법이 있음 • 금수성 물질이므로 소화수 등 수계소화약제에 의한 진화는 불가하며, 금속 분진이 있는 경우에는 소화작업에서 압력이 발생하여 그 공기의 유동에 의해 2차 폭발이나 화재 확산의 위험성이 있음

⑤ K급 화재(주방화재) 22 기출

구 분	내 용
가연물	• 콩기름, 포도씨 기름, 돼지기름, 버터, 참기름 등 다양한 식용 식물성, 동물성 기름 해당
발생원인	• 대부분 식용 기름을 조리 중 과열 또는 방치에 의해 화재가 발생
예방대책	• 조리기구 과열방지장치 장착, 조리 음식 방치 금지, 적절한 기름 온도 유지, 조리기구 근처 가연물 제거, 조리시설 상방에 자동소화기 설치
소화방법	• 주방 화재에 적응성이 있는 K급 소화기로 소화 • 소화수 등 수계소화방법을 사용하였을 때에는 고온의 유면에 접촉된 물방울이 순간 기화되면서 발생한 압력에 의해 기름이 비산되고 비산된 미분의 기름에 의해 화재가 급격히 성장할 수 있고 인체에 화상의 위험이 있음

(4) 화재양상

① 화재의 단계

초 기	• 창 등의 개구부에서 흰색 연기 발생 • 실내 가구 등의 일부가 독립적으로 연소
성장기	• 개구부에서 세력이 강한 검은 연기가 분출 • 가구 등에서 천장면까지 화재 확대(근접한 동으로 연소 확산)
최성기	• 연기의 양은 적어지고 화염의 분출이 강해지며 유리가 파손 • 실내 전체에 화염이 충만하며, 화세 최성기(강렬한 복사열로 인해 인접 건물로 연소 확산)
감쇠기	• 지붕, 벽체가 타서 떨어지고 기둥이 무너짐 • 화세가 쇠퇴하며, 연소 확산의 위험은 없음

② 화재의 성장곡선

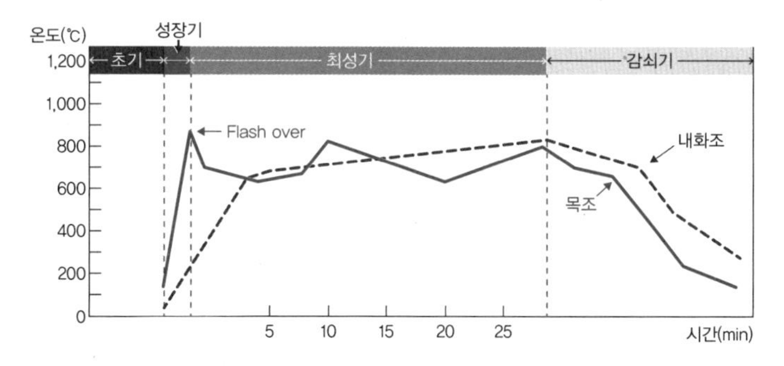

③ 플래시오버와 백드래프트 22 기출

구 분	플래시오버(Flash Over)	백드래프트(Back Draft)
개 념	화재 성장기에서 천장으로 복사된 열이 바닥의 가연물로 반사되어 가연물이 분해되면서 가연성 가스를 발생시키는데, 일산화탄소(CO)가 카메라 섬광의 플래시처럼 실내 전체가 순간적으로 연소 착화하는 현상(비정상연소현상)	산소가 부족한 밀폐된 공간에 불씨 연소로 인한 가스가 가득 차 있는 상태에서 갑자기 개구부 개방으로 새로운 산소가 유입될 때 불씨가 화염으로 변하면서 폭풍을 동반하여 실외로 분출하는 현상
현상 발생 전 온도	인화점 미만	인화점 이상

현상 발생 전 산소농도	연소에 필요한 산소가 충분	연소에 필요한 산소 불충분
발생원인	온도상승(인화점 초과)	외부(신선한) 공기의 유입
연소속도	빠르게 연소하여 종종 압력파를 생성하지만 충격파는 생성되지 않음	음속에 가까운 연소 속도를 보이며 충격파의 생성으로 구조물을 파괴할 수 있음
발생단계	• 일반적 : 성장기 마지막 • 예외적 : 최성기 시작점 경계	• 일반적 : 감쇠기 • 예외적 : 성장기
악화요인	열(복사열)	산 소
핵 심	중기상태 복사열의 바운스로 인한 전실 화재 확대	산소 유입, 화학적 CO가스 폭발

(5) 연소생성물

① 연소생성물

㉠ 기체 중 완전 연소가 되지 않는 가연물이 고체 미립자가 되어 떠돌아다니는 상태

㉡ 눈에 보이는 연소생성물로서 고체입자(탄소, 타르)와 농축습기로 구성

㉢ 탄소함유량이 많은 가연물이 불완전연소를 할 때 탄소입자가 많이 생성

② 연기 색깔

㉠ 백색 : 수분포함 물질 및 난연재가 탈 때

㉡ 흑색 : 고무, 석탄, 석유류 등이 불완전하게 탈 때

㉢ 회색 : 건초, 짚 등이 탈 때

㉣ 황색 : TNT, 다이너마이트 등이 탈 때

③ 연기의 이동

㉠ 수평방향 : 0.5~1m/s

㉡ 수직방향 : 2~3m/s

㉢ 계단방향 : 3~5m/s

④ 연기의 영향 : 시각적, 생리적, 심리적 요인

㉠ 시각적 : 시야를 감퇴, 피난/소화 활동 저해

㉡ 생리적 : 연기 성분 중 유독물 발생으로 생명 위험

㉢ 심리적 : 정신적 긴장, 패닉 현상

㉣ 패닉현상

- 돌발적인 극도의 스트레스 상황의 초기에 가장 일어나기 쉬운 행동
- 생명이나 생활에 위해를 가져올 것으로 상정되는 위험을 회피하기 위해 일어나는 집단적인 도주 현상

(6) 연소가스

일산화탄소(CO)	• 무색, 무취, 무미의 유독성 가스 • 상온에서 염소와 작용하여 포스겐($COCl_2$)을 생성
이산화탄소(CO_2)	• 무색 · 무미의 기체 • 공기보다 무거우며 가스 자체는 독성이 거의 없으나 다량이 존재할 때 사람의 호흡 속도 증가
황화수소(H_2S)	• 계란 썩은 냄새가 나며, 감각이 마비, 현기증, 호흡기의 통증
이산화황(SO_2)	• 동물의 털, 고무 등이 연소 시 발생 • 무색의 자극성 냄새 • 눈, 호흡기 점막을 상하게 하고 질식사
암모니아(NH_3)	• 질소 함유물(나일론, 나무, 실크, 아크릴 플라스틱, 멜라닌수지)이 연소할 때 발생 • 유독성이 있으며 강한 자극성을 가진 무색의 기체 • 냉동 시설의 냉매로 많이 사용
시안화수소(HCN)	• 질소 성분(합성수지, 동물의 털, 인조견 등)의 섬유가 불완전 연소할 때 발생하는 맹독성 가스(청산가스)
포스겐($COCL_2$)	• PVC, 수지류 등이 연소할 때 발생되는 맹독성 가스

3 소화이론

(1) 소화원리

① 소화는 발화 → 연소 → 연소확대의 과정을 끊는 것

② 연소의 4요소 연결고리를 차단하고 가연성 혼합기의 농도와 발화에너지를 제어

③ **소화방법의 종류** : 물적 에너지 조건을 제어하는 물리적 소화방법과 화학적 제어를 통해 연소의 연쇄반응을 억제하는 화학적 소화방법이 있음

물리적 소화	질식소화	산소공급원을 차단
	냉각소화	점화원, 점화에너지를 차단
	제거소화	가연물 제거 및 차단
화학적 소화	억제소화	연쇄반응 차단

(2) 물리적 소화방법

① **질식소화** : 유화, 희석, 피복 등의 방법으로 산소공급원을 차단

유 화	가연성액체 화재 시 물을 무상으로 고압 방사하여 유화층을 형성시켜 유류의 증기압을 떨어뜨려 소화(에멀션 효과)
희 석	알코올 등과 같은 수용성 액체위험물이나, 제6류 위험물에 적용하는 것으로, 인화성 액체 표면에 작거나 중간크기의 물방울을 완만하게 분사하여 훨씬 더 높은 인화점을 가진 용해액을 생성시켜 소화
피 복	비중이 공기의 1.5배 정도로 무거운 소화약제로 가연물의 구석구석까지 침투 피복하여 소화

② **냉각소화** : 발열과 방열의 균형을 깨트려 점화에너지를 차단하여 소화

③ **제거소화** : 가연물을 직접 제거하거나, 격리

(3) 화학적 소화방법

① 부촉매를 활용하는 소화
② 화학적 소화는 연쇄반응을 억제하면서 동시에 질식 냉각 제거 등의 작용을 함
③ **억제소화** : 할로겐 화합물 등을 첨가하여 OH^+와 같은 활성라디칼인 연쇄전달체를 포착하고 활성화 에너지를 크게 하여 연소반응을 중단시킴
④ 탄화수소계의 물질이 치환됨으로 가연성물질이 불연성물질화 됨
⑤ 화학적 소화는 작렬연소(심부화재)에는 효과가 없음
⑥ **소화설비** : 할론 분말 청정소화설비, 할로겐화합물, 산 알카리 소화기, 강화액 소화기 등

(4) 소화약제 22 기출

강화액 소화약제	• 냉각, 부촉매, 질식효과 • 적응화재 : A급, B급, K급 화재 등(무상주수 시 변전실 화재에 적응 가능) • 소화 성능을 높이기 위해 물에 탄산칼륨(또는 인산암모늄) 등을 첨가하여 약 -30~-20℃에서도 동결되지 않기 때문에 한랭지역 화재 시 사용
물 소화약제	• 냉각, 질식, 유화소화효과 • 적응화재 : A급 화재(무사주수 시 B급, C급 화재 등 사용)
포(Foam) 소화약제	• 질식, 냉각효과 및 열의 이동 차단효과 • 적응화재 : A급, B급 화재
이산화탄소 소화약제	• 질식, 냉각효과 • 적응화재 : B급, C급 화재, 통신실 화재 등
할론 소화약제	• 억제, 냉각효과 • 적응화재 : B급, C급 화재, 통신실 화재 등
할로겐화합물 및 불활성 기체 소화약제	• 질식, 부촉매(억제)효과 등
분말 소화약제	• 질식, 부촉매(억제), 냉각소화효과 • 적응화재 : B급, C급 화재(제3종 분말은 A, B, C급 화재에 적합)

4 전기화재

(1) 전기화재의 원인

단 락	• 전선 간에 매우 짧은 회로를 구성하는 것을 말함 • 매우 짧은 순간에 무부하 회로를 구성하여 과대전류와 고열이 생성되고, 접촉개소에는 전기 불꽃이 발생하여 용융흔을 생성하며 용단시키는 현상이 발생함 • 전기배선에서의 단락 : 절연파괴 → 단락 · 과전류 · 누전 • 배선기구에서의 단락 : 스위치 · 소켓 · 차단기 · 콘넥터 → 접촉불량 → 과열 → 단락 · 누전 • 전기제품의 단락 : 전열기구 → 저항 · 코일 등 → 과열 → 단락 · 누전
누 전 22 기출	• 설계된 이외의 통로로 흐르는 전류 • 그라파이트(Graphite) 현상 : 절연체 표면에 미소한 탄화도전로가 생성되어 전류가 흐르는 현상 • 누전화재의 3요소 : 누전점, 출화점, 접지점
과부하 · 과전류	• 전선에 정격전류, 정격전압, 시간 등을 초과하여 사용한 경우에 발생하는 현상

과 열	• 접촉부의 저항이 증가하거나 구리가 아산화동으로 되어 열이 발생하는 현상
반단선	• 여러개 소선으로 구성된 전선이나 코드 심선이 10% 이상 끊어졌거나 전체가 완전히 단선된 후 일부가 접촉 상태로 남아 있는 현상 • 저항치는 단면적에 반비례하므로 반단선 상태에서 통전시키면 저항치가 커져서 국부적으로 발열량이 증가하거나 스파크가 발생함
절연파괴/절연열화	• 절연열화 또는 탄화에 의한 절연파괴의 원인 – 절연체의 절연성의 저하로 트래킹(Tracking) 현상 발생 – 두 전극 사이 절연체가 먼지 등으로 전로가 형성되면서 탄화되는 현상 • 절연파괴의 문제 – 기계적 성질 저하(모터) – 취급불량으로 절연피복손상[새들, 문틀, 인입구(조립식)] – 이상 전압에 의한 절연파괴(낙뢰 등) – 경년변화로 절연체 열화

(2) 전기배선 및 기구에 대한 전기화재 예방 대책

① 합선(과전류)에 의한 발화 예방 대책

㉠ 적합한 배선 및 배선기구 사용(비닐절연선 사용금지)

㉡ 과전류 차단기 설치(부하기구나 배선에서 발화하는 것을 방지)

㉢ 적합한 굵기의 전선 사용(정격허용전류)

② 과부하전류에 의한 발화 예방 대책

㉠ 안전인증을 취득한 전기 기기 사용(전선 등)

㉡ 기술기준에 적합한 시공(압축 손상, 마찰 손상, 불완전 접속 등)

㉢ 전기설비의 유지관리 철저(주기적인 안전점검, 절연저항 측정)

㉣ 과전류 차단기 설치

③ 누전에 의한 발화 예방 대책

㉠ 누전경보기 설치

㉡ 누전차단기 설치

④ 절연열화 또는 탄화에 의한 발화 예방 대책

㉠ 절연저항 증가를 위한 오염물질 제거

㉡ 기기 교체

⑤ 접속부 과열에 의한 발화 예방 대책 : 단자조임 등 접속 불량 해소

CHAPTER 02 소방설비

1 소방설비의 종류 22 기출

경보설비	• 화재발생 사실을 통보하는 기계 · 기구 또는 설비 • 자동화재탐지설비, 비상경보설비, 비상방송설비, 누전경보기, 시각경보기 등
소화설비	• 물 및 그 밖의 소화약제를 사용하여 화재를 직접 소화할 수 있는 기계, 기구 또는 설비 • 소화기구, 옥내 · 외 소화전 설비, 스프링클러 설비, 물분무 등 소화설비
자동확산소화기	• 화재를 감지하여 자동으로 소화약제를 방출
자동소화장치	• 소화약제를 자동으로 방사하는 고정된 소화장치 • 주거용 주방자동소화장치, 상업용 주방자동소화장치, 캐비닛형 자동소화장치, 가스자동소화장치, 분말자동소화장치, 고체에어로졸자동소화장치
피난구조설비	• 화재가 발생하였을 때 피난하기 위하여 사용하는 기구 또는 설비 • 피난기구, 인명구조기구, 유도등, 비상조명등
소화용수설비	• 화재진압 시 필요한 물을 공급하거나 저장하는 설비 • 상수도소화용수설비, 소화수조, 저수조
소화활동설비	• 화재를 진압하거나 인명구조활동을 위하여 사용하는 설비 • 제연설비, 연결송수관설비, 연결살수설비, 비상콘센트설비, 무선통신보조설비, 연소방지설비

2 경보설비

(1) 정 의

① 화재 시 발생하는 열, 연기, 불꽃 등을 감지기에 의해 감지하여 자동 경보 조치

② 화재를 조기에 발견하고 조기 통보, 조기 피난, 초기 소화를 가능하게 함

③ 감지기, 수신기, 발신기, 음향 장치, 표시등, 시각 경보기 등으로 구성됨

④ 경보설비는 실험실종사자들에게 위험사항을 신속히 알릴 수 있어야 하므로 주 · 지구경종은 항상 켜진 상태로 관리

⑤ 모든 종사자들은 실험실에 가장 가까운 화재발신기의 정확한 위치를 잘 알고 있어야 함

⑥ 자동화재탐지설비는 정전이 되었을 때에는 비상전원 등으로 정상 작동 하도록 조치해야 함

⑦ 자동화재탐지설비의 구성

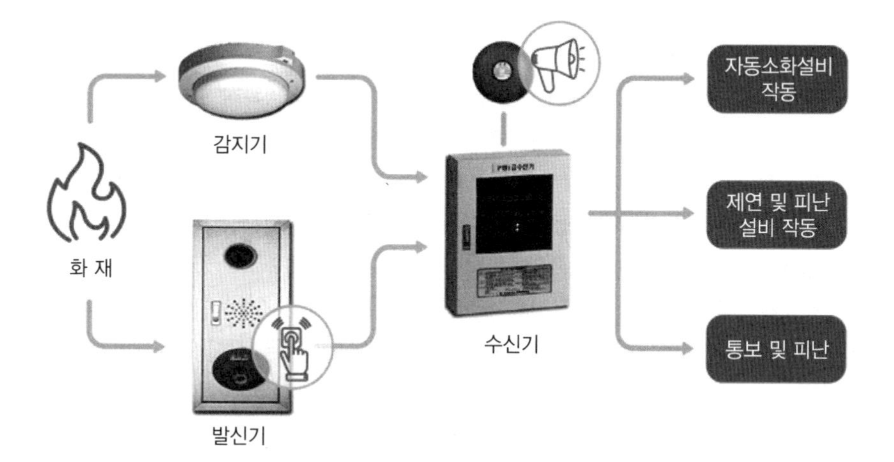

※ 출처 : 교육부 경보 설비 점검

(2) 화재감지기의 종류 22 기출

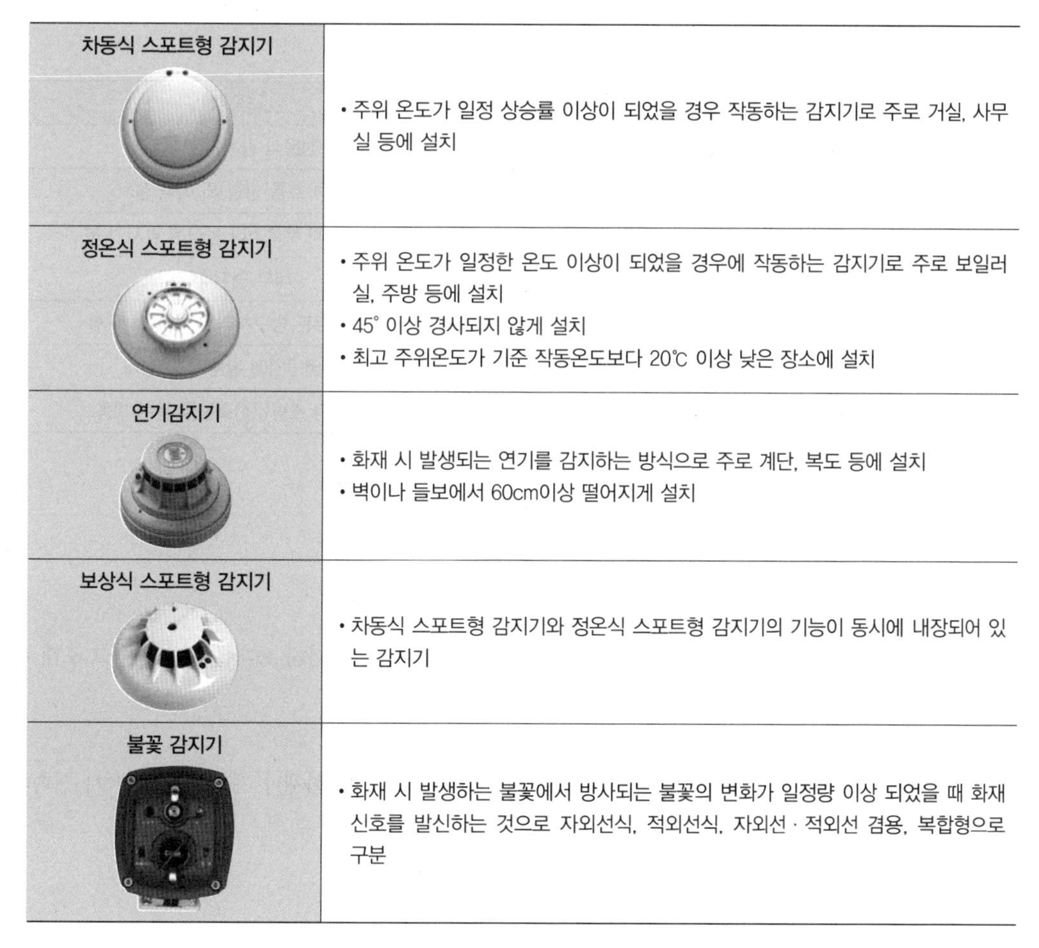

차동식 스포트형 감지기	• 주위 온도가 일정 상승률 이상이 되었을 경우 작동하는 감지기로 주로 거실, 사무실 등에 설치
정온식 스포트형 감지기	• 주위 온도가 일정한 온도 이상이 되었을 경우에 작동하는 감지기로 주로 보일러실, 주방 등에 설치 • 45° 이상 경사되지 않게 설치 • 최고 주위온도가 기준 작동온도보다 20℃ 이상 낮은 장소에 설치
연기감지기	• 화재 시 발생되는 연기를 감지하는 방식으로 주로 계단, 복도 등에 설치 • 벽이나 들보에서 60cm이상 떨어지게 설치
보상식 스포트형 감지기	• 차동식 스포트형 감지기와 정온식 스포트형 감지기의 기능이 동시에 내장되어 있는 감지기
불꽃 감지기	• 화재 시 발생하는 불꽃에서 방사되는 불꽃의 변화가 일정량 이상 되었을 때 화재신호를 발신하는 것으로 자외선식, 적외선식, 자외선 · 적외선 겸용, 복합형으로 구분

※ 출처 : 국가연구안전정보시스템

(3) 수신기 설치 기준

① 수위실 등 상시 사람이 근무하는 장소에 설치할 것

② 수신기가 설치된 장소에는 경계구역 일람도를 비치할 것

③ 수신기의 음향기구는 그 음량 및 음색이 다른 기기의 소음 등과 명확히 구별될 수 있는 것으로 할 것

④ 수신기는 감지기 · 중계기 또는 발신기가 작동하는 경계구역을 표시할 수 있는 것으로 할 것

⑤ 화재 · 가스 전기 등에 대한 종합방재반을 설치한 경우에는 해당 조작반에 수신기의 작동과 연동하여 감지기 · 중계기 또는 발신기가 작동하는 경계구역을 표시할 수 있는 것으로 할 것

⑥ 하나의 경계 구역은 하나의 표시등 또는 하나의 문자로 표시되도록 할 것

⑦ 수신기의 조작 스위치는 바닥으로부터의 높이가 0.8m 이상 1.5m 이하인 장소에 설치할 것

⑧ 하나의 특정소방대상물에 2개 이상의 수신기를 설치하는 경우에는 수신기를 상호간 연동하여 화재발생 상황을 각 수신기마다 확인할 수 있도록 할 것

(4) 비화재보

① 화재에 의한 열, 연기 또는 불꽃 이외의 요인에 의하여 자동화재탐지설비가 작동하여 화재 경보가 울리는 것

② 자동화재탐지설비가 정상적으로 작동하였다 하더라도 화재가 아닌 경우의 경보

③ 비화재보가 발생하는 원인

주요 원인	대 책
주방에 비적응성 감지기가 설치된 경우	정온식 감지기로 교체
천장형온풍기에 밀접하게 설치된 경우	기류 흐름 방향 외 이격 설치
장마철 공기 중 습도 증가에 의한 감지기 오동작	복구스위치 누르거나 동작된 감지기 복구
청소불량(먼지 · 분진)에 의한 감지기 오동작	내부 먼지 제거
건축물 누수로 인한 감지기 오동작	누수 부분 방수처리 및 감지기 교체
담배연기로 인한 연기감지기 오동작	흡연구역에 환풍기 등 설치
발신기를 장난으로 눌러 발신기 동작	입주자 소방안전교육을 통한 계몽

3 피난설비

(1) 구조대 22 기출

① 2층 이상의 층에 설치하고 비상시 건물의 창, 발코니 등에서 지상까지 포대를 사용하여 그 포대 속을 활강하는 피난기구

② 구조대의 종류

㉠ 수직구조대 : 건물옥상이나 실내복도, 베란다 등에 설치하여 화재나 재난상황 발생 시 신속하게 대피시키는 장비

㉡ 경사구조대 : 화재 시 연기로 인해 계단을 이용할 수 없을 때 지상으로 짧은 시간에 많은 인원을 대피할 수 있도록 만든 긴 자루 형태의 터널

※ 출처 : 부평구청

(2) 완강기

① 사용자의 몸무게에 의하여 자동적으로 내려올 수 있는 기구로 조절기, 조속기의 연결부, 로프, 연결 금속구, 벨트로 구성

② 완강기는 연구실 등에 가장 많이 설치되어 있는 피난기구로 건물 화재 시 계단이나 옥상으로 대피할 수 없을 때 사용

③ 설치장소는 3층 이상 10층 이하에 설치

④ 완강기 사용 시 주의사항

㉠ 사용 전 지지대를 흔들어 고정여부를 확인한 후 사용하고 지지대가 흔들리면 절대 사용 금지

㉡ 하강 시 두 팔을 위로 올리면 벨트가 빠져 추락의 위험이 있으므로 두 팔을 위로 들지 말아야 함

㉢ 하강 시 조절기 바로 밑의 로프를 잡은 손을 놓아야 하강 가능

⑤ 완강기 사용법

1
2
3
4
완강기 통 안의 구성품을 먼저 확인합니다.
1. 지지대 고리에 완강기를 걸고 잠근다.
2. 지지대를 창 밖으로 밀고 릴(줄)을 던진다.
3. 완강기 벨트를 가슴 높이까지 걸고 조인다.
4. 벽을 짚으며 안전하게 내려간다.

※ 출처 : 소방청

(3) 피난사다리

① 건축물 화재 시 안전한 장소로 피난하기 위해서 건축물의 개구부에 설치하는 기구

② 고정식 사다리, 올림식 사다리 및 내림식 사다리로 분류됨

(4) 피난교

건축물의 옥상 층 또는 그 이하의 층에서 화재발생 시 옆 건축물로 피난하기 위해 설치하는 피난기구

(5) 기타 피난기구

미끄럼봉, 피난로프, 피난용 트랩, 공기안전매트 등이 있음

4 소화기

(1) 소화기의 사용 · 관리

① 소화기는 화재의 종류에 따라서 분류되며 화재 종류에 맞는 적합한 소화기를 사용해야 함

② 소화기는 누구나 찾기 쉽도록 출입구 가까운 벽에 안전하게 설치

③ 소화기는 정기적으로 충전상태, 손상여부, 압력저하, 설치불량 등을 점검

④ 사용되었거나 손상을 입고 내부 충전상태가 불량하면 새 것으로 교체하거나 재충전

(2) 소화기와 능력단위

① 소화기 : 소화약제를 압력에 따라 방사하는 기구

② 소형소화기 : 능력단위가 1단위 이상

③ 대형소화기 : 능력단위가 A급은 10단위, B급은 20단위 이상

④ 1단위 : 소나무 90개를 우물정자 모양으로 7.3cm × 7.3cm 크기로 쌓은 다음 1.5ℓ 의 휘발유를 붓고 불을 붙였을 때 완전소화할 수 있는 소화기의 능력

(3) 소화기의 종류

① 소화 방식에 따른 분류

구분	내용
분말 소화기	• 고압의 가스를 이용하여 소화약제인 탄산수소나트륨 분말이나 제1인산암모늄 분말을 방출 • 가압방식에 따라 가압용 가스용기가 탑재된 가압식 소화기와 용기 내부에 압축공기나 불연성 가스를 압축해둔 축압식 소화기가 있음
이산화탄소 소화기	• 이산화탄소를 액화하여 충전한 것으로 액화이산화탄소가 방출되면 고체 상태인 드라이아이스로 변하면서 화재장소를 이산화탄소 가스로 덮어 공기를 차단함
할론 소화기	• 할론 가스를 소화약품으로 사용하는 소화기로 가격이 비싸지만 소화능력이 가장 좋음
포 소화기	• 탄산수소나트륨과 황산알루미늄 용액의 혼합에 의해 발생된 탄산가스 등을 이용하여 공기의 공급 차단(A급, B급 화재에 사용)
사염화탄소 소화기	• 사염화탄소(액체)와 압축 공기를 충전한 액체 소화기이며, 전기 화재에 효과가 크나 밀폐된 실내에서 사용 시 사염화탄소 증기에 의해 유독할 수 있음(B급, C급 화재에 사용)

② 화재의 종류에 따른 분류

A급 소화기	가연성 나무, 옷, 종이, 고무, 플라스틱 등의 화재
B급 소화기	가연성 액체, 기름, 그리스, 페인트 등의 화재
C급 소화기	전기에너지, 전기기계기구에 의한 화재
D급 소화기	가연성 금속(마그네슘, 티타늄, 나트륨, 리튬, 칼륨)에 의한 화재
K급 소화기	튀김용기의 식용유에 의한 화재

(4) 소화기 설치기준

① 특정소방대상물의 설치장소에 따라 적합한 종류의 것으로 설치

② 특정소방대상물에 따라 소화기구의 능력 단위 기준에 의해 설치

③ 보일러실, 교육연구시설(주방), 발전실, 변전실, 전산기기실 등 부속용도별로 사용되는 부분에 대하여는 소화 기구 및 자동소화장치를 추가하여 설치

④ 특정소방대상물로부터 보행거리가 소형소화기는 20m, 대형소화기 30m 이내로 설치

⑤ 특정소방대상물의 각 층이 2개 이상의 거실로 구획된 경우에는 각 층마다 설치하며, 바닥면적이 $33m^2$ 이상으로 구획된 각 거실에도 배치

⑥ 소화기구(자동확산소화기 제외)는 바닥으로부터 높이 1.5m 이하의 장소에 비치하고, "소화기"라고 표시한 표지를 보기 쉬운 곳에 부착

⑦ 자동확산소화기는 방호대상물에 소화 약제가 유효하게 방사될 수 있도록 설치하며, 작동에 지장이 없도록 견고하게 고정할 것

⑧ 분말형태의 소화약제를 사용하는 소화기는 내용연수 10년이 경과하면 교체하여야 함

(5) 소화기 점검

구 분	점검사항
소화기 적응성	소화기는 화재의 종류에 따라 적응성 있는 소화기를 사용
본체 용기	본체 용기가 변형, 손상 또는 부식된 경우 교체(가압식 소화기는 사용상 주의)
누림쇠, 레버 등의 조작 장치	손잡이의 누름쇠가 변형되거나 파손되면 사용 시 손잡이를 눌러도 화약제가 방출되지 않을 수 있음
호스, 혼, 노즐	호스가 찢어지거나 노즐 · 혼이 파손되거나 탈락되면, 찢어진 부분이나 파손된 부분으로 소화약제가 새어 화점으로 약제를 방출할 수 없음
지시압력계	지시압력계 지침이 녹색범위에 있어야 정상[노란색(황색) 부분은 압력이 부족한 것으로 재충전이 필요하며, 적색 부분에 있으면 과압(압력이 높음) 상태를 나타냄]
안전핀	안전핀의 탈락 여부, 안전핀이 변형되어 있지 않은지 점검
자동확산소화기 점검 방법	소화기의 지시압력계 상태를 확인, 지시압력계 지침이 녹색 범위 내에 있어야 적합

(6) 소화기 사용방법

	① 소화기를 들고 불이 난 곳으로부터 2~3m 떨어진 거리까지 접근. 소화기를 바닥에 내려놓은 후 소화기가 넘어지지 않도록 한 손은 소화기 몸통을 잡고 다른 한 손은 안전핀을 잡음
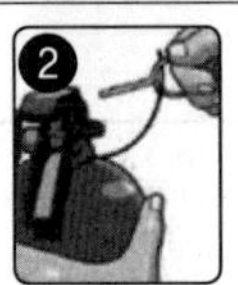	② 손잡이 부분의 안전핀을 뽑음
	③ 바람을 등지고 서서 한 손은 손잡이를 잡고, 다른 한 손은 노즐을 잡고 화점을 향하게 함
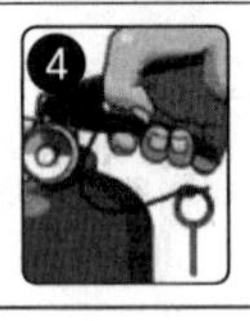	④ 손잡이를 꽉 움켜쥐고 불을 향해 분사. 소화가 완전히 될 때까지 약제를 화점을 향하여 비로 쓸 듯이 골고루 방사

※ 출처 : 화성시청

5 옥내 소화전

(1) 개 요

① 건물화재 시 화재발생 초기에 신속하게 사용할 수 있도록 건축물 내에 설치하는 고정식 수계소화설비

② 초기소화를 목적으로 일반적으로 소방대상물 내에 설치하고, 초기단계를 지나버린 중기단계 및 이웃 건물로의 연소방지용으로도 사용됨

(2) 방수량, 방수압, 수원

① 당해 층의 옥내소화전을 동시에 방수할 경우 각 소화전 노즐에서의 방수량은 130ℓ/min, 방수압은 0.17MPa 이상 0.7Mpa 이하

② 수원의 양(㎥) = 130ℓ/min × 20min × 소화전 개수(최대 5개)

(3) 가압송수장치

① 기동방식에 따라 소방펌프가 자동으로 기동하는 자동기동방식과 수동조작으로 기동하는 수동기동방식이 있음

펌프방식	• 자동기동방식 : 기동용 수압개폐장치(압력챔버)를 설치하여 소화전의 개폐밸브 개방 시 배관 내 압력 저하에 의하여 압력스위치가 작동함으로써 펌프를 기동하는 방식이며, 펌프는 주로 전동기로 구동됨 • 수동기동방식(On/Off방식) : 압력챔버가 없이 소화전함에서 기동스위치를 가동시키면 펌프가 동작하여 소화용수를 공급하는 방식

고가수조방식	• 옥상이나 높은 곳에 물탱크를 설치하고 자연낙차 압력에 의해서 법정방수압력(0.17MPa)을 토출할 수 있도록 낙차를 이용하는 가압방식
압력수조방식	• 물탱크가 압력수조로 2/3는 물을 채우고, 1/3은 압축공기를 채워 소방용수를 공급하는 방식 • 전원이 필요 없으나 별로 사용되지 않는 방식임

(4) 순환배관

① 펌프의 체절운전 시 수온이 상승하여 펌프에 무리가 발생하므로 순환배관상의 릴리프밸브를 통해 과압을 방출하여 수온 상승 및 과압을 방지하기 위한 설비

② 체절운전은 펌프의 성능시험을 목적으로 펌프토출 측의 개폐밸브를 닫은 상태에서 펌프를 운전하는 것

(5) 성능시험배관

① 펌프의 성능을 시험하기 위해 설치하는 배관

② 성능시험 배관은 펌프의 토출측 개폐밸브 이전에 설치

(6) 옥내 소화전 설치기준 22 기출

소화전함	• 옥내소화전설비의 함에는 표면에 "소화전"이라고 표시한 표지와 사용 요령을 기재한 표지판(외국어 병기)을 붙여야 함
방수구	• 층마다 설치하며, 방수구까지의 수평 거리는 25m 이하 • 바닥으로부터 높이가 1.5m 이하의 위치에 설치
표시등	• 설치위치는 옥내소화전함의 상부 • 부착면으로부터 15° 이상, 10m 이내의 어느 곳에서도 쉽게 식별 가능(적색등)
호 스	• 호스는 구경 40mm 이상(호스릴 옥내소화전 설비의 경우에는 25mm)
관창(노즐)	• 직사형 : 봉상으로 방수 • 방사형 : 분무 상태로 방수

(7) 옥내 소화전 유지관리

① 옥내 소화전함 앞에는 물건을 두지 말아야 하며, 옥내 소화전은 항상 사용가능하도록 준비되어 있어야 함

② 화재발생 시 신속한 사용이 가능하도록 밸브에 소방 호스는 연결된 상태로 관리

③ 소방호스는 호스걸이에 걸어 놓도록 할 것, 호스걸이가 없는 경우 소화전함 바닥에 지그재그 형태로 쌓아 놓아 화재발생 시 신속한 전개가 가능해야 함

④ 옥내 소화전함 내부는 습기가 차거나 호스 내에 물이 들어있지 않도록 하고 호스를 사용한 후에는 건조시킨 후 원래 위치에 보관

(8) 옥내 소화전 사용

① 옥내 소화전함 상부에 설치된 발신기 버튼을 눌러 화재 사실을 알리고 소화전함을 신속히 개방
② 호스와 노즐을 화점 가까이 호스가 꼬이지 않게 전개하여 이동한 후 소화전함에 대기하고 있는 조력자에게 "밸브 개방"이라고 외치고 이때 조력자는 밸브를 반시계방향으로 돌려 개방
③ 방수 시 한 손은 관창선단을 잡고 다른 한 손은 결합부를 잡은 상태에서 호스를 최대한 몸에 밀착시킨 후에 밸브를 개방하고 노즐을 조작하여 방수
④ 방수가 완료되면 "밸브 폐쇄"라고 외친 후 밸브를 폐쇄. On/Off 방식의 펌프인 경우 Off스위치를 누름
⑤ 호스는 음지에 말려서 다시 사용하기 쉽도록 정리

6 스프링클러

(1) 개 요

① 화재 시 소방대상물의 보호를 목적으로 자동으로 화재를 감지하여 신속히 화재를 진압하는 설비
② 수조, 가압송수장치(소화펌프), 배관, 스프링클러헤드, 유수검지장치(일제개방밸브), 기동용수압개폐장치 등으로 구성
③ 스프링클러설비는 자동으로 작동되므로 실험실종사자들이 임의로 설비를 정지시키지 않도록 해야 함
④ 실험실 내 용품들은 스프링클러헤드에서 적어도 50cm 이상 떨어진 곳에 위치하도록 함
⑤ 스프링클러헤드에 물건을 매다는 일이 없도록 해야 함

(2) 방수량 및 수원

① 통상적으로 모든 헤드에서 80ℓ/min으로 방수된다는 가정하에 설계
② 수원의 양(m^3) = 80ℓ/min × 20min × 폐쇄형스프링클러헤드 기준 갯수

(3) 스프링클러의 종류

구분	내용
습 식	가압송수장치에서 폐쇄형스프링클러헤드까지 배관 내에 항상 물이 가압되어 있다가 화재로 인한 열로 폐쇄형스프링클러헤드가 개방되면 배관 내에 유수가 발생하여 습식유수검지장치가 작동하는 방식
건 식	2차측에 압축공기 또는 질소 등의 기체로 충전된 배관에 폐쇄형스프링클러헤드가 부착된 스프링클러설비로서, 폐쇄형스프링클러헤드가 개방되어 배관 내의 압축공기 등이 방출되면 건식유수검지장치 1차측의 수압에 의하여 건식유수검지장치가 작동하는 방식
부압식	가압송수장치에서 준비작동식 유수검지장치의 1차측까지는 항상 정압의 물이 가압되고, 2차측 폐쇄형스프링클러헤드까지는 소화수가 부압으로 되어 있다가 화재 시 감지기의 작동에 의해 정압으로 변하여 유수가 발생하면 작동하는 스프링클러설비로, 비화재 시 헤드의 개방으로 인한 수손을 방지하기 위해 설치함
준비작동식	가압송수장치에서 준비작동식 유수검지장치 1차측까지 배관 내에 항상 물이 가압되어 있고 2차측에서 폐쇄형스프링클러헤드까지 대기압 또는 저압으로 있다가 화재발생 시 감지기에 의해 작동하는 방식
일제살수식	가압송수장치에서 일제개방밸브 1차측까지 배관 내에 항상 물이 가압되어 있고 2차측에서 개방형스프링클러헤드까지 대기압으로 있다가 화재발생 시 자동감지장치 또는 수동식기동장치의 작동으로 일제개방밸브가 개방되면 스프링클러헤드까지 소화용수가 송수되는 방식

구 분		습 식	건 식	준비작동식	일제살수식
사용 헤드		폐쇄형	폐쇄형	폐쇄형	개방형
배 관	1차측	가압수(물)	가압수(물)	가압수(물)	가압수(물)
	2차측	가압수(물)	압축공기	대기압, 저압공기	대기압(개방)
경보밸브		알람체크밸브	건식밸브	준비작동밸브	일제개방밸브
감지기의 유무		없 다	없 다	있 다	있 다

7 화재사고 대응방법

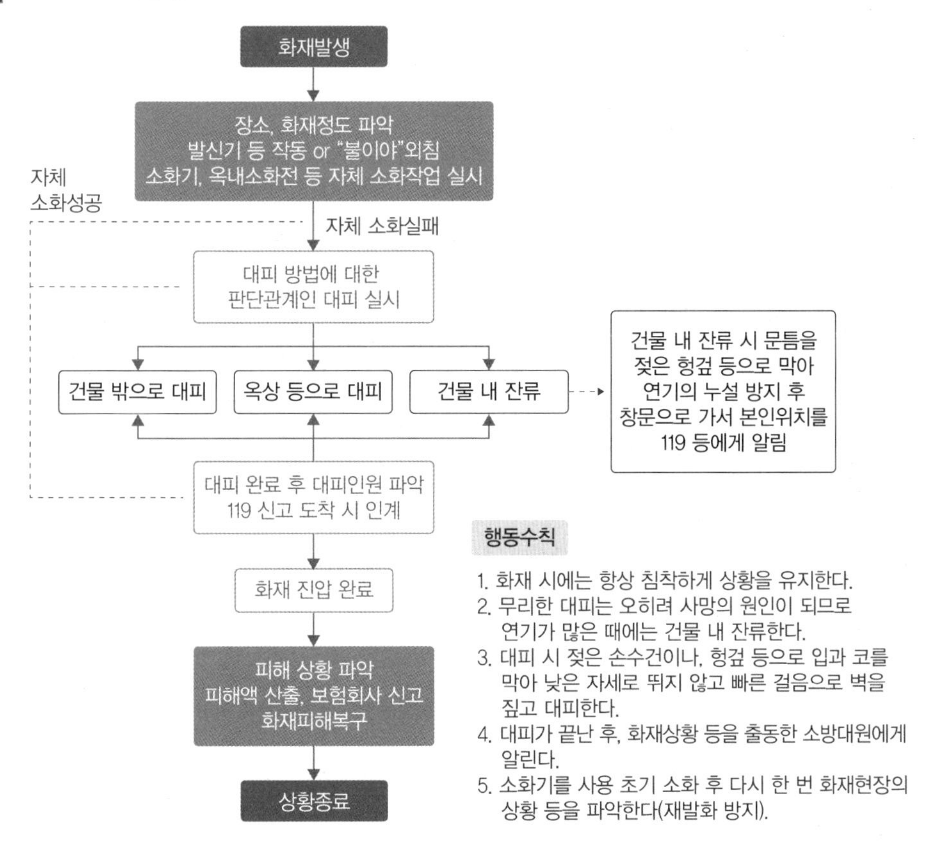

행동수칙

1. 화재 시에는 항상 침착하게 상황을 유지한다.
2. 무리한 대피는 오히려 사망의 원인이 되므로 연기가 많은 때에는 건물 내 잔류한다.
3. 대피 시 젖은 손수건이나, 헝겊 등으로 입과 코를 막아 낮은 자세로 뛰지 않고 빠른 걸음으로 벽을 짚고 대피한다.
4. 대피가 끝난 후, 화재상황 등을 출동한 소방대원에게 알린다.
5. 소화기를 사용 초기 소화 후 다시 한 번 화재현장의 상황 등을 파악한다(재발화 방지).

(1) 화재별 소화방법

일반화재	• 가장 대표적인 화재의 상황으로 목재, 종이, 섬유 등 일상생활 어디에서나 발생할 우려가 가장 높은 화재 • 가연물의 보관을 적게 하고, 화재가 발생한 경우 분말소화기, 옥내소화전 등을 활용하여 화재를 소화할 수 있도록 함
유류화재	• 등유, 경유, 휘발유, LPG, LNG, 부탄가스 등 인화성 액체, 가연성 가스류로 화재가 발생하는 경우 • 연소 확대 및 폭발의 우려가 매우 높음 • 유류화재에 물을 사용하여 소화하는 경우 연소 확대의 우려가 매우 높음
전기화재	• 전류가 흐르고 있는 전기기기나 배선과 관련된 화재 • 분말소화기, 이산화탄소소화기, 할론소화기 등을 이용하여 신속하게 소화 • 물을 사용하는 경우 감전의 우려가 높음
금속화재	• 실험 및 연구를 위해 주로 사용하는 칼륨, 나트륨 등 금속류에서 주로 발생하는 화재 • 물과 급속도로 반응하여 폭발을 일으킬 수 있음 • 팽창질석, 팽창진주암, 건조사 등을 이용하여 소화할 수 있음
주방화재	• 주방에서 동 · 식물유를 취급하는 조리기구에서 일어나는 화재 • 물을 사용하는 경우 소화가 되지 않고 넘쳐흘러 화재가 연소 확대될 수 있음 • K급 소화기를 사용하여 소화할 수 있음

(2) 연구실 환경에 따른 화재 위험성

① 전기 취급 연구실

위험성	• 전기 취급 연구실은 고압 또는 저압을 이용하여 연구개발활동을 하는 경우로 분전반 앞에 물건 적재 시 분전반 위치 확인이 곤란하고, 유사시 분전반 내의 차단기를 조작할 수 없음 • 연구기계 및 전원 플러그와 콘센트의 접지를 실시한 뒤 연구개발활동을 실시하여야 하나 생략하는 경우가 많음
위험요인	• 환기팬 분진, 차단기 충전부 노출, 전선, 콘센트, 미인증 물품 사용, 실험기기의 플러그와 콘센트의 접속 상태 불량, 바닥에 전선 방치 등

② 가스 취급 연구실

위험성	• 가스를 취급하는 연구실에서는 가스의 보관은 외부에 보관토록 하여야 하나 많은 연구실 내부에 가스를 보관하여 사용하는 경우가 많음 • 가연성, 조연성, 독성 가스를 분류하여 보관하여야 함에도 동일 장소에 보관 사용하는 경우가 많음
위험요인	• 가스 성상별 구분 보관 미비, 전도 방지 조치 미비, 가스탐지 설치위치 부적합, 가스용기 충전기한 초과, 가스누설 경보장치 미설치 등

③ 화학약품 취급연구실

위험성	• 대부분의 연구실에서 연구용 시약을 보관 사용하는 관계로 화재 발생의 우려가 매우 높음 • 약품의 취급 시 성상별 분리하여 보관하여야 하며, 흄 후드의 정기적 점검, 폐액 등 분리 배출이 이루어져야 하나 그렇지 못한 경우가 매우 많음 • 폐액은 성상별로 분류되어 보관되고 일정한 양이 되는 경우 폐기물 업자에 의해 조치가 되어져야 하나 미비로 인한 화재 및 폭발 사고가 종종 발생
위험요인	• 독성물질 시약장 시건장치 미설치, 시약 성상별 미분리, 흄 후드 사용 및 관리 미흡, MSDS 관리 미흡, 세척설비 미설치, 폐기물의 특성 및 성상에 따른 분리 보관 미흡, 유독성 가스 배출 설비 미설치, 시약 보관 장소의 부적정, 보관 용량 초과 등

(3) 화재발생 시 행동요령

① 방화문 관리 : 방화문은 화재 시 열, 연기, 유독가스 등의 확산을 방지하기 위하여 반드시 닫힌 상태를 유지하거나, 화재 시 자동으로 닫히는 구조로 해야 함

② 화재대피 일반상식

㉠ 침착하게 공포감을 극복하고 주변상황 파악

㉡ 문을 갑자기 열지 말고 뜨거운지 먼저 확인

㉢ 대피 시 방화문 통과 후에는 문을 다시 닫음

㉣ 이동 시 자세를 낮추고 젖은 수건으로 코와 입을 보호

㉤ 불이 난 곳의 반대방향의 비상구를 이용

㉥ 상황 판단 없이 높은 곳에서 뛰어내리지 않음

㉦ 화장실이나 통로의 막다른 곳은 위험

㉧ 엘리베이터는 이용하지 않음

㉨ 고립되면 자기가 있는 곳을 알림

③ 화재 시 대피요령

㉠ 입과 코를 막음

㉡ 자세를 낮춤

㉢ 한 손으로 벽을 짚음

㉣ 한 방향으로 대피

전기 안전관리

1 전기 안전

(1) 전기를 표시하는 물리량 [22] 기출

① 전류(I) : 전자의 흐름으로 전위차가 있을 때 발생, 단위로 A(Ampere)를 사용

② 전압(V) : 전위의 차를 말하며 단위로 V(Volt)를 사용

③ 전력(W) : 단위시간 동안에 1V의 전압에서 1A의 전류가 흐를 때 소비되는 에너지, 단위로 W(Watt)를 사용

④ 전력량(Wh) : 일정한 시간 동안에 사용한 전력의 양으로, 단위로 Wh를 사용

⑤ 저항(R) : 전류의 흐름을 방해하는 것, 단위로 Ω을 사용

전압(V)	$V = I \times R$
전력(W)	$W = V \times I = (I \times R) \times I = I^2 \times R$, $W = J/s$
전력량(Wh)	$Wh = W \times t = I^2 \times R \times t$

⑥ 인덕터(Inductance) : 전기 에너지가 자기 에너지로 바뀌는 성질

㉠ 인덕터(코일)에 의해 에너지는 자기 에너지 형태로 소비(변환)

㉡ 인덕터의 단위는 H이며 헨리(Henry)라고 읽음

⑦ 커패시터(Capacitance) : 전하가 축적되는 성질

㉠ 커패시터(콘덴서)에 의해 에너지는 전하의 형태로 축적

㉡ 저항의 단위는 F이며 패럿(Farad)으로 읽음

(2) 누전차단기

① 누전차단기의 종류

고속형	동작시간 0.1sec(= 100ms)
보통형	동작시간 0.2sec(= 200ms)
인체감전방지용 고감도 고속형 누전차단기	30mA 이하의 전류에서 0.03sec 이내에 작동해야 함

② 누전차단기의 설치장소
　㉠ 물 등과 같이 도전성이 높은 액체에 의한 습윤한 장소
　㉡ 철골, 철판 등 도전성이 높은 장소
　㉢ 임시배전 선로를 사용하는 건설현장
③ 누전차단기의 설치제외 장소
　㉠ 절연대 위에서 사용하는 전동기계 기구
　㉡ 이중절연구조의 전동기계 기구
　㉢ 비접지방식을 채택한 전동기계 기구

2 접 지

(1) 접지의 개요

지락사고 시 접촉으로 인한 전압상승 억제를 목적으로 하며, 전로의 중성점 또는 기기외함 등을 접지극에 접지선으로 대지와 연결하는 것으로 전기 및 통신 설비 등과 같은 접지 대상물을 대지와 낮은 저항으로 전기적 접속을 하는 것

(2) 접지의 목적

① 사람이나 동물 등의 감전 보호
② 전압의 안정, 보호 계전기의 확실한 동작 확보 및 정전 차폐 기능의 유지
③ 누전 등에 의한 고장전류나 단락전류의 유입에 따른 전위변동을 억제하여 기기 보호

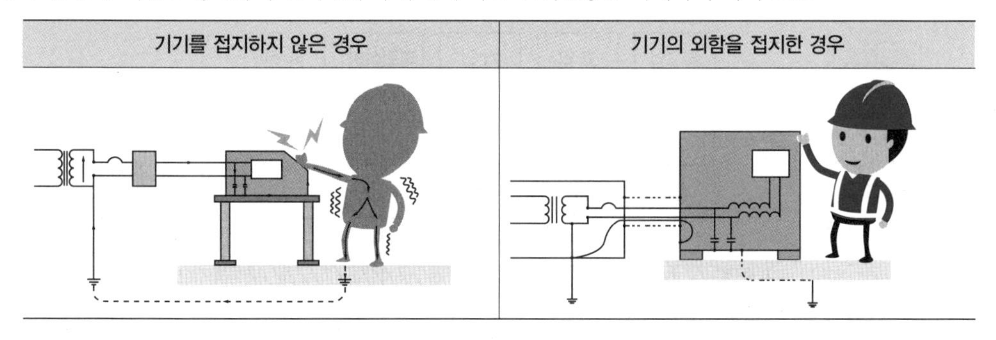

※ 출처 : 국가연구안전정보시스템

(3) 접지의 분류

① **계통접지(제2종 접지공사)** : 전원측 전로 자체에 접지하는 것으로, 전로에 일어나는 이상 전압 상승 등을 경감하기 위함
② **기기접지** : 전기기구의 비충전 금속부분에 접지하는 것으로, 지락사고 시 기기의 외함 등의 의한 감전사고나 화재를 방지하기 위함
③ **기타접지** : 직격뢰의 방지를 위한 것으로 가공지선, 피뢰침, 피뢰기 등의 접지

(4) 접지공사의 종류

종 류	적용범위	접지선의 굵기	접지저항 값
제1종	고압 및 특고압 기계기구의 외함	공칭단면적 6㎟ 이상의 연동선	10Ω 이하
제2종	고압 및 특고압전로와 저압 전로를 결합하는 변압기의 중성점 또는 단자 등의 접지	공칭단면적 16㎟ 이상의 연동선 (고압/특고압 전로와 저압전로를 변압기에 의해 결합하는 경우에는 6㎟ 이상의 연동선)	변압기의 고압측 또는 특별 고압측 전로의 1선 지락전류의 암페어수로 150을 나눈 값과 같은 수(22.9kV-5Ω)
제3종	400V 미만의 저압용	공칭단면적 2.5㎟ 이상의 연동선	100Ω 이하
특별3종	400V 이상의 저압용	공칭단면적 2.5㎟ 이상의 연동선	10Ω 이하

(5) 접지시스템의 종류 22 기출

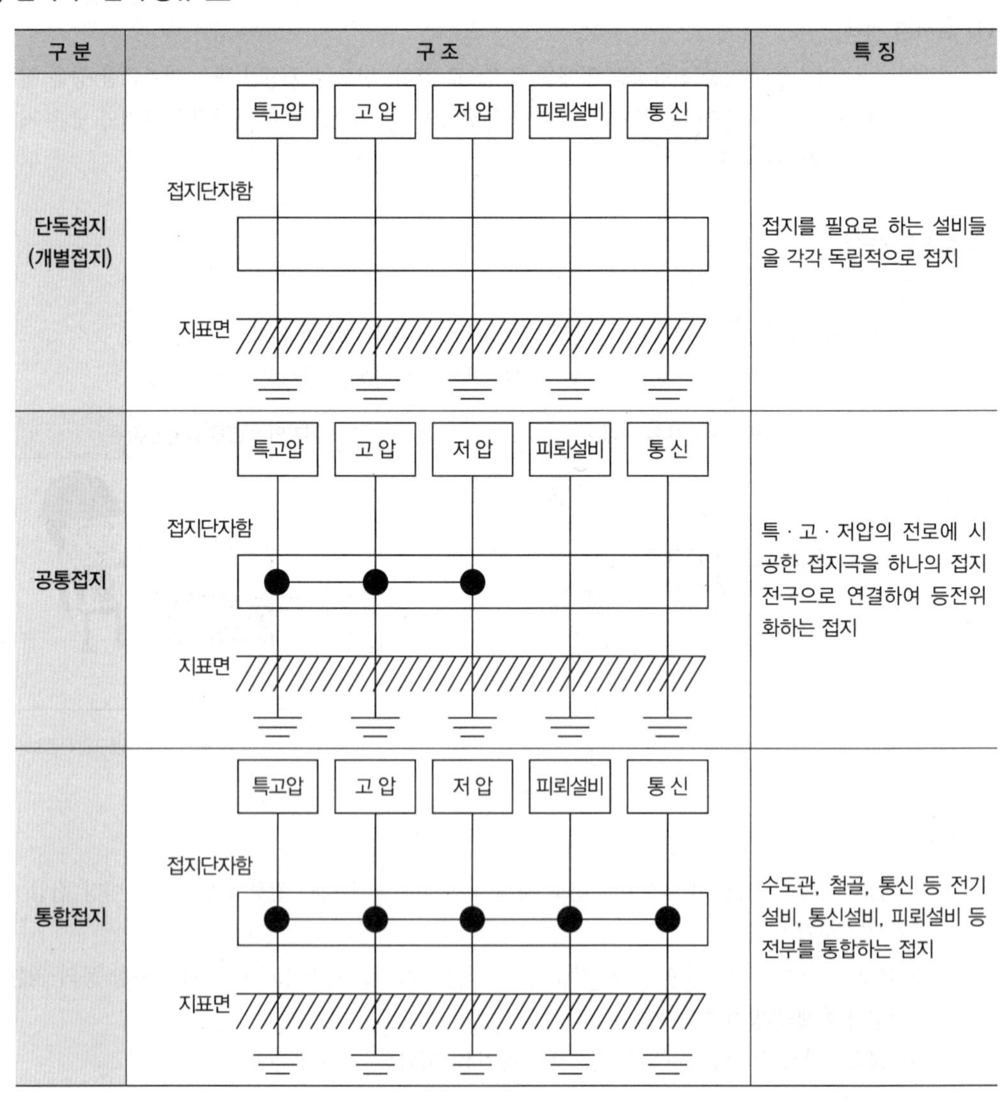

구 분	구 조	특 징
단독접지 (개별접지)	특고압 / 고 압 / 저 압 / 피뢰설비 / 통 신 / 접지단자함 / 지표면	접지를 필요로 하는 설비들을 각각 독립적으로 접지
공통접지	특고압 / 고 압 / 저 압 / 피뢰설비 / 통 신 / 접지단자함 / 지표면	특 · 고 · 저압의 전로에 시공한 접지극을 하나의 접지전극으로 연결하여 등전위화하는 접지
통합접지	특고압 / 고 압 / 저 압 / 피뢰설비 / 통 신 / 접지단자함 / 지표면	수도관, 철골, 통신 등 전기설비, 통신설비, 피뢰설비 등 전부를 통합하는 접지

(6) 절연저항 22 기출

전로의 전선상호간 및 전로와 대지사이의 절연저항은 다음 표에서 정한 값 이상이어야 함

전로의 사용전압(V)	DC시험전압(V)	절연저항(MΩ)
SELV 및 PELV	250	0.5
FELV, 500V 이하	500	1
500V초과	1,000	1

- ELV(Extra Low Voltage) : 2차 전압이 AC 50V, DC 120V 이하로 인체에 위험을 초래하지 않을 정도의 저압
- SELV, PELV : 1차와 2차가 전기적으로 절연된 회로
- FELV : 1차와 2차가 전기적으로 절연되지 않는 회로
- SELV(Separated Extra Low Voltage) : 비접지회로 구성
- PELV(Protective Extra Low Voltage) : 접지회로구성
- FELV(Functional Extra Low Voltage) : 1차와 2차가 전기적으로 절연되지 않는 회로에서 사용하는 기능적 특별저전압

3 정전기

(1) 정 의

① 정전기는 정지되거나 움직이지 못하는 전기를 말함

② 물체가 외부와의 마찰이나 다른 특별한 힘을 받게 되면 그 경계면에서 전하의 이동이 생겨서 그 물체가 양(+)전하나 음(−)전하를 띄게 되고, 이 전하들이 이동하지 못하고 한 곳에 고여 있는 것

③ 서로 같은 전하로 대전된 전기는 척력, 다른 전하로 대전된 전기는 인력이 발생함

(2) 대전 및 정전기 발생에 영향을 주는 요인

① 정전서열

㉠ 정전기에는 +정전기와 −정전기가 있으며, 물질에 따라 정전서열이 다름

㉡ 석면은 +로 대전되기 쉽고, 셀룰로이드는 −로 대전되기 쉬움

㉢ 정전서열의 차이가 클수록 큰 정전기를 일으킴

㉣ 물질의 정전서열

+				←						→				−
석면	토끼털	유리	납	명주	모직물	알루미늄	목면	파라핀	호박	에보나이트	니켈	유황	금	셀룰로이트

② 정전기 발생에 영향을 주는 요인

㉠ 물질특성(Material Characteristic) : 물질의 정전 서열에 따라 다름

㉡ 분리속도(Speed of Separation) : 분리속도가 증가함에 따라, 두 물체 사이의 전위차는 증가

㉢ 접촉면적(Area in Contact) : 면적이 클수록 많은 전하가 한 물질에서 다른 물질로 전이

㉣ 물질과의 운동 영향(Effect of Motion Between Substance) : 속도가 높을수록, 반복 접촉이 많아지고 정전기가 더 많이 발생

(3) 정전기 대전의 종류

① **마찰대전** : 물체가 마찰을 일으켰을 때나, 마찰에 의하여 접촉의 위치가 이동하여 전하의 분리가 일어나 정전기가 발생하는 현상

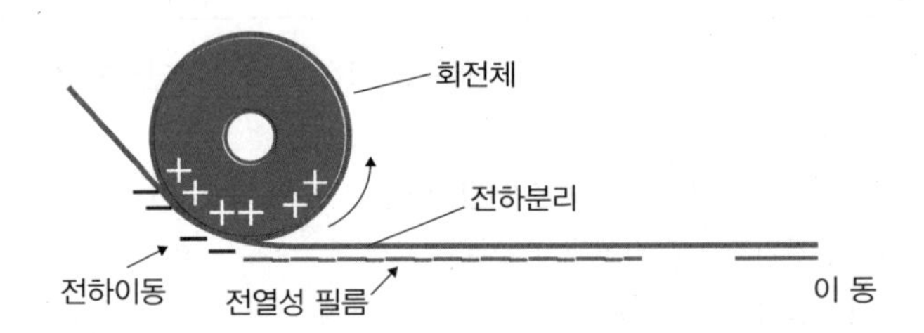

② **박리대전** : 서로 밀착되고 있는 물체가 떨어질 때 전하의 분리가 일어나 정전기가 발생하는 현상 22 기출

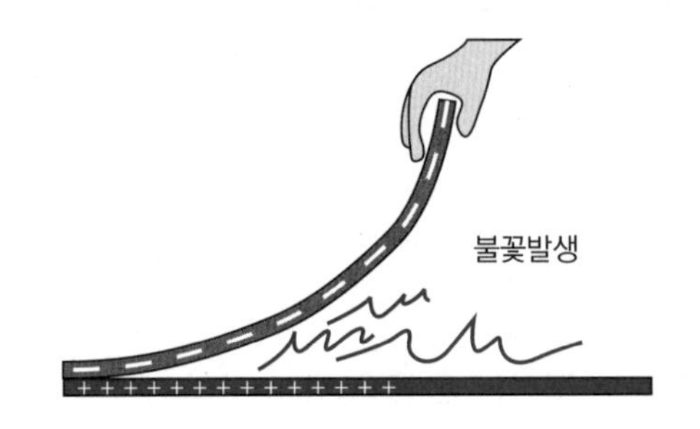

③ **유동대전** : 액체류가 파이프를 통해서 이동할 때 정전기가 발생하는 현상

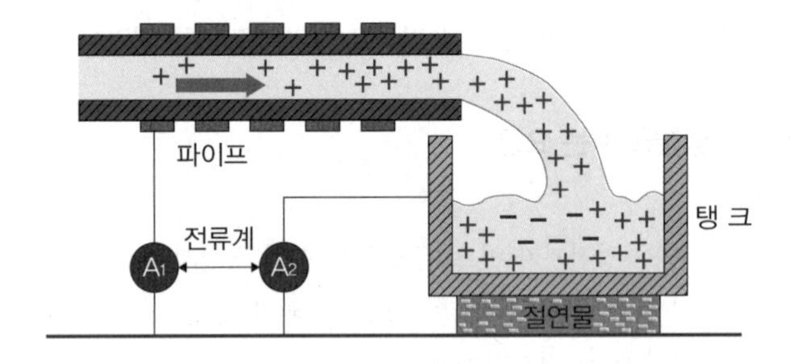

④ **분출대전** : 분체류, 기체류, 액체류 등이 단면적이 작은 관 등을 통해서 분출할 때 마찰이 일어나는 현상

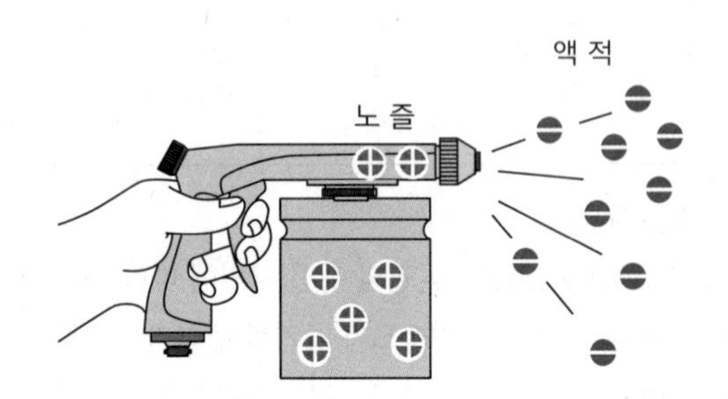

⑤ **진동대전(교반대전)** : 액체가 교반할 때 대전으로 기름을 탱크에 넣어 진동시키면 진동대전 현상이 일어나는데 이때 진동 주파수에 따라 대전전압에 극소치가 생김

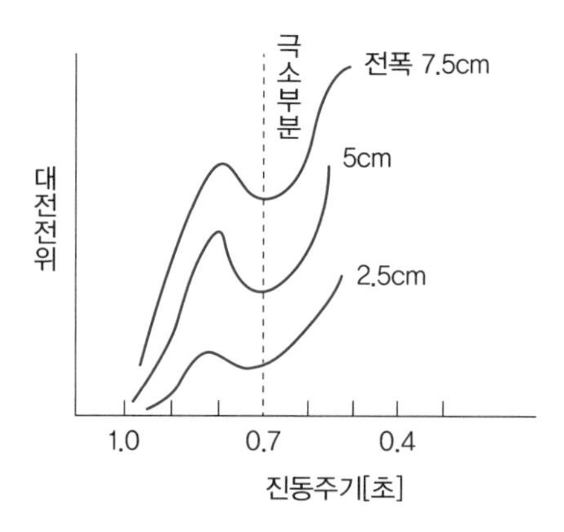

⑥ **충돌대전** : 분체류와 같은 입자끼리 또는 입자와 고체와의 충돌에 의해서 빠르게 접촉 · 분리가 행해져서 정전기가 발생하는 현상

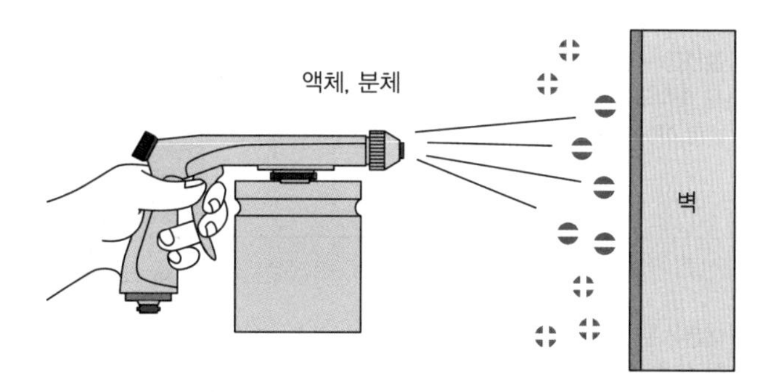

⑦ **파괴대전** : 고체, 분체류와 같은 물체가 파괴될 때 전하분리 또는 전하의 정부균형이 무너져 정전기가 발생하는 현상

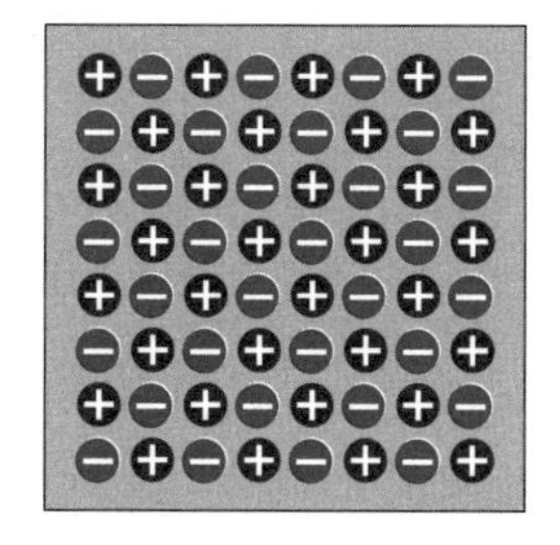
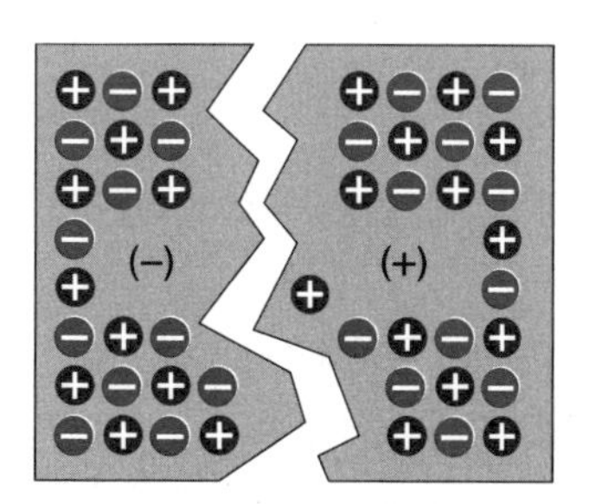

6과목

(4) 방전의 종류

구 분	설 명	
코로나 방전	방전물체의 돌기부분과 같은 끝부분에서 미약한 발광이 일어나는 현상	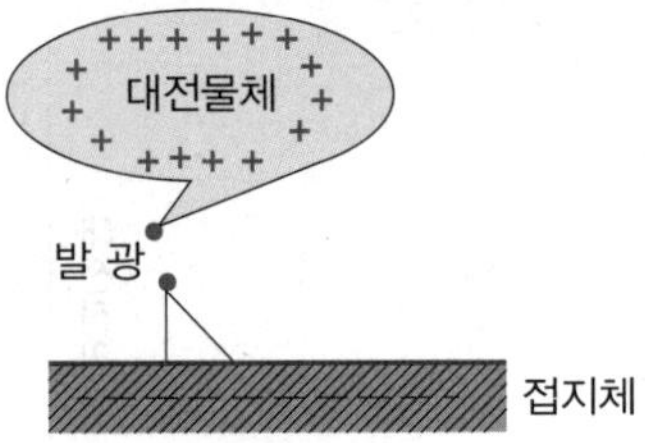 대전물체 / 발 광 / 접지체
브러시 방전	코로나 방전보다 진전하여 수지상 발광과 펄스상의 파괴음을 수반하는 방전으로 가연성 가스, 증기 또는 민감한 분진에서 화재, 폭발을 일으킬 수 있음	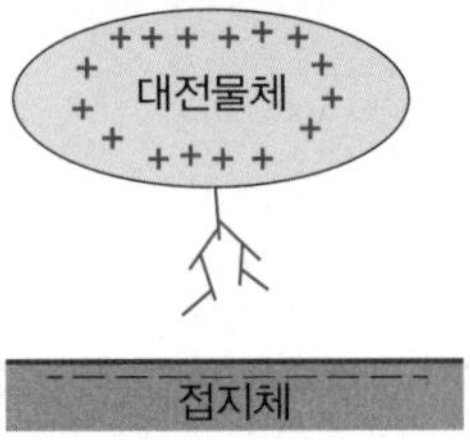 대전물체 / 접지체
불꽃 방전	절연판이나 도체의 표면전하밀도가 높게 축적되어 방전에너지가 높아져 폭발로 이어지는 방전	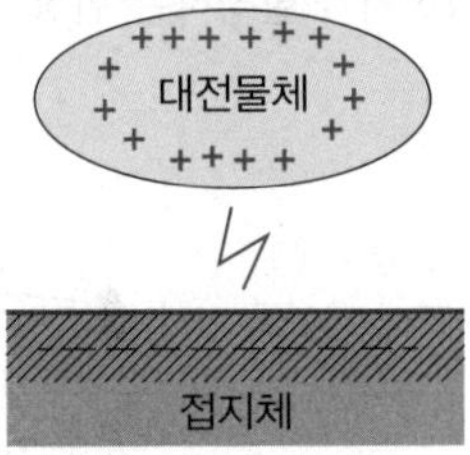 대전물체 / 접지체
연면 방전	대전이 큰 얇은 층상의 부도체를 박리할 때나 부도체의 뒷면에 밀접한 접지체가 있을 때	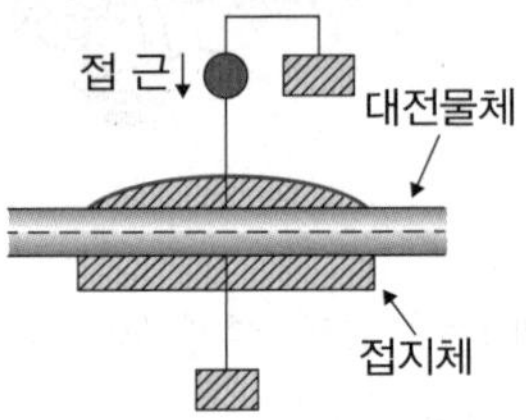 접 근 / 대전물체 / 접지체

(5) 정전기 재해

① 축적된 전하는 방전하여 중성상태로 가려는 전기적 힘이 작용하며, 여러 가지 형태의 방전이 일어날 수 있음

② 정전기가 점화원이 되기 위한 4가지 조건

㉠ 정전기의 발생수단이 있어야 함

㉡ 생성된 전하를 축적하고 전위차를 유지해야 함

㉢ 에너지의 스파크 방전이 있어야 함

㉣ 스파크가 인화성 혼합물 내에서 일어나야 함

(6) 정전기 재해의 방지

① 정전기 재해 방지방법

접 지	• 가장 기본적인 대책으로 대전물체에 축적된 정전기를 접지를 통해 누설, 완화시킴
가 습	• 물 또는 증기를 분무하거나 증발시켜 공기 중의 상대습도를 60~70%로 유지
도전성재료의 사용	• 재료적으로는 분산계와 적층계의 재료를 사용하고, 대전방지방법으로는 누설에 의한 대전방지, 공기 중 방전에 의한 대전방지방법을 선택
대전방지제의 사용	• 부도체의 대상에 따라 적절한 물질을 선택하고 상대습도를 50% 이상으로 유지
인체의 정전기 관리	• 대전 방지화, 개인용 접지 장치의 착용, 대전 방지 및 도전성 의류, 장갑, 청소용 천 등의 착용과 도전성 바닥의 설치 등
제전장치	• 제전기를 대전물체에 가까이 설치하여 제전기에서 생성된 이온이 대전물체로 이동하여 중화시킴 • 제전기의 종류에 따라 전압인가식, 자기방전식, 방사선식 등이 있음

② 제전장치의 종류

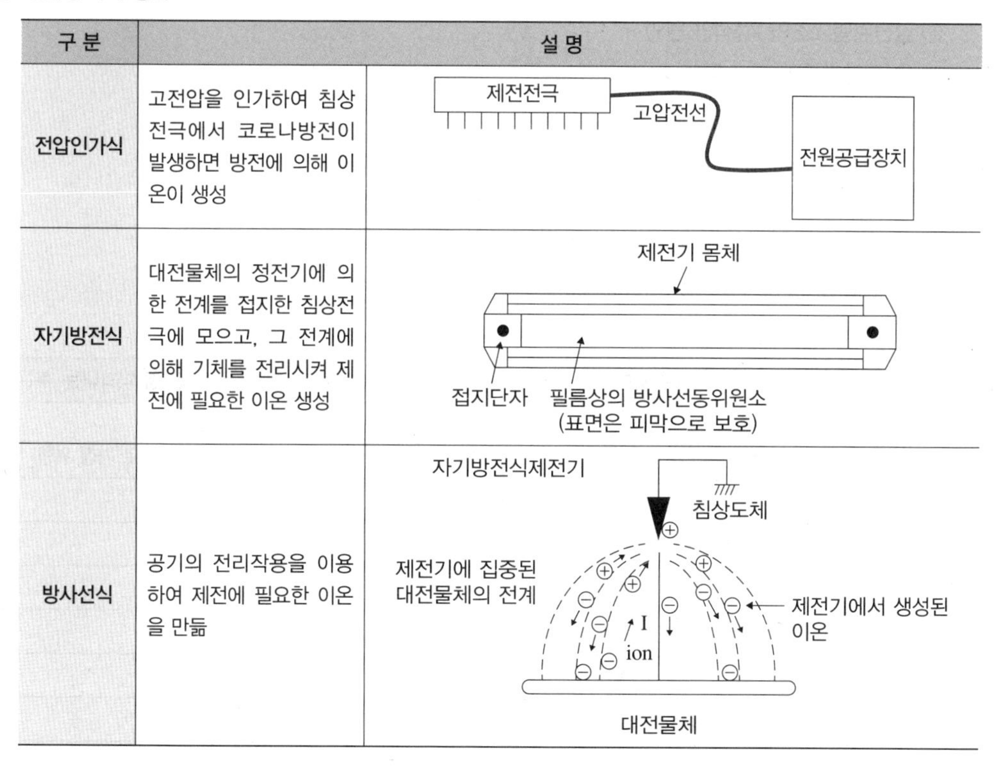

구 분	설 명	
전압인가식	고전압을 인가하여 침상 전극에서 코로나방전이 발생하면 방전에 의해 이온이 생성	
자기방전식	대전물체의 정전기에 의한 전계를 접지한 침상전극에 모으고, 그 전계에 의해 기체를 전리시켜 제전에 필요한 이온 생성	
방사선식	공기의 전리작용을 이용하여 제전에 필요한 이온을 만듦	

6과목

4 감 전

(1) 정 의

① 사람이나 동물의 몸 일부 또는 전체에 전류가 흐르는 현상으로 전류의 크기 및 시간, 경로에 따라 강도가 달라짐

② 감전사고를 방지하기 위해서는 전압을 안전전압(30V) 이하로 유지, 이격거리를 유지, 누전 차단기 설치 및 접지가 필요함 22 기출

③ 감전현상으로 인해 인체가 받게 되는 충격을 전격이라 함

④ 감전사고의 유형

㉠ 전격재해

㉡ 아크에 의한 화상

㉢ 2차적인 추락 및 전도에 의한 재해

㉣ 통전전류 발열작용에 의한 체온 상승

⑤ 감전위험요소의 1차적인 원인

㉠ 통전전류의 크기 22 기출

- 최소감지전류 : 1~2mA
- 고통전류 : 2~8mA
- 가수전류 : 8~15mA(이탈가능전류)
- 불수전류 : 15~50mA(이탈불능전류)
- 심실세동전류 : 50~100mA

㉡ 통전경로 22 기출

통전경로	KH(Kill of Heart, 위험도를 나타내는 계수)
왼손 → 가슴	1.5 (전류가 심장을 통과하므로 가장 위험)
오른손 → 가슴	1.3
왼손 → 한발 또는 양발	1.0
양손 → 양발	1.0
오른손 → 한발 또는 양발	0.8
왼손 → 등	0.7
한손 또는 양손 → 앉아있는 자리	0.7
왼손 → 오른손	0.4
오른손 → 등	0.3

㉢ 통전시간

㉣ 전원의 종류(교류가 직류보다 더 위험하고, 전압의 크기는 1차적인 원인이 아님)

⑥ 비충전부 감전

㉠ 비충전 부분이 누전으로 인해 충전된 부분을 간접 접촉하는 감전

㉡ 비충전부 감전형태

- 누전 상태인 전기 기기에 인체 등이 접촉되어 인체를 통해 지락전류가 흘러서 감전
- 절연이 불량한 전기 기기 등에 인체가 접촉되어 발생

⑦ 충전부 감전

㉠ 충전된 전선로에 인체가 접촉하는 김전

㉡ 충전부 감전의 발생 형태

- 충전된 전선로에 인체 등이 접촉되어 인체를 통해 지락 전류가 흘러서 감전
- 일반작업 중에 발생하는 대부분의 감전사고가 여기에 속함

(2) 전격(Electric Shock) 22 기출

① 감전에 의해 호흡정지, 심실세동 등을 비롯하여 2차적으로 추락이나 불안전한 행동으로 이어져 상해가 발생하는 것

② 전격의 메카니즘 : 심장부 통전 → 심실세동 발생 → 뇌의 호흡 중추신경 통전 → 호흡기능 정지 → 흉부 통전 → 흉부 수축 및 질식 → 2차 재해 발생(추락, 화상 등) → 사망

③ 전격의 원인

㉠ 충전부 직접 접촉

㉡ 고압선로에서 절연파괴에 의한 감전

㉢ 누전된 전기기기 외함에 접촉

㉣ 콘덴서, 케이블 잔류전하에 의한 감전

㉤ 보폭전압, 접촉전압에 의한 감전

㉥ 송전선로 정전유도, 전자유도 전압 감전

㉦ 회로 오조작, 발전기 기동, 낙뢰 등에 의한 감전

6과목

(3) 인체의 저항

① 인체의 전기저항 값

㉠ 피부저항이 약 2,500Ω

㉡ 내부 조직 저항 약 300Ω

㉢ 발과 신발 사이의 저항 1,500Ω

㉣ 신발과 대지 사이 700Ω

㉤ 전체 저항 약 5,000Ω

② 인체저항의 특징

㉠ 인가 전압이 커짐에 따라 약 500Ω 이하까지 감소

㉡ 피부 저항은 땀이 나 있는 경우 건조시의 약 1/12~1/20

㉢ 물에 젖어 있는 경우 1/25

㉣ 접촉면적이 커지면 저항은 그만큼 작아짐

(4) 감전사고의 특징

① 다른 재해 비하여 발생율은 낮으나 사망의 위험성 높고, 평생 장애로 남음

② 전기 작업자뿐만 아니라 일반인도 많이 발생

③ 고압이 상대적으로 더 위험하나 실제 저압에서 많이 발생

④ 시기적으로 하절기에 많이 발생

⑤ 새로운 유형의 전기재해로 이행이 잦음

⑥ 직접 재해 보다 2차적인 재해 발생 빈발

(5) 감전화상

① **1도 화상** : 피부가 쓰리고 빨갛게 된 상태

② **2도 화상** : 피부에 물질이 생기는 상태

③ **3도 화상** : 피부가 벗겨지는 상태

④ **4도 화상** : 피부전층은 물론 근육이나 신경, 뼈까지 손상되는 상태

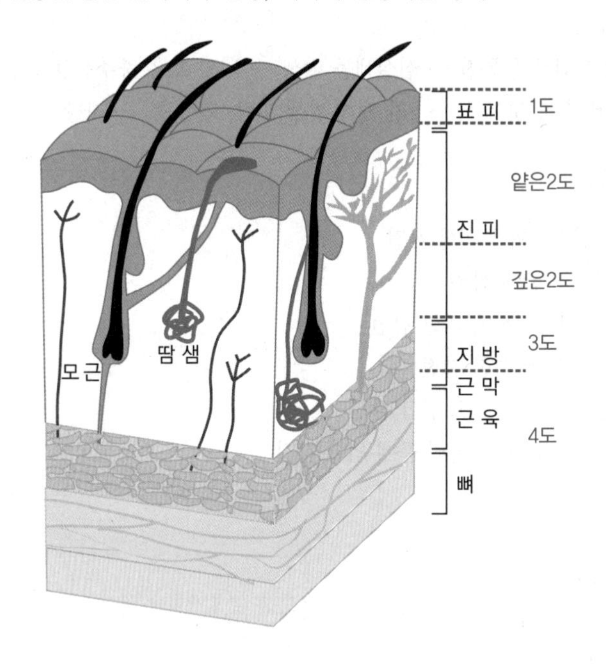

(6) 감전화상 시 응급처치의 요령

① 경미한 화상은 얼음이나 생수로 화상 부위를 식힘

② 물 · 소화용 담요 등 이용하여 소화, 위급 시 피재자 굴림

③ 상처에 달라붙지 않는 의복은 모두 벗김

④ 상처 부위에 파우더, 향유, 기름 등을 발라서는 안 됨

⑤ 화상 부위는 열기와 통증이 가라앉도록 흐르는 물로 씻음

⑥ 화상 부위 세균 감염으로부터 보호하기 위해 화상용 붕대 사용

⑦ 피재자는 담요 등으로 감싸되 상처부위가 닿지 않도록 함

⑧ 가능한 빨리 병원에 후송

5 방 폭

(1) 정 의

① 전기설비가 원인이 되어 가연성 가스나 증기 또는 분진에 인화되거나 착화되어 발생되는 폭발사고를 방지하는 것을 방폭이라 함

② 폭발현상은 공기 중에서 적당한 농도의 가연성 가스나 증기 또는 분진이 존재하고 이들이 반응하는데 필요한 착화에너지가 존재할 때 일어나게 됨

③ 화재와 폭발사고를 일으킬 가능성이 많이 잠재되어 있기 때문에 이와 같은 곳의 전기설비는 방폭성능을 갖춘 구조로 하여야 함

④ 가스방폭지역은 0종, 1종, 2종 장소로 분류하고 있음

⑤ 방폭지역의 분류

위험분위기 / 국가별	지속적인 위험분위기	통상 상태하에서의 간헐적 위험분위기	이상 상태하에서의 위험분위기
IEC/CENELEC/유럽	Zone 0	Zone 1	Zone 2
북 미	Division 1		Division 2
한국/일본	0종 장소	1종 장소	2종 장소

⑥ 방폭지역의 구분

구분	내용
0종 장소 (ia)	위험분위기가 지속적으로 또는 장기간 존재하는 장소 • 설비의 내부(용기내부, 장치 및 배관의 내부 등) • 인화성 또는 가연성 액체가 존재하는 피트(Pit) 등의 내부 • 인화성 또는 가연성의 가스나 증기가 지속적 또는 장기간 체류하는 곳
1종 장소 (ib,d,p,o)	상용의 상태에서 위험분위기가 존재하기 쉬운 장소 • 통상의 상태에서 위험분위기가 쉽게 생성되는 곳 • 운전 · 유지보수 또는 누설에 의하여 자주 위험분위기가 생성되는 곳 • 설비 일부의 고장 시 가연성 물질의 방출과 전기계통의 고장이 동시에 발생하기 쉬운 곳 • 환기가 불충분한 장소에 설치된 배관계통으로 쉽게 누설될 우려가 있는 곳 • 주변 지역보다 낮아 가스나 증기가 체류할 수 있는 곳 • 상용의 상태에서 위험분위기가 주기적 또는 간헐적으로 존재하는 곳
2종 장소 (S)	이상 상태하에서 위험분위기가 단시간 동안 존재할 수 있는 장소(이 경우 이상 상태는 상용의 상태 즉, 통상적인 유지보수 및 관리상태 등에서 벗어난 상태를 지칭하는 것으로 일부 기기의 고장, 기능상실, 오작동 등의 상태) • 환기가 불충분한 장소에 설치된 배관계통으로 배관이 쉽게 누설되지 않는 구조의 곳 • 가스켓(Gasket), 패킹(Packing)등의 고장과 같이 이상 상태에서만 누출될 수 있는 공정설비 또는 배관이 환기가 충분한 곳에 설치될 경우 • 1종 장소와 직접 접하며 개방되어 있는 곳 또는 1종 장소와 닥트, 트랜치, 파이프 등으로 연결되어 이들을 통해 가스나 증기의 유입이 가능한 곳 • 강제 환기방식이 채용되는 것으로 환기설비의 고장이나 이상시에 위험분위기가 생성될 수 있는 곳

⑦ 전기설비의 방폭구조의 종류

종 류	내 용	기 호
내압 방폭구조	방폭함 내부의 폭발에 견디고 폭발화염이 간극을 통해 외부로 유출되지 않는 구조	d
압력 방폭구조	용기 내에 보호가스를 압입하여 가연성 가스가 용기 내부로 유입하는 것을 방지한 구조	p
유입 방폭구조	점화원이 될 우려가 있는 부분을 기름 속에 묻어둔 구조	o
안전증 방폭구조	정상상태에서 점화원이 될 수 있는 스파크의 발생확률을 낮춰 안전도를 증가시킨 구조	e
본질안전 방폭구조	스파크 등이 점화능력이 없다는 것을 확인한 구조로 가장 폭발 우려가 없음. 따라서 가장 위험한 0종 장소에서 사용(ia)	ia, ib
특수 방폭구조	모래와 같은 특수 재료를 사용한 구조	s

(2) 방폭구조의 구비조건

① 시건장치를 할 것
② 접지를 할 것
③ 퓨즈를 사용할 것
④ 도선의 인입방식을 정확히 채택할 것

(3) 방폭구조의 선정 시 고려사항

① 위험장소의 종류
② 폭발성 가스의 폭발등급과 폭발범위
③ 발화온도(점화원이 없어도 불이 붙는 온도)

6 전기안전대책

(1) 일반적인 전기안전 작업대책

① 장비검사 전 항상 전원을 차단하고, 플러그를 전원에 연결한 채 회로변경 작업금지
② 전기설비 작업 시 공구나 비품의 손잡이는 부도체로 하며, 젖은 손으로 접촉금지
③ 전기장치의 충전부는 항상 절연하고, 전원에 연결된 회로배선은 임의로 변경하지 않음
④ 전기설비에 연결된 접지선의 접속을 확인하고, 연결 코드선은 가능한 한 짧게 사용
⑤ 전기설비 근처에서는 인화성 액체 등을 사용, 저장, 취급을 하지 않음
⑥ 배전반 전면에는 장애물을 없애고, 다중 콘센트는 가능한 한 사용금지

(2) 정전작업 시 조치사항

① 전로의 개로에 사용한 개폐기에 잠금장치를 하고 통전금지에 관한 표지판을 설치하는 등 필요한 조치를 할 것

② 개로된 전로가 전력케이블 · 전력콘덴서 등을 가진 것으로서 잔류전하에 의하여 위험이 발생할 우려가 있는 것에 대하여는 당해 잔류전하를 확실히 방전시킬 것

③ 개로된 전로의 충전여부를 검전기구에 의하여 확인하고 오통 전에 다른 전로와의 접촉, 다른 전로로부터의 유도 또는 예비동력원의 역송전에 의한 감전의 위험을 방지하기 위하여 단락접지 기구를 사용하여 확실하게 단락접지할 것

(3) 감전사고 예방요령

① 전기설비의 설치

㉠ 기술기준에 적합한 시공(전선의 피복손상 여부 등 절연상태 확인)
㉡ 장비구입(제작) 시 정격 배선 및 차단 장치 확인 요청
㉢ 물기 및 습기 있는 장소에는 전원 측에 누전차단기를 설치
㉣ 고전압이 발생되는 기계기구는 접촉금지를 위해 격리 또는 이격거리 유지
㉤ 전원리드선(멀티콘센트) 또한 접지선이 있는 접지형으로 교체
㉥ 외피가 부도체로 되어 있어 접지선의 연결이 불가한 전기기구는 사용을 제한함
㉦ 실험환경에 따라 방폭형 전기기계기구 설치 및 사용

② 전기설비의 사용

㉠ 항상 건조한 장갑 착용 후 전기기계기구 조작
㉡ 물에 젖은 손으로 전기기계기구를 조작 금지
㉢ 스위치를 끌 때에는 가죽이나 면으로 된 절연성 장갑을 착용하고 오른손을 사용
㉣ 얼굴은 만일의 사태를 대비하여 분전반을 향하지 않게 하고 손잡이를 내림
㉤ 실험실 환경에 따라 전기 스위치는 충분한 환기 후 조작
㉥ 연구실은 항상 청결하게 유지하고 작업공간을 확보
㉦ 개방 시 전선이나 접속단자가 손상되지 않도록 플러그 손잡이에서 조작할 것
㉧ 냉난방기구 등은 사용치 않을 경우 전원 플러그를 개방
㉨ 이동식 코드릴을 사용할 경우에는 접지 및 누전차단기가 부착된 코드릴을 사용

③ 전기설비의 관리

㉠ 전기기계기구의 전원 측에는 반드시 누전차단기 시설 확인
㉡ 전기 배선은 손상되지 않도록 방호관(전선관 또는 케이블)으로 견고하게 고정할 것
㉢ 연구실의 가연성 또는 인화성 물질이 있는 곳은 위험한 불꽃이 발생하지 않도록 할 것
㉣ 전극이 존재하는 경우(콘센트 등)에는 가연성 먼지가 쌓이지 않도록 청소할 것
㉤ 배선기구에는 무리한 힘을 주어 접촉점이 손상되지 않도록 할 것
㉥ 낙뢰 시는 전기기계기구의 스위치 개방(적절한 피뢰방호 필요)
㉦ 전기설비 시공은 유자격자가 안전하게 시공하고 주기적인 안전 교육 실시 필요

6과목

④ 감전사고 대책

설비적인 측면	• 충전부로부터 격리 • 설비의 적법 시공 및 운용 • 고장 시 전로를 신속히 차단 • 전차단기의 설치 : 교류 600V 이하의 전로에서 인체의 감전사고 및 누전에 의한 화재, 아크에 의한 전기기계기구의 손상 방지를 위하여 의무적으로 설치 • 접지시설 : 전기기계기구 및 금속제 외함에 접지하여 지락 고장 전류가 흐르도록 회로를 구성하여 인체 통과 전류를 충분히 억제, 접촉 전압을 충분히 낮춤
안전장비의 측면	• 보호구 및 방호구 사용 • 경고표지 및 구획 로프의 설치 • 활선접근 경보기 착용
인적인 측면	• 기능숙달 • 교육훈련(사고 시 대처방법 수립) • 안전거리 유지

⑤ 감전방지법

직접접촉에 의한 감전방지법	• 패쇄형외함설치 • 절연덮개, 방호막 설치 • 안전 전압 이하의 기기 사용 • 시건장치
간접접촉에 의한 감전방지법	• 누전차단기 설치 • 보호접시 실시 • 이중절연 • 안전전압(30V) 이하의 기기사용

더 알아보기

국제 안전 전압 기준

체 코	20V	스위스	36V
독 일	24V	프랑스	24V(AC), 50V(DC)
영 국	24V	네덜란드	50V
일 본	24~30V	한 국	30V
벨기에	35V	오스트리아	60V(0.5초), 110~130V(0.2초)

(4) 감전사고의 대응

① 감전된 사람을 건드리지 않아야 하며 플러그, 회로 폐쇄기 및 퓨즈상자 등의 전원을 차단

② 감전된 사람이 철사나 전선 등을 접촉하고 있다면 마른 막대기 등을 이용하여 멀리 치움

③ 환자가 호흡하고 있는지 확인하고 만약 호흡이 약하거나 멈춘 경우에는 즉시 인공호흡 실시

④ 응급구조대에 도움을 요청

⑤ 감전된 환자를 담요, 외투 및 재킷 등으로 덮어서 따뜻하게 함

⑥ 의사에게 검진을 받을 때까지 감전된 사람이 음료수나 음식물 등을 먹지 못하게 함

과목별 예상문제

01 점화원에 의해 연소할 수 있는 최저온도로 가연성 물질이 점화원과 접촉할 때 연소를 시작할 수 있는 최저온도를 뜻하는 말로 옳은 것은?

① 인화점
② 연소점
③ 발화점
④ 착화점

해설
연소점은 연소상태가 지속될 수 있는 온도이며, 발화점은 점화원 없이 연소가 가능한 최저온도이다. 착화점은 발화점과 같은 말이다.

02 연소에 필요한 혼합가스의 농도 범위 또는 자력으로 화염을 전파하는 공간을 나타내는 말로 옳은 것은?

① 연소 상한
② 연소 중한
③ 연소 하한
④ 연소 범위

해설
연소 범위에 대한 설명이며, 온도, 압력, 산소농도가 높을수록 연소 범위가 확대되며 연소가 쉽게 일어난다.

정답 01 ① 02 ④

03 연소의 3요소로 옳지 않은 것은?

① 온 도

② 산 소

③ 연 료

④ 연쇄반응

해설

연소의 3요소는 온도, 산소(공기), 연료이다. 연쇄반응은 연소의 4요소에 포함된다.

04 전기적 점화원 중에서 누전 등에 의한 전기절연의 불량에 의해 발생되는 열로 옳은 것은?

① 유전열

② 유도열

③ 저항열

④ 아크열

해설

전기적 점화원의 종류

- 유도열 : 도체 주위에 자장이 존재할 때 전류가 흘러 발생되는 열
- 유전열 : 누전 등에 의한 전기절연의 불량으로 발생되는 열
- 저항열 : 도체에 전류가 흐를 때 전기저항 때문에 발생되는 열
- 아크열 : 스위치의 On/Off 아크 때문에 발생되는 열
- 정전기열 : 정전기가 방전할 때 발생되는 열
- 낙뢰에 의한 열 : 낙뢰에 의해 발생되는 열

05 포(Foam)이나 분말소화기를 이용하거나, CO_2 같은 불활성 가스 등으로 질식소화가 유리한 화재로 옳은 것은?

① A급 화재 – 일반화재

② B급 화재 – 유류화재

③ K급 화재 – 주방화재

④ D급 화재 – 금속화재

해설

유류화재에 대한 설명이다. 유류화재를 소화수 등으로 냉각소화할 경우 흐르는 물의 표면을 따라 화염이 유동하여 화재가 확산될 수 있다.

03 ④ 04 ① 05 ② 정답

06 **산소가 부족한 밀폐된 공간에 불씨 연소로 인한 가스가 가득 차 있는 상태에서 갑자기 개구부 개방으로 새로운 산소가 유입될 때, 불씨가 화염으로 변하면서 폭풍을 동반하여 실외로 분출하는 현상으로 옳은 것은?**

① 롤오버
② 플래시오버
③ 백드래프트
④ 프레임오버

해설
백드래프트(Back Draft)에 대한 설명이다. 플래시오버(Flash Over)는 가연성 가스가 카메라 섬광의 플래시처럼 실내 전체에서 순간적으로 연소 착화하는 비정상연소 현상이다.

6과목

07 **다음 보기에서 설명하는 물질로 옳은 것은?**

질소 함유물이 연소할 때 주로 발생, 유독성이 있고 강한 자극성을 가진 무색의 기체로 냉동 시설의 냉매로 많이 사용하는 물질

① 암모니아
② 이산화황
③ 시안화수소
④ 포스겐

해설
• 이산화황 : 동물의 털, 고무 등이 연소 시 발생
• 시안화수소 : 질소 성분의 섬유가 불완전 연소할 때 발생하는 맹독성 가스
• 포스겐 : PVC, 수지류 등이 연소할 때 발생하는 맹독성 가스

정답 06 ③ 07 ①

08 **알코올 등과 같은 수용성 액체위험물이나, 제6류 위험물에 적용하는 것으로, 인화성 액체 표면에 작거나 중간크기의 물방울을 완만하게 분사하여 훨씬 더 높은 인화점을 가진 용해액을 생성시켜 소화하는 방법으로 옳은 것은?**

① 유화소화

② 희석소화

③ 피복소화

④ 제거소화

해설

물리적 소화방법

- 질식소화
  - 유화소화 : 가연성액체 화재 시 물을 무상으로 고압 방사하여 유화층을 형성시켜 유류의 증기압을 떨어뜨려 소화(에멀션 효과)
  - 희석소화 : 알코올 등과 같은 수용성 액체위험물이나, 제6류 위험물에 적용하는 것으로, 인화성 액체 표면에 작거나 중간크기의 물방울을 완만하게 분사하여 훨씬 더 높은 인화점을 가진 용해액을 생성시켜 소화
  - 피복소화 : 비중이 공기의 1.5배 정도로 무거운 소화약제로 가연물의 구석구석까지 침투 피복하여 소화
- 냉각소화 : 발열과 방열의 균형을 깨트려 점화에너지를 차단하여 소화
- 제거소화 : 가연물을 직접 제거하거나, 격리하여 소화

09 **전기화재의 원인 중 절연체 표면에 미소한 탄화도전로가 생성되어 전류가 흐르는 그라파이트(Graphite) 현상으로 인해 발생하는 형태로 옳은 것은?**

① 단 락

② 누 전

③ 과 열

④ 반단선

해설

- 단락 : 전선 간에 매우 짧은 회로를 구성하는 것
- 과열 : 접촉부의 저항이 증가하거나 구리가 아산화동으로 되어 열이 발생하는 현상
- 반단선 : 코드 심선이 10% 이상 끊어졌거나 전체가 완전히 단선된 후 일부가 접촉 상태로 남아 있는 현상

08 ② 09 ② 정답

10 **주위 온도가 일정 상승률 이상이 되었을 경우 작동하는 것으로 주로 거실, 사무실 등에 설치하는 화재감지기로 옳은 것은?**

① 차동식 스포트형 감지기
② 정온식 스포트형 감지기
③ 연기감지기
④ 불꽃감지기

해설

- 차동식 스포트형 감지기 : 주위 온도가 일정 상승률 이상이 되었을 경우 작동하는 화재감지기
- 정온식 스포트형 감지기 : 주위 온도가 일정한 온도 이상이 되었을 경우에 작동하는 감지기
- 연기감지기 : 화재 시 발생되는 연기를 감지하는 설비로 주로 계단, 복도 등에 설치
- 불꽃감지기 : 화재 시 발생하는 불꽃에서 방사되는 불꽃의 변화가 일정량 이상 되었을 때 화재 신호를 발신하는 설비
- 보상식 스포트형 감지기 : 차동식 스포트형 감지기와 정온식 스포트형 감지기의 기능이 동시에 내장되어 있는 감지기

11 **스프링클러 설계 시 헤드의 통상적인 방수량으로 옳은 것은?**

① 80ℓ/min
② 90ℓ/min
③ 100ℓ/min
④ 110ℓ/min

해설

통상적으로 모든 헤드에서 80ℓ/min으로 방수된다는 가정하에 스프링클러를 설계한다.

12 **스프링클러 중에서 가압송수장치에서 폐쇄형스프링클러헤드까지 배관 내에 항상 물이 가압되어 있다가 화재로 인한 열로 폐쇄형스프링클러헤드가 개방되면 배관 내에 유수가 발생하여 습식유수검지장치가 작동하는 방식으로 옳은 것은?**

① 습 식
② 건 식
③ 부압식
④ 준비작동식

해설

- 건식 스프링클러 : 폐쇄형스프링클러헤드가 개방되어 배관 내의 압축공기 등이 방출되면 건식 유수검지장치 1차 측의 수압에 의하여 건식유수검지장치가 작동하는 방식
- 부압식 스프링클러 : 가압송수장치에서 준비작동식 유수검지장치의 1차 측까지는 항상 정압의 물이 가압되고, 2차 측 폐쇄형스프링클러헤드까지는 소화수가 부압으로 되어있다가 화재 시 감지기의 작동에 의해 정압으로 변하여 유수가 발생하면 작동하는 방식
- 준비작동식 스프링클러 : 가압송수장치에서 준비작동식 유수검지장치 1차 측까지 배관 내에 항상 물이 가압되어 있고 2차 측에서 폐쇄형스프링클러헤드까지 대기압 또는 저압으로 있다가 화재 시 감지기의 작동에 의해 작동하는 방식

6과목

정답 10 ① 11 ① 12 ①

13 접지의 분류 중 전기기구의 비충전 금속부분에 접지하는 방법으로 옳은 것은?

① 계통접지
② 기기접지
③ 메쉬접지
④ 기타접지

해설

- 기기접지 : 전기기구의 비충전 금속부분에 접지하는 것
- 계통접지 : 전원 측 전로 자체에 접지하는 것
- 기타접지 : 직격뢰의 방지를 위한 것으로 가공지선, 피뢰침, 피뢰기 등의 접지

14 정전기 대전의 종류 중 물체가 마찰을 일으켰을 때나, 마찰에 의하여 접촉의 위치가 이동하여 전하의 분리가 일어나 정전기가 발생하는 현상으로 옳은 것은?

① 마찰대전
② 박리대전
③ 유동대전
④ 충돌대전

해설

- 박리대전 : 서로 밀착되고 있는 물체가 떨어질 때 전하의 분리가 일어나 정전기가 발생하는 현상
- 유동대전 : 액체류가 파이프를 통해서 이동할 때 정전기가 발생하는 현상
- 충돌대전 : 분체류와 같은 입자끼리 또는 입자와 고체와의 충돌에 의해서 빠르게 접촉 · 분리가 행해져서 정전기가 발생하는 현상

15 정전기 재해의 방지조치로 옳지 않은 것은?

① 접지 – 가장 기본적인 대책으로 대전물체에 축적된 정전기를 접지를 통해 누설, 완화시킴
② 가습 – 물 또는 증기를 분무하거나 증발시켜 공기 중의 상대습도를 60~70%로 유지
③ 도전성 재료의 사용 – 재료적으로는 분산계와 적층계의 재료를 사용하고, 대전방지방법으로는 누설에 의한 대전방지, 공기 중 방전에 의한 대전방지방법을 선택
④ 대전방지제의 사용 – 부도체의 대상에 따라 적절한 물질을 선택하고 상대습도를 10% 이상으로 유지

해설

대전방지제를 사용할 경우 부도체의 대상에 따라 적절한 물질을 선택하고 상대습도를 50% 이상으로 유지해야 한다.

13 ② 14 ① 15 ④ 정답

16 통전전류의 크기로 옳지 않은 것은?

① 최소감지전류 – 1~2mA
② 고통전류 – 2~8mA
③ 가수전류 – 8~15mA(이탈가능전류)
④ 불수전류 – 15~20mA(이탈불능전류)

해설

통전전류의 크기
- 최소감지전류 : 1~2mA
- 고통전류 : 2~8mA
- 가수전류 : 8~15mA(이탈가능전류)
- 불수전류 : 15~50mA(이탈불능전류)
- 심실세동전류 : 50~100mA

17 인체의 전기저항 중 피부저항값으로 옳은 것은?

① 1,000Ω
② 2,000Ω
③ 2,500Ω
④ 3,000Ω

해설

사람의 성별과 연령에 따라 차이가 있지만 피부저항은 약 2,500Ω정도이다. 그 외 내부조직저항이 약 300Ω, 발과 신발 사이는 1,500Ω, 신발과 대지 사이는 700Ω 정도이다.

6과목

18 감전사고 대책 중 설비적인 측면의 대책으로 옳지 않은 것은?

① 충전부로부터 격리
② 설비의 적법 시공 및 운용
③ 고장 시 전로를 신속히 차단
④ 활선접근 경보기 착용

해설

활선접근 경보기 착용은 안전장비 측면에서의 대책이다. 그 외 안전장비 측면에서의 대책으로는 보호구 및 방호구 사용, 경고표지 및 구획 로프 설치 등이 있다.

정답 16 ④ 17 ③ 18 ④

19 **방폭구조 중에서 방폭함 내부의 폭발에 견디고 폭발화염이 간극을 통해 외부로 유출되지 않는 구조로 옳은 것은?**

① 내압방폭구조
② 압력방폭구조
③ 유입방폭구조
④ 본질안전방폭구조

해설

- 압력방폭구조 : 방폭함 내부에 불활성기체 주입하여 외부의 가스가 함 내부로 침입하지 못하게 한 구조
- 유입방폭구조 : 점화원이 될 우려가 있는 부분을 기름 속에 묻어둔 구조
- 본질안전방폭구조 : 스파크 등이 점화능력이 없다는 것을 확인한 구조

20 **다음 중 전기안전 작업대책으로 옳지 않은 것은?**

① 장비를 검사하기 전에 회로의 스위치를 끄거나 장비의 플러그를 뽑아서 전원을 끈다.
② 전기설비 작업을 할 때는 공구나 비품의 손잡이는 도체로 된 것을 사용한다.
③ 전기장치의 충전부는 전기적 절연을 한다.
④ 전원에 연결된 회로배선은 임의로 변경하지 않는다.

해설

전기설비 작업을 할 때는 공구나 비품의 손잡이는 부도체로 된 것을 사용해야 한다.

19 ① 20 ② 정답

7 과목

연구실종사자 보건·위생관리 및 인간공학적 안전관리

보건위생관리 및 인간공학적 안전관리 일반

1 유해 화학물질 취급 시 보건수칙

(1) 물질안전보건자료(MSDS)

① 화학물질을 안전하게 사용하고 관리하기 위하여 제조자명, 성분, 성질, 취급방법, 취급 시 주의사항, 법률 등의 필요한 정보를 기재한 물질에 대한 여러 가지 정보를 담은 자료

② 물질안전보건자료에는 해당 물질의 화학적 특성과 취급방법, 유해성, 사고 시 대처방안 등이 포함됨

③ 인체에 유해한 물질을 취급하는 연구실은 반드시 해당 물질의 물질안전보건자료를 작성 · 게시 · 비치하고 연구실책임자는 연구활동종사자들에게 이를 교육해야 함

④ 화학물질을 제공하는 자는 물질안전보건자료를 작성해서 제공해야 하며 취급자들은 반드시 물질안전보건자료를 숙지하고 준수해야 함

(2) 물질안전보건자료(MSDS)의 구성

① 화학제품과 회사에 관한 정보

② 유해성 및 위험성

③ 구성성분의 명칭 및 함유량

④ 응급조치 요령

⑤ 폭발 및 화재 시 대처방법

⑥ 누출 사고 시 대처방법

⑦ 취급 및 저장 방법

⑧ 방지 및 개인보호구

⑨ 물리화학적 특성

⑩ 안정성 및 반응성

⑪ 독성에 관한 정보

⑫ 환경에 미치는 영향

⑬ 폐기 시 주의사항

⑭ 운송에 필요한 정보

⑮ 법적 규제 현황

⑯ 그 밖의 참고사항

(3) 인체에 유해한 화학물질 경고표지

경고표지	유해성 분류기준
	• 폭발성, 자기반응성, 유기과산화물 • 가열, 마찰, 충격 또는 다른 화학물질과의 접촉 등으로 인해 폭발이나 격렬한 반응을 일으킬 수 있음 • 가열, 마찰, 충격을 주지 않도록 주의
	• 인화성(가스, 액체, 고체, 에어로졸), 발화성, 물반응성, 자기반응성, 자기발화성(액체, 고체), 자기 발열성 • 인화점 이하로 온도와 기온을 유지하도록 주의
	• 인체 독성 물질 • 피부와 호흡기, 소화기로 노출될 수 있음 • 취급 시 보호장갑, 호흡기 보호구 등을 착용
	• 부식성 물질 • 피부에 닿으면 피부 부식과 눈 손상을 유발할 수 있음 • 취급 시 보호장갑, 안면보호구 등을 착용
	• 산화성 • 반응성이 높아 가열, 충격, 마찰 등에 의해 분해하여 산소를 방출하고 기연물과 혼합하여 연소 및 폭발할 수 있음 • 가열, 마찰, 충격을 주지 않도록 주의
	• 고압가스(압축, 액화, 냉동 액화, 용해 가스 등) • 가스 폭발, 인화, 중독, 질식, 동상 등의 위험이 있음
	• 호흡기 과민성, 발암성, 생식세포 변이원성, 생식독성, 특정 표적장기 독성, 흡인 유해성 • 호흡기로 흡입할 때 건강장해 위험이 있음 • 취급 시 호흡기 보호구를 착용
	• 수생환경유해성 • 인체유해성은 적으나, 물고기와 식물에 유해성이 있음

(4) 물질안전보건자료의 작성 원칙

① 누구나 알아보기 쉽게 한글로 작성(화학물질명, 외국기관명 등 고유명사는 영어로 표기 가능)
② 화학물질 개별성분과 더불어 혼합물 전체 관련 정보 정확히 기재
③ 최초 작성 기관, 작성 시기, 참고문헌의 출처 기재
④ 국내 사용자를 위해 작성 제공됨을 전제로 함
⑤ 16개 항목을 빠짐없이 작성(부득이하게 작성 불가 시 '자료 없음', '해당 없음'이라고 기재)
⑥ 취급근로자의 건강보호목적에 맞도록 성실하게 작성
⑦ 기타 그 외 화학물질의 분류 · 표시 및 물질안전보건자료에 관한 기준 제11조에서 정한 사항

(5) 화학물질 취급 시 보건관리

① 피로하지 않도록 적절한 휴식(피로는 판단에 영향을 끼침)
② 물질 취급 시 정확한 절차준수, 관련된 잠재위험 파악, 사용되는 기술과 분석법 등을 확인
③ 혼합 금지 물질은 정확하게 분리
④ 취급하는 물질에 적합한 개인보호구 착용
⑤ 휘발성이 있는 물질은 항시 후드에서 작업
⑥ 긴 머리는 묶음, 흔들리는 보석 착용 금지, 콘택트렌즈 착용 금지
⑦ 화학약품 운반 시 안전한 운반 장비 사용

(6) 화학물질 저장 시 보건관리

① 화학물질 성상별로 달리하여 보관
② 저장소는 증기를 흡입할 수 있도록 덕트 시설에 연결
③ 화학약품 유통기한 확인, 필요한 양의 화학약품만 연구실 내 보관
④ 화학약품이 떨어지거나 넘어지지 않도록 가드 설치
⑤ 용기 파손 등 화학약품 누출 시 주변 오염 확산 방지를 위한 누출 방지턱 설치
⑥ 저장소의 높이는 1.8m 이하로 힘들이지 않고 손이 닿을 수 있는 곳으로 하며, 이보다 위쪽이나 눈높이 위에는 저장 금지
⑦ 약품 혼합 시 반응 위험성

약품 A	약품 B	약품 A + 약품 B 혼합 시 반응
칼륨, 나트륨	물, 이산화탄소, 사염화탄소	격렬한 반응
동	아세틸렌, 과산화수소	분해 반응
과망간산칼륨	에틸알코올, 아세틸렌, 빙초산, 벤조알데히드	급격한 산화 반응
염 소	암모니아, 아세틸렌, 부탄, 프로판, 수소, 나트륨, 벤젠	격렬한 발열 반응, 생성물 분해
과산화수소	동, 철, 금속, 아세톤, 아닐린, 유기물	급격한 분해 반응
질 산	석산 아닐린, 크롬산, 인화성 액체	발열, 산화 반응
아세틸렌	염소, 취소, 불소, 동, 은, 수은	격렬한 발열 반응, 생성물 분해
인화성 액체	질산암모늄, 상산화크롬, 과산화수소, 과산화나트륨	산화 반응, 화산화물 생성, 급격한 반응

(7) 노출기준

① 근로자가 유해인자에 노출되는 경우, 건강상 나쁜 영향을 미치지 아니하는 기준

② 노출기준의 분류 [22] 기출

TWA (Time Weighted Average)	• 시간가중평균노출기준(TWA)으로 1일 8시간 작업을 기준으로 유해인자의 측정치에 발생 시간을 곱하여 8시간으로 나눈 값을 말하며, 다음 식에 따라 산출 • TWA 환산값 = $\frac{C_1 \cdot T_1 + C_2 \cdot T_2 + C_n \cdot T_n}{8}$ – C는 유해인자의 측정치(단위 : ppm, ㎎/㎥ 또는 개/㎤) – T는 유해인자의 발생 시간(단위 : 시간)
STEL (Short Term Exposure Limit)	• 단시간노출기준(STEL)으로 15분간의 시간가중평균노출값을 말함 • 노출농도가 시간가중평균노출기준(TWA)을 초과하고 단시간노출기준(STEL) 이하인 경우에는 1회 노출 지속시간이 15분 미만이어야 하고, 이러한 상태가 1일 4회 이하로 발생하여야 하며, 각 노출의 간격은 60분 이상이어야 함
C(Ceiling)	• 근로자가 1일 작업시간 동안 잠시라도 노출되어서는 안 되는 기준
혼합물의 노출기준	• $\frac{C_1}{T_1} + \frac{C_2}{T_2} + \cdots + \frac{C_n}{T_n}$ – C는 화학물질 각각의 측정치 – T는 화학물질 각각의 노출기준

③ 노출기준의 사용상 유의사항

㉠ 각 유해인자의 노출기준은 해당 유해인자가 단독으로 존재하는 경우의 노출기준을 말함

㉡ 2종 또는 그 이상의 유해인자가 혼재하는 경우에는 각 유해인자의 상가작용으로 유해성이 증가할 수 있으므로 혼합물의 노출기준을 사용해야 함

㉢ 노출기준은 1일 8시간 작업을 기준으로 하여 제정된 것으로, 근로시간 · 작업의 강도 · 온열조건 · 이상기압 등이 노출기준 적용에 영향을 미칠 수 있음

㉣ 유해인자에 대한 감수성은 개인에 따라 차이가 다르기 때문에 노출기준 이하의 작업환경에서도 직업성 질병에 이환되는 경우가 있음

㉤ 고용노동부의 유해인자 노출기준은 미국산업위생전문가협회(ACGIH ; American Conference of Governmental Industrial Hygienists)에서 매년 채택하는 노출기준(TLVs)을 준용

㉥ 화학물질의 노출기준

유해물질의 명칭		화학식	노출기준				비고 (CAS번호 등)
			TWA		STEL		
국문표기	영문표기		ppm	㎎/㎥	ppm	㎎/㎥	
가솔린	Gasoline	–	300	–	500	–	[8006-61-9] 발암성 1B, (가솔린 증기의 직업적 노출에 한정함), 생식세포 변이원성 1B
개미산	Formic Acid	HCOOH	5	–	–	–	[64-18-6]
게르마늄 테트라하이드라이드	Germanium Tetrahydride	GeH_4	0.2	–	–	–	[7782-65-2]

고형 파라핀 흄	Paraffin Wax Fume	–	–	2	–	–	[8002-74-2]
곡물 분진	Grain Dust	–	–	4	–	–	–
곡분 분진	Flour Dust(Inhalable Fraction)	–	–	0.5	–	–	흡입성

2 유해인자의 종류

(1) 물리적 유해인자

① 소음, 진동, 이상기온, 이상기압, 기류, 전리 및 비전리방사선 등 유해인자가 물리적인 특성으로 이루어진 것을 물리적 유해인자라 함

② 소 음

㉠ 1일 8시간 작업기준으로 85dB 이상의 소음이 발생하는 작업

㉡ 소음작업의 기준

소음(dB)	90	95	100	105	110	115
허용노출시간 (하루 기준)	8시간	4시간	2시간	1시간	30분	15분

충격소음(dB)	120	130	140
허용노출시간 (하루 기준)	1만회	1천회	1백회

- 소음작업 : 1일 8시간 작업기준으로 85dB 이상의 소음이 발생하는 작업
- 강렬한 소음작업 : 1일 8시간 작업기준으로 90dB 이상의 소음이 발생하는 작업
- 충격소음 : 120dB 이상의 소음이 1초 이상의 간격으로 발생하는 것

㉢ 소음대책

소음원 대책	전파경로 대책	수음측 대책
• 음향적 설계 – 진동시스템의 에너지를 줄임 – 에너지와 소음발산 시스템과의 조합을 줄임 – 구조를 바꿔서 적은 소음이 노출되게 함 • 저소음 기계로 교체 • 작업방법의 변경 • 소음 발생원의 유속저감, 마찰력감소, 충돌방지, 공명방지 • 급·배기구에 팽창형 소음기 설치 • 흡음재로 소음원 밀폐 • 방진재를 통한 진동감소 • 밸런싱을 통해 구동부품의 불균형에 의한 소음 감소	• 근로자와 소음원과의 거리를 멀게함 • 천정, 벽, 바닥이 소음을 흡수하고 반향을 줄이도록 함 • 공기전파경로와 고체전파경로 상에 흡음·차음장치를 설치, 진동전파경로는 절연 • 차음상자 등으로 소음원을 밀폐 • 차음벽을 설치 • 고소음 장비에 소음기 설치 • 공조덕트에 흡·차음제를 부착한 소음기 부착 • 소음장비의 탄성지지로 구조물로 전달되는 에너지양 감소	• 건물 내·외부 차음성능을 높임 • 작업자측을 밀폐 • 작업시간을 변경 • 교대근무를 통해 소음노출시간을 줄임 • 개인보호구 착용

㉣ 작업환경측정결과 소음수준이 90dB 이상인 사업장과 소음으로 근로자에게 건강 장해가 발생한 사업장은 청력보존프로그램을 시행해야 함

㉤ 청력보존 프로그램 내용

- 노출평가, 노출기준 초과에 따른 공학적 대책
- 청력보호구의 지급과 착용
- 소음의 유해성과 예방에 관한 교육
- 정기적 청력검사
- 기록, 관리사항 등

③ 진 동

㉠ 진동에는 전신진동과 국소진동이 있음

㉡ 근로자가 진동작업에 종사하는 경우 진동이 인체에 미치는 영향과 증상, 보호구의 선정과 착용방법, 진동기계 · 기구 관리방법, 진동장해 예방방법 등을 주지시켜야 함

전신진동(Whole Body Vibration)	국소진동(Segmental Vibration)
• 지지 구조물을 통해 전신에 전파되는 진동 • 차량, 항공기 탑승, 기중기 운전 시 경험 • 압박감과 동통감을 느끼며 심하면 공포감과 오한을 느낌	• 손과 발 특정부위에 전파되는 진동 • 착암기, 연마기, 진동공구 사용 시 경험 • 심할 경우 광산근로자에게 자주 발생하는 레이노드병 발병 가능

④ 방사선

㉠ 방사선은 전리방사선과 비전리방사선으로 나눌 수 있음

㉡ 방사선이 물질과 반응했을 때 물질의 원자를 전리시킬 수 있는 에너지(최소 12eV)가 있으면 전리방사선, 그렇지 못하면 비전리방사선으로 구분

㉢ 전리방사선은 질량이나 전하가 없고 매우 짧은 파장과 고주파수를 가지는 전자기 방사선과 양성자, 중성자, 알파입자와 같은 입자방사선이 있음

㉣ 전리방사선은 큰 에너지를 갖고 있기 때문에 노출되었을 경우 골수, 림프조직, 생식세포의 파괴를 가져옴

㉤ 전리방사선의 종류로는 알파선, 베타선, 감마선, 엑스선, 중성자선 등이 있음

㉥ 전자기 스펙트럼(Electromagnetic Spectrum)

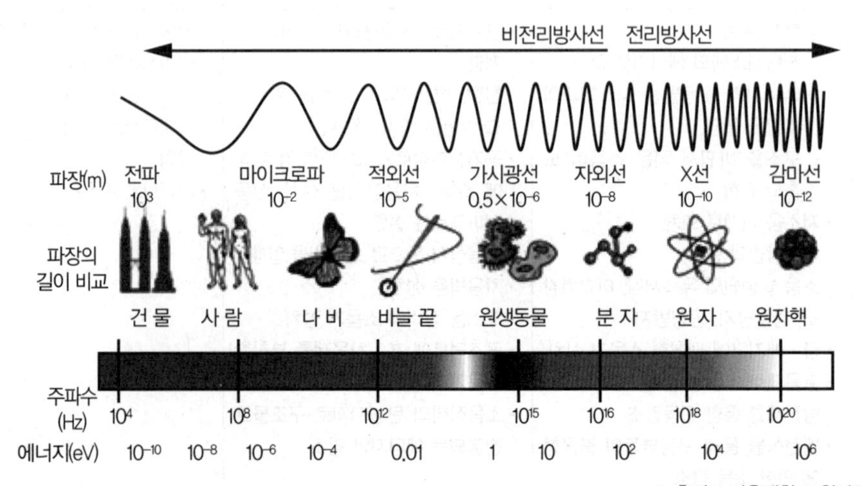

※ 출처 : 서울대학교 원자력 정책센터

(2) 화학적 유해인자

① 연구활동 시 가장 흔한 유해인자로 물질형태로 인체 내부에 침투되어 잠재적으로 건강에 악영향을 끼치는 유해인자

② 입자상 물질

㉠ 입자의 화학적 조성, 입자의 크기, 침강속도, 표면적 등에 의해 유해성이 결정됨

㉡ 호흡성분진 : 0.5~5㎛ 이하의 미세분진이 오랜 시일에 걸쳐 폐에 흡입되어 침착되면 각종 중독 및 폐질환을 일으킴

㉢ 흄 : 고체상태에 있던 무기물질(탄소화합물이 없는 물질)이 승화하여 화학적 변화를 일으킨 후 응축되어 고형의 미립자가 된 것

㉣ 입자상 물질의 크기별 분류

분 류	평균입경	특 징
흡입성 입자상물질(IPM)	100㎛	호흡기 어느 부위(비강, 인후두, 기관 등 호흡기의 기도부위)에 침착하더라도 독성을 유발하는 분진
흉곽성 입자상물질(TPM)	10㎛	가스교환부위, 기관지, 폐포 등에 침착하여 독성을 나타내는 분진
호흡성 입자상물질(RPM)	4㎛	가스교환부위 즉 폐포에 침착할 때 유해한 분진

③ 가스상 물질

㉠ 기체 : 상온(25℃), 상압(760mmHg)에서 일정한 형태를 가지지 않는 물질

㉡ 증기 : 상온상압에서 액체 또는 고체인 물질이 기체로 된 것

㉢ 독성이 적더라도 증기압이 높으면 유해성이 큼

④ 분 진

㉠ 입경이 크기가 0.1~30㎛인 물질로 고체가 분쇄된 형태

㉡ 분진은 30㎛보다 작으면 공기 중에 부유하며, 2.5㎛보다 작은 입자를 미세분진이라 함

㉢ 미세분진은 인간이 호흡을 할 때 허파 깊숙이 흡입되며 특히 크기가 0.1~1.0㎛일 때 허파 속으로 들어가는 양이 최대가 되는데 이로 인해 각종 폐질환이 생김

㉣ 분진의 유해성 감소를 위해 환기가 필요하며 환기방법에는 국소배기장치를 통한 환기와 전체환기장치를 통한 환기가 있음

㉤ 분진의 작업환경 측정결과 노출기준 초과 사업장과 분진작업으로 인하여 근로자에게 건강장해가 발생한 사업장은 호흡기보호 프로그램이 필요함

㉥ 호흡기보호 프로그램 내용은 다음과 같음

- 분진노출에 대한 평가
- 분진노출기준 초과에 따른 공학적 대책
- 호흡용 보호구이 지급 및 착용
- 분진의 유해성과 예방에 관한 교육
- 정기적 건강진단
- 기록 관리 사항 등

(3) 생물학적 유해인자

① 생물학적 특성을 가진 유기체가 근원이 되어 발생하는 유해인자로, 혈액매개, 공기매개, 곤충 및 동물매개 감염인자가 있음

㉠ 혈액매개 감염인자 : 인간면역결핍바이러스, B형 · C형간염바이러스, 매독바이러스 등 혈액을 매개로 다른 사람에게 전염되어 질병을 유발하는 인자

㉡ 공기매개 감염인자 : 수두, 홍역 등 공기 또는 비말감염 등을 매개로 호흡기를 통하여 전염되는 인자

㉢ 곤충 및 동물매개 감염인자 : 쯔쯔가무시증, 렙토스피라증, 유행성출혈열 등 동물의 배설물 등에 의하여 전염되는 인자 및 탄저병, 브루셀라병 등 가축 또는 야생동물로부터 사람에게 감염되는 인자

② 미국산업위생전문가협의회(ACGIH ; American Conference of Governmental Industrial Hygienists)의 정의에 의하면 살아있거나, 생물체를 포함하거나, 살아있는 생물체로부터 방출된 0.01~100㎛ 입경범위의 부유입자, 거대분자 또는 휘발성 성분을 뜻함

③ 바이오에어로졸[Bio(살아있는) + Aerosol(공기 중에 부유하는 액체상태의 입자)]이라는 용어로 불리기도 하는데, 이는 살아있거나 죽은 생물체 또는 생물체에서 유래된 물질이 고체 · 액체 상태로 공기 중에 부유하고 있는 입자라는 뜻

(4) 인간공학적 유해인자(근골격계질환) 22 기출

① 반복적이고 누적되는 특정한 일 또는 동작과 연관되어 신체의 일부를 무리하게 사용하면서 나타나는 질환

② 업무상 질병으로 인정받은 근로자가 연간 10명 이상 발생한 사업장 또는 5명 이상 발생한 사업장으로서 발생 비율이 그 사업장 근로자 수의 10퍼센트 이상인 경우 노사 간 이견이 지속되는 사업장으로서 고용노동부장관이 필요하다고 인정되는 경우에는 근골격계질환 예방관리 프로그램을 시행해야 함

(5) 사회심리적 유해인자

① 과중하고 복잡한 업무 등으로 정신건강은 물론 신체적 건강에도 영향을 주는 인자

② 직장 내에서 직무스트레스가 대표적이며, 시간적 압박, 복잡한 대인관계, 업무 처리 속도, 부적절한 작업환경, 고용불안 등으로 발생

3 연구실 사전유해인자위험분석

(1) 개 요

① 용어정의

사전유해인자위험분석	연구활동 시작 전 유해인자를 미리 분석하는 것으로 연구실책임자가 해당 연구실의 유해인자를 조사 · 발굴하고 사고예방 등을 위하여 필요한 대책을 수립하여 실행하는 일련의 과정
유해인자	화학적 · 물리적 위험요인 등 사고를 발생시킬 가능성이 있는 인자
연구활동	과학기술분야 연구실에서 수행하는 연구, 실험, 실습 등을 수행하는 모든 행위
개인보호구 선정	유해인자에 의해 발생할 수 있는 사고를 예방하고 사고 발생 시 연구활동종사자를 보호하기 위하여 적정한 보호구를 선정하는 것
연구개발활동안전분석 (R&DSA ; Research & Development Safety Analysis)	연구활동을 주요 단계로 구분하여 각 단계별 유해인자를 파악하고 유해인자의 제거, 최소화 및 사고를 예방하기 위한 대책을 마련하는 기법

② **목적** : 연구실책임자가 스스로 연구실의 유해인자에 대한 실태를 파악하고 이에 대한 사고 예방 등을 위하여 필요한 사항을 정하여 연구실 및 연구활동종사자를 보호하고 연구개발 활성화에 기여하기 위함

③ 과학기술정보통신부장관이 연구실의 사전유해인자위험분석이 효과적으로 추진되도록 하기 위하여 마련해야 하는 사항

㉠ 사전유해인자위험분석 제도의 개선 · 홍보
㉡ 사전유해인자위험분석 기법의 연구 · 개발
㉢ 사전유해인자위험분석 실시 지원을 위한 정보관리시스템 구축
㉣ 그 밖에 사전유해인자위험분석에 관한 정책의 수립 및 추진

④ **연구실 사전유해인자위험분석 절차**

㉠ 연구실 안전현황 분석
㉡ 연구활동별 유해인자 위험분석
㉢ 연구실 안전계획 수립
㉣ 비상조치계획 수립

7과목

⑤ 연구실책임자가 연구실안전현황분석을 위해 활용해야 할 자료

㉠ 기계 · 기구 · 설비 등의 사양서

㉡ 물질안전보건자료(MSDS)

㉢ 연구 · 실험 · 실습 등의 연구내용, 방법(기계 · 기구 등 사용법 포함), 사용되는 물질 등에 관한 정보

㉣ 안전 확보를 위해 필요한 보호구 및 안전설비에 관한 정보

㉤ 그 밖에 사전유해인자위험분석에 참고가 되는 자료 등

㉥ 연구활동별 유해인자위험분석 보고서 예시

<table>
<tr><th>유해인자</th><th colspan="6">유해인자 기본정보</th></tr>
<tr><td rowspan="5">화학물질</td><td>CAS NO</td><td rowspan="2">보유수량
(제조연도)</td><td rowspan="2">GHS등급
(위험, 경고)</td><td rowspan="2">화학물질의 유별 및 성질
(1~6류)</td><td rowspan="2">위험분석</td><td rowspan="2">필요
보호구</td></tr>
<tr><td>물질명</td></tr>
<tr><td>①</td><td></td><td></td><td></td><td></td><td></td></tr>
<tr><td>②</td><td></td><td></td><td></td><td></td><td></td></tr>
<tr><td>③</td><td></td><td></td><td></td><td></td><td></td></tr>
<tr><td rowspan="4">가 스</td><td>가스명</td><td colspan="2">보유 수량</td><td>가스종류
(특정, 독성, 가연성, 고압,
액화 및 압축 등)</td><td>위험분석</td><td>필요
보호구</td></tr>
<tr><td>①</td><td colspan="2"></td><td></td><td></td><td></td></tr>
<tr><td>②</td><td colspan="2"></td><td></td><td></td><td></td></tr>
<tr><td>③</td><td colspan="2"></td><td></td><td></td><td></td></tr>
<tr><td rowspan="4">생물체
(고위험병원체 및
제3,4위험군)</td><td>생물체명</td><td colspan="2">고위험병원체
해당 여부</td><td>위험군 분류</td><td>위험분석</td><td>필요
보호구</td></tr>
<tr><td>①</td><td colspan="2"></td><td></td><td></td><td></td></tr>
<tr><td>②</td><td colspan="2"></td><td></td><td></td><td></td></tr>
<tr><td>③</td><td colspan="2"></td><td></td><td></td><td></td></tr>
<tr><td rowspan="4">물리적 유해인자</td><td>기구명</td><td colspan="2">유해인자종류</td><td>크 기</td><td>위험분석</td><td>필요
보호구</td></tr>
<tr><td>①</td><td colspan="2"></td><td></td><td></td><td></td></tr>
<tr><td>②</td><td colspan="2"></td><td></td><td></td><td></td></tr>
<tr><td>③</td><td colspan="2"></td><td></td><td></td><td></td></tr>
</table>

4 주요 화학물질별 건강영향 및 주의사항

(1) 유해물질의 종류

① 금지물질과 허가물질

금지물질	허가물질
• 직업성 암을 유발하는 것으로 확인되어 근로자의 건강에 특히 해롭다고 인정되는 물질 • 근로자에게 중대한 건강장해를 일으킬 우려가 있는 물질 • 금지물질 7종 – β나프틸아민과 그 염(β–Naphthylamine and its Salts) – 4니트로디페닐과 그 염(4–Nitrodiphenyl and its Salts) – 백연을 포함한 페인트(포함된 중량의 비율이 2퍼센트 이하인 것은 제외) – 벤젠을 포함하는 고무풀(포함된 중량의 비율이 5퍼센트 이하인 것은 제외) – 석면(Asbestos) – 폴리클로리네이티드터페닐(PCT ; Polychlorinated Terphenyls) – 황린[성냥(Yellow Phosphorus Match)]	• 금지물질과 유해성은 동일하나 대체물질이 개발되지 않은 물질 • 산업을 위하여 금지는 불가하고 고용노동부 장관의 허가를 받아야 사용가능한 물질 • 허가물질 12종 – α나프틸아민 및 그 염(α–Naphthylamine and its Salts) – 디아니시딘 및 그 염(Dianisidine and its Salts) – 디클로로벤지딘 및 그 염(Dichlorobenzidine and its Salts) – 베릴륨(Beryllium) – 벤조트리클로라이드(Benzotrichloride) – 비소 및 그 무기화합물(Arsenic and its Inorganic Compounds) – 염화비닐(Vinyl Chloride) – 콜타르피치 휘발물(Coal Tar Pitch Volatiles) – 크롬광 가공(열을 가하여 소성 처리하는 경우만 해당한다, Chromite Ore Processing) – 크롬산 아연(Zinc Chromates) – o톨리딘 및 그 염(o–Tolidine and its Salts) – 황화니켈류(Nickel Sulfides)

7과목

② **특별관리물질** : 발암성 물질, 생식세포 변이원성 물질, 생식독성 물질 등 근로자에게 중대한 건강장해를 일으킬 우려가 있는 물질

유기화합물 (29종)	디니트로톨루엔(Dinitrotoluene)
	N,N-디메틸아세트아미드(N,N-Dimethylacetamide)
	디메틸포름아미드(Dimethylformamide)
	1,2-디클로로에탄(1,2-Dichloroethane)
	1,2-디클로로프로판(1,2-Dichloropropane)
	2-메톡시에탄올(2-Methoxyethanol)
	2-메톡시에틸아세테이트(2-Methoxyethyl Acetate)
	벤젠(Benzene)
	1,3-부타디엔(1,3-Butadiene)
	1-브로모프로판(1-Bromopropane)
	2-브로모프로판(2-Bromopropane)
	사염화탄소(Carbon tetrachloride)
	스토다드솔벤트(Stoddard Solvent, 벤젠을 0.1% 이상 함유한 경우만 특별관리물질)
	아크릴로니트릴(Acrylonitrile)
	아크릴아미드(Acrylamide)
	2-에톡시에탄올(2-Ethoxyethanol)
	2-에톡시에틸아세테이트(2-Ethoxyethyl Acetate)
	에틸렌이민(Ethyleneimine)
	2,3-에폭시-1-프로판올(2,3-Epoxy-1-propanol)
	1,2-에폭시프로판(1,2-Epoxypropane)
	에피클로로히드린(Epichlorohydrin)
	트리클로로에틸렌(Trichloroethylene)
	1,2,3-트리클로로프로판(1,2,3-Trichloropropane)
	퍼클로로에틸렌(Perchloroethylene)
	페놀(Phenol)
	포름알데히드(Formaldehyde)
	프로필렌이민(Propyleneimine)
	황산디메틸(Dimethyl Sulfate)
	히드라진 및 그 수화물(Hydrazine and its Hydrates)
금속류 (5종)	납 및 그 무기화합물(Lead and its Inorganic Compounds)
	니켈 및 그 무기화합물, 니켈카르보닐(불용성화합물만 특별관리물질)
	안티몬 및 그 화합물(삼산화안티몬만 특별관리물질)
	카드뮴 및 그 화합물(Cadmium and its Compounds, 특별관리물질)
	크롬 및 그 화합물(6가크롬 화합물만 특별관리물질)
산·알칼리류	황산(Sulfuric Acid, pH 2.0 이하인 강산은 특별관리물질)
가스 상태 물질류	산화에틸렌(Ethylene Oxide, 특별관리물질)

③ 관리대상물질

㉠ 근로자에게 상당한 건강장해를 일으킬 우려가 있어 건강장해를 예방하기 위한 보건상의 조치가 필요한 원재료 · 가스 · 증기 · 분진 · 흄, 미스트 등의 물질

㉡ 관리대상물질의 분류

구분	내용
유기화합물 (117종)	상온 · 상압에서 휘발성이 있는 액체로서 다른 물질을 녹이는 성질이 있는 탄소를 포함한 화합물
금속류 (24종)	고체가 되었을 때 금속광택이 나고 전기 · 열을 잘 전달하며, 전성과 연성을 가진 물질
산 · 알칼리류 (17종)	수용액 중에서 해리하여 수소이온을 생성하고 염기와 중화하여 염을 만드는 물질과 산을 중화하는 수산화화합물로서 물에 녹는 물질
가스 상태 물질류 (15종)	상온 · 상압에서 사용하거나 발생하는 가스 상태의 물질

(2) 유기화합물의 건강영향

① N,N-디메틸아세트아미드

구분	내용
독 성	• 20ppm 혹은 25ppm 농도로 피부 노출 시 황달 관찰
급 성	• 현기증, 기면(외부자극에 둔감해지고, 잠들어있는 상태) 등을 일으킴
만 성	• 몸무게의 상당한 감소, Hb(헤모글로빈), RBC(적혈구) 수 감소 등을 유발함
주의사항	• 비인화성이나 가열 시 분해하여 부식성 및 독성 흄 발생 가능 • 분진, 흄, 가스, 미스트, 증기, 스프레이의 흡입을 피해야 함 • 피부 흡수로 독성이 있을 수 있으며, 눈과 피부에 자극을 줄 수 있음

② 디메틸포름아미드

구분	내용
독 성	• 피부 접촉없이 10ppm 미만에서도 알코올 불내성이 발현될 수 있음
급 성	• 수 시간 또는 수 일 후 복통, 구역질, 구토, 피로 등의 증상이 발현 • 간기능(GOT, GPT) 수치 증가
만 성	• 간기능(GOT, GPT) 수치가 증가하면 노출(실험)을 중단하고 치료해야 회복됨 • 만약 치료를 하지 않으면 독성 간염으로 진행가능성 높음
주의사항	• 알코올 불내성(소량의 알코올에도 민감하게 반응하는 물질)으로 불안, 가슴 두근거림, 두통, 얼굴과 몸에 홍조, 구역, 구토 등을 유발하고 피부와 호흡기를 통해 흡수 • 간 기능이 저하된 상태의 경우 정상으로 회복될 때까지 취급 금지 • 간 기능이 저하된 상태에서 지속 취급하는 경우 독성 간염으로 사망 가능

③ 디에틸에테르

구분	내용
독 성	• 200ppm을 흡입 투여 시 후각변화가 발생함
급 성	• 오심(토할 것 같은 느낌), 구토, 졸음, 어지럼증을 동반한 중추신경계 억제반응이 있을 수 있음. • 위가 팽창될 수 있고, 이로 인해 호흡이 곤란해질 수 있음
만 성	• 반복적 섭취 시 습관성 에테르 중독과 전신쇠약 초래
주의사항	• 증기는 자각 증상 없이 현기증 또는 질식 유발 가능 • 흡입 및 접촉 시 피부와 눈을 자극하거나 화상 가능 • 기도에 자극성이 있고, 뇌와 척수 양쪽에서 골격근을 완화시켜주는 중추신경계의 추체로와 추체 외로에 억제 작용

④ 디클로로메탄

구분	내용
독 성	• 흡입독성으로서 1,000ppm정도의 농도에서는 머리가 무겁고 조여오는 느낌과 시각반사의 변화가 오고 2,000ppm정도에서는 30분 안에 피로해지고 구역질이 남
급 성	• 현기증, 심한 두통, 중추신경계 억제반응으로 조정기능 손실 등의 증상 발현 • 피부 및 눈에 노출되면 화상 발현 • 증기는 자각증상 없이 현기증 또는 질식 유발 가능성 있음
만 성	• 호흡기를 통한 노출 시 코 · 목 · 폐에 자극을 일으켜서 기침, 구역질, 구토, 흉통, 호흡곤란 등 유발 • 고농도로 반복적 노출 시 기관지염, 폐부종, 의식불명, 사망 가능성 있음
주의사항	• 호흡기를 통해 주로 흡수되지만 소화기, 피부로도 흡수되어 화상 또는 중추신경억제 작용이 가능

⑤ 디클로로벤젠

구분	내용
독 성	• 20ppm 또는 25ppm 농도로 피부 노출 시 황달
급 성	• 상부기관지인 기도를 자극 • 고농도 노출 시 중추신경계 억제 작용으로 두통, 어지러움, 조정 및 판단력 상실, 졸음 등 발현
만 성	• 반복 노출 시 중독성 간염 또는 신장염을 일으킴
주의사항	• 흡입 및 섭취 시 유독 • 피부 접촉 시 치명적일 수 있으므로 장기간 접촉 피해야 함 • 용융 물질과 접촉 시 피부와 눈에 심각한 화상 발생 가능

⑥ 메틸알코올

구분	내용
독 성	• 200~375ppm 농도에 반복적 노출 시 재발성 두통 발생
급 성	• 오심, 구토, 눈 및 피부에 자극현상과 발작 • 중추신경계 억제증상 발현 • 고농도에 노출 시 광선공포증과 실명 유발 가능성 높음
만 성	• 장기간 노출 시 두통, 메스꺼움, 어지러움 등의 중추신경계 억제증상 발현 • 시각장애 유발가능성 : 4년간 1,200~8,000ppm 노출 시 시야축소 및 간 비대
주의사항	• 자극제이고 중추신경계 억제 증상 유발 가능, 심할 경우 실명 • 눈과 피부 자극 증상은 대개 일시적이나, 증상이 오래 지속되면 병원을 방문하여 상담을 받아야함 • 두통과 메스꺼움, 어지러움, 시야 흐려짐 등의 증상이 나타나면 취급 중단

⑦ 메틸에틸케톤(MEK)

독 성	• GHS(세계조화시스템) 유해성 · 위험성 분류상에 호흡기계 자극을 일으킬 수 있는 물질로 구분됨
급 성	• 노출된 부위에 피부병과 감각이상이 발생할 수 있음 • 눈에 용액이 튄 경우에 안구 자극으로 눈물 흘림 증상 등이 발생할 수 있음 • 구강을 자극해서 인후염, 기침 등 유발
만 성	• 장기간 노출 시, 접촉성 두드러기 발생 • 간에 독성이 생길 수 있음 • 고농도의 용액을 흡입 또는 섭취 시에는 중추신경계 억제를 유발
주의사항	• 증기는 공기와 폭발성 혼합물을 형성할 수 있고, 증기는 자각 없이 현기증 또는 질식을 유발할 수 있음 • 화재 시 자극성, 부식성, 독성 가스를 발생 시킬 수 있음 • 흡입 및 접촉 시 피부와 눈을 자극하거나 화상을 입을 수 있음

⑧ 벤 젠

독 성	• 1,000~2,000ppm에 5~10분 노출되면 사망할 수 있음 • 재생불량성 빈혈, 급성골수모구백혈병, 적백혈병 발생
급 성	• 고농도 노출 시, 두통, 어지럼증 발생 • 심한 경우는 시야 혼란, 진전(떨림), 호흡곤란, 부정맥, 마비, 의식 소실 등 • 피부 접촉 시에는 붉은색으로 발적, 수포 및 피부염 발생
만 성	• 대표적 조혈계(혈액질환) 독성 물질 • 적혈구, 백혈구, 혈소판 감소 및 재생불량성 빈혈 발생 • 백혈병, 다발성골수종, 임파종 등의 혈액암 발생
주의사항	• 피부 자극과 중추신경계 억제, 조혈기 장애를 유발할 수 있음 • 두통과 메스꺼움, 어지러움 등과 같은 중추신경계 억제 증상은 일시적일 수 있으나 이러한 증상이 지속되면 벤젠 취급을 중단하고 병원에 방문하여 검사 필요

⑨ 사염화탄소

독 성	• 피부 노출만으로도 위장관계, 신부전, 간 손상 발생
급 성	• 피부 접촉 시 홍반, 출혈, 물집이 생김 • 눈에 접촉 시 안구 통증 및 결막 손상 • 소변 양이 현저히 감소하며 혈뇨 발생 • 고농도 노출 시 두통, 어지러움, 구토, 오심 등의 중추신경계 억제증상 발현
만 성	• 장기간 노출 시(저농도) 두통, 어지러움, 오심, 몽롱함 등의 중추신경계 억제 증상 발현 • 피부염 유발 • 간 및 신장에 독성 높아짐
주의사항	• 주로 호흡기를 통해 흡수되나 피부를 통해서도 빠르게 흡수 가능 • 중추신경계 억제 작용이 있으며, 대표적인 간과 신장 독성 물질 • 강한 피부 자극제 • 소변에서 피가 섞여 나오거나 소변량이 현저하게 감소하는 경우 신장 기능을 확인하기 위해 검사를 받고, 취급을 중단하여야 함

⑩ 아세토니트릴

독 성	• 단기간에 500ppm 흡입하면 코와 목에 자극 통증 • 4시간 동안 160ppm에 노출 시 경미한 안면홍조 및 기관지 압박감
급 성	• 가슴통증, 흉부협착감, 빈맥 • 두통, 불면증, 의식혼탁, 경련, 얼굴 홍조, 저혈압, 빈호흡, 의식상실 등 • 증기 및 액체는 자극과 눈물을 유발
만 성	• 지속적 노출 시 피부염 및 결막염 유발
주의사항	• 피부 접촉 시 피부염을 유발할 수 있으며 전신 독성을 나타낼 수 있음 • 눈에 접촉 시 자극을 유발하고, 결막염 발생 가능 • 작열감, 천명, 후두염 발생 가능

⑪ 아세트알데히드

독 성	• GHS(세계조화시스템)상에 유해성 · 위험성 물질로 분류되어 삼키면 유해함 • 피부와 눈 자극주의로 구분됨
급 성	• 단기 노출 시 비강, 인후, 목에 작열감(뜨거운 느낌) • 기침, 두통, 기관지염, 혼수 등 발현 • 눈, 피부, 호흡기, 목의 자극, 폐수종, 운동 마비 등 발현
만 성	• 지속적 노출 시 지남력(공간 및 위치에 대한 인지능력) 상실 • 눈, 피부, 호흡기, 신장, 중추신경계, 생식기계 이상 • 암 유발
주의사항	• 눈과 피부에 자극성이 있으며 인체 발암(지속적인 노출 시) 발생 가능 • 호흡기 및 피부 자극, 후각 기능결핍, 구역, 흉통, 호흡곤란, 알레르기 반응(피부) 등 발생 가능

⑫ 아크릴아미드

독 성	• 경구 노출 시 중추신경계 손상, 발암물질 분류
급 성	• 졸음, 전신 권태감, 피로감, 메스꺼움, 구토, 설사, 복통 등 • 발한 증가, 손가락 부위에 통증 발현
만 성	• 눈, 피부, 중추신경계, 말초신경계, 생식기계에 영향
주의사항	• 호흡기나 피부를 통해 인체 노출 • 호흡기 및 피부 자극, 경련 등 발생 가능 • 피부 접촉 시 화상이 발생할 수도 있고, 지속적인 노출 시에는 신경 이상 및 암 유발 가능

⑬ 이소프로필알코올(IPA)

독 성	• 400ppm 노출 시 코 및 목에 자극 • 800ppm 노출 시 흉부 압박감과 천명 증상 발현
급 성	• 혈압 및 체온 등의 저하 • 중추신경계 및 신장, 소화계통 장애 발현
만 성	• 반복 노출 시 중추신경계 독성 보임 • 혈액 및 혈청 수치 변화 보임
주의사항	• 지속적인 접촉 시 피부의 탈지작용으로 피부염 발생 가능 • 흡입 및 피부를 통해 흡수

⑭ 톨루엔

독 성	• 300~800ppm 농도 노출 시 각막 병변 등 보고 • GHS(세계조화시스템) 유해성 · 위험성 분류상 흡입하면 위험으로 분류됨
급 성	• 전신피로, 현기증, 기면 상태 • 고농도 노출 시 의식상실 및 호흡 정지로 사망까지 이를 수 있음
만 성	• 두통, 권태감, 무력감, 운동장애, 기억력장애, 식욕부진, 오심 등 유발 • 중추신경계, 말초신경계, 자율신경계의 병변 유발로 장시간 흡입 시 암 유발
주의사항	• 중추신경계 장해와 심장 부정맥, 난청, 신장 독성 및 생식기능의 이상 발생 가능 • 자각 없이 현기증 또는 질식 유발 가능 • 흡입 및 피부 흡수 시 독성이 있을 수 있고, 접촉 시 피부와 눈에 화상 가능

⑮ 포름알데히드

독 성	• 0~3ppm에서 눈, 코, 기관지 염증발생 • 10~20ppm은 호흡곤란, 심한 눈물, 기침, 코 및 목에 타는 느낌
급 성	• 눈, 코, 기관지 등에 염증 • 코, 목에 타는 듯한 자극과 기침 • 알레르기성 피부염 유발
만 성	• 만성 기관지염 발생, 폐활량 감소 • 반복적 노출 천식 유발
주의사항	• 호흡기를 통해 빠르게 흡수되어 염증 유발 • 접촉 시 피부와 눈에 심각한 화상이 발생할 수 있으며 증기는 자각 없이 현기증 또는 질식 유발 • 국제암연구기구(IARC)에서 인체발암물질(Group 1)로 구분

⑯ 헥 산

독 성	• 100ppm 미만 농도로 피부 노출 시 신경병증 유발 가능성 높음
급 성	• 초기에는 근력약화, 지각 상실, 발 통증 • 호흡기계 문제로 기침과 가래, 폐부종, 화학적 폐렴 유발 • 눈 및 피부 접촉 시 홍반, 출혈, 수포, 피부염 유발 • 중추신경계 영향으로 경련, 혼수, 사망에 이를 수 있음
만 성	• 장기간 노출 시 말초신경장해로 손과 발의 감각이상 유발 • 근력 저하 또는 마비 증상 유발 • 중추신경계 및 말초신경계 영향 끼침 • 지방을 녹이는 성질로 반복 노출 시 눈과 피부 영향 끼침
주의사항	• 주로 호흡기를 통해 흡수되며, 피부와 위관장을 통해 흡수될 수 있음 • 눈과 피부 자극제이며, 중추신경계와 말초신경계 이상 유발 가능

(3) 산 및 알칼리류의 건강영향

① 불회수소

독 성	• 70% 이상 노출 시 지속적인 오심, 구토, 설사 등 발생
급 성	• 노출되면 알레르기성 피부염 발생 • 폐수종, 코 점막, 결막, 기도 손상, 기관지염, 췌장 출혈 및 괴사 등
만 성	• 반복적 노출 시 뼈에 불소 침착증(뼈의 형태적 변화 등), 기억상실증, 갑상선 기능 이상 등
주의사항	• 흡입, 섭취, 피부 접촉 시 유독성으로 신체에 치명적일 수 있음 • 증기는 매우 자극적이고 부식성이 있어서 농도가 높은 기체는 피부를 통해 침투하며, 심한 통증을 주고 농도가 낮은 경우 만성 장해를 일으켜 간 및 위장을 해칠 수 있음

② 질 산

독 성	• 산화질소 25ppm, 이산화질소 5ppm에서 독성을 나타냄 • 100~150ppm의 고농도에서는 30~60분 이내에 독성 발생 • 200~700ppm에서는 단기간 노출 후에 곧바로 사망할 수 있음
급 성	• 피부 접촉 시 화상 발현 • 고농도의 가스는 각막을 파괴시키고, 백내장과 녹내장을 발생시킬 수 있음 • 고농도 산류 섭취 시 통증과 메스꺼움, 구토 유발, 소화기를 부식시켜 출혈과 천공을 일으킴
만 성	• 피부염, 비중격 궤양, 폐기능 저하, 기관지염 및 호흡기감염, 화학적 폐렴, 폐부종, 치아 부식증 등 유발
주의사항	• 지속적인 노출 시 만성 기관지염과 화학적 폐렴 발생 가능 • 강한 피부 자극제이며, 가스 형태로 호흡기를 통해 쉽게 흡수 • 취급 중 눈이나 피부에 접촉 시 즉시 흐르는 물에 씻거나, 1% 글루크론산칼슘 식염수 용액으로 세척

③ 황 산

독 성	• 안면마스크 착용 후 0.4~1㎎/㎥의 황산 미스트에 5~15분 동안 흡입 노출시킨 결과 체내로 흡입되는 양은 평균 77%라고 보고
급 성	• 증기 흡입 시 인후통, 기침 등 유발 • 고도의 흡입은 기도에 화학적 화상 유발
만 성	• 치명적인 폐부종 유발
주의사항	• 발암물질로서 흡입 또는 피부 접촉을 통해 신체에 접촉되고 화상과 호흡곤란, 폐렴, 천식 및 치아부식증 유발 가능

(4) 가스 상태 물질류의 건강영향

① 염 소

독 성	• 신체에 4%를 24시간 투여한 결과 경미한 피부 자극 발생함
급 성	• 호흡곤란, 후두염, 기관지염, 기관지 수축, 상기도 부종, 폐렴 등 • 염증, 괴사, 폐수종
만 성	• 반복 노출 시 치아 손상 • 만성 기관지염, 혈액요소 및 소변 요소 수치 저하, 소변에서 암모니아 수치 증가
주의사항	• 호흡기나 피부를 통해 인체 노출 • 접촉 시 자극, 염증, 괴사 및 화학적 화상, 빈맥(맥박 횟수가 정상보다 많은 상태), 발한 등 발생 가능 • 압축 가스 접촉 시 동상 유발 가능

5 특수 건강검진 및 건강유해 요인

(1) 건강검진 기준(연구실안전법)

① 연구주체의 장은 유해인자를 취급하는 연구활동종사자에 대하여 일반 건강검진을 실시하여야 함

② 일반 건강검진은 국민건강보험법에 따른 건강검진기관 또는 산업안전보건법에 따른 특수건강진단기관에서 1년에 1회 이상 다음 사항을 포함하여 실시하여야 함

㉠ 문진과 진찰

㉡ 혈압, 혈액 및 소변 검사

㉢ 신장, 체중, 시력 및 청력 측정

㉣ 흉부방사선 촬영

③ 연구활동종사자가 다음의 어느 하나에 해당하는 검진, 검사 또는 진단을 받은 경우에는 일반 건강검진을 실시한 것으로 본다.

㉠ 국민건강보험법에 따른 일반 건강검진

㉡ 학교보건법에 따른 건강검사

㉢ 산업안전보건법 시행규칙에서 정한 일반 건강진단의 검사항목을 모두 포함하여 실시한 건강진단

④ 연구주체의 장은 유해인자를 취급하는 연구활동종사자에 대하여 특수 건강검진을 실시하여야 함

⑤ 특수 건강검진은 산업안전보건법에 따른 특수 건강진단기관에서 특수 건강진단의 시기 및 주기에 따라 제1차 검사항목을 포함하여 실시하여야 함

⑥ 특수 건강검진 결과 평가가 곤란하거나 질병이 의심되는 사람에 대해서는 제2차 검사항목 중 건강검진 담당 의사가 필요하다고 인정하는 항목을 추가하여 실시할 수 있음. 다만 임시 작업과 단시간 작업을 수행하는 연구활동종사자(발암성, 생식세포변이원성 물질, 생식 독성 물질 외의 물질을 취급하는 연구활동종사자로 한정한다)에 대해서는 특수 건강검진을 실시하지 아니할 수 있음

(2) 특수 건강검진 실시 주기 및 절차

① 유해인자별 특수 건강검진의 실시 주기

대상 유해인자	시기 (배치 후 첫 번째 특수 건강검진)	주 기
N,N-디메틸포름아미드, N,N-디메틸아세트아미드	1개월 이내	6개월
벤 젠	2개월 이내	6개월
1,1,2,2-테트라클로로에탄, 사염화탄소, 아크릴로니트릴, 염화비닐	3개월 이내	6개월
석면, 면 분진	12개월 이내	12개월
광물성 분진, 나무 분진, 소음	12개월 이내	24개월
위 대상 유해인자를 제외한 산업안전보건법 시행규칙 별표22의 모든 대상 유해인자	6개월 이내	12개월

② 특수 건강검진 절차

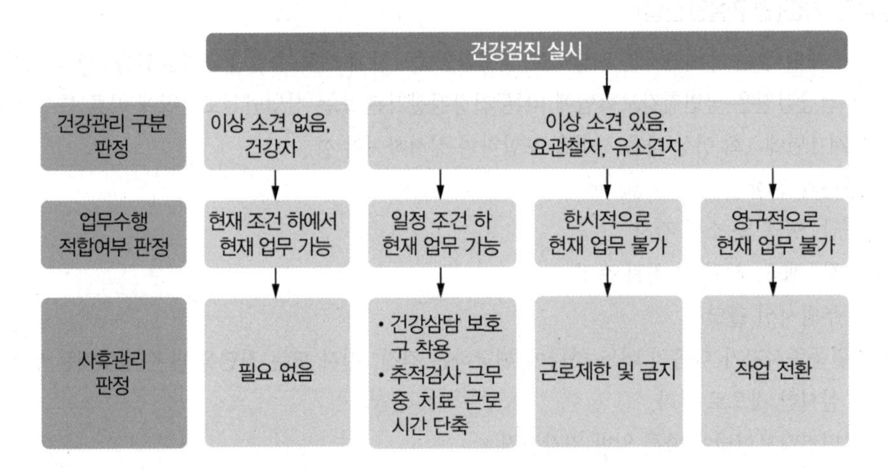

(3) 특수 건강검진 유해인자 및 표적장기

① 특수 건강검진 유해인자(산업안전보건법 시행규칙 별표22 참고)

분 류	물 질
유기화합물	가솔린, 글루타르알데히드, 1,4-디옥산, 1-부틸 알코올, N,N-디메틸 아세트아미드, 2-메톡시에탄올, 2-에톡시에탄올, o-디클로로벤젠 등 109종
금 속	구리, 납, 니켈, 망간, 사알킬납, 산화아연, 산화철, 삼산화비소, 수은, 안티몬, 오산화바나듐, 알루미늄, 요오드, 인듐, 주석, 코발트, 크롬 등 20종
산 및 알칼리류	무수 초산, 불화수소, 시안화 나트륨, 사인화 칼륨, 염화수소, 질산, 트리클로로아세트산, 황산 총 8종
가스 상태 물질	불소, 브롬, 산화에틸렌, 삼수소화 비소, 시안화 수소, 염소, 오존, 이산화질소, 이산화황, 일산화질소, 일산화탄소, 포스겐, 포스핀, 황하수소 총 14종
허가대상 유해물질	α-나프틸아민 및 그 염, 디아니시딘 및 그 염, 디클로로벤지딘 및 그 염, 베릴륨 및 그 염, 벤조트리클로라이드, 비고 및 그 무기화합물, 염화비닐 등 총 12종

금속가공유	미네랄 오일 미스트 총 1종
분 진	곡물 분진, 광물성 분진, 면 분진, 목재 분진, 용접 흄, 유리 섬유, 석면 분진 총 7종
물리적 인자	소음, 진동, 방사선, 고기압, 저기압, 유해광선(자외선, 적외선, 마이크로파 및 라디오파) 총 8종
야간작업	6개월 간 밤 12시부터 오전 5시까지의 시간을 포함하여 계속되는 8시간 작업을 월평균 4회 이상 수행하는 경우 등 총 2종

② 표적장기에 영향을 미치는 유해인자

표적장기	물 질
신경계	가솔린, N,N-디메틸아세트아미드, 2-메톡시에탄올, 1-부틸 알코올, 디에틸에테르, 디클로로메탄, 메틸시클로헥사놀, 메틸에틸케톤, 메틸클로라이드, 벤젠, 사염화탄소, 스티렌, 시클로헥산, 아세토니트릴, 아세톤, 아세트알데히드, 아크릴아미드, 에틸렌글리콜, 이소아밀알코올, 크레졸, 크실렌, 테트라하이드로퓨란, 톨루엔, 트리클로로메탄, 피리딘, 헥산, 납, 망간, 요오드, 시안화나트륨, 진동, 마이크로파 및 라디오파
호흡기계	글루타르알데히드, 톨루엔 2,4-디이소시아네이트, 메틸에틸케톤, 스티렌, 아세톤, 포름알데히드, 무수 프탈산, 니켈, 망간, 산화아연, 산화철, 알루미늄, 요오드, 주석, 지르코늄, 지르코늄, 크롬, 텅스텐, 염화수소, 질산, 황산, 염소, 오존, 오일미스트, 곡물 분진, 광물성 분진, 석면, 고기압, 저기압
심혈관계	디클로로메탄, 아세토니트릴, 에틸렌 글리콜 디니트레이트, 시안화나트륨, 진동, 고기압, 저기압
간담도계	가솔린, N,N-디메틸 아세트아미드, 디메틸포름아미드, 1,4-디옥산, o-디클로로벤젠, 메틸시클로헥사놀, 메틸클로라이드, 벤지딘, 사염화탄소, 스티렌, 아닐린, 아세토니트릴, 에틸렌글리콜디니트레이트, 크레졸, 크실렌, 톨루엔, 트리클로로메탄, 페놀, 피리딘, 구리
비뇨기계	가솔린, 1,4-디옥산, o-디클로로벤젠, 벤지딘, 사염화탄소, 아닐린, 크레졸, 톨루엔, 트리클로로메탄, 페놀, 피리딘, 납
생식계	2-메톡시에탄올, 메틸클로라이드, 스티렌, 포름알데히드, 방사선, 마이크로파 및 라디오파
조혈기계	2-메톡시에탄올, 벤젠, 아닐린, 에틸렌 글리콜 디니트레이트, 납
눈, 피부, 비강, 인두, 악구강계	글루타르알데히드, 디메틸포름아미드, 1,4-디옥산, 1-부틸 알코올, 톨루엔 2,4-디이소시아네이트, 메틸시클로헥사놀, 벤젠, 벤지딘, 사염화탄소, 아세트 알데히드, 아크릴아미드, 이소프로필알코올, 크레졸, 크실렌, 톨루엔, 트리클로로메탄, 페놀, 포름알데히드, 무수 프탈산, 헥산, 구리, 니켈, 요오드, 주석, 지르코늄, 지르코늄, 크롬, 불화수소, 시안화나트륨, 염화수소, 질산, 트리클로로아세트산, 황산, 염소, 오일미스트, 광물성 분진, 방사선, 고기압, 저기압, 마이크로파 및 라디오파
이비인후계	소음, 고기압, 저기압

(4) 유해인자별 발암성 물질 및 표적장기

물 질	발암물질분류			표적장기
	고용노동부 고시	IARC	ACGIH	
벤 젠	1A	1	A1	조혈기(백혈병, 림프종)
벤지딘	1A	1	A1	방광암
포름알데히드	1A	1,2A	A2	비인두, 조혈기, 비강, 부비동
크 롬	1A	1	A1	폐
석 면	1A	1	A1	폐, 중피종
황 산	1A	2A	A3	후 두
아크릴아미드	1B	2A	A3	유방,갑상선
납	1B	2A	A3	폐, 소화기
사염화탄소	1B	2B	A2	간 암
가솔린	1B	2B	A3	비강, 유방

① 고용노동부 고시에 의한 발암물질 분류

㉠ 1A : 사람에게 충분한 발암성 증거가 있는 물질

㉡ 1B : 실험 동물에서 발암성 증거가 충분히 있거나, 실험 동물과 사람 모두에서 제한된 발암성 증거가 있는 물질

② IARC(국제암연구소)의 발암물질 분류

㉠ Group 1 : 인체 발암성 물질, 인체에 대한 충분한 발암성 근거가 있음

㉡ Group 2A : 인체 발암성 추정 물질, 실험 동물에 대한 발암성 근거는 충분하지만 사람에 대한 근거는 제한적임

㉢ Group 2B : 인체 발암성 가능 물질, 실험 동물에 대한 발암성 근거가 충분하지 못하며, 사람에 대한 근거 역시 제한적임

㉣ Group 3 : 사람에게 암을 일으키는 것으로 분류되지 않은 물질. 실험동물에 대한 발암성 근거가 제한적이거나 부적당하고 사람에 대한 근거 역시 부적당함

㉤ Group 4 : 사람에게 암을 일으키지 않음. 동물, 사람 공통적으로 발암성에 대한 근거가 없다는 연구결과

③ ACGIH(미국 산업위생 전문가협의회)의 발암물질 분류

㉠ A1 : 인간에게 발암성이 확인됨

㉡ A2 : 인간에게 발암성이 의심됨

㉢ A3 : 동물 실험 결과 발암성이 입증되었으나 사람에 대해서는 입증하지 못함

㉣ A4 : 사람에게 암을 일으키는 것으로 분류되지 않음. 발암성은 의심되나 연구결과 없음

㉤ A5 : 사람에게 암을 일으키지 않음. 연구결과 발암성이 아니라는 결과에 도달함

④ EU(유럽연합)의 발암물질 분류

㉠ Cat 1 : 인체발암성이 알려진 물질

㉡ Cat 2 : 인체발암성이 있다고 간주되는 물질

㉢ Cat 3 : 인체발암성에 대한 정보가 충분하지는 않지만 발암성이 우려되는 물질

⑤ 국제기관별 발암성분류 비교

기 준	IARC	ACGIH	EU
발암확정물질	Group 1	A1	Cat 1
발암우려물질	Group 2A	A2	Cat 2
발암가능물질	Group 2B	A3	Cat 3
발암여부를 확실히 구분할 수 없는 물질	Group 3	A4	–
발암물질이 아님	Group 4	A5	–

6 사고발생 시 행동요령

(1) 감염성 물질 사고발생 시 행동요령

① 사고 발생 직후 에어로졸 발생 및 유출 부위가 확산되는 것을 방지

② 사고사실을 인근 연구자에게 알리고, 재빨리 사고장소로부터 벗어남

③ 오염된 장갑이나 실험복 등은 적절하게 폐기하고, 손 등의 노출된 신체 부위는 소독

④ 사고현장 처리 시 에어로졸이 발생하여 확산될 수 있으므로 가라앉을 때까지 그대로 20~30분 정도 방치

⑤ 사고구역은 미생물을 비활성화시킬 수 있는 소독제로 처리하고, 20분 이상 그대로 방치

⑥ 사고처리에 사용된 모든 기구는 의료폐기물 전용 용기에 넣어 멸균처리

⑦ 처리과정에서 노출된 신체부위는 세척하고, 필요 시 소독

⑧ 생물안전작업대 내에서 감염성 물질이 유출된 경우

㉠ 개인보호구를 착용하고, 70% 에탄올 등의 소독제를 사용하여 장비에 뿌리고 적정 시간 동안 방치

㉡ 사고 사실을 인근 연구활동종사자에게 알림

㉢ 생물안전작업대 내 모든 연구 장비는 감염원에 적절한 불활성화 조치 후 꺼냄

㉣ 사고처리에 사용된 모든 기구는 의료폐기물 전용용기에 넣어 멸균처리

㉤ 처리과정에서 노출된 신체 부위는 세척하고 필요 시 소독

㉥ 유출된 물질이 생물안전작업대 바닥면 그릴 안으로 들어간 경우, 연구실책임자에게 이를 알리고 지시에 따름

⑨ 감염성 물질이 안면부에 접촉되었을 때

㉠ 눈에 물질이 튀거나 들어간 경우, 즉시 세안기나 눈 세척제를 사용하여 15분 이상 세척

㉡ 눈을 비비거나 압박하지 않도록 주의

㉢ 필요한 경우 비상샤워기 또는 샤워실을 이용하여 전신을 세척

- 비상샤워장치를 사용할 경우 주위를 통제하고 접근을 금지
- 사용 후 소독제(락스 등)로 주위를 소독하고 정리

㉣ 발생 사고에 대해 연구실책임자에게 즉시 보고하고 필요한 조치를 받음

㉤ 연구실책임자는 기관생물안전관리책임자 및 의료관리자에게 보고하고 적절한 의료조치를 받음

⑩ 안면부를 제외한 신체에 접촉되었을 때

㉠ 장갑 또는 실험복 등 착용하고 있던 개인보호구를 신속히 벗음

㉡ 즉시 흐르는 물로 세척 또는 샤워

㉢ 오염 부위를 소독

㉣ 발생사고에 대해 연구실책임자에게 즉시 보고하고 필요한 조치를 받음

㉤ 연구실책임자는 기관생물안전관리책임자 및 의료관리자에게 보고하고 적절한 의료 조치를 받음

⑪ 감염성 물질을 섭취한 경우

㉠ 장갑 또는 실험복 등 착용하고 있던 개인보호구를 신속하게 벗음

㉡ 발생 사고에 대해 연구실책임자에게 즉시 보고

㉢ 연구실책임자는 기관 생물안전관리책임자 및 의료관리자에게 보고하고 적절한 의료 조치를 받음

㉣ 연구실책임자는 섭취한 물질과 사고 사항을 상세히 기록하여 치료에 도움이 될 수 있도록 관련자들에게 전달

(2) 주사침 찔림 사고발생 시 행동요령

① 응급처치

㉠ 우선 상처를 물 또는 식염수로 완전히 세척

㉡ 피부는 물과 비누를 이용하여 세척

㉢ 점막은 물로 씻어내며 식염수를 이용

㉣ 상처에 직접적으로 부식제(표백제), 방부제, 소독제를 바르지 않도록 함

② 치료 및 사후관리 방안

㉠ 바늘에 찔리면 해당 환자의 질병명을 숙지하고 병원을 방문해야 함

㉡ 파상풍, B형 간염, 인간면역결핍바이러스(HIV) 등에 대한 예방 계획을 수립

㉢ 노출 즉시 예방접종을 투여해야 하며 가능한 24시간 이내에 투여

(3) 동물 및 곤충에 의한 교상(물림) 사고발생 시 행동요령

① 응급처치

㉠ 일반적인 외상과 동일하게 상처를 세척하고 소독

㉡ 감염의 가능성이 상대적으로 높고 심부 조직 손상에 대한 평가가 필요하므로 병원에 방문

② 치료 및 사후관리 방안

㉠ 감염 위험성이 높은 상처에 대한 예방적 항생제 투여를 고려

㉡ 초기에 3~5일 항생제를 투여하고 주기적인 상처 확인이 필요

㉢ 감염의 위험성이 높은 교상일 경우에는 필요 시 변연절제술(오염된 조직을 수술로 제거)을 시행하고 습윤 드레싱을 유지

㉣ 상처에 대한 평가(문진, 신체검사 및 진단적 검사 실시), 상처 소독 및 치료, 예방적 항생제 투여, 파상풍과 공수병 확인

③ 주의 사항

㉠ 동물 교상의 세균은 서서히 자라는 경우가 많으므로 결과는 7~10일까지 관찰해야 함

㉡ 만성질환자, 면역억제자에게서 발열이 있는 경우 패혈증의 가능성이 있으므로 혈액 세균 배양검사도 함께 시행

(4) 화상의 분류 및 일반 화상 사고발생 시 행동요령

① 화상의 분류

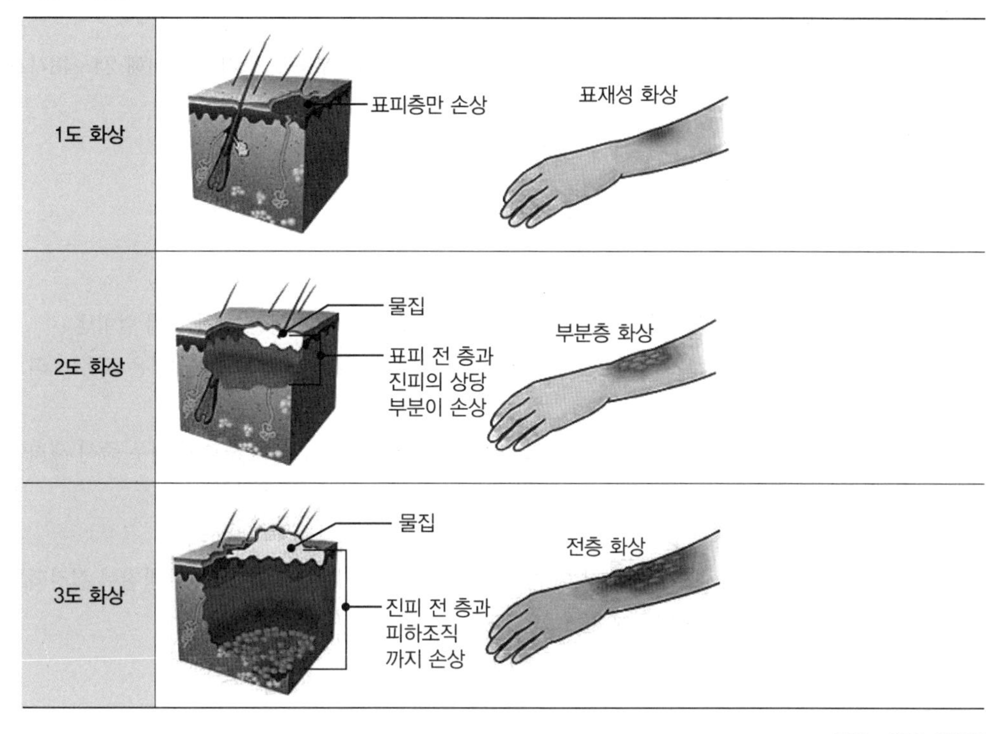

※ 출처 : 원진녹색병원

② 일반 화상 사고발생 시 행동요령

㉠ 수압으로 수포가 파열되지 않도록 수건 등을 덮음(얼음이 있으면 얼음을 집어넣는다)

㉡ 화상부위를 찬물(수돗물)에 담금

㉢ 화상 부위를 깨끗한 천으로 가볍게 덮음

㉣ 광범위한 화상의 경우 위에서 물을 흘려서 차갑게 한 후 즉시 병원으로 옮김

㉤ 화상 부위를 흐르는 시원한 물로 15~20분 정도 식힘

㉥ 뜨거운 액체로 젖은 옷은 남아있는 열기를 없애기 위해 가위로 옷을 자르거나 벗겨냄(무리한 탈의 시도로 물집 등이 터지거나 벗겨질 수 있으므로 주의)

(5) 열에 의한 화상 사고발생 시 행동 요령

① 응급처치

㉠ 화상의 원인 물질을 제거하여 화상이 더 진행되지 않도록 함

㉡ 불이 붙은 옷을 신속히 제거하고 반지 등과 같은 것은 신체로 열을 전달하고 신체 부위를 조일 수 있으므로 제거

㉢ 상온의 물을 화상 부위에 부어 상처가 더 깊어지는 것을 막음

㉣ 호흡곤란, 의식저하 등 심한 증상을 보이는 경우는 반드시 119에 연락

② 치료 및 사후관리 방안

㉠ 심한 화상의 치료는 주로 병원에서 이루어지고 화상 부위의 관리와 수액 치료, 파상풍 예방, 통증 조절 등으로 구성

㉡ 입원하지 않고 귀가가 가능한 경우 화상이 발생한 사지는 부종을 방지하기 위해 24~48시간 거상하고, 감염의 증상, 징후가 발견되면 즉시 병원을 방문

(6) 화학물질에 의한 화상 사고발생 시 행동 요령

① 응급처치

㉠ 초기 치료 목표는 노출된 화학물질의 제거와 추가 노출을 막는 것

㉡ 화학물질에 노출된 의복은 즉시 제거하고, 석회와 같은 마른 입자는 세척 전에 털어냄

㉢ 나트륨 등 일부 물질은 물을 이용할 수 없지만, 대개의 경우 초기의 대량 세척은 도움이 되므로 물이나 생리식염수로 세척

㉣ 세척을 돕는 사람들은 적합한 개인보호장비를 착용해야 하고, 눈에 노출된 경우 즉시 세척이 필요하며 각 눈을 지속적으로 세척

② 치료 및 사후관리 방안

㉠ 심한 화상 치료는 주로 병원에서 이루어지며 노출된 화학 물질에 따라 치료 방침이 결정되므로 전문적인 치료가 가능한 병원에서 치료

㉡ 특히, 안구의 화학 화상은 안과적 응급으로 치료를 진행해야 함

(7) 감전에 의한 화상 사고발생 시 행동요령

① 응급처치

㉠ 전원과 여전히 접촉된 상태의 피해자는 구조자에게 전류를 전달할 수 있으므로 가능하면 전기 공급원을 신속하게 차단하고 구조

㉡ 600V 이상의 전압은 마른 목재 및 기타 물질에 상당량의 전류를 흐르게 하므로 위험할 수 있음

㉢ 전신적 영향으로 흉통, 두근거림, 의식 소실 등의 증상이 발생할 수 있음

② 치료 및 사후관리 방안 : 신속히 병원으로 이동하여 화상 치료 및 내부 장기 손상 여부 확인

(8) 좌상(멍) 사고발생 시 행동요령

① 응급처치

㉠ 손상 후 첫 24시간 동안은 손상 부위를 높이 올리고 있거나 찬물 등으로 냉찜질하여 출혈과 부종을 감소시킴

㉡ 부종이 줄어든 후에는 혈관 확장과 혈액 흡수를 돕고 관절 운동의 회복을 위하여 1회에 약 20분 동안 온찜질을 시행

㉢ 타박상 부위를 탄력붕대로 감아서 환부를 고정하고 압박한 후 가급적 움직이지 않고 안정을 취할 것

㉣ 허리 부위 특히 등에서 부분에는 근육 바로 아래에 신장(콩팥)이 위치하고 있으므로, 충격에 의하여 신장이 손상되지 않았는지 확인

② 치료 및 사후관리 방안

㉠ 타박상 정도는 아무것도 아니라고 가볍게 생각하지 말고, 다친 날에는 돌아다니지 말고 안정을 취하여야 함

㉡ 다친 부위를 심장보다 높이 올리면 부종을 경감시킬 수 있음

㉢ 하지에 타박상을 입은 경우에는 방석을 쌓거나 이불을 놓고 그 위에 하지를 올려놓아 반듯하게 누워 있도록 함

(9) 염좌(삠) 사고발생 시 행동요령

① 치료 및 사후관리 방안

㉠ 해당 부위를 움직이지 않도록 하는 것이 중요

㉡ 손상의 정도에 따라 활동을 제한하고 압박붕대를 이용하여 고정하거나 부목을 댐

㉢ 관절 부위 인대가 손상된 경우 해당 부위를 심장보다 높게 유지

㉣ 손상 직후에는 얼음찜질을 시행하고, 부종이 가라앉으면 혈류 순환을 원활하게 하기 위해 온찜질을 시행

㉤ 손상 직후 1주 이내 단기간 소염진통제를 사용하고, 그 외 물리치료, 침, 근육 내 자극 요법(IMS) 등의 치료를 병행

(10) 골절 사고발생 시 행동요령

① 치료 및 사후관리 방안

㉠ 골절의 치료는 응급치료, 본치료, 재활치료로 나눌 수 있음

㉡ 응급치료에 있어 가장 중요한 것은 적절한 부목 고정으로 추가적인 연부 조직 손상을 예방하고 통증을 경감시키는 것. 이를 통해 지방 색전증과 쇼크의 발생을 감소시키고, 환자 이동과 방사선학적 검사를 용이하게 해줌

비수술적 치료	수술적 치료
• 도수 정복(Closed Reduction) – 수술 없이 골절된 뼈를 바로 맞추는 시술 – 골절 후 6시간 내지 12시간이 경과하면 부종이 증가하기 때문에 정복은 조기에 시행할수록 좋음 – 정복을 시도하기 전 통증과 근육 경직을 해소하기 위하여 마취를 시행하기도 함 – 임상적 판단에 의하여 합당한 경우에 숙련된 의사에 의하여 시도되어야 하며 정복의 시행 전후로 방사선 사진을 촬영하여 정복의 적절성을 확인	• 외고정(External Fixation) : 골절부 상하에 핀을 삽입한 후 외부에서 석고 붕대 고정이나 금속 기기를 이용하여 골절을 고정하는 방법 • 내고정(Internal Fixation) : 골절 부위를 정복하고 여러 가지 내고정 기구를 이용하여 골절의 고정을 이루는 방법

(11) 창상(열상, 삠, 찰과상 등) 사고발생 시 행동요령

① 응급처치

㉠ 상처 부위가 더러운 경우 흐르는 물을 이용하여 잘 씻어내고 이물질을 제거

㉡ 출혈이 있는 경우는 지혈을 위해 깨끗한 붕대나 천으로 감아서 균일하게 압박

㉢ 상처 부위에 부종이 발생한 경우에는 얼음을 대어 주는 게 도움이 될 수 있음

㉣ 상처가 크거나 옷에 쓸리는 부분이라면 소독 후 항생제를 바르고, 상처에 이물질이 붙지 않도록 붕대 또는 밴드로 감아줌

㉤ 상처는 촉촉하게 유지될 수 있도록 습윤 드레싱을 실시하고, 거즈가 오염되지 않도록 주의

㉥ 상처가 피부의 표피층만 다친 가벼운 정도가 아니라면 상처의 깊이를 확인하고 필요 시 봉합술을 시행할 수 있도록 병원에 방문

㉦ 상처가 붉고 부종이 점점 심해지며 눌렀을 때에 통증이 증가하고 열감이 있는 경우, 상처에서 고름(Pus)이 나오거나, 별다른 이유 없이 37.8℃ 이상의 고열이 동반된 경우 즉시 병원에 방문

② 상처 세척방법

㉠ 지혈이 어느 정도 된 후에는 흐르는 수돗물에 상처를 씻음

㉡ 상처를 고인 물에 담가 두는 것은 소독에 도움이 되지 않음

㉢ 입으로 상처를 빨아내는 것은 입안 세균으로 인한 상처 감염의 위험성을 높일 수 있음

(12) 출혈 사고발생 시 행동요령

① 응급처치

㉠ 깨끗한 손수건이나 수건, 천 등으로 출혈 부위를 직접 압박

㉡ 출혈이 심해서 잘 지혈이 안 될 경우 끈 등으로 출혈 부위보다 심장 부위에 가까운 쪽을 묶어주되 지혈 시작 시간을 꼭 기록해야 함

㉢ 출혈 부위의 상처가 더럽다고 해도 억지로 소독을 하거나 닦아 낼 필요가 없음. 압박하면서 상처가 있는 부위를 높이 들고 병원으로 속히 이동

② 열상으로 인한 출혈 시 지혈지침

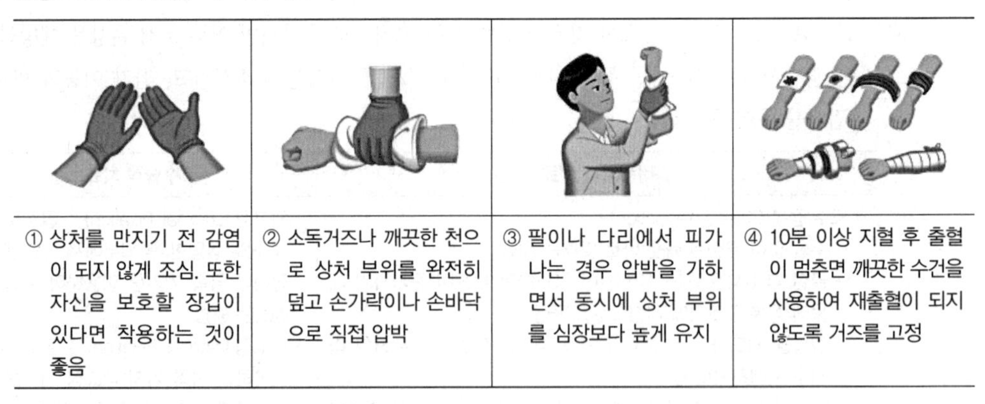

① 상처를 만지기 전 감염이 되지 않게 조심. 또한 자신을 보호할 장갑이 있다면 착용하는 것이 좋음	② 소독거즈나 깨끗한 천으로 상처 부위를 완전히 덮고 손가락이나 손바닥으로 직접 압박	③ 팔이나 다리에서 피가 나는 경우 압박을 가하면서 동시에 상처 부위를 심장보다 높게 유지	④ 10분 이상 지혈 후 출혈이 멈추면 깨끗한 수건을 사용하여 재출혈이 되지 않도록 거즈를 고정

※ 출처 : 국가연구안전정보시스템

③ 지혈대 이용법

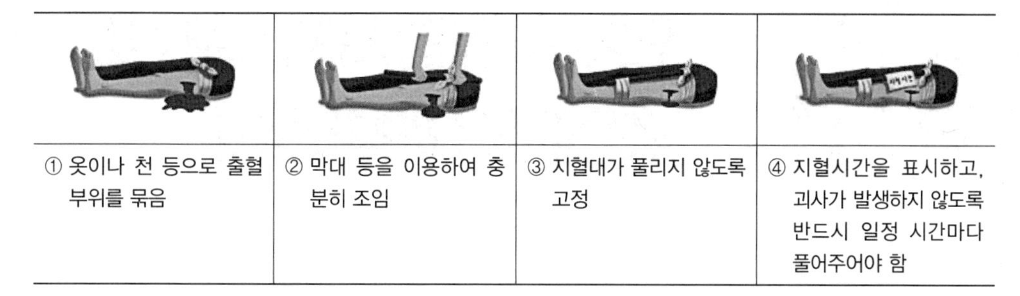

① 옷이나 천 등으로 출혈 부위를 묶음	② 막대 등을 이용하여 충분히 조임	③ 지혈대가 풀리지 않도록 고정	④ 지혈시간을 표시하고, 괴사가 발생하지 않도록 반드시 일정 시간마다 풀어주어야 함

※ 출처 : 국가연구안전정보시스템

(13) 절단 사고발생 시 행동요령

① 응급처치

㉠ 손가락, 발가락 등이 절단이 된 경우 일단 출혈이 심할 수 있으므로 출혈 부위를 깨끗한 거즈나 헝겊으로 압박

㉡ 절단된 손가락, 발가락은 깨끗한 거즈나 헝겊으로 감싸서 얼음 상자나 얼음이 들어 있는 비닐 종이에 넣고 병원으로 같이 이송

㉢ 절단된 손가락, 발가락 등이 얼음에 직접 닿지 않도록 함

연구활동종사자 질환 및 휴먼에러 예방관리

1 연구실 안전점검 및 정밀안전진단

(1) 용어정의

일상점검	연구활동에 사용되는 기계 · 기구 · 전기 · 약품 · 병원체 등의 보관상태 및 보호장비의 관리실태 등을 직접 눈으로 실시하는 점검으로서 연구활동을 시작하기 전에 매일 실시하는 조사 행위
정기점검	연구활동에 사용되는 기계 · 기구 · 전기 · 약품 · 병원체 등의 보관상태 및 보호장비의 관리실태 등을 안전점검기기를 이용하여 연구실에 내재되어 있는 위험요인을 찾아내어 적절한 조치를 취하고자 실시하는 정기적인 조사 행위
특별안전점검	폭발사고 · 화재사고 등 연구활동종사자의 안전에 치명적인 위험을 일으킬 가능성이 있을 것으로 예상되는 경우에 실시하는 조사 행위
정밀안전진단	연구실에서 발생할 수 있는 재해를 예방하기 위하여 잠재적 위험성의 발견과 그 개선대책의 수립을 목적으로 일정 기준 또는 자격을 갖춘 자가 실시하는 조사 · 평가
노출도평가	연구실 유해인자의 노출로 인한 유해성을 분석하여 개선대책을 수립하기 위해 연구활동종사자 또는 연구실에 대하여 노출도 측정계획을 수립한 후 시료를 채취하여 분석 · 평가하는 것
실시자	연구실안전법 제17조에 따라 등록된 안전점검 또는 정밀안전진단 대행기관, 같은 법 시행령 별표4 및 별표5에 따른 안전점검 또는 정밀안전진단의 직접 실시 요건을 갖춘 연구주체의 장

(2) 안전점검 및 정밀안전진단의 실시계획 수립에 필요한 사항

① 안전점검 및 정밀안전진단의 실시 일정 및 예산
② 안전점검 및 정밀안전진단 대상 연구실 목록
③ 점검 · 진단의 자체실시 또는 위탁실시(대행기관) 여부
④ 점검 · 진단의 항목, 분야별 기술인력 및 장비
⑤ 그 밖에 안전점검 및 정밀안전진단에 필요한 사항

(3) 안전점검 및 정밀안전진단 실시자의 의무

① 연구실 특성에 맞는 보호구 항시 착용 및 공공안전 확보 · 유지
② 성실한 점검 · 진단 수행
③ 분야별 기술인력과 장비확보
④ 비밀 유지
⑤ 그 밖에 연구실내의 안전관리 규정준수

(4) 안전점검

① 일상점검

㉠ 연구실책임자는 연구활동종사자가 매일 연구활동 시작 전 일상점검을 실시하고 그 결과를 기록 · 유지하도록 하여야 함

㉡ 연구실책임자는 연구실안전관리담당자를 지정하여 점검을 하도록 할 수 있음

㉢ 일상점검을 실시하는 자는 사고 및 위험 가능성이 있는 사항 발견 즉시 해당 연구실책임자에게 보고하고 필요한 조치를 취할 것

㉣ 연구실책임자는 일상점검 결과기록 및 미비사항을 매일 확인 조치하고, 지시사항을 점검일지에 기록

㉤ 일상점검 실시 내용

안전분야	점검항목
일반안전	• 연구실(실험실) 정리정돈 및 청결상태 • 연구실(실험실) 내 흡연 및 음식물 섭취 여부 • 안전수칙, 안전표지, 개인보호구, 구급약품 등 실험장비(흄 후드 등) 관리 상태 • 사전유해인자위험분석 보고서 게시
기계기구	• 기계 및 공구의 조임부 또는 연결부 이상여부 • 위험설비 부위에 방호장치(보호 덮개) 설치 상태 • 기계기구 회전반경, 작동반경 위험지역 출입금지 방호설비 설치 상태
전기안전	• 사용하지 않는 전기기구의 전원투입 상태 확인 및 무분별한 문어발식 콘센트 사용 여부 • 접지형 콘센트를 사용, 전기배선의 절연피복 손상 및 배선정리 상태 • 기기의 외함접지 또는 정전기 장애방지를 위한 접지 실시상태 • 전기 분전반 주변 이물질 적재금지 상태 여부
화공안전	• 유해인자 취급 및 관리대장, MSDS의 비치 • 화학물질의 성상별 분류 및 시약장 등 안전한 장소에 보관 여부 • 소량을 덜어서 사용하는 통, 화학물질의 보관함 · 보관용기에 경고표시 부착 여부 • 실험폐액 및 폐기물 관리상태(폐액분류표시, 적정용기 사용, 폐액용기덮개체결상태 등) • 발암물질, 독성물질 등 유해화학물질의 격리보관 및 시건장치 사용여부
소방안전	• 소화기 표지, 적정소화기 비치 및 정기적인 소화기 점검상태 • 비상구, 피난통로 확보 및 통로상 장애물 적재 여부 • 소화전, 소화기 주변 이물질 적재금지 상태 여부
가스안전	• 가스용기의 옥외 지정장소보관, 전도방지 및 환기 상태 • 가스용기 외관의 부식, 변형, 노즐잠금상태 및 가스용기 충전기한 초과여부 • 가스누설검지경보장치, 역류 · 역화 방지장치, 중화제독장치 설치 및 작동상태 확인 • 배관 표시사항 부착, 가스사용시설 경계 · 경고표시 부착, 조정기 및 밸브 등 작동 상태 • 주변화기와의 이격거리 유지 등 취급 여부
생물안전	• 생물체(LMO 포함) 및 조직, 세포, 혈액 등의 보관 관리상태[보관용기 상태, 보관기록 유지, 보관 장소의 생물재해(Biohazard) 표시 부착 여부 등] • 손 소독기 등 세척시설 및 고압멸균기 등 살균 장비의 관리 상태 • 생물체(LMO 포함) 취급 연구시설의 관리 · 운영대장 기록 작성 여부 • 생물체 취급기구(주사기, 핀셋 등), 의료폐기물 등의 별도 폐기 여부 및 폐기용기 덮개설치 상태

② 정기점검

㉠ 연구주체의 장은 안전점검 장비를 이용하여 매년 1회 이상 정기적으로 소관 연구실에 대해 점검을 실시해야 함(단 저위험 연구실과 안전관리 우수연구실 인증을 받은 연구실은 면제)

㉡ 실시자는 연구실 내의 모든 인적 · 물적인 면에서 물리화학적 · 기능적 결함 등이 있는지 여부를 다음 사항에 따라 점검

㉢ 기술인력과 점검장비를 갖추어 점검을 실시하고 그 측정값을 점검결과에 기입

㉣ 해당 연구실의 위험요인에 적합한 보호구를 착용한 후 점검을 실시하고, 그 보호구는 사용 후 최적 상태가 유지되도록 보관

㉤ 연구주체의 장은 연구 중단으로 연구실이 폐쇄되어 1년 이상 방치된 연구실의 경우 연구를 재개하기 전에 연구실의 기기 · 시설물 전반에 대해 정기점검에 준하는 점검을 해당 연구실책임자와 함께 실시하고, 점검결과에 따라 적절한 안전조치를 취한 후 연구를 재개할 것

③ 특별안전점검

㉠ 연구주체의 장은 폭발사고 · 화재사고 등 연구활동종사자의 안전에 치명적인 위험을 일으킬 가능성이 있는 경우 분야별 기술인력과 장비를 갖추어 특별안전점검을 실시해야 함

㉡ 특별안전점검은 정기점검에 준하여 실시

④ 정기점검 · 특별안전점검 실시 내용

안전분야	점검항목	
일반안전	A	• 연구실 내 취침, 취사, 취식, 흡연 행위 여부 • 연구실 내 건축물 훼손상태(천장파손, 누수, 창문파손 등) • 사고발생 비상대응 방안(매뉴얼, 비상연락망, 보고체계 등) 수립 및 게시 여부
	B	• 연구(실험)공간과 사무공간 분리 여부 • 연구실 내 정리정돈 및 청결상태 여부 • 연구실 일상점검 실시 여부 • 연구실책임자 등 연구활동종사자의 안전교육 이수 여부 • 연구실 안전관리규정 비치 또는 게시 여부 • 연구실 사전유해인자위험분석 실시 및 보고서 게시 여부 • 유해인자 취급 및 관리대장 작성 및 비치 · 게시 여부 • 기타 일반안전 분야 위험 요소
기계안전	A	• 위험기계 · 기구별 적정 안전방호장치 또는 안전덮개 설치 여부 • 위험기계 · 기구의 법적 안전검사 실시 여부
	B	• 연구 기기 또는 장비 관리 여부 • 기계 · 기구 또는 설비별 작업안전수칙(주의사항, 작동매뉴얼 등) 부착 여부 • 위험기계 · 기구 주변 울타리 설치 및 안전구획 표시 여부 • 연구실 내 자동화설비 기계 · 기구에 대한 이중 안전장치 마련 여부 • 연구실 내 위험기계 · 기구에 대한 동력차단장치 또는 비상정지장치 설치 여부 • 연구실 내 자체 제작 장비에 대한 안전관리 수칙 · 표지 마련 여부 • 위험기계 · 기구별 법적 안전인증 및 자율안전확인신고 제품 사용 여부 • 기타 기계안전 분야 위험 요소
전기안전	A	• 대용량기기(정격 소비 전력 3kW 이상)의 단독회로 구성 여부 • 전기 기계 · 기구 등의 전기충전부 감전방지 조치(폐쇄형 외함구조, 방호망, 절연덮개 등) 여부 • 과전류 또는 누전에 따른 재해를 방지하기 위한 과전류차단장치 및 누전차단기 설치 · 관리 여부 • 절연피복이 손상되거나 노후된 배선(이동전선 포함) 사용 여부

전기안전	B	• 바닥에 있는 (이동)전선 몰드처리 여부 • 접지형 콘센트 및 정격전류 초과 사용(문어발식 콘센트 등) 여부 • 전기기계 · 기구의 적합한 곳(금속제 외함, 충전될 우려가 있는 비충전금속체 등)에 접지 실시 여부 • 전기기계 · 기구(전선, 충전부 포함)의 열화, 노후 및 손상 여부 • 분전반 내 각 회로별 명칭(또는 내부도면) 기재 여부 • 분전반 적정 관리여부(도어개폐, 적치물, 경고표지 부착 등) • 개수대 등 수분발생지역 주변 방수조치(방우형 콘센트 설치 등) 여부 • 연구실 내 불필요 전열기 비치 및 사용 여부 • 콘센트 등 방폭을 위한 적절한 설치 또는 방폭전기설비 설치 적정성 • 기타 전기안전 분야 위험 요소
화공안전	A	• 시약병 경고표지(물질명, GHS, 주의사항, 조제일자, 조제자명 등) 부착 여부 • 폐액용기 성상별 분류 및 안전라벨 부착 · 표시 여부 • 폐액 보관장소 및 용기 보관상태(관리상태, 보관량 등) 적정성
	B	• 대상 화학물질의 모든 MSDS(GHS) 게시 · 비치 여부 • 사고대비물질, CMR물질, 특별관리물질 파악 및 관리 여부 • 화학물질 보관용기(시약병 등) 성상별 분류 보관 여부 • 시약선반 및 시약장의 시약 전도방지 조치 여부 • 시약 적정기간 보관 및 용기 파손, 부식 등 관리 여부 • 휘발성, 인화성, 독성, 부식성 화학물질 등 취급 화학물질의 특성에 적합한 시약장 확보 여부(전용캐비닛 사용 여부) • 유해화학물질 보관 시약장 잠금장치, 작동성능 유지 등 관리 여부 • 기타 화공안전 분야 위험 요소
유해화학물질 취급시설 검사항목	B	• 화학물질 배관의 강도 및 두께 적절성 여부 • 화학물질 밸브 등의 개폐방향을 색채 또는 기타 방법으로 표시 여부 • 화학물질 제조 · 사용설비에 안전장치 설치여부(과압방지장치 등) • 화학물질 취급 시 해당 물질의 성질에 맞는 온도, 압력 등 유지 여부 • 화학물질 가열 · 건조설비의 경우 간접가열구조 여부(단, 직접 불을 사용하지 않는 구조, 안전한 장소설치, 화재방지설비 설치의 경우 제외) • 화학물질 취급설비에 정전기 제거 유효성 여부(접지에 의한 방법, 상대습도 70% 이상하는 방법, 공기 이온화하는 방법) • 화학물질 취급시설에 피뢰침 설치 여부(단, 취급시설 주위에 안전상 지장 없는 경우 제외) • 가연성 화학물질 취급시설과 화기취급시설 8m 이상 우회거리 확보 여부(단, 안전조치를 취하고 있는 경우 제외) • 화학물질 취급 또는 저장설비의 연결부 이상 유무의 주기적 확인(1회/주 이상) • 소량기준 이상 화학물질을 취급하는 시설에 누출시 감지 · 경보할 수 있는 설비 설치 여부(CCTV 등) • 화학물질 취급 중 비상 시 응급장비 및 개인보호구 비치 여부
소방안전	A	• 취급물질별 적정(적응성 있는) 소화설비 · 소화기 비치 여부 및 관리 상태(외관 및 지시압력계, 안전핀 봉인상태, 설치 위치 등) • 비상 시 피난가능한 대피로(비상구, 피난동선 등) 확보 여부 • 유도등(유도표지) 설치 · 점등 및 시야 방해 여부
	B	• 비상대피 안내정보 제공 여부 • 적합한(적응성)감지기(열, 연기) 설치 및 정기적 점검 여부 • 스프링클러 외형 상태 및 헤드의 살수분포구역 내 방해물 설치 여부 • 적정 가스소화설비 방출표시등 설치 및 관리 여부 • 화재발신기 외형 변형, 손상, 부식 여부 • 소화전 관리상태(호스 보관상태, 내 · 외부 장애물 적재, 위치표시 및 사용요령 표지판 부착 여부 등) • 기타 소방안전 분야 위험 요소

가스안전	A	• 용기, 배관, 조정기 및 밸브 등의 가스 누출 확인 • 적정 가스누출감지 · 경보장치 설치 및 관리 여부(가연성, 독성 등) • 가연성 · 조연성 · 독성 가스 혼재 보관 여부
	B	• 가스용기 보관 위치 적정 여부(직사광선, 고온주변 등) • 가스용기 충전기한 경과 여부 • 미사용 가스용기 보관 여부 • 가스용기 고정(체인, 스트랩, 보관대 등) 여부 • 가스용기 밸브 보호캡 설치 여부 • 가스배관에 명칭, 압력, 흐름방향 등 기입 여부 • 가스배관 및 부속품 부식 여부 • 미사용 가스배관 방치 및 가스배관 말단부 막음 조치 상태 • 가스배관 충격방지 보호덮개 설치 여부 • LPG 및 도시가스시설에 가스누출 자동차단장치 설치 여부 • 화염을 사용하는 가연성 가스(LPG 및 아세틸렌 등)용기 및 분기관 등에 역화방지장치 부착 여부 • 특정고압가스 사용 시 전용 가스실린더 캐비닛 설치 여부(특정고압가스 사용 신고 등 확인) • 독성가스 중화제독 장치 설치 및 작동상태 확인 • 고압가스 제조 및 취급 등의 승인 또는 허가 관련 기록 유지 · 관리 • 기타 가스안전 분야 위험 요소
산업위생	A	• 개인보호구 적정수량 보유 · 비치 및 관리 여부 • 후드, 국소배기장치 등 배기 · 환기설비의 설치 및 관리(제어풍속 유지 등) 여부 • 화학물질(부식성, 발암성, 피부자극성, 피부흡수가 가능한 물질 등) 누출에 대비한 세척장비(세안기, 샤워설비) 설치 · 관리 여부
	B	• 연구실 출입구 등에 안전보건표지 부착 여부 • 연구특성에 맞는 적정 조도수준 유지 여부 • 연구실 내 또는 비상 시 접근 가능한 곳에 구급약품(외상조치약, 붕대 등) 구비 여부 • 실험복 보관장소(또는 보관함) 설치 여부 • 연구자 위생을 위한 세척 · 소독기(비누, 소독용 알코올 등) 비치 여부 • 연구실 실내 소음 및 진동에 대한 대비책 마련 여부 • 노출도 평가 적정 실시 여부 • 기타 산업위생 분야 위험 요소
생물안전	A	• 생물활성 제거를 위한 장치(고온 · 고압멸균기 등) 설치 및 관리 여부 • 의료폐기물 전용 용기 비치 · 관리 및 일반폐기물과 혼재 여부 • 생물체(LMO, 동물, 식물, 미생물 등) 및 조직, 세포, 혈액 등의 보관 관리상태(적정 · 보관용기 사용 여부, 보관용기 상태, 생물위해표시, 보관기록 유지 여부 등)
	B	• 연구실 출입문 앞에 생물안전시설 표지 부착 여부 • 연구실 내 에어로졸 발생 최소화 방안 마련 여부 • 곤충이나 설치류에 대한 관리방안 마련 여부 • 생물안전작업대(BSC) 관리 여부 • 동물실험구역과 일반실험구역의 분리 여부 • 동물사육설비 설치 및 관리상태(적정 케이지 사용 여부 및 배기덕트 관리 상태 등) • 고위험 생물체(LMO 및 병원균 등) 보관장소 잠금장치 여부 • 병원체 누출 등 생물 사고에 대한 상황별 SOP 마련 및 바이오스필키트(Biological Spill Kit) 비치 여부 • 생물체(LMO 등) 취급 연구시설의 설치 · 운영 신고 또는 허가 관련 기록 유지 · 관리 여부 • 기타 생물안전 분야 위험 요소

(5) 정밀안전진단

① 정기적으로 정밀안전진단을 실시하여야 하는 연구실의 종류

㉠ 연구활동에 유해화학물질을 취급하는 연구실

㉡ 연구활동에 유해인자를 취급하는 연구실

㉢ 연구활동에 독성가스를 취급하는 연구실

② 실시 방법

㉠ 연구주체의 장은 2년마다 1회 이상 정기적으로 정밀안전진단을 실시

㉡ 실시자는 분야별 기술인력과 진단장비를 갖추어 정밀안전진단을 실시하고, 측정 · 분석한 내용을 결과보고서에 기입하여야 함

㉢ 정밀안전진단을 실시한 연구실에 대해서는 해당연도 정기점검을 추가로 실시하지 아니할 수 있음

③ 실시 내용

㉠ 정밀안전진단은 외관을 직접 눈으로 점검하거나 점검장비를 사용하여 연구실 내 · 외의 안전보건과 관련된 사항을 진단 · 평가

㉡ 정밀안전진단은 정기점검 실시 내용과 다음의 사항을 포함하여 실시

- 유해인자별 노출도평가의 적정성
- 유해인자별 취급 및 관리의 적정성
- 연구실 사전유해인자위험분석의 적정성

④ 유해인자별 노출도평가

㉠ 연구주체의 장은 정밀안전진단 실시 대상 연구실에 대하여 노출도평가 실시계획을 수립해야 함

㉡ 노출도평가 대상 연구실 선정기준

- 연구실책임자가 사전유해인자위험분석 결과에 근거하여 노출도평가를 요청할 경우
- 연구활동종사자가 연구활동을 수행하는 중에 CMR물질(발암성 물질, 생식세포 변이원성 물질, 생식독성 물질), 가스, 증기, 미스트, 흄, 분진, 소음, 고온 등 유해인자를 인지하여 노출도평가를 요청할 경우
- 정밀안전진단 실시 결과 노출도평가의 필요성이 전문가(실시자)에 의해 제기된 경우
- 중대 연구실사고나 질환이 발생하였거나 발생할 위험이 있다고 인정되어 과학기술정보통신부장관의 명령을 받은 경우
- 그 밖에 연구주체의 장, 연구실안전환경관리자 등에 의해 노출도평가의 필요성이 제기된 경우

㉢ 노출도평가 실시에 필요한 기술적인 사항은 국제적으로 공인된 측정방법과 고용노동부령으로 정하는 측정방법에 준하여 실시하며, 산업안전보건법에 따라 작업환경측정을 실시한 연구실은 노출도평가를 실시한 것으로 봄

㉣ 노출도평가는 산업안전보건법에 따라 작업환경측정기관의 요건이 충족된 기관 또는 동등한 요건을 충족한 기관이 측정하여야 함(다만, 시료채취는 노출도평가를 실시하여야 하는 기관 또는 대행기관에 소속된 자로서 산업위생관리산업기사 이상의 자격을 가진 자가 할 수 있음)

㉤ 노출도평가는 연구실의 노출 특성을 고려하여 노출이 가장 심할 것으로 우려되는 연구활동 시점에 실시

㉥ 연구주체의 장은 노출도평가 실시 결과를 연구활동종사자에게 알려야 하며, 노출기준 초과시 감소대책 수립, 연구활동종사자 건강진단의 실시 등 적절한 조치를 하여야 함

㉦ 노출도평가 대상 연구실 선정 및 노출기준 초과 여부를 판단 시 고용노동부고시 화학물질 및 물리적 인자의 노출기준에 준하여 실시

㉧ 정밀안전진단 실시자는 노출도평가의 적정 실시 여부, 노출도평가 결과 개선조치 여부 등에 대해 평가

㉨ 노출도평가가 추가로 필요하다고 판단되는 연구실은 연구주체의 장에게 그 필요성을 알리고 결과보고서에 기재

⑤ 유해인자별 취급 및 관리

㉠ 연구실책임자는 해당 연구실에 보관 · 사용 중인 유해인자의 특성 및 취급 주의사항에 대해 연구활동종사자에게 교육을 실시하여야 하고, 그 안전에 관한 책임을 짐

㉡ 연구활동종사자는 유해인자의 특성에 맞게 취급 · 관리하여야 함

㉢ 연구실책임자는 정밀안전진단 실시 대상 연구실의 안전확보를 위하여 연구실의 위험기계, 시설물, 화학물질 등 유해인자에 대한 취급 및 관리대장을 작성

㉣ 관리대장에 포함하여야 할 사항 [22] 기출

- 물질명(장비명)
- 보관장소
- 현재 보유량
- 취급 유의사항
- 그 밖에 연구실책임자가 필요하다고 판단한 사항

㉤ 관리대장은 유해인자의 구입, 사용, 폐기 등 변경사유가 발생한 경우 보완하여야 함

㉥ 작성된 관리대장은 각 연구실에 게시 또는 비치하고, 이를 연구활동종사자에게 알려야 함

㉦ 정밀안전진단 실시자는 유해인자의 취급 · 관리 및 관리대장의 적정성에 대해 평가하고, 결과보고서에 기재

⑥ 연구실 사전유해인자위험분석

㉠ 연구실책임자는 연구실 사전유해인자위험분석을 실시하여 유해인자별 위험분석을 실시하고 안전계획 및 비상조치계획을 수립

㉡ 정밀안전진단 실시자는 해당 연구실의 모든 연구활동 및 유해인자에 대하여 사전유해인자위험분석을 적정하게 실시하였는지를 확인 · 평가

㉢ 정밀안전진단 결과보고서에 사전유해인자위험분석 결과의 유효성 여부와 후속조치 이행여부 등의 내용을 포함하여야 함

⑦ 결과의 평가 및 후속조치

㉠ 정기점검, 특별안전점검 및 정밀안전진단결과의 보고서를 작성하고, 연구실내 결함에 대한 증빙 및 분석 등을 명확히 하기 위하여 현장사진, 점검장비 측정값 등 근거자료를 기록하고 문제점과 개선대책을 제시할 것

㉡ 정기점검, 특별안전점검 및 정밀안전진단을 실시한 자는 그 점검 또는 진단 결과를 종합하여 연구실 안전등급을 부여하고, 그 결과를 연구주체의 장에게 알릴 것

㉢ 연구실 안전등급 평가기준

등급	연구실 안전환경 상태
1	연구실 안전환경에 문제가 없고 안전성이 유지된 상태
2	연구실 안전환경 및 연구시설에 결함이 일부 발견되었으나, 안전에 크게 영향을 미치지 않으며 개선이 필요한 상태
3	연구실 안전환경 또는 연구시설에 결함이 발견되어 안전환경 개선이 필요한 상태
4	연구실 안전환경 또는 연구시설에 결함이 심하게 발생하여 사용에 제한을 가하여야 하는 상태
5	연구실 안전환경 또는 연구시설의 심각한 결함이 발생하여 안전상 사고발생위험이 커서 즉시 사용을 금지하고 개선해야 하는 상태

㉣ 연구주체의 장은 점검 또는 진단의 실시 결과 4, 5등급의 등급을 받거나 중대한 결함이 발견된 경우에는 다음의 조치를 해야 함

- 중대한 결함이 있는 경우에는 그 결함이 있음을 인지한 날부터 7일 이내 과학기술정보통신부장관에게 보고하고 안전상의 조치를 취할 것
- 안전등급 평가결과 4등급 또는 5등급 연구실의 경우에는 사용제한 · 금지 또는 철거 등의 안전조치를 이행하고 과학기술정보통신부장관에게 즉시 보고할 것

㉤ 연구주체의 장은 정기점검, 특별안전점검 및 정밀안전진단을 실시한 날로부터 3개월 이내에 그 결함사항에 대한 보수 · 보강 등의 필요한 조치에 착수하여야 하며, 특별한 사유가 없는 한 착수한 날부터 1년 이내에 이를 완료해야 함

㉥ 연구주체의 장은 안전점검 및 정밀안전진단 실시 결과를 지체 없이 게시판, 사보, 홈페이지 등을 통해 공표하여 연구활동종사자들에게 알려야 함

⑧ 서류의 보존

㉠ 일상점검, 정기점검, 특별안전점검 및 정밀안전진단 실시 결과 보고서 등은 다음 일정기간 이상 보존 · 관리(단, 보존기간의 기산일은 보고서가 작성된 다음연도의 첫날로 함)

- 일상점검표 : 1년
- 정기점검, 특별안전점검, 정밀안전진단 결과보고서, 노출도평가 결과보고서 : 3년

2 연구활동종사자 질환

(1) 아토피, 알레르기

① 다양한 화학물질들이 피부와 호흡기 자극을 유발하기 때문에, 아토피나 알레르기가 있는 경우 피부 질환이나 호흡기 질환이 좀 더 심하게 나타날 수 있어 주의가 필요함

② 주의해야 할 화학물질

분 류	물 질
유기화합물	글루타르알데히드, 1,4-디옥산, N,N-디메틸 아세트아미드, α-디클로로벤젠, 톨루엔 2,4-디이소시아네이트, 디메틸포름아미드, 디에틸 에테르, 메틸 시클로헥사놀, 메틸알코올, 메틸에틸케톤, 벤젠, 벤지딘, 사염화탄소, 스티렌, 아닐린, 아세토니트릴, 아세톤, 아세트 알데히드, 아크릴아미드, 이소프로필 알코올, 크레졸, 트리클로로메탄, 페놀, 포름알데히드, 무수 프탈산, 피리딘, 헥산
금 속	구리, 니켈, 코발트, 크롬
산 및 알칼리류	불화수소, 염화수소, 질산, 트리클로로아세트산, 황산

(2) 간질환

① 간은 인체에서 해독작용을 담당하는 매우 중요한 장기로써, B형이나 C형 간염과 같은 만성질환이 있고 간기능이 저하된 경우에는 유해물질에 대한 해독 능력이 떨어짐

② 주의해야 할 화학물질

분 류	물 질
유기화합물	1,4-디옥산, α-디클로로벤젠, 디메틸포름아미드, 메틸 시클로헥사놀, 벤젠, 사염화탄소, 이소프로필 알코올, 트리클로로메탄, 피리딘

(3) 신장질환

① 신장에 영향을 미치는 화학약품을 고농도로 취급하거나 장기간 노출 시에는 신장질환이 발생할 수 있으므로 주의

② 주의해야 할 화학물질

분 류	물 질
유기화합물	1,4-디옥산, 2-메톡시에탄올, 메틸 시클로헥사놀, 벤젠, 사염화탄소, 아닐린, 에틸렌 글리콜, 이소프로필 알코올, 크레졸, 크실렌, 톨루엔, 트리클로로메탄, 페놀, 포름알데히드, 피리딘
금 속	크 롬

(4) 청각장애

① 85dB 이상의 소음에 장기간 노출 시 소음성 난청이 발생할 수 있음(80dB 이하에서도 발생 가능)

② 120dB 이상의 큰 소음에서는 노출 시 급성 청력 손실 발생 가능

③ 130dB 이상의 소음은 한 번의 노출로 영구적인 청력 손실 발생 가능

④ 유기화합물 중에서는 1-부틸알코올, 스티렌, 톨루엔 청력 손실 유발 가능

(5) 면역결핍질환

① 연구실에서 실험 동물 등 생물학적 요인에 의한 면역결핍질환 감염 위험 증가표와 같은 질병이 있거나 면역력을 저하시키는 약을 복용하는 경우, 실험 동물과 같은 생물학적 요인 취급 시 주의가 필요함

② 주의해야 할 질환(약물)

분 류	질환(약물)
원발성 면역결핍질환	• IgA 결핍, 육아종증, X-연관 림프증식성 질환, 보체단백질 결핍 등
면역저하 유발질환	• 혈액질환 : 재생불량성 빈혈, 백혈병, 다발성 골수증 • 암 : 뇌암을 포함한 여러 부위의 암 • 감염 : 거대세포바이러스 감염, 인체면역결핍바이러스 감염, 수두 • 기타 : 당뇨, 신증후군, 간염, 류마티스 관절염, 전신성 홍반 루푸스, 알코올 중독, 화상, 영양결핍
면역력을 저하시키는 약물	• 항경련제(카바마제핀, 페니토인), 면역억제제(사이클로스포린, 아자티오프린), 스테로이드, 화학요법제(사이클로포스파마이드) 등

(6) 빈 혈

① 혈액 중에 헤모글로빈의 농도를 감소시키는 물질로 빈혈을 유발

② 빈혈을 유발하는 물질

분 류	물 질
조혈기능 감소	2-메톡시에탄올, 벤젠
메트헤모글로빈 생성	아닐린, 에틸렌 글리콜 디니트레이트
혈색소 합성 방해 (적혈구 생존기간 감소)	납

(7) 임산부의 관리

① 임산부는 현행 근로기준법에 따라 고열, 한랭, 방사선작업 등 위험한 업무와 야간작업을 금지하고 있음

② 연구실에서 취급하는 물질 중 생식 독성이 있거나, 태반을 통과하여 태아에 영향을 줄 수 있는 물질과 태아 독성이 보고된 물질은 임산부 취급금지

③ 주의해야 할 화학물질

분 류	물 질
태반 통과	트리클로로메탄, 망간, 지르코늄, 니켈
태아 독성	가솔린, N,N-디메틸아세트아미드, 2-메톡시에탄올, 2-부틸 알코올, 에틸렌글리콜, 크실렌, 톨루엔, 삼산화비소, 안티몬, 방사선
생식 독성	메톡시에탄올, 메틸클로라이드, 스티렌, 포름알데히드, 방사선, 마이크로파 및 라디오파
심혈관계 영향	2-디클로로메탄, 아세토니트릴, 에틸렌글리콜디니트레이트, 시안화나트륨, 진동, 고기압, 저기압

7과목

3 휴먼에러(Human Error, 인적 과실) 예방관리

(1) 인간의 행동 특성

① 인간의 행동은 개인이 가진 기질과 주변 환경의 자극이 결합하여 결정
② 안전에 대한 지식과 의식이 안전한 행동에 영향을 끼침
③ 사고의 상당 부분은 부주의, 과실 등 인간의 행동과 관련됨

(2) 작업자의 휴먼에러 위험 요인

① 수행하고 있는 업무에 대한 지식이 부족할 때
② 일할 의욕이나 윤리가 결여되어 있을 때
③ 서두르거나 절박한 상황에 놓여 있을 때
④ 무언가의 경험으로 작업내용이 습관적이 되어 있을 때
⑤ 심신이 매우 피로할 때

(3) 작업환경의 휴먼에러 위험 요인

① 일이 단조로울 때
② 일이 지나치게 복잡할 때
③ 연구 성과만이 지나치게 강조될 때
④ 자극이 너무 많을 때
⑤ 재촉을 느끼게 하는 조직이 있을 때
⑥ 작업자를 고려하지 않은 작업환경 설계 시

(4) 레빈(K. Lewin)의 인간행동 법칙

$$B = f(P \times E)$$

- B : 인간의 행동(Behavior)
- P : 인간(Person)
- E : 환경(Environment)
- F : 함수(Function)

① 인간의 요소로는 성격, 지능, 감각운동기능, 연령, 경험, 심신상태 등이 있음
② 환경의 요소로는 조직 내 인간관계, 시설, 장비, 온도 및 습도, 조도, 먼지, 소음 등이 있음
③ 인간과 환경은 상호작용하며, 부적절한 환경 요소가 있을 경우 인간의 행동이 불안해지고 사고 위험이 증가함. 따라서 작업자의 성향 · 심리 및 주위 환경에 대한 고려가 필요함

(5) 위험에 대한 인식

① 위험을 자각하는 인식은 관리자와 작업자가 서로 상이함

② 관리자는 객관적으로 생각하여 알지만 작업자는 경험에 의한 직감에 의존

구 분	관리자(전문가)	작업자(대중)
의사결정	객관적	주관적, 직감적
위험결정	확률적	이분적
판단근거	근거에 기초	지식, 언론, 경험
불확실성에 대한 수용	높 음	낮 음
인식능력	높 음	낮 음

(6) 위험소통

① 위험에 대한 소통은 지식의 전달만이 아닌 공감과 행동변화를 유도하여야 함

지식의 전달	위험에 대한 소통
• 과학적이고 객관적인 사실의 전달 • 일방형 소통(전달) • 학생 교육, 기술 훈련 등에 적합 • 교육훈련, 지식습득, 설득이 목적	• 양방향 소통 • 유해성과 위험성에 대한 정보를 모두 포함 • 공감, 인식전환, 행동 변화가 목적

② 효과적인 위험의 소통 방안 적용 필요

(7) 제임스 리즌의 GEMS(Generic Error Modeling System) 모델

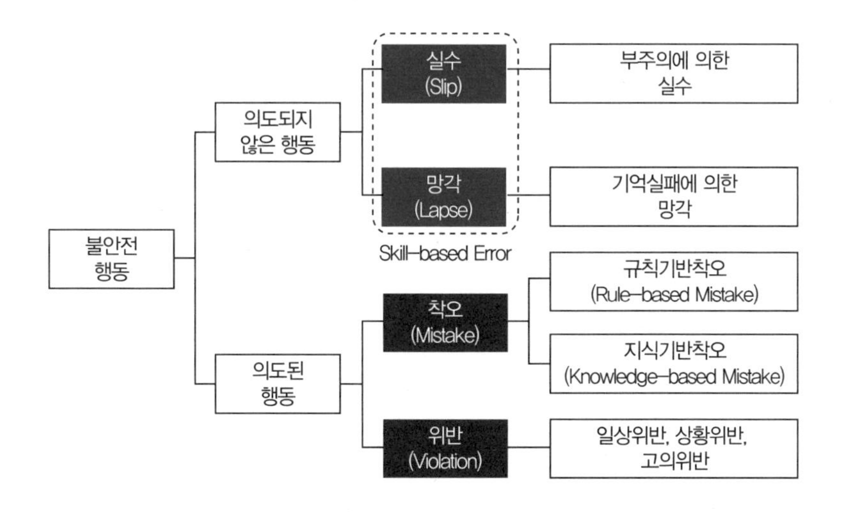

① 제임스 리즌(James Reason)은 라스무센의 3단계 사다리모형과 도널드 노먼(Donald A. Norman) 행위 스키마를 통합하여 GEMS(Generic Error Modeling System) 모델을 만듦

라스무센의 인간의 3가지 행동수준	제임스 리즌의 휴먼에러분류(GEMS)
• 지식기반 행동(Knowledge Based Behavior) : 인지 → 해석 → 사고/결정 → 행동 • 규칙기반 행동(Rule Based Behavior) : 인지 → 유추 → 행동 • 숙련기반 행동(Skill Based Behavior) : 인지 → 행동	• Skill-based Error : 숙련상태에 있는 행동에서 나타나는 에러(Slip, Lapse) • Rule-based Mistake : 처음부터 잘못된 규칙을 기억, 정확한 규칙이나 상황에 맞지 않게 잘못 적용 • Knowledge-based Mistake : 처음부터 장기기억속에 지식이 없음 • Violation : 지식을 갖고 있고, 이에 알맞는 행동을 할 수 있음에도 나쁜 의도를 가짐

② 의도되지 않은 행동

㉠ 실수(Slip) : 상황해석은 제대로 하였으나, 의도와는 다른 행동을 한 경우

㉡ 건망증(Lapse)

- 기억 재생의 실패
- 계획 항목의 생략, 장소 및 의도의 상실
- 기억의 상실로 깜박 잊고 해야 할 행동을 하지 않는 경우

③ 의도된 행동 22 기출

㉠ 착오(Mistake)

- 틀린 줄 모르고 행하는 착오로 건망증보다 더 위험
- 착오를 저지른 사람은 자신이 맞다고 생각하기 때문에 잘못을 상기시키는 증거들을 무시
- 상황을 잘못해석, 목표를 잘못 이해하는 정보처리과정에서 발생

㉡ 위반(Violation) : 의도를 가진 고의적인 것으로 규칙적 위반, 상황적 위반, 예외적 위반이 있음

안전보호구 및 연구환경관리

1 연구실안전표지

(1) 안전정보표지 22 기출

① 부착 위치

㉠ 연구실 건물의 현관, 연구실이 밀집된 층의 중앙 복도

㉡ 각 연구실 출입문 밖 : 연구실로 들어오는 출입자에게 경고의 의미

㉢ 실험장비의 특성에 따라 별도로 부착

㉣ 실험기구 보관함에 보관 물질 특성에 따라 별도로 부착

② 안전정보표지의 종류

㉠ 금지, 경고, 지시, 안내 표지로 구분

㉡ 금지는 빨간색, 경고는 노란색, 지시는 파란색, 안내는 초록색

㉢ 상태 경고 표지, 금지 표지, 물질 경고 표지, 착용 지시 표지, 소방 기기 표지, 안내 표지 등이 있음

상태 경고 표지	
표지내용	적용 장소 및 대상 분야
고온경고	• 고온으로 화상의 우려가 있는 가구, 장소 • 고온로, 각종 히터 • 고온 발열 챔버, 탱크, 반응가구
저온경고	• 저온으로 동상의 우려가 있는 가구, 장소 • 저온로, 저온 창고, 저온 챔버, 액체질소 액체 헬륨 등 액화 가스류 • 기타 저온으로 인한 인체 손상 우려가 있는 장소나 가구
전파발생지역	• 위해전자파 또는 고출력의 전자장 장해 장소 • 각종 전자파 발생기기 휴대 금지 지역

 소음 발생	• 난청의 우려가 있는 소음 발생 지역 • 귀 덮개를 필수 착용할 장소
 자기장 발생장	• 각종 고자계, 강자기장 발생 장소 • 각종 전자파 장해가구 휴대 금지 지역
 고압가스	• 각종 고압가스 취급 장소
 누출경보	• 부득이한 경우 또는 고장이나 사고 등으로 위험물질이 누출될 위험이 있는 장소

금지 표지	
표지내용	적용 장소 및 대상 분야
금 연	• 전체 연구실 • 실험 주변 공간 • 전체 실내 공간
화기엄금	• 고 위험물 취급 장소 • 가연성 물질, 가스류, 가연성 분진 취급 장소 • 기타 화재 위험 장소 • 전체 분야 공통

물질 경고 표지	
표지내용	적용 장소 및 대상 분야
인화물질 경고	• 인화성, 화재 위험이 큰 물질 보관 취급 • 상온 증류성 물질로서 화재위험이 많은 물질 보관 취급

 부식성물질 경고	• 강산성, 강 알칼리성 등으로 접촉 시 부식이 강한 물질 보관 취급 • 기타 특정물질의 부식성능이 강한 물질 보관 취급
발암성, 변이원성, 생식독성물질 경고	• 발암성, 변이원성, 생식독성, 호흡기과민성 물질 보관 취급 • 조직 손상, 기관지 손상, 소화기계 손상 물질 보관 취급
경 고	• 눈에 심한 자극을 일으킴 • 삼키면 유해함
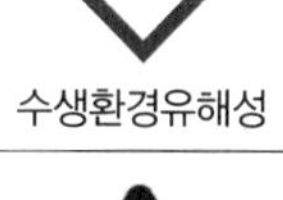 수생환경유해성	• 무단 방류, 폐기 시 환경 파괴의 수생환경 위험 물질의 취급 보관
 유전자변형물질	• 유전자 변형 실험의 부산물 취급, 보관 연구 장소
 유해물질 경고	• 건강상 흡입, 노출이 위해를 일으키는 물질 보관 취급
 폭발성 물질 경고	• 충격 또는 자연적 폭발물 저장 보관 및 취급
 접지 표지	• 금속제 외함의 전기사용기구 • 고전압 발생 전기장치 기구 • 전자파 발생 기구, 전자파 장해 발생 기구 • 정전기 방지 조치가 필요한 기구

방사능 폐기물	• 각종 방사능 폐기 물질 또는 폐기 보관 지역, 보관 용기
방사능 위험	• 방사능 위험기기, 방사능물질 사용기기, 방사능 물질 보관 장소, 방사능 취급 기기
위험장소, 기구 경고	• 관계자 이외의 접근을 통제하는 장소 • 관계자 이외의 자의 조작을 금하는 기구
고압전기 위험	• 고압 전기 발생기기, 고전압 전원 • 정전기 발생 기기, 고전압 사용 기기
유해광선 위험	• 레이저, 방사능, X선, 자외선, 적외선 등의 유해광선 취급 • 고휘도의 광원, 높은 조도 환경의 작업장

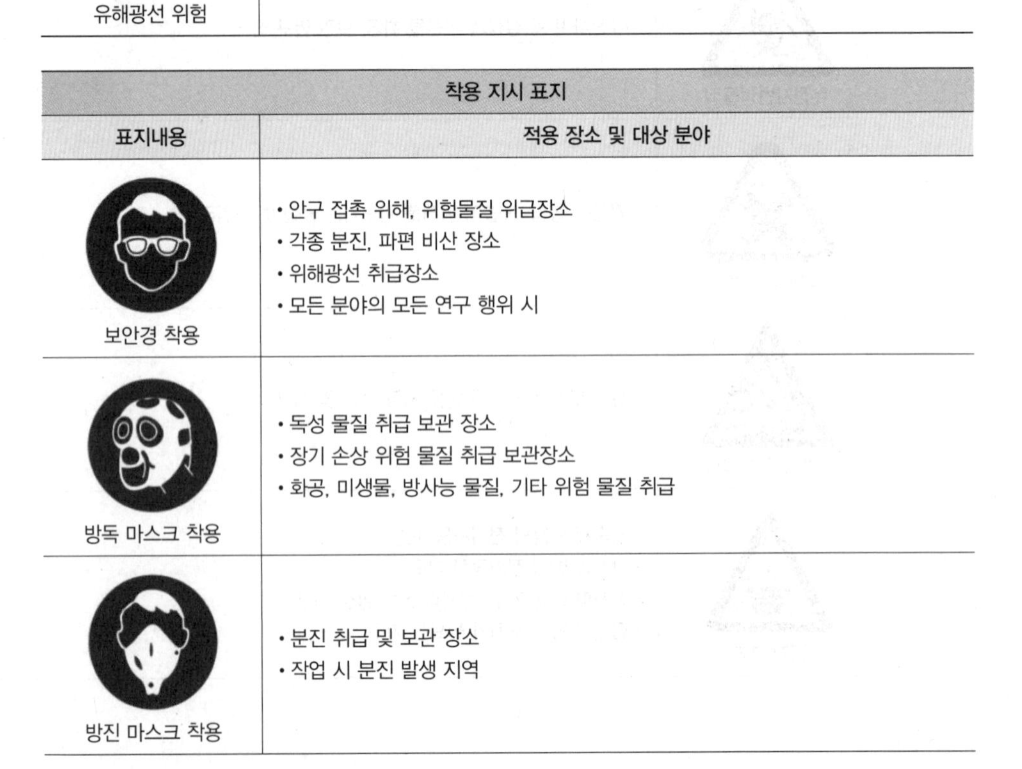

착용 지시 표지	
표지내용	적용 장소 및 대상 분야
보안경 착용	• 안구 접촉 위해, 위험물질 위급장소 • 각종 분진, 파편 비산 장소 • 위해광선 취급장소 • 모든 분야의 모든 연구 행위 시
방독 마스크 착용	• 독성 물질 취급 보관 장소 • 장기 손상 위험 물질 취급 보관장소 • 화공, 미생물, 방사능 물질, 기타 위험 물질 취급
방진 마스크 착용	• 분진 취급 및 보관 장소 • 작업 시 분진 발생 지역

 안전복 착용	• 독성 물질, 부식성 물질 취급 보관 장소 • 세균오염 물질 취급 장소 • 기타 위해 물질 취급 장소 • 작업 중 신체 손상 위험 기기 취급 • 모든 분야의 모든 연구 행위 시
 안전장갑 착용	• 독성 물질, 부식성 물질 취급 보관 장소 • 세균오염 물질 취급 장소 • 기타 위해 물질 취급 장소 • 작업 중 신체 손상 위험 기기 취급
 안전화 착용	• 독성 물질, 부식성 물질 및 기타 위해 물질 취급 장소 • 작업 중 신체 손상 위험 기기 취급
 보안면 착용	• 유해광선 취급 장소 • 파편의 비산 장소

소방기기 표지	
표지내용	적용 장소 및 대상 분야
소화기	• 소화기 비치 장소의 상부 및 측면
소방호스	• 소방호스 비치 장소의 상부 및 측면
SOS 비상경보기	• 비상경보기 비치 장소의 상부 및 측면

7과목

 비상전화	• 비상전화기경보기 비치 장소의 상부 및 측면

안내 표지	
표지내용	적용 장소 및 대상 분야
응급구호 표지	• 응급 구호품 보관 장소 상부 및 측면
들 것	• 들것을 보관한 장소 상부 및 측면
세안장치	• 세안장치 설치 장소 상부 및 측면
비상구	• 비상 탈출구와 통로의 탈출구 방향
좌 · 우 비상구	• 비상 탈출구와 통로의 탈출구 방향
대피소	• 대피소의 출입구

2 보호구 착용 및 안전설비

(1) 보호구의 종류

① 보호구의 종류

구 분	특 성
실험복	• 실험 시 항상 착용하며 평상복을 모두 덮을 수 있는 긴 소매로 제작 • 평상복과 구분하여 지정된 장소에 보관 • 연구기관 내에서 직접 또는 위탁 세탁하여야 하며, 오염된 실험복을 반출하지 않음 • 사무실, 화장실 등 일반구역에서는 실험복을 탈의하고 출입 • 감염성 물질, 미생물 등이 튀거나 묻은 경우 적절한 소독 또는 멸균법을 선택하여 불활성화시켜 폐기하거나 세탁하여 재사용
보호복	• 사용 목적, 환경 및 취급 물질 등에 따른 위험 요소로부터 연구활동종사자를 보호할 수 있는 재질로 제작 • 신체 치수에 맞는 크기로 머리부터 발목까지 보호할 수 있어야 함 • 실험 유형별로 복합적으로 기능을 하고 있으므로, 연구환경 및 조건에 맞는 것을 선택
보호장갑	• 취급 물질, 실험 방법 등을 고려하여 적절한 장갑을 반드시 착용 • 실험 방법, 위험요소, 취급 물질 뿐만 아니라 상황을 고려하여 선택 착용(예 라텍스 장갑은 파우더 성분이 피부 알레르기를 유발할 수 있으므로 파우더가 없는 제품으로 선택을 하거나 나이트릴 제품을 사용) • 실험복을 장갑 목 부분 아래로 넣어 틈이 생기지 않도록 착용 • 감염성 물질 및 고위험병원체 등 인체에 해를 줄 수 있는 물질을 다룰 때에는 추가로 덧소매를 착용하여 손목이나 팔 등 피부가 직접 노출되는 것을 방지 • 장갑은 가장 나중에 착용하고, 실험 종료 후 가장 나중에 탈의 • 일회용 장갑을 탈의할 때는 한 손으로 반대쪽 장갑의 손목 부분을 살짝 들어 손가락 방향으로 뒤집어서 빼내 감염성 물질이 직접 닿지 않았던 부분이 보이도록 벗음 • 에어로졸 발생 및 확산의 위험이 있을 수 있으므로, 장갑의 손가락 부분을 잡아 당겨서 벗지 않음
고글, 보안면	• 고글, 보안면은 실험 수행 방법 및 취급물질 등에 따른 위해성 평가를 실시하고 그 결과에 따라 착용 • 고글 및 보안면을 쓸 때는 보호하고자 하는 안면 범위를 모두 덮어야 함 • 재사용할 경우 취급한 감염성 물질 및 병원성 미생물에 가장 효과적인 소독제를 선택하여 노출된 부분 등을 소독 또는 세척하여 보관
호흡 보호구	• 소재별, 기능별로 여러 종류가 있으므로 취급 병원성 미생물, 실험 방법, 위험요소 등을 고려하여 선택

② 호흡보호구의 종류 22 기출

구 분		특 성
공기정화식 호흡보호구	안면부여과식	안면부 자체가 여과재인 방진마스크를 의미하며, 가스나 증기와 같은 비입자성의 유해물질로부터는 보호하지 못함
	분리식	별도의 정화통을 본체에 부착, 연결하여 사용하는 마스크를 의미하며 취급 유해물질에 따라 정화통 선택 가능
공기공급식 호흡보호구		공기공급관, 공기호스 또는 자급식 공기원을 가진 호흡용 보호구로 산소를 직접 연구자 호흡기로 공급하며 송기마스크, 산소호흡기, 공기호흡기가 해당

7과목

(2) 보호구의 착용

① 개인보호구 착의 순서 : 긴 소매 실험복 → 마스크, 호흡보호구(필요 시) → 고글 · 보안면 → 실험장갑

② 개인보호구 탈의 순서 : 실험장갑 → 고글 · 보안면 → 마스크, 호흡보호구(필요 시) → 긴 소매 실험복

③ 보호장갑을 벗는 방법(C : 깨끗한 부분, D : 오염된 부분)

1. 장갑을 낀 손으로 반대편 장갑의 외부를 잡고 벗긴다.	
2. 장갑을 낀 손으로 제거된 장갑을 잡는다. 3. 장갑을 벗은 손의 손가락을 반대쪽 손목 부분에 넣는다.	
4. 안쪽이 밖으로 오도록 밀어내고 쥐고 있던 장갑을 함께 감싸 적절하게 폐기한다.	

※ 출처 : 국립보건연구원

(3) 연구개발 활동별 보호구

① 화학 및 가스

구 분	연구활동 종류	보호구
화학 및 가스	다량의 유기용제 및 부식성 액체, 맹독성 물질 취급	보안경 또는 고글, 내화학성 장갑, 내화학성 앞치마, 방진 및 방독 겸용 마스크
	인화성 유기화합물 및 화재 또는 폭발, 가능성 있는 물질 취급	보안경 또는 고글, 보안면, 내화학성 장갑, 방진마스크, 방염복
	독성 가스 및 발암물질, 생식 독성 물질 취급	보안경 또는 고글, 내화학성 장갑, 방진 및 방독 겸용 마스크
생 물	감염성 또는 잠재적 감염성이 있는 혈액, 세포, 조직 등 취급	보안경 또는 고글, 일회용 장갑, 보건용 마스크 또는 방진마스크
	감염성 또는 잠재적 감염성이 있으며, 물릴 우려가 있는 감염성 물질 취급	보안경 또는 고글, 일회용 장갑, 방진마스크, 잘림 방지 장갑, 방진모, 신발 덮개
	제1위험군에 해당하는 바이러스, 세균 등 감염성 물질 취급	보안경 또는 고글, 일회용 장갑

물리 (기계, 방사선, 레이저)	고온의 액체, 장비, 화기 취급	보안경 또는 고글, 내열장갑
	액체질소 등 초저온 액체 취급	보안경 또는 고글, 방한장갑
	낙하 또는 전도 등의 가능성 있는 중량물 취급	보안경 또는 고글, 보호장갑, 안전모, 안전화
	압력 또는 진공 장치 취급	보안경 또는 고글, 보호장갑(필요 시 안전모, 보안면)
	큰 소음(85dB 이상)이 발생하는 기계 또는 초음파 기기 취급	귀마개 또는 귀덮개
	날카로운 물건 또는 장비 취급	보안경 또는 고글(필요 시 잘림 방지 장갑)
	방사성 물질 취급	보안경 또는 고글, 보호 장갑
	레이저 및 UV 취급	보안경 또는 고글, 보호 장갑(필요 시 방염복)
	분진 및 미스트 등이 발생하는 환경 또는 나노 물질 취급	고글, 보호장갑, 방진마스크

2 연구실 안전설비

(1) 세안장치

① 위 치

㉠ 세안장치는 유해물질을 취급하는 실험실에 설치하여야 하며, 실험실 내의 모든 인원이 쉽게 접근하고 사용할 수 있도록 준비되어 있어야 함

㉡ 세안장치는 실험실의 모든 장소에서 10초 이내에 도달할 수 있는 위치에 확실히 알아볼 수 있는 표시와 함께 설치

㉢ 실험실 작업자들은 눈을 감은 상태에서도 가장 가까운 세안장치에 접근할 수 있도록 하여야 함

㉣ 눈 부상은 보통 피부 부상을 동반하게 되므로 세안장치는 샤워장치와 같이 설치하여, 눈과 몸을 동시에 씻을 수 있도록 함

㉤ 장시간 미사용 시 배관 등의 이물질이 있을 수 있으므로 Push 부위를 돌리거나 누르고 난 후 3초간 물을 흘려보내고 사용

㉥ 흐르는 물에 천천히 얼굴을 가까이 하여 귀 쪽에서 눈쪽으로 15분 이상 눈을 세척

② 성 능

㉠ 세안장치의 세척용수량은 최소 1.5ℓ/min 이상으로 하고, 15분 동안 지속되어야 하며, 두 개의 물줄기가 거의 같은 높이까지 도달하되 사용자가 다치지 않는 정도의 분사압력이 되어야 함

㉡ 세안장치의 주위에는 사용자가 눈을 세척하면서 양손으로 눈꺼풀을 열수 있도록 충분한 공간을 확보해야 함

㉢ 적절한 세안형태는 세척용수 물줄기의 최정점에서 4cm 아래의 높이 사이에 길이가 10cm 이상의 시험게이지를 위치시킬 경우 물줄기의 중심으로부터 동거리로 안쪽의 선은 3cm 이하, 바깥쪽의 선은 8.5cm 이상이 되어야 함

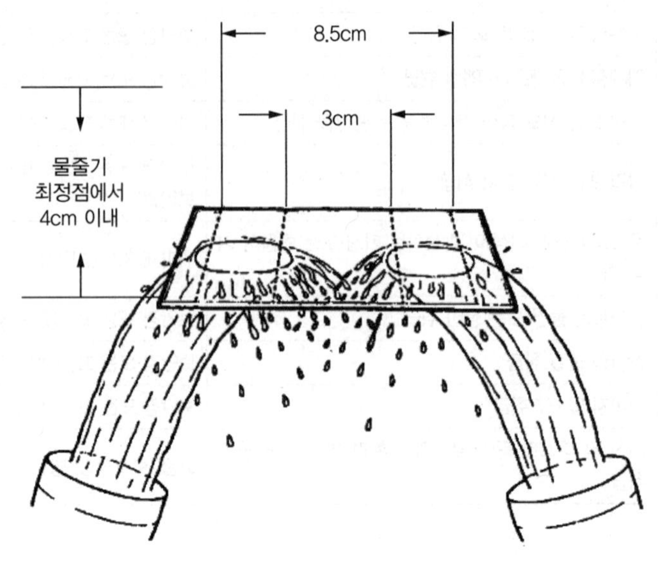

※ 출처 : 한국산업안전공단

㉣ 조작밸브는 원터치로 1초 내에 조작이 가능하여야 하며 사용자가 의도적으로 잠그지 아니하는 한 계속하여 열려 있는 형태이어야 함

㉤ 조작밸브는 스테인레스 계열의 재료이어야 함

㉥ 사용자가 쉽게 접근하여 작동시킬 수 있는 충분한 크기이어야 함

③ 설 치

㉠ 강산이나 강염기를 취급하는 곳에는 바로 옆에, 그 외의 경우에는 10초 이내에 도달할 수 있는 위치에 설치하며 비상시 접근하는 데 방해물이 없어야 함

㉡ 노즐은 바닥으로부터 85cm(35inch) 내지 115cm(45inch) 사이의 높이에 위치하여야 하며, 세안 설비의 가장자리로부터 15cm(6inch) 이내에는 벽이나 방해물이 없어야 함

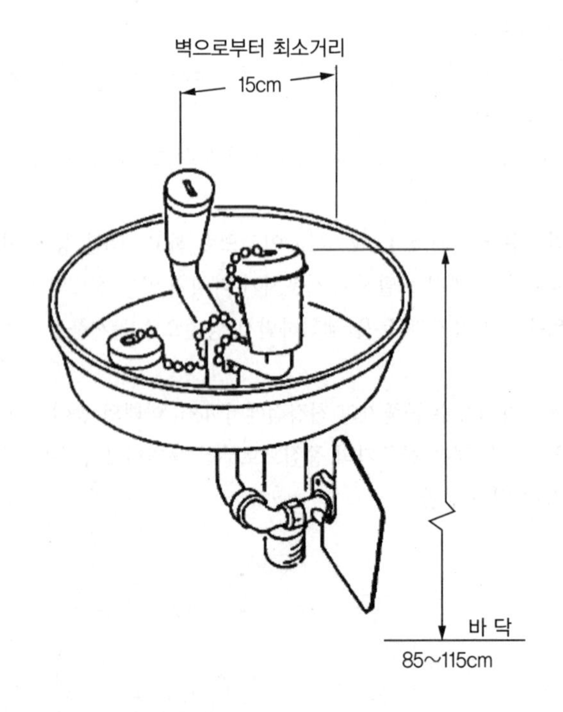

※ 출처 : 한국산업안전공단

㉢ 동파가 우려되는 곳에서는 동파 방지를 위한 설비를 설치하여야 하며 세척용수의 온도가 40℃를 초과하지 않도록 조치하여야 함
㉣ 세척용수의 수압은 게이지압력으로 0.21MPa(30psi) 이상으로 유지
㉤ 잘 보이는 곳에 안내표지판을 설치
㉥ 세안설비를 충분한 세척용수를 공급할 수 있는 크기의 배관에 연결하며, 유지보수를 위하여 세안설비와 세척용수 공급 배관사이에 차단밸브를 설치하는 경우에는 항상 열린 상태로 시건 장치를 설치
㉦ 세척용수의 온도는 따듯한 정도가 적당하나 피폭되는 화학물질이 세척용수의 온도에 따라 반응을 촉진하는 경우에는 전문가의 자문을 받아야 함
㉧ 세안장치의 작동기능점검과 세척용수의 상태확인은 분기별로 정기적인 점검
㉨ 공기 중의 오염물질로부터 노즐을 보호하기 위한 보호커버가 있는지 확인

④ 사 용

㉠ 물 또는 눈 세척제는 직접적으로 눈을 향하게 하는 것보다는 코의 낮은 부분을 향하도록 하는 것이 좋음
㉡ 눈꺼풀은 강제적으로 열리도록 하여 눈꺼풀 뒤도 효과적으로 세척
㉢ 코의 바깥쪽에서 귀쪽으로 세척하여 씻겨진 화학물질이 거꾸로 눈 안이나 오염되지 않은 눈으로 들어가지 않도록 하여야 함
㉣ 물 또는 눈 세척제로 최소 15분 이상 눈과 눈꺼풀을 씻어 냄
㉤ 실험실에서는 콘택트렌즈를 착용하지 않는 것으로 원칙으로 하나 유해한 화학물질로 오염된 눈을 씻을 때에는 가능한 빨리 콘택트렌즈를 벗어야 함
㉥ 피해를 입은 눈은 깨끗하고 살균된 거즈로 덮음

(2) 비상샤워장치

① 위 치

㉠ 유해물질을 취급하는 실험실에는 샤워장치를 설치하고 15분 이상 씻도록 함
㉡ 실험실 작업자들이 눈을 감은 상태에서 샤워장치에 접근할 수 있어야 함
㉢ 샤워장치는 쥐고 당길 수 있는 사슬이나 삼각형 손잡이로 작동되게 설치
㉣ 잡아당기는 사슬이나 삼각형 손잡이는 모든 사람의 키에 맞도록 높이를 조절하고, 항상 사용이 가능하도록 분기별 1회 이상 작동시험을 하여야 함
㉤ 샤워장치에서 쏟아지는 물줄기는 몸 전체로 떨어지게 할 수 있어야 함
㉥ 샤워장치가 작동되는 동안 혼자서 옷이나 신발, 장신구를 벗을 수 있어야 함
㉦ 샤워장치는 전기 분전반이나 전선 인입구 등에서 떨어진 곳에 위치하여야 함
㉧ 샤워장치는 배수구 근처에 설치하여야 함
㉨ 샤워꼭지는 긴급샤워기가 설치되는 바닥에서 210cm 이상 240cm 이하의 높이를 유지할 수 있도록 세척용수 공급관을 겸한 기둥을 설치
㉩ 세척용수의 분사 범위는 바닥으로부터 150cm의 높이에서 지름이 50cm 이상이어야 함
㉪ 샤워기의 중심에서 반지름 45cm 이내에는 어떠한 방해물이 있어서는 안 되나, 세안설비나 세면설비를 함께 설치하는 경우에 세안설비나 세면설비는 방해물로 보지 아니함

ⓔ 샤워꼭지의 분사량은 최소 분당 80ℓ 이상이어야 하며 분사압력은 사용자가 다치지 않도록 충분히 낮아야 함

ⓕ 샤워꼭지는 세척용수를 전면에 골고루 분사할 수 있어야 함

ⓗ 칸막이를 하는 경우에는 칸막이의 지름은 90cm 이상이어야 함

② 조작밸브

㉠ 조작밸브는 원터치로 1초 내에 조작이 가능하여야 하며 사용자가 의도적으로 잠그지 않는 한 계속하여 열려있는 형태이어야 함

㉡ 조작밸브는 스테인레스 계열의 재료이어야 함

㉢ 바닥으로부터 170cm 이하의 높이에 사용자가 쉽게 접근하여 작동시킬 수 있도록 수동 또는 자동 밸브 작동기를 설치하여야 함

③ 성 능

㉠ 샤워기에 유량계를 연결하고 25mm 이상의 세척용수 배관에 샤워기를 연결함

㉡ 샤워꼭지의 높이가 바닥에서 210cm가 되도록 하고 세척용수의 유량을 조절할 수 있는 유량조작밸브나 펌프를 준비

㉢ 긴급샤워기의 조작밸브를 여는 경우 조작밸브가 1초 이내에 열리고 열린 상태로 있는지를 확인

㉣ 80ℓ/min의 세척용수가 공급되도록 유량조작밸브를 조절하고 세척용수가 전면에 골고루 분사되는지를 확인

㉤ 바닥으로부터 150cm의 높이에서 직경 50cm 이상으로 분사되는지를 확인

④ 설 치

㉠ 위험물질 취급지역으로부터 10초 이내에 도달할 수 있는 곳에 설치

㉡ 층마다 설치하여야 하며 비상시 접근하는 데 방해물이 있어서는 안 됨

㉢ 동파가 우려되는 곳에서는 동파 방지를 위한 설비를 설치하여야 하며 세척용수의 온도가 40℃를 초과하지 않도록 조치

㉣ 제작자의 안내에 따라 샤워기를 조립

㉤ 잘 보이는 곳에 긴급샤워기의 설치 안내표지판을 설치

㉥ 충분한 세척용수를 공급할 수 있는 크기의 배관에 긴급샤워기를 연결하고, 유지보수를 위하여 긴급샤워기와 세척용수 공급 배관사이에 차단밸브를 설치하는 경우에는 항상 열린 상태로 시건장치를 설치

㉦ 설치가 완료되면 다음의 절차에 따라 시험

- 긴급샤워기가 세척용수 수원과 잘 연결되어 있는지와 조작밸브가 잠겨있는지 및 배관의 연결부에 누수가 없는지 등을 확인
- 사용자가 의도적으로 잠그지 아니하는 한 조작밸브가 열린 상태로 있는지를 확인
- 샤워꼭지의 설치 높이가 적절한 지와 사워꼭지의 분사각도 등을 확인
- 세척용수의 온도를 확인 피폭되는 화학물질이 세척용수의 온도에 따라 반응을 촉진하는 경우에는 전문가의 자문을 받음

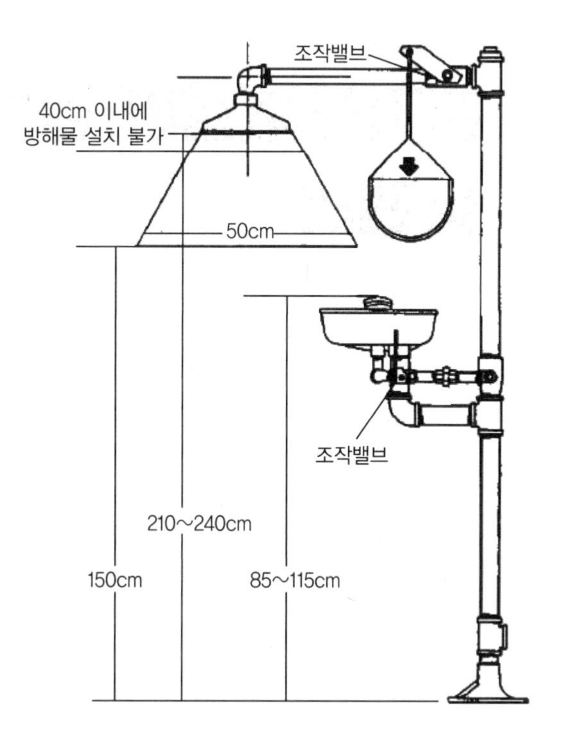

※ 출처 : 한국산업안전공단

7과목

CHAPTER 04 환기시설(설비) 설치·운영 및 관리

1 환기설비

(1) 환기의 종류

① 공기의 압력이 높은 곳에서 낮은 곳으로 흘러가는 유체역학의 원리를 이용하여 오염원을 희석, 제거하는 방법으로 쾌적한 작업환경 조성을 위한 개선대책으로 사용됨

② 환기설비는 유해물질을 건강상 유해하지 않은 농도로 유지하고 유해물질에 의한 화재, 폭발을 방지하거나 열 또는 수증기를 제거하기 위하여 설치

③ **환기의 종류** 22 기출

전체환기	자연환기	• 작업장의 창 등을 통하여 작업장 내외의 바람, 온도, 기압 차에 의한 대류작용으로 행해지는 환기로 설치비 및 유지보수비가 적음 • 에너지비용을 최소화할 수 있어서 냉방비 절감 효과가 있고, 소음 발생이 적음 • 외부 기상 조건과 내부 조건에 따라 환기량이 일정하지 않아 제한적이며, 환기량 예측 자료를 구하기 힘듦
	강제환기	• 기계적인 힘을 이용하여 강제적으로 환기하는 방식으로 기상변화 등과 관계없이 작업환경을 일정하게 유지시킬 수 있음 • 환기량을 기계적으로 결정하므로 정확한 예측이 가능 • 소음 발생이 크고, 설치 및 유지보수비가 많이 소요됨
국소환기	국소배기장치	• 고독성이나 입자상의 물질이 다량으로 발사될 때 배출원에 집중하거나 고정하여 사용 • 전체 환기법에 비해 초기투자비용 및 운영비용이 적은 것은 물론이고 환기효과도 큼 • 국소배기장치가 필요한 경우 – 오염물질의 독성이 강한 경우, 오염물질이 입자상인 경우 – 유해물질의 발생주기가 균일하지 않은 경우 – 배출량이 시간에 따라 변동하는 경우 – 배출원이 고정되어 있고, 근로자가 근접하여 작업하는 경우 – 배출원이 크고, 배출량이 많은 경우 – 냉난방비용이 큰 경우

(2) 환기설비의 기준

① 실험실의 공조설비는 중앙통제방식이 바람직하며, 분석실 등 연중무휴로 운영되는 실험실은 별도의 냉난방장치를 설치하거나 중앙통제로 개발관리 할 수 있도록 함

② 유해물질이 발생되는 실험공간은 환기장치 및 환경설비를 설치하고 오염된 공기가 재유입되지 않도록 함

③ 실험실의 급배기는 송풍기나 배풍기로 하는 기계적이어야 하며, 환기를 위한 배기장치는 실험실 후드나 기타 국소 배기설비의 배출공기가 실험실로 재유입되지 않도록 위치, 높이 및 충분한 속도로 방출할 것

④ 환기를 위한 배기팬은 수리 · 청소 · 점검 · 유지관리가 용이한 곳에 설치해야 하며, 인화성증기나 가연성 분진이 팬을 통과할 때 배기팬의 훼손 상태를 정기적으로 관리할 것

⑤ 환기설비를 설치하거나 개조할 경우, 매년 1회 이상 후드나 후드배기설비, 국소배기설비에 대하여 점검하고 시험할 것

⑥ 위험성이 상대적으로 적은 실험실은 음압으로 유지되어야 하며, 양압을 필요로 하는 크린룸은 출입대기실과 크린룸 출입구가 동시에 개방되지 않는 구조일 것

⑦ 공기유입구의 위치는 실험실 후드 배출설비, 화재감지나 소화설비의 성능에 악영향을 미치는 기류를 피할 것

⑧ 실험실 내의 공기유속으로 인해 흄 후드 및 생물안전작업대의 성능을 저하시키지 않을 것

⑨ 외기공급시스템은 외부공기 100%를 이용하여 공급하고, 외부로 배출하는 것을 권장

⑩ 실험실 내 배기 시스템은 향후 확장에 대비하여 최소 25%의 여유가 있는 용량으로 설계 할 것

⑪ **환기시설의 갑작스런 고장 시 안전대책**

㉠ 즉시 진행 중인 작업을 중지

㉡ 유해화학물질을 용기에 담음

㉢ 실험실 밖으로 나감

㉣ 실험실안전관리자 등에게 연락

(3) 환기설비의 설계

① 환기설비는 24시간 작동하도록 설계되어야 함

② 실험실 내 환기는 근무시간에는 시간당 8~10회 정도, 비근무시간에는 시간당 6~8회 정도 시켜야 하며, 환기량은 0.1~0.3㎥/min 이상

③ 실내환기는 직접 외부공기를 향하여 개방할 수 있는 창을 설치하고, 그 면적은 바닥 면적의 1/20 이상

④ 전체 환기장치를 설치하는 경우 송풍기 또는 배풍기는 가능하면 해당 분진 등의 발산원에 가장 가까운 위치에 설치, 송풍기 또는 배풍기는 직접 외부로 향하도록 개방하여 실외에 설치하는 등 배출되는 분진 등이 실험실로 재유입되지 않는 구조로 할 것

⑤ 분진이 발생되는 실습공간은 충분히 외부로 배출 가능한 환기설비(집진장치 및 국소배기장치 등)를 설치

⑥ 고압가스 용기보관실에 자연 환기가 불가능할 경우 강제 환기시설 설치

⑦ 가스의 비중에 따라 용기보관실의 상, 하부에 흡입구를 갖춘 강제 환기시설 설치

⑧ 배기구를 통한 배기속도는 배기관 내에 액체나 고체물질이 농축되지 않도록 하기 위하여 5~10m/s 유지(ACGIH)

⑨ 실험실 내의 유해성 성분이 별도의 배기구를 통하지 않고는 외부로 방출되지 않도록 해야 함

⑩ 멸균실 크린룸으로 사용되는 실험실을 제외하고는 실험실 공기는 통상 유해성이 낮은 공간에서 그렇지 않은 공간으로 흘러가야 함

⑪ 가스종류별 용기보관실의 공기순환량

구 분	불연성		산화성		가연성		독 성			맹독성		
저장소 부피 (m^3)	283 미만	283 이상	283 미만	283 이상	283 미만	283 이상	113 미만	113~ 283	283 이상	113 미만	113~ 283	283 이상
시간당 공기순환량 (m^3/hr)	6	4	9	6	10	6	12	10	6	12	12	10

㉠ 맹독성은 허용농도 LC50 200ppm 미만인 것을 의미

㉡ 시간당 공기순환량(ACH ; Air Change per Hour)은 필요환기량 ÷ 작업장 용적으로 구함
(예 필요 환기량이 1,000㎥/hr이고, 작업장의 용적이 100㎥이라면 ACH는 10)

⑫ 전체환기에서 환기량의 계산

㉠ 필요 환기량(m^3/hr) = 실내 용적(m^3) ÷ 환기계수(1회 환기에 필요한 시간)

㉡ 환기율(시간당 환기횟수, ACH ; Air Change per Hour)
= 필요 환기량(m^3/hr) ÷ 실험실용적(m^3) = 1 ÷ 환기계수

⑬ 장소별 환기계수

환기장소	일반공장	염색건조 공장	열처리, 주조, 단조공장	화약약품 공장	제당, 제과 식품공장	변전소, 축전기실	도장실	유해가스 발생실
계 수	5~10	2~5	2~7	2~5	3~8	2~5	0.5~3	2 이하
환기장소	창 고	축사, 양계장	강당, 회관, 체육관	섬유, 방적공장	엔진, 보일러실	극 장	일반 유흥장	영업용 조리실
계 수	10~50	1~10	3~10	5~10	1~4	3~8	3~5	2~5

(4) 국소배기장치

① 국소배기장치의 설계순서 22 기출

1단계 : 후드 형식 선정	후드를 설치하는 장소와 후드의 형태를 결정
2단계 : 제어풍속 결정	제어속도를 정하고 필요송풍량을 계산
3단계 : 설계 환기량 계산	제어풍속(m/sec)과 후드의 개구면적(m^3)으로 설계환기량(Design Flowrate : Q)을 계산
4단계 : 반송속도 결정	오염물질의 종류에 따라 덕트 내 분진 등이 퇴적되지 않도록 덕트 내 이송속도(최소 덕트속도)를 결정
5단계 : 덕트 직경 산출	설계환기량을 이송속도로 나누어 덕트 직경의 이론치를 산출. 최종 덕트속도가 최소 덕트속도보다 크도록 하기 위해 덕트직경은 이론치보다 작은 것을 선택
6단계 : 덕트의 배치와 설치장소 선정	덕트를 배치할 장소를 정함. 덕트의 직경이 너무 커서 배치가 어려울 경우에는 후드의 설치장소와 후드의 형식을 재검토하여 송풍량을 줄임
7단계 : 공기정화장치 선정	유해물질 제거효율이 양호한 유해가스 처리장치 또는 제진장치 등의 공기정화장치를 선정한 후 압력손실을 계산 또는 가정

8단계 : 총압력손실 계산	후드 정압(SPh)과 덕트 및 공기정화장치 등의 총압력손실의 합계를 산출
9단계 : 송풍기 선정	총압력손실(mmH_2O)과 총배기량(m^3/min)으로 송풍기 풍량(m^3/min)과 풍정압(mmH_2O), 그리고 소요동력(Hp)을 결정하고 적절한 송풍기를 선정

② 국소배기장치의 구성도

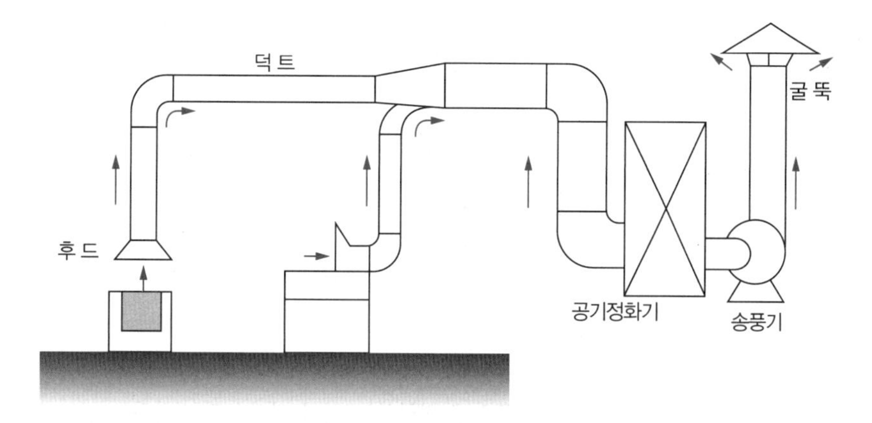

③ 후드에서의 배풍량 계산방법

포위식 부스형 : $Q = 60 \times VA$

외부식 장방형 : $Q = 60 \times V(10X^2 + A)$

외부식 플랜지부착 장방형 : $Q = 60 \times 0.75V(10X^2 + A)$

여기서 Q는 필요환기량(m^3/min), V는 제어속도(m/sec), A는 후드단면적(m^2), X는 후드 중심선으로부터 발생원까지의 거리

④ 후드의 재질선정

㉠ 후드는 내마모성 또는 내부식성 등의 재료 또는 도포한 재질을 사용

㉡ 변형 등이 발생하지 않는 충분한 강도를 지닌 재질로 해야 함

㉢ 후드의 입구측에 강한 기류음이 발생하는 경우 흡음재를 부착

⑤ 후드 방해기류 영향 억제 등

㉠ 플랜지는 후드 뒤쪽 공기의 흐름을 차단하여 제어효율을 증가시키기 위해 후의 개구부에 부착하는 판으로 플랜지가 부착되지 않은 후드에 비해 제어거리가 길어짐. 플랜지를 설치하면 적은 환기량으로 오염된 공기를 동일하게 제거할 수 있고, 장치 가동 비용이 절감됨

㉡ 플래넘은 후드 바로 뒤쪽에 위치하여 후드유입 압력과 공기흐름을 균일하게 형성하는 데 필요한 장치

⑥ 신선한 공기 공급

㉠ 국소배기장치를 설치할 때 배기량과 같은 양의 신선한 공기가 작업장 내부로 공급되도록 공기유입구 또는 급기시설을 설치해야 함

㉡ 신선한 공기의 공급방향은 유해물질이 없는 깨끗한 지역에서 유해물질이 발생하는 지역으로 향하도록 하여야 함

㉢ 가능한 한 근로자 뒤쪽에 급기구가 설치되어 신선한 공기가 근로자를 거쳐서 후드방향으로 흐르도록 해야 함

㉣ 신선한 공기의 기류속도는 근로자 위치에서 가능한 0.5m/sec를 초과하지 않도록 해야 함

㉤ 후드 근처에서 후드의 성능에 지장을 초래하는 방해기류를 일으키지 않도록 해야 함

⑦ 덕 트

㉠ 후드에서 흡인한 유해물질을 배기구까지 운반하는 관으로 주 덕트, 보조 덕트 또는 가지 덕트, 접합부 등으로 구성됨

㉡ 덕트 설치 기준

- 가능한 한 길이는 짧게, 굴곡부의 수는 적게 설치
- 가능한 후드에 가까운 곳에 설치
- 접합부의 안쪽은 돌출된 부분이 없도록 할 것
- 덕트 내 오염물질이 쌓이지 않도록 이송 속도를 유지할 것
- 연결부위 등은 외부 공기가 들어오지 않도록 설치
- 덕트의 진동이 심한 경우, 진동전달을 감소시키기 위하여 지지대 등을 설치
- 덕트끼리 접합 시 가능하면 비스듬하게 접합하는 것이 직각으로 접합하는 것보다 압력손실이 적음

㉢ 덕트 연결방법 예시

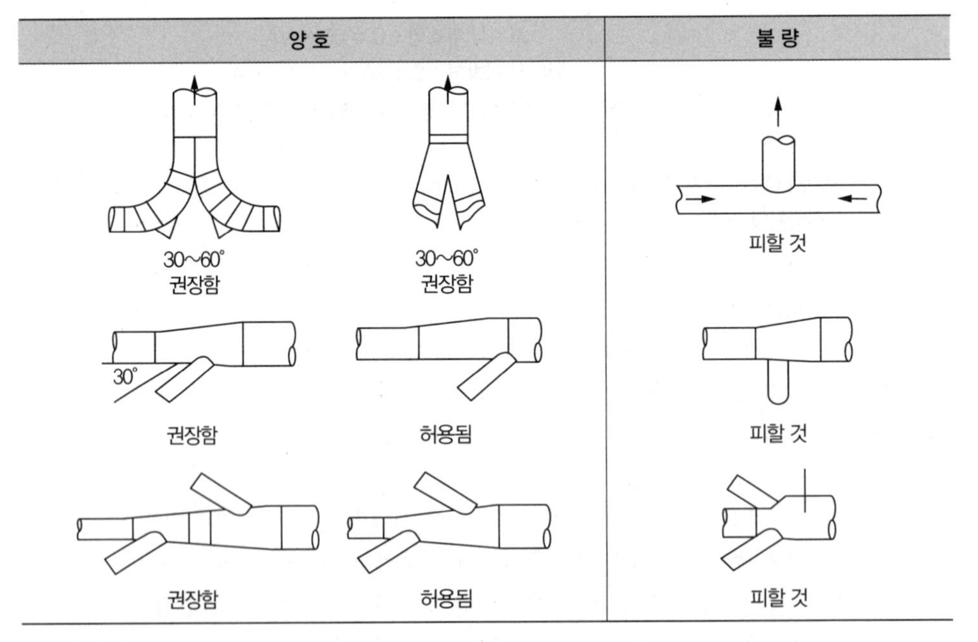

㉣ 덕트의 재질

- 부식이나 마모의 우려가 없는 곳은 아연도금강판 사용
- 강산, 염소계 용제를 사용하는 곳은 스테인리스스틸 강판 사용
- 알칼리 물질은 강판 사용
- 주물사, 고온가스는 흑피 강판 사용
- 전리방사선을 취급하는 곳은 중질 콘크리트 사용

⑧ 반송속도 결정

㉠ 반송속도는 덕트를 통하여 이동하는 유해물질이 덕트 내에서 퇴적이 일어나지 않는 상태로 이동시키기 위하여 필요한 최소속도

㉡ 덕트의 반송속도는 국소배기장치의 성능향상 및 덕트 내 퇴적을 방지하기 위하여 유해물질의 발생형태에 따라 기준을 따라야 함

㉢ 유해물질의 덕트 반송속도

유해물질 발생형태	유해물질 종류	반송속도(m/s)
증기 · 가스 · 연기	모든 증기, 가스 및 연기	5.0~10.0
흄	아연흄, 산화알미늄흄, 용접흄 등	10.0~12.5
미세하고 가벼운 분진	미세한 면분진, 미세한 목분진, 종이분진 등	12.5~15.0
건조한 분진이나 분말	고무분진, 면분진, 가죽분진, 동물털분진 등	15.0~20.0
일반 산업분진	그라인더분진, 일반적인 금속분말분진, 모직물분진, 실리카분진, 주물분진, 석면분진 등	17.5~20.0
무거운 분진	젖은 톱밥분진, 입자가 혼입된 금속분진, 샌드블라스트분진, 주철보링분진, 납분진	20.0~22.5
무겁고 습한 분진	습한 시멘트분진, 작은 칩이 혼입된 납분진, 석면덩어리 등	22.5 이상

2 부 스

(1) 실험실 부스의 설치

① 부스는 유해 가스와 증기를 포집할 목적으로 설치하며 창을 최대로 개방하였을 때 보통 최소 면속도가 0.4m/s 이상을 유지해야 함

② 부스가 없는 실험대의 경우 상방향 후드의 제어풍속은 실험대상부에서 1.0m/s 정도로 유지

③ 부스 입구의 공기의 흐름방향은 입구 면에 수직이고 안쪽이어야 함

④ 부스 위치는 문, 창문, 주요 보행통로로부터 떨어져 있어야 함

⑤ 실험장치를 부스 내에 설치할 경우에는 전면에서 15cm 이상 안쪽에 설치하여야 하며, 부스 내 전기기계기구는 방폭형으로 설치

(2) 부스의 유지관리

① 부스는 항상 양호한 상태로 유지되어야 하며, 후드나 배기장치에 이상이 생겼을 경우에는 즉시 수리를 의뢰하고 "수리 중"이라는 표지 부착

② 후드로 배출되는 물질의 냄새가 감지되면 배기장치가 작동되는지 점검하고, 후드의 작동상태가 양호하지 않으면 정비하도록 함

③ 후드 및 국소배기장치는 1년에 1회 이상 자체검사를 실시하여야 하며, 제어풍속을 3개월에 1회 측정하여 이상 유무를 확인

④ 기자재 등이 후드 위에 연결된 배기 덕트 안으로 들어가지 않도록 조치

⑤ 부스 앞에 서 있는 작업자는 주위의 공기흐름을 변화시킬 수 있으므로 실험자를 2인 이하로 최소화

⑥ 부득이하게 시약을 부스 내에 보관할 경우는 항상 후드의 배기장치를 켜두어야 함

3 흄 후드(Hume Hoods)

① 흄이란 승화, 증류, 화학반응 등에 의해 발생하는 직경 1㎛이하의 고체 미립자로, 이러한 물질이 나오는 실험을 할 때, 사람의 호흡기로 들어가기 전 오염원에서 밖으로 빼주는 역할을 하는 장비를 흄 후드라고 함

② 흄 후드의 구성

구분	내용
배기 플레넘 (Exhaust Plenum)	• 후드 전면에 걸쳐 공기의 흐름이 균일하게 분포되도록 도움을 줌 • 이 부품에 포집된 물질이 많아지면 난류가 생성되고 유해물질 포집 효율이 감소
방해판 (Baffles)	• 후드의 뒤편을 따라 일자형의 구멍을 생성하는 데 사용하는 이동식 가림막(Partitions) • 배기 플레넘과 마찬가지로 후드의 전면에 균일한 공기 흐름을 유지하는 데 도움을 주고 포집 효율을 증가시킴
작업대 (Work Surface)	• 실제 작업이 이루어지는 후드 아래의 영역
내리닫이창 (Sash)	• 작업을 하는 동안 효율을 증가시키기 위하여 최적의 높이로 닫을 수 있는 이동식 전면 투명판 • 사용하지 않을 때는 에너지를 절약하기 위하여 완전히 닫음 • 물리적 보호 장벽을 제공하여 오염으로부터 방어할 수 있는 추가적 안전 조치를 제공
에어포일 (Airfoil)	• 후드의 전면 양 옆과 바닥을 따라 위치해 있음 • 후드 안으로 공기의 흐름이 유선형으로 흐르도록 하며 난류를 방지하는 작용 • 에어포일 아래에 있는 작은 공간은 내리닫이창이 완전히 닫혔을 때 후드의 실험실 내 공기를 배출시키는 역할을 함

③ 흄 후드의 조건

㉠ 유해 가스와 증기를 포집할 목적으로 설치되는 설비로, 창을 최대로 개방하였을 때 보통 최소 면속도가 0.4m/s 이상을 유지해야 함

㉡ 실험은 가능한 한 후드 안쪽에서 이루어져야 하며, 실험 작업 시 창은 46cm 이상 열려서는 안 됨

㉢ 입자 상태 물질은 0.7m/sec 이상 유지하면서 내리닫이창(Sash)의 높이를 조절해야 함

④ 후드의 제어속도 22 기출

㉠ 제어속도(Control Velocity 또는 Capture Velocity)란 오염물질을 후드 쪽으로 흡인하기 위하여 필요한 속도

㉡ 후드의 모양, 오염물질의 종류, 확산상태, 작업장 내 기류에 따라 변함

⑤ 흄 후드 설치 시 주의사항 22 기출

㉠ 후드는 유해물질을 충분히 제어할 수 있는 구조와 크기로 선택

㉡ 후드는 발생원을 가능한 한 포위하는 형태인 포위식 형식의 구조로 설치

㉢ 발생원을 포위할 수 없을 때는 발생원과 가장 가까운 위치에 후드를 설치

㉣ 후드의 흡입방향은 가급적 비산 또는 확산된 유해물질이 작업자의 호흡 영역을 통과하지 않도록 함

㉤ 후드 뒷면에서 주 덕트 접속부까지의 가지 덕트 길이는 가능한 한 가지 덕트 지름의 3배 이상 되도록 해야함. 다만, 가지 덕트가 장방형 덕트인 경우에는 원형 덕트의 상당 지름을 이용해야 함

㉥ 후드의 형태와 크기 등 구조는 후드에서 유입 손실이 최소화되도록 해야함

㉦ 후드가 설비에 직접 연결된 경우 후드의 성능 평가를 위한 정압 측정구를 후드와 덕트의 접합부분에서 주 덕트 방향으로 1~3 직경 정도 설치

⑥ 흄 후드의 구조 및 설치 예

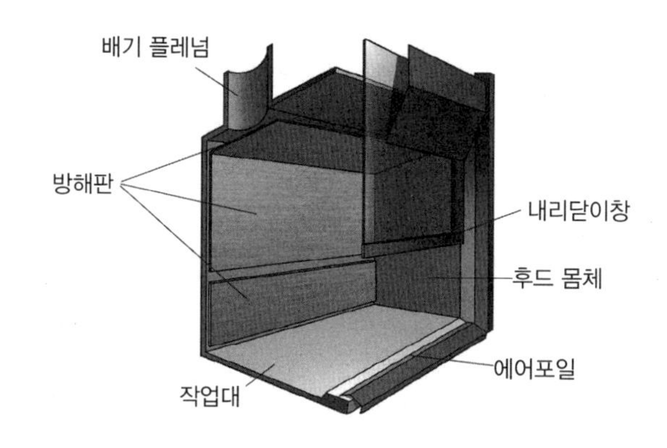

※ 출처 : 국가연구안전정보시스템

⑦ 흄 후드 사용 시 주의사항

㉠ 면속도 확인 게이지가 부착되어 수시로 기능 유지 여부를 확인할 수 있어야 하며, 후드의 고유 번호와 점검 일지 비치해야 함

㉡ 후드 내부를 깨끗하게 관리하고 후드 안의 물건은 입구에서 최소 15cm 이상 떨어져 있어야 함

㉢ 후드 안쪽으로 인체의 어느 부분이라도 들어가서는 않아야 하며 필요 시 추가적인 개인보호장비 착용

㉣ 후드 내리닫이창(Sash)은 실험 조작이 가능한 최소 범위만 열려 있어야 하며 미사용 시 창을 완전히 닫아야 함

㉤ 콘센트나 다른 스파크가 발생할 수 있는 원천은 후드 내에 두지 않아야 하며 흄 후드에서의 스프레이 작업은 화재 및 폭발 위험이 있으므로 금지

㉥ 흄 후드를 화학물질의 저장 및 폐기 장소로 사용해서는 안 됨

㉦ 실험실 내부 공기의 오염을 방지할 수 있도록 모든 화학물질에 대한 실험은 후드 안에서 진행

㉧ 실험실에서는 뜻밖의 사태가 발생할 수 있으므로 필요에 따라서는 안전막(Safety Shield)이 설치되어 있는 후드를 사용

㉨ 흄 후드 내 풍속은 약간 유해한 화학물질에 대하여 안면부 풍속이 21~30m/min 정도, 발암물질 등 매우 유해한 화학물질에 대하여 안면부의 풍속이 45m/min 정도 되어야 함

㉩ 흄 후드를 새로 설치하였거나 고장이 난 후 수리하여 재사용하기 전 그리고 정기적인 성능 검사 시에는 퓸 후드의 배기속도를 정확하게 측정하여 그 성능을 확인하여야 함

㉪ 흄 후드는 작업지역, 시설 등으로부터 멀리 떨어진 곳에 위치해야 하며, 공기의 흐름이 빠른 문, 창문, 실험실 구석, 차가운 장비 주변 등으로부터 이격되어야 함

⑧ 제어풍속

㉠ 후드 전면 또는 후드 개구면에서 유해물질이 함유된 공기를 흡입함으로써 그 지점의 유해물질을 제어할 수 있는 공기속도

㉡ 포위식 및 부스식 후드에서는 후드의 개구면에서 흡입되는 기류의 풍속

㉢ 외부식 및 레시버식 후드에서는 후드의 개구면으로부터 가장 먼 유해물질 발생원 또는 작업 위치에서 후드 쪽으로 흡인되는 기류의 속도

㉣ 후드 형식에 따른 제어풍속 22 기출

물질의 상태	후드 형식	제어풍속(m/s)
가스상	포위식 포위형	0.4
	외부식 측방흡인형	0.5
	외부식 하방흡인형	0.5
	외부식 상방흡인형	1.0
입자상	포위식 포위형	0.7
	외부식 측방흡인형	1.0
	외부식 하방흡인형	1.0
	외부식 상방흡인형	1.2

⑨ 후드의 종류

㉠ 포위식(부스식) : 유해물질의 발생원을 전부 또는 부분적으로 포위하는 후드

예 포위형, 장갑부착상자형, 드래프트 챔버형, 건축부스형

㉡ 외부식 : 유해물질의 발생원을 포위하지 않고 발생원 가까운 위치에 설치하는 후드

예 슬로트형, 그리드형, 푸쉬-풀 형

㉢ 리시버식 : 유해물질이 발생원에서 상승기류, 관성기류 등 일정방향의 흐름을 가지고 발생할 때 설치하는 후드

예 그라인더 커버형, 캐노피형

4 암 후드 (Arm Hoods)

(1) 암 후드(Arm Hoods)

① 공조 덕트에 연결되었지만 연결부를 기준으로 일정한 반경 내에서 움직일 수 있음

② 후드 크기 범위 내에서 유해물질을 빨아들일 수 있는 실험실 기본 배기 장비

③ 암 후드 종류

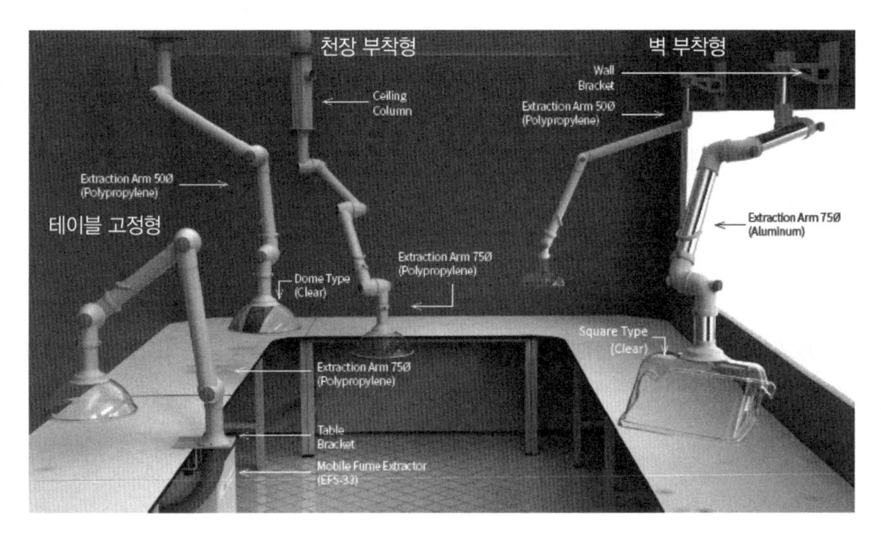

※ 출처 : 제이오텍

과목별 예상문제

01 다음 중 화학물질이 갖는 위험성을 취급자에게 미리 알려주기 위해 작성된 자료로 옳은 것은?

① LC_{50}

② MSDS

③ 폭발한계

④ GHS

해설

물질안전보건자료(MSDS)는 화학물질의 구성성분, 명칭, 유해성, 응급처치 요령 등을 화학물질을 취급하는 사람에게 자세히 안내해주는 자료이다.

02 화학물질 취급 시 주의사항으로 옳지 않은 것은?

① 피로하지 않도록 적정한 휴식

② 물질 취급 시 정확한 절차준수, 관련된 잠재위험파악, 사용되는 기술과 분석법 등을 확인

③ 혼합 금지 물질은 정확하게 분리

④ 안경 대신 콘택트렌즈 착용

해설

실험실에서는 콘택트렌즈 대신 안경을 착용해야 한다.

01 ② 02 ④ 정답

03 단시간노출기준으로 15분간의 시간가중평균노출값을 나타내는 용어로 옳은 것은?

① TWA

② STEL

③ C

④ T

해설

- TWA : 시간가중평균노출기준을 말하며, 1일 8시간 작업을 기준으로 하여 유해인자의 측정치에 발생시간을 곱하여 8시간으로 나눈 값
- C(Ceiling) : 근로자가 1일 작업 시간동안 잠시라도 노출되어서는 안 되는 기준
- T : TWA 환산값에서 T는 유해인자의 발생 시간(단위 : 시간)

04 유해물질의 구분 중 직업성 암을 유발하는 것으로 확인되어 근로자의 건강에 특히 해롭다고 인정되는 물질로 옳은 것은?

① 금지물질

② 관리대상물질

③ 허가물질

④ 특별관리물질

해설

- 관리대상물질 : 근로자에게 상당한 건강장해를 일으킬 우려가 있어 건강장해를 예방하기 위한 보건상의 조치가 필요한 물질
- 허가물질 : 금지물질과 유해성은 동일하나 대체물질이 개발되지 않은 물질
- 특별관리물질 : 근로자에게 중대한 건강장해를 일으킬 우려가 있는 물질

05 관리대상물질 중 상온 · 상압에서 휘발성이 있는 액체로서 다른 물질을 녹이는 성질이 있는 탄소를 포함한 화합물을 나타내는 말로 옳은 것은?

① 유기화합물

② 금속류

③ 산 · 알칼리류

④ 가스상태 물질류

해설

- 금속류 : 고체가 되었을 때 금속광택이 나고 전기 · 열을 잘 전달하며, 전성과 연성을 가진 물질
- 산 · 알칼리류 : 수용액 중에서 해리하여 수소이온을 생성하고 염기와 중화하여 염을 만드는 물질과 산을 중화하는 수산화화합물로서 물에 녹는 물질
- 가스상태 물질류 : 상온 · 상압에서 사용하거나 발생하는 가스 상태의 물질

정답 03 ② 04 ① 05 ①

06 화학물질 중 피부 노출만으로도 위장관계, 신부전, 간 손상을 발생시키는 물질로 옳은 것은?

① 사염화탄소

② 헥 산

③ 벤 젠

④ 메틸알콜

해설

- 헥산 : 100ppm 미만 농도로 피부 노출 시 신경병증 유발 가능성 높음
- 벤젠 : 재생불량성 빈혈, 급성골수모구백혈병, 적백혈병 발생
- 메틸알코올 : 반복적 노출 시 재발성 두통 발생

07 석면, 면 분진 등을 취급하는 근로자가 정기적으로 받아야 하는 특수 건강검진의 주기로 옳은 것은?

① 3개월

② 6개월

③ 12개월

④ 24개월

해설

대상 유해인자	시기 (배치 후 첫 번째 특수 건강검진)	주 기
N,N-디메틸포름아미드, N,N-디메틸아세트아미드	1개월 이내	6개월
벤 젠	2개월 이내	6개월
1,1,2,2-테트라클로로에탄, 사염화탄소, 아크릴로니트릴, 염화비닐	3개월 이내	6개월
석면, 면 분진	12개월 이내	12개월
광물성 분진, 나무 분진, 소음	12개월 이내	24개월

06 ① 07 ③ 정답

08 생물안전작업대 내에서 감염성 물질이 유출된 경우의 조치요령으로 옳지 않은 것은?

① 30% 에탄올 소독제를 사용하여 장비에 뿌리고 적정 시간 동안 방치한다.
② 사고 사실을 인근 연구활동종사자에게 알린다.
③ 생물안전작업대 내 모든 연구 장비는 감염원에 적절한 불활성화 조치 후 꺼낸다.
④ 사고 처리에 사용된 모든 기구는 의료폐기물 전용 용기에 넣어 멸균 처리한다.

해설

생물안전작업대 내에서 감염성 물질이 유출된 경우 개인보호구를 착용하고, 70% 에탄올 등의 소독제를 사용하여 장비에 뿌린 후 적정 시간 동안 방치한다.

09 주사침 찔림 사고발생 시 행동요령으로 옳지 않은 것은?

① 우선 상처를 물 또는 식염수로 완전히 세척한다.
② 피부는 물과 비누를 이용하여 씻어야 한다.
③ 점막은 물로 씻어내며 식염수를 이용할 수 있다.
④ 상처에 직접적으로 소독제를 바른다.

해설

상처에 직접적으로 부식제, 방부제, 소독제를 바르지 않도록 한다.

7과목

10 화학물질에 의한 화상 사고발생 시 행동 요령으로 옳지 않은 것은?

① 초기 치료 목표는 노출된 화학물질의 제거와 추가 노출을 막는 것이다.
② 화학물질에 노출된 의복은 즉시 제거하고, 석회와 같은 마른 입자는 세척 전에 털어낸다.
③ 일반적으로 물을 이용하여 세척할 경우 2차적인 피해가 발생한다.
④ 세척을 돕는 사람들은 적합한 개인보호장비를 착용해야 한다. 눈에 노출된 경우 즉시 세척이 필요하며 각 눈을 지속적으로 세척해야 한다.

해설

나트륨 등 일부 물질은 물을 이용할 수 없지만, 대개의 경우 초기의 대량 세척이 도움되므로 물이나 생리식염수로 세척한다.

정답 08 ① 09 ④ 10 ③

11 좌상(멍) 사고발생 시 행동 요령으로 옳지 않은 것은?

① 손상 후 첫 24시간 동안은 손상 부위를 높이 올리고 있거나 따뜻한 물 등으로 온찜질하여 출혈과 부종을 감소시킨다.
② 부종이 줄어든 후에는 혈관 확장과 혈액 흡수를 돕고 관절 운동의 회복을 위해서 1회에 약 20분 동안 온찜질을 해준다.
③ 타박상 부위를 탄력붕대로 감아서 환부를 고정하고 압박한 후 가급적 움직이지 않고 안정을 취하는 것이 도움이 된다.
④ 허리 부위 특히 등 쪽에 가까운 허리 부분에는 근육 바로 아래에 신장(콩팥)이 위치하고 있으므로, 충격에 의하여 신장이 손상되지 않았는지 확인하여야 한다.

해설

손상 후 첫 24시간 동안은 손상 부위를 높이 올리고 있거나 찬물 등으로 냉찜질하여 출혈과 부종을 감소시킨다.

12 노출 시 청각장애가 발생할 수 있는 소음의 기준으로 옳은 것은?

	급성 청력 손실 발생(dB)	영구적인 청력 손실 발생(dB)
①	85	120
②	120	130
③	120	140
④	125	140

해설

- 85dB 이상의 소음 : 장기간 노출 시 난청 발생 가능
- 120dB 이상의 소음 : 노출 시 급성 청력 손실 발생 가능
- 130dB 이상의 소음 : 한 번의 노출로 영구적인 청력 손실 발생 가능

13 임산부가 연구실에서 취급하는 물질 중 생식 독성이 있거나, 태반을 통과하여 태아에 영향을 줄 수 있는 물질로 옳은 것은?

① 니 켈
② 가솔린
③ 방사선
④ 에틸렌글리콜

해설

태반을 통과할 수 있어 임산부가 주의해야 하는 물질에는 트리클로로메탄, 망간, 지르코늄, 니켈 등이 있다.

11 ① 12 ② 13 ① 정답

14 작업환경의 휴먼에러 위험요인으로 옳지 않은 것은?

① 일이 지나치게 단조로울 때
② 일이 지나치게 복잡할 때
③ 연구 성과만이 지나치게 강조될 때
④ 자극이 적을 때

해설

작업환경의 휴먼에러 위험요인
- 일이 단조로울 때
- 일이 지나치게 복잡할 때
- 연구 성과만이 지나치게 강조될 때
- 자극이 너무 많을 때
- 재촉을 느끼게 하는 조직이 있을 때
- 작업자를 고려하지 않은 작업환경 설계 시

15 실험복에 대한 설명으로 옳지 않은 것은?

① 실험 시 항상 착용하며 평상복을 모두 덮을 수 있는 긴 소매여야 한다.
② 평상복과 구분하여 지정된 장소에 보관한다.
③ 오염된 실험복을 가정으로 가져가서 세탁해야 한다.
④ 사무실, 화장실 등 일반구역에서는 실험복을 탈의하고 출입한다.

해설

오염된 실험복은 폐기하거나 연구기관 내에서 세탁해야 한다.

7과목

16 다량의 유기용제 및 부식성 액체, 맹독성 물질 취급 시 필요한 보호구로 적절하지 않은 것은?

① 보안경 또는 고글
② 내화학성 장갑
③ 내화학성 앞치마
④ 방염복

해설

다량의 유기용제 및 부식성 액체, 맹독성 물질 취급시 필요한 보호구는 보안경 또는 고글, 내화학성 장갑, 내화학성 앞치마, 방진 및 방독 겸용 마스크 등이다. 방염복은 인화성 유기화합물 및 화재 또는 폭발 가능성 있는 물질 취급 시 필요한 보호구이다.

정답 14 ④ 15 ③ 16 ④

17 액체질소 등 초저온 액체 취급 시 필요한 장갑으로 옳은 것은?

① 방한장갑
② 내열장갑
③ 가죽장갑
④ 보온장갑

해설

초저온 액체 취급 시에는 방한장갑이 필요하고, 고온의 액체 취급 시에는 내열장갑이 필요하다.

18 세안장치의 설치방법으로 옳지 않은 것은?

① 강산이나 강염기를 취급하는 곳에는 바로 옆에, 그 외의 경우에는 10초 이내에 도달할 수 있는 위치에 설치하며 비상시 접근하는 데 방해물이 없어야 한다.
② 노즐은 바닥으로부터 85cm 내지 115cm 사이의 높이에 위치하여야 하며 세안설비의 가장자리로부터 15cm 이내에는 벽이나 방해물이 없어야 한다.
③ 동파가 우려되는 곳에서는 동파 방지를 위한 설비를 설치하여야 하며 세척용수의 온도가 40℃를 초과하지 않도록 조치해야 한다.
④ 세척용수의 수압은 게이지압력으로 21MPa 이상 유지해야 한다.

해설

세척용수의 수압은 게이지압력으로 0.21MPa(30psi) 이상을 유지한다.

19 연구실의 환기장치 중 흄 후드(Hume Hoods)에 대한 설명으로 옳지 않은 것은?

① 유해 가스와 증기를 포집할 목적으로 설치되는 설비이다.
② 창을 최대로 개방하였을 때 보통 최소 면속도가 0.1m/s 이상을 유지해야 한다.
③ 실험은 가능한 한 후드 안쪽에서 이루어져야 한다.
④ 실험 작업 시 창은 46cm 이상 열려서는 안 된다.

해설

흄 후드는 유해 가스와 증기를 포집할 목적으로 설치되는 설비로, 창을 최대로 개방하였을 때 보통 최소 면속도가 0.4m/s 이상을 유지해야 한다.

17 ① 18 ④ 19 ② 정답

20 **실험실 환기설비의 설계방법으로 옳은 것은?**

① 환기설비는 12시간 작동 후 1시간의 대기시간을 가지도록 설계되어야 한다.
② 실험실 내 환기는 근무시간에는 시간당 5~6회 정도, 비근무시간에는 시간당 1~2회 정도 시켜야 하며, 환기량은 0.1~0.3㎥/min 이상으로 한다.
③ 실내환기는 직접 외부공기를 향하여 개방할 수 있는 창을 설치하고, 그 면적은 바닥 면적의 1/20 이상이 되도록 한다.
④ 전체 환기장치를 설치하는 경우 송풍기는 가능하면 해당 분진 등의 발산원에 가장 가까운 위치에 설치하고 배풍기는 발산원에서 먼 곳에 설치한다.

해설

- 환기설비는 24시간 작동하도록 설계되어야 한다.
- 실험실 내 환기는 근무시간에는 시간당 8~10회 정도, 비근무시간에는 시간당 6~8회 정도 시켜야 하며, 환기량은 0.1~0.3㎥/min 이상으로 한다.
- 전체 환기장치를 설치하는 경우 송풍기 또는 배풍기는 가능하면 해당 분진 등의 발산원에 가장 가까운 위치에 설치하고, 직접 외부로 향하도록 개방하여 실외에 설치하는 등 배출되는 분진 등이 실험실로 재유입되지 않는 구조로 한다.

7과목

정답 20 ③

무언가를 위해 목숨을 버릴 각오가 되어 있지 않는
한 그것이 삶의 목표라는 어떤 확신도 가질 수 없다.

– 체 게바라 –

많이 보고 많이 겪고 많이 공부하는 것은
배움의 세 기둥이다.

– 벤자민 디즈라엘리 –

최신기출문제

SDEDU

합격의 공식 SD에듀

최신기출문제

정답 및 해설 445p

1과목 연구실 안전관련법령

01 **「연구실 안전환경 조성에 관한 법률 시행규칙」에 따른 연구실안전관리위원회에 대한 설명으로 옳지 않은 것은?**

① 위원장 1명을 포함한 10명 이내의 위원으로 구성한다.

② 위원회의 위원장은 위원 중에서 호선한다.

③ 위원회의 위원장은 연구활동종사자에게 위원회에서 의결된 내용 등 회의 결과를 게시 또는 그 밖의 적절한 방법으로 신속하게 알려야 한다.

④ 「연구실 안전환경 조성에 관한 법률」에서 규정한 사항 외에 위원회 운영에 필요한 사항은 위원회의 의결을 거쳐 위원장이 정한다.

02 **빈칸 안에 들어갈 말로 옳은 것은?**

> 「연구실 안전환경 조성에 관한 법률 시행규칙」에 따르면, 연구활동종사자가 보고대상에 해당하는 연구실사고가 발생한 경우에는 사고가 발생한 날부터 (　　) 이내에 연구실사고 조사표를 작성하여 과학기술정보통신부장관에게 보고해야 한다.

① 1주

② 2주

③ 1개월

④ 2개월

03 「연구실 안전환경 조성에 관한 법률 시행령」에 따른 연구실안전심의위원회의 운영에 대한 설명으로 옳지 않은 것은?

① 위원장이 부득이한 사유로 직무를 수행할 수 없을 때에는 위원장이 미리 지명한 위원이 그 직무를 대행한다.
② 정기 회의는 연 4회 이상 해야 한다.
③ 임시 회의는 위원장이 필요하다고 인정할 때 또는 재적위원 3분의 1 이상이 요구할 때 가능하다.
④ 회의는 재적 위원 과반수의 출석으로 개의하고, 출석 위원 과반수의 찬성으로 의결한다.

04 「연구실 안전환경 조성에 관한 법률 시행령」에 따른 연구실 안전점검지침 및 정밀안전진단지침 작성 시 포함해야 하는 사항으로 옳지 않은 것은?

① 안전점검 · 정밀안전진단의 점검시설 및 안전성 확보방안에 관한 사항
② 안전점검 · 정밀안전진단을 실시하는 자의 유의사항
③ 안전점검 · 정밀안전진단의 실시에 필요한 장비에 관한 사항
④ 안전점검 · 정밀안전진단 결과의 자체평가 및 사후조치에 관한 사항

05 「연구실 안전환경 조성에 관한 법률 시행규칙」에 따르면 「산업안전보건법 시행규칙」 제146조에 따른 임시 작업과 단시간 작업을 수행하는 연구활동종사자에 대해서는 특수건강검진을 실시하지 않을 수 있는데, 이에 해당하는 연구활동종사자로 옳은 것은?

① 발암성 물질을 취급하는 연구활동종사자
② 생식세포 변이원성 물질을 취급하는 연구활동종사자
③ 생식독성 물질을 취급하는 연구활동종사자
④ 알레르기 유발물질을 취급하는 연구활동종사자

06 「연구실 안전환경 조성에 관한 법률 시행규칙」에 따른 안전관리 우수연구실 인증을 받으려는 연구주체의 장이 과학기술정보통신부장관에게 제출해야 하는 서류로 옳지 않은 것은?

① 연구실 안전 관련 예산 및 집행 현황
② 연구과제 수행 현황
③ 연구실 배치도
④ 연구실 안전환경 관리 체계

07 「연구실 안전환경 조성에 관한 법률 시행령」에 따른 안전점검의 종류로 옳지 않은 것은?

① 일상점검
② 수시점검
③ 정기점검
④ 특별안전점검

08 「연구실 안전환경 조성에 관한 법률 시행령」에 따른 연구실책임자의 지정에 관한 설명으로 옳지 않은 것은?

① 대학 · 연구기관 등에서 연구책임자 또는 조교수 이상의 직에 재직하는 사람이어야 한다.
② 해당 연구실의 연구활동과 연구활동종사자를 직접 지도 · 관리 · 감독하는 사람이어야 한다.
③ 해당 연구실의 사용 및 안전에 관한 권한과 책임을 가진 사람이어야 한다.
④ 연구실안전관리사 자격을 취득하거나 안전관리기술에 관한 국가기술자격을 취득한 사람이어야 한다.

09 「연구실 안전환경 조성에 관한 법률 시행규칙」에 따른 연구실안전관리위원회의 위원이 될 수 있는 대상으로 옳지 않은 것은?

① 연구실책임자
② 연구활동종사자
③ 연구실 안전 관련 예산 편성 부서의 장
④ 연구주체의 장

10 「연구실 안전환경 조성에 관한 법률 시행규칙」에 따른 중대연구실사고의 보고 및 공표에 대한 설명으로 옳지 않은 것은?

① 중대연구실사고가 발생한 경우에는 사고 발생 개요 및 피해 상황을 보고해야 한다.
② 중대연구실사고가 발생한 경우에는 사고 조치 내용, 사고 확산 가능성 및 향후 조치 · 대응 계획을 보고해야 한다.
③ 중대연구실사고가 발생한 경우에는 해당 내용을 과학기술정보통신부장관에게 전화, 팩스, 전자우편이나 그 밖의 적절한 방법으로 보고해야 한다.
④ 연구활동종사자는 연구실사고의 발생 현황을 연구실의 인터넷 홈페이지나 게시판 등에 공표해야 한다.

11 **빈칸 안에 들어갈 말로 옳은 것은?**

> 「연구실 안전환경 조성에 관한 법률 시행규칙」에 따르면 연구실에 신규로 채용된 근로자에 대한 교육 시기 및 최소 교육기간은 (   )이다.

① 채용 후 6개월 이내 4시간 이상
② 채용 후 6개월 이내 8시간 이상
③ 채용 후 1년 이내 4시간 이상
④ 채용 후 1년 이내 8시간 이상

12 **「연구실 안전환경 조성에 관한 법률 시행령」에 따른 사전유해인자위험분석 절차 중 마지막 순서로 옳은 것은?**

① 해당 연구실의 유해인자별 위험 분석
② 비상조치계획 수립
③ 연구실안전계획 수립
④ 해당 연구실의 안전 현황 분석

13 **「연구실 안전환경 조성에 관한 법률」에 따른 연구실 사고조사반의 구성 및 운영에 관한 설명으로 옳지 않은 것은?**

① 사고조사반을 구성할 때에는 연구실 안전사고 조사의 객관성을 확보하기 위하여 연구실 안전과 관련한 업무를 수행하는 공무원이 포함되어야 한다.
② 사고조사반의 활동과 관련하여 규정한 사항 외에 사고조사반의 구성 및 운영에 필요한 사항은 사고조사반의 책임자가 정한다.
③ 조사반원은 사고조사 과정에서 업무상 알게 된 정보를 외부에 제공하고자 하는 경우 사전에 과학기술정보통신부장관과 협의하여야 한다.
④ 과학기술정보통신부장관은 조사가 필요하다고 인정되는 안전사고 발생 시 지명 또는 위촉된 조사반원 중 5명 내외로 사고조사반을 구성한다.

14 「고압가스 안전관리법」에 따른 안전관리자에 관한 설명으로 옳지 않은 것은?

① 특정고압가스 사용신고자는 사업 개시 전이나 특정고압가스의 사용 전에 안전관리자를 선임하여야 한다.

② 안전관리자를 선임한 자는 안전관리자를 선임 또는 해임하거나 안전관리자가 퇴직한 경우에는 지체 없이 신고하여야 한다.

③ 안전관리자를 선임한 자는 안전관리자를 해임하거나 안전관리자가 퇴직한 경우에는 해임 또는 퇴직한 날로부터 60일 이내에 다른 안전관리자를 선임하여야 한다.

④ 안전관리자가 여행 · 질병으로 일시적으로 그 직무를 수행할 수 없는 경우에는 대리자를 지정하여 일시적으로 안전관리자의 직무를 대행하게 하여야 한다.

15 「연구실 안전환경 조성에 관한 법률」에 따른 사전유해인자위험분석에 대한 설명으로 옳지 않은 것은?

① 연구실책임자는 사전유해인자위험분석 결과를 연구활동 시작 전에 연구실안전환경관리자에게 보고하여야 한다.

② 연구주체의 장은 사고발생 시 유해인자 위치가 표시된 배치도를 사고대응기관에 즉시 제공하여야 한다.

③ 연구활동과 관련하여 주요 변경사항이 발생하거나 연구실책임자가 필요하다고 인정하는 경우에는 사전유해인자위험분석을 추가적으로 실시해야 한다.

④ 연구실책임자는 사전유해인자위험분석 보고서를 연구실 출입문 등 해당 연구실의 연구활동종사자가 쉽게 볼 수 있는 장소에 게시할 수 있다.

16 「연구실 안전환경 조성에 관한 법률」에 따른 일반건강검진의 검사 항목으로 옳지 않은 것은?

① 신장, 체중, 시력 및 청력 측정

② 심전도 검사

③ 혈압, 혈액 및 소변 검사

④ 흉부방사선 촬영

17 「연구실 안전환경 조성에 관한 법률 시행령」에 따른 연구실안전환경관리자의 업무로 옳지 않은 것은?

① 안전점검 · 정밀안전진단 실시 계획의 수립 및 실시
② 연구실 안전교육계획 수립 및 실시
③ 연구실 안전환경 및 안전관리 현황에 관한 통계의 유지 · 관리
④ 연구실 안전관리 및 연구실사고 예방 업무 수행

18 「연구실 안전환경 조성에 관한 법령」에 따른 정밀안전진단에 관한 설명으로 옳지 않은 것은?

① 연구주체의 장은 중대연구실사고가 발생한 경우 정밀안전진단을 실시하여야 한다.
② 연구주체의 장은 유해인자를 취급하는 등 위험한 작업을 수행하는 연구실에 대하여 정기적으로 정밀안전진단을 실시하여야 한다.
③ 연구주체의 장은 정밀안전진단을 실시하는 경우 과학기술정보통신부장관에 등록된 대행기관으로 하여금 이를 대행하게 할 수 있다.
④ 정기적으로 정밀안전진단을 실시해야 하는 연구실은 3년마다 1회 이상 정밀안전진단을 실시해야 한다.

19 「연구실 안전환경 조성에 관한 법령」에 따른 중대연구실사고로 옳지 않은 것은?

① 사망자가 1명 이상 발생한 사고
② 후유장해 1급부터 9급까지에 해당하는 부상자가 2명 이상 발생한 사고
③ 3개월 이상의 요양이 필요한 부상자가 동시에 2명 이상 발생한 사고
④ 3일 이상의 입원이 필요한 부상을 입거나 질병에 걸린 사람이 동시에 5명 이상 발생한 사고

20 「연구실 안전환경 조성에 관한 법률」에 따른 용어 정의로 옳지 않은 것은?

① 안전점검은 연구실사고를 예방하기 위하여 잠재적 위험성과 발견과 그 개선대책의 수립을 목적으로 실시하는 조사 · 평가를 말한다.
② 연구실은 대학 · 연구기관 등이 연구활동을 위하여 시설 · 장비 · 연구재료 등을 갖추어 설치한 실험실 · 실습실 · 실험준비실을 말한다.
③ 연구활동은 과학기술분야의 지식을 축적하거나 새로운 적용방법을 찾아내기 위하여 축적된 지식을 활용하는 체계적이고 창조적인 활동(실험 · 실습 등을 포함)을 말한다.
④ 유해인자는 화학적 · 물리적 · 생물학적 위험 요인 등 연구실사고를 발생시키거나 연구활동종사자의 건강을 저해할 가능성이 있는 인자를 말한다.

21 **호킨스(Hawkins)가 제안한 SHELL 모델의 구성요소에 관한 설명으로 옳은 것은?**

① 하드웨어(Hardware) – 의도하는 결과를 얻기 위한 무형적인 요소를 말한다. 특히 화학, 생물학, 의학 분야에서 시스템 내의 작업지시, 정보교환 등과 관계된다.
② 소프트웨어(Software) – 기계, 설비, 장치, 도구 등 유형적인 요소를 말한다. 특히 기계, 전기 분야에서는 연구 결과에 크게 영향을 미칠 수 있다.
③ 환경(Environment) – 의도하지 않은 결과를 얻기 위한 무형적인 요소를 말한다. 특히 공학 분야에서 시스템 내의 작업지시, 정보교환 등과 관계된다.
④ 인간(Liveware) – 연구활동종사자 본인은 물론, 소속된 집단의 주변 구성원들의 인적요인, 나아가 인간관계 등 상호작용까지도 포함된다.

22 **매슬로우(Maslow)의 인간 욕구 5단계 중 3단계로 옳은 것은?**

① 존경 욕구
② 안전의 욕구
③ 자아 실현의 욕구
④ 사랑, 사회 소속감 추구 욕구

23 **뇌파의 형태에 따른 인간의 의식수준 5단계 모형에 대한 설명으로 옳은 것은?**

① 0단계는 과도 긴장 시나 감정 흥분 시의 의식 수준으로 대뇌의 활동력은 높지만 주의가 눈앞의 한 곳에 집중되고 냉정함이 결여되어 판단은 둔화한다.
② Ⅰ단계는 적극적인 활동 시의 명쾌한 의식으로 대뇌가 활발히 움직이므로 주위의 범위도 넓고, 과오를 일으키는 일도 거의 없다.
③ Ⅱ단계는 의식이 가장 안정된 상태이나 작업을 수행하기에는 미처 준비되지 못한 상태로, 숙면을 취하고 깨어난 상태를 가리킨다.
④ Ⅲ단계는 과로했을 때나 야간작업을 했을 때 볼 수 있는 의식수준으로 부주의 상태가 강해서 인적 오류(Human Error)가 빈발한다.

24 빈칸 안에 들어갈 숫자로 옳은 것은?

「연구실 안전환경 조성에 관한 법률 시행규칙」에 따르면, 연구주체의 장은 연구과제 수행을 위한 연구비를 책정할 때 그 연구과제 인건비 총액의 (　　) 퍼센트 이상에 해당하는 금액을 안전 관련 예산으로 배정해야 한다.

① 1

② 2

③ 3

④ 4

25 「연구실 안전환경 조성에 관한 법률 시행령」에 따른 연구실안전정보시스템을 구축할 때 포함해야 하는 정보로 옳지 않은 것은?

① 기본계획 및 연구실 안전정책에 관한 사항

② 연구실 내 유해인자에 관한 정보

③ 연구실 내 보유 연구장비 현황

④ 대학 및 연구기관 등의 현황

26 「연구실 안전점검 및 정밀안전진단에 관한 지침」에 따른 노출도평가 결과보고서의 서류 보존 · 관리기간으로 옳은 것은?

① 1년　　② 2년

③ 3년　　④ 5년

27 「연구실 안전환경 조성에 관한 법률」에 따른 안전관리 우수연구실 인증 취소 사유로 옳지 않은 것은?

① 거짓이나 그 밖의 부정한 방법으로 인증을 받은 경우

② 정당한 사유 없이 6개월 이상 연구활동을 수행하지 않은 경우

③ 인증서를 반납하는 경우

④ 인증 기준에 적합하지 아니하게 된 경우

28 「안전관리 우수연구실 인증제 운영에 관한 규정」에 따른 연구실 안전환경 시스템분야의 세부항목으로 옳지 않은 것은?

① 조직 및 업무분장
② 교육 및 훈련, 자격 등
③ 연구실 환경 · 보건 관리
④ 의사소통 및 정보제공

29 빈칸 안에 들어갈 말로 옳은 것은?

( )은 연구활동을 주요 단계로 구분하여 단계별 유해인자의 제거, 최소화 및 사고를 예방하기 위한 대책을 마련하는 기법을 말한다.

① 비상조치계획
② 결함수 분석
③ 연구개발활동안전분석
④ 연구실 안전현황 분석

30 〈보기〉에서 지름길 반응 또는 생략행위에 해당하는 사례로 옳은 것을 모두 고른 것은?

ㄱ. 고압가스 등의 위험물에 접근을 제한하기 위해 통로에 노란색 선을 표시하였으나, 이를 무시하고 빠른 길을 가려고 이동 중 위험물을 건드려 발생한 사고 ㄴ. 골무를 손에 끼고 뾰족한 기구를 압입하여 작업을 할 경우, 골무가 멀리 있거나 찾을 수 없어서 근처의 손수건으로 대체하여 작업하다가 손을 다치는 사고 ㄷ. 개인보호구를 착용하지 않은 상태에서 뜨겁게 달아오른 시편을 잡아 화상을 당한 사고 ㄹ. 습관적으로 스마트폰을 보는 연구활동종사자가 실험 도중에 스마트폰을 계속 확인하여 오염원에 접촉된 사고

① ㄱ, ㄴ
② ㄱ, ㄹ
③ ㄴ, ㄷ
④ ㄷ, ㄹ

31 위험성평가(Risk Assesment)에 대한 설명으로 옳지 않은 것은?

① 위험성이란 유해 · 위험요인이 부상 또는 질병으로 이어질 수 있는 가능성과 중대성을 조합한 것이다.

② 유해위험요인 파악 방법에는 순회점검에 의한 방법, 안전보건 자료에 의한 방법, 안전보건 체크리스트에 의한 방법 등이 있다.

③ 위험성 추정은 위험성의 크기가 허용 가능한 범위인지 여부를 판단하는 것을 말한다.

④ 위험성 감소대책 수립 시 작업절차서 정비와 같은 관리적 대책보다는 환기장치 설치 등과 같은 공학적 대책을 우선적으로 고려하여야 한다.

32 FTA(Fault Tree Analysis)에 대한 설명으로 옳은 것은?

① 1962년 미국 벨전화연구소의 H. A. Watson에 의해 군용으로 고안되어 개발된 귀납적 분석 방법이다.

② 상향식(Bottom-up) 방법으로 고장 발생의 인과관계를 AND Gate나 OR Gate를 사용하여 논리표(Logic Diagram)의 형으로 나타내는 시스템 안전 해석 방법이다.

③ 시스템에 있어서 휴먼에러를 정량적으로 평가하기 위해서 개발한 예측 기법이다.

④ 정상사상(Top Event)의 선정 시 가능한 다수의 하위 레벨 사상을 포함하고, 설계상 · 기술상 대처 가능한 사상이 되도록 고려해야 한다.

33 〈보기〉의 연구실사고 재발방지대책 수립 시 안전확보 방법 중 우선순위가 높은 것부터 순서대로 나열한 것으로 옳은 것은?

> ㄱ. 사고확대 방지
> ㄴ. 위험제거
> ㄷ. 위험회피
> ㄹ. 자기방호

① ㄴ → ㄷ → ㄹ → ㄱ

② ㄴ → ㄹ → ㄷ → ㄱ

③ ㄷ → ㄴ → ㄹ → ㄱ

④ ㄷ → ㄹ → ㄴ → ㄱ

34 빈칸 안에 들어갈 말로 옳은 것은?

> 안전교육의 방법 중 (　　)은 사고력을 포함한 종합능력을 육성하는 교육을 말한다.

① 문제해결교육
② 지식교육
③ 기술교육
④ 태도교육

35 〈보기〉의 설명에 해당하는 교육 기법으로 옳은 것은?

> • 장 점
> – 흥미를 일으킨다.
> – 요점파악이 쉽고 습득이 빠르다.
>
> • 단 점
> – 교육장소 섭외나 선정이 어렵다.
> – 학습과 작업을 구별하기 곤란할 수 있다.
> – 교육 중 작업자 실수나 사고의 위험성이 있다.

① 실 습
② 시청각교육
③ 토의법
④ 프로젝트법

36 빈칸 안에 들어갈 말로 옳은 것은?

> 지식교육의 진행과정은 '도입 → 제시 → (　　) → 확인' 순으로 이루어진다.

① 청 취
② 이 해
③ 적 용
④ 평 가

37 **안전교육 효과의 평가에 대한 설명으로 옳지 않은 것은?**

① 교육을 실시했다고 해서 반드시 교육효과가 나타나는 것은 아니다.
② 태도교육의 효과는 시험이나 실습을 통해 확인할 수 있다.
③ 안전심리학적 측면에서 가장 중요한 것은 안전동기부여(Safety Motivation)이다.
④ 장기간에 걸쳐 행동이나 태도의 변화가 일어나는지를 모니터링 할 필요가 있다.

38 **리즌(Reason)의 스위스 치즈 모델(Swiss Cheese Model)에 따른 실패요인 또는 사고를 차단하지 못한 요인으로 옳지 않은 것은?**

① 조직의 문제
② 감독의 문제
③ 사고대응의 문제
④ 불완전 행위

39 **3E 원칙 중 기술적(Engineering) 대책으로 옳지 않은 것은?**

① 안전설계
② 작업환경 개선
③ 설비 개선
④ 적합한 기준 설정

40 **불안전한 행동에 관한 설명으로 옳지 않은 것은?**

① 불안전한 상태에 의한 사고 비율이 불안전한 행동에 의한 사고 비율보다 낮다.
② 태도의 불량 및 의욕부진, 인적 특성에 의한 불안전한 행동은 잠재적인 위험 요인이므로 이성적 교육 후에 해결되어야 한다.
③ 기능 미숙에 의한 불안전한 행동은 교육이나 훈련에 의해 이성적으로 개선될 수 있다.
④ 지식 부족에 의한 불안전한 행동은 교육에 의해 이성적으로 개선될 수 있다.

41 빈칸 안에 들어갈 말로 옳은 것은?

( )은/는 액화가스의 형태로 저장하며, 가연성 · 독성 및 부식성의 성질을 모두 가지고 있다.

① 아르곤(Ar)
② 암모니아(NH_3)
③ 염소(Cl_2)
④ 수소(H_2)

42 다음 중 고압가스로 옳지 않은 것은?

① 15℃에서 게이지 압력이 0.2MPa인 아세틸렌
② 25℃에서 게이지 압력이 0.8MPa인 기체질소
③ 35℃에서 게이지 압력이 0.3MPa인 액화프로판
④ −40℃에서 게이지 압력이 0.9MPa인 기체산소

43 화학물질의 증기압에 관한 설명으로 옳지 않은 것은?

① 부피가 고정된 용기에 액상의 가스(예 LPG)를 넣어 일정 온도에서 밀폐시키면 액체의 일부는 기화하고, 용기 내의 증기압은 상승한다.
② 증기압은 밀폐된 용기 내에서 액체가 기체로 되는 양과 기체가 액체로 되는 양이 같게 되어 액체와 기체가 평형을 이루었을 때의 기체가 나타내는 압력을 말한다.
③ 증기압은 액체의 종류에 따라 다르며, 같은 물질일 경우 온도에 상관없이 용기에 들어있는 액체의 증기압은 일정하다.
④ 물의 끓는점은 대기압하에서 100℃이며 이때의 증기압은 대기압과 동일하다.

44 〈보기〉 화학물질의 경고표지가 훼손되어 일부 정보만 확인할 수 있을 때 이를 이해한 내용으로 옳은 것은?

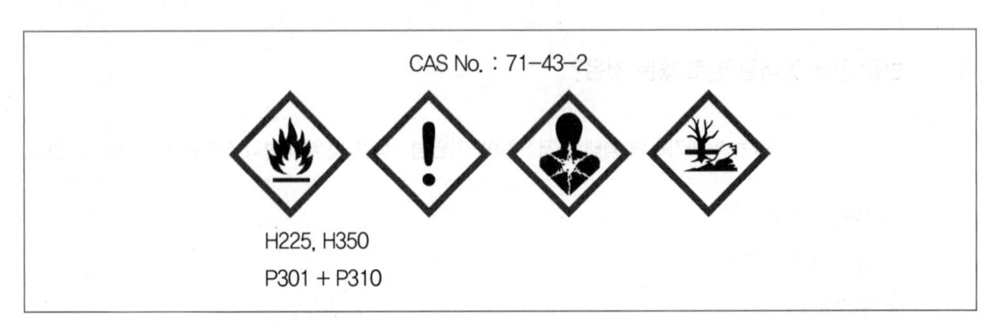

① 화학물질의 명칭을 확인할 수 있는 정보가 없다.
② 다른 물질의 연소를 더 잘 일으키거나 촉진할 수 있다.
③ 물리적 위험성과 건강유해성 정보를 확인할 수 있다.
④ 예방조치에 관한 5개 이상의 정보를 확인할 수 있다.

45 폐기물 안전관리에 대한 설명으로 옳은 것은?

① 화학폐기물은 화학실험 후 발생한 액체, 고체, 슬러지 상태의 화학물질로 더 이상 연구 및 실험 활동에 필요하지 않게 된 화학물질이다.
② 부식성 폐기물은 폐산의 경우 pH3 이상인 것, 폐알칼리의 경우 pH11 이하인 것을 말한다.
③ 실험실 폐기물은 모두 지정폐기물에 해당한다.
④ 화학폐기물은 화학물질 본래의 인화성, 부식성, 독성 등의 특성을 유지하거나 합성 등으로 새로운 화학물질이 생성되지 않는다.

46 폐기물의 유해특성에 대한 설명으로 옳은 것은?

① 인화성은 그 자체로 반드시 연소성이 없지만 산소를 생성시켜 다른 물질을 연소시키는 물질의 특성을 말한다.
② 폭발성은 공기에 접촉하여 짧은 시간에 자연적으로 발화되는 특성을 말한다.
③ 가연성은 쉽게 연소하거나 또는 발화하거나 발화를 돕는 특성을 말한다.
④ 산화성은 열적인 면에서 불안정하여 산소가 공급되지 않아도 강렬하게 발열 · 분해하는 특성을 말한다.

47 다음 중 가스 누출 시 상호반응성이 가장 높은 조합으로 옳은 것은?

① C_2H_2, NH_3

② H_2, CO

③ H_2S, Cl_2

④ CH_4, H_2

48 지정폐기물 수집 및 보관에 관한 설명으로 옳은 것은?

① 지정폐기물의 보관창고에는 보관 중인 지정폐기물의 종류, 보관가능 용량, 취급 시 주의사항 등을 하얀색 바탕에 검은색 선 및 검은색 글자의 표지로 설치한다.

② 흩날릴 우려가 있는 폐석면은 폴리에틸렌, 그 밖에 이와 유사한 재질의 포대로 포장하여 보관한다.

③ 액상의 화학폐기물은 휘발되지 않도록 수집용기를 밀폐하여 보관하며 수집용기의 최대 90%까지 수집하여 보관한다.

④ 폴리클로리네이티드비페닐 함유폐기물을 보관하려는 배출자 및 처리업자는 시 · 도지사나 지방환경관서의 장의 승인을 받아 1년 단위로 보관기간을 연장할 수 있다.

49 물질안전보건자료(Material Safety Data Sheets)의 구성항목으로 옳지 않은 것은?

① 화학제품과 회사에 관한 정보

② 제조일자 및 유효기간

③ 운송에 필요한 정보

④ 법적규제 현황

50 폐기물 처리에 관한 설명으로 옳지 않은 것은?

① 염산과 포름산은 폐기 시 구분하여 별도의 용기에 수거한다.

② 크레졸은 내부식성이 있는 용기에 수거해야 한다.

③ 적린은 자연발화의 위험성이 크므로 폐기 시 주의한다.

④ 사용한 아세트산은 폐기 시 가연성이 있으므로 주의하여 처리한다.

51 가연성가스 누출 시 가스누출경보기가 작동하는 경보농도 기준으로 옳은 것은?

① 폭발 하한계(Lower Explosion Limit)의 1/4 이하
② LC_{50}(50% Lethal Concentration) 기준 농도의 1/4 이하
③ TLV-TWA(Threshold Limit Value-Time Weighted Average, 8시간) 기준 농도의 1/4 이하
④ IDLH(Immediately Dangerous to Life or Health) 기준 농도의 1/4 이하

52 가스 폭발 위험에 관한 설명으로 옳지 않은 것은?

① 폭발범위의 상한 값과 하한 값의 차이가 클수록 폭발위험은 커진다.
② 폭발범위의 하한 값이 낮을수록 폭발위험은 커진다.
③ 온도와 압력이 높아질수록 폭발범위가 넓어진다.
④ 산소 중에서 폭발범위보다 공기 중에서의 폭발범위가 넓다.

53 빈칸 안에 들어갈 말로 옳은 것은?

( )방폭구조란, 가스 누출로 인한 화재 · 폭발을 방지하기 위하여 용기내부에 보호가스(신선한 공기 또는 불활성가스)를 압입하여 내부압력을 유지함으로써 가연성가스가 용기 내부로 유입되지 않도록 한 전자기기를 말한다.

① 내 압
② 압 력
③ 유 입
④ 본질안전

54 화재 · 폭발 방지 및 피해저감 조치로 옳지 않은 것은?

① 정전기가 점화원이 되는 것을 방지하기 위해 상대습도를 30% 이하로 유지한다.
② 불꽃 등 연구실 내 점화원을 제거 또는 억제한다.
③ 공기 또는 산소의 혼입을 차단한다.
④ 가연성가스, 증기 및 분진이 폭발범위 내로 축적되지 않도록 환기시킨다.

55 **폭발위험장소 종류 구분 및 방폭형 전기기계 · 기구의 선정에 대한 설명으로 옳지 않은 것은?**

① 0종장소란, 상용의 상태에서 가연성가스의 농도가 연속해서 폭발하한계 이상으로 되는 장소를 의미한다.

② 2종장소란, 밀폐된 용기 또는 설비 안에 밀봉된 가연성가스가 그 용기 또는 설비의 사고로 인하여 파손되거나 오조작의 경우에만 누출할 위험이 있는 장소를 의미한다.

③ 방폭설비의 온도등급은 인화점으로 선정한다.

④ 수소, 아세틸렌의 경우 내압방폭구조의 폭발등급은 IIC등급을 적용한다.

56 **빈칸 안에 들어갈 숫자로 옳은 것은?**

메탄 70vol.%, 프로판 20vol.%, 부탄 10vol.%인 혼합가스의 공기 중 폭발하한계 값은 약 (　　)vol.%이다(단, 각 성분의 하한계 값은 메탄 5vol.%, 프로판 2.1vol.%, 부탄 1.8vol.%임).

① 1.44

② 2.44

③ 3.44

④ 4.44

57 **고압가스용 실린더캐비닛의 구조 및 성능에 대한 설명으로 옳지 않은 것은?**

① 고압가스용 실린더캐비닛의 내부압력이 외부압력보다 항상 높게 유지될 수 있는 구조로 할 것

② 고압가스용 실린더캐비닛의 내부 중 고압가스가 통하는 부분은 안전율 4 이상으로 설계할 것

③ 질소나 공기 등 기체로 상용압력의 1.1배 이상의 압력으로 내압시험을 실시하여 이상팽창과 균열이 없을 것

④ 고압가스용 실린더캐비닛에 사용하는 가스는 상호반응에 의한 재해가 발생할 우려가 없을 것

58 **독성가스 누출 시 위험제어 방안으로 옳지 않은 것은?**

① 가스 용기는 안전한 이송이 가능하다면, 통풍이 양호한 장소로 이송해 격리한다.

② 배출가스는 적절한 처리장치 또는 강제통풍 시스템으로 유도하여 안전하게 희석, 배출한다.

③ 독성가스 용기에 접근할 때에는 내화학복, 자급식 공기호급기(SCBA)를 착용하여야 한다.

④ 누설을 초기에 감지하기 위한 독성가스감지기를 설치하며, 감지기 설정값은 「고압가스안전관리법」에 따른 독성가스 기준인 5,000ppm이다.

59 **다음 중 허용농도(TLV-TWA)가 가장 낮은 가스로 옳은 것은?**

① 황화수소

② 암모니아

③ 일산화탄소

④ 포스겐

60 **「고압가스안전관리법」에 따른 특정고압가스 사용신고대상 중 옳은 것을 〈보기〉에서 모두 고른 것은?**

ㄱ. 액화산소(O_2) 저장설비로서 저장능력이 250kg인 경우 ㄴ. 수소(H_2) 저장설비로서 저장능력이 100m^3인 경우 ㄷ. 액화암모니아(NH_3) 저장설비로서 저장능력이 10L인 경우 ㄹ. 불화수소(HF) 저장설비로서 저장능력이 47L인 경우

① ㄱ, ㄴ

② ㄱ, ㄹ

③ ㄴ, ㄷ

④ ㄷ, ㄹ

61 **기기를 이용한 실험 중 사고가 발생한 경우, 사고 복구 단계에서 해당 연구실(연구실책임자, 연구활동종사자)과 안전담당 부서(연구실안전환경관리자)가 공통으로 조치해야 하는 사항으로 옳은 것은?**

① 사고 원인 조사를 위한 현장은 보존하되 2차 사고가 발생하지 않도록 조치하는 범위 내에서 사고 현장 주변 정리 정돈
② 피해복구 및 재발 방지 대책 마련 · 시행
③ 부상자 가족에게 사고 내용 전달 및 대응
④ 사고 기계에 대한 결함 여부 조사 및 안전조치

62 **연구실 기계 설비의 정리정돈 요령에 대한 설명으로 옳지 않은 것은?**

① 수공구, 계측기, 재료나 도구류 등을 날 끝에 가깝고 불안전하게 놓아두는 것은 위험하다.
② 치공구나 계측기, 재료 등을 넣어두는 서랍장이나 작업대 등을 구동부 근처에 두어 작업을 용이하게 한다.
③ 원자재와 가공물을 종류별로 구분하고 놓거나 쌓을 장소를 지정하여 출입하기가 쉽게 한다.
④ 연구활동종사자 주위나 작업대는 청소상태가 불량하기 쉬우며, 청결한 연구실로 만들지 않으면 예상치 못한 사고가 발생할 수 있다.

63 **빈칸 안에 들어갈 말로 옳은 것은?**

( ) 방호장치는 연구활동종사자의 신체부위가 위험한계 또는 그 인접한 거리 내로 들어오면 이를 감지하여 그 즉시 기계의 동작을 정지시키고 경보 등을 발하는 방호장치이다.

① 위치제한형
② 접근거부형
③ 접근반응형
④ 격리형

64 **허용응력을 결정할 때 상황에 따라 고려해야 하는 기준강도로 옳지 않은 것은?**

① 상온에서 연성재료가 정하중을 받을 경우 – 항복점
② 상온에서 취성재료가 정하중을 받을 경우 – 파괴점
③ 고온에서 정하중을 받을 경우 – 크리프 강도
④ 반복응력을 받을 경우 – 피로한도

65 **연구실 실험 · 분석 · 안전 장비의 종류 중 안전장비이면서 실험장비인 것으로 옳은 것은?**

① 초저온용기
② 펌프/진공펌프
③ 오 븐
④ 흄 후드

66 **페일세이프(Fail Safe) 방식 중 페일오퍼레이셔널(Fail Operational)에 관한 설명으로 옳은 것은?**

① 일반적 기계의 방식으로 구성 요소의 고장 시 기계장치는 정지 상태가 된다.
② 병렬 요소를 구성한 것으로 구성 요소의 고장이 있어도 다음 정기 점검 시까지는 운전이 가능하다.
③ 구성요소의 고장 시 기계장치는 경보를 내며 단시간에 역전된다.
④ 인간이 기계 등의 취급을 잘못해도 그것이 바로 사고나 재해와 연결되는 일이 없는 방식이다.

67 **가공기계의 가드에 쓰이는 풀프루프(Fool Proof) 방식 및 기능에 대한 설명으로 옳지 않은 것은?**

① 고정가드 – 가드의 개구부(Opening)를 통해서 가공물, 공구 등은 들어가나 신체부위는 위험영역에 닿지 않는다.
② 조정가드 – 가공물이나 공구에 맞추어 가드의 위치를 조정할 수 있다.
③ 타이밍가드 – 신체부위가 위험영역에 들어가기 전에 경고가 울린다.
④ 인터록가드 – 기계가 작동 중에는 가드가 열리지 않고, 가드가 열려있으면 기계가 작동되지 않는다.

68 빈칸 안에 들어갈 말로 옳은 것은?

(　　)은 숫돌결합도가 강할 때 무뎌진 입자가 탈락하지 않아 연삭성능이 저하되는 현상이다.

① 자생현상
② 글레이징(Glazing)현상
③ 세딩(Shedding)현상
④ 눈매꿈현상

69 위험기계 · 기구와 방호장치의 연결이 옳은 것은?

	위험기계 · 기구	방호장치
①	연삭기	과부하방지장치
②	띠 톱	권과방지장치
③	목재가공용 대패	날 접촉예방장치
④	선 반	리미트스위치

70 UV 장비에 관한 설명으로 옳지 않은 것은?

① UV 장비는 박테리아 제거나 형광 생성에 널리 이용되고 있다.
② UV 램프 작동 중에 오존이 발생할 수 있으므로 배기장치를 가동한다(0.12ppm 이상의 오존은 인체에 유해).
③ 연구실 문에 UV 사용표지를 부착하고, UV 램프 청소 시에는 램프 전원을 차단한다.
④ 짧은 파장의 UV에 장시간 노출되더라도 눈이 상할 위험이 없으나, 파장에 따라 100nm 이상의 광원은 심각한 손상위험이 있다.

71 빈칸 안에 들어갈 말로 옳은 것은?

(　　)는 고온 증기 등에 의한 화상, 독성 흄에 노출 등을 주요 위험요소로 가진 연구기기 · 장비를 말한다.

① 가스크로마토그래피(Gas Chromatography)
② 오토크레이브(Autoclave)
③ 무균실험대
④ 원심분리기

72 빈칸 안에 들어갈 말로 옳은 것은?

(　　) 등급은 레이저 안전등급 분류(IEC 60825-1)에서 노출한계가 500mW(315nm 이상의 파장에서 0.25초 이상 노출)이며, 직접 노출 또는 거울 등에 의한 정반사 레이저빔에 노출되면 안구 손상 위험이 있어 보안경 착용이 필수인 등급을 말한다.

① 1M　　② 2M
③ 3B　　④ 3R

73 분쇄기에 관한 주요 유해 · 위험 요인으로 옳지 않은 것은?

① 분쇄기에 원료 투입, 내부 보수, 점검 및 이물질 제거 작업 중 회전날에 끼일 위험
② 전원 차단 후 수리 등 작업 시 다른 연구활동종사자의 전원 투입에 의해 끼일 위험
③ 모터, 제어반 등 전기 기계 기구의 충전부 접촉 또는 누전에 의한 감전 위험
④ 분쇄 작업 시 발생되는 분진, 소음 등에 의해 사고성 질환 발생 위험

74 펌프 및 진공펌프 사용 시 주요 유해 · 위험 요인 및 안전대책에 대한 설명으로 옳지 않은 것은?

① 장시간 가동 시 가열로 인한 화재 위험이 있다.
② 펌프의 움직이는 부분(벨트 및 축 연결 부위 등)은 덮개를 설치한다.
③ 압력이 형성되지 않을 때에는 모터 회전 방향을 반대로 한다.
④ 이물질이 들어가지 않도록 전단에 스트레이너를 설치하는 등의 조치를 실시한다.

75 안전율을 결정하는 인자에 관한 설명으로 옳지 않은 것은?

① 하중집중 정확도의 대소 – 관성력, 잔류응력 등이 존재하는 경우에는 안전율을 작게 하여 부정확함을 보완하여야 한다.
② 사용상의 예측할 수 없는 변화의 가능성 대소 – 사용수명 중에 생길 수 있는 특정 부분의 마모, 온도변화의 가능성이 있을 경우에는 안전율을 크게 한다.
③ 불연속부분의 존재 – 불연속부분이 있는 경우에는 응력집중이 생기므로 안전율을 크게 한다.
④ 응력계산의 정확도 대소 – 형상이 복잡한 경우 및 응력의 적용 상태가 복잡한 경우에는 정확한 응력을 계산하기 곤란하므로 안전율을 크게 한다.

76 빈칸 안에 들어갈 말로 옳은 것은?

( )는 재료 변형 시에 외부응력이나 내부의 변형과정에서 방출되는 낮은 응력파를 감지하여 공학적으로 이용하는 기술이다.

① 음향탐상검사
② 초음파탐상검사
③ 자분탐상검사
④ 와류탐상검사

77 압력용기의 안전관리 대책으로 옳지 않은 것은?

① 압력용기에 안전밸브 또는 파열판을 설치한다.
② 압력용기 및 안전밸브는 안전인증품을 사용한다.
③ 안전밸브 전 · 후단에 차단 밸브를 설치한다.
④ 안전밸브는 용기 본체 또는 그 본체의 배관에 밸브축을 수직으로 설치한다.

78 **방진마스크의 구비요건에 대한 설명으로 옳지 않은 것은?**

① 안면에 밀착하는 부분은 피부에 장해를 주지 않아야 한다.
② 여과재는 여과성능이 우수하고 인체에 장해를 주지 않아야 한다.
③ 방진마스크에 사용하는 금속부품은 부식되지 않아야 한다.
④ 경량성을 확보하기 위해 알루미늄, 마그네슘, 티타늄 또는 이의 합금 재질로 구비하여야 한다.

79 **방사선 종사자 3대 준수사항 중 피폭방호원칙으로 옳지 않은 것은?**

① 거 리
② 희 석
③ 차 폐
④ 시 간

80 **〈보기〉의 소음의 크기를 측정하기 위한 음압수준에 관한 식에서 빈칸 안에 들어갈 숫자로 옳은 것은?**

> 음압수준[dB] = (㉠)$\log_{(㉡)}\frac{P}{P_0}$
> 여기서,
> P : 측정하고자 하는 음압[N/m²]
> P_0 : 기준음압으로 2×10^{-5}[N/m²]

	㉠	㉡
①	10	10
②	20	10
③	10	20
④	20	20

81 「유전자변형생물체의 국가간 이동 등에 관한 통합고시」에 따른 생물안전관리책임자가 기관장을 보좌해야 하는 사항으로 옳지 않은 것은?

① 기관 내 생물안전 교육 · 훈련 이행에 관한 사항
② 고위험병원체 전담관리자 지정에 관한 사항
③ 실험실 생물안전 사고 조사 및 보고에 관한 사항
④ 생물안전에 관한 국내 · 외 정보수집 및 제공에 관한 사항

82 빈칸 안에 들어갈 말로 옳은 것은?

> (　　)는 유전자재조합실험에서 유전자재조합분자 또는 유전물질(합성된 핵산 포함)이 도입되는 세포를 말한다.

① 벡 터
② 숙 주
③ 공여체
④ 숙주–벡터계

83 빈칸 안에 들어갈 말로 옳은 것은?

> 「유전자변형생물체의 국가간 이동 등에 관한 통합고시」에 따라 기관의 장은 생물안전관리책임자 및 생물안전관리자에게 연 (㉠) 이상 생물안전관리에 관한 교육 · 훈련을 받도록 하여야 하며, 연구시설 사용자에게 연 (㉡) 이상 생물안전교육을 받도록 하여야 한다.

	㉠	㉡
①	2시간	1시간
②	4시간	2시간
③	8시간	2시간
④	8시간	4시간

84 「유전자재조합실험지침」에 따른 생물체의 위험군 분류 시 주요 고려사항을 〈보기〉에서 모두 고른 것은?

> ㄱ. 해당 생물체의 병원성
> ㄴ. 해당 생물체의 전파방식 및 숙주범위
> ㄷ. 해당 생물체로 인한 질병에 대한 효과적인 예방 및 치료 조치
> ㄹ. 해당 생물체의 유전자 길이

① ㄱ, ㄴ, ㄷ　　② ㄱ, ㄴ, ㄹ
③ ㄱ, ㄷ, ㄹ　　④ ㄴ, ㄷ, ㄹ

85 「유전자변형생물체의 국가간 이동 등에 관한 법률 시행령」에 따른 국가사전승인 대상 연구에 해당하는 유전자변형생물체 개발 · 실험으로 옳지 않은 것은?

① 종명이 명시되지 아니하고 인체위해성 여부가 밝혀지지 아니한 미생물을 이용하여 개발 · 실험하는 경우
② 포장시험 등 환경방출과 관련한 실험을 하는 경우
③ 척추동물에 대하여 몸무게 1kg당 50% 치사독소량(LD_{50})이 0.1μg 이상 100μg 이하인 단백성 독소를 생산할 수 있는 유전자를 이용하는 실험을 하는 경우
④ 국민보건상 국가관리가 필요하다고 보건복지부장관이 고시하는 병원미생물을 이용하여 개발 · 실험하는 경우

86 빈칸 안에 들어갈 말로 옳은 것은?

> 「유전자변형생물체의 국가간 이동 등에 관한 법률 시행령」에 따르면, 생물안전 1, 2등급 연구시설을 설치 · 운영하고자 하는 자는 관계 중앙행정기관의 장에게 (㉠)를 해야/받아야 하고, 인체위해성 관련 생물안전 3, 4등급 연구시설을 설치 · 운영하고자 하는 자는 보건복지부장관에게 (㉡)를 해야/받아야 한다.

	㉠	㉡
①	신 고	신 고
②	신 고	허 가
③	허 가	신 고
④	허 가	허 가

87 **동물교상(물림)에 의한 응급처치 시 고초균(Bacillus Subtilis)에 효력이 있는 항생제를 투여해야 하는 상황으로 옳은 것은?**

① 원숭이에 물린 경우
② 개에 물린 경우
③ 고양이에 물린 경우
④ 래트(Rat)에 물린 경우

88 **감염된 실험동물 또는 유전자변형생물체를 보유한 실험동물의 탈출방지 장치에 대한 설명 및 탈출방지 대책으로 옳지 않은 것은?**

① 동물실험시설에서는 실험동물이 사육실 밖으로 탈출할 수 없도록 모든 사육실 출입구에 실험동물 탈출방지턱을 설치해야 한다.
② 각 동물실험구역과 일반구역 사이의 출입문에 탈출방지턱 또는 기밀문을 설치하여 탈출한 동물이 시설 외부로 유출되지 않도록 한다.
③ 실험동물사육구역, 처치구역 등에 개폐가 가능한 창문을 설치 시 실험동물이 밖으로 탈출할 수 없도록 방충망을 설치해야 한다.
④ 탈출한 실험동물을 발견했을 때에는 즉시 안락사 처리 후 고온고압증기멸균한다(단, 사육 동물 및 연구 특성에 따라 적용조건이 다를 수 있음).

89 **빈칸 안에 들어갈 말로 옳은 것은?**

「유전자변형생물체의 국가간 이동 등에 관한 법률 시행령」에 따르면, LMO 연구시설 안전관리등급 분류에서 (　　)은 사람에게 발병하더라도 치료가 용이한 질병을 일으킬 수 있는 유전자변형생물체와 환경에 방출되더라도 위해가 경미하고 치유가 용이한 유전자변형생물체를 개발하거나 이를 이용하는 실험을 실시하는 시설을 말한다.

① 1등급
② 2등급
③ 3등급
④ 4등급

90 **70% 알코올 소독제로 생물학적 활성 제거가 가능한 대상으로 옳지 않은 것은?**

① 영양세균
② 결핵균
③ 아 포
④ 바이러스

91 **「유전자변형생물체의 국가간 이동 등에 관한 통합고시」에 따른 LMO 연구시설 중 일반 연구시설 출입문 앞에 부착해야 하는 생물안전표지의 필수표시 항목으로 옳지 않은 것은?**

① 유전자변형생물체명
② 시험 · 연구종사자 수
③ 연구시설 안전관리등급
④ 시설관리자의 이름과 연락처

92 **감염성물질 관련 사고 및 신체손상에 관한 응급조치로 옳은 것은?**

① 실험구역 내에서 감염성물질 등이 유출된 경우에는 소독제를 유출부위에 붓고 즉시 닦아내어 감염확산을 막는다.
② 원심분리기가 작동 중인 상황에서 튜브의 파손이 발생되거나 의심되는 경우, 모터를 끄고 즉시 원심분리기 내부에 소독제를 처리하여 감염확산을 막는다.
③ 감염성 물질 등이 눈에 들어간 경우, 즉시 세안기나 눈 세척제를 사용하여 15분 이상 눈을 세척하고, 비비거나 압박하지 않도록 주의한다.
④ 주사기에 찔렸을 경우, 찔린 부위의 보호구를 착용한 채 15분 이상 충분히 흐르는 물 또는 생리식염수에 세척 후 보호구를 벗는다.

93 **연구실 내 감염성 물질 취급 시 에어로졸 발생을 최소화하는 방법으로 옳지 않은 것은?**

① 생물안전작업대 내에서 초음파 파쇄기 사용
② 에어로졸이 발생하기 쉬운 기기를 사용할 시 플라스틱 용기 사용
③ 버킷에 뚜껑(혹은 캡)이 있는 원심분리기 사용
④ 고압증기멸균기 사용

94 **다음 중 생물분야 연구실사고의 효율적 대응을 위해서 비상계획을 수립할 때 가장 우선적으로 수립되어야 할 사항으로 옳은 것은?**

① 해당 시설에서 발생가능한 비상상황에 대한 시나리오 마련
② 비상대응 계획 시 대응에 참여하는 인원들의 역할과 책임 부여
③ 비상대응을 위한 의료기관 지정(병원, 격리시설 등)
④ 비상지휘체계 및 보고체계 마련

95 **감염성물질 유출처리키트(Spill Kit)의 구성품으로 옳지 않은 것은?**

① 긴급의약품
② 개인보호구
③ 유출확산 방지도구
④ 청소도구

96 **빈칸 안에 들어갈 말로 옳은 것은?**

> 「폐기물관리법 시행령」에 따르면 의료폐기물 중에서 주사바늘, 봉합바늘, 수술용 칼날, 한방침, 치과용침, 파손된 유리재질의 시험기구는 (㉠)이라 하며, 폐백신, 폐항암제, 폐화학치료제는 (㉡)이라 한다.

	㉠	㉡
①	손상성폐기물	조직물류폐기물
②	병리계폐기물	생물·화학폐기물
③	손상성폐기물	생물·화학폐기물
④	병리계폐기물	일반의료폐기물

97 **「유전자변형생물체의 국가간 이동 등에 관한 통합고시」에 따른 유전자변형생물체 연구시설 변경신고 사항으로 옳지 않은 것은?**

① 기관의 대표자 및 생물안전관리책임자 변경
② 연구시설의 설치·운영 책임자 변경
③ 연구시설 내 사용 동물 종 변경
④ 연구시설의 내역 및 규모 변경

98 **물리적 밀폐 확보에 관한 설명으로 옳지 않은 것은?**

① 밀폐는 미생물 및 감염성 물질 등을 취급 · 보존하는 실험 환경에서 이들을 안전하게 관리하는 방법을 확립하는 데 있어 기본적인 개념이다.
② 밀폐의 목적은 시험 연구종사자, 행정직원, 지원직원(시설관리 용역 등) 등 기타 관계자 그리고 실험실과 외부 환경 등이 잠재적 위해 인자 등에 노출되는 것을 줄이거나 차단하기 위함이다.
③ 밀폐의 3가지 핵심 요소는 안전시설, 안전장비, 연구실 준수사항 · 안전관련 기술이다.
④ 감염성 에어로졸의 노출에 의한 감염 위험성이 클 경우에는 미생물이 외부환경으로 방출되는 것을 방지하기 위해서 일차적 밀폐를 사용할 수 없고, 이차적 밀폐가 요구된다.

99 **「폐기물관리법 시행규칙」에 따른 의료폐기물 전용용기 및 포장의 바깥쪽에 표시해야 하는 취급 시 주의사항 항목으로 옳지 않은 것은?**

① 배출자
② 종류 및 성질과 상태
③ 사용개시 연월일
④ 부 피

100 **〈보기〉에서 「폐기물관리법 시행규칙」에 따른 의료폐기물의 처리에 관한 기준 및 방법으로 옳은 것을 모두 고른 것은?**

ㄱ. 한 번 사용한 전용용기는 소독 또는 멸균 후 다시 사용할 수 있다.
ㄴ. 손상성폐기물 처리 시 합성수지류 상자형 용기를 사용한다.
ㄷ. 합성수지류 상자형 의료폐기물 전용용기에는 다른 종류의 의료폐기물을 혼합하여 보관할 수 없다.
ㄹ. 봉투형 용기에 담은 의료폐기물의 처리를 위탁하는 경우에는 상자형 용기에 다시 담아 위탁하여야 한다.

① ㄱ, ㄴ
② ㄱ, ㄷ
③ ㄴ, ㄹ
④ ㄷ, ㄹ

101 누전차단기를 설치하는 목적으로 옳은 것은?

① 전기기계 · 기구를 보호하기 위해서 설치한다.
② 인체의 감전을 예방하기 위해서 설치한다.
③ 전기회로를 분리하기 위해서 설치한다.
④ 스위치 작동을 점검하기 위해서 설치한다.

102 다음 중 공기 중에서 폭발범위의 상한계와 하한계의 차이가 가장 큰 가스로 옳은 것은?

① 메탄(CH_4)
② 일산화탄소(CO)
③ 아세틸렌(C_2H_2)
④ 암모니아(NH_3)

103 「위험물안전관리법 시행규칙」에 따른 제4류 위험물과 혼재가 가능한 위험물로 옳지 않은 것은?(단, 각 위험물의 수량은 지정수량의 2배수임)

① 제2류 위험물
② 제3류 위험물
③ 제5류 위험물
④ 제6류 위험물

104 〈그림〉의 상황에서 발생할 수 있는 위험으로 옳은 것은?

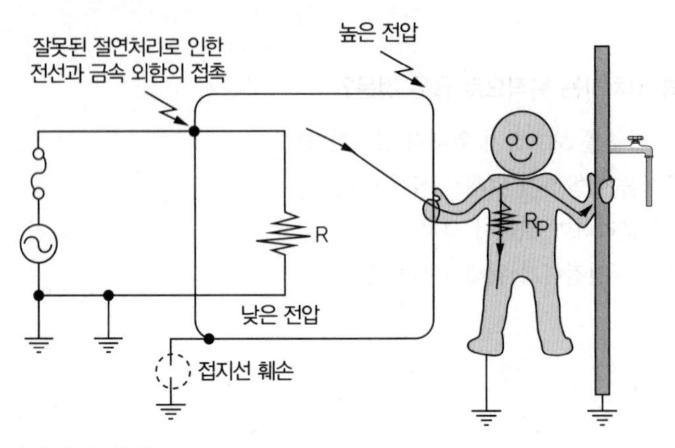

① 접촉자의 심실세동 발생
② 주변 인화물질의 화재발생
③ 사용기기의 열화
④ 사용기기의 절연파괴

105 〈그림〉에 해당하는 접지방식으로 옳은 것은?

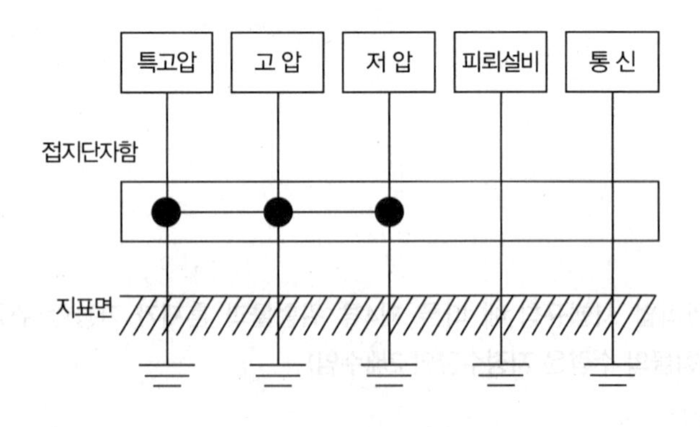

① 단독접지
② 공통접지
③ 통합접지
④ 보호접지

106 빈칸 안에 들어갈 숫자로 옳은 것은?

> 사용전압이 저압인 전로의 절연성능 시험에서 전로의 사용전압이 380V인 경우, 전로의 전선 상호간 및 전로와 대지 사이의 절연저항은 (   )MΩ 이상이어야 한다(단, 전기설비기술 기준에 준함).

① 0.2 ② 0.3
③ 0.5 ④ 1.0

107 위험물관리법령에서 정한 위험물에 관한 설명으로 옳지 않은 것은?

① 나트륨은 공기 중에 노출되면 화재의 위험이 있으므로 물 속에 저장하여야 한다.
② 철분, 마그네슘, 금속분의 화재 시 건조사, 팽창질석 등으로 소화한다.
③ 인화칼슘은 물과 반응하여 유독성의 포스핀(PH_3) 가스가 발생하므로 물과의 접촉을 피하도록 한다.
④ 제1류 위험물은 가열, 충격, 마찰 시 산소가 발생하므로 가연물과의 접촉을 피하도록 한다.

108 연구실 전기누전으로 인한 누전화재의 3요소로 옳지 않은 것은?

① 출화점 ② 접지점
③ 누전점 ④ 접촉점

109 빈칸 안에 들어갈 말로 옳은 것은?

> 220V 전압에 접촉된 사람의 인체저항을 1,000Ω이라고 할 때, 인체의 통전전류는 (㉠)mA이며, 위험성 여부는 (㉡)이다(단, 통전경로 상의 기타 저항은 무시하며 통전시간은 1초로 함).

	㉠	㉡
①	10	안 전
②	45	안 전
③	100	위 험
④	220	위 험

110 **정전기 대전에 관한 설명으로 옳지 않은 것은?**

① 마찰대전은 두 물체의 마찰에 의한 접촉위치의 이동으로 접촉과 분리의 과정을 거쳐 전하의 분리 및 재배열에 의한 정전기가 발생하는 현상이다.
② 유동대전은 액체류가 배관 등을 흐르면서 고체와의 접촉으로 정전기가 발생하는 현상이다.
③ 충돌대전은 입자와 고체와의 충돌에 의해 빠른 접촉 분리가 일어나면서 정전기가 발생하는 현상이다.
④ 박리대전은 분체류와 액체류 등이 작은 구멍으로 분출될 때 물질의 분자 충돌로 정전기가 발생하는 현상이다.

111 **빈칸 안에 들어갈 말로 옳은 것은?**

( )는 건축물의 실내에서 화재 발생 시 산소공급이 원활하지 않아 불완전연소인 훈소상태가 지속될 때 외부에서 갑자기 유입된 신선한 공기로 인하여 강한 폭발로 이어지는 현상을 말한다.

① 플래시오버(Flash Over)
② 백드래프트(Back Draft)
③ 굴뚝효과
④ 스모크오버(Smoke Over)

112 **「산업안전보건 기준에 관한 규칙」에서 규정하는 안전전압으로 옳은 것은?**

① 20V ② 30V
③ 50V ④ 60V

113 **빈칸 안에 들어갈 말로 옳은 것은?**

피난기구의 화재안전기준에 따르면, ( )는 포지 등을 사용하여 자루형태로 만든 것으로서 화재 시 사용자가 그 내부에 들어가서 내려옴으로써 대피할 수 있는 기구를 말한다.

① 완강기 ② 구조대
③ 미끄럼대 ④ 승강식피난기

114 **빈칸 안에 들어갈 숫자로 옳은 것은?**

> 정전기에 대전된 두 물체 사이의 극간 정전용량이 10㎌이고, 주변에 최소착화에너지가 0.2mJ인 폭발한계에 도달한 메탄가스가 있다면 착화한계 전압은 (　　)V이다.

① 6,325　　② 5,225
③ 4,125　　④ 3,135

115 **전기에 대한 절연성이 우수하여 전기화재의 소화에 적합하며, 질식소화가 주된 소화작용인 소화약제로 옳은 것은?**

① 포
② 강화액
③ 이산화탄소
④ 할 론

116 **「화재예방, 소방시설 설치 · 유지 및 안전관리에 관한 법률 시행령」에 따른 소방시설 중 소화설비로 옳지 않은 것은?**

① 자동확산 소화기
② 옥내소화전설비
③ 상수도 소화용수설비
④ 캐비닛형 자동소화장치

117 **빈칸 안에 들어갈 말로 옳은 것은?**

> 소화기구 및 자동소화장치의 화재안전기준에 따르면, 주방에서 동식물유류를 취급하는 조리기구에서 일어나는 화재에 대한 소화기의 적응 화재별 표시는 (　　)로 표시한다.

① A　　② B
③ C　　④ K

118 〈보기〉를 통전경로별 위험도가 높은 것부터 순서대로 나열한 것은?

ㄱ. 오른손 - 가슴
ㄴ. 왼손 - 가슴
ㄷ. 왼손 - 등
ㄹ. 양손 – 양발

① ㄱ → ㄴ → ㄷ → ㄹ
② ㄱ → ㄴ → ㄹ → ㄷ
③ ㄴ → ㄱ → ㄷ → ㄹ
④ ㄴ → ㄱ → ㄹ → ㄷ

119 자동화재탐지설비의 구성요소 중 열감지기로 옳지 않은 것은?

① 보상식 스포트형감지기
② 이온화식 스포트형감지기
③ 정온식 스포트형감지기
④ 차동식 스포트형감지기

120 빈칸 안에 들어갈 숫자로 옳은 것은?

옥내소화전설비 화재안전기준 중 설치기준에 따르면, 옥내소화전설비의 방수구는 바닥으로부터의 높이가 (　　)m 이하가 되도록 해야 한다.

① 0.5
② 1.0
③ 1.5
④ 2.0

121 「화학물질의 분류·표시 및 물질안전보건자료에 관한 기준」에 따른 화학물질 경고표지의 기재항목으로 옳지 않은 것은?

① 신호어
② 그림문자
③ 법적규제 현황
④ 예방조치 문구

122 인간공학에 관한 설명으로 옳지 않은 것은?

① 인간중심의 설계 방법을 말한다.
② 작업자를 일에 맞추려는 노력을 하는 방식이다.
③ 인간의 특성과 한계를 고려한 설계를 말한다.
④ 편리성, 안전성, 효율성 등을 고려한 환경 구축을 하는 방식이다.

123 「산업안전보건기준에 관한 규칙」에 따른 근골격계질환 예방관리 프로그램을 수립해야 하는 경우로 옳지 않은 것은?

① 근골격계 질환을 업무상 질병으로 인정받은 근로자가 연간 10명 이상 발생한 사업장으로서 발생 비율이 그 사업장 근로자 수의 10퍼센트 이상인 경우
② 근골격계질환 예방과 관련하여 노사 간 이견이 지속되는 사업장으로서 고용노동부장관이 필요하다고 인정하여 근골격계질환 예방관리 프로그램을 수립하여 시행할 것을 명령한 경우
③ 근골격계질환을 업무상 질병으로 인정받은 근로자가 5명 이상 발생한 사업장으로서 발생비율이 그 사업장 근로자 수의 10퍼센트 이상인 경우
④ 근골격계질환 예방을 위한 근골격계부담작업 유해요인조사 결과 개선사상이 전체 공정의 10퍼센트 이상인 경우

124 **직무스트레스에 의한 건강장해 예방조치 사항으로 옳지 않은 것은?**

① 작업환경 · 작업내용 · 근로시간 등 직무스트레스 요인에 대하여 평가하고 근로시간 단축, 장 · 단기 순환작업 등의 개선대책을 마련하여 시행할 것

② 작업량 · 작업일정 등 작업계획 수립 시 해당 관리감독자의 의견을 반영할 것

③ 작업과 휴식을 적절하게 배분하는 등 근로시간과 관련된 근로조건을 개선할 것

④ 뇌혈관 및 심장질환 발병위험도를 평가하여 금연, 고혈압 관리 등 건강증진 프로그램을 시행할 것

125 **빈칸 안에 들어갈 말로 옳은 것은?**

( )은/는 신체적 조건이나 정신적 능력이 낮은 사용자라 하더라도 사고를 낼 확률을 낮게 설계해주는 디자인을 말한다.

① 풀프루프(Fool Proof)

② 페일세이프(Fail Safe)

③ 피드백(Feedback)

④ 록아웃(Lock Out)

126 **「연구실 사전유해인자위험분석 실시에 관한 지침」에 따른 연구활동별 유해인자위험분석 보고서에 포함되는 화학물질의 기본정보로 옳지 않은 것은?**

① 보유수량(제조연도)

② NFPA 지수

③ 필요보호구

④ 화학물질의 유별 및 성질(1~6류)

127 「연구실 안전점검 및 정밀안전진단에 관한 지침」에서 규정하는 연구실 일상점검표의 일반안전 점검 내용으로 옳지 않은 것은?

① 연구활동종사자 건강상태
② 연구실 정리정돈 및 청결상태
③ 연구실내 흡연 및 음식물 섭취 여부
④ 안전수칙, 안전표지, 개인보호구, 구급약품 등 실험장비(흄 후드 등) 관리 상태

128 연구실에 부착하는 안전정보표지에 대한 설명으로 옳지 않은 것은?

① 안전정보표지를 연구실 출입문 밖에 부착하여 연구실 내로 들어오는 출입자에게 경고의 의미를 부여해야 한다.
② 각 실험정비의 특성에 따른 안전표지를 부착해야 한다.
③ 연구실에서 자체적으로 반제품용기나 작은 용기에 화학물질을 소분하여 사용하는 경우에는 안전정보표지(경고표지)를 생략할 수 있다.
④ 각 실험 기구 보관함에 보관 물질 특성에 따라 안전표지를 부착해야 한다.

129 빈칸 안에 들어갈 말로 옳은 것은?

( )은/는 우리나라 화학물질 노출 기준 중 '1회 15분간의 시간가중평균 노출값'을 의미한다.

① IARC
② TLV-STEL
③ TLV-C
④ NFPA

최신기출

130 연구실 화학물질 관리 방법으로 옳지 않은 것은?

① 빛에 민감한 화학약품은 갈색 병, 불투명 용기에 보관한다.
② 후드 안에 화학약품을 저장한다.
③ 공기 및 습기에 민감한 화학약품은 2중 병에 보관하고, 독성 화학약품은 캐비닛에 저장하고 캐비닛을 잠근다.
④ 화학약품을 혼합하여 저장하면 위험하므로 혼합하여 보관하지 않는다.

131 **생명이나 건강에 즉각적인 위험을 초래할 수 있는 농도(IDLH) 이상의 환경에서 사용할 수 있는 호흡보호구로 옳지 않은 것은?**

① 송기마스크
② 호스마스크
③ 방진마스크
④ 공기호흡기

132 **개인보호구 관리방법에 대한 설명으로 옳지 않은 것은?**

① 개인보호구는 사용 전에 육안점검을 통해 이상여부를 확인해야 한다.
② 개인보호구는 연구활동종사자가 쉽게 찾을 수 있는 장소에 비치해야 한다.
③ 개인보호구는 다른 사용자와 공유해서 사용해서는 안 된다.
④ 개인보호구 중 방독마스크는 보관유효기간이 없으므로 개봉하지 않는 이상 계속 보관할 수 있다.

133 **빈칸 안에 들어갈 말로 옳은 것은?**

( )은/는 원인 차원에서의 휴먼에러 분류(Rasmussen, 1983) 중 추론 혹은 유추 과정에서 실패해 오답을 찾는 경우의 에러를 말한다.

① 실수(Slips)
② 착오(Mistake)
③ 건망증(Lapse)
④ 위반(Violation)

134 **자연환기에 대한 설명으로 옳지 않은 것은?**

① 효율적인 자연환기는 에너지 비용을 최소화할 수 있다.
② 외부 기상조건과 내부 작업조건에 따라 환기량이 일정하지 않다.
③ 정확한 환기량 예측자료를 구하기가 쉽다.
④ 소음 발생이 적다.

135 **국소배기장치를 적용할 수 있는 상황으로 옳지 않은 것은?**

① 유해물질의 발생주기가 균일하지 않은 경우
② 유해물질의 독성이 강하고, 발생량이 많은 경우
③ 유해물질의 발생원이 작업자가 근무하는 장소에서 멀리 떨어져 있는 경우
④ 유해물질의 발생원이 고정되어 있는 경우

136 **「연구실 안전점검 및 정밀안전진단에 관한 지침」에 따른 유해인자별 취급 및 관리대장 작성 시 반드시 포함해야 할 사항으로 옳지 않은 것은?**

① 물질명(장비명)
② 보관장소
③ 사용용도
④ 취급 유의사항

최신기출

137 **환기시설 설치 · 운영 및 관리 중 후드 설치 시 주의사항에 대한 설명으로 옳지 않은 것은?**

① 후드의 형태와 크기 등 구조는 후드에서 유입손실이 최소화되도록 해야 한다.
② 작업자의 호흡위치가 오염원과 후드 사이에 위치해야 한다.
③ 작업에 방해를 주지 않는 한 포위식 후드를 설치하는 것이 좋다.
④ 후드가 유해물질 발생원 가까이에 위치해야 한다.

138 후드의 제어속도를 결정하는 인자로 옳지 않은 것은?

① 후드의 모양
② 덕트의 재질
③ 오염물질의 종류 및 확산상태
④ 작업장 내 기류

139 〈보기〉를 국소배기장치의 설계 순서대로 나열한 것으로 옳은 것은?

ㄱ. 반송속도를 정하고 덕트의 직경을 정한다. ㄴ. 송풍기를 선정한다. ㄷ. 후드를 설치하는 장소와 후드의 형태를 결정한다. ㄹ. 제어속도를 정하고 필요송풍량을 계산한다. ㅁ. 덕트를 배치 · 설치할 장소를 정한다. ㅂ. 공기정화장치를 선정하고 덕트의 압력손실을 계산한다.

① ㄷ → ㄱ → ㅁ → ㄹ → ㅂ → ㄴ
② ㄷ → ㄹ → ㄱ → ㅁ → ㅂ → ㄴ
③ ㄷ → ㅁ → ㄹ → ㅂ → ㄱ → ㄴ
④ ㄷ → ㄹ → ㅁ → ㄱ → ㅂ → ㄴ

140 환기시설 설치 · 운영 및 관리 중 흄 후드의 설치 및 운영기준에 대한 설명으로 옳지 않은 것은?

① 후드 안에 머리를 넣지 말아야 한다.
② 콘센트나 다른 스파크가 발생할 수 있는 원천은 후드 내에 두지 않아야 한다.
③ 입자상 물질은 최소 면속도 0.4m/sec 이상, 가스상 물질은 최소 면속도 0.7m/sec 이상으로 유지한다.
④ 후드 내부를 깨끗하게 관리하고, 후드 안의 물건은 입구에서 최소 15cm 이상 떨어져있어야 한다.

정답 및 해설

1과목 연구실 안전관련법령

01	02	03	04	05	06	07	08	09	10
①	③	②	①	④	①	②	④	④	④
11	12	13	14	15	16	17	18	19	20
②	②	②	③	①	②	④	④	모두정답	①

01 정답 ①

연구실안전관리위원회의 구성 및 운영(연구실안전법 시행규칙 제5조 제1항)

연구실안전관리위원회는 위원장 1명을 포함한 15명 이내의 위원으로 구성한다.

02 정답 ③

중대연구실사고 등의 보고 및 공표(연구실안전법 시행규칙 제14조 제2항)

연구주체의 장은 연구활동종사자가 의료기관에서 3일 이상의 치료가 필요한 생명 및 신체상의 손해를 입은 연구실사고가 발생한 경우에는 사고가 발생한 날부터 1개월 이내에 연구실사고 조사표를 작성하여 과학기술정보통신부장관에게 보고해야 한다.

03 정답 ②

연구실안전심의위원회의 구성 및 운영(연구실안전법 시행령 제5조 제5항)

심의위원회의 회의는 정기회의와 임시회의로 구분하며, 다음의 구분에 따라 개최한다.

1. 정기회의 : 연 2회
2. 임시회의 : 위원장이 필요하다고 인정할 때 또는 재적위원 3분의 1 이상이 요구할 때

04 정답 ①

안전점검지침 및 정밀안전진단지침의 작성(연구실안전법 시행령 제9조)

과학기술정보통신부장관이 작성하는 안전점검지침 및 정밀안전진단지침에는 다음의 사항이 포함되어야 한다.

1. 안전점검 · 정밀안전진단 실시 계획의 수립 및 시행에 관한 사항
2. 안전점검 · 정밀안전진단을 실시하는 자의 유의사항
3. 안전점검 · 정밀안전진단의 실시에 필요한 장비에 관한 사항
4. 안전점검 · 정밀안전진단의 점검대상 및 항목별 점검방법에 관한 사항
5. 안전점검 · 정밀안전진단 결과의 자체평가 및 사후조치에 관한 사항
6. 그 밖에 연구실의 기능 및 안전을 유지 · 관리하기 위하여 과학기술정보통신부장관이 필요하다고 인정하는 사항

05 정답 ④

건강검진의 실시 등(연구실안전법 시행규칙 제11조 제4항)

연구주체의 장은 법 유해인자를 취급하는 연구활동종사자에 대하여 특수건강검진을 실시해야 한다. 다만, 「산업안전보건법 시행규칙」 제146조에 따른 임시 작업과 단시간 작업을 수행하는 연구활동종사자(발암성 물질, 생식세포 변이원성 물질, 생식독성 물질을 취급하는 연구활동종사자는 제외한다)에 대해서는 특수건강검진을 실시하지 않을 수 있다.

06 정답 ①

안전관리 우수연구실 인증신청 등(연구실안전법 시행규칙 제18조 제1항)

안전관리 우수연구실 인증을 받으려는 연구주체의 장은 인증신청서에 다음의 서류를 첨부하여 과학기술정보통신부장관에게 제출해야 한다.

1. 기업부설연구소 또는 연구개발전담부서의 경우에는 인정서 사본
2. 연구활동종사자 현황
3. 연구과제 수행 현황
4. 연구장비, 안전설비 및 위험물질 보유 현황
5. 연구실 배치도
6. 연구실 안전환경 관리체계 및 연구실 안전환경 관계자의 안전의식 확인을 위해 필요한 서류

07 정답 ②

안전점검의 실시 등(연구실안전법 시행령 제10조 제1항)

안전점검의 종류 및 실시시기는 다음의 구분에 따른다.

1. 일상점검 : 직접 눈으로 확인하는 점검으로서 연구활동 시작 전에 매일 1회 실시
2. 정기점검 : 안전점검기기를 이용하여 실시하는 세부적인 점검으로서 매년 1회 이상 실시
3. 특별안전점검 : 폭발사고 · 화재사고 등 연구활동종사자의 안전에 치명적인 위험을 야기할 가능성이 있을 것으로 예상되는 경우에 실시하는 점검으로서 연구주체의 장이 필요하다고 인정하는 경우에 실시

08 정답 ④

연구실책임자의 지정(연구실안전법 시행령 제7조)

연구주체의 장은 다음의 요건을 모두 갖춘 사람 1명을 연구실책임자로 지정해야 한다.

1. 대학 · 연구기관 등에서 연구책임자 또는 조교수 이상의 직에 재직하는 사람일 것
2. 해당 연구실의 연구활동과 연구활동종사자를 직접 지도 · 관리 · 감독하는 사람일 것
3. 해당 연구실의 사용 및 안전에 관한 권한과 책임을 가진 사람일 것

09 정답 ④

연구실안전관리위원회의 구성 및 운영(연구실안전법 시행규칙 제5조)

위원회의 위원은 연구실안전환경관리자와 다음의 사람 중에서 연구주체의 장이 지명하는 사람으로 한다.

1. 연구실책임자
2. 연구활동종사자
3. 연구실 안전 관련 예산 편성 부서의 장
4. 연구실안전환경관리자가 소속된 부서의 장

10 정답 ④

중대연구실사고 등의 보고 및 공표(연구실안전법 시행규칙 제14조 제3항)

연구주체의 장은 연구실사고의 발생 현황을 대학 · 연구기관 등 또는 연구실의 인터넷 홈페이지나 게시판 등에 공표해야 한다.

11 정답 ②

연구활동종사자 교육 · 훈련의 시간 및 내용(연구실안전법 시행규칙 별표3)

- 신규 교육 · 훈련
  - 정기적으로 정밀안전진단을 실시해야 하는 연구실에 신규로 채용된 연구활동종사자 : 채용 후 6개월 이내에 8시간 이상
  - 정기적으로 정밀안전진단을 실시해야 하는 연구실이 아닌 연구실에 신규로 채용된 연구활동종사자 : 채용 후 6개월 이내에 4시간 이상
  - 대학생, 대학원생 등 연구활동에 참여하는 연구활동종사자 : 연구활동 참여 후 3개월 이내에 2시간 이상

※ 문제오류로 정답이 ②이 되려면 문제에 정밀안전진단 대상 연구실에 채용되었다는 단서가 있어야 한다.

12 정답 ②

사전유해인자위험분석(연구실안전법 시행령 제15조 제1항)

연구실책임자는 다음의 순서로 사전유해인자위험분석을 실시해야 한다.

1. 해당 연구실의 안전 현황 분석
2. 해당 연구실의 유해인자별 위험 분석
3. 연구실안전계획 수립
4. 비상조치계획 수립

13 정답 ②

사고조사반의 구성 및 운영(연구실안전법 시행령 제18조 제5항)

사고조사반의 활동과 관련하여 규정한 사항 외에 사고조사반의 구성 및 운영에 필요한 사항은 과학기술정보통신부장관이 정한다.

14 정답 ③

안전관리자(고압가스법 제15조 제3항)

안전관리자를 선임한 자는 안전관리자를 선임 또는 해임하거나 안전관리자가 퇴직한 경우에는 지체 없이 이를 허가관청 · 신고관청 · 등록관청 또는 신고를 받은 관청에 신고하고, 해임 또는 퇴직한 날부터 30일 이내에 다른 안전관리자를 선임하여야 한다. 다만, 그 기간 내에 선임할 수 없으면 허가관청 · 신고관청 · 등록관청 또는 사용신고관청의 승인을 받아 그 기간을 연장할 수 있다.

15 정답 ①

사전유해인자위험분석의 실시(연구실안전법 제19조 제2항)

연구실책임자는 사전유해인자위험분석 결과를 연구주체의 장에게 보고하여야 한다.

16 정답 ②

건강검진의 실시 등(연구실안전법 시행규칙 제11조 제2항)

일반건강검진은 건강검진기관 또는 특수건강진단기관에서 1년에 1회 이상 다음의 검사를 포함하여 실시해야 한다.

1. 문진과 진찰
2. 혈압, 혈액 및 소변 검사
3. 신장, 체중, 시력 및 청력 측정
4. 흉부방사선 촬영

17 정답 ④

연구실 안전관리 및 연구실사고 예방 업무 수행은 연구실안전관리담당자의 업무이다.

연구실안전환경관리자 지정 및 업무 등(연구실안전법 시행령 제8조 제4항)

연구실안전환경관리자의 업무는 다음과 같다.

1. 안전점검 · 정밀안전진단 실시 계획의 수립 및 실시
2. 연구실 안전교육계획 수립 및 실시
3. 연구실사고 발생의 원인조사 및 재발 방지를 위한 기술적 지도 · 조언
4. 연구실 안전환경 및 안전관리 현황에 관한 통계의 유지 · 관리
5. 안전관리규정을 위반한 연구활동종사자에 대한 조치의 건의
6. 그 밖에 안전관리규정이나 다른 법령에 따른 연구시설의 안전성 확보에 관한 사항

18 정답 ④

정밀안전진단의 실시 등(연구실안전법 시행령 제11조 제3항)

정기적으로 정밀안전진단을 실시해야 하는 연구실은 2년마다 1회 이상 정기적으로 정밀안전진단을 실시해야 한다.

19 정답 모두정답

정의(연구실안전법 제2조 제13호)

중대연구실사고란 연구실사고 중 손해 또는 훼손의 정도가 심한 사고로서 사망사고 등 과학기술정보통신부령으로 정하는 사고를 말한다.

중대연구실사고의 정의(연구실안전법 시행규칙 제2조)

중대연구실사고란 연구실에서 발생하는 다음의 어느 하나에 해당하는 사고를 말한다.

- 사망자 또는 과학기술정보통신부장관이 정하여 고시하는 후유장해 1급부터 9급까지에 해당하는 부상자가 1명 이상 발생한 사고
- 3개월 이상의 요양이 필요한 부상자가 동시에 2명 이상 발생한 사고
- 3일 이상의 입원이 필요한 부상을 입거나 질병에 걸린 사람이 동시에 5명 이상 발생한 사고
- 연구실의 중대한 결함으로 인한 사고

※ 문제 오류로 만든 보기가 중대연구실사고에 해당한다.

20 정답 ①

정의(연구실안전법 제2조)

10. 안전점검이란 연구실 안전관리에 관한 경험과 기술을 갖춘 자가 육안 또는 점검기구 등을 활용하여 연구실에 내재된 유해인자를 조사하는 행위를 말한다.
11. 정밀안전진단이란 연구실사고를 예방하기 위하여 잠재적 위험성의 발견과 그 개선대책의 수립을 목적으로 실시하는 조사 · 평가를 말한다.

2과목 연구실 안전관리 이론 및 체계

21	22	23	24	25	26	27	28	29	30
④	④	③	①	③	③	②	③	③	①
31	32	33	34	35	36	37	38	39	40
③	④	①	①	①	③	②	③,④	④	②

21

정답 ④

하드웨어는 유형적 요소, 소프트웨어는 무형적 요소, 환경은 환경적 요소이다.

22

정답 ④

매슬로우(Maslow)의 욕구단계이론에 의하면 3단계는 사회적 욕구로 사랑, 사회 소속감 추구 욕구 등이 해당된다. 존경 욕구는 4단계, 안전의 욕구는 2단계, 자아 실현의 욕구는 5단계에 해당한다.

23

정답 ③

인간의 의식수준은 뇌파의 활성화 정도에 따라 0단계부터 4단계까지 나눌 수 있다. 0단계의 의식모드는 무의식, 1단계는 몽롱함, 2단계는 편안함, 3단계는 집중력 유지, 4단계는 긴장과 불안이다. 숙면을 취하고 깨어난 상태는 1단계인 '몽롱함'이다.

24

정답 ①

안전 관련 예산의 배정(연구실안전법 시행규칙 제13조)

연구주체의 장은 연구과제 수행을 위한 연구비를 책정할 때 그 연구과제 인건비 총액의 1퍼센트 이상에 해당하는 금액을 안전 관련 예산으로 배정해야 한다.

25

정답 ③

연구실안전정보시스템의 구축 · 운영 등(연구실안전법 시행령 제6조 제1항)

과학기술정보통신부장관은 연구실안전정보시스템을 구축하는 경우 다음의 정보를 포함해야 한다.

1. 대학 · 연구기관 등의 현황
2. 분야별 연구실사고 발생 현황, 연구실사고 원인 및 피해 현황 등 연구실사고에 관한 통계
3. 기본계획 및 연구실 안전 정책에 관한 사항
4. 연구실 내 유해인자에 관한 정보
5. 안전점검지침 및 정밀안전진단지침
6. 안전점검 및 정밀안전진단 대행기관의 등록 현황
7. 안전관리 우수연구실 인증 현황
8. 권역별연구안전지원센터의 지정 현황
9. 연구실안전환경관리자 지정 내용 등 법 및 이 영에 따른 제출 · 보고 사항
10. 그 밖에 연구실 안전환경 조성에 필요한 사항

26 정답 ③

연구실 안전점검 및 정밀안전진단에 관한 지침 제17조에 따르면 일상점검표는 1년, 정기점검, 특별안전점검, 정밀안전진단 결과보고서, 노출도평가 결과보고서는 3년 이상 보존 · 관리해야 한다.

27 정답 ②

안전관리 우수연구실 인증제(연구실안전법 제28조 제3항)

과학기술정보통신부장관은 인증을 받은 자가 다음의 어느 하나에 해당하면 인증을 취소할 수 있다. 다만, 제1호에 해당하는 경우에는 인증을 취소하여야 한다.

1. 거짓이나 그 밖의 부정한 방법으로 인증을 받은 경우
2. 정당한 사유 없이 1년 이상 연구활동을 수행하지 않은 경우
3. 인증서를 반납하는 경우
4. 인증 기준에 적합하지 아니하게 된 경우

28 정답 ③

연구실 안전환경 시스템분야의 인증심사 세부항목은 '운영법규 등 검토, 목표 및 추진계획, 조직 및 업무분장, 사전유해인자위험분석, 교육 및 훈련 · 자격 등, 의사소통 및 정보제공, 문서화 및 문서관리, 비상 시 대비 · 대응 관리 체계, 성과측정 및 모니터링, 시정조치 및 예방조치, 내부심사, 연구주체의 장의 검토 여부'이다. 연구실 환경 · 보건 관리는 연구실 안전환경 활동 수준분야 인증심사 세부항목이다.

29 정답 ③

연구개발활동안전분석(R&D Safety Analysys)은 연구개발활동을 주요 단계로 구분하여 단계별 유해인자를 파악하고 유해인자의 제거, 최소화 및 사고를 예방하기 위한 대책을 마련하는 기법이다.

30 정답 ①

지름길 반응은 지나가야 할 길이 있음에도 불구하고, 가급적 가까운 길을 걸어 빨리 목적장소에 도달하려고 하는 행동이다. 접근 제한을 무시하고 빠른 길로 가려다 발생한 사고, 골무가 없어서 손수건으로 대체하려다 발생한 사고는 모두 지름길 반응에 해당한다.

31 정답 ③

위험성의 크기가 허용 가능한 범위인지 여부를 판단하는 것은 위험성 추정이 아니라 위험성 결정이다. 위험성 추정은 부상 또는 질병으로 이어질 수 있는 가능성과 중대성을 추정하여 크기를 산출하는 것이다.

32 정답 ④

FTA(Fault Tree Analysis)는 위험성분석기법 중 정상사상을 설정하고, 하위 사고의 원인을 찾아가는 연역적 분석기법이다.

33 정답 ①

재발방지대책은 사고의 원인을 확실하게 규명하여 동종 · 유사사고가 재발하지 않도록 예방하는 데 근본 목적이 있다. 따라서 '위험의 제거'가 가장 우선순위가 높으며, 위험회피, 자기방호, 사고확대 방지 순으로 진행되어야 한다.

34 정답 ①

교육의 종류에는 지식교육, 기능교육, 태도교육, 문제해결교육, 추후지도교육 등이 있다. 그 중 문제해결교육은 어떠한 문제를 능숙하게 해결하는 방법으로 종합능력을 육성하는 것이다.

② 지식교육 : 지식을 전달하는 것이다.

③ 기술교육 : 안전기술을 습득하는 것이다.

④ 태도교육 : 어떤 일을 대하는 마음가짐을 가르치는 것이다.

35 정답 ①

〈보기〉의 설명에 해당하는 교육 기법은 실습법이다.

② 시청각교육 : 시청각적 교육 매체를 교육과정에 통합시켜 적절하게 활용함으로써 학습효과를 높이는 교육방법이다.

③ 토의법 : 참가자가 자주적이고, 적극적이며, 교육내용을 참가자 전원에게 주의시키기 쉽다.

④ 프로젝트법 : 교사가 학습자에게 일방적으로 지식을 제공하거나 행동 지침을 제공하는 것이 아니라 어떠한 프로젝트나 미션을 제공하여 그것을 진행하는 과정에서 학생에게 학습이 일어나게 하는 교수 방법이다.

36 정답 ③

지식교육의 진행과정은 도입 → 제시 → 적용 → 확인 순으로 이루어진다.

- 도입 : 교육의 목적, 목표 습득
- 제시 : 재해요인의 발견 · 개선 · 제거방법
- 적용(실습) : 토의, 토론, 실습
- 확인 : 실천사항 확인, 일상의 각오

37 정답 ②

태도교육은 행동을 습관화시키는 교육으로, 태도교육의 효과는 시험이나 실습을 통해 확인할 수 없다.

38 정답 ③, ④

스위스 치즈 모델(Swiss Cheese Model)은 제임스 리즌(James Reasen)이 1990년에 제시한 사고원인과 결과에 대한 모형이론이론으로, 하인리히의 도미노이론이 인적요인을 강조했다면 스위스 치즈 모델은 인적요인보다 조직적 요인을 강조하였다. 스위스 치즈 모델은 조직의 문제, 감독의 문제, 불안전 행위의 유발조건, 불안전 행위로 구성된다.

39 정답 ④

하비(Harvey)의 안전대책 중 기술적 대책은 설계 시 안전 고려, 작업환경 개선, 설비 개선 등이 있다. 적합한 기준 설정은 관리적(Enforcement) 대책에 해당한다.

40 정답 ②

태도의 불량은 이성적 교육 전에 해결되어야 한다.

41	42	43	44	45	46	47	48	49	50
②	②	③	③	①	③	③	④	②	③
51	52	53	54	55	56	57	58	59	60
①	④	②	①	③	③	①,③	④	④	③

41

정답 ②

암모니아는 가연성, 독성, 부식성의 성질을 모두 가지고 있다. 아르곤은 압축성 · 불연성, 염소는 부식성 · 조연성 · 독성, 수소는 압축성 · 가연성의 성질을 가지고 있다.

42

정답 ②

압축가스의 경우 상용의 온도에서 압력이 1MPa 이상이면 고압가스로 분류하므로, ④는 산소를 완전기체로 가정하고 보일샤를의 법칙에 의해 −40℃를 35℃로 환산했을 때 압력이 1MPa 이상일 경우 고압가스이다.

P_2 + 대기압 = (P_1 + 대기압) × $T_2 \div T_1$이므로

$P_2 = (P_1 + 0.1033)\text{MPa} \times (T_2 \div T_1) - 0.1033$

$= (0.9 + 0.1033) \times (273 + 35) \div (273 - 40) - 0.1033$

$\fallingdotseq 1.223\text{MPa}$

따라서 ④는 고압가스이며, 같은 법칙에 의해 환산했을 때 ②는 고압가스가 아님을 확인할 수 있다.

더 알아보기

고압가스 기준

- 고압압축가스 : 상용온도에서 압력이 1MPa 이상, 35℃에서 압력이 1MPa 이상
- 고압액화가스 : 상용온도에서 압력이 0.2MPa 이상, 0.2MPa이 되는 경우의 온도가 35℃ 이하
- 용해가스 : 15℃에서 압력이 0Pa를 초과하는 아세틸렌가스, 35℃에서 압력이 0Pa를 초과하는 액화시안화수소, 액화브롬화메탄, 액화산화에틸렌

43

정답 ③

증기압은 밀폐된 용기 내에서 액체와 기체가 평형을 이루었을 때의 기체가 나타내는 압력이다. 같은 물질이더라도 증기압은 온도에 따라 다르며, 온도가 높을수록 크다.

44

정답 ③

CAS번호 71-43-2는 벤젠을 나타내며, 그림문자는 물리적 위험성과 건강 및 환경유해성, H는 Hazard Statement, P는 Precautionary Statement를 나타낸다.

45 정답 ①

화학폐기물이란 화학실험 후 발생한 화학물로 더 이상 연구 및 실험 활동에 필요하지 않은 화학물질이다.

② 부식성 폐기물이란 pH2 이하인 폐산, pH12.5 이상인 폐알칼리를 말한다.

③ 지정폐기물이란 사업장폐기물 중 폐유 · 폐산 등 주변 환경을 오염시킬 수 있거나 의료폐기물 등 인체에 위해를 줄 수 있는 해로운 물질로서 대통령령으로 정하는 폐기물을 말하며, 실험실 폐기물이 모두 지정폐기물은 아니다.

④ 화학폐기물은 합성 등으로 새로운 화학물질이 생성되어 유해 · 위험성이 더 커질 수 있다.

46 정답 ③

① 인화성 : 물질 자체적으로 연소성이 있어 쉽게 점화되어 연소하는 특성을 말한다.

② 폭발성 : 가열, 마찰, 충격 또는 다른 화합물질과의 접촉 등으로 인하여 산소나 산화제의 공급이 없더라도 폭발 등 격렬한 반응을 일으킬 수 있는 특성을 말한다.

④ 산화성 : 물질 자체는 연소하지 않더라도 산소를 발생시켜 다른 물질을 연소시키는 특성을 말한다.

47 정답 ③

황화수소(H_2S)는 극인화성 가스로 산화성가스인 염소(Cl_2)와 반응 시 폭발위험이 있다

48 정답 ④

① 지정폐기물 보관표지는 노란색 바탕에 검은색 글자로 설치한다.

② 폐석면은 습도 조절 등의 조치 후 고밀도 내수성재질의 포대로 2중포장하거나 견고한 용기에 밀봉한다.

③ 액상의 화학폐기물은 운반 도중 넘치게 될 경우 2차 사고가 발생할 수 있으므로 70~80%까지만 채운다.

49 정답 ②

물질안전보건자료(MSDS ; Material Safety Data Sheet) 작성항목 16개 중 제조일자 및 유효기간은 포함되지 않는다.

더 알아보기

물질안전보건자료 작성항목

- 화학제품과 회사에 관한 정보
- 유해성 및 위험성
- 구성성분의 명칭 및 함유량
- 응급조치 요령
- 폭발 및 화재 시 대처방법
- 누출 사고 시 대처방법
- 취급 및 저장방법
- 노출방지 및 개인보호구
- 물리화학적 특성
- 안정성 및 반응성
- 독성에 관한 정보
- 환경에 미치는 영향
- 폐기 시 주의사항
- 운송에 필요한 정보
- 법적규제 현황
- 그 밖의 참고사항

50 정답 ③

적린은 발화성이 있으나 발화점이 260℃로 높아서 자연발화 위험성은 낮다.

51 정답 ①

가스누출경보기는 가연성가스의 폭발하한계 ¼이하에서 경보를 울려야 함

② LC_{50}(허용농도, 반수치사농도) : 가스를 성숙한 흰 쥐의 집단에게 대기 중에서 1시간 이상 존재하는 경우 14일 이내에 그 흰 쥐의 2분의 1이상이 죽게 되는 가스농도

③ TLV-TWA(Threshold Limit Value-Time Weighted Average) : 시간가중치로서 거의 모든 노동자가 1일 8시간 또는 주40시간의 평상 작업에 있어서 악영향을 받지 않는다고 생각되는 농도로서 시간에 중점을 둔 유해물질의 평균농도

④ IDLH(Immediately Dangerous to Life or Health) : 생명 또는 건강에 즉각적으로 위험을 초래하는 농도로, 그 이상의 농도에서 30분간 노출되면 사망 또는 회복불가능한 건강장해를 일으킬 수 있는 농도

52 정답 ④

산소는 폭발하한에는 영향을 주지 않으나 폭발상한을 크게 증가시켜 공기 중에서보다 폭발범위가 넓어진다.

53 정답 ②

압력방폭구조(Pressurezed Type, P)는 전기설비 용기 내부에 공기, 질소, 탄산가스 등의 보호가스를 봉입하여 용기의 내부에 가연성 가스 또는 증기가 침입하지 못하도록 한 구조이다.

① 내압방폭구조 : 용기 내부에서 발생되는 점화원이 용기 외부의 위험원에 점화되지 않도록 한 구조이다.

③ 유입방폭구조 : 전기기기의 불꽃, 아크 또는 고온이 발생하는 부분을 기름 속에 넣어 기름면 위에 존재하는 폭발성 가스 또는 증기에 인화될 우려가 없도록 한 구조이다.

④ 본질안전방폭구조 : 전기에 의한 스파크, 접점단락 등으로 발생하는 전기적 에너지를 제한하여 전기적 점화원 발생을 억제하는 구조이다.

54 정답 ①

정전기 발생방지를 위해 상대습도를 65% 이상으로 유지해야 한다.

55 정답 ③

방폭설비의 온도등급은 전기기기의 최고표면온도로 결정하며, 최고표면온도는 폭발성분위기에 의한 최저방화온도를 초과하지 않아야 한다.

56 정답 ③

혼합가스의 폭발하한계(L)는 르샤틀리에(Le Chatelier) 공식을 이용하여 구할 수 있다.

$$\frac{100}{L} = \frac{V_1}{L_1} + \frac{V_2}{L_2} + \frac{V_3}{L_3} + \cdots$$

V_1에 70, L_1에 5, V_2에 20, L_2에 2.1, V_3에 10, L_3에 1.8을 대입하면

100/L ≒ 29, 따라서 L은 약 3.44이다.

57 정답 ①, ③

① 실린더캐비닛은 내부의 누출된 가스를 항상 제독설비 등으로 이송할 수 있고 내부압력이 외부압력보다 항상 낮게 유지되어야 한다.

③ 실린더 캐비닛 내의 설비 중 고압가스가 통하는 부분은 상용압력의 1.5배 이상의 압력으로 행하는 내압시험 및 상용압력 이상의 압력으로 행하는 기밀시험에 합격한 것으로 해야 한다.

58 정답 ④

독성가스감지기는 TLV-TWA 기준 농도 이하에서 경보가 작동해야 한다.

59 정답 ④

포스겐의 허용농도는 0.1ppm으로 보기 중 가장 낮다.

더 알아보기

주요독성가스 허용농도

가스종류	포스겐	브 롬	불 소	오 존	인화수소	모노실란	황화수소	암모니아	일산화탄소
허용농도 (ppm)	0.1	0.1	0.1	0.1	0.3	0.5	10	25	50

60 정답 ③

특정고압가스의 사용신고대상

- 액화가스 : 저장능력 500kg 이상
- 압축가스 : 저장능력 50㎥ 이상
- 배관으로 공급받는 경우(천연가스 제외)
- 자동차 연료용으로 특정고압가스를 사용하는 경우
- 압축모노실란 · 압축디보레인 · 액화알진 · 포스핀 · 셀렌화수소 · 게르만 · 디실란 · 오불화비소 · 오불화인 · 삼불화인 · 삼불화질소 · 삼불화붕소 · 사불화유황 · 사불화규소 · 액화염소 또는 액화암모니아를 사용하려는 자

4과목 연구실 기계·물리 안전관리

61	62	63	64	65	66	67	68	69	70
②	②	③	②	④	②	③	②	③	④
71	72	73	74	75	76	77	78	79	80
②	③	④	③	①	①	③	④	모두정답	②

61 정답 ②

'사고 현장 주변 정리 정돈'과 '부상자 가족에게 사고 내용 전달 및 대응'은 연구실책임자와 연구활동종사자가, '사고 기계에 대한 결함 여부 조사 및 안전조치'는 연구실안전환경관리자가 조치해야 하는 사항이다.

62 정답 ②

구동부는 위험점으로 구동부 주변에 물건을 방치하는 것은 금지해야 한다.

63 정답 ③

접근반응형 방호장치(PSD ; Presence Sensing Device)는 위험점에 접근했을 때 센서가 작동하여 기계를 정지시키는 것으로 광전자식 프레스를 예로 들 수 있다.

64 정답 ②

주철과 같은 취성재료는 극한강도를 기준강도로 한다.

65 정답 ④

흄이란 승화, 증류, 화학반응 등에 의해 발생하는 직경 1㎛이하의 고체미립자로, 흄 후드란 이러한 물질이 나오는 실험을 할 때, 사람의 호흡기로 들어가기 전에 오염원에서 밖으로 빼주는 역할을 하는 장비이다. 흄 후드에는 실제 작업이 이루어지는 작업대(Work Surface)가 설치되어 있어서 실험장비이면서 안전장비의 역할도 수행한다.

66 정답 ②

페일세이프(Fail Safe) 방식 중 페일오퍼레이셔널(Fail Operational)은 부품의 고장이 있어도 기계는 추후 보수가 될 때까지 안전한 기능을 유지하는 것이다. 병렬계통 또는 대기 여분계통으로 고장을 해결한다.

67 정답 ③

풀프루프(Fool Proof) 방식으로 설계하려면 신체부위가 위험영역에 들어가기 전에 경고가 울리는 것이 아니라, 신체부위가 위험영역으로 들어가면 기계가 멈춰야 한다.

68 정답 ②

〈보기〉는 숫돌이 너무 경하여 무디어진 입자가 탈락하지 않아 일감의 표면을 고속도로 마찰하게 되어 일감이 상하고 표면이 변질되는 현상인 글레이징(Glazing)이다. 이를 방지하기 위해, 연삭숫돌의 절삭성을 회복하고자 예리한 연삭입자가 나타나도록 표면층을 깎는 작업인 드레싱(Dressing)을 한다.

69 정답 ③

연삭기는 방호덮개, 띠톱은 방호덮개와 날 접촉예방장치, 선반은 칩 비산방지장치와 보호가드를 설치해야 한다.

70 정답 ④

UV장비는 낮은 파장이라도 장시간, 반복 노출될 경우 눈을 상하게 하거나 피부 화상의 위험이 있다. 또한 파장에 따라 200nm 이상의 광원은 인체에 심각한 손상 위험이 있다.

71 정답 ②

고압멸균기(오토크레이브, Autoclave)는 고온 스팀이나 가열된 재료에 피부 노출 시 화상의 위험이 있고, 밀폐 기능 오작동이나 작동 중 폭발 위험도 있다.

72 정답 ③

실험진행 시 보안경 착용이 필수인 등급은 3B등급부터이다. 4등급부터는 난반사, 산란된 광선에 의한 노출로도 안구 및 피부 손상을 야기할 수 있으므로 의무적으로 보안경을 착용해야하고 신체가 노출되지 않는 옷을 입어야 한다.

73 정답 ④

분쇄 작업 시 발생되는 분진, 소음 등에 의한 직업성 질환이 발생할 위험이 있다. 사고성 질환은 회전날이나 충전부 접촉 누전 등에 의해 발생할 수 있다.

74 정답 ③

압력이 형성되지 않을 때에는 이물질의 혼입여부를 살펴보거나 모터 회전 방향을 확인한다.

75 정답 ①

안전율은 고장이나 파손 없이 안전하게 사용할 수 있도록 정한 기준강도와 허용응력의 비율이다. 관성력, 잔류응력 등이 존재하는 경우에는 안전율을 크게 한다.

76 정답 ①

비파괴검사는 검사체를 훼손(파괴)시키지 않고 검사체의 상태를 확인하는 것이다. 음향탐상검사는 비파괴검사 중 하나로, 재료 변형 시에 외부응력이나 내부의 변형과정에서 방출되는 낮은 응력파를 감지하여 공학적으로 이용하는 검사이다.

77 정답 ③

차단밸브의 설치 금지(산업안전보건기준에 관한 규칙 제266조)

사업주는 안전밸브등의 전단 · 후단에 차단밸브를 설치해서는 아니 된다.

78 정답 ④

알루미늄, 마그네슘, 티타늄 또는 이의 합금 재질로 방진마스크를 제작할 경우 충격 시 마찰스파크가 발생되어 가연성 혼합물을 점화시킬 수 있다.

79 정답 모두정답

피폭방호원칙은 외부피폭방호의 3원칙(시간, 거리, 차폐)과 내부피복방호의 3원칙(격리, 희석, 경로차단)이 있다. 문제에서는 조건을 분명하게 제시하지 않았으므로 문제 오류로 인해 전원 정답처리되었다.

80 정답 ②

$SPL(dB) = 10\log_{10}(P/P_0)^2 = 20\log_{10}(P/P_0)$, 여기서 P은 측정하고자 하는 음압이고 P_0는 기준음압(20μN/㎡)이다.

따라서 ㉠은 20, ㉡은 10이다.

최신기출

81	82	83	84	85	86	87	88	89	90
②	②	②	①	③	②	④	③	②	③
91	92	93	94	95	96	97	98	99	100
②	③	④	①	①	③	③	④	④	③

81

정답 ②

연구시설의 안전관리 등(유전자변형생물체의 국가간 이동 등에 관한 통합고시 제9-9조 제2항)

생물안전관리책임자는 다음의 사항에 관하여 기관의 장을 보좌한다.

1. 기관생물안전위원회 운영에 관한 사항
2. 기관 내 생물안전 준수사항 이행 감독에 관한 사항
3. 기관 내 생물안전 교육 · 훈련 이행에 관한 사항
4. 실험실 생물안전 사고 조사 및 보고에 관한 사항
5. 생물안전에 관한 국내 · 외 정보수집 및 제공에 관한 사항
6. 기관 생물안전관리자 지정에 관한 사항
7. 기타 기관 내 생물안전 확보에 관한 사항

82

정답 ②

숙주란 유전자재조합실험에서 유전자재조합분자 또는 유전물질(합성된 핵산 포함)이 도입되는 세포를 말한다.

① 벡터 : 유전자재조합실험에서 숙주에 유전자재조합분자 또는 유전물질(합성된 핵산 포함)을 운반하는 수단(핵산 등)이다.

③ 공여체 : 벡터에 삽입하고자 하는 유전자재조합분자 또는 유전물질(합성된 핵산 포함)이 유래된 생물체이다.

④ 숙주-벡터계 : 숙주와 벡터의 조합이다.

83

정답 ②

연구시설의 안전관리 등(유전자변형생물체의 국가간 이동 등에 관한 통합고시 제9-9조 제4항)

기관의 장은 생물안전관리책임자 및 생물안전관리자에게 연 4시간 이상 생물안전관리에 관한 교육 · 훈련을 받도록 하여야 하며, 연구시설 사용자에게 연 2시간 이상 생물안전교육을 받도록 하여야 한다. 다만, 허가시설의 경우에는 해당 중앙행정기관 또는 제2-14조에 따른 안전관리전문기관에서 운영하는 교육을 이수하여야 한다.

84

정답 ①

생물체의 위험군 분류(유전자재조합실험지침 제5조 제2항)

생물체의 위험군 분류 시 주요 고려사항은 다음과 같으며, 위험군 분류 목록에 대한 개정의견이 있는 경우에는 질병관리청장에게 의견을 제출할 수 있다.

1. 해당 생물체의 병원성
2. 해당 생물체의 전파방식 및 숙주범위
3. 해당 생물체로 인한 질병에 대한 효과적인 예방 및 치료 조치
4. 인체에 대한 감염량 등 기타 요인

85 정답 ③

유전자변형생물체의 개발 · 실험(유전자변형생물체법 제22조의2 제1항)

연구시설의 설치 · 운영 허가를 받거나 신고를 한 자는 대통령령으로 정하는 위해 가능성이 큰 유전자변형생물체를 개발 · 실험하려는 경우에는 관계 중앙행정기관의 장의 승인을 받아야 한다.

유전자변형생물체의 개발 · 실험(유전자변형생물체법 시행령 제23조의6 제1항)

"대통령령으로 정하는 위해가능성이 큰 유전자변형생물체를 개발 · 실험하는 경우"란 다음의 어느 하나에 해당하는 경우를 말한다.

1. 종명이 명시되지 아니하고 인체위해성 여부가 밝혀지지 아니한 미생물을 이용하여 개발 · 실험하는 경우
2. 척추동물에 대하여 몸무게 1kg당 50% 치사독소량(특정한 시간 내에 실험동물군 중 50%를 죽일 수 있는 단백성 독소의 접종량)이 100ng 미만인 단백성 독소를 생산할 능력을 가진 유전자를 이용하여 개발 · 실험하는 경우
3. 자연적으로 발생하지 아니하는 방식으로 생물체에 약제내성 유전자를 의도적으로 전달하는 방식을 이용하여 개발 · 실험하는 경우. 다만, 보건복지부장관이 안전하다고 인정하여 고시하는 경우는 제외한다.
4. 국민보건상 국가관리가 필요하다고 보건복지부장관이 고시하는 병원미생물을 이용하여 개발 · 실험하는 경우
5. 포장시험 등 환경방출과 관련한 실험을 하는 경우
6. 그 밖에 국가책임기관의 장이 바이오안전성위원회의 심의를 거쳐 위해가능성이 크다고 인정하여 고시한 유전자변형생물체를 개발 · 실험하는 경우

86 정답 ②

연구시설의 안전관리등급의 분류 및 허가 또는 신고 대상(유전자변형생물체법 시행령 별표1)

등 급	대 상	허가 또는 신고여부
1등급	건강한 성인에게는 질병을 일으키지 아니하는 것으로 알려진 유전자변형생물체와 환경에 대한 위해를 일으키지 아니하는 것으로 알려진 유전자변형생물체를 개발하거나 이를 이용하는 실험을 실시하는 시설	신 고
2등급	사람에게 발병하더라도 치료가 용이한 질병을 일으킬 수 있는 유전자변형생물체와 환경에 방출되더라도 위해가 경미하고 치유가 용이한 유전자변형생물체를 개발하거나 이를 이용하는 실험을 실시하는 시설	신 고
3등급	사람에게 발병하였을 경우 증세가 심각할 수 있으나 치료가 가능한 유전자변형생물체와 환경에 방출되었을 경우 위해가 상당할 수 있으나 치유가 가능한 유전자변형생물체를 개발하거나 이를 이용하는 실험을 실시하는 시설	허 가
4등급	사람에게 발병하였을 경우 증세가 치명적이며 치료가 어려운 유전자변형생물체와 환경에 방출되었을 경우 위해가 막대하고 치유가 곤란한 유전자변형생물체를 개발하거나 이를 이용하는 실험을 실시하는 시설	허 가

87 정답 ④

Rat에 물린 경우에는 Rat Bite Fever 등을 조기에 예방하기 위해 고초균(Bacillus Subtilis)에 효력이 있는 항생제를 투여해야 한다. 개에 물린 경우는 상처 소독과 더불어 개의 광견병 예방 접종 여부를 확인해야 한다.

88 정답 ③

방충망으로는 실험동물의 탈출을 막기 힘들다.

89 정답 ②

연구시설의 안전관리등급의 분류 및 허가 또는 신고 대상(유전자변형생물체법 시행령 별표1)

등 급	대 상	허가 또는 신고여부
1등급	건강한 성인에게는 질병을 일으키지 아니하는 것으로 알려진 유전자변형생물체와 환경에 대한 위해를 일으키지 아니하는 것으로 알려진 유전자변형생물체를 개발하거나 이를 이용하는 실험을 실시하는 시설	신 고
2등급	사람에게 발병하더라도 치료가 용이한 질병을 일으킬 수 있는 유전자변형생물체와 환경에 방출되더라도 위해가 경미하고 치유가 용이한 유전자변형생물체를 개발하거나 이를 이용하는 실험을 실시하는 시설	신 고
3등급	사람에게 발병하였을 경우 증세가 심각할 수 있으나 치료가 가능한 유전자변형생물체와 환경에 방출되었을 경우 위해가 상당할 수 있으나 치유가 가능한 유전자변형생물체를 개발하거나 이를 이용하는 실험을 실시하는 시설	허 가
4등급	사람에게 발병하였을 경우 증세가 치명적이며 치료가 어려운 유전자변형생물체와 환경에 방출되었을 경우 위해가 막대하고 치유가 곤란한 유전자변형생물체를 개발하거나 이를 이용하는 실험을 실시하는 시설	허 가

90 정답 ③

세균 아포는 소독제에 대해 강력한 내성을 보이며, 70% 알콜소독제로는 생물학적 활성 제거가 불가능하다. 세균 아포는 높은 수준의 소독제에 장기간 노출되어야 사멸이 가능하다.

91 정답 ②

생물안전표지는 다음과 같다.

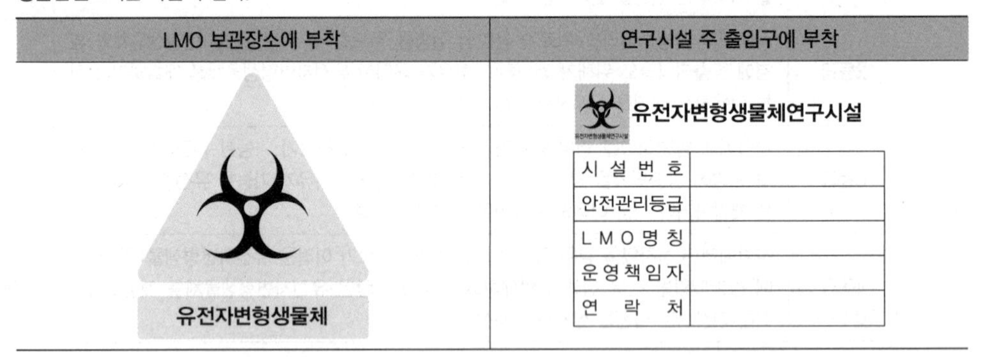

※ 출처 : 중앙대학교 안전관리정보센터

92 정답 ③

① 실험구역 내에서 감염성물질 등이 유출된 경우에는 종이타월이나 소독제가 포함된 흡수물질 등으로 유출물을 천천히 덮어 에어로졸 발생 및 유출 부위가 확산되는 것을 방지한다.

② 원심분리기가 작동 중인 상황에서 튜브의 파손이 발생되거나 의심되는 경우, 원심분리기의 전원 공급을 차단하고 즉시 그 영역을 떠난다.

④ 주사기에 찔렸을 경우, 신속히 찔린 부위의 보호구를 벗고 주변을 압박, 방혈 후 15분 이상 충분히 흐르는 물 또는 생리식염수로 세척한다.

93 정답 ④

에어로졸은 공기 중에 부유하고 있는 작은 고체 및 액체 입자들을 지칭한다. 모든 실험 조작은 가능한 에어로졸 발생을 최대한 줄일 수 있는 방법으로 실시해야 한다. 에어로졸을 최소화 하는 방법에는 생물안전작업대 사용, 에어로졸이 발생하기 쉬운 기기를 사용할 시 플라스틱 용기 사용, 버킷에 뚜껑이 있는 원심분리기 사용 등이 있다.

94 정답 ①

비상계획 수립 시 비상상황에 대한 시나리오를 먼저 마련해야 나머지 세부적인 사항들을 결정할 수 있다.

95 정답 ①

감염성물질 유출처리키트(Spill Kit)에는 마스크 · 장갑 같은 개인보호구, 유출물질에 사용할 소독제, 페이퍼타올 · 흡습포 · 흡습봉 등의 유출확산방지도구, 쓰레받이 · 멸균비닐백과 같은 청소도구가 들어있다.

96 정답 ③

의료폐기물의 종류(폐기물관리법 시행령 별표2)

구분	내용
격리의료폐기물	• 감염병으로부터 타인을 보호하기 위하여 격리된 사람에 대한 의료행위에서 발생한 일체의 폐기물
위해의료폐기물	• 조직물류폐기물 : 인체 또는 동물의 조직 · 장기 · 기관 · 신체의 일부, 동물의 사체, 혈액 · 고름 및 혈액생성물(혈청, 혈장, 혈액제제) • 병리계폐기물 : 시험 · 검사 등에 사용된 배양액, 배양용기, 보관균주, 폐시험관, 슬라이드, 커버글라스, 폐배지, 폐장갑 • 손상성폐기물 : 주사바늘, 봉합바늘, 수술용 칼날, 한방침, 치과용침, 파손된 유리재질의 시험기구 • 생물 · 화학폐기물 : 폐백신, 폐항암제, 폐화학치료제 • 혈액오염폐기물 : 폐혈액백, 혈액 투석 시 사용된 폐기물, 그 밖에 혈액이 유출될 정도로 포함되어 있어 특별한 관리가 필요한 폐기물
일반의료폐기물	• 혈액 · 체액 · 분비물 · 배설물이 함유되어 있는 탈지면, 붕대, 거즈, 일회용 기저귀, 생리대, 일회용 주사기, 수액 세트

97 정답 ③

유전자변형생물체 연구시설 변경신고 내용은 기관의 대표자의 변경, 설치운영책임자의 변경, 설치 및 운영장소, 시설내역, 안전관리등급, 유전자변형생물체의 명칭 등이다.

98 정답 ④

감염성 에어로졸의 노출에 의한 감염을 막기 위해서는 연구활동 종사자와 연구실 내부 환경이 감염성 병원체 등에 노출되는 것을 방지하기 위한 일차적 밀폐가 요구된다.

99 정답 ④

폐기물관리법 시행규칙 별표5에 따르면 의료폐기물 전용용기 포장의 바깥쪽에는 의료폐기물임을 나타내는 도형 및 취급 시 주의사항을 다음과 같이 표시하여야 한다.

이 폐기물은 감염의 위험성이 있으므로 주의하여 취급하시기 바랍니다.			
배출자		종류 및 성질과 상태	
사용개시 연월일		수거자	

100 정답 ③

ㄱ. 한 번 의료폐기물 전용용기는 다시 사용하여서는 안 된다.

ㄴ. 격리의료폐기물, 위해의료폐기물 중 조직물류폐기물(치아는 제외한다) 및 손상성폐기물과 액체상태의 폐기물은 합성수지류 상자형 용기를 사용한다.

ㄷ. 전용용기에는 다른 종류의 의료폐기물을 혼합하여 보관할 수 있다. 다만, 봉투형 용기 또는 골판지류 상자형 용기에는 합성수지류 상자형 용기를 사용하여야 하는 의료폐기물을 혼합하여 보관하여서는 안 된다.

ㄹ. 봉투형 용기에 담은 의료폐기물의 처리를 위탁하는 경우에는 상자형 용기에 다시 담아 위탁하여야 한다.

101	102	103	104	105	106	107	108	109	110
②	③	④	①	②	④	①	④	④	④
111	112	113	114	115	116	117	118	119	120
②	②	②	①	③	③	④	④	②	③

101 정답 ②

누전차단기는 물 등과 같은 도전성이 높은 액체에 의한 습윤한 장소, 철골 · 철판 등 도전성이 높은 장소, 임시배전 선로를 사용하는 건설현장 등에 감전을 예방하기 위해 반드시 설치한다.

102 정답 ③

메탄의 연소범위(폭발범위)는 5.0~15%, 일산화탄소의 연소범위는 4.0~75%, 아세틸렌의 연소범위는 2.5~81%, 암모니아의 연소범위는 15~28%로 아세틸렌이 가장 넓다.

103 정답 ④

제4류 위험물과 혼재가 금지되는 물질은 제1류와 제6류 위험물이다.

유별을 달리하는 위험물의 혼재기준(위험물안전관리법 시행규칙 별표19)

구 분	제1류	제2류	제3류	제4류	제5류	제6류
제1류		X	X	X	X	O
제2류	X		X	O	O	X
제3류	X	X		O	X	X
제4류	X	O	O		O	X
제5류	X	O	X	O		X
제6류	O	X	X	X	X	

104 정답 ①

감전으로 인해 심장의 전기 전도계에 문제가 생겨서 심장이 불규칙적으로 박동하는 심실세동이 발생할 수 있다.

105 정답 ②

공통접지는 특 · 고 · 저압의 전로에 시공한 접지극을 하나의 접지전극으로 연결하여 등전위화 하는 접지방법이다.

① 단독접지 : 접지를 필요로 하는 설비들을 각각 독립적으로 접지한다.

③ 통합접지 : 수도관, 철골, 통신 등 전기설비, 통신설비, 피뢰설비 등 전부를 통합하여 접지한다.

106 정답 ④

전로의 사용전압이 380V인 경우 절연저항은 1MΩ 이상이어야 한다.

전로와 대지사이의 절연저항

전로의 사용전압(V)	DC시험전압(V)	절연저항(MΩ)
SELV 및 PELV	250	0.5
FELV, 500V 이하	500	1
500V초과	1,000	1

107 정답 ①

칼륨, 나트륨, 마그네슘, 리듐, 칼슘 등은 수분에 노출될 경우 D급 화재를 발생시킬 수 있다.

108 정답 ④

누전은 설계된 이외의 통로로 전류가 흐르는 것을 뜻한다. 누전화재의 3요소는 누전점, 출화점, 접지점이다.

109 정답 ④

전압은 전류와 저항의 곱으로 구할 수 있다. 보기에서 전압(V)은 220V, 저항(R)은 1,000Ω이라고 하였으므로 전류(I)는 0.22A, 즉 220mA이다. 통전전류가 심실세동전류의 크기인 50~100mA 이상이므로 위험한 상태이다.

더 알아보기

통전전류의 크기

- 최소감지전류 : 1~2mA
- 고통전류 : 2~8mA
- 가수전류 : 8~15mA(이탈가능전류)
- 불수전류 : 15~50mA(이탈불능전류)
- 심실세동전류 : 50~100mA

110 정답 ④

박리대전은 서로 밀착되고 있는 물체가 떨어질 때 전하의 분리가 일어나 정전기가 발생하는 현상이다.

111 정답 ②

백드래프트(Back Draft)는 산소가 부족한 밀폐된 공간에 불씨 연소로 인한 가스가 가득 차 있는 상태에서 갑자기 개구부 개방으로 새로운 산소가 유입될 때 불씨가 화염으로 변하면서 폭풍을 동반하여 실외로 분출하는 현상이다.

① 플래시오버 : 가연성 가스가 카메라 섬광의 플래시처럼 실내 전체에서 순간적으로 연소 · 착화하는 현상이다.

③ 굴뚝효과 : 건축물 내부의 온도가 바깥보다 높고 밀도가 낮을 때 건물 내의 공기는 부력을 받아 이동하는 현상이다.

112 정답 ②

우리나라의 안전전압은 30V이다.

더 알아보기

국제 안전전압 기준

- 체코 : 20V
- 스위스 : 36V
- 독일 : 24V
- 프랑스 : 24V(AC), 50V(DC)
- 영국 : 24V
- 네덜란드 : 50V
- 일본 : 24~30V
- 한국 : 30V
- 벨기에 : 35V

113 정답 ②

구조대는 2층 이상의 층에 설치하여 비상 시 건물의 창, 발코니 등에서 지상까지 포대 속으로 활강하는 피난기구로 수직구조대와 경사구조대가 있다.

① 완강기 : 몸에 밧줄을 매고 지상으로 내려올 수 있는 대피기구이다.

③ 미끄럼대 : 미끄럼틀 형태의 대피기구이다.

④ 승강식피난기 : 사용자의 몸무게에 의하여 자동적으로 내려올 수 있는 기구이다.

114 정답 ①

최소착화에너지 계산식은 다음과 같다.

$$E = \frac{1}{2}CV^2$$

여기서 E는 최소착화에너지(J), C는 콘덴서용량(F), V는 전압(V)

문제에서 주어진 값을 대입하면

$0.2 = \frac{1}{2}CV^2$

$V = \sqrt{\frac{0.4}{C}}$

$V = \sqrt{\frac{\frac{4}{10}}{\frac{1,000 \times 1}{10 \times 10^{-12}}}} \fallingdotseq 6324.55$

그러므로 정답은 ①이다.

115 정답 ③

전기화재(C급화재)는 이산화탄소 등의 불활성 기체를 통한 질식소화의 방법이 권장된다. 이산화탄소 소화약제는 질식, 냉각효과, 전기절연성이 우수하여 전기화재에 적합하다.

116 정답 ③

상수도 소화용수설비는 소화설비가 아니라 화재를 진압하는 데 필요한 물을 공급하거나 저장하는 소화용수설비에 해당한다. 소화설비는 소화기구, 자동소화장치, 옥내소화전설비, 스프링클러설비, 물분무소화설비, 옥외소화전설비 등이 있다.

117 정답 ④

K급 화재는 식용 기름을 조리 중 과열 또는 방치에 의해 발생하는 화재를 말한다. K급 화재를 진화할 때 소화수 등 수계소화방법을 사용하였을 경우, 고온의 유면에 접촉된 물방울이 순간 기화되면서 발생한 압력에 의해 기름이 비산되고 비산된 미분의 기름에 의해 화재가 급격히 성장하여 인체에 화상의 위험이 있다. 따라서 K급 소화기를 사용하여 유막을 형성시켜 온도를 낮추고 산소공급을 차단해 진화해야 한다.

118 정답 ④

통전경로별 위험도

통전경로	KH(Kill of Heart, 위험도를 나타내는 계수)
왼손 → 가슴	1.5 (전류가 심장을 통과하므로 가장 위험)
오른손 → 가슴	1.3
왼손 → 한발 또는 양발	1.0
양손 → 양발	1.0
오른손 → 한발 또는 양발	0.8
왼손 → 등	0.7
한손 또는 양손 → 앉아있는 자리	0.7
왼손 → 오른손	0.4
오른손 → 등	0.3

119 정답 ②

이온화식 스포트형감지기는 연기에 의해 이온전류변화를 감지한다. 차동식 스포트형감지기는 주위 온도 상승률이 일정 기준 이상으로 높아졌을 때 작동하고, 정온식 스포트형감지기는 주위 온도가 일정 기준 이상으로 높아졌을 때 작동한다. 보상식 스포트형감지기는 위의 두 기능이 동시에 내장되어 있다.

120 정답 ③

함 및 방수구 등(옥내소화전설비의 화재안전성능기준 제7조 제2항)

옥내소화전방수구는 다음의 기준에 따라 설치하여야 한다.

1. 특정소방대상물의 층마다 설치하되, 해당 특정소방대상물의 각 부분으로부터 하나의 옥내소화전방수구까지의 수평거리가 25미터 이하가 되도록 할 것
2. 바닥으로부터의 높이가 1.5미터 이하가 되도록 할 것
3. 호스는 구경 40밀리미터(호스릴옥내소화전설비의 경우에는 25밀리미터) 이상인 것으로서 특정소방대상물의 각 부분에 물이 유효하게 뿌려질 수 있는 길이로 설치할 것
4. 호스릴옥내소화전설비의 경우 그 노즐에는 노즐을 쉽게 개폐할 수 있는 장치를 부착할 것

121	122	123	124	125	126	127	128	129	130
③	②	④	②	①	②	①	③	②	②
131	132	133	134	135	136	137	138	139	140
③	④	②	③	③	③	②	②	②	③

121 정답 ③

경고표시 방법 및 기재항목(산업안전보건법 시행규칙 제170조 제2항)

경고표지에는 다음의 사항이 모두 포함되어야 한다.

1. 명칭 : 제품명
2. 그림문자 : 화학물질의 분류에 따라 유해 · 위험의 내용을 나타내는 그림
3. 신호어 : 유해 · 위험의 심각성 정도에 따라 표시하는 “위험” 또는 “경고” 문구
4. 유해 · 위험 문구 : 화학물질의 분류에 따라 유해 · 위험을 알리는 문구
5. 예방조치 문구 : 화학물질에 노출되거나 부적절한 저장 · 취급 등으로 발생하는 유해 · 위험을 방지하기 위하여 알리는 주요 유의사항
6. 공급자 정보 : 물질안전보건자료대상물질의 제조자 또는 공급자의 이름 및 전화번호 등

122 정답 ②

인간공학은 기계와 작업을 인간에 맞추려고 노력하는 것이다.

더 알아보기

인간공학의 정의

- Karl Kroemer : 다양한 학문 분야에서 얻어진 과학적인 원리, 방법, 데이터를 사람이 담당하는 공학시스템의 개발에 적용하는 학문
- 유럽 인간공학회 : 일과 사용하는 물건, 환경을 사람에게 맞추는 것
- 김훈 : 공학, 의학, 인지과학, 생리학, 인체측정학, 심리학 등 다양한 학문 분야에서 얻어진 데이터와 과학적인 원리와 방법을 이용하여 사람에게 효율적이면서도 편리하게 일을 할 수 있는 시스템을 개발하는 학문

123 정답 ④

근골격계질환은 반복적이고 누적되는 특정한 일 또는 동작과 연관되어 신체의 일부를 무리하게 사용하는 경우 발생하는 질환이다. 업무상 질병으로 인정받은 근로자가 연간 10명 이상 발생한 사업장 또는 5명 이상 발생한 사업장으로서 발생 비율이 그 사업장 근로자 수의 10퍼센트 이상인 경우, 노사 간 이견이 지속되는 사업장으로서 고용노동부 장관이 필요하다고 인정되는 경우에는 근골격계질환 예방관리프로그램을 시행해야 한다.

124 정답 ②

작업량 · 작업일정 등 작업계획 수립 시 실제 작업을 행하는 작업자의 의견을 반영해야 한다.

125 정답 ①

풀프루프(Fool Proof)는 인간이 실수를 범하여도 안전장치가 설치되어 있어 사고나 재해로 연결되지 않도록 하는 기능으로, 세탁기의 뚜껑을 열면 운전이 정지되는 기능을 예로 들 수 있다. 페일세이프(Fail Safe)는 기계나 그 부품에 고장이나 기능불량이 생겨도 항상 안전하게 작동하는 기능이다.

126 정답 ②

연구실 사전유해인자위험분석 실시에 관한 지침 별지2에서 제공되는 연구개발활동별 유해인자 위험분석 보고서 양식을 보면 화학물질의 유해인자 기본정보로는 '물질명, 보유수량(제조연도), GHS등급, 화학물질의 유별 및 성질, 위험분석, 필요보호구'가 있다.

127 정답 ①

연구실 일상점검표에서 일반안전 점검 내용은 다음과 같다.

- 연구실(실험실) 정리정돈 및 청결상태
- 연구실(실험실)내 흡연 및 음식물 섭취 여부
- 안전수칙, 안전표지, 개인보호구, 구급약품 등 실험장비(흄 후드 등) 관리 상태
- 사전유해인자위험분석 보고서 게시

128 정답 ③

화학물질을 소분하여 사용한 경우라도 모두 안전정보표지를 부착해야 한다.

129 정답 ②

① IARC : 국제암연구기구
② TLV-STEL : 단시간노출기준으로 15분간의 시간가중평균 노출값
③ TLV-C : 근로자가 1일 작업시간동안 잠시라도 노출되어서는 안 되는 기준
④ NFPA : 전미방화협회

130 정답 ②

후드는 유해 가스와 증기를 포집할 목적으로 설치되는 설비로, 화약약품을 저장하기 위한 것이 아니다.

131 정답 ③

방진마스크는 공기 정화식 호흡보호구로 가스나 증기와 같은 비입자성 유해물질로부터는 신체를 보호해주지 못한다. 공기 공급식 호흡보호구를 사용해야 즉시위험건강농도(IDLH) 이상의 환경에서 신체를 보호할 수 있다. 송기마스크, 호스마스크, 공기호흡기는 모두 공기 공급식 호흡보호구에 해당한다.

132 정답 ④

방독마스크는 개봉 후 사용하지 않았을 경우 약 1년, 개봉하지 않았을 경우 약 5년의 보관유효기간이 있다.

133 정답 ②

착오(Mistake)는 상황을 잘못 해석하거나, 목표를 잘못 이해하는 정보처리과정에서 발생한다. 착오를 저지른 사람은 자신이 맞다고 생각하기 때문에 잘못을 상기시키는 증거들을 무시하기도 한다.

① 실수(Slips) : 상황해석은 제대로 하였으나, 의도와는 다른 행동을 한 경우이다.
③ 건망증(Lapse) : 기억의 상실로 깜박 잊고 해야 할 행동을 하지 않는 경우이다.
④ 위반(Violation) : 의도를 가지고 한 고의적인 것으로, 규칙적 위반, 상황적 위반, 예외적 위반이 있다.

134 정답 ③

자연환기는 외부 기상 조건과 내부 조건에 따라 환기량이 일정하지 않아 제한적이며, 환기량 예측 자료를 구하기 힘들다. 정확한 환기량 예측자료를 구하기 쉬운 것은 환기량을 기계적으로 결정하는 강제환기이다.

135 정답 ③

국소배기장치는 작업자가 유해물질 발생원에 근접하여 작업하는 경우 필요하다.

더 알아보기

국소배기장치가 필요한 경우

- 오염물질의 독성이 강한 경우
- 오염물질이 입자상인 경우
- 유해물질의 발생주기가 균일하지 않은 경우
- 배출량이 시간에 따라 변동하는 경우
- 배출원이 고정되어 있고, 근로자가 근접하여 작업하는 경우
- 배출원이 크고, 배출량이 많은 경우
- 냉·난방비용이 큰 경우

136 정답 ③

연구실 안전점검 및 정밀안전진단에 관한 지침 별표5에서 제공되는 유해인자 취급 및 관리대장 양식을 보면 '물질명(장비명), 보관장소, 보유량, 취급상 유의사항'은 반드시 기입하도록 되어있다. 나머지 사항들은 연구실책임자의 필요에 따라 변경 가능하다.

137 정답 ②

후드는 오염물질을 포집할 목적으로 설치되는 설비로, 작업자의 호흡위치가 오염원과 후드 사이에 위치하게 되면 오염물질을 흡입하게 된다.

138 정답 ②

후드의 제어속도(Control Velocity 또는 Capture Velocity)란 오염물질을 후드 쪽으로 흡인하기 위하여 필요한 속도로 후드의 모양, 오염물질의 종류, 확산상태, 작업장 내 기류에 따라 변한다. 덕트는 후드에서 흡인한 유해물질을 배기구까지 운반하는 관으로, 덕트의 재질은 오염원에 따라 바뀌지만 후드의 제어속도와는 관련이 없다.

139 정답 ②

국소배기장치의 설계 순서

1단계 : 후드 형식 선정	후드를 설치하는 장소와 후드의 형태를 결정
2단계 : 제어풍속 결정	제어속도를 정하고 필요송풍량을 계산
3단계 : 설계 환기량 계산	제어풍속(m/sec)와 후드의 개구면적(m^3)으로 설계환기량(Design Flowrate : Q)을 계산
4단계 : 반송속도 결정	오염물질의 종류에 따라 덕트 내 분진 등이 퇴적되지 않도록 덕트 내 이송속도(최소 덕트속도)를 결정
5단계 : 덕트 직경 산출	설계환기량을 이송속도로 나누어 덕트 직경의 이론치를 산출. 최종 덕트 속도가 최소 덕트속도보다 크도록 하기 위해 덕트직경은 이론치보다 작은 것을 선택
6단계 : 덕트의 배치와 설치장소 선정	덕트를 배치할 장소를 정함. 덕트의 직경이 너무 커서 배치가 어려울 경우에는 후드의 설치장소와 후드의 형식을 재검토하여 송풍량을 줄임
7단계 : 공기정화장치 선정	유해물질 제거효율이 양호한 유해가스 처리장치 또는 제진장치 등의 공기 정화장치를 선정한 후 압력손실을 계산 또는 가정
8단계 : 총압력손실 계산	후드 정압(SPh)과 덕트 및 공기정화장치 등의 총압력손실의 합계를 산출
9단계 : 송풍기 선정	총압력손실(mmH_2O)과 총배기량(m^3/min)으로 송풍기 풍량(m^3/min)과 풍정압(mmH_2O), 그리고 소요동력(Hp)을 결정하고 적절한 송풍기를 선정

140 정답 ③

입자상의 물질이 가스상의 물질보다 배출이 어려우므로 최소 면속도가 더 커야 한다. 가스상의 물질은 최소 면속도 0.4m/sec 이상, 입자상의 물질은 최소 면속도 0.7m/sec 이상을 유지해야 한다.

최신기출복원문제

※ 응시자 후기 및 기출데이터 등의 자료를 기반으로 기출문제와 유사하게 복원된 문제를 제공합니다. 실제 시험문제와 일부 다를 수 있습니다.

정답 및 해설 525p

1과목 연구실 안전관련법령

01 「연구실 안전환경 조성에 관한 법률」에서 규정하는 국가의 책무로 옳지 않은 것은?

① 연구실 안전관리기술 고도화 및 연구실사고 예방을 위한 연구개발 추진
② 연구실 안전 및 관련 단체 등에 대한 지원 및 지도 · 감독
③ 연구 안전에 관한 지식 · 정보의 제공 등 연구실 안전문화의 확산을 위한 노력
④ 대학 · 연구기관 등의 연구실 안전환경 및 안전관리 현황 등에 대한 실태조사

02 「연구실 안전환경 조성에 관한 법률 시행령」에서 규정하는 연구실책임자가 실시해야 하는 사전유해인자위험분석의 단계를 순서대로 나열한 것은?

ㄱ. 해당 연구실의 유해인자별 위험 분석 ㄴ. 해당 연구실의 안전 현황 분석 ㄷ. 비상조치계획 수립 ㄹ. 연구실안전계획 수립

① ㄱ → ㄴ → ㄷ → ㄹ
② ㄱ → ㄴ → ㄹ → ㄷ
③ ㄴ → ㄱ → ㄷ → ㄹ
④ ㄴ → ㄱ → ㄹ → ㄷ

03 「연구실 안전환경 조성에 관한 법률 시행규칙」에서 규정하는 연구활동종사자의 교육(교육시기)로 옳지 않은 것은?

① 고위험연구실에 신규 채용된 연구활동종사자의 신규 교육시간은 8시간 이상(채용 후 6개월 이내)이다.
② 중위험연구실에 신규 채용된 연구활동종사자의 신규 교육시간은 3시간 이상(채용 후 6개월 이내)이다.
③ 고위험연구실의 연구활동종사자의 정기 교육 시간은 반기별 6시간 이상이다.
④ 저위험연구실의 연구활동종사자의 정기 교육 시간은 연간 3시간 이상이다.

04 다음은 「연구실 안전환경 조성에 관한 법률 시행령」에서 규정하는 적용범위에 관한 설명이다. 빈칸 안에 들어갈 말로 옳은 것은?

- 대학 · 연구기관 등이 설치한 각 연구실의 연구활동종사자를 합한 인원이 (㉠)명 미만인 경우에는 각 연구실에 대하여 「연구실 안전환경 조성에 관한 법률」의 전부를 적용하지 않는다.
- 상시 근로자 (㉡)명 미만인 연구기관, 기업부설연구소 및 연구개발전담부서는 「연구실 안전환경 조성에 관한 법률」에 따른 연구실안전환경관리자를 지정하지 않아도 된다.

	㉠	㉡
①	10	50
②	10	100
③	20	50
④	20	100

05 〈보기〉는 「연구실 안전환경 조성에 관한 법률 시행규칙」에서 규정하는 연구활동종사자의 신규 교육 · 훈련의 교육내용이다. 빈칸 안에 들어갈 말로 옳은 것은?

〈보 기〉

- 연구실 (㉠)에 관한 사항
- 안전표지에 관한 사항
- 보호장비 및 안전장치 취급과 사용에 관한 사항
- 연구실사고 사례, (㉡)에 관한 사항
- 물질안전보건자료에 관한 사항
- (㉢)에 관한 사항

	㉠	㉡	㉢
①	유해인자	위험 기계 · 기구	사전유해인자 위험분석
②	사고 예방 및 대처	위험 기계 · 기구	정밀안전진단
③	유해인자	사고 예방 및 대처	사전유해인자 위험분석
④	위험 기계 · 기구	사고 예방 및 대처	정밀안전진단

06 「연구실 사고조사반 구성 및 운영 규정」에 따른 설명으로 옳은 것은?

① 사고조사반은 연구실 사용제한 등 긴급한 조치 필요 여부 등을 결정할 수 있다.
② 사고조사가 효율적이고 신속히 수행될 수 있도록 해당 조사반원에게 임무를 부여할 권한은 과학기술정보통신부 장관에게 있다.
③ 조사반원은 사고조사 과정에서 업무상 알게 된 정보를 외부에 제공하고자 하는 경우 사전에 연구실안전심의위원회와 협의하여야 한다.
④ 과학기술정보통신부 장관은 국가기술자격 법령에 따른 인간공학기술사의 자격을 취득한 사람을 사고조사반으로 위촉할 수 있다.

07 「연구실 안전환경 조성에 관한 법령」에 따라 과학기술정보통신부 장관에게 지체 없이 보고하여야 하는 연구실사고의 사례로 옳지 않은 것은?

① 연구실의 중대한 결함으로 인해 발생한 사고
② 3개월 이상의 요양이 필요한 부상자가 동시에 3인 발생한 사고
③ 3일 이상의 입원이 필요한 부상을 입은 사람이 동시에 3인 발생한 사고
④ 사망자가 3인 발생한 사고

08 「연구실 안전환경 조성에 관한 법령」에서 규정하는 연구실안전관리사의 직무를 〈보기〉에서 모두 고른 것은?

〈보 기〉

ㄱ. 연구실사고 대응 및 사후 관리 지도
ㄴ. 연구실안전환경관리자의 지정
ㄷ. 연구실 안전관리 및 연구실 환경 개선 지도
ㄹ. 연구실 내 유해인자에 관한 취급 관리 및 기술적 지도 · 조언
ㅁ. 연구시설 · 장비 · 재료 등에 대한 안전점검 · 정밀안전진단 및 관리
ㅂ. 연구실 안전관리 기술 및 기준의 개발

① ㄱ, ㄴ, ㄷ, ㄹ
② ㄱ, ㄴ, ㅁ, ㅂ
③ ㄱ, ㄷ, ㄹ, ㅁ
④ ㄷ, ㄹ, ㅁ, ㅂ

09 「연구실 안전환경 조성에 관한 법률」에 따른 안전관리규정에 관한 설명으로 옳지 않은 것은?

① 안전관리규정을 성실하게 준수하지 아니한 자에 대해서는 벌금 부과 대상이다.
② 안전관리규정에는 안전교육의 주기적 실시에 관한 사항이 포함되어야 한다.
③ 연구실사고 조사 및 후속대책 수립에 관한 사항이 포함되어야 한다.
④ 연구주체의 장은 안전관리규정을 작성하여 각 연구실에 게시하여야 한다.

10 〈보기〉는 「연구실 안전환경 조성에 관한 법령」에서 규정하는 연구실안전관리위원회와 안전관리규정에 관한 설명이다. 빈칸 안에 들어갈 말로 옳은 것은?

〈보 기〉

- 연구실안전관리위원회를 구성할 경우에는 해당 대학 · 연구기관 등의 연구활동종사자가 전체 연구실안전관리위원회 위원의 (㉠) 이상이어야 한다.
- 연구주체의 장이 안전관리규정을 작성해야 하는 연구실의 종류 · 규모는 대학 · 연구기관 등에 설치된 각 연구실의 연구활동종사자를 합한 인원이 (㉡)명 이상인 경우로 한다.

	㉠	㉡
①	2분의 1	5
②	2분의 1	10
③	3분의 1	5
④	3분의 1	10

11 〈보기〉는 「연구실 안전환경 조성에 관한 법률」에서 규정하는 용어에 관한 설명이다. 빈칸 안에 들어갈 말로 옳은 것은?

〈보 기〉

- '정밀안전진단'이란 연구실사고를 예방하기 위하여 (㉠)의 발견과 그 개선대책의 수립을 목적으로 실시하는 조사 · 평가를 말한다.
- '(㉡)'란 화학적 · 물리적 · 생물학적 위험요인 등 연구실사고를 발생시키거나 연구활동종사자의 건강을 저해할 가능성이 있는 인자를 말한다.

	㉠	㉡
①	잠재적 위험성	유해인자
②	잠재적 유해성	유해인자
③	잠재적 유해성	위험인자
④	잠재적 위험성	위험인자

12 「연구실 설치운영에 관한 기준」에서 규정하는 중위험연구실의 안전설비 · 장비 설치 및 운영 기준의 준수사항에 관한 설명으로 옳지 않은 것은?

① 가스설비의 가스용기 전도방지장치 설치는 필수사항이다.
② 환기설비의 국소배기설비 배출공기에 대한 건물 내 재유입 방지조치는 권장사항이다.
③ 긴급세척장비의 안내표지 부착은 권장사항이다.
④ 폐기물저장장비의 종류별 보관표지 부착은 필수사항이다.

13 「연구실 안전환경 조성에 관한 법령」에서 규정하는 연구실안전심의위원회에 관한 설명으로 옳은 것을 〈보기〉에서 모두 고른 것은?

〈보 기〉

ㄱ. 기본계획 수립 · 시행에 관한 사항을 심의한다.
ㄴ. 연구실 안전환경 조성에 관한 주요정책의 총괄 · 조성에 관한 사항을 심의한다.
ㄷ. 연구실 안전관리규정의 작성 및 변경을 심의할 수 있다.
ㄹ. 연구실 안전점검 및 정밀안전진단 지침에 관한 사항을 심의한다.
ㅁ. 연구실안전심의위원회의 위원의 임기는 3년으로, 계속적으로 연임이 가능하다.

① ㄱ, ㄴ, ㄷ　　② ㄱ, ㄴ, ㄹ
③ ㄴ, ㄷ, ㅁ　　④ ㄷ, ㄹ, ㅁ

14 「연구실 안전환경 조성에 관한 법률 시행령」에서 규정하는 연구실안전정보시스템 구축 정보로 옳지 않은 것은?

① 연구실사고에 관한 통계
② 대학 · 연구기관 등의 현황
③ 대학교 전체의 유해인자 정보
④ 연구실 안전 정책에 관한 사항

15 「연구실 안전환경 조성에 관한 법률 시행령」에서 규정하는 연구실의 중대한 결함이 있는 경우에 해당하는 사유로 옳지 않은 것은?

① 연구활동에 사용되는 유해 · 위험설비의 부식 · 균열 또는 파손
② 연구실 시설물의 구조안전에 영향을 미치는 지반침하 · 균열 · 누수 또는 부식
③ 인체에 심각한 위험을 끼칠 수 있는 병원체의 누출
④ 설비기준을 위반하여 연구장비의 허용오차에 영향을 미치는 파손

16 다음 중 「연구실 안전환경 조성에 관한 법률」에 따라 과학기술정보통신부 장관이 안전관리 우수연구실 인증을 반드시 취소해야 하는 경우는?

① 거짓이나 그 밖의 부정한 방법으로 인증을 받은 경우
② 정당한 사유 없이 1년 이상 연구활동을 수행하지 않은 경우
③ 인증서를 반납하는 경우
④ 안전관리 우수연구실 인증 기준에 적합하지 아니하게 된 경우

17 「연구실 안전환경 조성에 관한 법률 시행령」에서 규정하는 연구주체의 장이 기계 분야의 정밀안전진단을 직접 실시하는 경우 반드시 갖춰야 하는 물적 장비 요건을 〈보기〉에서 모두 고른 것은?

〈보 기〉

ㄱ. 정전기 전하량 측정기
ㄴ. 가스누출검출기
ㄷ. 절연저항측정기
ㄹ. 가스농도측정기
ㅁ. 접지저항측정기
ㅂ. 소음측정기

① ㄱ, ㄷ, ㅁ
② ㄱ, ㄷ, ㅂ
③ ㄴ, ㄹ, ㅁ
④ ㄴ, ㄹ, ㅂ

18 다음은 「연구실 안전환경 조성에 관한 법률 시행규칙」에서 규정하는 안전점검 및 정밀안전진단 대행기관 기술인력에 대한 전문교육의 내용이다. 빈칸 안에 들어갈 말로 옳은 것은?

구 분	교육시기 및 주기	교육시간
신규교육	등록 후 (㉠)개월 이내	(㉢)시간 이상
보수교육	신규교육을 이수한 후 매 2년이 되는 날을 기준으로 전후 (㉡)개월 이내	(㉣)시간 이상

	㉠	㉡	㉢	㉣
①	3	6	20	12
②	6	6	18	12
③	6	12	18	8
④	12	12	12	8

19 「연구실 안전환경 조성에 관한 법률」에서 규정하는 연구주체의 장이 과학기술정보통신부 장관에게 보고해야 하는 사항으로 옳지 않은 것은?

① 연구실사고
② 연구실책임자 지정 현황
③ 연구활동종사자 상해 · 사망을 대비한 보험의 가입 현황
④ 연구활동종사자 보호를 위해 실시하는 연구실 사용제한 조치

20 「연구실 안전환경 조성에 관한 법률」에서 규정하는 연구활동종사자의 건강검진에 관한 설명으로 옳은 것을 〈보기〉에서 모두 고른 것은?

〈보 기〉

ㄱ. 연구주체의 장은 유해인자에 노출될 위험성이 있는 연구활동종사자에 대하여 정기적으로 건강검진을 실시하여야 한다.
ㄴ. 과학기술정보통신부장관은 연구활동종사자의 건강을 보호하기 위하여 필요하다고 인정할 때에는 연구실책임자에게 특정 연구활동종사자에 대한 임시건강검진의 실시나 연구장소의 변경, 연구시간의 단축 등 필요한 조치를 명할 수 있다.
ㄷ. 연구활동종사자는 법률에서 정하는 바에 따라 건강검진 및 임시건강검진 등을 받아야 한다.
ㄹ. 연구주체의 장은 연구활동에 필요한 경우에는 건강검진 및 임시건강검진 결과를 연구활동종사자의 건강 보호 외의 목적으로 사용할 수 있다.
ㅁ. 건강검진 · 임시건강검진의 대상, 실시기준, 검진항목 및 예외 사유는 대통령령으로 정한다.

① ㄱ, ㄴ, ㄷ
② ㄱ, ㄷ, ㅁ
③ ㄴ, ㄹ, ㅁ
④ ㄷ, ㄹ, ㅁ

21 연구실과 사업장의 일반적인 특성을 비교한 설명으로 옳지 않은 것은?

① 연구실은 다품종 소량의 유해물질을 취급하고, 사업장은 소품종 다량의 유해물질을 취급하는 경향이 있다.
② 연구실에서는 주로 새로운 장치, 물질, 공정에 관한 연구개발활동이 이루어지고, 사업장에서는 개발 완료된 물질, 공정을 이용하는 활동이 주로 이루어진다.
③ 연구실은 사업장에 비해 유해인자의 위험 범위 및 크기 예측이 상대적으로 쉽다.
④ 연구실은 소규모 공간에서 다수의 연구활동종사자가 기구 및 물질을 취급하는 경우가 많고, 사업장은 대규모 공간에서 근로자가 장비 및 물질을 취급하는 경우가 많다.

22 〈보기〉는 유해 · 위험요인의 감소 대책이다. 효과가 큰 것부터 순서대로 나열한 것은?

〈보 기〉

ㄱ. 유해 · 위험요인에 관한 교육 및 훈련 실시
ㄴ. 유해 · 위험요인에 대응하기 위한 설명서, 절차서, 표지 등을 게시
ㄷ. 유해 · 위험요인의 제거
ㄹ. 유해 · 위험요인에 관한 안전장치 설치
ㅁ. 유해 · 위험요인을 저감시키는 부품, 물질 등으로 대체

① ㄷ → ㅁ → ㄹ → ㄱ → ㄴ
② ㄷ → ㅁ → ㄹ → ㄴ → ㄱ
③ ㄹ → ㄷ → ㅁ → ㄱ → ㄴ
④ ㄹ → ㄷ → ㅁ → ㄴ → ㄱ

23 **인간의 의식수준 5단계 모형에서 Ⅰ단계(Phase Ⅰ)에서의 동작 · 조작 에러 사례를 〈보기〉에서 모두 고른 것은?**

〈보 기〉

ㄱ. 부주의로 점검 · 확인을 생략한다.
ㄴ. 지시사항을 깜박 잊어버린다.
ㄷ. 돌출적인 습관동작을 컨트롤하지 못한다.
ㄹ. 감정적으로 난폭하게 다룬다.
ㅁ. 성급하게 작업을 마감한다.

① ㄱ, ㄴ
② ㄱ, ㄷ
③ ㄷ, ㅁ
④ ㄹ, ㅁ

24 **「안전관리 우수연구실 인증제 운영에 관한 규정」에 따른 심사기준의 세부항목 중 시스템 분야에 해당하는 사항으로 옳지 않은 것은?**

① 비상시 대비 · 대응 관리 체계
② 개인보호구 지급 및 관리
③ 운영법규 검토
④ 시정조치 및 예방조치

25 **〈보기〉는 연구실 안전관리시스템에 관한 설명이다. 빈칸 안에 들어갈 말로 옳은 것은?**

〈보 기〉

(㉠)이/가 안전환경방침을 선언하고, P-D-C-A(Plan-Do-Check-Action) 과정을 통하여 지속적인 (㉡)이 이루어지도록 하는 체계적이고 자율적인 연구실안전관리 활동을 말한다.

	㉠	㉡
①	연구실안전환경관리자	개 선
②	연구주체의 장 (또는 연구실책임자)	개 선
③	연구실안전환경관리자	교 육
④	연구주체의 장 (또는 연구실책임자)	교 육

26 **연구실 안전환경 목표를 달성하기 위한 활동 추진계획 수립 시 반영 · 검토해야 하는 항목을 〈보기〉에서 모두 고른 것은?**

〈보 기〉

ㄱ. 업무 특성 및 연구개발 활동 특성
ㄴ. 전체목표 및 세부목표
ㄷ. 목표달성을 위한 안전환경 구축활동 계획(수단 · 방법 · 일정 등)
ㄹ. 목표별 성과지표

① ㄱ, ㄴ
② ㄱ, ㄷ, ㄹ
③ ㄴ, ㄷ, ㄹ
④ ㄱ, ㄴ, ㄷ, ㄹ

27 **연구실사고 발생 시 피해 최소화를 위한 비상시 대피 · 대응 관리체계 구축에 관한 설명으로 옳지 않은 것은?**

① 연구실에서 발생할 수 있는 최악의 상황을 가정한 비상사태별 대응 시나리오 및 대책을 포함한 비상조치 계획을 작성하고 교육 · 훈련을 실시하여야 한다.
② 비상조치계획에는 비상연락체계, 구조 · 응급조치 절차, 사전유해인자위험분석 절차가 포함되어야 한다.
③ 비상사태 대응 훈련 후에는 성과를 평가하여 필요시 비상조치 계획을 개정 · 보완하여야 한다.
④ 연구실사고 기록을 작성 및 관리하고, 사고 발생 시 대책을 수립 및 이행하여야 한다.

28 **P-D-C-A(Plan-Do-Check-Action) 과정의 단계별 설명으로 옳은 것을 〈보기〉에서 모두 고른 것은?**

〈보 기〉

ㄱ. P는 안전보건 리스크, 안전보건 기회를 결정 및 평가하고, 안전보건 목표 및 프로세스를 수립하는 단계이다.
ㄴ. D는 계획대로 프로세스를 실행하는 단계이다.
ㄷ. C는 의도된 결과를 달성하기 위해 안전성과를 지속적으로 개선하기 위한 조치를 시행하는 단계이다.
ㄹ. A는 안전보건 방침과 목표에 관한 활동 및 프로세스를 모니터링 및 측정하고, 그 결과를 보고하는 단계이다.

① ㄱ, ㄴ
② ㄷ, ㄹ
③ ㄱ, ㄴ, ㄷ
④ ㄱ, ㄷ, ㄹ

29 「연구실 사전유해인자위험분석 실시에 관한 지침」에서 규정하는 연구개발활동별 유해인자 위험분석 보고서의 '화학물질유해인자의 기본정보'에 기재해야 하는 항목을 〈보기〉에서 모두 고른 것은?

〈보 기〉

ㄱ. CAS(Chemical Abstreacts Service) NO.
ㄴ. 물질명
ㄷ. 보유수량, GHS(Global Harmonized System) 등급
ㄹ. 위험군 분류
ㅁ. 위험분석
ㅂ. 필요 보호구

① ㄱ, ㄷ, ㅂ
② ㄴ, ㄷ, ㄹ, ㅁ
③ ㄱ, ㄴ, ㄷ, ㅁ, ㅂ
④ ㄱ, ㄴ, ㄹ, ㅁ, ㅂ

30 위험성평가 기법 중 사고발생의 확률 추정이 곤란한 정성적 평가기법으로만 짝지어진 것은?

① THERP(Technique of Human Error Rate Prediction), FTA(Fault Tree Analysis)
② HAZOP(Hazard and Operability studies), FTA(Fault Tree Analysis)
③ HAZOP(Hazard and Operability studies), ETA(Event Tree Analysis)
④ HAZOP(Hazard and Operability studies), PHA(Preliminary Hazards Analysis)

31 빈칸 안에 들어갈 말로 옳은 것은?

(   )는 최초의 인간신뢰도 분석 도구로, 인간의 동작이 시스템에 미치는 영향을 그래프적으로 나타내는 특징이 있으며, 시스템에 있어서 인간의 과오를 평가하기 위하여 개발된 기법이다.

① ETA(Event Tree Analysis)
② FTA(Fault Tree Analysis)
③ THERP(Technique of Human Error Rate Prediction)
④ HAZOP(Hazard and Operability studies)

32 연구개발활동안전분석(R & DSA) 보고서에 포함되는 내용을 〈보기〉에서 모두 고른 것은?

〈보 기〉

ㄱ. 연구 · 실험 절차
ㄷ. 안전계획
ㄴ. 위험분석
ㄹ. 비상조치계획

① ㄱ, ㄴ
② ㄷ, ㄹ
③ ㄱ, ㄴ, ㄷ
④ ㄱ, ㄴ, ㄷ, ㄹ

33 빈칸 안에 들어갈 말로 옳은 것은?

(　　)은 돌발적으로 위기적 상황이 발생하면 그것에 집중하여 그 외의 상황을 분별하지 못하고, 특정 방향으로 강한 욕구가 있으면 그 방향에만 몰두하여 하는 불안전한 행동을 말한다.

① 장면행동
② 주연행동
③ 억측 판단 행동
④ 지름길 반응행동

34 빈칸 안에 들어갈 말로 가장 적절한 것은?

안전교육을 통해 안전수칙 준수에 관한 동기부여와 안전의욕 고취를 도모하고자 할 때, 효과적인 교육은 (　　)이다.

① 태도교육
② 기능교육
③ 지식교육
④ 문제풀이형 교육

35 「연구실 안전환경 조성에 관한 법률 시행규칙」에 따른 교육 대상별 교육 과정에 관한 설명으로 옳은 것을 〈보기〉에서 모두 고른 것은?

〈보 기〉

ㄱ. 대학생, 대학원생 등 연구활동에 참여하는 연구활동종사자는 신규교육훈련대상이다.
ㄴ. 저위험연구실의 연구활동종사자는 정기교육훈련 대상이다.
ㄷ. 연구실사고가 발생한 연구실의 연구활동종사자는 특별안전 교육 · 훈련 대상이다.
ㄹ. 정기적으로 정밀안전진단을 실시해야 하는 연구실이 아닌 연구실에 신규로 채용된 연구활동종사자는 신규교육훈련대상이다.

① ㄱ
② ㄱ, ㄴ
③ ㄱ, ㄴ, ㄷ
④ ㄱ, ㄴ, ㄷ, ㄹ

36 다음은 안전교육의 평가항목별 효과적인 평가방법을 정리한 것이다. 빈칸 안에 들어갈 말로 옳은 것은?

평가항목 \ 평가방법	(㉠)	(㉡)	(㉢)
지 식	○	○	
기 능	○		◎
태 도	◎	◎	

○ : 효과가 큼, ◎ : 효과가 매우 큼

	㉠	㉡	㉢
①	관찰법	면접법	질문법
②	관찰법	면접법	결과평가
③	질문법	면접법	결과평가
④	질문법	관찰법	결과평가

37 **안전교육 기법 중 사례연구법에 관한 설명으로 옳지 않은 것은?**

① 일반적으로 사례 제시, 자료 및 정보수집, 해결방안을 위한 연구와 준비, 해결방안의 발견과 검토의 순서로 진행된다.

② 조직이나 사회가 당면한 문제에 대한 학습이 가능하며, 의사소통을 통한 사고력 향상이 가능하다.

③ 적절한 사례를 확보하기 어려우나, 학습진도 측정과 체계적인 지식 습득이 용이하다.

④ 교육효과는 리더의 역량에 따라 큰 차이가 발생할 수 있으며, 해당 사례에 적절한 해결책을 도출하기 위해서는 부가적인 자료가 계속 제공되어야 한다.

38 **사람과 에너지와의 상관관계에 따라 분류한 사고 유형에 관한 설명으로 옳은 것은?**

① 에너지 폭주형의 사고 유형에는 폭발, 무너짐 사고가 있다.

② 에너지 활동 구역에 사람이 침입하여 발생하는 사고 유형에는 질식사고가 있다.

③ 에너지와의 충돌에 의해 발생하는 사고 유형에는 감전사고가 있다.

④ 유해 위험물에 의한 사고 유형에는 부딪힘 사고가 있다.

최신기출

39 **연구실 사고조사에 관한 설명으로 옳지 않은 것은?**

① 관리 및 조직상의 장애요인을 밝혀야 한다.

② 해당 사고에 관한 객관적인 원인 규명을 하여야 한다.

③ 기인물은 직접 위해를 준 기계, 장치, 물체 등을 의미한다.

④ 사고조사의 목적은 원인규명을 통한 동종 및 유사 사고의 재발방지이다.

40 연구실 내 병원성 물질 유출사고 발생 단계에서 연구실책임자 및 연구활동종사자의 사고대응 요령을 〈보기〉에서 모두 고른 것은?

〈보 기〉

ㄱ. 부상자의 오염된 보호구는 즉시 탈의하여 멸균봉투에 넣고 오염부위를 세척한 후 소독제 등으로 오염부위를 소독한다.
ㄴ. 부상자 발생 시 부상 부위 및 2차 감염성 확인 후 기관 내 안전관리 업무를 수행하는 자에게 알리고, 필요시 소방서에 신고한다.
ㄷ. 흡수지로 오염 부위를 덮은 후 그 위에 소독제를 충분히 부어 오염의 확산을 방지한다.
ㄹ. 1차 피해 우려 시 접근 금지 표시를 하여 1차 유출 확대를 방지한다.
ㅁ. 사고 발생지 탈 오염 처리 및 오염 확산 방지 확인 후 연구실 사용 재개를 결정한다.

① ㄱ, ㄴ, ㄷ
② ㄴ, ㄷ, ㄹ
③ ㄱ, ㄴ, ㄹ, ㅁ
④ ㄱ, ㄷ, ㄹ, ㅁ

41 방폭구조에 관한 설명으로 옳은 것을 〈보기〉에서 모두 고른 것은?

〈보 기〉

ㄱ. '안전증방폭구조'는 정상운전 중에 가연성가스의 점화원이 될 수 있는 전기불꽃 · 아크의 발생이나 파열을 방지하기 위해 기계적 · 전기적 구조와 온도상승에 관한 안전도를 증가시킨 구조이다.
ㄴ. '유입방폭구조'는 방폭전기기기의 용기 내부에서 가연성가스의 폭발이 발생할 경우 그 용기가 폭발압력에 견딜 수 있는 구조이며, 접합면이나 개구부 등을 통해 외부의 가연성 가스에 의해 인화되지 않도록 한 구조이다.
ㄷ. '내압방폭구조'는 용기 내부에 절연유를 주입하여 불꽃 · 아크 또는 고온발생부분이 기름 속에 잠기게 함으로써 기름면 위에 존재하는 가연성가스에 의해 인화되지 않도록 한 구조이다.
ㄹ. '압력방폭구조'는 용기 내부에 보호가스를 압입하여 내부 압력을 유지함으로써 가연성가스가 용기 내부로 유입하는 것을 방지하는 구조이다.

① ㄱ, ㄴ
② ㄱ, ㄹ
③ ㄴ, ㄷ
④ ㄷ, ㄹ

42 다음 중 가연성 가스이면서 독성가스인 것은?

① 불화수소(HF)
② 프로판(C_3H_8)
③ 황화수소(H_2S)
④ 브롬화수소(HBr)

43 화학물질 보관 · 저장 방법에 관한 설명으로 옳은 것을 〈보기〉에서 모두 고른 것은?

〈보 기〉

ㄱ. 화학물질의 특성을 고려하지 않고 알파벳순이나 가나다순으로 저장한다.
ㄴ. 휘발성 액체는 열과 빛을 차단할 수 있는 곳에 보관한다.
ㄷ. 화학물질을 소분하여 사용하는 경우에는 화학물질의 정보가 기입된 라벨(경고표지) 부착이 필요 없다.
ㄹ. 용량이 큰 화학물질은 취급 시 파손에 대비하기 위해 추락 방지 가드가 설치된 선반의 상단에 보관한다.
ㅁ. 산 또는 염기성 물질은 특성을 고려하여 보관하며 내식성 재질의 전용함에 보관한다.

① ㄴ, ㄷ
② ㄴ, ㅁ
③ ㄱ, ㄷ, ㄹ
④ ㄴ, ㄹ, ㅁ

44 다음의 분류 표지가 부착된 화학물질의 유해 · 위험성에 관한 설명으로 옳지 않은 것은?

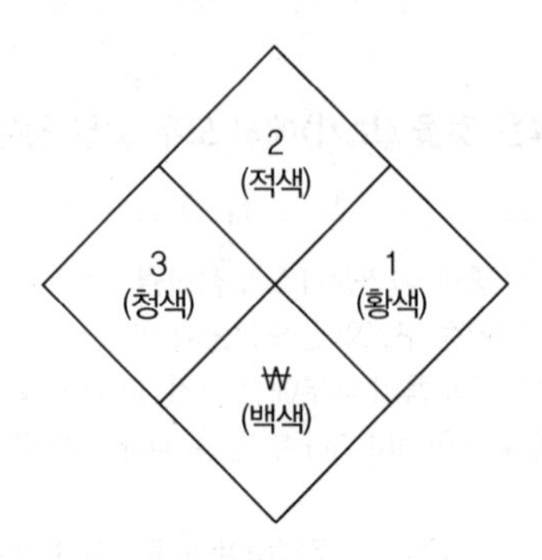

① 열에 불안정한 물질이다.
② 인화점이 상온(20℃) 이하인 물질이다.
③ 신체 노출 시 심각하거나 영구적인 부상을 유발할 수 있는 물질이다.
④ 물과 반응할 수 있으며, 반응 시 심각한 위험을 수반할 수 있는 물질이다.

45 화학 폐기물의 종류와 폐기물의 구분의 연결이 옳지 않은 것은?

	화학 폐기물의 종류	폐기물의 구분
①	백금(Pt)/산화알루미늄(Al_2O_3) 폐촉매	기타 폐기물
②	아세톤(C_3H_6O)	비할로겐유기용제
③	수산화나트륨(NaOH)	폐알칼리
④	불산(HF)	폐 산

46 빈칸 안에 들어갈 말로 옳은 것은?

> 「폐기물관리법 시행규칙」에 따라 지정폐기물 배출자는 연구실에서 발생되는 지정폐기물 중 폐산, 폐알칼리를 보관개시일로부터 최대 (　　)일까지 보관할 수 있다.

① 45
② 60
③ 90
④ 120

47 「폐기물관리법 시행규칙」에 따라 지정폐기물 보관창고(의료폐기물은 제외)에 설치해야 하는 지정 폐기물 보관표지의 항목으로 옳지 않은 것은?

① 폐기물의 종류
② 보관가능용량
③ 보관기간
④ 보관방법

48 「폐기물관리법 시행규칙」에 따른 지정폐기물의 처리기준에 관한 설명으로 옳지 않은 것은?

① 폐유기용제는 휘발되지 아니하도록 밀폐된 용기에 보관하여야 한다.
② 지정폐기물은 지정폐기물에 의하여 부식되거나 파손되지 아니하는 재질로 된 보관시설 또는 보관용기를 사용하여 보관하여야 한다.
③ 지정폐기물 보관표지를 드럼 등 소형용기에 붙이는 경우, 표지의 규격은 가로 60cm 이상 × 세로 40cm 이상이다.
④ 지정폐기물 보관표지의 색깔은 노란색 바탕에 검은색 선 및 검은색 글자로 한다.

49 연구실에서 발생하는 폐기물 처리에 관한 설명으로 옳지 않은 것은?

① 벤젠과 황산은 같은 폐기용기에 폐기하면 안 된다.
② 과염소산과 황산은 같은 폐기용기에 폐기하여도 된다.
③ 염소산칼륨은 갑작스런 충격이나 고온 가열 시 폭발 위험이 있으므로 폐기물 처리 시 주의하여야 한다.
④ 폐산, 폐알칼리, 폐유기용제 등 다른 폐기물이 혼합된 액체 상태의 폐기물은 소각시설에 지장이 생기지 않도록 중화 등으로 처리하여 소각 후 매립한다.

50 「폐기물관리법 시행규칙」에 따라 지정폐기물로 인한 사고예방을 위하여 작성해야 하는 폐기물 유해성 정보자료의 항목을 〈보기〉에서 모두 고른 것은?

〈보 기〉

ㄱ. 폐기물의 물리적 · 화학적 성질
ㄴ. 폐기물의 성분 정보
ㄷ. 폐기물의 안정성 · 반응성
ㄹ. 취급 시 주의사항

① ㄱ, ㄴ
② ㄱ, ㄷ, ㄹ
③ ㄴ, ㄷ, ㄹ
④ ㄱ, ㄴ, ㄷ, ㄹ

51 가스용기나 저장탱크의 폭발사고 예방장치로 옳지 않은 것은?

① 파열판(Rupture Disk)
② 안전밸브(Safety Valve)
③ 글로브밸브(Glove Valve)
④ 릴리프밸브(Relief Valve)

52 연구실사고 예방을 위한 장치로 옳지 않은 것은?

① 긴급차단장치
② 역류방지장치
③ 역화방지장치
④ 비상샤워장치

53 '고압가스 저장의 시설 · 기술 · 검사 · 안전성평가 기준'에 따른 과압안전장치의 설치위치에 관한 설명으로 옳지 않은 것은?

① 배관 내의 액체가 2개 이상의 밸브로 차단되어 외부 열원으로 인한 액체의 열팽창으로 파열이 우려되는 배관에 설치해야 한다.
② 내 · 외부 요인에 따른 압력상승이 설계압력을 초과할 우려가 있는 압력용기에 설치해야 한다.
③ 토출 측의 막힘으로 인한 압력 상승이 설계압력을 초과할 우려가 있는 다단 압축기의 입구 측에 설치해야 한다.
④ 액화가스 저장능력이 300kg 이상이고 용기 집합장치가 설치된 고압가스설비에 설치해야 한다.

54 실린더캐비닛에 관한 설명으로 옳지 않은 것은?

① 실린더캐비닛은 불연성 재질이어야 한다.
② 실린더캐비닛 내 공기는 항상 옥외로 배출하고 내부의 압력이 외부의 압력보다 낮도록 유지한다.
③ 실린더캐비닛 내의 충전용기 또는 배관에는 캐비닛 내부에서 수동조작이 가능한 긴급차단장치를 설치한다.
④ 상호반응에 의해 재해가 발생할 우려가 있는 가스는 동일 실린더캐비닛 내에 함께 보관하지 않는다.

55 〈보기〉는 가스 폭발범위에 관한 설명이다. 빈칸 안에 들어갈 말로 옳은 것은?

〈보 기〉
- 가연성 가스가 연소할 수 있는 (㉠)의 농도범위이다.
- 압력이 높을수록 폭발범위가 (㉡).
- 폭발범위가 (㉢)는 것은 그 가스가 위험하다는 것을 뜻한다.
- 불활성 가스를 혼합하면 폭발하한계는 (㉣)하며, 폭발상한계는 (㉤)한다.

	㉠	㉡	㉢	㉣	㉤
①	가연성 가스	넓어진다	넓 다	상 승	하 강
②	산 소	좁아진다	좁 다	상 승	하 강
③	가연성 가스	넓어진다	넓 다	하 강	상 승
④	가연성 가스	좁아진다	좁 다	하 강	상 승

56 가스누출검지경보장치의 설치기준으로 옳은 것을 〈보기〉에서 모두 고른 것은?

〈보 기〉

ㄱ. 가연성가스의 경보농도는 폭발하한계의 4분의 1이하로 한다.
ㄴ. 독성가스의 경보농도는 TLV-TWA(Threshold Limit Value-time Weighted Average) 기준 농도 이하로 한다.
ㄷ. 경보는 램프의 점등 또는 점멸과 동시에 경보를 울리는 것이어야 한다.
ㄹ. 암모니아의 가스누출검지경보장치는 「고압가스 안전관리법」에 따른 방폭 성능을 갖는 것이어야 한다.
ㅁ. 암모니아 누출경보기는 누출가능 지점으로부터 가까운 바닥으로부터 3cm 이내에 설치한다.

① ㄱ, ㄴ, ㄷ
② ㄱ, ㄴ, ㄹ
③ ㄱ, ㄹ, ㅁ
④ ㄴ, ㄷ, ㄹ

57 파열판을 설치해야 하는 경우로 옳지 않은 것은?

① 반응폭주 등 급격한 압력 상승의 우려가 있는 경우
② 화학물질의 부식성이 강하여 안전밸브 재질의 선정에 문제가 있는 경우
③ 가연성 물질의 누출로 인해 장치 외부에서 심각한 폭발위험이 우려되는 경우
④ 운전 중 안전밸브에 이상 물질이 누적되어 안전밸브의 기능을 저하시킬 우려가 있는 경우

58 '특정고압가스 사용의 시설 · 기술 · 검사기준'에 따른 가스누출검지경보장치의 설치 위치에 관한 설명으로 옳지 않은 것은?

① 연구실 안에 설치하는 경우, 설비군의 둘레 20m마다 2개 이상 설치한다.
② 연구실 밖에 설치하는 경우, 설비군의 둘레 20m마다 1개 이상 설치한다.
③ 감지대상가스가 공기보다 무거운 경우, 바닥에서 30cm 이내에 설치한다.
④ 감지대상가스가 공기보다 가벼운 경우, 천장에서 30cm 이내에 설치한다.

59 **폭발위험장소에 관한 설명으로 옳지 않은 것은?**

① KS C IBC 60079-10에 따르면 가스와 증기의 폭발 위험장소 종별은 0종(Zone 0), 1종(Zone 1), 2종(Zone 2)으로 구분한다.

② '0종 장소'란 폭발성 가스분위기가 연속적으로 장기간 또는 빈번하게 존재할 수 있는 장소를 말한다.

③ '1종 장소'란 비정상상태에서 위험 분위기가 간헐적 또는 주기적으로 생성될 우려가 있는 장소로서 운전, 유지, 보수 등에 의해 위험분위기가 발생되기 쉬운 장소를 말한다.

④ '2종 장소'란 폭발성 가스분위기가 정상작동(운전) 중 조성되지 않거나 조성된다 하더라도 짧은 기간에만 지속될 수 있는 장소를 말한다.

최신기출

60 **화재 등으로 인한 압력 상승을 방지하기 위한 압력 방출장치에 관한 설명으로 옳지 않은 것은?**

① '파열판'은 독성물질의 누출로 인해 주위 작업환경을 오염시킬 우려가 있는 경우에 적합하다.

② '가용합금 안전밸브'는 아세틸렌(C_2H_2), 염소(Cl_2) 용기에 적합하다.

③ '폭압방산공'은 건조기 등 폭발 방호가 필요한 경우에 적합하다.

④ '스프링식 안전밸브'는 급격한 압력상승 우려가 있는 곳에 적합하다.

61 **방호장치에 관한 설명으로 옳지 않은 것은?**

① 방호장치는 구조가 간단하고 신뢰성을 갖추어야 한다.
② 방호장치로 인하여 작업에 방해가 되어서는 안 된다.
③ 방호장치 작동 시 해당 기계가 자동적으로 정지되어서는 안 된다.
④ 방호장치는 사용자에게 심리적 불안감을 주지 않도록 외관상 안전화를 유지하여야 한다.

62 **연구실 기계설비의 공통적인 위험요인으로 옳지 않은 것은?**

① 운동하는 기계는 반응점을 가지고 있다.
② 기계의 작업점은 큰 힘을 가지고 있다.
③ 기계는 동력을 전달하는 부분이 있다.
④ 기계는 부품 고장의 가능성이 있다.

63 **〈보기〉의 기계 재해를 방지하기 위한 대책을 순서대로 나열한 것은?**

〈보 기〉

ㄱ. 방호조치
ㄴ. 본질안전설계 조치
ㄷ. 안전작업방법의 설정과 실시
ㄹ. 위험요인의 파악 및 위험성 결정

① ㄴ → ㄱ → ㄷ → ㄹ
② ㄴ → ㄷ → ㄱ → ㄹ
③ ㄹ → ㄱ → ㄴ → ㄷ
④ ㄹ → ㄴ → ㄱ → ㄷ

64 연구실 기계 · 기구의 주요 사고원인으로 옳지 않은 것은?

① 기계 자체가 실험용이나 개발용으로 변형 · 제작되어 안전성이 떨어진다.
② 기계의 사용방식이 자주 바뀌지 않고 사용하는 시간이 길다.
③ 기계의 사용자가 경험과 기술이 부족한 연구활동종사자이다.
④ 기계의 담당자가 자주 바뀌어 기술이 축적되기 어렵다.

65 다음의 안전보건표지의 의미로 옳은 것은?

① 장갑 착용 금지
② 출입 금지
③ 사용 금지
④ 손 조심

66 연구실에서 취급하는 기기 · 장비와 안전점검 항목의 연결이 옳지 않은 것은?

	기기 · 장비	안전점검 항목
①	오 븐	수평, 통풍 상황 등 적절한 설치 상태 확인
②	교류아크용접기	안전기 설치 및 작동 유무 확인
③	무균작업대(무균실험대, Clean Bench)	풍속확인
④	실험용 가열판	적정온도 유지 여부 확인

67 「연구실 안전점검 및 정밀안전진단에 관한 지침」에서 규정하는 기계 안전 분야의 정기점검 · 특별안전점검 항목으로 옳지 않은 것은?

① 연구실 소음 및 진동에 관한 대비책 마련 여부
② 기계 · 기구 또는 설비별 작업안전수칙 부착 여부
③ 연구실 내 자체 제작 장비에 대한 안전관리 수칙 · 표지 마련 여부
④ 연구실 내 자동화설비 기계 · 기구에 대한 이중 안전장치 마련 여부

68 원심기 취급 시 안전대책으로 옳은 것을 〈보기〉에서 모두 고른 것은?

〈보 기〉

ㄱ. 휘발성 물질은 원심분리 금지
ㄴ. 감전 예방을 위한 접지 실시
ㄷ. 최고 사용 회전수 초과 사용 금지
ㄹ. 광전자식 및 손쳐내기식 방호장치 설치

① ㄱ
② ㄴ, ㄷ
③ ㄱ, ㄴ, ㄷ
④ ㄱ, ㄴ, ㄷ, ㄹ

69 페일 세이프(Fail Safe)의 정의와 종류에 관한 설명으로 옳은 것은?

① 페일 세이프(Fail Safe) – 인간이 기계 등의 취급을 잘못하더라도 사고나 재해로 연결되지 않는 기능이다.
② 페일 패시브(Fail Passive) – 부품 고장 시 기계는 일정시간이 경과한 후에 정지상태가 된다.
③ 페일 오퍼레이셔널(Fail Operational) – 부품 고장이 있어도 기계는 추후 보수가 될 때까지는 안전 기능을 유지한다.
④ 페일 액티브(Fail Active) – 부품 고장이 있어도 기계는 보수가 될 때까지 운전이 가능하다.

70 **무균작업대(무균실험대, Clean Bench)의 위험요소 및 취급 주의사항에 관한 설명으로 옳지 않은 것은?**

① UV에 의한 눈이나 피부 화상 사고에 주의해야 한다.
② 무균작업대 사용 전에 UV 램프의 전원을 반드시 차단해야 한다.
③ 무균작업대 내 알코올램프 사용으로 인한 화재 위험에 주의해야 한다.
④ 인체감염균, 유해화학물질, 바이러스 등은 반드시 무균작업대에서 취급해야 한다.

71 **기계설비의 안전조건 중 구조의 안전화에 관한 고려사항으로 옳지 않은 것은?**

① 가공의 결함
② 가드(Guard)의 결함
③ 재료의 결함
④ 설계상의 결함

72 **다음은 「연구실 설치운영에 관한 기준」 중 연구 · 실험 장비의 설치에 관한 내용의 일부이다. 빈칸 안에 들어갈 말로 옳은 것은?**

구 분		준수사항	연구실위험도		
			저위험	중위험	고위험
연구 · 실험 장비	설 치	취급하는 물질에 내화학성을 지닌 실험대 및 선반 설치	(㉠)	(㉡)	(㉢)
		충격, 지진 등에 대비한 실험대 및 선반 전도방지 조치	(㉣)	(㉤)	(㉥)

	㉠	㉡	㉢	㉣	㉤	㉥
①	권 장	권 장	필 수	권 장	필 수	필 수
②	–	권 장	권 장	–	권 장	권 장
③	권 장	필 수	필 수	권 장	권 장	필 수
④	권 장	필 수	필 수	–	권 장	필 수

최신기출

73 가열/건조기 사용 시 안전대책으로 옳지 않은 것은?

① 사용 전 주위에 인화성 및 가연성 물질이 없는지 확인한다.
② 가동 중 자리를 비우지 않고 수시로 온도를 확인한다.
③ 유체를 가열하는 히터의 경우 유체의 수위가 히터 위치 이상으로 올라가지 않도록 수시로 확인한다.
④ 발생 가능한 화재의 종류에 따라 적응성이 있는 소화기를 구비하여 지정된 위치에 보관하고, 소화기의 위치와 사용법을 숙지한다.

74 빈칸 안에 들어갈 말로 옳은 것은?

'방사선'이란 전자파나 입자선 중 직접 또는 간접적으로 (㉠)을/를 전리하는 능력을 가진 것으로서 알파선, 중양자선, 양자선, 베타선, 그 밖의 중하전입자선, 중성자선, 감마선, 엑스선 및 (㉡) 전자볼트 이상(엑스선 발생장치의 경우에는 5천 전자볼트 이상)의 에너지를 가진 전자선을 말한다.

	㉠	㉡
①	공 기	5만
②	물	5만
③	공 기	10만
④	물	10만

75 3D 프린터의 주요 유해 · 위험요인으로 옳지 않은 것은?

① 고온의 압출된 물질에 신체 접촉으로 인한 화상 위험
② 가공 중 유해 화학물질의 흡입에 의한 건강 장해 위험
③ 접지 불량에 의한 감전 및 화재 위험
④ 안전문의 불량에 의한 칩 또는 스크랩 비산

76 **고압증기멸균기의 안전대책으로 옳지 않은 것은?**

① 멸균이 종료되면 문을 열기 전에 압력이 0점(Zero)에 간 것을 확인한다.
② 발화성, 반응성, 부식성, 독성 및 방사성 물질은 주의하여 사용한다.
③ 고압증기멸균기 주변에 연소성 물질을 제거한다.
④ 문을 열고 30초 이상 기다린 후 시험물을 천천히 제거한다.

77 **가스크로마토그래피(Gas Chromatography) 취급 시 주의사항으로 옳지 않은 것은?**

① 가연성 · 폭발성 가스에 의한 화재 및 폭발위험이 있으므로 주의해야 한다.
② 액체질소에 의한 저온화상 위험이 있으므로 주의해야 한다.
③ 세라믹 섬유로 만들어진 크로마토그래피 단열재의 섬유입자로 인한 호흡기 위험에 주의해야 한다.
④ 압축가스와 가연성 및 독성 화학물질 등을 사용하는 경우에 있어서 해당 MSDS를 참고하여 취급하여야 한다.

78 **레이저에 관한 설명으로 옳은 것을 〈보기〉에서 모두 고른 것은?**

〈보 기〉

ㄱ. 레이저 안전등급 분류(IEC 60825-1) 중 3B등급은 보안경 착용을 권고한다.
ㄴ. 가시광선 영역에서 4mW로 0.4초 노출 시 레이저 안전등급 분류(IEC 60825-1)는 3R등급이다.
ㄷ. 레이저가 눈 또는 피부에 조사될 경우 실명이나 화상 등의 사고 위험이 있다.
ㄹ. 레이저 발진 준비단계에서는 레이저빔을 반사시킬 수 있는 물체는 빔이 통과하는 경로에서 제거해야 한다.

① ㄴ, ㄷ
② ㄷ, ㄹ
③ ㄱ, ㄴ, ㄹ
④ ㄴ, ㄷ, ㄹ

79 **연구활동 중 고열작업에 해당하는 작업 장소로 옳지 않은 것은?**

① 도자기나 기와 등을 소성하는 장소
② 고무에 황을 넣어 열처리하는 장소
③ 녹인 금속을 운반하거나 주입하는 장소
④ 금속에 전기아연도금을 하는 장소

80 **「연구실 사전유해인자위험분석 실시에 관한 지침」에서 규정하는 연구실 내 물리적 유해 · 위험요인에 관한 설명으로 옳지 않은 것은?**

① '소음'은 소음성난청을 유발할 수 있는 80데시벨 이상의 시끄러운 소리를 말한다.
② '이상기온'은 고열 · 한랭 · 다습으로 인하여 열사병 · 동상 · 피부질환 등을 일으킬 수 있는 기온을 말한다.
③ '이상기압'은 게이지 압력이 제곱센티미터당 1킬로그램 초과 또는 미만인 기압을 말한다.
④ '분진'은 대기 중에 부유하거나 비산강하하는 미세한 고체상의 입자상 물질을 말한다.

81 다음은 「유전자변형생물체의 국가간 이동 등에 관한 통합고시」에서 규정하는 연구시설의 생물안전등급에 따른 기관생물안전위원회 설치 및 운영, 생물안전관리책임자의 임명, 생물안전관리자의 지정에 관한 사항이다. 빈칸 안에 들어갈 말로 옳은 것은?

구 분	기관생물 안전위원회 설치 및 운영	생물안전 관리책임자 임명	생물안전 관리자 지정
생물안전 1등급 시설	(㉠)	(㉡)	권 장
생물안전 2등급 시설	필 수	필 수	(㉢)
생물안전 3 · 4등급 시설	필 수	필 수	필 수

	㉠	㉡	㉢
①	권 장	권 장	권 장
②	권 장	필 수	권 장
③	권 장	필 수	필 수
④	필 수	필 수	필 수

82 기관 내 연구책임자가 제2위험군에 속하는 감염병백신개발을 위한 비임상 및 임상시험 연구를 진행하고자 한다. 연구 개시 전에 심의를 통해 연구승인을 취득해야 하는 위원회를 〈보기〉에서 모두 고른 것은?

〈보 기〉

ㄱ. 기관생물안전위원회
ㄴ. 동물실험윤리위원회
ㄷ. 감염병관리위원회
ㄹ. 생명윤리위원회
ㅁ. 위해성평가위원회

① ㄱ, ㄴ, ㄷ
② ㄱ, ㄴ, ㄹ
③ ㄴ, ㄷ, ㅁ
④ ㄷ, ㄹ, ㅁ

83 **고압증기멸균기 사용에 관한 설명으로 옳은 것을 〈보기〉에서 모두 고른 것은?**

〈보 기〉

ㄱ. 고압증기멸균기를 사용하여 멸균을 실시할 때마다 해당 조건에 효과적인 멸균 시간을 선택한다.
ㄴ. 테이프 지표인자는 열감지능이 있는 화학적 지표인자로, 병원성 미생물들이 실제로 멸균 시간 동안에 사멸이 되었다는 것을 증명하지 못한다.
ㄷ. 생물학적 지표인자 중 대표적인 것은 Geobacillus Stearothermophilus 아포이며, 고압증기멸균기의 멸균 기능을 측정하기 위하여 사용할 수 있다.
ㄹ. 액체물질의 멸균 시에는 내용물이 유출되는 것을 방지하기 위하여 액체 컨테이너의 뚜껑을 꽉 닫도록 한다.

① ㄱ, ㄴ, ㄷ
② ㄱ, ㄴ, ㄹ
③ ㄱ, ㄷ, ㄹ
④ ㄴ, ㄷ, ㄹ

84 **「고위험병원체 취급시설 및 안전관리에 관한 고시」에 따라 생물안전 2등급 취급시설 구축을 위한 필수 실험 장비를 〈보기〉에서 모두 고른 것은?**

〈보 기〉

ㄱ. 고압증기멸균기(Autoclave)
ㄴ. 무균작업대(무균실험대, Clean Bench)
ㄷ. 생물안전작업대(Biosafety Cabinet)
ㄹ. 원심분리기(Centfifuge)

① ㄱ, ㄴ
② ㄱ, ㄷ
③ ㄴ, ㄷ
④ ㄷ, ㄹ

85 **「유전자재조합실험지침」에서 규정하는 유전자재조합 실험 시 국가승인 또는 기관승인 · 신고 없이 수행 가능한 실험은?**

① 포장시험 등 환경방출과 관련한 실험
② 제2위험군 이상의 생물체를 숙주-벡터계 또는 DNA 공여체로 이용하는 단순 배양실험
③ 고초균 숙주-백터계를 사용하고 제1위험군 생물체를 공여체로 사용하는 대량 배양실험
④ 대장균 K12 숙주-벡터계를 사용하고 제1위험군 생물체를 공여체로 사용하는 실험

86 「고위험병원체 취급시설 및 안전관리에 관한 고시」에서 규정하는 고위험병원체 취급기관의 자체 안전점검 실시 주기로 옳은 것은?

① 분기별 1회
② 상반기, 하반기 연 2회
③ 매년 1월 15일까지 1회
④ 매년 1월 31일까지 1회

87 「유전자변형생물체의 국가간 이동 등에 관한 법률 시행령」에서 규정하는 유전자변형생물체 취급 연구시설 중 취급 생물체 및 실험특성에 따른 연구시설 분류로 옳지 않은 것은?

① 격리포장시설
② 대량배양 연구시설
③ 어류이용 연구시설
④ 바이러스이용 연구시설

88 빈칸 안에 들어갈 말로 옳은 것은?

환경위해관련 생물안전 3 · 4등급 유전자변형생물체(LMO) 연구시설을 설치 · 운영하고자 할 때에는 (　　)의 허가를 받아야 한다.

① 환경부장관
② 질병관리청장
③ 산업통상자원부장관
④ 과학기술정보통신부장관

89 「유전자변형생물체의 국가간 이동 등에 관한 법률 통합고시」에서 규정하는 연구시설 설치 · 운영기준 중 2등급 일반 연구시설의 필수사항으로 옳은 것은?

① 생물안전작업대 설치
② 생물안전관리자의 지정
③ 생물안전관리규정 마련 및 적용
④ 일반 구역과 실험실(실험구역)의 구분(분리)

90 「유전자변형생물체의 국가간 이동 등에 관한 법률」에서 규정하는 과태료 대상으로 옳지 않은 것은?

① 시험 · 연구용으로 사용할 유전자변형생물체를 신고를 하지 아니하고 수입한 자
② 유전자변형생물체의 수출입 등 및 연구시설의 관리 · 운영기록을 작성 · 보관하지 아니한 자
③ 유전자변형생물체 연구시설을 신고한 사항을 변경신고를 하지 아니하고 변경 설치 · 운영한 자
④ 연구시설을 폐쇄하는 경우 그 내용을 관계 중앙행정기관의 장에게 신고를 하지 아니한 자

91 다음은 「유전자변형생물체의 국가간 이동 등에 관한 법률 통합고시」에서 규정하는 유전자재조합실험실 폐기물 처리를 위한 준수사항이다. 빈칸 안에 들어갈 말로 옳은 것은?

준수사항	안전관리등급			
	1	2	3	4
처리 전 폐기물 : 별도의 안전 장소 또는 용기에 보관	(㉠)	필 수	필 수	필 수
폐기물은 생물학적 활성을 제거하여 처리	(㉡)	필 수	필 수	필 수
실험폐기물 처리에 대한 규정 마련	(㉢)	필 수	필 수	필 수

	㉠	㉡	㉢
①	권 장	권 장	권 장
②	필 수	권 장	필 수
③	권 장	필 수	필 수
④	필 수	필 수	필 수

92 최대 보관가능기간이 같은 의료폐기물의 종류끼리 짝지어진 것은?

① 격리의료폐기물, 병리계폐기물
② 격리의료폐기물, 손상성폐기물
③ 혈액오염폐기물, 병리계폐기물
④ 혈액오염폐기물, 손상성폐기물

93 「폐기물관리법 시행령」에서 규정하는 의료폐기물에 관한 설명으로 옳은 것을 〈보기〉에서 모두 고른 것은?

〈보 기〉

ㄱ. 채혈진단에 사용된 혈액이 담긴 검사튜브, 용기 등은 혈액오염폐기물로 본다.
ㄴ. 폐백신, 폐항암제, 폐화학치료제는 생물 · 화학폐기물이다.
ㄷ. 의료폐기물이 아닌 폐기물로서 의료폐기물과 혼합되거나 접촉된 폐기물은 혼합되거나 접촉된 의료폐기물과 같은 폐기물로 본다.
ㄹ. 주사바늘, 봉합바늘, 수술용 칼날, 한방침, 치파용침, 파손된 유리재질의 시험기구는 손상성폐기물이다.

① ㄱ, ㄴ, ㄷ
② ㄱ, ㄴ, ㄹ
③ ㄱ, ㄷ, ㄹ
④ ㄴ, ㄷ, ㄹ

94 빈칸 안에 들어갈 말로 옳은 것은?

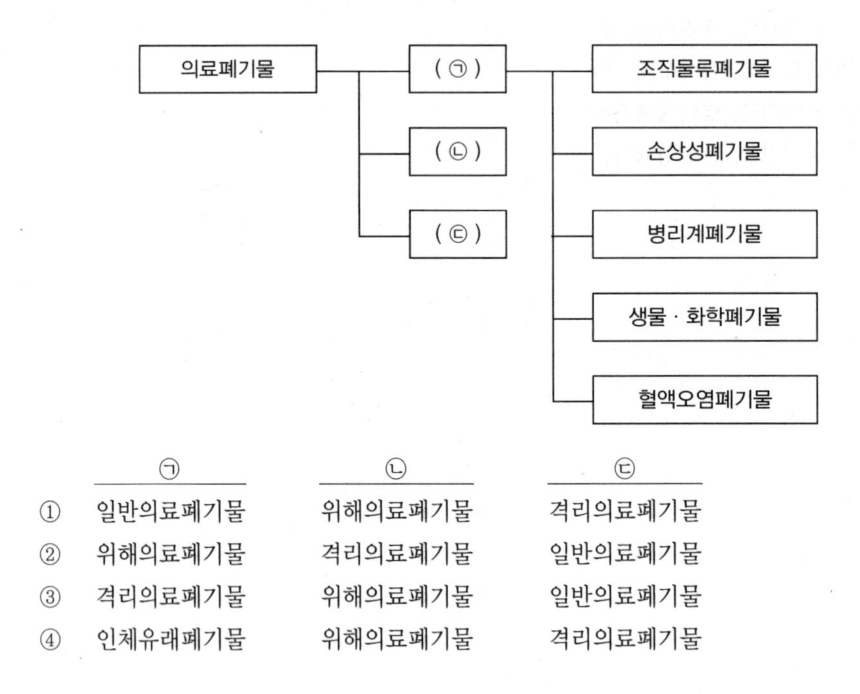

	㉠	㉡	㉢
①	일반의료폐기물	위해의료폐기물	격리의료폐기물
②	위해의료폐기물	격리의료폐기물	일반의료폐기물
③	격리의료폐기물	위해의료폐기물	일반의료폐기물
④	인체유래폐기물	위해의료폐기물	격리의료폐기물

95 다음은 「폐기물관리법 시행규칙」에 따라 의료폐기물 전용용기의 바깥쪽에 의료폐기물임을 나타내기 위하여 표시하여야 하는 도형이다. 빈칸 안에 들어갈 말로 옳은 것은?

의료폐기물의 종류	도형 색상	
격리의료폐기물	(㉠)	
위해위료폐기물(재활용하는 태반 제외) 및 일반의료폐기물	봉투형 용기	(㉡)
	상자형 용기	(㉢)

	㉠	㉡	㉢
①	노란색	붉은색	붉은색
②	녹 색	검은색	붉은색
③	붉은색	녹 색	노란색
④	붉은색	검은색	노란색

96 **다음 중 생물안전작업대 내에서 감염성 물질 등이 유출된 경우의 대응 방법으로 가장 거리가 먼 것은?**

① 유출 지역에 있는 사람들에게 사고 사실을 알리고 연구실책임자에게 보고한다.
② 개인보호구를 착용하고 효과적인 소독제를 작업대 벽면, 작업 표면 및 이용한 장비들에 뿌리고 적정 시간 동안 방치한다.
③ 에어로졸이 발생하여 확산될 수 있으므로 가라앉을 때까지 그대로 20~30분 정도 방치한 후 보호구를 착용하고 사고구역으로 들어간다.
④ 오염된 장갑이나 실험복 등은 적절하게 폐기하고, 손 등의 노출된 신체부위는 소독한다.

97 **「유전자변형생물체의 국가간 이동 등에 관한 통합고시」에 따른 동물이용 연구시설에서 발생하는 사고에 대응하기 위한 실험동물 탈출방지 장치를 〈보기〉에서 모두 고른 것은?**

〈보 기〉

ㄱ. 기밀문
ㄴ. 끈끈이
ㄷ. 에어커튼
ㄹ. 탈출방지턱

① ㄱ, ㄴ, ㄷ
② ㄱ, ㄴ, ㄹ
③ ㄱ, ㄷ, ㄹ
④ ㄴ, ㄷ, ㄹ

98 **연구활동종사자가 생물분야 연구 시 감염성 물질 등이 안면부를 제외한 신체에 접촉되었을 때 응급처치 단계를 순서대로 나열한 것은?**

① 개인보호구 탈의 → 즉시 흐르는 물로 세척 또는 샤워 → 오염 부위 소독 → 연구실책임자에게 즉시 보고
② 즉시 흐르는 물로 세척 또는 샤워 → 개인보호구 탈의 → 오염 부위 소독 → 연구실책임자에게 즉시 보고
③ 개인보호구 탈의 → 즉시 흐르는 물로 세척 또는 샤워 → 의료관리자에게 즉시 보고 → 오염 부위 소독
④ 즉시 흐르는 물로 세척 또는 샤워 → 개인보호구 탈의 → 오염 부위 소독 → 의료관리자에게 즉시 보고

99 생물 분야 주요 연구실 사고 유형에 따른 대응 조치로 옳은 것을 〈보기〉에서 모두 고른 것은?

〈보 기〉

ㄱ. 감염성 물질에 오염된 용기가 깨지거나 감염성 물질이 엎질러진 경우, 천이나 종이타월로 덮고 그 위로 소독제를 처리하고 즉시 제거한다.
ㄴ. 밀봉이 가능한 버킷이 없는 원심분리기가 작동 중인 상황에서 튜브의 파손이 발생한 경우, 모터를 끄고 기계를 닫아 침전되기를 기다린 후 적절한 방법으로 처리한다.
ㄷ. 감염 가능성이 있는 물질을 섭취한 경우 보호복을 벗고 의사의 진찰을 받는다.
ㄹ. 밀봉이 가능한 원심분리기 버킷 내부에서 감염성 물질이 들어있는 튜브의 파손이 일어난 경우, 무균작업대(무균실험대, Clean Bench)에서 버킷을 열고 소독한다.

① ㄱ, ㄷ
② ㄱ, ㄹ
③ ㄴ, ㄷ
④ ㄴ, ㄹ

100 연구실 내 '주사기 바늘 찔림 및 날카로운 물건에 베임' 사고의 예방대책으로 옳은 것을 〈보기〉에서 모두 고른 것은?

〈보 기〉

ㄱ. 가능한 한 주사기에 캡을 다시 씌우지 않도록 하며, 캡이 바늘에 자동으로 씌워지는 제품을 사용한다.
ㄴ. 손상성 폐기물 전용용기에 폐기하고 손상성 의료폐기물 용기는 70% 이상 차지 않도록 한다.
ㄷ. 여러 개의 날카로운 기구를 사용할 때는 트레이 위의 공간을 분리하고, 주변 연구자의 안전을 위해 기구의 날카로운 방향은 조작자의 반향으로 향하게 한다.
ㄹ. 주사기를 재사용해서는 안 되며, 주사기 바늘을 손으로 접촉하지 않고 폐기할 수 있는 수거 장치를 사용한다.

① ㄱ, ㄴ, ㄷ
② ㄱ, ㄴ, ㄹ
③ ㄱ, ㄴ, ㄹ
④ ㄴ, ㄷ, ㄹ

101 다음에 해당하는 접지 시스템의 종류는?

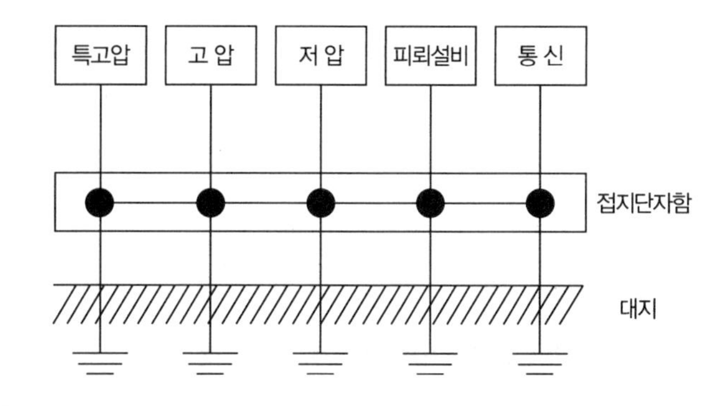

① 단독접지
② 공통접지
③ 계통접지
④ 통합접지

102 연구실에서 사용하는 소화약제에 관한 설명으로 옳은 것은?

① ABC급 분말소화약제의 주성분은 제1인산암모늄($NH_4H_2PO_4$)이다.
② HFC-125(CHF_2CF_3)는 Halon 1301(CF_3Br)보다 오존층을 파괴하는 성질이 크다.
③ 젖은 모래, 포소화약제, 팽창질석은 금속화재(D급)에 적응성이 있다.
④ 냉각효과가 우수한 물소화약제는 주방화재(K급)의 소화에 효과적이다.

103 연구활동종사자가 부주의하여 전기기기의 노출된 충전부에 직접 접촉할 때 발생하는 감전사고의 방지대책으로 옳지 않은 것은?

① 설치장소의 제한
② 보호(기기)접지 실시
③ 안전전압 이하의 기기 사용
④ 충전부 전체를 절연하는 방법

104 이산화탄소(CO_2) 소화기의 특징을 〈보기〉에서 모두 고른 것은?

〈보 기〉

ㄱ. 마그네슘(Mg) 화재에 적응성이 있다.
ㄴ. 반응성이 매우 낮아 부식성이 거의 없다.
ㄷ. 전기화재 및 유류화재에 적응성이 있다.
ㄹ. 주된 소화효과는 질식소화이다.

① ㄱ, ㄷ
② ㄴ, ㄹ
③ ㄱ, ㄴ, ㄷ
④ ㄴ, ㄷ, ㄹ

105 제4류 위험물과 지정수량의 연결이 옳은 것을 〈보기〉에서 모두 고른 것은?

〈보 기〉

ㄱ. 제1석유류(수용성 액체) – 200 ℓ
ㄴ. 알코올류 - 400 ℓ
ㄷ. 제2석유류(수용성 액체) – 2,000 ℓ
ㄹ. 제3석유류(수용성 액체) – 2,000 ℓ

① ㄱ, ㄴ
② ㄱ, ㄹ
③ ㄴ, ㄷ
④ ㄷ, ㄹ

106 다음과 같이 모터의 외함에서 누전이 발생하고 있다. 인체에 흐르는 전류(A)는 얼마인가?

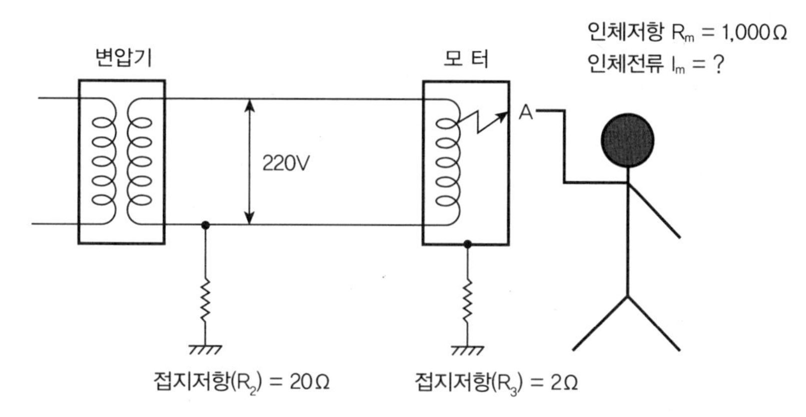

① 0.01
② 0.02
③ 0.03
④ 0.04

107 연구실에서 전기화재를 예방할 수 있는 방법을 〈보기〉에서 모두 고른 것은?

〈보 기〉

ㄱ. 누전을 예방하기 위하여 정기적으로 사용 전압을 측정한다.
ㄴ. 단락사고를 방지하기 위하여 전선 인출부에 부싱(Bushing)을 설치한다.
ㄷ. 전기 용량을 고려하여 적정 굵기 전선을 갖는 배선기구를 사용한다.
ㄹ. 파전류를 방지하기 위하여 적정용량의 퓨지 또는 배선용차단기를 설치한다.

① ㄱ, ㄷ
② ㄴ, ㄹ
③ ㄱ, ㄴ, ㄷ
④ ㄴ, ㄷ, ㄹ

최신기출

108 연소의 4요소에 관한 설명으로 옳지 않은 것은?

① 가연성 물질은 열전도율이 높을수록 연소가 쉽다.
② 제1류 및 제6류 위험물은 산소공급원 역할을 한다.
③ 점화에너지에는 고온표면, 충격 · 마찰, 복사열, 단열압축 등이 있다.
④ 반응성이 매우 높은 라디칼(Radical)에 의하여 연쇄반응이 발생한다.

109 빈칸 안에 들어갈 말로 옳은 것은?

> 특별저압(Extra Low Voltage)은 2차 전압이 AC (㉠)V 이하, DC (㉡)V 이하인 것을 말한다(단, 전기설비기술기준에 준함).

	㉠	㉡
①	50	120
②	60	130
③	70	140
④	80	150

110 다음은 통전경로가 왼손-양발 전류 경로일 때 교류(15~100Hz) 전류가 인체에 미치는 영향을 나타낸 것이다. 강한 비자의적 근육의 수축, 호흡곤란, 회복 가능한 심장 기능의 장애 등이 발생할 수 있는 영역은?

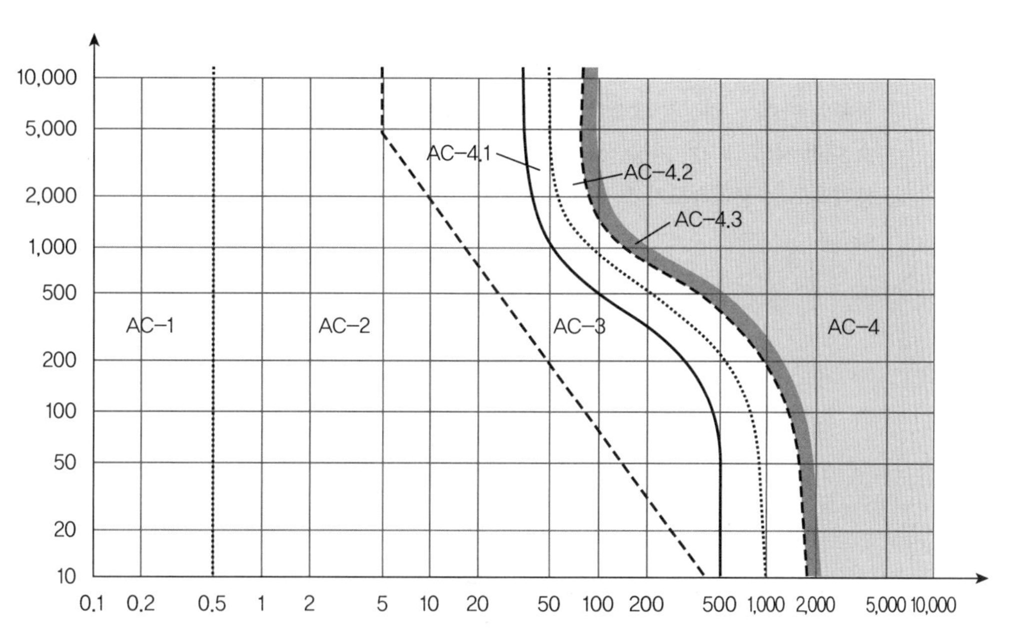

① AC-1
② AC-2
③ AC-3
④ AC-4

111 빈칸 안에 들어갈 말로 옳은 것은?

( )은 화재실 상부에 배연기를 설치하여 화재실 내의 연기를 외부로 배출하고, 급기구에는 별도의 송풍기를 설치하지 않아 배기량에 맞추어 자동으로 급기되는 형태의 제연 방식이다.

① 기계제연 방식
② 밀폐제연 방식
③ 자연제연 방식
④ 스모크타워제연 방식

최신기출

112 **정전기 발생에 영향을 주는 요인에 관한 설명으로 옳은 것은?**

① 물체의 특성 – 물체의 재질에 따라 대전 정도가 달라지며, 대전 서열에 서로 가까이 있는 물체일수록 정전기 발생이 용이하고 대전량이 많다.

② 물체의 표면 상태 – 표면의 오염, 부식, 표면의 거친 정도에 따라 정전기 발생의 정도가 다르며, 매끄러운 표면에서 정전기의 발생이 적다.

③ 물체의 이력 – 정전기 발생은 그전에 일어났던 물체의 대전 이력에 영향을 받으며, 정전기 최초 대전 시의 크기가 가장 작다.

④ 분리속도 – 분리속도가 느리면 발생되는 전하의 재결합이 적게 일어나 정전기의 발생량이 많아진다.

113 **다음과 같은 구조의 건축물 복도에 설치해야 하는 복도통로 유도등의 최소 수량은?(단, 생략된 요소는 무시)**

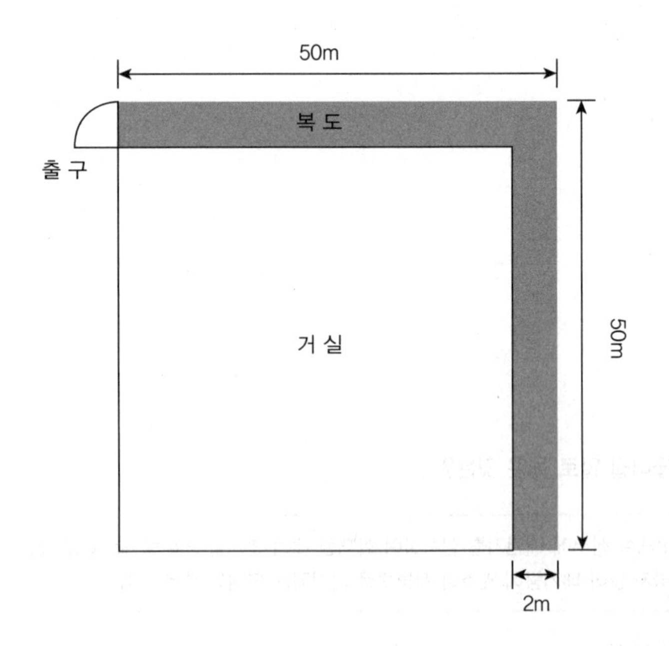

① 3개
② 4개
③ 5개
④ 6개

114 다음은 연구실의 멀티 콘센트(단상 220V)에 문어발식으로 접속하여 연결된 모든 전기 제품을 동시에 사용하는 상황을 나타낸 것이다. 이에 관한 설명으로 옳은 것은?(단, 역률은 모두 1)

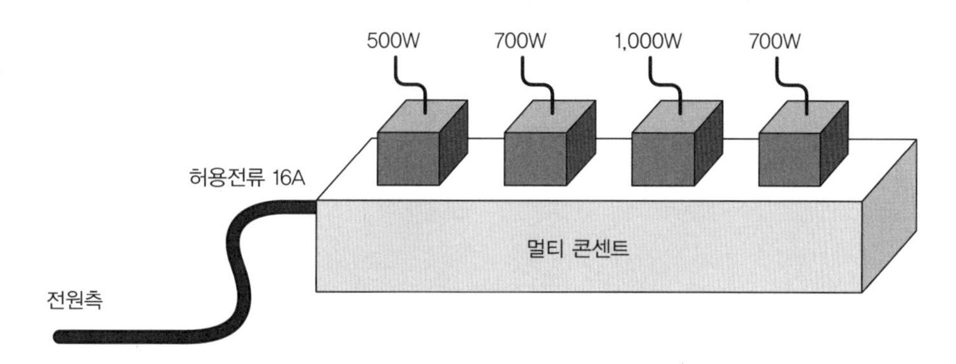

① 전체 전류는 허용전류를 초과한다.
② 전체 전류는 허용전류와 동일하다.
③ 전체 전류는 허용전류의 80% 이상이다.
④ 500W의 전기 제품을 제거할 경우에는 허용전류의 60% 이하이다.

115 다음은 한국전기설비규정(KEC)에서 전선의 색상을 구분한 것이다. 빈칸 안에 들어갈 말로 옳은 것은?

상(문자)	색 상
L1	(㉠)
L2	(㉡)
L3	(㉢)
N	(㉣)
보호도체	녹색-노란색

	㉠	㉡	㉢	㉣
①	흑 색	청 색	회 색	갈 색
②	흑 색	회 색	청 색	갈 색
③	갈 색	흑 색	회 색	청 색
④	갈 색	회 색	흑 색	청 색

최신기출

116 빈칸 안에 들어갈 말로 옳은 것은?

자동화재탐지설비의 스포트형 감지기는 (　　)° 이상 경사되지 않도록 부착해야 한다.

① 15　　② 25
③ 35　　④ 45

117 옥내소화전 방수압력 측정방법으로 옳은 것을 〈보기〉에서 모두 고른 것은?

〈보 기〉

ㄱ. 반드시 직사형 관창을 이용하여 측정해야 한다.
ㄴ. 방수압력은 어느 층에서든 2개 이상 설치된 경우에는 2개(1개만 설치된 경우에는 1개)를 동시에 개방시켜 놓고 측정해야 한다(고층 건축물 제외).
ㄷ. 방수압력측정계를 노즐 선단으로부터 노즐 구경의 2분의 1만큼 떨어진 위치에서 측정하며, 방수압력측정계의 압력계상의 눈금을 확인한다.
ㄹ. 방수압력측정계는 무상주수 상태에서 직각으로 측정해야 한다.

① ㄱ, ㄹ　　② ㄴ, ㄷ
③ ㄱ, ㄴ, ㄷ　　④ ㄱ, ㄴ, ㄹ

118 연구실안전환경관리자가 이동 및 휴대장치를 사용한 전기작업을 할 때 조치사항을 〈보기〉에서 모두 고른 것은?

〈보 기〉

ㄱ. 착용하거나 취급하고 있는 도전성 공구 · 장비 등이 노출 충전부에 닿지 않도록 할 것
ㄴ. 사다리를 노출 충전부가 있는 곳에서 사용하는 경우에는 절연성 재질의 사다리를 사용하지 않도록 할 것
ㄷ. 전기회로를 개방, 변환 또는 투입하는 경우에는 전기 차단용으로 특별히 설계된 스위치, 차단기 등을 사용하도록 할 것
ㄹ. 차단기 등의 과전류 차단장치에 의하여 자동 차단된 후에는 전기회로 또는 전기기계 · 기구가 안전하다는 것이 증명되기 전까지는 과전류 차단장치를 재투입하지 않도록 할 것

① ㄱ, ㄷ　　② ㄴ, ㄹ
③ ㄱ, ㄴ, ㄷ　　④ ㄱ, ㄷ, ㄹ

119 다음은 보호(기기)접지를 한 저압전동기 회로에서 누전이 발생한 경우를 나타낸 것이다. 전동기 외함에 걸리는 전압의 크기에 관한 설명으로 옳은 것은?(단, 누전전류가 흐르는 경로상에 변압기접지 저항과 기기접지 저항 이외의 다른 저항은 무시)

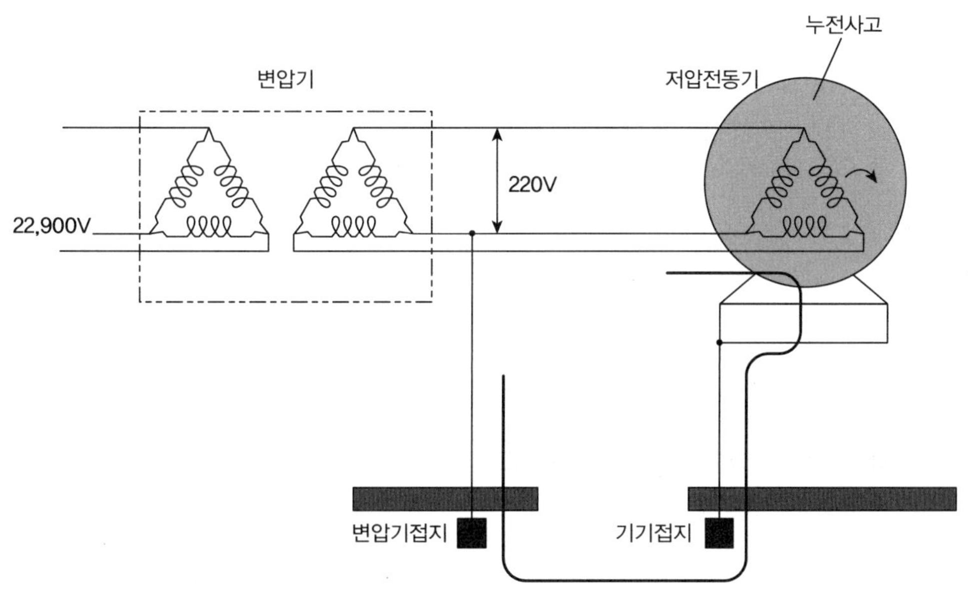

① 전동기 외함에 걸리는 전압은 누전전류와 변압기접지 저항의 곱으로 계산한다.
② 전동기 외함에 걸리는 전압은 변압기접지 저항과 기기접지 저항의 비율에 따라 결정된다.
③ 기기접지 저항이 증가할 때 인체감전전류는 감소한다.
④ 인체감지전류는 기기접지 저항과 관련이 없다.

120 한국전기설비규정(KEC)에서는 저압 옥내배선의 중성선 단면적에 관한 사항을 〈보기〉와 같이 규정하고 있다. 빈칸 안에 들어갈 말로 옳은 것은?

〈보 기〉

다음의 경우는 중성선의 단면적은 최소한 선도체의 단면적 이상이어야 한다.
가. 2선식 단상회로
나. 선도체의 단면적이 구리선 (㉠)mm^2, 알루미늄선 (㉡)mm^2 이하인 다상회로

	㉠	㉡
①	12	20
②	16	25
③	20	30
④	24	35

121 「화학물질 및 물리적 인자의 노출기준」에서 규정하는 노출기준 용어로 옳지 않은 것은?

① C(Ceiling)
② TWA(Time Weighted Average)
③ PEL(Permissible Exposure Limit)
④ STEL(Short Tem Exposure Limit)

122 입자상 물질의 크기가 큰 것부터 순서대로 나열한 것은?

① 호흡성 – 흉곽성 – 흡입성
② 흉광석 – 흡입성 – 호흡성
③ 흡입성 – 호흡성 – 흉곽성
④ 흡입성 – 흉곽성 – 호흡성

123 다음은 상황별 표시장치를 정리한 것이다. 빈칸 안에 들어갈 말로 옳은 것은?

상 황	표시장치 설치
수신장소가 너무 어둡거나 밝은 경우	(㉠)적 표시장치
수신자가 자주 움직이는 경우	(㉡)적 표시장치
전달정보가 즉각적 행동을 요구하지 않는 경우	(㉢)적 표시장치
전달정보가 공간적인 위치를 다룰 경우	(㉣)적 표시장치

	㉠	㉡	㉢	㉣
①	시 각	청 각	청 각	청 각
②	시 각	시 각	청 각	청 각
③	청 각	시 각	청 각	청 각
④	청 각	청 각	시 각	시 각

124 빈칸 안에 들어갈 말로 옳은 것은?

「산업안전보건법」에 따라 작업환경 측정을 실시해야 하는 연구주체의 장은 연구실 또는 연구공정이 신규로 가동되거나 변경되어 작업환경 측정 대상 작업장이 된 날부터 (㉠)일 이내에 작업환경측정을 하고, 그 후 (㉡)에 1회 이상 정기적으로 작업환경을 측정해야 한다.

	㉠	㉡
①	30	반 기
②	30	연
③	60	반 기
④	60	연

125 기기장치에 사용되는 조종장치의 손잡이를 암호화하여 설계하고자 할 때 고려사항으로 옳지 않은 것은?

① 사용할 정보의 종류
② 암호화 방법의 분산화
③ 수행해야 하는 과제의 성격과 수행조건
④ 암호화의 중복 또는 결합에 관한 필요성

126 「연구실 사전유해인자위험분석 실시에 관한 지침」에서 규정하는 연구활동별 유해인자 위험분석 보고서상의 유해인자 항목으로 옳지 않은 것은?

① 제1위험군 생물체
② 물리적 유해인자
③ 화학물질
④ 가 스

127 벤젠(C_6H_6)의 건강장해 및 유해성에 관한 설명으로 옳은 것은?

① 일시적 혈액장애를 일으킨다.
② 만성중독일 경우 조혈장애를 일으킨다.
③ 국제암연구소(IARC)에서의 발암성은 Group 2에 해당된다.
④ 미국산업위생전문가협회(ACGIH)에서는 인간에 관한 발암성이 의심되는 물질군(A2)에 포함된다.

128 톨루엔($C_6H_5CH_3$)의 건강장해 및 유해성에 관한 설명으로 옳은 것을 〈보기〉에서 모두 고른 것은?

〈보 기〉

ㄱ. 신체로 흡수될 수 있다.
ㄴ. 미나마타병을 발생시킬 수 있다.
ㄷ. 주로 간에서 마뇨산으로 대사되어 뇨로 배출된다.
ㄹ. 방향성 무색액체로 인화, 폭발의 위험성이 있다.

① ㄱ, ㄴ, ㄷ
② ㄱ, ㄴ, ㄹ
③ ㄱ, ㄷ, ㄹ
④ ㄴ, ㄷ, ㄹ

129 호흡기과민성, 발암성 및 생식세포변이원성의 유해성을 표시하는 그림문자는?

①

②

③

④

130 빈칸 안에 들어갈 말로 옳은 것은?

( )는 국제암연구소(IARC)의 발암물질 분류 중 '인체발암성 추정물질–실험동물에 대한 발암성 근거는 충분하지만, 사람에 대한 근거는 제한적' 물질 등급이다.

① Group 1A
② Group 1B
③ Group 2A
④ Group 2B

131 다음의 안전표지가 나타내는 의미로 옳은 것은?

① 인화성 물질 경고
② 산화성 물질 경고
③ 폭발성 물질 경고
④ 급성독성 물질 경고

132 중위험 연구실 위험도에 따른 주요 구조부의 설치기준 중 필수사항으로 옳지 않은 것은?

① 바단면 내 안전구획 표시
② 출입구에 비상대피표지 부착
③ 기밀성 있는 재질 구조로 천장, 벽 및 바닥 설치
④ 연구활동 및 취급물질에 따른 적정 조도값 이상의 조명장치 설치

133 유해인자가 발생되는 실험 종류와 실험자가 착용해야 하는 방진마스크의 연결이 옳은 것을 〈보기〉에서 모두 고른 것은?(단, 노출수준에 따라 등급이 달라지는 경우는 제외)

〈보 기〉

ㄱ. 금속흄 등과 같이 열적으로 생기는 분진 발생 실험 - 1급 방진마스크
ㄴ. 베릴륨(Be) 등과 같이 독성이 강한 물질을 함유한 분진 발생 실험 - 1급 방진마스크
ㄷ. 결정형 유리규산 취급 실험 - 1급 방진마스크
ㄹ. 기계적으로 생기는 분진 발생 실험 - 2급 방진마스크

① ㄱ, ㄷ
② ㄱ, ㄹ
③ ㄴ, ㄷ
④ ㄴ, ㄹ

134 다음과 같은 표지가 부착된 연구실에 관한 설명으로 옳지 않은 것은?

① 유해광선을 취급하는 연구실이다.
② 부식성 물질을 취급하는 연구실이다.
③ 안전장갑을 착용해야 하는 연구실이다.
④ 방독마스크를 착용해야 하는 연구실이다.

135 방독마스크 정화통의 종류와 외부 측면의 표시 색의 연결이 옳지 않은 것은?

	정화통의 종류	표시 색
①	유기화학물용	갈 색
②	할로겐용	회 색
③	암모니아용	녹 색
④	황화수소용	노란색

136 빈칸 안에 들어갈 말로 옳은 것은?

(　　)는 덕트를 통하여 이동하는 유해물질이 덕트 내에서 퇴적이 일어나지 않는 상태로 이동시키기 위하여 필요한 최소 속도를 말한다.

① 반송속도
② 배기속도
③ 제거속도
④ 배풍속도

137 관리대상 유해물질 관련 국소배기장치 후드의 제어풍속에 관한 설명으로 옳지 않은 것은?

① 포위식 후드 제어풍속은 후드에서 가장 먼 지점의 유해물질 발생원에서 후드 방향으로 측정한다.
② 가스상태의 관리대상 유해물질 관련 외부식 하방흡인형 후드의 제어풍속은 0.5m/sec 이상으로 유지한다.
③ 입자상태의 관리대상 유해물질 관련 외부식 하방흡인형 후드의 제어풍속은 1.0m/sec 이상으로 유지한다.
④ 열선풍속계 등 고익유속 측정기기를 활용하여 후드 형식별 적절한 측정 방법으로 후드 제어 풍속을 측정한다.

138 전체환기에 비해 국소배기를 할 경우의 장점으로 옳지 않은 것은?

① 동력이 적게 사용된다.
② 침강성이 큰 분진도 제거할 수 있다.
③ 유해물질의 배출원이 이동성일 때 효과적이다.
④ 배출원으로부터 유해물질을 완전히 제거할 수 있다.

139 **국소배기장치 중 후드 설치 시의 주의사항으로 옳지 않은 것은?**

① 후드는 유해물질을 충분히 제어할 수 있는 구조와 크기로 선택해야 한다.

② 발생원을 포위할 수 없을 때는 발생원과 가장 가까운 위치에 후드를 설치한다.

③ 후드와 덕트 사이에 충만실(Plenum Chamber)을 설치할 경우, 충만실의 깊이는 연결 덕트 지름의 0.7배 이하로 설치해야 한다.

④ 후드가 설비에 직접 연결된 경우, 후드와 성능 평가를 위한 정압 측정구를 후드와 덕트의 접합 부분에서 주 덕트 방향으로 덕트 직경의 1~3배 떨어진 한다.

140 **〈보기〉의 외부식 후드의 필요 환기량(m^3/min)은?(단, 소수점 첫째 자리에서 반올림)**

〈보 기〉

- 후드로부터 유해물질발생원까지의 거리 : 20cm
- 후드 제어속도 : 4m/sec
- 자유공간에 떠있는 원형후드의 직경 : 40cm(π = 3.14)
- 후드의 플랜지 부착 여부 : 부착되지 않음

① 96

② 126

③ 156

④ 186

정답 및 해설

1과목 연구실 안전관련법령

01	02	03	04	05	06	07	08	09	10
②	④	②	①	③	④	③	③	①	②
11	12	13	14	15	16	17	18	19	20
①	③	②	③	④	①	①	②	②	①

01 정답 ②

국가의 책무(연구실안전법 제4조)

1. 연구실의 안전한 환경을 확보하기 위한 연구활동을 지원하는 등 필요한 시책을 수립 · 시행해야 함
2. 연구실 안전관리기술 고도화 및 연구실사고 예방을 위한 연구개발을 추진하고, 유형별 안전관리 표준화 모델과 안전교육 교재를 개발 · 보급하는 등 연구실의 안전환경 조성을 위한 지원시책을 적극적으로 강구해야 함
3. 연구활동종사자의 안전한 연구활동을 보장하기 위하여 연구 안전에 관한 지식 · 정보의 제공 등 연구실 안전문화의 확산을 위하여 노력해야 함
4. 대학 · 연구기관 등의 연구실 안전환경 및 안전관리 현황 등에 대한 실태를 대통령령으로 정하는 실시주기, 방법 및 절차에 따라 조사하고 그 결과를 공표할 수 있음
5. 교육부장관은 대학 내 연구실의 안전 확보를 위하여 대학별 정보공시에 연구실 안전관리에 관한 내용을 포함해야 함

02 정답 ④

사전유해인자위험분석 순서는 다음과 같다.

해당 연구실의 안전 현황 분석(ㄴ) → 연구실의 유해인자별 위험 분석(ㄱ) → 연구실안전계획 수립(ㄹ) → 비상조치계획 수립(ㄷ)

03 정답 ②

정의(연구실 설치운영에 관한 기준 제2조 제1항)

1. 고위험연구실 : 연구개발활동 중 연구활동종사자의 건강에 위험을 초래할 수 있는 유해인자를 취급하는 연구실을 의미하며 연구실안전법 시행령에 따른 정밀안전진단 대상
2. 저위험연구실 : 연구개발활동 중 유해인자를 취급하지 않아 사고발생 위험성이 현저하게 낮은 연구실
3. 중위험연구실 : 고위험 또는 저위험 연구실에 해당하지 않는 연구실

연구활동종사자 교육 · 훈련의 시간(연구실안전법 시행규칙 별표3)

고위험 또는 저위험연구실에 해당하지 않는 중위험연구실에 신규 채용된 연구활동종사자의 신규 교육시간은 4시간 이상(채용 후 6개월 이내)이다.

04 정답 ①

법의 전부 또는 일부를 적용하지 않는 연구실(연구실안전법 시행령 별표3)

- 대학 · 연구기관 등이 설치한 각 연구실의 연구활동종사자를 합한 인원이 10명 미만인 경우에는 각 연구실에 대하여 「연구실 안전환경 조성에 관한 법률」의 전부를 적용하지 않는다.
- 상시 근로자 50명 미만인 연구기관, 기업부설연구소 및 연구개발전담부서는 「연구실 안전환경 조성에 관한 법률」 제10조에 따른 연구실안전환경관리자를 지정하지 않아도 된다.

05 정답 ③

연구활동종사자 신규 교육 · 훈련의 내용(연구실안전법 시행규칙 별표3)

- 연구실 안전환경 조성 관련 법령에 관한 사항
- 연구실 유해인자에 관한 사항
- 보호장비 및 안전장치 취급과 사용에 관한 사항
- 연구실사고 사례, 사고 예방 및 대처에 관한 사항
- 안전표지에 관한 사항
- 물질안전보건자료에 관한 사항
- 사전유해인자위험분석에 관한 사항
- 그 밖에 연구실 안전관리에 관한 사항

06 정답 ④

① 연구주체의 장, 연구활동종사자가 긴급한 조치를 취할 수 있다.
② 조사반장이 조사반원에게 임무를 부여한다.
③ 조사반원은 사고조사 과정에서 업무상 알게 된 정보를 외부에 제공하고자 하는 경우 사전에 과학기술정보통신부장관과 협의하여야 한다.

사고조사반 구성(연구실 사고조사반 구성 및 운영규정 제2조 제1항)

사고조사반은 다음 각 호의 사람 중 과학기술정보통신부장관이 지명 또는 위촉한 사람으로 구성한다.

1. 연구실 안전과 관련한 업무를 수행하는 관계 공무원
2. 국가기술자격 법령에 따른 기계안전기술사 · 화공안전기술사 · 전기안전기술사 · 산업위생관리기술사 · 소방기술사 · 가스기술사 또는 인간공학기술사의 자격을 취득한 사람
3. 연구주체의 장이 추천하는 안전분야 전문가
4. 그 밖에 사고조사에 필요한 경험과 학식이 풍부한 전문가

07 정답 ③

중대연구실사고의 정의(연구실안전법 시행규칙 제2조)

연구실에서 발생하는 다음의 어느 하나에 해당하는 사고를 말한다.

1. 사망자 또는 과학기술정보통신부장관이 정하여 고시하는 후유장해(부상 또는 질병 등의 치료가 완료된 후 그 부상 또는 질병 등이 원인이 되어 신체적 또는 정신적 장해가 발생한 것을 말한다. 이하 같다) 1급부터 9급까지에 해당하는 부상자가 1명 이상 발생한 사고
2. 3개월 이상의 요양이 필요한 부상자가 동시에 2명 이상 발생한 사고
3. 3일 이상의 입원이 필요한 부상을 입거나 질병에 걸린 사람이 동시에 5명 이상 발생한 사고
4. 연구실안전법 및 시행령에 따른 연구실의 중대한 결함으로 인한 사고

중대연구실사고 등의 보고 및 공표(연구실안전법 시행규칙 제14조 제1항)

연구주체의 장은 연구실안전법에 따라 중대연구실사고가 발생한 경우에는 지체 없이 다음 각 호의 사항을 과학기술정보통신부장관에게 전화, 팩스, 전자우편이나 그 밖의 적절한 방법으로 보고해야 한다. 다만, 천재지변 등 부득이한 사유가 발생한 경우에는 그 사유가 없어진 때에 지체 없이 보고해야 한다.

08 정답 ③

연구실안전관리사의 직무(연구실안전관리법 제35조)

연구실안전관리사는 다음의 직무를 수행한다.

1. 연구시설 · 장비 · 재료 등에 대한 안전점검 · 정밀안전진단 및 관리
2. 연구실 내 유해인자에 관한 취급 관리 및 기술적 지도 · 조언
3. 연구실 안전관리 및 연구실 환경 개선 지도
4. 연구실사고 대응 및 사후 관리 지도
5. 그 밖에 연구실 안전에 관한 사항으로서 대통령령으로 정하는 사항

09 정답 ①

안전관리규정을 성실하게 준수하지 아니한 자에게는 500만원 이하의 과태료를 부과한다(연구실안전관리법 제46조 참고).

10 정답 ②

연구실안전관리위원회의 구성(연구실안전법 제11조 제3항)

연구실안전관리위원회를 구성할 경우에는 해당 대학 · 연구기관 등의 연구활동종사자가 전체 연구실안전관리위원회 위원의 2분의 1 이상이어야 한다.

안전관리규정의 작성(연구실안전법 시행규칙 제6조 제2항)

연구주체의 장이 안전관리규정을 작성해야 하는 연구실의 종류 · 규모는 대학 · 연구기관 등에 설치된 각 연구실의 연구활동종사자를 합한 인원이 10명 이상인 경우로 한다.

11 정답 ①

정의(연구실안전법 제2조)

- 정밀안전진단 : 연구실사고를 예방하기 위하여 잠재적 위험성의 발견과 그 개선대책의 수립을 목적으로 실시하는 조사 · 평가
- 유해인자 : 화학적 · 물리적 · 생물학적 위험요인 등 연구실사고를 발생시키거나 연구활동종사자의 건강을 저해할 가능성이 있는 인자

12 정답 ③

연구실 설치 · 운영 기준(연구실 설치운영에 관한 기준 별표3)

긴급세척장비의 안내표지 부착은 고 · 중위험연구실의 필수 준수사항에 해당한다.

13 정답 ②

연구실안전심의위원회 심의사항(연구실안전법 제7조 제1항)

과학기술정보통신부장관은 연구실 안전환경 조성에 관한 다음의 사항을 심의하기 위하여 연구실안전심의위원회를 설치 · 운영한다.

1. 기본계획 수립 · 시행에 관한 사항
2. 연구실 안전환경 조성에 관한 주요정책의 총괄 · 조정에 관한 사항
3. 연구실사고 예방 및 대응에 관한 사항
4. 연구실 안전점검 및 정밀안전진단 지침에 관한 사항
5. 그 밖에 연구실 안전환경 조성에 관하여 위원장이 회의에 부치는 사항

연구실안전심의위원회 위원의 임기(연구실안전법 시행령 제5조 제4항)

위촉된 심의위원회 위원의 임기는 3년으로 하며, 한 차례만 연임할 수 있다.

14 정답 ③

연구실안전정보시스템 구축 정보(연구실안전법 시행령 제6조 제1항)

과학기술정보통신부장관은 연구실안전정보시스템을 구축하는 경우 다음의 정보를 포함해야 한다.

1. 대학 · 연구기관 등의 현황
2. 분야별 연구실사고 발생 현황, 연구실사고 원인 및 피해 현황 등 연구실사고에 관한 통계
3. 기본계획 및 연구실 안전 정책에 관한 사항
4. 연구실 내 유해인자에 관한 정보
5. 연구실안전법에 따른 안전점검지침 및 정밀안전진단지침
6. 연구실안전법에 따른 안전점검 및 정밀안전진단 대행기관의 등록 현황
7. 연구실안전법에 따른 안전관리 우수연구실 인증 현황
8. 연구실안전법에 따른 권역별연구안전지원센터의 지정 현황
9. 연구실안전법 시행령에 따른 연구실안전환경관리자 지정 내용 연구실안전법 및 시행령에 따른 제출 · 보고 사항
10. 그 밖에 연구실 안전환경 조성에 필요한 사항

15 정답 ④

연구실의 중대한 결함(연구실안전법 시행령 제13조)

연구실의 중대한 결함이란 다음의 어느 하나에 해당하는 사유로 연구활동종사자의 사망 또는 심각한 신체적 부상이나 질병을 일으킬 우려가 있는 경우를 말한다.

1. 화학물질관리법에 따른 유해화학물질, 산업안전보건법에 따른 유해인자, 과학기술정보통신부령으로 정하는 독성가스 등 유해 · 위험물질의 누출 또는 관리 부실
2. 전기사업법에 따른 전기설비의 안전관리 부실
3. 연구활동에 사용되는 유해 · 위험설비의 부식 · 균열 또는 파손
4. 연구실 시설물의 구조안전에 영향을 미치는 지반침하 · 균열 · 누수 또는 부식
5. 인체에 심각한 위험을 끼칠 수 있는 병원체의 누출

16 정답 ①

안전관리 우수연구실 인증의 취소(연구실안전법 제28조 제3항)

과학기술정보통신부장관은 인증을 받은 자가 다음의 어느 하나에 해당하면 인증을 취소할 수 있다. 다만, 제1호에 해당하는 경우에는 인증을 취소해야 한다.

1. 거짓이나 그 밖의 부정한 방법으로 인증을 받은 경우
2. 정당한 사유 없이 1년 이상 연구활동을 수행하지 않은 경우
3. 인증서를 반납하는 경우
4. 연구실안전법 시행령에 따른 인증 기준에 적합하지 아니하게 된 경우

17 정답 ①

연구실 정밀안전진단 시 장비요건(연구실안전법 시행령 별표 5)

분 야	장 비
일반안전, 기계, 전기 및 화공	정전기 전하량 측정기, 접지저항측정기, 절연저항측정기
소방 및 가스	가스누출검출기, 가스농도측정기, 일산화탄소농도측정기
산업위생 및 생물	분진측정기, 소음측정기, 산소농도측정기, 풍속계, 조도계(밝기측정기)

18 정답 ②

안전점검 및 정밀안전진단 대행기관 기술인력에 대한 교육의 시간 및 내용(연구실안전법 시행규칙 별표2)

구 분	교육시기 · 주기	교육시간	교육내용
신규교육	등록 후 6개월 이내	18시간 이상	• 연구실 안전환경 조성 관련 법령에 관한 사항 • 연구실 안전 관련 제도 및 정책에 관한 사항 • 연구실 유해인자에 관한 사항 • 주요 위험요인별 안전점검 및 정밀안전진단 내용에 관한 사항 • 유해인자별 노출도 평가, 사전유해인자위험분석에 관한 사항 • 연구실사고 사례, 사고 예방 및 대처에 관한 사항 • 기술인력의 직무윤리에 관한 사항 • 그 밖에 직무능력 향상을 위해 필요한 사항
보수교육	신규교육을 이수한 후 매 2년이 되는 날을 기준으로 전후 6개월 이내	12시간 이상	

19 정답 ②

연구실사고 보고(연구실안전법 제23조)

연구실사고가 발생한 경우 다음의 어느 하나에 해당하는 연구주체의 장은 과학기술정보통신부령으로 정하는 절차 및 방법에 따라 과학기술정보통신부장관에게 보고하고 이를 공표하여야 한다.

1. 사고피해 연구활동종사자가 소속된 대학 · 연구기관 등의 연구주체의 장
2. 대학 · 연구기관 등이 다른 대학 · 연구기관 등과 공동으로 연구활동을 수행하는 경우 공동 연구활동을 주관하여 수행하는 연구주체의 장
3. 연구실사고가 발생한 연구실의 연구주체의 장

연구실 사용제한 등(연구실안전법 제25조)

① 연구주체의 장은 안전점검 및 정밀안전진단의 실시 결과 또는 연구실사고 조사 결과에 따라 연구활동종사자 또는 공중의 안전을 위하여 긴급한 조치가 필요하다고 판단되는 경우에는 다음 중 하나 이상의 조치를 취하여야 한다.

1. 정밀안전진단 실시
2. 유해인자의 제거
3. 연구실 일부의 사용제한
4. 연구실의 사용금지
5. 연구실의 철거
6. 그 밖에 연구주체의 장 또는 연구활동종사자가 필요하다고 인정하는 안전조치

② 연구활동종사자는 연구실의 안전에 중대한 문제가 발생하거나 발생할 가능성이 있어 긴급한 조치가 필요하다고 판단되는 경우에는 제1항의 어느 하나에 해당하는 조치를 직접 취할 수 있다. 이 경우 연구주체의 장에게 그 사실을 지체 없이 보고하여야 한다.

③ 연구주체의 장은 제2항에 따른 조치를 취한 연구활동종사자에 대하여 그 조치의 결과를 이유로 신분상 또는 경제상의 불이익을 주어서는 아니 된다.

④ 제1항 및 제2항에 따른 조치가 있는 경우 연구주체의 장은 그 사실을 과학기술정보통신부장관에게 즉시 보고하여야 한다. 이 경우 과학기술정보통신부장관은 이를 공고하여야 한다.

보험 관련 자료 등의 제출(연구실안전법 제27조)

과학기술정보통신부장관은 연구주체의 장이 가입한 보험회사 및 연구주체의 장에 대하여 보험가입 현황, 연구실사고 보상 및 치료비 지원에 관한 사항 등 과학기술정보통신부령으로 정하는 자료를 제출하도록 할 수 있다.

20 정답 ①

건강검진(연구실안전법 제21조)

① 연구주체의 장은 유해인자에 노출될 위험성이 있는 연구활동종사자에 대하여 정기적으로 건강검진을 실시하여야 한다.

② 과학기술정보통신부장관은 연구활동종사자의 건강을 보호하기 위하여 필요하다고 인정할 때에는 연구주체의 장에게 특정 연구활동종사자에 대한 임시건강검진의 실시나 연구장소의 변경, 연구시간의 단축 등 필요한 조치를 명할 수 있다.

③ 연구활동종사자는 제1항 및 제2항에 따른 건강검진 및 임시건강검진 등을 받아야 한다.

④ 연구주체의 장은 제1항 및 제2항에 따른 건강검진 및 임시건강검진 결과를 연구활동종사자의 건강 보호 외의 목적으로 사용하여서는 아니 된다.

⑤ 건강검진 · 임시건강검진의 대상, 실시기준, 검진 항목 및 예외 사유는 과학기술정보통신부령으로 정한다.

21	22	23	24	25	26	27	28	29	30
③	②	①	②	②	④	②	①	③	④
31	32	33	34	35	36	37	38	39	40
③	④	①	①	④	②	③	①	③	①

21

정답 ③

연구실활동의 특성

- 연구활동은 특정 제품이 생산목적이 아닌 연구 또는 개발을 통해 새로운 성과를 추구함
- 연구목적을 위하여 연구 방법이나 업무순서가 수시로 바뀜
- 연구활동종사자가 연구 장치 자체를 디자인하거나 변경할 수 있으므로 예측할 수 없는 위험이 항상 존재함
- 단일물질의 대량보관보다는 다양한 종류의 물질을 소량 보관함
- 물질 자체의 위험성은 물론, 다른 물질이나 환경과의 반응 위험이 항상 공존

연구실과 사업장의 특징 비교

연구실	사업장
• 소량의 다양한 유해물질 취급 • 새로운 장치, 물질, 공정 등을 개발 • 융복합 연구활성화로 새로운 위험이 등장 • 위험의 범위와 크기를 예측하기 곤란함 • 소규모 공간에서 다수의 사람이 기구, 장비, 물질 등을 취급	• 소품종 다량의 유해물질 취급 • 개발이 완료된 장치, 물질, 공정을 사용 • 이론적 검토가 끝난 작업이 공정에 이용되므로 위험이 크기와 범위 예측이 가능함 • 대규모 장소에 소수의 사람이 장비와 물질을 취급하는 경우가 많음

22

정답 ②

위험감소대책의 적용순서는 다음과 같다.

위험의 제거(ㄷ) → 위험의 대체(ㅁ) → 공학적 방법(ㄹ) → 관리적 방법(ㄴ) → 개인보호구의 착용 및 안전교육(ㄱ)

23

정답 ①

인간의 의식수준의 단계는 0단계부터 4단계가 있다. 이 중 1단계는 졸음파인 세타파가 발생하는 지각과 꿈의 경계 상태로, 의식이 둔하고 부주의 상태가 계속되며 의도하지 않는 행동인 부주의한 실수(Slip)와 깜빡 잊는 일(Lapse)이 많다.

24

정답 ②

안전관리 우수연구실 인증제 운영에 관한 규정에서 분야별 인증심사기준은 시스템 분야 12개 항목, 활동수준 분야 13개 항목, 안전의식 분야 4개 항목으로 구성된다. 이 중 개인보호구 지급 및 관리는 활동수준 분야에 해당한다(안전관리 우수연구실 인증제 운영에 관한 규정 별표1 참고).

25 정답 ②

연구주체의 장(연구실책임자)이 안전환경방침을 선언하고, PDCA 사이클의 4단계를 거쳐 지속적인 관리를 수행하는 체계적이고 자율적인 연구실 안전관리 활동계획을 수립한다. PDCA 사이클은 계획(Plan)하고, 실행(Do)하며, 시정(Check)하여 개선(Action)하는 활동으로 이루어진다.

26 정답 ④

안전관리를 위한 목표 및 계획 수립 시 검토사항

구분	내용
목표 수립 시 검토사항	• 연구실 안전환경 방침 • 사전유해인자위험분석 결과 • 운영법규 및 안전규정 • 연구실 안전환경 활동상의 필수적 사항(교육, 훈련, 성과측정, 내부심사) • 해당 연구실 구성원이 동의한 그 밖의 요구사항 등
추진계획 수립 시 검토사항	• 연구실의 규모 · 업무 특성 및 연구개발 활동 특성 • 연구실의 전체목표 및 세부목표와 이를 추진하고자 하는 책임자 지정 • 목표달성을 위한 안전환경 구축활동 계획(수단 · 방법 · 일정 등) • 목표별 성과지표 등

27 정답 ②

사전유해인자위험분석 절차 중 하나가 비상조치계획이다.

28 정답 ①

ㄷ. A는 의도된 결과를 달성하기 위해 안전성과를 지속적으로 개선하기 위한 조치를 시행하는 단계이다.

ㄹ. C는 안전보건 방침과 목표에 관한 활동 및 프로세스를 모니터링 및 측정하고, 그 결과를 보고하는 단계이다.

29 정답 ③

화학물질 유해인자의 기본정보 기재항목으로는 CAS NO, 물질명, 보유수량(제조연도), GHS 등급(위험 · 경고), 화학물질의 유별 및 성질(1~6류), 위험분석, 필요 보호구가 있다(연구실 사전유해인자위험분석 실시에 관한 지침 별지 제2호 참고).

30 정답 ④

정성적 평가방법

Checklist, What if, HA, FMEA, HAZOP, HEA, LOPA, PHA, JSA, Dow & Mond Indices

정량적 평가방법

FTA, ETA, Bow Tie, FHA, DT, CA, THERP

31 정답 ③

THERP(Techmique for Human Error Rate Prediction)

최초의 인간신뢰도 분석(HRA ; Human Reliability Analysis) 도구로, 인간의 동작이 시스템에 미치는 영향을 그래프적으로 나타내는 특징이 있으며, 시스템에 있어서 인간의 과오를 정량적으로 평가하기 위하여 개발된 기법이다.

32 정답 ④

연구개발활동안전분석(R & DSA) 보고서 포함내용으로는 연구 · 실험 절차, 위험분석, 안전계획, 비상조치계획이 있다(연구실 사전유해인자위험분석 실시에 관한 지침 별지 제3호 참고).

33 정답 ①

장면(場面)행동

- 돌발적으로 위기적 상황이 발생하면 그것에 집중하여 그 외의 상황을 분별하지 못함
- 특정 방향으로 강한 욕구가 있으면 그 방향에만 몰두하여 하는 행동
- 한 곳에만 집중한다는 의미에서 일점집중현상이라고도 함
- 위험예지활동, 사전유해인자위험분석을 통해 돌발적 위험에 대처할 수 있는 능력확보가 필요
- 위험한 대상에는 접근하지 못하도록 울타리, 방호막 등으로 방호하는 등의 조치필요

34 정답 ①

태도교육은 어떤 일을 대하는 마음가짐으로 동기부여와 안전의욕을 고취시키고자 할 때 효과적이다.

35 정답 ④

연구활동종사자 교육 · 훈련의 시간 및 내용(연구실안전법 시행규칙 별표3)

<table>
<tr><th>구 분</th><th colspan="2">교육대상</th><th>교육시간
(교육시기)</th><th>교육내용</th></tr>
<tr><td rowspan="3">신규 교육 · 훈련</td><td rowspan="2">근로자</td><td>정기적으로 정밀안전진단을 실시해야 하는 연구실에 신규로 채용된 연구활동종사자</td><td>8시간 이상
(채용 후 6개월 이내)</td><td rowspan="3">• 연구실 안전환경 조성 관련 법령에 관한 사항
• 연구실 유해인자에 관한 사항
• 보호장비 및 안전장치 취급과 사용에 관한 사항
• 연구실사고 사례, 사고 예방 및 대처에 관한 사항
• 안전표지에 관한 사항
• 물질안전보건자료에 관한 사항
• 사전유해인자위험분석에 관한 사항
• 그 밖의 연구실 안전관리에 관한 사항</td></tr>
<tr><td>정기적으로 정밀안전진단을 실시해야 하는 연구실이 아닌 연구실에 신규로 채용된 연구활동종사자</td><td>4시간 이상
(채용 후 6개월 이내)</td></tr>
<tr><td>근로자가 아닌 사람</td><td>대학생, 대학원생 등 연구활동에 참여하는 연구활동종사자</td><td>2시간 이상
(연구활동 참여 후 3개월 이내)</td></tr>
<tr><td rowspan="3">정기 교육 · 훈련</td><td colspan="2">저위험연구실의 연구활동종사자</td><td>연간 3시간 이상</td><td rowspan="3">• 연구실 안전환경 조성 관련 법령에 관한 사항
• 연구실 유해인자에 관한 사항
• 안전한 연구활동에 관한 사항
• 물질안전보건자료에 관한 사항
• 사전유해인자위험분석에 관한 사항
• 그 밖의 연구실 안전관리에 관한 사항</td></tr>
<tr><td colspan="2">정기적으로 정밀안전진단을 실시해야 하는 연구실의 연구활동종사자</td><td>반기별 6시간 이상</td></tr>
<tr><td colspan="2">위 규정한 연구실이 아닌 연구실의 연구활동종사자</td><td>반기별 3시간 이상</td></tr>
<tr><td>특별안전 교육 · 훈련</td><td colspan="2">연구실사고가 발생했거나 발생할 우려가 있다고 연구주체의 장이 인정하는 연구실의 연구활동종사자</td><td>2시간 이상</td><td>• 연구실 유해인자에 관한 사항
• 안전한 연구활동에 관한 사항
• 물질안전보건자료에 관한 사항
• 그 밖의 연구실 안전관리에 관한 사항</td></tr>
</table>

36 정답 ②

안전교육 효과에 대한 적절한 평가방법

평가방법 / 평가항목	관찰에 의한 방법			시험에 의한 방법		
	관찰법	면접법	결과평가	질문법	평정법	시험법
지 식	○	○		○	◎	◎
기 능	○		◎		○	◎
태 도	◎	◎			○	○

37 정답 ③

사례연구법

- 토의방법에 유사한 교육으로 특정사례에 관하여 문제점을 발견하고 그 대책을 연구
- 현실적인 문제를 연구하기 때문에 학습동기를 유발이 쉽고, 생각하는 학습교류가 가능
- 고민하는 문제에 적합한 적절한 사례확보가 어렵고, 원칙과 규칙에 대한 체계적인 습득이 어려움

38 정답 ①

② 에너지가 아닌 유해물에 의한 사고이다.

③ 에너지 구역의 침입에 의한 사고이다.

④ 에너지 충돌에 의한 사고이다.

에너지 접촉에 인한 사고분류

- 에너지 폭주형 : 폭발, 파열, 무너짐, 떨어짐 등
- 에너지 활동 구역에 사람이 침입하여 발생하는 유형 : 끼임, 감전, 화상 등
- 에너지와의 충돌 : 부딪힘 등
- 유해물에 의한 재해 : 산소결핍증, 질식 등

39 정답 ③

③ 기인물이 아닌 가해물에 대한 설명이다.

40 정답 ①

ㄹ. 1차 피해 우려 시 접근 금지 표시를 하여 2차 유출 확대를 방지한다.

ㅁ. 연구실 사용 재개를 결정하는 것은 유출사고 발생단계에서의 대응이 아니다.

41	42	43	44	45	46	47	48	49	50
②	③	②	②	①	①	④	③	②	④
51	52	53	54	55	56	57	58	59	60
③	④	③	③	①	①	③	①	③	④

41 정답 ②

방폭구조의 종류

종 류	내 용
내압 방폭구조	방폭함 내부의 폭발에 견디고 폭발화염이 간극을 통해 외부로 유출되지 않는 구조
압력 방폭구조	용기 내에 보호가스를 압입하여 가연성 가스가 용기 내부로 유입하는 것을 방지하는 구조
유입 방폭구조	점화원이 될 우려가 있는 부분을 기름 속에 묻어둔 구조
안전증 방폭구조	정상상태에서 점화원이 될 수 있는 스파크의 발생확률을 낮춰 안전도를 증가시킨 구조
본질안전 방폭구조	스파크 등이 점화능력이 없다는 것을 확인한 구조로 가장 폭발 우려가 없으므로 가장 위험한 0종 장소에서 사용
특수 방폭구조	모래와 같은 특수 재료를 사용한 구조

42 정답 ③

황화수소(H_2S)는 가연성 가스이자 독성가스이며, 부식성 가스이다.

43 정답 ②

ㄱ. 화학물질은 특성별로 보관한다.

ㄷ. 화학물질을 소분하여 사용하는 경우에는 화학물질의 정보가 기입된 라벨(경고표지)을 부착해야 한다.

ㄹ. 용량이 큰 화학물질은 취급 시 파손에 대비하기 위해 추락 방지 가드가 설치된 선반의 하단에 보관한다.

44 정답 ②

NFPA 704

등 급	건강위험성(청색)	화재위험성(인화점) (적색)	반응위험성(황색)
0	유해하지 않음	잘 타지 않음	안정함
1	약간 유해함	93.3℃ 이상	열에 불안정함
2	유해함	37.8 ~ 93.3℃	화학물질과 격렬히 반응함
3	매우 유해함	22.8 ~ 37.8℃	충격이나 열에 폭발 가능함
4	치명적임	22.8℃ 이하	폭발 가능함

NFPA 704 기타(백색) 구역 표시기호
- ₩ : 물과 반응할 수 있으며 반응 시 심각한 위험을 수반할 수 있음
- OX / OXY : 산화제
- 그 외 필요에 따른 특수기호(관계당국으로부터 허가를 받거나 요구될 경우)

45 정답 ①

기타 폐기물은 화학물질이 묻은 장갑, 실험용 기자재 등에 해당하며, 폐촉매는 지정폐기물에 해당한다.

46 정답 ①

폐기물의 처리에 관한 구체적 기준 및 방법(폐기물관리법 시행규칙 별표5)
지정폐기물배출자는 그의 사업장에서 발생하는 지정폐기물 중 폐산 · 폐알칼리 · 폐유 · 폐유기용제 · 폐촉매 · 폐흡착제 · 폐흡수제 · 폐농약, 폴리클로리네이티드비페닐 함유폐기물, 폐수처리 오니 중 유기성 오니는 보관이 시작된 날부터 45일을 초과하여 보관하여서는 아니되며, 그 밖의 지정폐기물은 60일을 초과하여 보관하여서는 아니된다.

47 정답 ④

지정폐기물 보관표지 기재사항으로는 폐기물의 종류, 보관가능용량, 관리책임자, 보관기간, 취급 시 주의사항, 운반(처리)예정장소가 있다.

지정폐기물 보관표지 예시

<table>
<tr><th colspan="2">지정폐기물 보관표지</th></tr>
<tr><td>① 폐기물의 종류 :</td><td>② 보관가능용량 : 톤</td></tr>
<tr><td>③ 관리책임자 :</td><td>④ 보관기간 : ~(일간)</td></tr>
<tr><td colspan="2">⑤ 취급 시 주의사항
• 보관 시 :
• 운반 시 :
• 처리 시 :</td></tr>
<tr><td colspan="2">⑥ 운반(처리)예정장소 :</td></tr>
</table>

48 정답 ③

지정폐기물 보관표지를 드럼 등 소형용기에 붙이는 경우, 표지의 규격은 가로 15cm 이상 × 세로 10cm 이상이다.

49 정답 ②

폐기물은 같은 종류별, 성상별로 구분하여 밀폐가능한 용기에 보관하며 과염소산은 산화성물질, 황산은 부식성물질로 같은 용기에 폐기하면 안 된다.

50 정답 ④

유해성 정보자료 작성항목으로는 폐기물의 제공자, 물리적 · 화학적 성질, 성분 정보, 안정성 · 반응성, 취급 시 주의사항, 사고발생 시 방제조치 방법 등이 있다(폐기물관리법 시행규칙 별지 제14호의4 참고).

51 정답 ③

과압안전장치

- 안전밸브 : 증기나 가스의 압력상승을 방지하기 위해 설치
- 릴리프밸브 : 액체의 압력상승을 방지하기 위해 설치
- 파열판
  - 안전밸브에 이상 물질이 누적되어 안전밸브의 기능을 저하시킬 우려가 있는 경우나, 급격한 압력상승, 독성가스의 누출, 유체의 부식성 또는 반응생성물의 성상 등에 따라 안전밸브를 설치하는 것이 부적당한 경우에 설치
  - 안전밸브와 파열판을 같이 설치한 경우 사이에 압력지시계, 자동경보장치를 설치해야 함
- 자동압력제어장치 : 고압가스설비 등의 내압이 상용의 압력을 초과한 경우 가스 유입량을 줄이는 방법 등으로 고압가스설비 등 내의 압력을 자동적으로 제어하는 장치

52 정답 ④

비상샤워장치는 예방장치가 아니라 대응장치이다.

53 정답 ③

과압안전장치의 설치위치

- 액화가스 저장능력이 300kg 이상이고 용기집합장치가 설치된 고압가스설비
- 내 · 외부 요인에 따른 압력상승이 설계압력을 초과할 우려가 있는 압력용기 등
- 토출 측의 막힘으로 인한 압력상승이 설계압력을 초과할 우려가 있는 압축기 또는 펌프의 출구 측(다단 압축기의 경우에는 각 단마다)
- 배관 내의 액체가 2개 이상의 밸브로 차단되어 외부 열원으로 인한 액체의 열팽창으로 파열이 우려되는 배관
- 압력 조절 실패, 이상 반응, 밸브의 막힘 등으로 압력 상승이 설계압력을 초과할 우려가 있는 고압가스설비 또는 배관 등

54 정답 ③

실린더캐비닛 내의 충전용기 또는 배관에는 캐비닛 외부에서 수동조작이 가능한 긴급차단장치를 설치한다.

실린더캐비닛의 구조

- 그 내부의 누출된 가스를 항상 제독설비 등으로 이송할 수 있고 내부압력이 외부압력보다 항상 낮게 유지할 수 있는 구조로 함
- 내부의 충전용기 또는 배관에는 외부에서 조작이 가능한 긴급차단장치가 설치된 것으로 함
- 실린더캐비닛에 사용하는 가스는 상호반응에 의하여 재해가 발생할 우려가 없는 것으로 함
- 가연성 가스용기를 넣는 실린더캐비닛은 당해 실린더캐비닛에서 발생하는 정전기를 제거하는 조치가 된 것으로 함
- 실린더 내의 공기는 항상 옥외로 배출할 것
- 실린더캐비닛에 사용하는 재료는 불연성 재질일 것
- 실린더캐비닛에는 내부를 볼 수 있는 창을 부착할 것

55 정답 ①

㉠ 가연성 가스가 연소할 수 있는 가연성 가스의 농도범위이다.

㉡ 압력이 높을수록 폭발범위가 넓어진다.

㉢ 폭발범위가 넓다는 것은 그 가스가 위험하다는 것을 뜻한다.

㉣ 불활성 가스를 혼합하면 폭발하한계는 상승하며, 폭발상한계는 하강한다.

폭발범위에 영향을 주는 인자

- 산소 : 폭발하한계에는 영향이 없으나, 폭발상한계를 크게 증가시켜 폭발범위가 넓어짐
- 불활성 가스(Inert Gas) : 질소와 이산화탄소 등과 같은 불활성 가스를 첨가하면 폭발하한계는 약간 높아지고 폭발상한계는 크게 낮아져 전체적으로 폭발범위가 좁아짐
- 압력 : 압력이 높아지면 폭발하한계는 거의 영향을 받지 않지만 폭발상한계는 현격하게 증가
- 온도 : 온도가 높아지면 폭발하한계는 감소하고 폭발상한계는 증가하여 양방향으로 넓어짐

56 정답 ①

ㄹ. 암모니아, 브롬화메탄 및 공기 중에서 자연발화하는 가스는 폭발범위가 좁고, MIE가 높아 전기설비로 인한 폭발가능성이 낮아 방폭기준에서 제외하고 있다(KGS FP111).

ㅁ. 암모니아는 비중이 0.6으로 공기보다 가벼워 상부에 누출경보기를 설치한다.

57 정답 ③

파열판은 안전밸브에 이상 물질이 누적되어 안전밸브의 기능을 저하시킬 우려가 있는 경우나, 급격한 압력상승, 독성가스의 누출, 유체의 부식성 또는 반응생성물의 성상 등에 따라 안전밸브를 설치하는 것이 부적당한 경우에 설치한다. 안전밸브와 파열판을 같이 설치한 경우 그 사이에 압력지시계, 자동경보장치를 설치해야 한다.

58 정답 ①

연구실 안에 설치하는 경우, 설비군의 둘레 10m마다 1개 이상 설치한다.

59 정답 ③

'1종 장소'란 정상상태에서 위험 분위기가 간헐적 또는 주기적으로 생성될 우려가 있는 장소로서 운전, 유지, 보수 등에 의해 위험분위기가 발생되기 쉬운 장소를 말한다.

폭발위험장소

- 0종 장소(Zone 0) : 지속적인 위험 분위기, 폭발성 가스 혹은 증기가 폭발 가능한 농도로 계속해서 존재하는 지역(본질안전 방폭구조)
- 1종 장소(Zone 1) : 정상가동 중 간헐적 위험 분위기가 존재할 가능성이 있는 장소(본질안전 · 내압 · 압력 · 유입 방폭구조)
- 2종 장소(Zone 2) : 비정상가동 중 위험 분위기가 단시간 동안 존재할 수 있는 장소(본질안전 · 내압 · 압력 · 유입 · 안전증 방폭구조)

60 정답 ④

급격한 압력상승 우려가 있는 곳에는 '파열판'이 적합하다.

61	62	63	64	65	66	67	68	69	70
③	①	④	②	③	②	①	③	③	④
71	72	73	74	75	76	77	78	79	80
②	①	③	①	④	②	②	④	④	①

61 정답 ③

방호장치 작동 시 해당 기계가 자동적으로 정지되어야 한다.

62 정답 ①

운동하는 기계는 작업점을 가지고 있다. 작업점은 공작물 가공을 위해 공구가 회전운동이나 왕복운동을 함으로써 이루어지는 지점으로 각종 위험점을 만들어낸다.

63 정답 ④

기계 재해 예방순서

위험요인의 파악(ㄹ) → 본질안전설계(ㄴ) → 방호조치(ㄱ) → 안전작업방법 설정 및 실시(ㄷ)

64 정답 ②

연구실 기계사고 원인

- 기계 자체가 실험용, 개발용으로 제작되어 안전성이 떨어짐
- 기계의 사용 방식이 자주 바뀌거나 사용하는 시간이 짧음
- 기계의 사용자가 경험과 기술이 부족한 경우(학생 등)
- 기계의 담당자가 자주 바뀌어 기술 축적이 어려움
- 연구실 환경이 복잡하며 여러 가지 기계가 함께 보관됨
- 기계 자체의 결함으로 인해 사고가 발생할 수 있음
- 방호장치의 고장, 미설치 등으로 인해 사고가 발생할 수 있음
- 보호구를 착용하지 않고 설비를 사용하여 사고가 발생할 수 있음

65 정답 ③

제시된 안전보건표지는 금지표지 중 하나인 사용 금지 표지이다.

안전보건표지(가이드 9p 시험 관련자료 '안전 · 보건표지의 종류와 형태' 참고)

- 금지표지 : 특정한 행위가 허용되지 않음을 나타냄. 흰 바탕에 빨간색 원에 사선표시, 그림은 검정색
- 경고표지 : 일정한 위험에 따른 경고를 나타냄. 노란 바탕에 검정색 삼각형
- 지시표지 : 일정한 행동을 취할 것을 지시함. 파란색 원형
- 안내표지 : 안전에 관한 정보를 제공. 녹색 바탕에 정장방형

종 류	기 준	표시사항	사용 예
빨간색	7.5R 4/14	금 지	정지신호, 소화설비 및 그 장소
노란색	5Y 8.5/12	경 고	위험경고, 주의표지, 기계방호울
파란색	2.5PB 4/10	지 시	특정 행위의 지시 및 사실의 고지
녹 색	2.5G 4/10	안 내	비상구, 피난소, 사람 및 차량통행표지

66

정답 ②

교류아크용접기는 자동전격방지기 설치 및 작동 유무를 확인해야 한다.

67

정답 ①

안전분야	점검항목	
기계안전	A	• 위험기계 · 기구별 적정 안전방호장치 또는 안전덮개 설치 여부 • 위험기계 · 기구의 법적 안전검사 실시 여부
	B	• 연구 기기 또는 장비 관리 여부 • 기계 · 기구 또는 설비별 작업안전수칙(주의사항, 작동매뉴얼 등) 부착 여부 • 위험기계 · 기구 주변 울타리 설치 및 안전구획 표시 여부 • 연구실 내 자동화설비 기계 · 기구에 대한 이중 안전장치 마련 여부 • 연구실 내 위험기계 · 기구에 대한 동력차단장치 또는 비상정지장치 설치 여부 • 연구실 내 자체 제작 장비에 대한 안전관리 수칙 · 표지 마련 여부 • 위험기계 · 기구별 법적 안전인증 및 자율안전확인신고 제품 사용 여부 • 기타 기계안전 분야 위험 요소

※ 전체 점검 실시 내용표 교재 356p 참고

68

정답 ③

ㄹ. 광전자식 및 손쳐내기식 방호장치는 프레스 및 전단기의 안전대책이다.

69

정답 ③

① 풀 프루프(Fool Proof) : 인간이 기계 등의 취급을 잘못하더라도 사고나 재해로 연결되지 않는 기능이다.

② 페일 패시브(Fail Passive) : 부품 고장 시 기계는 정지한다.

④ 페일 액티브(Fail Active) : 부품 고장 시 기계는 경보를 울리며 짧은 시간 동안 운전 가능하다.

70

정답 ④

인체감염균, 유해화학물질, 바이러스 등은 반드시 생물안전작업대에서 취급해야 한다.

71

정답 ②

구조의 안전화는 재질 · 설계 · 가공의 결함에 유의해야 한다.

72 정답 ①

연구실 설치운영 기준(연구실 설치운영에 관한 기준 별표1)

구 분		준수사항	연구실위험도		
			저위험	중위험	고위험
연구 · 실험 장비*	설 치	취급하는 물질에 내화학성을 지닌 실험대 및 선반 설치	권 장	권 장	필 수
		충격, 지진 등에 대비한 실험대 및 선반 전도방지조치	권 장	필 수	필 수
		레이저장비 접근 방지장치 설치	–	필 수	필 수
		규격 레이저 경고표지 부착	–	필 수	필 수
		고온장비 및 초저온용기 경고표지 부착	–	필 수	필 수
		불활성 초저온용기 지하실 및 밀폐된 공간에 보관 · 사용 금지	–	필 수	필 수
		불활성 초저온용기 보관장소 내 산소농도측정기 설치	–	필 수	필 수
	운 영	레이저장비 사용 시 보호구 착용	–	필 수	필 수
		고출력 레이저 연구 · 실험은 취급 · 운영 교육 · 훈련을 받은 자에 한해 실시	–	권 장	필 수

* 연구실 내 해당 연구 · 실험장비 사용 시 적용

73 정답 ③

유체를 가열하는 히터의 경우 유체의 수위가 히터 위치 이하로 떨어지지 않도록 수시로 확인한다.

74 정답 ①

방사선 관련 용어 정의

- 방사선 : 전자파나 입자선 중 직접 또는 간접적으로 공기를 전리(電離)하는 능력을 가진 것으로서 알파선, 중양자선, 양자선, 베타선, 그 밖의 중하전입자선, 중성자선, 감마선, 엑스선 및 5만 전자볼트 이상(엑스선 발생장치의 경우에는 5천 전자볼트 이상)의 에너지를 가진 전자선
- 방사성물질 : 핵연료물질, 사용 후의 핵연료, 방사성동위원소 및 원자핵분열 생성물
- 방사선관리구역 : 방사선에 노출될 우려가 있는 업무를 하는 장소

75 정답 ④

안전문의 불량에 의한 손 끼임 위험이 있다.

76 정답 ②

발화성, 반응성, 부식성, 독성 및 방사성 물질은 사용을 금지한다.

77 정답 ②

가스크로마토그래피(Gas Chromatography) 취급 시 액체질소는 사용하지 않는다.

가스크로마토그래피(Gas Chromatography) 취급 시 안전대책

- 가스공급 등 기기 사용 준비 시에는 가스에 의한 폭발 위험에 대비해 가스 연결라인, 밸브 등 누출 여부를 확인 후 기기를 작동
- 표준품 또는 시료 주입 시 시료의 누출위험에 대비해 주입 전까지 시료를 밀봉
- 전원차단 시에는 고온에 의한 화상위험에 대비해 장갑 등 개인보호구를 착용
- 장비 미사용 시에는 가스 차단

78 정답 ④

ㄱ. 레이저 안전등급 분류(IEC 60825-1) 중 3B등급은 보안경 착용이 필수이다.

레이저 안전등급 분류(IEC 60825-1)

등 급	노출한계	설 명
1	-	• 위험 수준이 매우 낮고 인체에 무해 • 렌즈가 있는 광학기기를 통한 레이저빔 관측 시 안구 손상 위험 가능성 있음
1M		
2	최대 1mW(0.25초 이상 노출)	• 눈을 깜빡(0.25초)여서 위험으로부터 보호 가능 • 렌즈가 있는 광학기기를 통한 레이저빔 관측 시 안구 손상 위험 가능성 있음
2M		
3R	최대 5mW(가시광선 영역에서 0.35초 이상 노출)	• 레이저빔이 눈에 노출 시 안구 손상 위험 • 보안경 착용 권고
3B	500mW(315nm 이상의 파장에서 0.25초 이상 노출)	• 직접 노출 또는 거울 등에 의한 정반사 레이저빔에 노출되어도 안구 손상 위험 • 보안경 착용 필수
4	500mW 초과	• 직 · 간접에 의한 레이저빔 노출에 안구 손상 및 피부화상 위험 • 보안경 착용 필수

79 정답 ④

전기아연도금은 고열작업이 아니다.

80 정답 ①

'소음'은 소음성난청을 유발할 수 있는 85데시벨 이상의 시끄러운 소리를 말한다.

81	82	83	84	85	86	87	88	89	90
②	②	①	②	④	②	④	④	③	①
91	92	93	94	95	96	97	98	99	100
④	③	④	②	④	③	②	①	③	②

81

정답 ②

기관생물안전위원회(IBC ; Institutional Biosafety Committee)의 설치 · 운영

구 분	기관생물안전위원회 설치 · 운영	생물안전관리책임자 임명	생물안전관리자 지정
생물안전 1등급 시설(BSL-1)	권 장	필 수	권 장
생물안전 2등급 시설(BSL-2)	필 수	필 수	권 장
생물안전 3등급 시설(BSL-3)	필 수	필 수	필 수

82

정답 ②

ㄷ. 감염병관리위원회는 감염병의 예방 및 관리에 관한 주요 시책을 심의하기 위한 기관이다.

ㅁ. 위해성평가위원회는 화학물질의 위해성을 평가하기 위한 기관이다.

83

정답 ①

ㄹ. 뚜껑이나 마개 등으로 튜브 등의 멸균용기를 꽉 막아 놓지 않아야 한다. 수증기가 잘 침투하지 못하고, 밀폐된 용기 내의 차가운 공기로 인해 멸균이 원활히 이루어질 수 없기 때문이다.

84

정답 ②

ㄱ. 고압증기멸균기(Autoclave)는 BSL1~4등급까지 모두 설치해야 하는 필수실험장비이며 BSL3, 4등급 취급시설은 양문형 고압멸균기 설치해야 한다.

ㄷ. 생물안전작업대(Biosafety Cabinet)는 BSL1등급을 제외하고 BSL2~4등급까지 모두 설치해야 하는 필수 실험장비이다.

실험장비 설치 · 운영 기준(고위험병원체 취급시설 및 안전관리에 관한 고시 별표1)

구 분	준수사항	안전관리 등급			
		1	2	3	4
실험장비	고압증기멸균기 설치(3 · 4등급 취급시설은 양문형 고압증기멸균기 설치)	필 수	필 수	필 수	필 수
	생물안전작업대 설치	–	필 수	필 수	필 수
	에어로졸의 외부 유출 방지능이 있는 원심분리기 사용	–	권 장	필 수	필 수

85 정답 ④

① 과학기술정보통신부장관의 승인필요

② 기관승인필요

③ 대량 배양실험으로 기관승인필요

안전확보절차에 따른 실험의 분류

- 국가승인실험 : 질병관리본부장의 사전승인이 필요한 실험
- 기관승인실험 : 시험 · 연구기관의 사전승인이 필요한 실험
  - 제2위험군 이상의 생물체를 숙주–벡터계 또는 DNA 공여체로 이용하는 실험(고위험병원체 제외)
  - 대량배양을 포함하는 실험
  - 척추동물에 대하여 몸무게 1kg당 50% 치사독소량(LD50)이 0.1㎍ 이상 100㎍ 이하인 단백성 독소를 생산할 수 있는 유전자를 이용하는 실험
- 기관신고실험 : 시험 · 연구기관장에게 사전에 신고해야 하는 실험
  - 제1위험군의 생물체를 숙주–벡터계 및 DNA 공여체로 이용하는 실험
  - 기타 기관생물안전위원회에서 신고대상으로 정한 실험
- 면제실험 : 국가승인, 기관승인 · 신고 없이 수행 가능한 실험
  - 대장균(Escherichia coli) K12 숙주–벡터계
  - 효모 사카로마이세스 세레비지애(Saccharomyces cerevisiae) 숙주–벡터계
  - 고초균(Bacillus subtilis) 또는 licheniformis 숙주–벡터계

86 정답 ②

고위험병원체 취급시설 안전점검

- 고위험병원체 취급기관은 고위험병원체 보존 및 안전관리를 유지하기 위하여 연 2회 자체 안전점검을 실시해야 함
- 자체안전점검내용 : 안전관리등급별 안전관리 준수사항 이행여부, 기관별 사고대응 매뉴얼의 현행화

87 정답 ④

유전자변형생물체법에 의한 취급연구시설의 종류

- 일반 연구시설
- 대량배양 연구시설
- 동물(곤충 및 어류는 제외)이용 연구시설
- 식물이용 연구시설
- 곤충이용 연구시설
- 어류이용 연구시설
- 격리포장시설

88 정답 ④

연구시설의 안전관리등급 분류

등 급	대 상	허가 또는 신고여부
1등급 (BSL-1)	건강한 성인에게는 질병을 일으키지 아니하는 것으로 알려진 유전자변형생물체와 환경에 대한 위해를 일으키지 아니하는 것으로 알려진 유전자변형생물체를 개발하거나 이를 이용하는 실험을 실시하는 시설	신 고
2등급 (BSL-2)	사람에게 발병하더라도 치료가 용이한 질병을 일으킬 수 있는 유전자변형생물체와 환경에 방출되더라도 위해가 경미하고 치유가 용이한 유전자변형생물체를 개발하거나 이를 이용하는 실험을 실시하는 시설	신 고
3등급 (BSL-3)	사람에게 발병하였을 경우 증세가 심각할 수 있으나 치료가 가능한 유전자변형생물체와 환경에 방출되었을 경우 위해가 상당할 수 있으나 치유가 가능한 유전자변형생물체를 개발하거나 이를 이용하는 실험을 실시하는 시설	허 가
4등급 (BSL-4)	사람에게 발병하였을 경우 증세가 치명적이며 치료가 어려운 유전자변형생물체와 환경에 방출되었을 경우 위해가 막대하고 치유가 곤란한 유전자변형생물체를 개발하거나 이를 이용하는 실험을 실시하는 시설. 국내에는 질병관리청만이 갖고 있으며, 전세계적으로 54개가 존재	허 가

89 정답 ③

생물안전관리규정 마련 및 적용은 1등급 연구시설에서만 권장사항이며, 그 외 연구실에서는 필수 준수사항에 해당한다. 그 외 보기는 2등급 일반 연구시설의 권장사항에 해당한다(유전자변형생물체법 통합고시 별표9의1 참고).

생물안전관리규정

- 생물안전관리 조직체계 및 그 직무에 관한 사항
- 연구(실) 또는 연구시설 책임자 및 운영자의 지정
- 기관생물안전위원회의 구성과 운영에 관한 사항
- 연구(실) 또는 연구시설의 안정적 운영에 관한 사항
- 기본적으로 준수해야 할 연구실 생물안전수칙
- 연구실 폐기물 처리 절차 및 준수사항
- 실험자의 건강 및 의료 모니터링에 관한 사항
- 생물안전교육 및 관리에 관한 사항
- 응급상황 발생 시 대응방안 및 절차

90 정답 ①

유전자변형생물체를 수입하려는 자는 대통령령으로 정하는 바에 따라 관계 중앙행정기관의 장의 승인을 받아야 하나 시험 · 연구용으로 사용하거나 박람회 · 전시회에 출품하기 위하여 유전자변형생물체를 수입하려는 자는 관계 중앙행정기관의 장에게 신고하면 되는데 이때 신고위반을 해도 과태료 대상은 아니다(유전자변형생물체법 제44조 참고).

91 정답 ④

유전자재조합실험실 폐기물 처리(유전자변형생물체법 통합고시 별표9의1 참고)

준수사항	안전관리등급			
	1	2	3	4
처리 전 폐기물 : 별도의 안전 장소 또는 용기에 보관	필 수	필 수	필 수	필 수
폐기물은 생물학적 활성을 제거하여 처리	필 수	필 수	필 수	필 수
실험폐기물 처리에 대한 규정 마련	필 수	필 수	필 수	필 수

92 정답 ③

격리의료폐기물의 보관기간 7일이며, 위해의료폐기물의 보관기간은 15일이다. 단, 위해의료폐기물(조직물류 · 손상성 · 병리계 · 생물화학 · 혈액오염 폐기물) 중에서 손상성폐기물의 보관기간은 30일이다.

93 정답 ④

ㄱ. 채혈진단에 사용된 혈액이 담긴 검사튜브, 용기 등은 조직물류폐기물로 본다.

94 정답 ②

의료폐기물의 종류

구분	내용
격리의료폐기물	• 감염병으로부터 타인을 보호하기 위하여 격리된 사람에 대한 의료행위에서 발생한 일체의 폐기물
위해의료폐기물	• 조직물류폐기물 : 인체 또는 동물의 조직 · 장기 · 기관 · 신체의 일부, 동물의 사체, 혈액 · 고름 및 혈액생성물(혈청, 혈장, 혈액제제), 채혈진단에 사용된 혈액이 담긴 검사튜브, 용기 등 • 병리계폐기물 : 시험 · 검사 등에 사용된 배양액, 배양용기, 보관균주, 폐시험관, 슬라이드, 커버글라스, 폐배지, 폐장갑 • 손상성폐기물 : 주사바늘, 봉합바늘, 수술용 칼날, 한방침, 치과용침, 파손된 유리재질의 시험기구 • 생물 · 화학폐기물 : 폐백신, 폐항암제, 폐화학치료제 • 혈액오염폐기물 : 폐혈액백, 혈액 투석 시 사용된 폐기물, 그 밖에 혈액이 유출될 정도로 포함되어 특별한 관리가 필요한 폐기물
일반의료폐기물	• 혈액 · 체액 · 분비물 · 배설물이 함유된 탈지면, 붕대, 거즈, 일회용 기저귀, 생리대, 일회용 주사기, 수액 세트
기 타	• 의료폐기물이 아닌 폐기물로서 의료폐기물과 혼합되거나 접촉된 폐기물은 혼합되거나 접촉된 의료폐기물과 같은 폐기물 • 채혈 진단에 사용된 혈액이 담긴 검사 튜브, 용기 등은 조직물류폐기물

95 정답 ④

의료폐기물 종류별 표시 색상

의료폐기물의 종류	도형의 색상
격리 의료폐기물	붉은색
위해 의료폐기물(재활용하는 태반 제외) 및 일반 의료폐기물	검은색(봉투형)
	노란색(상자형)
재활용하는 태반	녹 색

96 정답 ③

③ 생물안전작업대가 아니라 실험구역 내에서 감염성 물질이 유출된 경우이다.

감염성 물질 사고발생 시 행동요령

- 실험구역 내에서 유출된 경우
  - 사고 발생 직후 에어로졸 발생 및 유출 부위가 확산되는 것을 방지
  - 사고 사실을 인근 연구자에게 알리고, 재빨리 사고장소로부터 벗어남
  - 오염된 장갑이나 실험복 등은 적절하게 폐기하고, 손 등의 노출된 신체 부위는 소독
  - 사고현장 처리 시 에어로졸이 발생하여 확산될 수 있으므로 가라앉을 때까지 그대로 20~30분 정도 방치
  - 핀셋을 사용하여 깨진 유리조각, 주사기 바늘 등을 집고, 손상성 의료폐기물 전용용기에 넣음
  - 사고구역은 미생물을 비활성화시킬 수 있는 소독제로 처리하고, 20분 이상 그대로 방치
  - 소독제를 사용하여 유출지역을 닦음
  - 유출물 처리가 끝난 후 작업에 사용했던 모든 기구는 의료폐기물 전용 용기에 넣어 멸균처리
  - 처리과정에서 노출된 신체부위는 세척하고, 필요시 소독
- 생물안전작업대 내에서 유출된 경우
  - 유출 지역에 있는 사람들에게 사고 사실을 알리고 연구실책임자에게 보고
  - 개인보호구를 착용하고 효과적인 소독제를 작업대 벽면, 작업 표면 및 이용한 장비들에 뿌리고 적정 시간 동안 방치
  - 오염된 장갑이나 실험복 등은 적절하게 폐기하고, 손 등의 노출된 신체부위는 소독

97 정답 ②

동물실험구역과 일반구역 사이의 출입문에도 탈출방지턱, 끈끈이 또는 기밀문을 설치하여 동물이 시설 외부로 탈출하지 않도록 한다.

98 정답 ①

안면부를 제외한 신체에 접촉되었을 때

1. 장갑 또는 실험복 등 착용하고 있던 개인보호구를 신속히 벗음
2. 즉시 흐르는 물로 세척 또는 샤워
3. 오염 부위를 소독
4. 발생사고에 대해 연구실책임자에게 즉시 보고하고 필요한 조치를 받음
5. 연구실책임자는 기관생물안전관리책임자 및 의료관리자에게 보고하고 적절한 의료 조치를 받음

99 정답 ③

ㄱ. 감염성 물질에 오염된 용기가 깨지거나 감염성 물질이 엎질러진 경우, 종이타월을 사용하여 소독제와 유출 물질을 모두 치운다.

ㄹ. 밀봉이 가능한 원심분리기 버킷 내부에서 감염성 물질이 들어있는 튜브의 파손이 일어난 경우, 생물안전작업대에서 버킷을 열고 소독한다. 튜브파손 시 밀봉 가능한 버킷이 없는 원심분리기는 모터를 끄고 기계를 닫아 침전되기를 기다린 후 적절한 방법으로 처리하고, 밀봉 가능한 버킷이 있는 경우 생물안전작업대에서 물질을 넣거나 뺀다.

100 정답 ②

ㄷ. 여러 개의 날카로운 기구를 사용할 때는 트레이 위의 공간을 분리하고, 주변 연구자의 안전을 위해 기구의 날카로운 방향은 조작자의 반대 반향으로 향하게 한다.

주사기에 찔렸을 경우 예방대책

- 주사기나 날카로운 물건 사용을 최소화
- 여러 개의 날카로운 기구를 사용할 때는 트레이 위의 공간을 분리하고, 기구의 날카로운 방향은 조작자의 반대 방향으로 향하게 함
- 주사기 사용 시 다른 사람에게 주의를 시키고, 일정 거리를 유지
- 가능한 한 주사기에 캡을 다시 씌우지 않도록 하며, 자동으로 캡에 바늘을 씌우는 제품을 사용
- 손상성 폐기물 전용용기에 폐기하고 손상성 의료폐기물 용기는 70% 이상 차지 않도록 함
- 주사기 재사용 금지, 주사기 바늘을 손으로 접촉하지 않고 폐기할 수 있는 수거장치를 사용

101	102	103	104	105	106	107	108	109	110
④	①	②	④	③	②	④	①	①	③
111	112	113	114	115	116	117	118	119	120
①	②	③	③	③	④	③	④	②	②

101 정답 ④

접지시스템의 종류

- 단독접지(개별접지) : 접지를 필요로 하는 설비들을 각각 독립적으로 접지
- 공통접지 : 특 · 고 · 저압의 전로에 시공한 접지극을 하나의 접지전극으로 연결하여 등전위화하는 접지
- 통합접지 : 수도관, 철골, 통신 등 전기설비, 통신설비, 피뢰설비 등 전부를 통합하는 접지

102 정답 ①

② HFC-125(CHF_2CF_3)는 Halon 1301(CF_3Br)보다 오존층을 파괴하는 성질이 작다.

③ 금속화재는 물과 급속도로 반응하여 폭발을 일으킬 수 있기 때문에 일반적으로 팽창질석, 팽창진주암, 마른 모래(건조사) 등을 이용하여 소화한다.

④ 소화수 등 수계소화방법을 사용하였을 때에는 고온의 유면에 접촉된 물방울이 순간 기화되면서 발생한 압력에 의해 기름이 비산되고, 비산된 미분의 기름에 의해 화재가 급격히 성장하거나 인체에 화상을 입을 위험이 있다. 그러므로 일반적으로 K급 소화기를 사용하여 소화한다.

103 정답 ②

접지의 목적은 충전부 접촉방지로 인한 감전사고 방지대책이 아니다.

104 정답 ④

이산화탄소 소화기

- 이산화탄소를 액화하여 충전한 것으로, 액화이산화탄소가 방출 시 화재장소에 산소공급을 차단하는 질식소화 방식
- 소화 시 잔재가 남지 않고 반응성이 낮아 소화대상물의 손상이 적어, 전기와 유류화재뿐만 아니라 대부분의 화재에 사용 가능함

105 정답 ③

제4류 위험물의 지정수량

- 제1석유류 : 200 ℓ (비수용성) / 400 ℓ (수용성)
- 알코올류 : 400 ℓ
- 제2석유류 : 1,000 ℓ (비수용성)/2,000 ℓ (수용성)
- 제3석유류 : 2,000 ℓ (비수용성)/4,000 ℓ (수용성)
- 제4석유류 : 6,000 ℓ
- 동식물류 : 10,000 ℓ

106 정답 ②

$$I_m = \frac{V}{R_2 + \frac{R_3 \times R_m}{R_3 + R_m}} \times \frac{R_3}{R_3 + R_m}$$

$$= \frac{220}{20 + \frac{2 \times 1,000}{2 + 1,000}} \times \frac{2}{2 + 1,000} \fallingdotseq 0.02$$

107 정답 ④

ㄱ. 누전을 예방하기 위하여 정기적으로 절연여부를 측정한다.

108 정답 ①

가연성 물질은 열전도도가 낮을수록 연소가 쉽다.

109 정답 ①

ELV(Extra Low Voltage)

2차 전압이 AC 50V, DC 120V 이하로 인체에 위험을 초래하지 않을 정도의 저압

110 정답 ③

③ AC-3 : 인체장해, 전류가 2초 이상 흐를 때 발작적인 근육수축, 호흡곤란, 일시적 심박정지

① AC-1 : 무반응

② AC-2 : 유해한 생리적 영향 없음

④ AC-4 : 심각한 심장마비, 호흡정지, 심각한 화상

- AC-4.1 : 심실세동 확률 5% 이하
- AC-4.2 : 심실세동 확률 50% 이하
- AC-4.3 : 심실세동 확률 50% 이상

111 정답 ①

제연방식의 종류

- 밀폐제연 : 기본적인 제연방식으로 개구부를 밀폐
- 자연제연 : 열기류의 부력을 이용하여 연기를 배출
- 스모그타워제연 : 제연전용굴뚝 또는 환기통으로 연기를 배출
- 기계제연 : 송풍기나, 배풍기를 설치하여 강제로 연기를 배출
  - 1종 기계제연 : 송풍기 + 배풍기
  - 2종 기계제연 : 송풍기 + 자연배기
  - 3종 기계제연 : 자연급기 + 배풍기

112 정답 ②

① 물체의 특성 : 물체의 재질에 따라 대전 정도가 달라지며, 대전 서열에 서로 멀리 있는 물체일수록 정전기 발생이 용이하고 대전량이 많다.

③ 물체의 이력 : 정전기 발생은 그전에 일어났던 물체의 대전 이력에 영향을 받으며, 반복될수록 감소한다.

④ 분리속도 : 분리속도가 클수록 발생되는 전하의 재결합이 적게 일어나 정전기의 발생량이 많아진다.

정전기 발생에 영향을 주는 요인

- 물질특성(Material Characteristic) : 정전서열의 간격이 클수록 정전기 발생 증가
- 분리속도(Speed of Separation) : 분리속도가 클수록 정전기 발생 증가
- 접촉면적(Area in Contact) : 면적이 클수록 정전기 발생 증가
- 접촉표면(Contact surface): 표면이 거칠수록 정전기 발생 증가
- 물질과의 운동 영향(Effect of Motion Between Substance) : 속도가 높을수록, 반복 접촉이 많을수록 정전기 발생 증가
- 물체의 이력 : 대전에 된 이력이 중요하여 처음 접촉 시 정전기 발생이 최고이며 반복될수록 감소

113 정답 ③

20m마다 설치하고 모퉁이에 하나 더 설치하여 총 5개 설치해야 한다.

유도등의 설치기준

- 피난유도등
  - 피난구의 바닥으로부터 높이 1.5m 이상의 곳에 설치
  - 피난구 유도등의 조명도는 피난구로부터 30m의 거리에서 문자 및 색채를 쉽게 식별할 수 있을 것
- 통로유도등
  - 복도통로 유도등 또는 거실통로 유도등은 구부러진 모퉁이 및 보행거리 20m마다 설치
  - 계단통로 유도등은 각층의 경사로참 또는 계단참마다 설치
  - 복도통로 유도등은 바닥으로부터 높이 1m 이하의 위치에 설치
  - 조도는 통로 유도등의 바로 밑의 바닥으로부터 수평으로 0.5m 떨어진 지점에서 측정하여 1lux 이상일 것
  - 통로 유도등은 백색 바탕에 녹색으로 피난방향을 표시

114 정답 ③

전력(P) = 전압(V) × 전류(I) = 220 × 16 = 3,520W

전체전력 = 500 + 700 + 1,000 + 700 = 2,900W

$$\frac{2,900}{3,520} = 82\%$$

115 정답 ③

전선의 색상

상(문자)	색 상
L1	갈 색
L2	흑 색
L3	회 색
N	청 색
보호도체	녹색–노란색

116 정답 ④

정온식 스포트형 감지기

- 45° 이상 경사되지 않게 설치
- 최고주위온도가 기준 작동온도보다 20℃ 이상 낮은 장소에 설치

117 정답 ③

ㄹ. 방수압력측정계(피토게이지)는 봉상주수 상태에서 직각으로 측정해야 한다.

방수압 측정

- 직사형 관창을 이용하여 측정
- 방수압력은 5개 이상 설치되었을 때 5개, 5개 미만 설치되었을 때 설치된 갯수를 개방시켜 놓고 측정
- 피토게이지(측정계)는 봉상주수 상태에서 직각으로 측정

118 정답 ④

ㄴ. 사다리를 노출 충전부가 있는 곳에서 사용하는 경우에는 도전성 재질의 사다리를 사용하지 않도록 할 것

이동 및 휴대장비 등을 사용하는 전기 작업 시 조치사항

- 착용하거나 취급하고 있는 도전성 공구 · 장비 등이 노출 충전부에 닿지 않도록 할 것
- 사다리를 노출 충전부가 있는 곳에서 사용하는 경우에는 도전성 재질의 사다리를 사용하지 않도록 할 것
- 젖은 손으로 전기기계 · 기구의 플러그를 꽂거나 제거하지 않도록 할 것
- 전기회로를 개방, 변환 또는 투입하는 경우에는 전기 차단용으로 특별히 설계된 스위치, 차단기 등을 사용하도록 할 것
- 차단기 등의 과전류 차단장치에 의하여 자동 차단된 후에는 전기회로 또는 전기기계 · 기구가 안전하다는 것이 증명되기 전까지는 과전류 차단장치를 재투입하지 않도록 할 것

119 정답 ②

① 전동기 외함에 걸리는 전압은 변압기접지 저항과 기기접지 저항의 비율에 따라 결정된다.

$$I_m = \frac{E}{R_2 + \frac{R_3 \times R_m}{R_3 + R_m}} \times \frac{R_3}{R_3 + R_m}$$

③ 기기접지 저항이 증가할 때 인체감전전류는 증가한다.

④ 인체감지전류는 기기접지 저항이 증가할수록 증가한다.

120 정답 ②

중성선의 단면적

- 2선식 단상회로에서 중성선의 단면적은 최소한 선도체의 단면적 이상이어야 함
- 선도체의 단면적이 구리선 16mm^2, 알루미늄선 25mm^2 이하인 다상회로에서 중성선 단면적은 최소한 선도체의 단면적 이상이어야 함

121	122	123	124	125	126	127	128	129	130
③	④	④	①	②	①	②	③	②	③
131	132	133	134	135	136	137	138	139	140
②	③	①	④	④	①	①	③	③	②

121 정답 ③

① C(Ceiling) : 근로자가 1일 작업시간 동안 잠시라도 노출되어서는 안 되는 기준

② TWA(Time Weighted Average) : 시간가중평균 노출기준으로 1일 8시간 작업을 기준으로 유해인자의 측정치에 발생 시간을 곱하여 8시간으로 나눈 값

④ STEL(Short Tem Exposure Limit) : 단시간 노출기준으로 15분간의 시간가중평균노출값. 노출농도가 시간가중평균노출기준(TWA)을 초과하고 단시간노출기준(STEL) 이하인 경우에는 1회 노출 지속시간이 15분 미만이어야 하고, 이러한 상태가 1일 4회 이하로 발생하여야 함. 또한 각 노출의 간격은 60분 이상이어야 함

122 정답 ④

입자상 물질의 크기별 분류

분 류	평균입경	특 징
흡입성 입자상 물질(IPM)	100㎛	호흡기 어느 부위(비강, 인후두, 기관 등 호흡기의 기도부위)에 침착하더라도 독성을 유발하는 분진
흉곽성 입자상 물질(TPM)	10㎛	가스교환 부위, 기관지, 폐포 등에 침착하여 독성을 나타내는 분진
호흡성 입자상 물질(RPM)	4㎛	가스교환 부위(폐포)에 침착할 때 유해한 분진

123 정답 ④

시각적 표시장치와 청각적 표시장치 사용상황

시각적 표시장치	청각적 표시장치
• 메세지가 길고 복잡할 때 • 메세지가 공간적 위치를 다룰 때 • 메세지를 나중에 참고할 필요가 있을 때 • 소음이 과도할 때 • 수신자의 이동이 적을 때 • 즉각적인 행동 불필요할 때 • 수신장소가 너무 시끄러울 때 • 수신자의 청각계통이 과부하 상태일 때	• 메세지가 짧고 단순할 때 • 메세지가 시간상의 사건을 다룰 때(연속적으로 변하는 정보를 제시할 때) • 메세지가 일시적으로 나중에 참고할 필요가 없을 때 • 수신장소가 너무 밝거나 암조응 유지가 필요할 때 • 수신자가 자주 움직일 때 • 즉각적인 행동이 필요할 때 • 수신자의 시각계통이 과부하 상태일 때

최신기출

124 정답 ①

작업환경측정

「산업안전보건법」에 따라 작업환경 측정을 실시해야 하는 연구주체의 장은 연구실 또는 연구공정이 신규로 가동되거나 변경되어 작업환경 측정 대상 작업장이 된 날부터 30일 이내에 작업환경측정을 하고, 그 후 반기에 1회 이상 정기적으로 작업환경을 측정해야 함

125 정답 ②

시각적 암호화(Coding) 설계 시 고려사항

- 사용될 정보의 종류
- 수행될 과제의 성격과 수행조건
- 코딩의 중복 또는 결합에 대한 필요성

126 정답 ①

유해인자 항목으로는 화학물질, 가스, 생물체(고위험병원체 및 제3 · 4위험군), 물리적 유해인자가 있다(연구실 사전유해인자위험분석 실시에 관한 지침 별지2 참고).

127 정답 ②

① 영구적 혈액장애를 일으킨다.

③ 국제암연구소(IARC)에서의 발암성은 Group 1에 해당된다.

④ 미국산업위생전문가협회(ACGIH)에서는 인간에 관한 발암성이 확인된 물질군(A1)에 포함된다.

128 정답 ③

ㄴ. 수은에 관한 설명이다.

129 정답 ②

② 호흡기과민성 · 발암성 · 생식세포 변이원성 · 생식독성 · 특정표적 장기독성

① 급성 독성

③ 부식성

④ 수생환경 유해성

130 정답 ③

IARC(국제암연구소)의 발암물질 분류

- Group 1 : 인체 발암성 물질, 인체에 대한 충분한 발암성 근거가 있음
- Group 2A : 인체 발암성 추정물질, 실험동물에 대한 발암성 근거는 충분하지만 사람에 대한 근거는 제한적임
- Group 2B : 인체 발암성 가능물질, 실험동물에 대한 발암성 근거가 충분하지 못하며 사람에 대한 근거 역시 제한적임
- Group 3 : 사람에게 암을 일으키는 것으로 분류되지 않은 물질, 실험동물에 대한 발암성 근거가 제한적이거나 부적당하고 사람에 대한 근거 역시 부적당함
- Group 4 : 사람에게 암을 일으키지 않음. 동물과 사람 공통적으로 발암성에 대한 근거가 없다는 연구결과

131 정답 ②

제시된 그림은 산화성 물질 경고 표지이다(가이드 9p 시험 관련자료 '안전 · 보건표지의 종류와 형태' 참고).

132 정답 ③

③ 중위험 연구실의 경우엔 권장사항이다.

연구실 주요구조부 설치운영 기준(연구실 설치운영에 관한 기준 별표1)

구 분		준수사항	연구실위험도		
			저위험	중위험	고위험
공간분리	설 치	연구 · 실험공간과 사무공간 분리	권 장	권 장	필 수
벽 및 바닥	설 치	기밀성 있는 재질, 구조로 천장, 벽 및 바닥 설치	권 장	권 장	필 수
		바닥면 내 안전구획 표시	권 장	필 수	필 수
출입통로	설 치	출입구에 비상대피표지(유도등 또는 출입구 · 비상구 표지) 부착	필 수	필 수	필 수
		사람 및 연구장비 · 기자재 출입이 용이하도록 주 출입통로 적정 폭, 간격 확보	필 수	필 수	필 수
조 명	설 치	연구활동 및 취급물질에 따른 적정 조도값 이상의 조명장치 설치	권 장	필 수	필 수

133 정답 ①

제거대상 오염물질별 방진마스크 등급 분류

등 급	제거대상 오염물질
특 급	• 베릴륨 등과 같이 독성이 강한 물질들을 함유한 분진 등 • 「산업안전보건법」의 분진, 흄, 미스트 등의 입자상 제조 등 금지물질, 허가 대상 유해물질, 특별관리물질 • 포집효율은 99% 이상
1 급	• 금속흄 등과 같이 열적으로 생기는 분진 등 • 기계적으로 생기는 분진 등 • 결정형 유리규산 • 포집효율은 94%
2 급	• 기타 분진 등 • 포집효율은 80%

※ 노출수준에 따라 호흡보호구 종류 및 등급이 달라질 수 있음

방진마스크 등급별 사용 예시

특 급	• 베릴륨 등과 같이 독성이 강한 물질을 함유한 분진등의 발생장소 • 석면 취급장소 ※ 단, 안면부여과식 특급은 석면 등 발암성 물질 취급작업에 사용하지 않음
1 급	• 특급마스크 착용장소를 제외한 분진 등 발생장소 • 금속 흄과 같이 열적으로 생기는 분진 등의 발생장소 • 기계적으로 분진, 결정형 유리규산 등이 발생하는 장소
2 급	• 특급 및 1급 마스크 착용장소를 제외한 분진 등의 발생장소

134 정답 ④

방진마스크를 착용해야 하는 연구실이다.

방독마스크 착용 표지

135 정답 ④

노란색이 아닌 회색으로 표시해야 한다.

정화통 제독시험 가스의 종류와 정화통 표시색 구분

시험가스	정화통 색	대상 유해물질
유기화합물용	갈 색	• 유기용제 등의 가스나 증기
할로겐용, 황화수소용, 시안화수소용	회 색	• 할로겐 가스나 증기 • 황화수소 가스 • 시안화수소 가스나 시안산 증기
아황산용	노란색	• 아황산 가스나 증기
암모니아용	녹 색	• 암모니아 가스나 증기

136 정답 ①

반송속도

덕트를 통하여 이동하는 유해물질이 덕트 내에서 퇴적이 일어나지 않는 상태로 이동시키기 위하여 필요한 최소속도

137 정답 ①

외부식 및 레시버식 후드에서 제어풍속은 후드의 개구면으로부터 가장 먼 유해물질 발생원 또는 작업 위치에서 후드 쪽으로 흡인되는 기류의 속도이다. 포위식 및 부스식 후드에서는 후드의 개구면에서 흡입되는 기류의 풍속이다.

138 정답 ③

유해물질의 배출원이 고정되어 있어야 효과적이다.

139 정답 ③

슬로트후드의 외형단면적이 연결덕트의 단면적보다 현저히 큰 경우에는 후드와 덕트 사이에 충만실(Plenum Chamber)을 설치하여야 하며, 이때 충만실의 깊이는 연결 덕트 지름의 0.75배 이상으로 하거나 충만실의 기류속도를 슬로트 개구면 속도의 0.5배 이내로 하여야 한다.

140 정답 ②

$60 \times 4 \times (10 \times 0.2^2 + \pi/4 \times 0.4^2) \fallingdotseq 126$

후드에서의 배풍량 계산

- 포위식 부스형 : $Q = 60 \times VA$
- 외부식 장방형 : $Q = 60 \times V(10X^2 + A)$
- 외부식 플랜지부착 장방형 : $Q = 60 \times 0.75V(10X^2 + A)$

※ Q는 필요환기량(m^3/min), V는 제어속도(m/sec), A는 후드단면적(m^2), X는 후드 중심선으로부터 발생원까지의 거리

최신기출

우리가 해야 할 일은 끊임없이 호기심을 갖고
새로운 생각을 시험해보고 새로운 인상을 받는 것이다.

– 월터 페이터 –

최종모의고사

1과목 연구실 안전관련법령

2과목 연구실 안전관리 이론 및 체계

3과목 연구실 화학(가스) 안전관리

4과목 연구실 기계 · 물리 안전관리

5과목 연구실 생물 안전관리

6과목 연구실 전기 · 소방 안전관리

7과목 연구실종사자 보건 · 위생관리 및 인간공학적 안전관리

최종모의고사

정답 및 해설 596p

1과목 연구실 안전관련법령

01 **다음 중 연구실 안전환경 조성에 관한 법률의 목적으로 옳지 않은 것은?**

① 과학기술정보통신부 산하에 설치된 과학기술 분야 연구실의 안전을 확보
② 연구실사고로 인한 피해 보상
③ 연구활동종사자의 건강과 생명을 보호
④ 안전한 연구환경을 조성하여 연구활동 활성화에 기여

02 **다음 중 중대 연구실사고에 대한 설명으로 옳지 않은 것은?**

① 사망자와 과학기술정보통신부 장관이 정하여 고시하는 후유장해 1급부터 9급까지에 해당하는 부상자를 합하여 2명 이상 발생한 사고
② 3개월 이상의 요양이 필요한 부상자가 동시에 2명 이상 발생한 사고
③ 3일 이상의 입원이 필요한 부상을 입거나 질병에 걸린 사람이 동시에 5명 이상 발생한 사고
④ 연구실의 중대한 결함으로 인한 사고

03 **연구실에서 안전관리 및 사고예방 업무를 수행하는 자로 옳은 것은?**

① 연구실안전환경관리자
② 연구실책임자
③ 연구실안전관리담당자
④ 연구주체의 장

04 대학 · 연구기관 등의 대표자 또는 해당 연구실의 소유자로 옳은 것은?

① 연구실안전환경관리자
② 연구실책임자
③ 연구실안전관리담당자
④ 연구주체의 장

05 연구실 안전환경 등에 대한 실태조사에 포함되는 사항으로 옳지 않은 것은?

① 연구실 및 연구활동종사자 현황
② 연구실 안전관리 현황
③ 연구실사고 발생 현황
④ 연구실 안전환경 및 안전관리의 현황 파악을 위하여 고용노동부 장관이 필요하다고 인정하는 사항

06 다음 빈칸 안에 들어갈 말로 옳은 것은?

정부는 연구실사고를 예방하고 안전한 연구환경을 조성하기 위하여 (　　)마다 연구실 안전환경 조성 기본계획을 수립 · 시행하여야 한다.

① 3년
② 4년
③ 5년
④ 6년

07 다음 중 연구실 안전심의위원회에 대한 설명으로 옳지 않은 것은?

① 심의위원회의 위원은 위원장 2명을 포함한 14명 이내의 위원으로 구성한다.
② 위원의 임기는 3년이다.
③ 심의위원회의 정기회의는 연 2회이다.
④ 심의위원회의 활동을 지원하고 사무를 처리하기 위하여 심의위원회에 간사 1명을 둔다.

08 다음 중 연구실안전관리위원회에서 협의하여야 할 사항으로 옳지 않은 것은?

① 연구실사고 예방 및 대응에 관한 사항
② 안전점검 실시 계획의 수립
③ 정밀안전진단 실시 계획의 수립
④ 연구실 안전관리 계획의 심의

09 다음 중 연구실 안전환경 조성에 관한 법률에서 정의하는 용어에 관한 설명으로 옳은 것은?

① 연구실책임자는 대학 · 연구기관 등에서 연구실 안전과 관련한 기술적인 사항에 대하여 연구주체의 장을 보좌하고 연구실책임자 등 연구활동종사자에게 조언 · 지도하는 업무를 수행하는 사람이다.
② 연구실사고는 연구실사고 중 손해 또는 훼손의 정도가 심한 사고로서 사망사고 등 과학기술정보통신부령으로 정하는 사고를 뜻한다.
③ 정밀안전진단은 연구실사고를 예방하기 위하여 잠재적 위험성의 발견과 그 개선대책의 수립을 목적으로 실시하는 조사 · 평가이다.
④ 연구주체의 장은 연구실안전관리사 자격시험에 합격하여 자격증을 발급받은 사람이다.

10 연구실안전정보시스템에 포함되어야 하는 정보로 옳지 않은 것은?

① 안전점검 지침 및 정밀안전진단 지침
② 안전점검 및 정밀안전진단 대행기관의 등록 현황
③ 안전관리 우수연구실 인증 현황
④ 시 · 군별 연구실책임자의 지정 현황

11 연구실 안전관리규정을 작성해야 하는 연구실로 옳은 것은?

① 연구실의 연구활동종사자를 합한 인원이 5명 이상
② 연구실의 연구활동종사자를 합한 인원이 10명 이상
③ 연구실의 연구활동종사자를 합한 인원이 50명 이상
④ 연구실의 연구활동종사자를 합한 인원이 100명 이상

12 다음 중 연구활동에 사용되는 기계 · 기구 · 전기 · 약품 · 병원체 등의 보관상태 및 보호장비의 관리실태 등을 매일 직접 눈으로 확인하는 점검으로 옳은 것은?

① 일상점검
② 정기점검
③ 특별안전점검
④ 정밀안전진단

13 다음 중 연구실에서 발생할 수 있는 재해를 예방하기 위하여 잠재적 위험성의 발견과 그 개선대책의 수립을 목적으로 일정 기준 또는 자격을 갖춘 자가 실시하는 진단으로 옳은 것은?

① 일상점검
② 정기점검
③ 특별안전점검
④ 정밀안전진단

14 연구주체의 장이 안전점검 및 정밀안전진단의 실시 결과 또는 연구실사고 조사 결과에 따라 실시하는 연구실 사용제한 조치로 옳지 않은 것은?

① 특별안전진단 실시
② 유해인자의 제거
③ 연구실 일부의 사용제한
④ 연구실의 철거

15 중대 연구실사고 발생 시 연구주체의 장이 과학기술정보통신부 장관에게 보고해야 하는 사항으로 옳지 않은 것은?

① 사고 확산 가능성
② 피해 상황
③ 사고 대응계획
④ 재발방지조치

16 중대 연구실사고 발생 시 연구주체의 장이 과학기술정보통신부 장관에게 보고해야 하는 시기로 옳은 것은?

① 지체 없이
② 3일 이내
③ 일주일 이내
④ 14일 이내

17 연구실사고가 발생한 경우에 연구주체의 장이 연구실사고 조사표를 작성하여 과학기술정보통신부 장관에게 보고해야 하는 기간으로 옳은 것은?

① 1개월 이내
② 2개월 이내
③ 3개월 이내
④ 4개월 이내

18 다음 중 권역별 연구안전지원센터로 지정받으려는 자가 지정신청서에 첨부해야 할 서류로 옳지 않은 것은?

① 사업 수행에 필요한 인력 보유 및 시설 현황
② 사업자금조달계획서
③ 센터 운영규정
④ 사업계획서

19 다음 중 보험급여별 보상금액 기준으로 옳지 않은 것은?

① 요양급여 – 최고한도(20억원 이상)의 범위에서 실제로 부담해야 하는 의료비
② 장해급여 – 후유장해 등급별로 과학기술정보통신부 장관이 정하여 고시하는 금액 이상
③ 입원급여 – 입원 1일당 5만원 이상
④ 유족급여 – 1억원 이상

20 과학기술정보통신부 장관이 안전관리 우수연구실 인증을 취소할 수 있는 경우로 옳지 않은 것은?

① 거짓이나 그 밖의 부정한 방법으로 인증을 받은 경우
② 정당한 사유 없이 6개월 이상 연구활동을 수행하지 않은 경우
③ 인증서를 반납하는 경우
④ 인증 기준에 적합하지 않게 된 경우

21 다음 중 연구실 안전의 4M 위험요소로 옳지 않은 것은?

① Man
② Machine
③ Media
④ Maintenance

22 위험의 처리방법 중 가장 근원적인 해결방법으로 옳은 것은?

① 위험의 감소
② 위험의 회피
③ 위험의 제거
④ 사고확대방지

23 다음 중 연구실책임자가 연구개발 활동 시작 전에 화학적, 물리적 위험요인 등 사고를 발생시킬 가능성이 있는 인자를 미리 분석하여 사고를 예방하기 위해 실시해야 하는 것으로 옳은 것은?

① 사전유해인자위험분석
② 안전보호구 착용
③ MDSD 비치 및 안전기기 상태점검
④ 화학물질의 안전관리

24 듀퐁의 브래들리 모델(Bradley Model)에서의 안전문화의 발전단계로 옳은 것은?

① 반응적 안전 → 의존적 안전 → 독립적 안전 → 상호의존적 안전
② 의존적 안전 → 반응적 안전 → 독립적 안전 → 상호의존적 안전
③ 반응적 안전 → 상호의존적 안전 → 독립적 안전 → 의존적 안전
④ 반응적 안전 → 독립적 안전 → 의존적 안전 → 상호의존적 안전

25 **연구실에서의 화학물질 취급 시 안전수칙으로 옳지 않은 것은?**

① 화학물질은 운반용 캐리어, 바스켓 또는 운반 용기에 놓고 운반한다.
② 연구실 외 환기가 잘되는 곳에서는 운반 시 용기를 개봉시켜 두어야 한다.
③ 약품명 등의 라벨을 부착한다.
④ 직사광선을 피하고 다른 물질과 섞이지 않도록 하며 화기, 열원으로부터 격리한다.

26 **다음 중 폐기물 처리 요령으로 옳지 않은 것은?**

① 시약병은 잔액을 완전히 제거하고, 내부를 세척 및 건조한다.
② 시약의 병 뚜껑과 용기를 분리하지 말고 함께 처리한다.
③ 운반이 용이토록 적절한 용기에 담아 보관장소에 보관한다.
④ 재활용 가능 품목은 분리하여 배출한다.

27 **연구실에서의 가스안전수칙 중 옳지 않은 것은?**

① 가스저장용기는 연구활동별로 분류하여 보관한다.
② 비눗물이나 점검액으로 배관, 호스 등의 연결 부분을 수시로 점검하고, 가스누출 여부를 확인한다.
③ 연소기는 항상 깨끗이 하여 노즐이 막히지 않도록 청소한다.
④ 가스누설경보기의 작동이 잘 되고 있는지 수시로 확인한다.

28 **실험 실습 시 안전사고 예방을 위한 기본 수칙으로 옳지 않은 것은?**

① 학생들은 연구실책임자의 허락 없이 실험실에 들어가지 않는다.
② 정해진 시간 이외의 시간에 실험실을 사용할 연구활동종사자들은 연구실안전관리담당자로부터 허가를 받아야 한다.
③ 실험실 탁자 위에 앉는 것을 금지하고, 실험실 내부나 복도에서 뛰지 않는다.
④ 실험실 내에서 식음료(음료수병을 포함)를 섭취하여서는 안 된다.

29 **화학폐기물 중 솔벤트 등 액체 상태의 모든 유기화합물질로 할로겐족 유기용제와 비할로겐족 유기용제로 분류되는 폐기물의 종류로 옳은 것은?**

① 발화성 물질
② 부식성 물질
③ 폐유기용제
④ 산화성 물질

30 **부식성 폐기물 중 액체상태의 폐산의 기준이 되는 pH로 옳은 것은?**

① 2 이하
② 3 이하
③ 4 이하
④ 5 이하

31 **의료폐기물 중에서 위해 의료폐기물로 옳지 않은 것은?**

① 격리의료폐기물
② 조직물류 폐기물
③ 병리계 폐기물
④ 손상성 폐기물

32 **연구활동종사자의 사망 또는 심각한 신체적 부상이나 질병을 야기할 우려가 있는 결함으로 옳지 않은 것은?**

① 유해화학물질, 유해인자, 독성 가스 등에 유해, 위험물질의 누출 또는 관리부실
② 소방설비의 안전관리 부실
③ 연구개발활동에 사용되는 유해, 위험설비의 부식, 균열 또는 파손
④ 연구실 시설물의 구조안전에 영향을 미치는 지반침하, 균열, 누수 또는 부식

33 사전유해인자위험분석 수행 절차로 옳은 것은?

① 사전준비 → 연구실 안전현황분석 → 연구개발활동별 유해인자위험분석 → 연구개발활동 안전분석
② 사전준비 → 연구개발활동별 유해인자 위험분석 → 연구실 안전현황분석 → 연구개발활동 안전분석
③ 사전준비 → 연구개발활동 안전분석 → 연구개발활동별 유해인자위험분석 → 연구실 안전현황분석
④ 사전준비 → 연구개발활동별 유해인자위험분석 → 연구실 안전현황분석 → 연구개발활동 안전분석

34 사전유해인자위험분석의 보고 및 관리를 이행하는 주체들로 옳지 않은 것은?

① 연구실책임자 – 사전유해인자위험분석 결과를 연구개발활동 시작 전에 연구주체의 장에게 보고
② 연구주체의 장 – 연구실책임자가 작성한 사전유해인자위험분석 보고서를 종합하여 확인 후 이를 체계적으로 관리할 수 있도록 관리 · 보관하고, 사고발생 시 보고서 중 유해인자의 위치가 표시된 배치도 등 필요한 부분에 대해 사고 대응기관에 즉시 제공
③ 연구주체의 장 – 연구실책임자가 작성한 사전유해인자위험분석 보고서를 검토하여 필요할 경우 조치를 취하고 이에 대한 결과를 기록 · 보존
④ 연구실안전환경관리자 – 사전유해인자위험분석 보고서를 연구실 출입문 등 해당 연구실의 연구활동종사자가 쉽게 볼 수 있는 장소에 게시

35 연구실사고의 구분 중 1백만원 이상의 물적 피해가 발생한 사고로 옳은 것은?

① 중대 연구실사고
② 일반 연구실사고
③ 단순 연구실사고
④ 특별 연구실사고

36 **중대 연구실사고 발생 즉시 사고대책본부를 운영하기 위해 사고 대응반과 현장사고조사반을 구성하는 자로 옳은 것은?**

① 연구실책임자
② 연구주체의 장
③ 연구실안전환경관리자
④ 연구실안전관리자

37 **연구주체의 장은 중대 연구실사고 발생 시 그 날부터 몇 개월 이내에 연구실사고조사표를 작성하여 과학기술정보통신부 장관에게 제출해야 하는가?**

① 1개월
② 2개월
③ 3개월
④ 4개월

38 **심폐소생술을 시행할 때 권장하는 분당 가슴압박 횟수로 옳은 것은?**

① 50회
② 70회
③ 80회
④ 100회

39 **피부의 상처에 대한 설명으로 옳지 않은 것은?**

① 타박상 – 외부의 힘이 피부의 넓은 면에 가해질 때 생기는 상처
② 찰과상 – 마찰에 의해 피부의 표면에 입는 상처
③ 자상 – 끝이 예리한 물체에 의해 피부가 찔려서 입는 상처
④ 열상 – 끝이 예리한 물체에 의해 피부가 잘려져 입는 상처

40 **척추 손상 시 처치방법으로 옳지 않은 것은?**

① 머리와 목을 움직이지 못하게 고정한다.
② 환자가 반응이 없는 경우, 기도를 개방하고 호흡 상태를 평가한다.
③ 사고발생 장소에서 즉시 안전한 장소로 이동한다.
④ 119에 연락하여 지시에 따른다.

41 화학물질의 독성 등 사람의 건강이나 환경에 좋지 아니한 영향을 미치는 화학물질 고유의 성질을 뜻하는 말로 옳은 것은?

① 위험성
② 위해성
③ 유해성
④ 위태성

42 사람의 생식세포에 유전성 돌연변이를 일으키는 것으로 알려진 화학물질로 옳은 것은?

① 변이원성 물질
② 발암성 물질
③ 생식독성 물질
④ 만성독성 물질

43 다음 중 화학물질을 화학적, 물리적 특성에 의해 분류한 것으로 옳지 않은 것은?

① 제1류 위험물 – 산화성 고체
② 제2류 위험물 – 가연성 고체
③ 제3류 위험물 – 자연발화성 물질 및 금수성 물질
④ 제4류 위험물 – 자기반응성 물질

44 화학물질의 보관 시 주의사항으로 옳지 않은 것은?

① 가스가 발생하는 약품은 파손에 대비하여 정기적으로 가스의 압력을 제거
② 화학물질 보관 용기의 뚜껑을 임의로 바꾸는 행위 금지
③ 화학물질은 넘어지지 않도록 바닥에 보관
④ 약품 보관 용기의 뚜껑의 손상여부를 정기적으로 체크하여, 화학물질의 누출을 방지

45 **산화제와 반응성 물질의 특성과 보관방법으로 옳지 않은 것은?**

① 반응속도가 빠를 경우 심한 열과 함께 수소가 발생하고 폭발을 초래한다.

② 충분한 냉각 시스템을 갖춘 장소에서 사용 및 보관한다.

③ 가연성 액체, 유기물, 탈수제, 환원제와는 따로 보관한다.

④ 화학적인 작용으로 금속을 부식시키는 물질이다.

46 **다음 중 화학물질별 권장 저장방법으로 옳지 않은 것은?**

① 인화성 액체 – 전용 안전캐비닛에 보관

② 유기산과 염기 – 산 전용 안전캐비닛에 별도로 보관

③ 무기산과 염기 – 산 전용 안전캐비닛에 별도로 보관

④ 금수성 물질 – 불연성 캐비닛에 별도로 보관

47 **다음 중 시약의 취급 및 보관방법으로 옳지 않은 것은?**

① 시약용기에는 독 · 극성 물질, 인화성 물질, 반응성 및 부식성 물질 등 식별이 용이하도록 표지를 부착한다.

② 1L 이상의 유리병에 들어있는 시약을 운반할 때는 고무나 면으로 된 장갑을 낀 상태에서 직접 들고 운반해야 병이 떨어지는 것을 방지할 수 있다.

③ 가벼운 시약은 두 손을 사용하여 운반하고, 무거운 경우에는 바퀴가 달린 카트 등의 운반기구를 이용한다.

④ 다른 용기에 덜어서 임시로 사용하는 경우에도 시약의 명칭, 제조일자, 위해 정도 등을 표시한다.

48 **다음 중 화학물질이 갖는 위험성을 취급자에게 미리 알려주기 위해 작성된 자료로 옳은 것은?**

① LC50

② MSDS

③ 폭발한계

④ GHS

49 LC50(Lethal Concentration 50)의 의미로 옳은 것은?

① 흡입독성으로 쥐나 토끼와 같은 동물에게 독성 물질을 흡입하여 반수가 죽는 독성치를 말한다.
② 경구독성으로 쥐나 토끼와 같은 동물에게 독성 물질을 흡입하여 반수가 죽는 독성치를 말한다.
③ 흡입독성으로 거의 모든 노동자가 1일 8시간 또는 주 40시간의 평상 작업에 있어서 악영향을 받지 않는다고 생각되는 농도를 말한다.
④ 경구독성으로 거의 모든 노동자가 1일 8시간 또는 주 40시간의 평상 작업에 있어서 악영향을 받지 않는다고 생각되는 농도를 말한다.

50 고압가스의 의미로 옳은 것은?

① 상온에서 압축시켜도 액화되지 않고, 기체 상태로 압축되는 가스
② 상용의 온도에서 압력이 1MPa(10bar) 이상이 되는 압축가스
③ 프로판, 부탄, 탄산가스 등과 같이 임계온도가 상온보다 높아 상온에서 압축시키면 비교적 쉽게 액화되는 가스
④ 공기 중에 일정량 이상 존재하는 경우 인체에 유해한 독성을 가진 가스

51 특정 고압가스의 사용신고 대상으로 옳지 않은 것은?

① 액화가스 – 저장능력 200kg 이상
② 압축가스 – 저장능력 50㎥ 이상
③ 배관으로 공급받는 경우(천연가스 제외)
④ 자동차 연료용으로 특정고압가스를 사용하는 경우

52 다음 중 고압가스 용기의 색상으로 옳지 않은 것은?

① 산소 – 녹색
② 수소 – 주황색
③ 아세틸렌 – 황색
④ 이산화탄소 – 회색

53 **가연성 가스의 폭발 범위로 옳은 것은?**

① 폭발한계 하한 10% 이하, 폭발한계 상한과 하한의 차가 20% 이상
② 폭발한계 하한 10% 이하, 폭발한계 상한과 하한의 차가 30% 이상
③ 폭발한계 하한 20% 이하, 폭발한계 상한과 하한의 차가 30% 이상
④ 폭발한계 하한 20% 이하, 폭발한계 상한과 하한의 차가 40% 이상

54 **산화성 가스에 대한 설명으로 옳은 것은?**

① 산화성 가스에는 암모니아, 염소, 모노실란 등 31종이 있다.
② 공기 중 농도가 13.5%를 초과하면 과잉환경이라고 한다.
③ 농도가 높아지면 급격하게 연소성과 반응성이 증가한다.
④ 가연성 가스와는 다르게 폭발성은 약하므로 점화원 관리는 따로 하지 않아도 된다.

55 **독성 가스의 분류 기준으로 옳은 것은?**

① 제1종 독성 가스 - 허용농도 1ppm 이하인 것
② 제2종 독성 가스 - 허용농도 1ppm 초과 20ppm 이하인 것
③ 제3종 독성 가스 - 허용농도 20ppm 초과 40ppm 이하인 것
④ 제4종 독성 가스 - 허용농도 40ppm 초과 60ppm 이하인 것

56 **화학폐기물의 처리 시 폐액수거 용기의 최대 용량으로 옳은 것은?**

① 10리터
② 20리터
③ 30리터
④ 40리터

57 **가스밸브의 취급기준으로 옳지 않은 것은?**

① 밸브에는 개폐 방향을 표시한다.

② 밸브 등이 설치된 배관에는 가스명, 흐름 방향, 사용압력을 표시한다.

③ 안전상 중대한 영향을 미치는 안전밸브, 자동차단밸브, 제어용 공기밸브 등과 같은 밸브는 개폐 상태를 명시하는 표지판을 부착한다.

④ 밸브는 절대 직접 손으로 조작해서는 안 된다.

58 **화학물질의 폭발방지요령으로 옳지 않은 것은?**

① 가연성 가스가 폭발범위 내로 축적되지 않도록 환기를 실시한다.

② 이산화탄소로 연구실 내의 공기를 치환시킨다.

③ 용접 또는 용단 작업의 불꽃, 기계 및 전기적인 점화원을 제거 또는 억제한다.

④ 불활성 가스를 봉입하여 산소의 혼입을 차단한다.

59 **실험실 내부에 설치해야 할 표지로 옳지 않은 것은?**

① 실험실안전수칙

② 물질안전보건자료(MSDS)

③ 안전보건표지

④ 안전대피도

60 **가스누출 경보장치의 설치조건 및 작동범위로 옳지 않은 것은?**

① 가연성 가스는 폭발하한계 1/4 이하에서 경보를 울려야 한다.

② 독성 가스는 TLV-TWA 기준 농도 이하에서 경보를 울려야 한다.

③ 검지에서 발신까지 걸리는 시간은 경보농도의 1.6배 농도에서 30초 이내로 한다.

④ 출입구 부근 등 외부 기류가 통하는 장소에 설치한다.

61 연구실에서의 기계안전 기본수칙으로 옳지 않은 것은?

① 위험성이 높은 기계실험은 안전을 위해 혼자 한다.
② 기계를 작동시킨 채 자리를 비우지 않는다.
③ 안전한 사용법 및 안전관리 매뉴얼을 숙지한 후 사용해야 한다.
④ 보호구를 올바로 착용한다.

62 기계의 회전하는 운동부분 자체, 운동하는 기계부분의 돌출부에 존재하는 위험점으로, 밀링커터 · 띠톱이나 둥근톱 톱날 · 벨트의 이음새부분에 생기는 위험점을 나타내는 말로 옳은 것은?

① 회전말림점 ② 접선물림점
③ 절단점 ④ 끼임점

63 방호방법의 종류는 크게 위험장소에 대한 방호와 위험원에 대한 방호가 있는데 위험장소에 대한 방호로 옳지 않은 것은?

① 격리형 방호
② 위치제한형 방호
③ 접근거부형 방호
④ 포집형 방호

64 기계설비의 안전조건 중 재질결함, 설계결함, 가공결함에 유의해야 하며 설계 시에는 응력설정을 정확히 하고 안전율을 고려해야 하는 안전화의 종류로 옳은 것은?

① 기능상의 안전화
② 외형의 안전화
③ 구조상의 안전화
④ 작업의 안전화

65 수공구 사용 시 쇠톱의 이용수칙에 대한 설명으로 옳지 않은 것은?

① 공작물의 종류에 따라 정확한 날을 선택한다.
② 톱니가 뒷쪽으로 된 날을 사용한다.
③ 톱질을 할 때는 날 전체 길이를 사용한다.
④ 힘 있고 꾸준한 반복동작으로 똑바로 톱질을 한다.

66 3D프린터 작업 시 위험요인에 관한 설명으로 옳지 않은 것은?

① 용접 시 발생하는 오존 등 가스, 흄을 장기간 흡입 시 직업성 질환 발생의 위험
② 가공 중 유해화학물질의 흡입에 의한 건강 장해 위험
③ 접지 불량에 의한 감전, 화재 위험
④ 안전문의 불량에 의한 손 끼임 위험

67 프레스기의 보호장치로 옳지 않은 것은?

① 광전자식 방호장치
② 양수조작식 방호장치
③ 게이트 가드식 방호장치
④ 격리식 방호장치

68 교류아크용접기의 이용수칙에 대한 설명으로 옳지 않은 것은?

① 건조한 장소에서의 용접 작업 시에는 자동전격방지기를 부착한다.
② 작업장 주변 인화성 물질을 제거한 후 작업하고 소화기를 비치한다.
③ 용접 작업 시 개인보호구를 착용하고 작업을 실시한다.
④ 용접 작업을 중지하고 작업 장소를 떠날 경우 용접기의 전원 개폐기를 차단한다.

69 내부 압력 상승에 의한 폭발 위험, 전기 배선의 비접지로 인한 감전 위험, 점검 시 벨트에 신체의 말림 위험성 등이 있는 설비로 옳은 것은?

① 고압멸균기
② 펌 프
③ 가열건조기
④ 공기압축기

70 보유하고 있는 주요 위험 기계의 목록을 작성 · 유지 · 점검하고 방호장치 작동 여부를 확인하는 등의 의무가 있는 자로 옳은 것은?

① 연구실안전환경관리자
② 연구실책임자
③ 연구활동종사자
④ 연구실안전관리담당자

71 레이저 등급 중 난반사되거나 산란된 레이저광선에 의한 노출에는 안전하지만 인체에 직접적으로 레이저광선에 노출되는 경우에는 아주 작은 피부손상을 유발하며 인화성 물질을 발화시킬 수 있는 등급으로 옳은 것은?

① 1등급
② 1M등급
③ 3R등급
④ 3B등급

72 다음에서 설명하는 것으로 옳은 것은?

• 고출력 레이저가 외부로 노출되는 것을 막기 위한 광차폐 시스템 • 500W 이상의 출력을 갖는 고출력 레이저는 필수적으로 설치 되어야 함

① 방사선발생장치
② 방전가공기
③ 인클로저
④ 머시닝센터

73 다른 형태의 에너지를 인위적으로 방사선 에너지로 변환하여, 방사선이 방출되도록 만든 장치로 옳은 것은?

① 방사선발생장치
② 입자가속기
③ 선형가속기
④ 전자총

74 연구실의 방사선원의 사용에 대한 설명 중 옳지 않은 것은?

① 연구실에서 사용하는 방사선원으로는 크게 방사성동위원소와 방사선발생장치로 구분된다.
② 방사성동위원소 등을 생산 · 판매 · 사용 및 이동사용하려면 원자력안전법에 따라 원자력안전위원회에 신고하거나, 원자력안전위원회의 허가를 받아야 한다.
③ 방사성동위원소 등의 사용에 관련해 허가사용자는 사용개시 전에 방사선안전관리자의 선임신고를 하고 사용개시 전에 시설검사를 받아야 한다.
④ 사용개시 신고가 완료된 이후, 허가사용자는 허가 종류에 따라 매년 보고를 해야 된다.

75 방사선작업종사자 및 수시출입자가 건강진단을 받아야 하는 주기로 옳은 것은?

① 해당 업무에 종사 중인 경우 매월
② 해당 업무에 종사 중인 경우 분기별
③ 해당 업무에 종사 중인 경우 매년
④ 해당 업무에 종사 중인 경우 2년마다

76 방사선관리구역 근무자의 개인선량계의 올바른 착용법으로 옳지 않은 것은?

① 개인선량계는 방사선 피폭 작업 수행 시 반드시 지정된 방식으로 착용한다.
② 공식선량계는 사용자의 이름이나 선량계의 창이 있는 앞면이 측면을 향하도록 착용한다.
③ 작업의 성격에 따라 허리에 착용할 수도 있으며, 임신을 한 임산부가 작업 중 방사선 노출의 위험이 있는 경우에는 하복부 근처에 착용한다.
④ 납치마를 착용할 경우에는 납치마 아래 가슴 또는 하복부 전면에 선량계를 착용한다.

77 **방사선 사고 시 응급조치의 원칙으로 옳지 않은 것은?**

① 안전유지의 원칙 – 인명 및 신체의 안전을 최선으로 하고, 물질의 손상에 대한 배려를 차선으로 함
② 통보의 원칙 – 사고 발생 시 인근에 있는 사람, 사고현장책임자(시설관리자) 및 방사선장해방지에 종사하는 관계자(방사선관리담당자, 방사선안전관리자)에게 신속히 알림
③ 확대방지의 원칙 – 응급조치를 하는 자가 과도한 방사선피폭이나 방사선물질의 흡입을 초래하지 않는 범위 내에서 오염의 확산을 최소한으로 저지하고, 화재발생 시 초기 소화와 확대방지에 노력
④ 과대평가 방지의 원칙 – 사고의 위험성을 과대평가하여 불안감을 조장하는 일이 없도록 함

78 **유해한 전자파에 대한 설명으로 옳지 않은 것은?**

① 감마선은 돌연변이를 일으키기도 하고, 암을 발생시킬 수도 있는 위험한 전자기파이다.
② 많은 양의 자외선을 받을 경우 피부암 발생의 원인이 되거나 기미가 끼는 등 피부에 나쁜 영향을 미친다.
③ 가시광선은 약할지라도 눈에 악영향을 끼치기 때문에 선글라스가 필요하다.
④ 강한 전류가 흐르는 곳에서는 강한 전자파가 생긴다.

79 **원자와 상호작용을 일으킬 때 원자의 궤도에 강하게 결합하고 있는 전자를 떼어내어 원자를 이온화시킬 수 있는 충분한 에너지를 가지고 있는 엑스선, 감마선 등의 전자파를 나타내는 말로 옳은 것은?**

① 자외선
② 전리전자파
③ 마이크로파
④ 극초단파

80 **전자파에 의한 WHO IARC 암 발생등급분류 중 사람에게 암을 일으키는 등급으로 옳은 것은?**

① 1등급
② 2등급
③ 3등급
④ 4등급

81 다음 중 고위험병원체 중 단백질로만 이루어져 있으며 광우병(Mad Cow Disease)이라 부르는 소해면상뇌증(Bovine Spongiform Encephalopathy ; BSE)과 사람에 발생하는 크로이츠펠트-야코프병(CJD) 등을 일으키는 병원체로 옳은 것은?

① 세 균 ② 진 균
③ 바이러스 ④ 프리온

82 다음 빈칸 안에 들어갈 말로 옳은 것은?

> • (㉠) – 유전자재조합실험에서 유전자재조합분자 또는 유전물질(합성된 핵산 포함)이 도입되는 세포
> • (㉡) – 유전자재조합실험에서 유전자재조합분자 또는 유전물질(합성된 핵산 포함)을 운반하는 수단(핵산 등)

① ㉠ 숙주-벡터계, ㉡ 벡터 ② ㉠ 숙주, ㉡ 숙주-벡터계
③ ㉠ 벡터, ㉡ 숙주 ④ ㉠ 숙주, ㉡ 벡터

83 다음에서 설명하는 내용으로 옳은 것은?

> • 생물체 및 감염성 물질 등을 취급 보존하는 연구 환경에서 이들을 안전하게 관리하는 방법을 확립하는 데 있어 가장 기본적인 개념
> • 연구활동종사자, 기타 관계자 그리고 연구실과 외부 환경 등이 잠재적 위해인자 등에 노출되는 것을 줄이거나 차단하기 위함

① 물리적 밀폐 확보 ② 생물학적 밀폐 확보
③ 화학적 밀폐 확보 ④ 안전운영 확보

84 물질의 매체 중 농도 또는 생물학적인 감시(Biological Monitoring) 자료들을 토대로 위해성을 추정하는 정량적 평가방법으로 옳은 것은?

① 위해성 확인 ② 노출평가
③ 용량-반응평가 ④ 위해도 결정

85 **다음 중 위해도의 계산방법으로 옳지 않은 것은?**

① 평생개인위해도(Individual Lifetime Risk)
② 인구집단위해도(Population Risk)
③ 절대위해도(Absolute Risk)
④ 표준화 사망비(Standardized Mortality or Morbidity Ratio)

86 **연구시설의 생물안전등급(Biosafety Level) 중 사람에게 발병하였을 경우 증세가 치명적이며 치료가 어려운 병원체를 이용하는 실험을 실시하는 시설로 옳은 것은?**

① 생물안전 1등급 실험실(Basic-Biosafety Level 1)
② 생물안전 2등급 실험실(Basic-Biosafety Level 2)
③ 생물안전 3등급 밀폐 실험실(Containment-Biosafety Level 3)
④ 생물안전 4등급 최고 밀폐 실험실(Maximum Containment-Biosafety Level 4)

87 **유전자변형 생물체(LMO) 이용 연구실 안전관리사항으로 옳지 않은 것은?**

① LMO를 개발하거나 이를 이용하는 실험을 실시하는 연구시설은 생물안전등급에 따라서 관계 중앙행정기관장에게 신고 또는 허가를 받아야 한다.
② 신고 또는 허가 받은 자는 인체 또는 환경에 대한 위해 정도나 예방조치 및 치료 등에 따라서 안전관리 등급을 구분하여 연구시설 설치 · 운영 기준을 이행해야 한다.
③ LMO를 취급하는 시설이란 단순히 중합효소 연쇄반응으로 유전자를 확인하는 실험을 하는 시설도 해당이 되며, 유전자를 다른 생물체에 도입하는 것이면 모두 해당한다.
④ 연구시설의 생물안전관리를 위하여 LMO 보관 장소에 '생물위해' 표시 등을 부착해야 하며, 연구자는 연구시설 설치 · 운영 관련 기록 및 LMO 보관 대장, 실험 감염사고에 대한 기록을 작성하고 보관한다.

88 **대기환경보전법, 물환경보전법 또는 소음 · 진동관리법에 따라 배출시설을 설치 · 운영하는 사업장에서 발생하는 폐기물로 옳은 것은?**

① 사업장폐기물
② 지정폐기물
③ 의료폐기물
④ 생활폐기물

89 **다음 중 지정폐기물의 종류로 옳지 않은 것은?**

① 특정시설에서 발생되는 폐기물
② 건설폐기물
③ 유해물질함유 폐기물(환경부령이 정하는 물질을 함유한 것에 한함)
④ 부식성 폐기물

90 **다음 중 의료폐기물의 종류로 옳지 않은 것은?**

① 격리 의료폐기물
② 위해 의료폐기물
③ 일반 의료폐기물
④ 적출 의료폐기물

91 **다음 중 생물이용 연구실의 주요폐기물의 종류로 옳지 않은 것은?**

① 부식성 폐기물 – 방사선 폐기물
② 폐유기용제 – 할로겐족 또는 이를 포함한 물질, 기타 폐유기용제
③ 의료폐기물 – 의료기관이나 시험 · 검사기관 등에서 발생되는 폐기물
④ LMO폐기물 – LMO를 이용한 실험에서 발생되는 폐기물

92 **다음 중 의료폐기물 보관용기로 옳지 않은 것은?**

① 골판지류 보관용기
② 합성수지류 보관용기
③ 비닐봉투형 용기
④ 종이봉투형 용기

93 **위해 의료폐기물 중 손상성 폐기물의 보관기간으로 옳은 것은?**

① 10일
② 20일
③ 30일
④ 40일

94 **생물안전 4등급 연구시설에서 배출되는 폐기물의 처리기준으로 옳은 것은?**

① 폐기물 및 실험폐수는 고압증기멸균 또는 화학약품처리 등 생물학적 활성을 제거할 수 있는 설비에서 처리한다.
② 연구시설에서 배출되는 공기는 헤파필터를 통해 배기할 것을 권장한다.
③ 연구시설에서 배출되는 공기는 헤파필터를 통해 배기하고, 별도 폐수탱크를 설치한다.
④ 실험폐수는 고압증기멸균을 이용하여 화학적 활성을 제거할 수 있는 설비를 통해 처리한다.

95 **생물학적 유출사고 처리함에 대한 설명으로 옳지 않은 것은?**

① 병원성 미생물 및 감염성 물질에 관련된 연구를 수행하는 각각의 연구실에는 유출사고를 대비하여 생물학적 유출물 처리함(Biological Spill Kit) 등을 비치해야 한다.
② 생물학적 유출물사고 처리함은 유출사고에 빠르게 대처할 수 있도록 필요한 물품들로 구성한다.
③ 기본 물품으로 소독제, 멸균용 봉투, 종이 타월, 개인보호구만 구비하면 된다.
④ 상용화된 키트를 구매할 수 있으며, 구성품을 개별적으로 모아 목적에 맞는 유출사고 처리함을 구비한다.

96 **생물안전작업대 내에서 감염성 물질 등이 유출된 경우의 조치방법으로 옳지 않은 것은?**

① 생물안전작업대의 팬을 가동시킨 후 유출 지역에 있는 사람들에게 사고 사실을 알리고 연구실 책임자 및 생물안전관리자에게 보고한다.
② 장갑, 호흡보호구 등 개인보호구를 착용하고 30% 에탄올 등의 효과적인 소독제를 작업대 벽면, 작업 표면 및 이용한 장비들에 뿌리고 적정 시간 동안 방치한다.
③ 종이타월을 사용하여 소독제와 유출 물질을 치우고 모든 실험대 표면을 닦아낸다.
④ 생물안전작업대에서 모든 물품들을 제거하기 전에 벽면에 묻어 있는 모든 오염 물질을 살균처리하고 UV램프를 작동시킨다.

97 다음 중 생물안전작업대의 종류로 옳지 않은 것은?

① Class Ⅰ
② Class Ⅱ
③ Class Ⅲ
④ Class Ⅳ

98 생물안전작업대 사용 시 주의사항으로 옳지 않은 것은?

① 생물안전작업대의 전면도어를 열 때 셔터레벨 이상으로 도어가 열려야 내부의 오염된 공기가 외부로 유출되지 않는다.
② 공기가 유입되는 그릴 부분을 막으면 외부 공기가 뒤쪽 그릴로 빨려들어가 내부가 오염되고, 실험 물질도 오염된다.
③ 알코올 램프를 사용하면 상승기류가 생겨 실험 물질의 오염을 가져올 수 있으며, 헤파필터의 수명을 단축시키는 결과를 초래한다.
④ 두 명의 연구원이 하나의 작업대를 사용할 경우 정상 기류를 방해하기 때문에 이로 인해 감염 물질 등이 외부로 유출될 수 있으며, 실험 물질이 오염될 수 있다.

99 생물학적 지표인자(Biological Indicator)에 대한 설명으로 옳지 않은 것은?

① 고압증기멸균기의 미생물을 사멸시키는 기능이 적절한지를 가늠하기 위해서 고안된 것으로 고압증기멸균기의 효능을 측정하기 위해 사용할 수 있다.
② 대부분의 생물학적 지표인자는 살아있는 포자 스트립(Spore Strip)이나 포자가 들어 있는 배지와 지표 염색약이 들어 있는 작은 유리앰플로 되어 있다.
③ 일반적으로 생물학적 지표인자는 저압증기멸균을 한 뒤에 멸균 물품으로부터 수거하여 56℃의 배양기에 넣고 1일간 배양하거나 제조회사의 설명서에 따라 배양한다.
④ 멸균하지 않은 살아있는 대조군을 배양 후에 혼탁도 또는 지시약의 색깔 변화를 비교 · 측정한다.

100 균질화기, 진탕기 및 초음파 파쇄기 사용 시 주의사항으로 옳지 않은 것은?

① 실험실에서는 가정용으로 판매되는 균질화 장비를 사용하지 않는다.
② 플라스틱 등으로 제작된 용기보다는 유리로 제조된 용기를 사용하는 것이 좋다.
③ 균질화기, 진탕기 및 초음파 분쇄기 등의 장비 가동 시 용기 안에는 압력이 발생하며, 이에 따라 발생하는 내부의 에어로졸은 뚜껑과 용기 사이를 통해 외부로 누출될 수 있음에 주의한다.
④ 실험 전 장비의 결함 여부나 사용되는 뚜껑, 용기 등에 찌그러진 곳이 있는지 항상 점검하고 개스킷의 장착여부도 반드시 확인한다.

101 다음 물질 중 인화점이 가장 낮은 것으로 옳은 것은?

① 에틸알콜
② 아세톤
③ 이황화탄소
④ 아세트알데하이드

102 다음 중 연소 범위가 가장 큰 물질로 옳은 것은?

① 아세틸렌
② 수 소
③ 메틸알콜
④ 에틸알콜

103 분자 내 연소를 하는 자기반응성 물질로서 외부로부터 산소 공급 없이도 연소, 폭발할 수 있는 물질로 옳은 것은?

① 유기과산화물
② 과염소산
③ 질 산
④ 요오드산

104 다음 중 화재의 종류로 옳지 않은 것은?

① A급 화재 – 일반화재
② B급 화재 – 유류화재
③ C급 화재 – 주방화재
④ D급 화재 – 금속화재

105 소화 방법으로는 가연물의 제거 및 분리, 질식 소화의 방법이 있으며, 금수성 물질이므로 소화수 등 수계소화약제에 의한 진화는 불가한 화재의 종류로 옳은 것은?

① A급 화재(일반화재)
② B급 화재(유류화재)
③ K급 화재(주방화재)
④ D급 화재(금속화재)

106 다음 중 연소 시 발생하는 연기색깔로 옳지 않은 것은?

① 백색 – 건조한 플라스틱과 같은 가연재가 탈 때
② 흑색 – 고무, 석탄, 석유류 등 불완전 연소 시
③ 회색 – 건초, 짚 등이 탈 때
④ 황색 – TNT, 다이나마이트 등이 탈 때

107 다음 중 소화의 원리가 나머지와 다른 하나로 옳은 것은?

① 질식소화
② 냉각소화
③ 제거소화
④ 억제소화

108 물의 소화력을 높이기 위해 화재에 억제효과가 있는 염류를 첨가하여 만든 소화약제로 물이 갖는 소화효과와 첨가제가 갖는 부촉매효과를 합한 효과가 있으며, 목재나 고체가연물 화재에 효과적인 것으로 옳은 것은?

① 강화액 소화약제
② 물 소화약제
③ 포 소화약제
④ 이산화탄소 소화약제

109 다음 소방설비 중 경보설비로 옳지 않은 것은?

① 비상방송설비
② 시각경보기
③ 무선통신보조설비
④ 자동화재탐지설비

110 수계소화설비의 가압송수장치 중에서 압력챔버 없이 소화전함에서 기동스위치를 가동시키면 펌프가 동작하여 소화용수를 공급하는 방식으로 옳은 것은?

① On/Off방식
② 자동기동방식
③ 고가수조방식
④ 압력수조방식

111 옥내소화전 노즐에서의 방수량으로 옳은 것은?

① 100ℓ/min
② 110ℓ/min
③ 120ℓ/min
④ 130ℓ/min

112 화재대피요령으로 옳지 않은 것은?

① 침착하게 공포감을 극복하고 주변상황 파악
② 방화문을 신속히 열고 밖으로 대피
③ 대피 시 방화문 통과 후에는 문을 다시 닫음
④ 이동 시 자세를 낮추고 젖은 수건으로 코와 입을 보호

113 접지공사의 종류 중 고압 및 특고압전로와 저압전로를 결합하는 변압기의 중성점 또는 단자 등을 접지하는 방식으로 옳은 것은?

① 1종 접지
② 2종 접지
③ 3종 접지
④ 특별3종 접지

114 수지상 발광과 펄스상의 파괴음을 수반하는 방전으로 가연성 가스, 증기 또는 민감한 분진에서 화재, 폭발을 일으킬 수 있는 방전의 종류로 옳은 것은?

① 코로나 방전
② 브러시 방전
③ 불꽃 방전
④ 연면 방전

115 다음 중 감전위험요소의 1차적인 원인으로 옳지 않은 것은?

① 통전전류의 크기
② 통전경로
③ 전압의 크기
④ 통전시간

116 다음 중 통전경로의 위험도가 가장 높은 것은?

① 왼손 → 가슴
② 오른손 → 가슴
③ 왼손 → 한발 또는 양발
④ 양손 → 양발

117 **다음 중 감전화상에 대한 설명으로 옳지 않은 것은?**

① 1도 화상 – 피부가 쓰리고 빨갛게 된 상태
② 2도 화상 – 피부에 물질이 생기는 상태
③ 3도 화상 – 피부가 벗겨지는 상태
④ 4도 화상 – 피부전층까지 손상된 상태

118 **방폭지역 중 통상 상태하에서의 간헐적 위험분위기를 형성하는 장소로 옳은 것은?**

① 0종 장소
② 1종 장소
③ 2종 장소
④ 3종 장소

119 **방폭구조의 선정 시 고려사항으로 옳지 않은 것은?**

① 위험장소의 종류에 따라 설치한다.
② 폭발성 가스의 폭발등급을 고려한다.
③ 발화온도를 고려한다.
④ 연소범위를 고려한다.

120 **다음 중 감전방지대책으로 옳지 않은 것은?**

① 전기기기 및 배선 등의 모든 충전부는 노출시키지 않는다.
② 전기기기를 사용할 때에는 이중 절연기기를 제외하고는 접지를 확인한다.
③ 이동식 코드릴을 사용할 경우에는 타이머가 부착된 코드릴을 사용한다.
④ 전기기기의 스위치 조작은 아무나 함부로 하지 않도록 한다.

121 다음 중 부식성 물질에 대한 설명으로 옳은 것은?

① 다른 화학물질과의 접촉 등으로 인해 폭발이나 격렬한 반응을 일으킬 수 있다.
② 반응성이 높아 가열, 충격, 마찰 등에 의해 분해하여 산소를 방출하고 연소 및 폭발할 수 있다.
③ 인체 유해성은 적으나, 물고기와 식물에게 유해성이 있다.
④ 피부에 닿으면 피부와 눈 손상을 유발할 수 있다.

122 다음 두 물질을 혼합했을 때 급격한 산화 반응이 발생하는 것으로 옳은 것은?

① 동과 아세틸렌
② 염소와 암모니아
③ 과망간산칼륨과 빙초산
④ 아세틸렌과 수은

123 다음 중 화학물질의 노출기준 적용에 영향을 미치는 요소로 옳지 않은 것은?

① 근로시간
② 작업습도
③ 온열조건
④ 작업강도

124 발암성 물질, 생식세포 변이원성 물질, 생식독성 물질 등 근로자에게 중대한 건강장해를 일으킬 우려가 있는 물질로 옳은 것은?

① 금지물질
② 관리대상물질
③ 특별관리물질
④ 허가물질

125 **다음 보기에서 설명하는 것으로 옳은 것은?**

> • 고농도 노출 시 중추신경계 억제 작용으로 두통, 어지러움, 조정 및 판단력 상실, 졸음 등 발현
> • 반복 노출 시 중독성 간염 또는 신장염을 일으킴

① 디클로로벤젠
② 메틸알콜
③ 디클로로메탄
④ 디에틸 에테르

126 **벤젠을 취급하는 근로자가 받아야 하는 특수건강검진의 주기는 몇 개월인가?**

① 3개월
② 6개월
③ 12개월
④ 24개월

127 **감염성 물질 유출 사고발생 시 행동요령으로 옳지 않은 것은?**

① 연구실 내에서 감염성 물질이 유출된 경우 사고 발생 직후 에어로졸 발생 및 유출 부위가 확산되는 것을 방지한다.
② 사고 사실을 인근 연구자에게 알리고, 재빨리 사고 장소로부터 벗어난다.
③ 오염된 장갑이나 실험복 등은 적절하게 폐기하고, 손 등의 노출된 신체 부위는 소독한다.
④ 사고현장을 처리하는 자는 에어로졸이 발생하여 확산될 수 있으므로 최대한 신속하게 현장을 정리한다.

128 **감염성 물질이 안면부에 접촉되었을 때 행동요령으로 옳지 않은 것은?**

① 눈에 물질이 튀거나 들어간 경우, 더 이상의 피해를 막기 위해 즉시 병원으로 이동한다.
② 눈을 비비거나 압박하지 않도록 주의한다.
③ 필요한 경우 비상샤워기 또는 샤워실을 이용하여 전신을 세척한다.
④ 발생 사고에 대해 연구실책임자에게 즉시 보고하고 필요한 조치를 받는다.

129 **동물 및 곤충에 의한 교상(물림) 사고발생 시 행동요령으로 옳지 않은 것은?**

① 일반적인 외상과 동일하게 상처를 세척하고 소독한다.

② 감염의 가능성이 상대적으로 높고 심부 조직 손상에 대한 평가가 필요하므로 병원에 방문하도록 한다.

③ 동물 교상의 세균은 서서히 자라는 경우가 많으므로 상처를 3~4일 정도 관찰해야 한다.

④ 감염 위험성이 높은 상처에 대한 예방적 항생제 투여를 고려하여야 한다.

130 **화상사고 발생 시 행동요령으로 옳지 않은 것은?**

① 수압으로 수포가 파열되지 않도록 수건 등을 댄다.

② 광범위한 화상의 경우 일단 의복을 모두 벗긴 다음 응급조치를 시행한다.

③ 화상 부위를 깨끗한 천으로 가볍게 덮는다.

④ 화상 부위를 찬물(수돗물)에 담근다.

131 **빈혈에 대한 설명으로 옳은 것은?**

① 혈액 중 헤모글로빈 농도를 감소시키는 물질이 빈혈을 유발한다.

② 빈혈을 유발하는 물질로는 카바마제핀, 페니토인, 사이클로스포린 등이 있다.

③ 빈혈질환자는 현행 근로기준법에 따라 고열, 한랭, 방사선 작업 등 위험한 업무와 야간 작업을 금지하고 있다.

④ 빈혈이 있는 경우 피부 질환이나 호흡기 질환이 좀 더 심하게 나타날 수 있어 주의가 필요하다.

132 **임산부가 연구실에서 취급하는 물질 중 태아독성이 없는 물질로 옳은 것은?**

① 지르코늄

② 가솔린

③ 방사선

④ 에틸렌글리콜

133 다음 중 레빈의 인간행동의 법칙 공식으로 옳은 것은?

① B = f(P×E)
② B = f(A×B)
③ B = f(E×F)
④ B = f(B×G)

134 개인보호구 착의 순서로 옳은 것은?

① 긴 소매 실험복 → 마스크, 호흡보호구(필요시) → 고글 · 보안면 → 실험장갑
② 고글 · 보안면 → 마스크, 호흡보호구(필요시) → 긴 소매 실험복 → 실험장갑
③ 실험장갑 → 마스크, 호흡보호구(필요시) → 고글 · 보안면 → 긴 소매 실험복
④ 마스크, 호흡보호구(필요시) → 긴 소매 실험복 → 고글 · 보안면 → 실험장갑

135 독성 가스 및 발암물질, 생식 독성 물질 취급 시 보호구로 옳지 않은 것은?

① 보안경 또는 고글
② 내화학성 앞치마
③ 방진 및 방독 겸용 마스크
④ 내화학성 장갑

136 연구실 세안장치에 대한 설명으로 옳지 않은 것은?

① 세안장치는 실험실의 모든 장소에서 10초 이내에 도달할 수 있는 위치에 확실히 알아볼 수 있는 표시와 함께 설치한다.
② 실험실 작업자들이 눈을 감은 상태에서도 가장 가까운 세안장치에 접근할 수 있도록 한다.
③ 장시간 미사용 시 배관 등의 이물질이 있을 수 있으므로 Push 부위를 돌리거나 누르고 난 후 3초간 물을 흘려보내고 사용한다.
④ 세안장치의 세척용수량은 최소 0.5ℓ/min 이상으로 하고, 5분 동안 지속되어야 하며, 두 개의 물줄기가 서로 다른 높이까지 도달하여 다양한 상황에 대비할 수 있도록 한다.

137 연구실 비상샤워장치에 대한 설명으로 옳지 않은 것은?

① 샤워꼭지는 긴급샤워기가 설치되는 바닥에서 210cm 이상 240cm 이하의 높이를 유지할 수 있도록 세척용수 공급관을 겸한 기둥을 설치한다.
② 세척용수의 분사 범위는 바닥으로부터 150cm의 높이에서 지름이 50cm 이상이어야 한다.
③ 샤워꼭지의 분사량은 최소 분당 8ℓ 이상이어야 하며 분사압력은 이물질이 씻겨나갈 수 있도록 충분히 높아야 한다.
④ 샤워기의 중심에서 반지름 45cm 이내에는 어떠한 방해물이 있어서는 안 되나, 세안설비나 세면설비를 함께 설치하는 경우에 세안설비나 세면설비는 방해물로 보지 않는다.

138 흄 후드의 구성품 중 후드 전면에 걸쳐 공기의 흐름이 균일하게 분포되도록 도움을 주는 구성품으로 옳은 것은?

① 배기 플레넘(Exhaust Plenum)
② 방해판(Baffles)
③ 작업대(Work Surface)
④ 내리닫이창(Sash)

139 흄 후드의 종류에 대한 설명으로 옳지 않은 것은?

① 포위식 후드는 유해물질의 발생원을 전부 또는 부분적으로 포위하는 후드이다
② 외부식 후드는 유해물질의 발생원을 포위하지 않고 발생원 가까운 위치에 설치하는 후드이다.
③ 리시버식 후드는 유해물질이 발생원에서 상승기류, 관성기류 등 일정방향의 흐름을 가지고 발생할 때 설치하는 후드이다.
④ 슬로트형, 그리드형, 푸쉬-풀형 후드는 모두 포위식 후드에 속한다.

140 실험실 부스의 유지관리방법으로 옳지 않은 것은?

① 부스는 항상 양호한 상태로 유지되어야 하며, 후드나 배기장치에 이상이 생겼을 경우에는 즉시 수리를 의뢰하고 "수리 중"이라는 표지를 부착한다.
② 후드로 배출되는 물질의 냄새가 감지되면 배기장치가 작동되는지 점검하고, 후드의 작동상태가 양호하지 않으면 정비하도록 한다.
③ 부득이하게 시약을 부스 내에 보관할 경우는 후드의 배기장치를 꺼두어서 사고를 방지한다.
④ 기자재 등이 후드 위에 연결된 배기 덕트 안으로 들어가지 않도록 조치한다.

정답 및 해설

1과목 연구실 안전관련법령

01	02	03	04	05	06	07	08	09	10
①	①	③	④	④	③	①	①	③	④
11	12	13	14	15	16	17	18	19	20
②	①	④	①	④	①	①	②	④	②

01 정답 ①

목적(연구실안전법 제1조)

이 법은 대학 및 연구기관 등에 설치된 과학기술 분야 연구실의 안전을 확보하고, 연구실사고로 인한 피해를 적절하게 보상하여 연구활동종사자의 건강과 생명을 보호하며, 안전한 연구환경을 조성하여 연구활동 활성화에 기여함을 목적으로 한다.

02 정답 ①

중대 연구실사고의 정의(연구실안전법 시행규칙 제2조 제1호)

사망자 또는 과학기술정보통신부 장관이 정하여 고시하는 후유장해 1급부터 9급까지에 해당하는 부상자가 1명 이상 발생한 사고

03 정답 ③

정의(연구실안전법 제2조 제7호)

연구실안전관리담당자란 각 연구실에서 안전관리 및 연구실사고 예방 업무를 수행하는 연구활동종사자를 말한다.

04 정답 ④

정의(연구실안전법 제2조 제4호)

연구주체의 장이란 대학 · 연구기관 등의 대표자 또는 해당 연구실의 소유자를 말한다.

05 정답 ④

연구실 안전환경 등에 대한 실태조사(연구실안전법 시행령 제3조 제2항)

실태조사에는 다음 각 호의 사항이 포함되어야 한다.

1. 연구실 및 연구활동종사자 현황

2. 연구실 안전관리 현황
3. 연구실사고 발생 현황
4. 그 밖의 연구실 안전환경 및 안전관리의 현황 파악을 위하여 과학기술정보통신부 장관이 필요하다고 인정하는 사항

06

정답 ③

연구실 안전환경 조성 기본계획(연구실안전법 제6조 제1항)
정부는 연구실사고를 예방하고 안전한 연구환경을 조성하기 위하여 5년마다 연구실 안전환경 조성 기본계획을 수립 · 시행하여야 한다.

07

정답 ①

연구실안전심의위원회(연구실안전법 제7조 제2항)
심의위원회는 위원장 1명을 포함한 15명 이내의 위원으로 구성한다.

08

정답 ①

연구실사고 예방 및 대응에 관한 사항은 연구실안전심의위원회의 심의사항이다.
연구실안전관리위원회(연구실안전법 제11조 제2항)
연구실안전관리위원회에서 협의하여야 할 사항은 다음 각 호와 같다.
1. 안전관리규정의 작성 또는 변경
2. 안전점검 실시 계획의 수립
3. 정밀안전진단 실시 계획의 수립
4. 안전 관련 예산의 계상 및 집행 계획의 수립
5. 연구실 안전관리 계획의 심의
6. 그 밖의 연구실 안전에 관한 주요사항

09

정답 ③

① 연구실책임자는 연구실 소속 연구활동종사자를 직접 지도 · 관리 · 감독하는 연구활동종사자를 뜻한다. 보기에서 설명하는 사람은 연구실안전환경관리자이다.
② 연구실사고는 연구실에서 연구활동과 관련하여 연구활동종사자가 부상 · 질병 · 신체장해 · 사망 등 생명 및 신체상의 손해를 입거나 연구실의 시설 · 장비 등이 훼손되는 것이다. 보기에서 설명하는 것은 중대 연구실사고이다.
④ 연구주체의 장은 대학 · 연구기관 등의 대표자 또는 해당 연구실의 소유자이다. 보기에서 설명하는 사람은 연구실안전관리사이다.

10

정답 ④

연구실안전정보시스템의 구축 · 운영 등(연구실안전법 시행령 제6조 제1항)
과학기술정보통신부 장관은 연구실안전정보시스템을 구축하는 경우 다음 각 호의 정보를 포함해야 한다.
1. 대학 · 연구기관 등의 현황
2. 분야별 연구실사고 발생 현황, 연구실사고 원인 및 피해 현황 등 연구실사고에 관한 통계
3. 기본계획 및 연구실 안전 정책에 관한 사항
4. 연구실 내 유해인자에 관한 정보
5. 안전점검 지침 및 정밀안전진단 지침
6. 안전점검 및 정밀안전진단 대행기관의 등록 현황
7. 안전관리 우수연구실 인증 현황
8. 권역별 연구안전지원센터의 지정 현황
9. 연구실안전환경관리자 지정 내용 등 법 및 이 영에 따른 제출 · 보고 사항
10. 그 밖의 연구실 안전환경 조성에 필요한 사항

11 정답 ②

안전관리규정의 작성 등(연구실안전법 시행규칙 제6조 제2항)

연구주체의 장이 안전관리규정을 작성해야 하는 연구실의 종류 · 규모는 대학 · 연구기관 등에 설치된 각 연구실의 연구활동종사자를 합한 인원이 10명 이상인 경우로 한다.

12 정답 ①

안전점검의 실시 등(연구실안전법 시행령 제10조 제1항)

안전점검의 종류 및 실시시기는 다음 각 호의 구분에 따른다.

1. 일상점검 : 연구활동에 사용되는 기계 · 기구 · 전기 · 약품 · 병원체 등의 보관상태 및 보호장비의 관리실태 등을 직접 눈으로 확인하는 점검으로 연구활동 시작 전에 매일 1회 실시한다. 다만 저위험실의 경우에는 매주 1회 이상 실시해야 한다.

13 정답 ④

정의(연구실안전법 제2조 제11호)

정밀안전진단이란 연구실사고를 예방하기 위하여 잠재적 위험성의 발견과 그 개선대책의 수립을 목적으로 실시하는 조사 · 평가를 말한다.

14 정답 ①

연구실 사용제한 등(연구실안전법 제25조 제1항)

연구주체의 장은 안전점검 및 정밀안전진단의 실시 결과 또는 연구실사고 조사 결과에 따라 연구활동종사자 또는 공중의 안전을 위하여 긴급한 조치가 필요하다고 판단되는 경우에는 다음 각 호 중 하나 이상의 조치를 취하여야 한다.

1. 정밀안전진단 실시
2. 유해인자의 제거
3. 연구실 일부의 사용제한
4. 연구실의 사용금지
5. 연구실의 철거
6. 그 밖의 연구주체의 장 또는 연구활동종사자가 필요하다고 인정하는 안전조치

15 정답 ④

중대 연구실사고 등의 보고 및 공표(연구실안전법 시행규칙 제14조 제1항)

연구주체의 장은 중대 연구실사고가 발생한 경우에는 지체 없이 다음 각 호의 사항을 과학기술정보통신부 장관에게 전화, 팩스, 전자우편이나 그 밖의 적절한 방법으로 보고해야 한다.

1. 사고 발생 개요 및 피해 상황
2. 사고 조치 내용, 사고 확산 가능성 및 향후 조치 · 대응계획
3. 그 밖의 사고 내용 · 원인 파악 및 대응을 위해 필요한 사항

16 정답 ①

중대 연구실사고 등의 보고 및 공표(연구실안전법 시행규칙 제14조 제1항)

연구주체의 장은 중대 연구실사고가 발생한 경우에는 지체 없이 과학기술정보통신부 장관에게 전화, 팩스, 전자우편이나 그 밖의 적절한 방법으로 보고해야 한다.

17 정답 ①

중대 연구실사고 등의 보고 및 공표(연구실안전법 시행규칙 제14조 제2항)

연구주체의 장은 연구활동종사자가 의료기관에서 3일 이상의 치료가 필요한 생명 및 신체상의 손해를 입은 연구실사고가 발생한 경우에는 사고가 발생한 날부터 1개월 이내에 별지 제6호 서식의 연구실사고 조사표를 작성하여 과학기술정보통신부 장관에게 보고해야 한다.

18 정답 ②

권역별연구안전지원센터의 지정 · 운영 등(연구실안전법 시행령 제23조 제1항)

권역별연구안전지원센터로 지정받으려는 자는 과학기술정보통신부령으로 정하는 지정신청서에 다음의 서류를 첨부하여 과학기술정보통신부장관에게 제출해야 한다.

1. 사업 수행에 필요한 인력 보유 및 시설 현황
2. 센터 운영규정
3. 사업계획서
4. 그 밖에 연구실 현장 안전관리 및 신속한 사고 대응과 관련하여 과학기술정보통신부장관이 공고하는 서류

19 정답 ④

보험급여의 종류 및 보상금액(연구실안전법 시행규칙 제15조 제1항)

보험급여별 보상금액 기준은 다음 각 호와 같다.

1. 요양급여 : 최고한도(20억원 이상으로 한다)의 범위에서 실제로 부담해야 하는 의료비
2. 장해급여 : 후유장해 등급별로 과학기술정보통신부 장관이 정하여 고시하는 금액 이상
3. 입원급여 : 입원 1일당 5만원 이상
4. 유족급여 : 2억원 이상
5. 장의비 : 1천만원 이상

20 정답 ②

안전관리 우수연구실 인증제(연구실안전법 제28조 제3항)

과학기술정보통신부 장관은 인증을 받은 자가 다음 각 호의 어느 하나에 해당하면 인증을 취소할 수 있다. 다만, 제1호에 해당하는 경우에는 인증을 취소하여야 한다.

1. 거짓이나 그 밖의 부정한 방법으로 인증을 받은 경우
2. 정당한 사유 없이 1년 이상 연구활동을 수행하지 않은 경우
3. 인증서를 반납하는 경우
4. 대통령령에 따른 인증 기준에 적합하지 않게 된 경우

2과목 연구실 안전관리 이론 및 체계

21	22	23	24	25	26	27	28	29	30
④	③	①	①	②	②	①	②	③	①
31	32	33	34	35	36	37	38	39	40
①	②	①	④	②	②	①	④	④	③

21 정답 ④

버드의 법칙에 의하면 연구실 안전의 4M 위험요소는 Man(인적), Machine(기계적), Media(물질 · 환경적), Management(관리적)이다.

22 정답 ③

연구실 안전을 확보하기 위한 여러 가지 위험의 처리방법이 있지만 가장 중요한 것은 위험의 제거이다. 그 후 위험의 회피, 위험의 감소, 자기 방호, 사고확대방지의 순으로 이루어진다.

23 정답 ①

사전유해인자위험분석 제도란 연구개발활동 시작 전 화학적 · 물리적 위험요인 등 사고를 발생시킬 가능성이 있는 유해인자를 미리 분석하는 것으로, 연구실책임자는 사전유해인자위험분석을 대통령령으로 정하는 바에 따라 실시하여, 연구주체의 장에게 보고하여야 한다.

24 정답 ①

듀퐁(DuPont)의 브래들리 모델(Bradley Model)에 의하면 조직의 안전문화는 반응적 안전 → 의존적 안전 → 독립적 안전 → 상호의존적 안전의 형태로 발전해간다.

25 정답 ②

화학물질을 운반 시에는 엘리베이터나 복도 등 어떤 장소에서도 용기가 개봉되어 있어서는 안 된다.

26 정답 ②

폐기물의 병 뚜껑과 용기를 분리하여 처리해야 한다.

27 정답 ①

가스저장 시설의 실험용 가스 성분과 종류별로 구분하여 보관해야 한다.

28 정답 ②

실험실에서의 인가되지 않은 실험은 엄격히 금지하고, 정해진 시간 이외의 시간에 실험실의 사용을 원하는 연구활동 종사자들은 연구실책임자로부터 허가를 받아야 한다.

29 정답 ③

폐유기용제 처리방법

폐유기용제는 솔벤트 등 액체 상태의 모든 유기화합물질로 할로겐족 유기용제와 비할로겐족 유기용제가 있다.

- 할로겐족 유기용제 : 발암성 물질로 처리에 신중을 기해야 하며 분리 · 증발 · 추출 · 농축 방법으로 처리한 후 그 잔재물은 고온 소각하거나 중화 · 산화 · 환원 · 중합 · 축합 등의 방법으로 처리
- 비할로겐 유기용제 : 아세톤, 각종 알콜, 벤젠, 헥산 등으로 처리방법은 할로겐족 유기용제과 같음

30 정답 ①

부식성 폐기물에는 폐산과 폐알칼리가 있는데 폐산은 pH 2 이하, 폐알칼리 pH 12.5 이상이다.

31 정답 ①

폐기물 관리법에서 정의하는 의료폐기물에는 격리의료폐기물과 위해 의료폐기물이 있다. 위해 의료폐기물은 조직물류 폐기물, 병리계 폐기물, 손상성 폐기물, 생물 · 화학 폐기물, 혈액오염 폐기물로 나뉜다.

32 정답 ②

연구실의 중대한 결함은 다음의 사유로 인하여 연구활동종사자의 사망 또는 심각한 신체적 부상이나 질병을 야기할 우려가 있는 결함을 말한다.

- 유해화학물질, 유해인자, 독성 가스 등에 유해, 위험물질의 누출 또는 관리부실
- 전기설비의 안전관리 부실
- 연구개발활동에 사용되는 유해, 위험설비의 부식, 균열 또는 파손
- 연구실 시설물의 구조안전에 영향을 미치는 지반침하, 균열, 누수 또는 부식

33 정답 ①

사전유해인자위험분석 수행 절차

1. 사전준비(사전유해인자위험분석을 실시 대상 범위 지정)
2. 연구실 안전현황분석
3. 연구개발활동별 유해인자 위험분석
4. 연구개발활동 안전분석(R&D SA ; Research&Development Safety Analysis)

34 정답 ④

연구실책임자는 사전유해인자위험분석 보고서를 연구실 출입문 등 해당 연구실의 연구활동종사자가 쉽게 볼 수 있는 장소에 게시해야 한다.

35 정답 ②

연구실사고의 구분

구분	내용
중대 연구실사고	연구실사고 중 손해 또는 훼손의 정도가 심한 다음에 해당하는 사고 • 사망 또는 후유장애 부상자가 1명 이상 발생한 사고 • 3개월 이상의 요양을 요하는 부상자가 동시에 2명 이상 발생한 사 • 부상자 또는 질병에 걸린 사람이 동시에 5명 이상 발생한 사고 • 연구실의 중대한 결함으로 인한 사고
일반 연구실사고	중대 연구실사고를 제외한 일반적인 사고로 다음에 해당하는 사고 • 인적피해 : 병원 등 의료 기관 진료 시 • 물적 피해 : 1백만 원 이상의 재산 피해 시
단순 연구실사고	인적 · 물적 피해가 매우 경미한 사고로 일반 연구실사고에 포함되지 않는 사고 대학 · 연구기관

36 정답 ②

중대 연구실사고 대응

- 연구주체의 장 : 중대 연구실사고 발생 즉시 사고대책본부를 운영하기 위해 사고 대응반과 현장사고조사반 구성
- 사고대책본부 : 사고 대응반을 사고 장소에 급파하여 초기 인명 구호 활동 및 사고피해의 확대 방지에 주력

37 정답 ①

연구주체의 장은 중대 연구실사고 발생 시 그 날부터 1개월 이내에 연구실사고조사표를 작성하여 과학기술정보통신부 장관에게 제출해야 한다.

38 정답 ④

양질의 심폐소생술을 위해 최소 5cm 이상으로 분당 100회 이상의 가슴압박을 권장하며, 가슴압박의 중단을 최소화한다.

39 정답 ④

끝이 예리한 물체에 의해 피부가 잘려져 입는 상처는 열상이 아니라 절상이다. 열상은 외부의 자극에 의해 피부가 찢어져 입는 상처이다.

40 정답 ③

사고발생 장소에서 즉시 이동할 경우 2차 손상의 위험성이 높다.

3과목 연구실 화학(가스) 안전관리

41	42	43	44	45	46	47	48	49	50
③	①	④	③	④	④	②	②	①	②
51	52	53	54	55	56	57	58	59	60
①	④	①	③	①	②	④	②	④	④

41 정답 ③

- 유해성 : 화학물질의 독성 등 사람의 건강이나 환경에 좋지 아니한 영향을 미치는 화학물질 고유의 성질
- 위해성 : 유해한 화학물질이 노출되는 경우 사람의 건강이나 환경에 피해를 줄 수 있는 정도

42 정답 ①

- 변이원성 물질 : 사람에 대한 역학조사연구에서 양성인 증거가 있는 물질로서 사람의 생식세포에 유전성 돌연변이를 일으키는 것으로 알려진 화학물질
- 발암성 물질 : 사람에게 발암성이 있다고 알려져 있는 물질로서 주로 사람에게 충분한 발암성 증거가 있는 화학물질
- 생식독성 물질 : 사람에게 성적기능, 생식능력이나 발육에 악영향을 주는 것으로 판단할 만한 증거가 있는 화학물질

43 정답 ④

제4류 위험물은 인화성 액체이다.

44 정답 ③

화학물질은 밀폐된 상태로 보관해야 하며 화학물질을 바닥에 보관할 경우 밟거나 걸려 넘어질 수 있다. 또한 화학물질을 덜어서 사용하게 될 경우 보관용기의 특성을 확인한 후 소분하고, 용기에는 라벨을 부착한다.

45 정답 ④

화학적인 작용으로 금속을 부식시키는 물질은 부식성 물질이다. 산화제와 반응성 물질은 약간의 에너지에도 격렬하게 분해 · 연소하는 물질이다.

46 정답 ④

금수성 물질은 건조하고 서늘한 장소에 보관하며 물 · 발화원과 격리조치하고, 위험물질 라벨을 부착해야 한다. 불연성 캐비닛에 보관해야 하는 화학물질은 산화제이다.

47 정답 ②

1L 이상의 유리병에 들어있는 시약 등을 운반할 때에는 고무로 된 운반용기나 양동이 등을 사용하여 병이 깨지는 것을 최소화한다.

48 정답 ②

물질안전보건자료(MSDS)는 화학물질의 구성성분, 명칭, 유해성, 응급처치 요령 등을 화학물질을 취급하는 사람에게 자세히 안내해주는 자료이다.

49 정답 ①

LC50이란 흡입독성으로 쥐나 토끼와 같은 동물에게 독성 물질을 흡입시켜 반수가 죽는 독성치를 말하며 값이 클수록 독성이 낮다. 기체 상태의 물질에 대해서는 ppm으로, 분말상태의 물질에 대해서는 mg/㎥으로 표시한다.

50 정답 ②

- 압축가스 : 상온에서 압축시켜도 액화되지 않고, 단지 기체 상태로 압축되는 가스
- 액화가스 : 프로판, 부탄, 탄산가스 등과 같이 임계온도가 상온보다 높아 상온에서 압축시키면 비교적 쉽게 액화되는 가스
- 독성 가스 : 공기 중에 일정량 이상 존재하는 경우 인체에 유해한 독성을 가진 가스

51 정답 ①

액화가스의 경우 저장능력 500kg 이상일 경우 사용신고 대상이다.

52 정답 ④

고압가스 용기의 색상

가스의 종류	색깔의 구분
산 소	녹 색
수 소	주황색
아세틸렌	황 색
이산화탄소	파 랑
액화암모니아	백 색
액화염소	갈 색
액화석유가스, 그 밖의 가스	회 색

53 정답 ①

가연성 가스란 아세틸렌, 암모니아, 수소, 산화에틸렌, 벤젠 등 32종과 폭발한계 하한 10% 이하, 폭발한계 상한과 하한의 차가 20% 이상인 그 밖의 가스를 말한다.

54 정답 ③

산화성 가스의 종류로는 산소, 삼불화질소, 아산화질소, 불소 등이 있고 농도가 높아질 경우 주변 물질의 연소 및 반응을 촉진시키는 가스이다. 산화성 가스의 농도가 23.5%를 초과할 경우 과잉환경이라고 하며 점화원 관리가 필수다.

55 정답 ①

독성 가스의 분류

- 제1종 독성 가스 : 염소, 시안화수소, 이산화질소, 불소, 포스겐, 기타 허용농도가 1ppm 이하인 것
- 제2종 독성 가스 : 염화수소, 삼불화붕소, 이산화황, 불화수소, 브롬화메틸, 황화수소, 기타 허용농도가 1ppm 초과 10ppm 이하인 것
- 제3종 독성 가스 : 1, 2종 이외의 독성 가스

56 정답 ②

폐액수거 용기의 경우는 20리터를 초과하지 않아야 하며, 폐기물 용기는 가득 차면(용기의 80% 이상) 즉시 실험실 외부로 반출하여 폐기물 보관 장소에 보관해야 한다.

57 정답 ④

밸브는 반드시 직접 손으로 조작해야 한다.

58 정답 ②

이산화탄소로 연구실 내의 공기를 치환시킬 경우 재실자의 질식의 위험이 높다.

59 정답 ④

실험실 내부에는 실험실안전수칙, 물질안전보건자료(MSDS), 안전보건표지 등 실험 특성별 각종 안전정보를 제공할 수 있는 게시판을 비치하고, 실험실 복도에는 일정 간격으로 안전대피도, 안전게시판을 설치한다.

60 정답 ④

가스누출 경보장치는 진동이나 충격이 있는 장소, 온도 및 습도가 높은 장소, 출입구 부근 등 외부 기류가 통하는 장소는 피해야 한다.

4과목 연구실 기계·물리 안전관리

61	62	63	64	65	66	67	68	69	70
①	③	④	③	②	①	④	①	④	①
71	72	73	74	75	76	77	78	79	80
④	③	①	④	③	②	④	③	②	①

61 정답 ①

연구실에서의 기계안전 기본수칙 첫 번째는 혼자 실험하지 않는 것이다.

62 정답 ③

① 회전말림점 : 드릴, 회전축 등과 같이 회전하는 부위로 인해 발생하는 위험점

② 접선물림점 : 리와 벨트사이에서 발생하는 회전하는 부분에 접선으로 물려 들어가는 위험점

④ 끼임점 : 회전하는 동작부분과 고정부분 사이에 형성되는 위험점

63 정답 ④

① 격리형 방호 : 위험점에 작업자가 접근하여 일어날 수 있는 재해를 방지하기 위해 차단벽이나 망을 설치

② 위치제한형 방호 : 위험점에 접근하지 못하도록 안전거리를 확보하여 작업자를 보호

③ 접근거부형 방호 : 위험점에 접근하면 위험부위로부터 강제로 밀어냄

64 정답 ③

① 기능상의 안전화 : 기계설비의 오동작, 고장 등 이상 발생 시 안전이 확보되어야 함

② 외형의 안전화 : 재해예방을 위한 기본적인 안전조건으로 외관에 위험부위 즉 돌출부나 예리한 부위가 없어야 함

④ 작업의 안전화 : 인간공학적 작업환경 조성해야 함

65 정답 ②

톱니는 앞쪽으로 된 날을 사용해야 한다.

66 정답 ①

용접 시 발생하는 오존 등 가스, 흄을 장기간 흡입할 위험이 있는 공작기계는 교류아크용접기이다.

67 정답 ④

프레스기에 격리식 방호장치는 없다.

68 정답 ①

건조한 장소가 아니라 습윤한 장소에서 용접 작업 시 자동전격방지기를 부착해야 한다.

69 정답 ④

종 류	위험요인
고압멸균기	• 고압멸균기의 고온 스팀이나 가열된 재료에 피부 노출 시 화상 위험 • 덮개에서 발생되는 고온의 열기에 의한 화상 위험 • 밀폐 기능 오작동이나 작동 중 폭발 위험 • 무거운 시험물 사용 시 낙하 · 상해 위험 • 설비접지 미실시로 누전에 의한 감전 위험
펌 프	• 이물질, 공기 유입 등으로 펌프 파손 시 유해물질 누출 위험 • 파손 시 유체공급 차단으로 인한 화재, 파손, 유해물질에 노출 위험 • 파손 시 파편으로 인한 후단 공정 손상 및 오작동 위험 • 장기간 가동 시 과열로 인한 화재 위험 • 전기모터 누전으로 인한 감전 위험
가열건조기	• 과열로 인한 화재 위험 • 휘발성, 인화성 시료로 인한 화재 위험

70 정답 ①

연구실안전환경관리자 지정 및 업무 등(연구실안전법 시행령 제8조 제4항)

연구실안전환경관리자의 업무는 다음 각 호와 같다.

1. 안전점검 · 정밀안전진단 실시 계획의 수립 및 실시
2. 연구실 안전교육계획 수립 및 실시
3. 연구실사고 발생의 원인조사 및 재발 방지를 위한 기술적 지도 · 조언
4. 연구실 안전환경 및 안전관리 현황에 관한 통계의 유지 · 관리
5. 연구실안전법에 따른 명령이나 안전관리규정을 위반한 연구활동종사자에 대한 조치의 건의
6. 그 밖의 안전관리규정이나 다른 법령에 따른 연구시설의 안전성 확보에 관한 사항

71 정답 ④

3등급 중 3B등급에 대한 설명이다. 3B등급 레이저는 인화성 물질을 발화시킬 수 있다.

72 정답 ③

인클로저

- 고출력 레이저가 외부로 노출되는 것을 막기 위한 광차폐 시스템으로 500W 이상의 출력을 갖는 고출력 레이저는 필수적으로 설치가 되어야 함
- 고출력 레이저광선에 대한 직접적인 측정은 인클로저 내부에서 이루어져야 하고, 스펙트럼 측정 등과 같이 레이저 광선에 대한 간접적인 측정을 위한 목적에서는 충분히 감쇠된 레이저광선을 인클로저 외부로 통하게 할 수 있음
- 인클로저 외부로 인출되는 레이저광선의 출력은 반드시 최대허용노광량 미만이 되도록 해야 함

73 정답 ①

방사선발생장치

- 하전입자를 가속시켜 방사선을 발생시키는 장치
- 다른 형태의 에너지를 인위적으로 방사선 에너지로 변환하여, 방사선이 방출되도록 만든 장치
- 방사선발생장치에는 X-ray 촬영 시 사용하는 X선 발생장치 등이 있으며 그 밖의도 다양한 종류의 가속기가 방사선발생장치에 포함됨

74 정답 ④

사용개시 신고가 완료된 이후, 허가사용자는 허가 종류에 따라 월간 · 분기 · 연간 보고를 하게 되며, 정해진 주기에 따라 정기적으로 검사를 받아야 한다.

75 정답 ③

방사선작업종사자 및 수시출입자가 건강진단을 받아야 하는 경우는 다음과 같다.

- 최초로 해당 업무에 종사하기 전
- 해당 업무에 종사 중인 경우 매년
- 피폭방사선량이 선량한도를 초과한 때

76 정답 ②

공식선량계는 통상적으로 왼쪽 가슴 등 가슴 상위에 착용하며 사용자의 이름이나 선량계의 창이 있는 앞면이 전방을 향하도록 착용한다.

77 정답 ④

과대평가 방지의 원칙이 아니라 과대평가의 원칙이다. 과대평가의 원칙이란 사고의 위험성을 과대평가하는 경우는 있어도 과소평가하는 일은 없도록 하는 것이다.

78 정답 ③

강한 가시광선이 눈에 악영향을 미친다.

79 정답 ②

에너지가 큰 엑스선, 감마선 등의 전자파를 전리전자파(Ionizing Electromagnetic Wave)라 한다.

80 정답 ①

WHO 국제암연구소(IARC)의 암 발생등급 분류

- 1등급 : 사람에게 발암성이 있는 그룹
- 2등급 : A – 암 유발 후보 그룹, B – 암 유발 가능 그룹
- 3등급 : 발암물질로 분류가 곤란한 그룹
- 4등급 : 사람에 대한 발암성이 없는 것으로 추정되는 그룹

5과목 연구실 생물 안전관리

81	82	83	84	85	86	87	88	89	90
④	④	①	②	③	④	③	①	②	④
91	92	93	94	95	96	97	98	99	100
①	④	③	①	③	②	④	①	③	②

81
정답 ④

프리온에 대한 설명이다.

82
정답 ④

- 숙주 : 유전자재조합실험에서 유전자재조합분자 또는 유전물질(합성된 핵산 포함)이 도입되는 세포
- 벡터 : 유전자재조합실험에서 숙주에 유전자재조합분자 또는 유전물질(합성된 핵산 포함)을 운반하는 수단(핵산 등)
- 숙주-벡터계 : 숙주와 벡터의 조합

83
정답 ①

물리적 밀폐(Physical Containment) 확보의 정의와 목적에 대한 설명이다.

84
정답 ②

노출평가(Exposure Assessment)

- 사람이 다양한 매체(공기, 음용수, 식품첨가물, 치료약품, 토양 등)를 통해 위해성이 확인된 유해물질에 과연 얼마나 노출되는가를 결정하는 단계
- 물질의 매체 중 농도 또는 생물학적인 감시(Biological Monitoring) 자료들을 토대로 추정
- 노출과 용량은 시간의 함수로서 표현되는데 노출은 농도와 시간으로 표현되는 반면, 용량은 양과 시간으로 표현

85
정답 ③

위해도의 계산방법으로는 평생개인위해도, 인구집단위해도, 상대위해도, 표준화 사망비, 기대수명의 손실 등이 있다.

86
정답 ④

- 생물안전 1등급 실험실(Basic-Biosafety Level 1) : 건강한 성인에게는 질병을 일으키지 아니하는 것으로 알려진 병원체를 이용하는 실험을 실시하는 시설
- 생물안전 2등급 실험실(Basic-Biosafety Level 2) : 사람에게 경미한 질병을 일으키고, 발병하더라도 치료가 용이한 질병을 일으킬 수 있는 병원체를 이용하는 실험을 실시하는 시설
- 생물안전 3등급 밀폐 실험실(Containment-Biosafety Level 3) : 사람에게 발병하였을 경우 증세가 심각할 수 있으나 치료가 가능한 병원체를 이용하는 실험을 실시하는 시설

87 정답 ③

LMO를 취급하는 시설이란 단순히 중합효소 연쇄반응으로 유전자를 확인하는 실험을 하는 시설은 해당이 되지 않고, 유전자를 다른 생물체에 도입하는 것이면 모두 해당한다.

88 정답 ①

② 지정폐기물 : 사업장폐기물 중 폐유 · 폐산 등 주변 환경을 오염시킬 수 있거나 의료폐기물 등 인체에 위해를 줄 수 있는 해로운 물질

③ 의료폐기물 : 보건 · 의료기관, 동물병원, 시험 · 검사기관 등에서 배출되는 폐기물 중 인체에 감염 등 위해를 줄 우려가 있는 폐기물과 인체 조직 등 적출물, 실험동물의 사체 등 보건 · 환경보호상 특별한 관리가 필요하다고 인정되는 폐기물

④ 생활폐기물 : 사업장폐기물 외의 폐기물로 가정에서 배출하는 종량제봉투 배출 폐기물, 음식물류 폐기물, 폐식용유, 폐지류, 고철 및 금속캔류, 폐목재 및 폐가구류 등

89 정답 ②

건설폐기물은 사업장폐기물에 속한다. 사업장폐기물에는 사업장일반폐기물, 지정폐기물, 건설폐기물 등이 있다. 특정시설에서 발생되는 폐기물, 부식성 폐기물, 유해물질함유 폐기물은 모두 지정폐기물에 속한다.

90 정답 ④

의료폐기물에는 격리 의료폐기물, 위해 의료폐기물, 일반 의료폐기물 등이 있다.

91 정답 ①

생물이용 연구실의 주요폐기물 중 부식성 폐기물에는 폐산, 폐알칼리 등이 있다.

92 정답 ④

의료폐기물 전용용기의 종류로는 골판지류 상자형, 합성수지류 상자형, 봉투형 등이 있다. 이 중 봉투형은 종이봉투가 아니라 비닐봉투이다.

93 정답 ③

의료폐기물 보관기간

- 격리 의료폐기물 : 7일
- 생물화학폐기물, 혈액오염폐기물, 일반 의료폐기물, 병리계폐기물, 조직물류폐기물 : 15일
- 손상성 폐기물 : 30일

94 정답 ①

생물안전 4등급 연구시설의 실험폐수는 고압증기멸균을 이용하여 생물학적 활성을 제거할 수 있는 설비를 통해 배출한다. 연구시설에서 배출되는 공기는 2단의 헤파필터를 통해 배기한다.

95 정답 ③

기본 물품으로 소독제, 멸균용 봉투, 종이 타월, 소독제, 멸균용 봉투, 개인보호구(일회용 장갑, 보안경, 마스크 등) 및 깨진 유리조각을 집을 수 있는 핀셋, 빗자루 등의 도구, 화학적 유출물처리함(Chemical Spill Kit) 등을 함께 구비해야 한다.

96 정답 ②

장갑, 호흡보호구 등 개인보호구를 착용하고 70% 에탄올 등의 효과적인 소독제를 작업대 벽면, 작업 표면 및 이용한 장비들에 뿌리고 적정 시간 동안 방치한다.

97 정답 ④

생물안전작업대의 종류로는 Class Ⅰ, Ⅱ, Ⅲ가 있으며 Class Ⅱ 생물안전작업대는 구조와 공기 속도, 공기 흐름 양상, 배기 시스템 등에 따라 A형과, B형으로 나눠지며 A형은 다시 A1, A2로 구분되고, B형은 B1, B2로 나눠진다.

98 정답 ①

생물안전작업대의 전면도어를 열 때 셔터레벨 이상으로 도어가 열리면 내부의 오염된 공기가 외부로 유출될 수 있으므로 셔터레벨 이상으로 열지 않도록 한다.

99 정답 ③

일반적으로 생물학적 지표인자는 고압증기멸균을 한 뒤에 멸균 물품으로부터 수거하여 56℃의 배양기에 넣고 3일간 배양하거나 제조회사의 설명서에 따라 배양한다.

100 정답 ②

파손 가능성, 감염성 물질의 노출 및 작업자의 부상 가능성이 있는 유리로 제조된 용기보다는 플라스틱, PTEE (Polytetrafluoroethylene)로 제작된 용기를 사용하는 것이 좋다.

6과목 연구실 전기 · 소방 안전관리

101	102	103	104	105	106	107	108	109	110
④	①	①	③	④	①	④	①	③	①
111	112	113	114	115	116	117	118	119	120
④	②	②	②	③	①	④	②	④	③

101 정답 ④
각 물질의 인화점은 다음과 같다.
- 아세트알데하이드 : −37.7℃
- 이황화탄소 : −30℃
- 아세톤 : −18℃
- 에틸알코올 : 13℃

102 정답 ①
각 물질의 연소범위는 다음과 같다.
- 아세틸렌 : 2.5~81(vol%)
- 수소 : 4.1~75(vol%)
- 메틸알콜 : 7~37(vol%)
- 에틸알콜 : 3.5~20(vol%)

103 정답 ①
분자 내 연소를 하는 물질로서 외부로부터 산소의 공급 없이도 연소, 폭발할 수 있는 물질은 자기반응성물질이다. 자기반응성물질로는 유기과산화물, 질산에스테르류, 니트로화합물 등이 있다. 과염소산, 질산은 산화제로 제6류 위험물(산화성 액체)이고, 요오드산 염류는 산화제로서 제1류 위험물(산화성 고체)이다.

104 정답 ③
C급 화재는 전기화재이다.

105 정답 ④
D급 화재(금속화재)
- 가연물 : 칼륨, 나트륨, 마그네슘, 리튬, 칼슘 등
- 발생원인 : 위험물의 수분 노출, 작업공정에서 열 발생, 처리 및 반응 제어 과실, 공기 중 방치 등 정전기에 의한 폭발
- 예방대책 : 금속가공 시 분진 생성 억제, 기계 및 공구에서 발생하는 열의 적절한 냉각, 환기시설 작동, 자연발화성 금속의 저장 용기나 저장액 보관 시 수분 접촉 금지, 분진에 대한 폭발 방지 대책 강구

106 정답 ①
백색 연기는 수분을 포함한 물질이나 난연재가 탈 때 발생한다.

107 정답 ④

억제소화는 연쇄반응을 차단하는 화학적 소화방법이며 질식소화, 냉각소화, 제거소화는 물리적 소화방법이다.

108 정답 ①

구분	내용
물 소화약제	• 냉각, 질식, 유화소화효과 • 적응화재 : A급 화재(무사주수 시 B급, C급 화재 등 사용)
포(Foam) 소화약제	• 질식, 냉각효과 및 열의 이동 차단효과 • 적응화재 : A급, B급 화재
이산화탄소 소화약제	• 질식, 냉각효과 • 적응화재 : B급, C급 화재, 통신실 화재 등

109 정답 ③

무선통신보조설비는 경보설비가 아니라 소화활동설비에 해당한다. 경보설비란 화재발생 사실을 통보하는 기계 · 기구 또는 설비로 자동화재탐지설비, 비상경보설비, 비상방송설비, 누전경보기, 시각경보기 등이 있다.

110 정답 ①

가압송수장치 중 펌프방식은 자동기동방식과 On/Off방식이 있다. 그 중 자동기동방식은 압력챔버(수압개폐장치)를 설치하여 소화전의 개폐밸브 개방 시 배관 내 압력 저하에 의하여 압력스위치가 작동함으로써 펌프를 기동하는 방식이다.

111 정답 ④

옥내소화전노즐에서의 방수량은 130ℓ/min, 방수압은 0.17MPa 이상 0.7MPa 이하이다.

112 정답 ②

방화문은 갑자기 열지 말고 먼저 뜨거운지 확인해야 한다.

113 정답 ②

2종 접지에 대한 설명이다. 1종 접지의 적용범위는 고압 및 특고압 기계기구의 외함이고, 3종은 400V 미만의 저압용, 특별3종은 400V 이상의 저압용이다.

114 정답 ②

브러시 방전은 코로나 방전보다 진전하여 수지상 발광과 펄스상의 파괴음을 수반하는 방전으로 가연성 가스, 증기 또는 민감한 분진에서 화재, 폭발을 일으킬 수 있다.

115 정답 ③

감전위험요소의 1차적인 원인은 통전전류의 크기, 통전경로, 통전시간, 전원의 종류 등이 있다. 전압의 크기는 1차적인 원인이 아니다. 전압보다는 전류가 더 중요하다.

116 정답 ①

왼손에서 가슴으로 이동하는 경로에서 전류가 심장을 통과하므로 가장 위험하다.

117 정답 ④

4도 화상은 피부전층은 물론 근육이나 뼈까지 손상되는 상태이다.

118 정답 ②

방폭지역의 구분

- 0종 장소 : 위험분위기가 지속적으로 존재하는 장소
- 1종 장소 : 상용의 상태에서 위험분위기가 주기적 또는 간헐적으로 존재하는 곳
- 2종 장소 : 이상 상태에서 위험분위기가 단시간 존재할 수 있는 곳

119 정답 ④

방폭구조 선정 시 고려사항은 위험장소의 종류, 폭발성 가스의 폭발등급과 폭발범위, 발화온도 세 가지다.

120 정답 ③

이동식 코드릴을 사용할 경우에는 접지 및 누전차단기가 부착된 코드릴을 사용한다.

7과목 연구실종사자 보건·위생관리 및 인간공학적 안전관리

121	122	123	124	125	126	127	128	129	130
④	③	②	③	①	②	④	①	③	②
131	132	133	134	135	136	137	138	139	140
①	①	①	①	②	④	③	①	④	③

121 정답 ④

부식성 물질

- 피부에 닿으면 피부 부식과 눈 손상을 유발할 수 있음
- 취급 시 보호장갑, 안면보호구 등을 착용

122 정답 ③

동과 아세틸렌을 혼합할 경우 분해 반응, 염소와 암모니아를 혼합할 경우 발열 반응과 분해 반응, 아세틸렌과 수은을 혼합할 경우 발열 반응과 분해 반응이 나타난다.

123 정답 ②

노출기준은 1일 8시간 작업을 기준으로 하여 제정된 것으로, 근로시간, 작업의 강도, 온열조건, 이상기압 등이 노출기준 적용에 영향을 미칠 수 있다.

124 정답 ③

① 금지물질 : 직업성 암을 유발하는 것으로 확인되어 근로자의 건강에 특히 해롭다고 인정되는 물질

② 관리대상물질 : 근로자에게 상당한 건강장해를 일으킬 우려가 있어 건강장해를 예방하기 위한 보건상의 조치가 필요한 물질

④ 허가물질 : 금지물질과 유해성은 동일하나 대체물질이 개발되지 않은 물질

125 정답 ①

디클로로벤젠은 흡입 및 섭취 시 유독하고 피부 접촉 시 치명적일 수 있으므로 장기간 접촉을 피해야 한다.

126 정답 ②

6개월마다 건강검진을 받아야 하는 물질은 N,N-디메틸포름아미드, N,N-디메틸아세트아미드, 벤젠, 1,1,2,2-테트라클로로에탄, 사염화탄소, 아크릴로니트릴, 염화비닐 등이다.

127 정답 ④

에어로졸이 발생하여 확산될 수 있으므로 가라앉을 때까지 그대로 20~30분 정도 방치한다.

128 정답 ①

감염성 물질이 눈에 물질이 튀거나 들어간 경우, 즉시 세안기나 눈 세척제를 사용하여 15분 이상 세척해야 한다.

129 정답 ③

동물 교상의 세균은 서서히 자라는 경우가 많으므로 상처를 7~10일 정도 관찰해야 한다.

130 정답 ②

광범위한 화상의 경우 의복을 벗기는 데 시간을 허비하기보다는 차가운 물로 세척한 후 즉시 병원으로 옮긴다.

131 정답 ①

② 카바마제핀, 페니토인, 사이클로스포린 등은 면역력을 저하시키는 약물로 면역결핍질환과 관련있다.
③ 현행 근로기준법에 따라 고열, 한랭, 방사선 작업 등 위험한 업무와 야간 작업을 하지 못하는 자는 임산부이다.
④ 아토피나 알레르기가 있는 경우 피부 질환이나 호흡기 질환이 좀 더 심하게 나타날 수 있어 주의가 필요하다.

132 정답 ①

태아독성 물질로는 가솔린, N,N-디메틸아세트아미드, 2-메톡시에탄올, 2-부틸알코올, 에틸렌글리콜, 크실렌, 톨루엔, 삼산화비소, 안티몬, 방사선 등이 있다. 지르코늄은 태아독성은 없지만 태반 통과 물질이다.

133 정답 ①

레빈의 인간행동 법칙은 $B = f(P \times E)$이다. 여기서 B는 인간의 행동(Behavior), P는 인간(Person), E는 환경(Environment)이다.

134 정답 ①

- 개인보호구 착의 순서 : 긴 소매 실험복 → 마스크, 호흡보호구(필요시) → 고글 · 보안면 → 실험장갑
- 개인보호구 탈의 순서 : 실험장갑 → 고글 · 보안면 → 마스크, 호흡보호구(필요시) → 긴 소매 실험복

135 정답 ②

내화학성 앞치마는 부식성 액체 등을 다룰 때 필요한 보호구이다.

136 정답 ④

세안장치의 세척용수량은 최소 1.5ℓ/min 이상으로 하고, 15분 동안 지속되어야 하며, 두 개의 물줄기가 거의 같은 높이까지 도달하되 사용자가 다치지 않는 정도의 분사압력이 되어야 한다.

137 정답 ③

샤워꼭지의 분사량은 최소 분당 80ℓ 이상이어야 하며 분사압력은 사용자가 다치지 않도록 충분히 낮아야 한다.

138 정답 ①

배기 플레넘(Exhaust Plenum)

후드 전면에 걸쳐 공기의 흐름이 균일하게 분포되도록 도움을 준다. 이 부품에 포집된 물질이 많아지면 난류가 생성되고 유해물질 포집 효율이 감소한다.

139 정답 ④

슬로트형, 그리드형, 푸쉬-풀형 후드는 외부식 후드이다. 포위식 후드에는 포위형, 장갑부착상자형, 드래프트 챔버형, 건축부스형 등이 있다.

140 정답 ③

부득이하게 시약을 부스 내에 보관할 경우는 항상 후드의 배기장치를 켜두어야 한다.

참고문헌

- 연구실 안전환경 조성에 관한 법률
- 화학물질관리법
- 국가연구안전정보시스템
- 사전유해인자위험분석 보고서 작성 가이드북(과학기술정보통신부)
- 대학 실험실 안전환경 구축 가이드(교육부)
- 실험실 생물안전 매뉴얼 제3판(한국바이오협회)
- 실험실 생물안전지침(질병관리청)
- 신연소공학, 동화기술, 이수경 외
- 기계설비 안전, 화수목, 이근오 외
- 인간공학기사, 시대고시, 김훈
- Kosha Guide(산업안전보건공단)

  W – 1 – 2019, 산업환기설비에 관한 기술지침

  W – 22 – 2016, 비전리전자기파 측정 및 평가에 관한 지침

  D – 44 – 2016, 세안설비 등의 성능 및 설치에 관한 기술지침

  W – 3 – 2021, 생물안전 1 · 2등급 실험실의 안전보건에 관한 기술지침

좋은 책을 만드는 길, 독자님과 함께하겠습니다.

2024 SD에듀 연구실안전관리사 1차 합격 단기완성

개정2판2쇄 발행	2024년 06월 20일 (인쇄 2024년 04월 29일)
초 판 발 행	2022년 04월 05일 (인쇄 2022년 02월 28일)
발 행 인	박영일
책 임 편 집	이해욱
편 저	김 훈
편 집 진 행	김은영 · 이정선
표지디자인	박수영
편집디자인	장성복 · 김예슬
발 행 처	(주)시대고시기획
출 판 등 록	제10-1521호
주 소	서울시 마포구 큰우물로 75 [도화동 538 성지 B/D] 9F
전 화	1600-3600
팩 스	02-701-8823
홈 페 이 지	www.sdedu.co.kr
I S B N	979-11-383-6916-9 (13530)
정 가	29,000원

합격을 위한 선택!

시리즈 도서

99% 기출핵심이론과 최신기출 16회분으로 합격하는

건설안전기사

필기 | 30일 합격완성

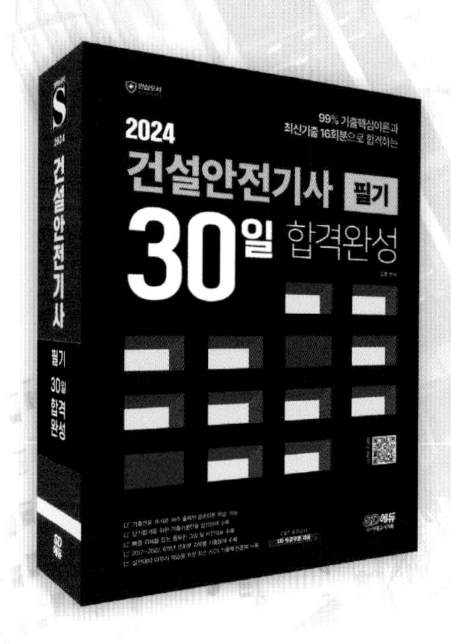

선택의 이유

01 기출연도 표시로 자주 출제된 중요이론 학습 가능
02 단기합격의 목적에 맞게 기출이론만을 엄선하여 수록
03 백문이불여일견, 풍부한 그림 및 사진자료
04 이론에서 한 번! 기출해설에서 한 번! 자연스러운 반복학습 유도
05 합격의 지름길, 과목별 6개년(2017~2022) 15회분 기출문제 수록
06 완벽한 실전 대비! 2023 최신 기출복원문제 및 해설 수록

문제만 보고 합격하기

소형선박조종사

1,900제 | 해기사 시험대비

선택의 이유

01 NCS 개발위원이 편저한 필수문제집
02 2024년 시험 대비 최신 개정 법령 완벽 반영
03 진짜 핵심만 담은 핵심이론 요약
04 합격의 정석 5개년(2019~2023) 기출 1,900문제 수록
05 과년도(2015~2018) 기출문제 PDF 무료 제공
06 최종모의고사 2회분 무료 제공

❖ 상기도서의 이미지와 구성은 변경될 수 있습니다.